普通高等教育“十四五”规划教材

材料成形原理

Principle of Material Forming

主　编　阳　辉　蔡安辉　邵甄胰　贾延琳
副主编　喻红梅　李鹏伟　陈　营　魏燕红
主　审　林　林

扫码获得数字资源

北　京
冶　金　工　业　出　版　社
2023

内 容 提 要

本书是“材料成形及控制工程”和“材料加工工程”专业的基础理论用书。全书共分四篇二十章，主要内容包括：液态金属的结构和性质；液态成形中的流动与传热；液态金属的凝固形核及生长方式；单相合金与多相合金的凝固；铸件凝固组织的形成与控制；特殊条件下的凝固；焊接熔池凝固及控制；焊接成形过程中的冶金反应原理；焊接热影响区的组织与性能；焊接缺陷的产生机理与防止措施；特种连接成形技术；金属塑性变形与流动；应力与应变理论；屈服准则；本构关系；金属塑性成形解析方法；塑料的组成与分类；聚合物的流变行为；聚合物的热力学行为及在成形过程中的变化；塑料成形工艺性能。

本书既可作为高等院校材料成形及控制工程、材料加工工程、材料科学与工程及机械类专业的教学用书，也可供相关科研人员和工程技术人员参考。

图书在版编目(CIP)数据

材料成形原理/阳辉等主编. —北京：冶金工业出版社，2023.3（2023.11 重印）

普通高等教育“十四五”规划教材

ISBN 978-7-5024-9358-5

Ⅰ.①材… Ⅱ.①阳… Ⅲ.①工程材料—成形—高等学校—教材 Ⅳ.①TB3

中国国家版本馆 CIP 数据核字（2023）第 022660 号

材料成形原理

出版发行 冶金工业出版社　**电　　话**（010）64027926
地　　址 北京市东城区嵩祝院北巷 39 号　**邮　　编** 100009
网　　址 www.mip1953.com　**电子信箱** service@mip1953.com

责任编辑 郭冬艳　美术编辑 彭子赫　版式设计 郑小利
责任校对 王永欣　责任印制 禹　蕊
北京虎彩文化传播有限公司印刷
2023 年 3 月第 1 版，2023 年 11 月第 2 次印刷
787mm×1092mm 1/16；23.75 印张；572 千字；363 页
定价 48.00 元

投稿电话（010）64027932　**投稿信箱** tougao@cnmip.com.cn
营销中心电话（010）64044283
冶金工业出版社天猫旗舰店 yjgycbs.tmall.com
（本书如有印装质量问题，本社营销中心负责退换）

前　言

“材料成形原理”是普通高等院校材料成形及控制工程、材料加工工程、材料科学与工程及机械类等专业的技术基础课，在本专业的教学过程中具有重要的地位。

本书根据工程应用型技术人才“基础扎实、知识面宽、应用能力强、素质高、有较强的创新精神”的培养目标，参考国内外出版的同类教材、专著与文献，以金属成形原理为主，兼顾塑料成形理论，力图探讨材料在成形过程中的成分、组织、性能随外界条件的不同而变化的规律，及在工艺技术上产生的影响与应用。

本书着重运用所学的物理、化学、力学、传热学等基础理论知识，阐明液态成形、连接成形、塑性成形及塑料成形等材料成形技术的内在规律及影响，揭示材料成形加工过程中的物理化学现象、物质及能量的转移与变化规律等。学生学习完本书后，可对材料成形过程及其基本原理有实质性和深入了解，并借助理论分析解决材料成形工艺与技术中出现的质量缺陷，为开发新材料、新工艺奠定理论基础。

本书由阳辉、蔡安辉、邵甄胰、贾延琳担任主编，喻红梅、李鹏伟、陈营、魏燕红担任副主编，中铝公司铝加工首席工程师、西南铝业（集团）有限责任公司副总工程师兼技术中心主任林林担任主审。全书分四篇共二十章。第一篇共分六章，主要讲述了液态成形理论（第一~六章），由湖南理工学院蔡安辉、李鹏伟、孔祥忠编写；第二篇共分五章，主要讲述了连接成形理论（第七~十一章），其中第七~九章由成都工业学院喻红梅编写，第十~十一章由成都工业学院邵甄胰编写；第三篇共分五章，主要讲述了金属塑性成形力学（第十二~十六章），其中第十二章由成都工业学院邵甄胰编写，第十三~十五章由重庆科技学院阳辉编写，第十六章由中南大学贾延琳编写；第四篇共分四章，主要讲述了塑料成形理论（第十七～二十章），其中第十七～十八章由成都工业学院魏燕红编写，第十九～二十章由成都工业学院陈营编写。全书由阳辉负责统稿与整理。

本书在编写过程中，编者参考了有关文献资料，在此，向文献资料的作者表示衷心的感谢！

由于编者水平有限，书中不妥之处，敬请广大读者批评指正！

编　者

2022年2月

目　录

第二篇　连接成形理论基础

第三篇 金属塑性成形力学基础

第四篇 塑料成形理论基础

绪　论

人类文明的发展史离不开材料制备技术的进步。本章采用工艺形态学方法，对整个材料成形过程进行综合描述，进而引出材料成形的一些基本问题，并简要介绍其发展现状。

一、材料成形的重要意义及主要方法

（一）支撑起物质文明的材料成形

支撑起物质文明的工业制品中，很显然通过材料成形方法制造的各种不同材料的零件是主要的构成部件。对于材料的使用，几乎都要赋予材料一定的形状。给材料赋予形状并形成所需要的功能，是制造业的根本。我们以生产、制造为生计，而且享受着作为制造业产生的结果的物质文明，过着丰富的生活。

（二）材料成形的主要方法

赋予材料一定形状的方法可分为以下四种。

（1）去除加工法（Materials Removal Process）。通过将块体材料的一部分去除，剩余的材料得到一定的形状。具有代表性的是使用机床通过刀具、磨具或放电进行加工，是制造业的主要加工方法之一。常用的加工工艺有切削、磨削、电火花、电解、束流（激光或等离子）、腐蚀等。

（2）连接（或附加）加工法（Materials Joining Process）。与除去加工相反，通常是用材料附着或连接等方法造出形状来。例如，焊接、黏结、熔射、电镀、电铸、涂覆、层积造形等，甚至螺栓连接组合成形也属此类。近期发展比较快的增材制造（Materials Additive Manufacturing）或称为3D打印（3D Printing）也属于此类。从某种意义上说，组合而成的物件都是附加加工的产物，不仅是机械制品，也包括土木施工或建筑方法得到的物品等。

（3）变形加工法（Materials Deformation Process）。通过改变材料的形状而使其赋予一定的形状，一般是通过模具或工具对材料施加力；材料变形流入型腔而复制出相同形状部件的方法。例如，金属塑性加工。本方法在准备好型腔后就能够高效率地、大量地制造出较复杂形状的零件，成为机械制造业的基本方法，被广泛使用。

（4）液态成形加工法（Materials Casting or Injection Process）。通过将材料熔化、浇注成形的方法。例如，铸造、注射成形等。本方法在准备好铸型或型腔后能制造出形状复杂的零件，也是机械制造业的基本方法。

若采用直观的表达方法，材料或毛坯制造方法的特征是，使材料沿模样或型腔的形状产生变形而进行的形状复制方法。在实际材料成形中，根据工业用材料种类的不同，即金属或陶瓷或塑料，成形方法有很大的差别。此外，对液态、固体或是粉末状的不同形态的材料，其成形方法也不同。若将这些材料的制造方法根据材料的形态分类，可见表0-1。

表 0-1 各种材料的制造方法

液态的流动成形（固化）	金属材料的铸造、压铸，液态树脂的注型
固体与液体的中间态（黏性体的成形）	塑料的注射成形，金属的半固态成形，玻璃的成形
固体的塑性变形	块体材料的锻造，板材的压延加工
固体的连接成形	金属材料的焊接，有机及无机材料的黏结
粉末的成形（烧结）	型内压缩成形，含黏结剂的流动成形，陶瓷粉的浇注

作为主要工业材料的金属成形加工方法，根据材料的形态不同，有液态铸造成形、块体锻造成形、板料压延成形、连接成形、粉末烧结成形等各种方法。

对于塑料、橡胶或玻璃之类材料，虽然与金属相同的成形方法也适用，但它们的成形方法都考虑了这些材料特有的变形特性。对于陶瓷，由于其固体几乎都没有变形能力，且原料都是以粉状提供，除具有与金属粉末相同的模膛压缩成形方法外，通过添加各种赋予流动性的介质，从而具有表观变形能力，具有与铸造或锻造相似的成形方法。这种情况下，必须有烧结前的介质去除工序。

二、材料成形的基本要素和流程

材料成形方法的种类虽然繁多，但通过对每种材料成形方法的过程分析表明，它们都可用建立在少数几个基本参数基础上的统一模式来描述。该模式便于对各种成形方法进行综合分析和横向比较。

任何一种材料成形过程，都是为了达到材料的形状尺寸或性能的变化。而为了产生这种变化，必须具备材料、能量和信息三个基本要素（图 0-1）。因而，材料的成形过程，可以用相关的材料流程、能量流程和信息流程来描述。

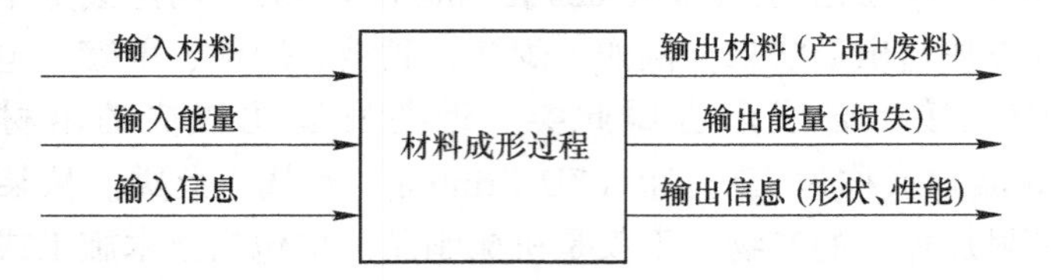

图 0-1 材料成形过程的一般模式

（一）材料流程（Materials Flow）

材料流程涉及：（1）表征成形过程特点的类型；（2）要改变形状尺寸和（或）性能的材料状态；（3）能够用来实现这种形状尺寸和（或）性能变化的过程。现简要介绍如下。材料流程可分为三种：直通流程、发散流程和汇合流程。

不同类型的材料流程表示不同的成形过程特征。（1）直通流程对应于质量不变过程，其特点是成形材料的初始质量等于或近似等于成形材料的最终质量。也就是说，在此过程中，材料仅受控地改变几何形状或（和）性能。各种凝固成形、塑性成形、粉末成形、塑料成形和热处理等属于此类。（2）发散流程对应于质量减少过程，其特点是通过切除部分材料而获得形状尺寸的变化，但工件最终几何形状只能局限在输入材料的几何形体内，相应的成形方法有传统的切削加工，以及电火花加工、电解加工、切割和冲裁等。

(3) 汇合流程对应于质量增加的过程，其特点是工件几何形状通过若干个元件装配、连接或焊接而获得，工件质量基本上等于各元件质量之和，而这些元件是用前述的一种或多种成形方法制成的。材料流程与材料状态有关，不同的材料状态导致成形过程结构的差别。常见的材料状态有固体、液态和颗粒（粉末）态，颗粒态也可看成固态的细分。直通流程的材料状态可为固态、液态或颗粒态；发散流程的材料只能是固态；汇合流程的材料状态可为固态，也可以是固态和液态兼而得之。

（二）能量流程（Energy Flow）

下面仅就机械过程和热过程分别介绍其能量流程，包括能量的提供方法、传递介质和能源。

(1) 基本过程为机械过程的能量流程。实现此类基本过程的能量可以通过下列三种方法提供。

1）传递介质与成形材料之间的相对运动。传递介质的状态可以是刚性、颗粒态和流体状态。切削加工中的刀具和塑性成形中的工模具为刚性介质，通过它们与成形材料的相对运动而实现材料的去除或塑性变形，见图 0-2。在超声成形中，传递介质为颗粒状，通过颗粒的高速冲击而加工材料。

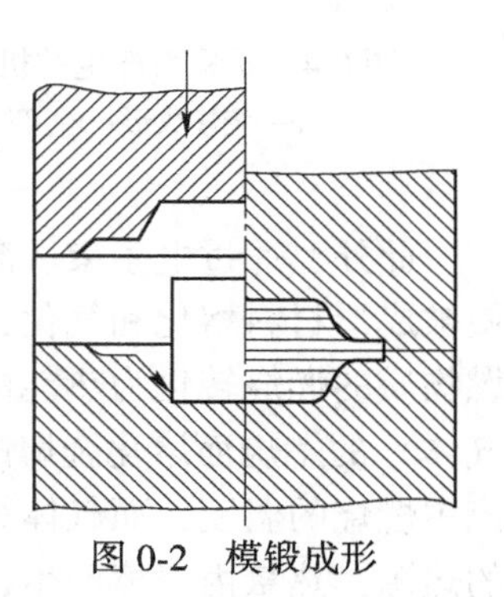

图 0-2　模锻成形

2）作用在成形材料上的压力差。板料成形中的气压胀形、液压胀形、橡胶胀形、超塑性板的气压胀形、塑料的吹塑成形和真空成形等，都是借助压力差来实现的。此时的传递介质可以是弹性体、液体和气体（包括真空状态）等。图 0-3 为压力差产生的机械基本过程。

$p_2>p_1$　p_1　$p_{液体}$　真空

a　b　c

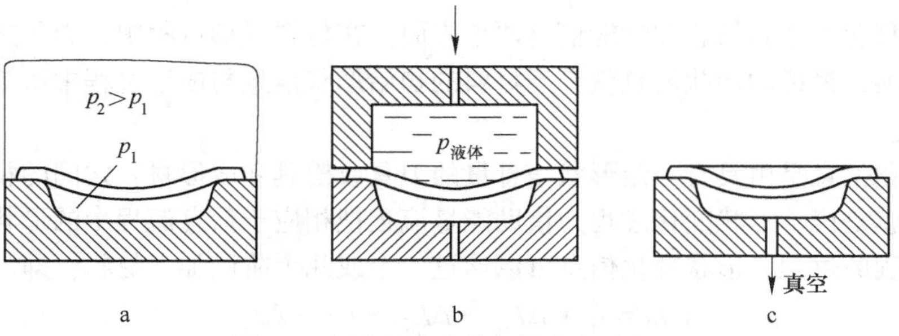

图 0-3　压力差产生的机械基本过程

a—工具胀形；b—液压胀形；c—气压胀形

3）直接产生于成形材料中的质量力。在重力场或磁场的作用下产生的机械基本过程见图 0-4。

(2) 基本过程为热过程的能量流程。热基本过程所需热量通常由电能、化学能或机械能转化而得。热量可在成形材料内部直接产生（直接加热），也可在成形材料外部产生，然后以一定方式，如导热、对流、辐射等传递给成形材料（间接加热）。电能转化为热能的方式、方法有很多。例如，使电流通过导电材料即可产生热，若导电材料本身即被成形材料，则为直接加热；如果导电材料为特殊高电阻加热元件，产生的热量通过适当介质，以对流、辐射等方式传递给成形材料，则为间接加热。利用电磁感应亦可将电能转化为热能，感应电加热常用于模锻前的毛坯加热（见图 0-5）。借助电弧放电可产生热量，电弧焊即利用此原理使填充材料和工件连接区的基体材料在加热条件下熔化。火花放电亦可实现电能向热能的转化，火花放电产生的瞬时高温，可使金属熔化和气化。

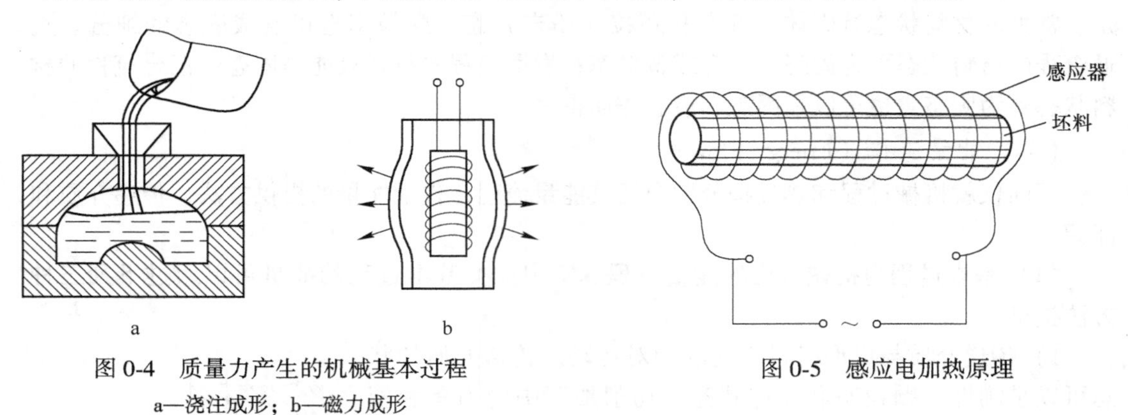

图 0-4 质量力产生的机械基本过程
a—浇注成形；b—磁力成形

图 0-5 感应电加热原理

此外，通过电子束、激光，亦可使电能转化为热能，高能密度的电子束和激光束足以使被成形材料熔化和气化，从而实现材料成形中的热基本过程。化学能源的获得是通过可燃物质的燃烧转化为热能的。例如，熔焊中的气焊是利用可燃气体（如乙炔与氧的混合气体）的燃烧而熔化金属的，气割是利用可燃气体燃烧将待切处的金属加热到能在氧气流中燃烧的温度，而气体火焰的钎焊则是利用可燃气体燃烧使钎料熔化。以机械能为基础的热源，热量由摩擦产生，如摩擦焊即以焊接件接触面摩擦产生的热量为热源。

（三）信息流程（Information Flow）

信息流程包括形状信息和性能信息两个方面。在材料成形过程中，由于把形状变化信息施加于材料，最终的形状信息就等于材料的初始形状信息与成形过程中所施加的形状变化信息之和。

形状变化信息是由具有一定形状信息量的刀具或模具和成形材料之间的相对运动共同产生的。也就是说，形状变化过程为借助能量流程把相应于信息流程中的形状变化信息施加于材料流程的过程。形状变化信息可以通过一个或几个阶段加于材料，即

$$I_0 = I_i + \Delta I_{p1} + \Delta I_{p2} + \cdots + \Delta I_{pn}$$

式中，I_0为要求获得的几何形状信息；I_i为材料的初始形状信息；ΔI_{pn}为各个成形过程的形状变化信息。

所需的成形过程数取决于技术力量和经济原因两个方面。一般地说，刀具或模具所包含的形状信息量越少，则它们与成形材料的相对运动对于材料的形状变化所起的作用越大，反之亦然。例如，模锻时锻模几乎已包含了所要求的全部形状信息量，因而锻模与成形材料的相对运动就变得很简单；而对于一般的车削成形，车刀所包含的形状信息量很少，为了获得所需形状的零件，甚至要求三个相对运动，即刀具沿工件轴向、径向的平移以及相对转动等。

同样，性能信息流程涉及材料的初始性能和通过各种成形过程产生的材料性能的变化，工件最终的性能则是它们综合作用的结果。热处理的主要目的在于改变材料的性能而

不改变其几何形状，而塑性成形在其改变材料形状的同时，一般都伴随有性能的变化。

上面应用工艺形态学的方法，从材料流程、能量流程和信息流程三个方面对材料成形过程进行了综合性描述，这有助于认识材料成形过程的本质特征和建立起清晰的概念，方便对它们进行分析比较，并有助于激发人们的想象力和创造力。

三、材料成形原理的研究对象及其发展概况

如上所述，材料成形的工艺方法多种多样，不同的材料要用不同的成形方法，而且同样的材料制造不同的产品也可能要用不同的成形方法。本课程不针对具体的成形工艺，而根据成形过程中材料所经历的状态，分为液态凝固成形、固态塑性成形、连接成形、塑料注射成型及粉末烧结成形等几类，分析研究成形过程中材料的组织结构、性能、形状随外在条件的不同而变化的规律，阐述成形过程中发生的物理化学变化、物质移动等现象的本质，使学习者掌握材料成形的实质，为理解和解决材料成形过程中发现的新问题、发展新的成形技术奠定理论基础。

下面简要介绍几类成形方法所涉及的基本问题及其发展概况。

（一）液态凝固成形

液态凝固成形是将熔化的金属或合金在重力或其他外力的作用下注入铸型的型腔中，待其冷却凝固后获得与型腔形状相同的铸件的一种成形方法，这种成形方法通常又称为铸造。其基本过程是熔炼、浇注和凝固，该过程质量不变。熔炼和凝固是两个相反的热过程。前者将固态物质熔化成液态，并使其获得一定的化学成分；而后者将熔融液体变为固态，使之成为具有一定形状和尺寸的铸件。铸件的形状和尺寸信息是由铸型提供的，而其性能是由熔炼过程获得的化学成分及冷却过程的快慢确定的。

液态成形方法有几千年的发展历史，中国古代的青铜铸造曾取得过辉煌的成就。它之所以经久不衰，是因为它有着突出的适应性强的特点。它能铸出轻至几克，重达几百吨；薄至0.2mm，厚达1m左右；小至几毫米，大到十几米；形状从简单到复杂；金属种类从黑色到有色，以至难熔合金的铸件。这样广泛的适应性是其他任何金属成形方法无可比拟的。而且，具体的液态成形工艺也分重力铸造、压力铸造、砂型铸造、金属型铸造等多种。图0-6是用现代压铸方法成形的汽车发动机缸体零件。

图0-6　铝合金压铸的发动机缸

液态凝固成形所研究的主要对象及基本问题有：

（1）凝固组织的形成与控制。金属的凝固组织包括相结构、晶粒的大小和形态等。铸件的凝固组织是在凝固过程中形成的，对铸件的物理性能和力学性能具有重大影响。控制铸件的凝固组织是凝固成形中的一个基本问题，能得心应手地获得所要求的凝固组织是人们长期以来追求的目标之一。到目前为止，关于凝固组织的形成机理及其影响因素，人们已经进行了广泛深入的研究，且找到了许多有效的控制方法，如孕育处理、动态结晶、定向凝固等，但这还远远不够，要彻底解决这方面的问题，还有许多工作要做。

（2）零件成形缺陷的防止与控制。铸造缺陷五花八门，种类繁多，既有内在缺陷与外观缺陷，又有宏观缺陷与微观缺陷。缺陷是造成废品、加大生产成本的主要原因。铸件缺陷的种类主要有缩孔、缩松、偏析、变形、气孔、夹杂、冷隔、夹砂等，它们的形成原因十分复杂。在这方面人们也做了许多深入细致的研究工作，建立了比较完善的理论。但在各种成形方法中，如何有效地控制铸造缺陷仍是一个重要的基本问题。

（3）液态精密成形。随着科学技术的发展，许多制造领域对铸件尺寸精度和外观质量的要求越来越高。这也促进了精密铸造技术的迅猛发展，改变了铸造只能提供毛坯的传统观念，使无需机加工的净成品或只需很少机加工的近净成品铸件应运而生。然而，铸件尺寸精度和表面粗糙度会受液态成形方法和工艺中诸多因素的影响，其控制难度很大，这又阻碍着精密铸造技术的发展。

液态成形技术的近期发展主要体现在以下几个方面。

（1）凝固理论的发展。凝固过程是铸件成形过程的核心，它决定着凝固组织和铸造缺陷的形成，从而也决定了铸件的性能和质量。近十多年来，借助于金属学、物理化学和计算数学，从传热、传质和固液界面等诸方面进行了研究，使金属凝固理论有了很大发展。这不仅使人们对在许多条件下的凝固现象和组织特征有了更深入的认识，而且促进了许多凝固技术和液态成形方法的建立、使用和发展。

（2）计算机技术的应用和发展。计算机技术在液态成形工艺中的应用，使技术水平大幅提高，相关新技术不断涌现，使该领域步入了快速发展的轨道。计算机技术的应用主要体现在以下几方面：一是凝固过程数值模拟技术，目前可以模拟液体金属充型过程的流动场、温度场以及应力场，正在向凝固过程的组织模拟方向发展；二是 CAD/CAM 技术的广泛应用；三是成形过程或成形设备运行的计算机控制。

（3）凝固技术的发展。所谓凝固技术就是控制凝固过程按照预定方向进行的技术，它是开发新材料和提高铸件质量的重要途径。凝固技术发展的典型例子是定向凝固技术、快速凝固技术和自生复合材料的制取。定向凝固技术的最新发展是制取单晶体铸件，最突出的应用是生产单晶涡轮机叶片。这种单晶涡轮机叶片比一般定向凝固的柱状晶叶片具有更高的工作温度、抗热疲劳强度、抗蠕变强度和抗热腐蚀性能。快速凝固技术采用的冷却速度常高达 $10^4 \sim 10^9$℃/s。这样的冷却条件可使材料具有很细的晶粒（$<0.1\mu m$ 甚至达到纳米级），避免了偏析缺陷和高分散度的超细析出相，从而表现出高强度和高韧性。自生复合材料是用控制凝固过程（如定向凝固）的方法而获得的一种共晶合金或偏晶合金，其增强相与基体相均匀相间，定向排列，因而具有许多重要特性，如高强度、良好的高温性能和抗疲劳性能等。用这种方法人们已经制取了 Nb-NbC、Ta-TaC 共晶体自生复合材料，它们的强度高于 Nb 合金和 Ta 合金，抗蠕变性能更好。

（二）固态塑性成形

许多金属材料具有延展性，只要施加足够大的力，它们就会产生塑性变形。如果材料具有大的塑性变形能力，就能通过塑性成形使其变成形状复杂的零件。图 0-7 为通过热锻成形的曲轴毛坯。

尽管塑性成形方法多种多样，所要生产的零件毛坯种类繁多，但仍存在以下一些共同的尚未很好解决的基本问题。

（1）塑性变形体内应力场、应变场的确定。塑性成形需要输入能量，即对材料施加外力和做功。只有知道所需成形力和功的大小才能正确选用成形设备和设计成形模具，并且通过对成形力影响因素的分析，为减小成形力和节约能耗提供依据。求解所需的成形力，从根本上说，就是确定工件内部的应力场，因为应力场的确定包括与工模具接触表面处应力分布的确定，进而才能求得成形力及模壁的压力分布。材料在应力场作用下发生塑性变形时，内部还存在着位移场和应变场。将应变场和应力场结合起来，再利用必要的判据则可进一步预测工件内部产生缺陷的倾向和空洞愈合的可能性。然而，由于成形件形状的复杂性和多样性，真正准确地确定变形体内的应力场和应变场仍然还是一个尚未解决的基本问题。

图 0-7　热锻成形的曲轴

（2）材料对塑性变形的适应能力——塑性。材料的塑性是材料塑性成形的前提条件。材料的塑性除与材料的种类、成分、内部组织结构有关以外，还与外部变形条件——变形温度、变形速度和应力状态密切相关。在这方面人们已经做了很多的研究工作，基本掌握了塑性变形的物理本质和机理、塑性变形所引起的材料组织和性能变化以及在不同条件下材料的塑性行为，但还有很多问题尚未解决，需要继续研究和探索。

（3）塑性精密成形。模具的制造精度以及工模具与被成形材料之间的相对运动精度对成形件的精度起着至关重要的作用。此外，材料在塑性变形的同时还有弹性变形和热胀冷缩，这些都会影响成形件的最终精度。

塑性成形技术的近期发展主要体现在以下几方面：

（1）体积成形技术的发展。在模锻技术方面，越来越多的锤上模锻被压力机（曲柄压力机和螺旋压力机）取代，以适应机械化、自动化生产线的要求；精密模锻的发展使模锻件的精度不断提高；模锻过程的计算机模拟和模具的 CAD/CAM 技术不断进步。在自由锻技术方面，大型锻件的质量不断提高，主要的技术措施有：改进锻造工艺，如采用“中心压实法”，改进冶炼和浇注技术，提高钢锭的冶金质量，发展锻焊联合工艺，采用程控联动快锻法等。

（2）板料成形技术的发展。一是在大批量生产中向高速化、自动化方向发展。高速压力机，小型的行程次数已高达 2000~3000 次/min，中型的也有 600~800 次/min。这样一台高速压力机的生产率相当于 5~10 台普通压力机。多工位压力机增多，由多台压力机配上自动装料、送料、出件、传递翻转、检测、保护等辅助装置组成的冲压自动线已在汽车工业中得到广泛应用。二是在小批量生产中向简易化、通用化和万能化方向发展。三是工艺过程的模拟化和模具的 CAD/CAM 技术的广泛应用。四是成形件向精密化发展。

（3）特种成形技术的发展。这方面的技术主要有超塑性成形、粉末冶金锻造成形、无模渐进成形、液态模锻，以及材料—工艺—产品的一体化技术等。

（三）连接成形

连接成形的主要方法是焊接成形，它是利用各种形式的能量使被连接材料在连接处产生原子或分子间的结合而成为一体的成形方法。其过程由热过程、物理化学冶金过程及应力变形的机械过程组成，这三者几乎是同时发生而又互相影响的。利用焊接成形方法可以将金属与金属、金属与非金属、非金属与非金属牢固地连接起来。

焊接成形方法多种多样，按照焊接成形过程特点，焊接成形可以分为三大类，即熔焊（被焊材料表面熔化）、压焊（被焊材料表面不熔化）、钎焊（被焊材料表面不熔化，填入其间的低熔点钎料熔化）。图 0-8 是将冲压等方法制造的金属零件通过焊接而组合成的轿车车体。

图 0-8　通过焊接方法组合成的汽车车体

各种连接成形方法都是为了适应生产的需要而发展起来的。随着科学技术的发展，新的连接方法会不断出现，现有的方法也会不断改进。焊接成形所研究的主要对象及基本问题主要如下：

（1）焊接接头组织性能及其不均匀性。在熔焊过程中，由于熔池体积小，冷却快，其中的各种冶金反应极不平衡，原子扩散也极不充分，使形成的焊缝金属的化学成分和组织性能极不均匀；同时，在焊接热作用下，焊缝两侧不同位置的金属经历着不同的热循环，这就相当于进行了不同规范的热处理，使整个热影响区的组织和性能产生极不均匀的变化。这种成分、组织和性能的不均匀性，会对整个结构的强度和断裂行为产生显著的影响。

（2）焊接残余应力和变形。由于焊接过程是一个局部的加热过程，因此焊件上的温度分布极不均匀，各部分的热胀冷缩不协调而互相妨碍，使焊接件内部在焊后存在很大的残余应力，引起结构变形，甚至开裂。影响焊接残余应力和变形的因素十分复杂，主要与焊接热输入、焊接参数、焊接结构的形状和尺寸以及约束状态等有关。

（3）焊接能量的输入方式。对于焊接成形，最重要的是要给被焊部位提供某种形式的能量，如加热使其熔化，或达到焊接温度，或发生塑性变形。除钎焊以外，几乎所有的焊接成形方法都是局部加热的。特别是熔焊，它是以集中的移动热源来加热和熔化焊件的，其热过程具有局部性、瞬时性、极高的温度梯度等特点，因此焊件上的温度分布是不均匀的、不稳定的。正因为如此，使得焊接过程分析变得相当复杂，伴随着不平衡的热过程，产生了一系列焊接所独有的问题，如不平衡的物理化学冶金过程、焊接应力与变形等。

（4）焊接表面污染的清除和防止。两个被焊接的表面只有在不存在氧化和其他污染的情况下才能形成满意的焊接接头，而被焊材料表面在焊接之前往往存在着有机薄膜、氧化物和吸附的气体；在高温下焊接，被焊材料容易氧化或烧损。焊前如何彻底清除被焊材料表面的污染，在焊接过程如何有效地保护被焊材料不被氧化或烧损，是各种焊接成形方法所面临的共同问题。

焊接成形技术的近期发展主要体现在以下几个方面。

（1）焊接结构的发展。现代对焊接结构的承载能力的要求越来越大，工作条件也越来越苛刻，要求越来越严格。它们正向着大型化和高参数方向发展，例如核压力容器和 6100m 深海探测器就是典型的现代焊接结构的例子。核压力容器的壁厚已达 200mm 左右，深海探测器要承受海水巨大的压力。

（2）焊接结构材料及焊接工艺的发展。超高强度钢在现代焊接结构中的应用越来越广泛。如 18Ni 钢和 HT80 钢等。在工艺技术方面，以电子技术、信息技术和计算机技术的综合应用为标志的焊接机械化、自动化技术成为主要特点。

（3）特种焊接成形技术的发展。例如，20 世纪 90 年代的搅拌摩擦焊技术，已成功用于铝、镁、钛合金结构件的焊接。

（四）塑料注射成形及粉末烧结成形

塑料（Plastics）、陶瓷（Ceramics）与金属材料（Matallic Materials）一起并称为三大结构材料。

塑料的应用已很广泛。图 0-9 为塑料注射成形的零件。塑料的成形方法也有许多种，如注射成形、压缩成形、挤出成形、浇注成形等。应用最广泛的方法是注射成形，即利用注射成形机，装上有浇注系统及成形零件形状的模具，将熔融的塑料在压力作用下注入模具的型腔而成形。过程的基本原理涉及塑料的充型流变性、结晶过程与组织及性能的关系等。

粉末烧结成形，包括传统的金属粉末材料的烧结成形和新兴的结构陶瓷材料的粉末烧结成形，其成形方法十分相似。结构陶瓷材料也已广泛进入实际应用领域。图 0-10 为用氧化铝陶瓷做成的各种零件。陶瓷原材料几乎都是粉体材料，因此其成形过程首先是将粉末成形为零件的形状，然后通过烧结的方法连成一体而成为零件。粉末成形的方法主要有冷压成形、热压成形、挤出成形、注射成形、注入成形等。陶瓷粉末的烧结过程与金属粉末烧结相类似，所涉及的基本原理主要是物质的扩散、相变与再结晶等。

图 0-9　塑料注射成形的零件

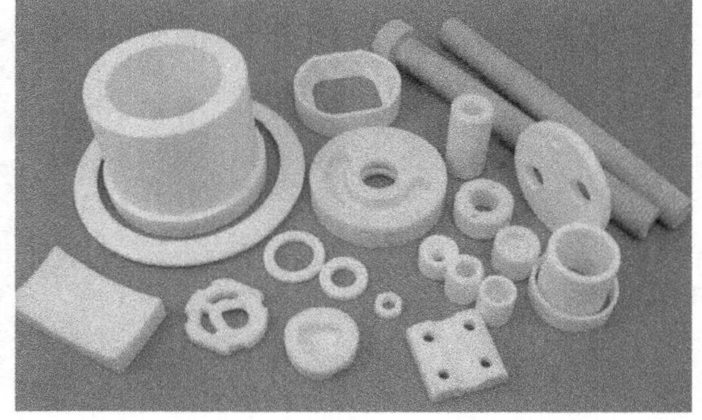

图 0-10　氧化铝陶瓷零件

四、本课程的任务

材料成形原理（Principle of Materials Forming）课程是材料成型及控制工程专业或材料加工工程专业的必修核心课程，是许多后续专业课程的理论基础，所以在本专业的课程中具有十分重要的地位。本课程着重运用所学的物理、化学等基础理论及专业基础理论知识，阐述液态成形、塑性成形、连接成形和塑料成形等基本材料成形技术的内在规律和物理本质，突出共性，同时也兼顾个性。学生学完本课程后对材料成形过程及其基本原理有实质性的、深入的理解，为研究新型材料、开拓新型的材料成形技术及提高成形产品质量奠定坚实的理论基础。

本课程的先导课除一般的数理基础课程外，还应有工程材料学、传热学、流体力学、材料成形工艺基础等。本课程为许多后续专业课程提供理论基础，如材料成形工艺、材料成形装备及自动化、材料成形计算机模拟、模具设计等课程。

由于材料成形的工艺方法有许多种，不同的材料要用不同的成形方法，即使用同样的材料制造不同的产品也要用不同的成形方法。本课程不针对具体的成形工艺，而根据成形过程中材料所经历的状态，分为液态凝固成形、半固态成形、固态塑性成形、连接成形、塑料注射成形及粉末成形等几类，讨论材料在成形过程中的组织结构、性能、形状随外在条件不同而变化的规律。由于金属材料仍然是使用量最大的材料，本教材以金属的成形原理为主线，兼顾其他种类材料的成形。从前述内容也可知道，材料成形原理的内容涉及热量传输、动量传输、质量传输以及物理冶金、化学冶金、力学冶金等基础理论和专门知识。同时，在材料的成形过程中往往发生多种物理化学现象，涉及物质和能量的转移和变化，本教材的内容就是要阐述这些现象的本质，揭示变化的规律。

第一篇　液态成形理论基础

从宏观意义上讲，凝固（Solidification）是一种相变过程，即物质从液态转变成固态的过程。就微观意义上说，是激烈运动的液体原子回复到规则排列的过程。凝固现象在自然界和工程领域广为存在。从水的结冰到火山岩浆的固化；从材料的成形如液态成形、焊接成形和激光处理等材料加工技术，到半导体、功能材料及微晶、非晶等新材料的研发，都经历凝固过程。

液态金属凝固学是研究液态金属（合金）转变成固态金属（合金）这一凝固过程的理论及技术，定性地特别是定量地揭示其内在联系和规律，发现新现象，探求未知参数，开拓新的凝固技术和工艺。凝固学不仅是材料成形技术的基础，也是新材料研发的基础。液态金属凝固学的理论基础包括物理化学、金属学、传热学、传质学、流体力学和动量传输学，在此基础上，阐述液态金属的结构和性质、晶体形核及其生长、宏观组织及其控制等内容。

影响液态金属凝固过程的主要因素是化学成分，不同的成分具有不同的凝固特性。根据相图能对凝固特性进行预测。冷却速度是影响凝固过程的主要工艺因素，对凝固组织有着举足轻重的影响。如在低的冷却速度下，获得晶态组织，当冷却速度足够大时，可获得非晶态组织。此外，液态金属（合金）的结构和性质、冶金处理（如孕育处理、变质处理、合金化等）及外力（如电磁力、重力、离心力、压力、机械力等）的作用，对液态金属（合金）的凝固也具有重要影响。

凝固理论大约经历了以下几个阶段：（1）20 世纪 60 年代前为经典的凝固理论。该理论认为，凝固首先是形核，然后是核心长大直至成为固态。在多伦多大学的 Chalmers 的指导下，许多著名的凝固学家脱颖而出。他们在对凝固界面附近溶质分析求解的基础上，总结出“成分过冷”理论，并提出了成分过冷判据；首次将传热和传质耦合起来，研究其对晶体生长及其形态的影响。Flemings 等从工程的角度出发，研究了两相区内液相流动效应，提出局部溶质再分配方程等理论模型，推动了凝固学的发展。捷克的 Chvorinov 等人通过对大量铸件凝固冷却曲线的分析，引入了铸件模数的概念，建立了求解铸件凝固层厚度和铸件凝固时间的数学方程，提出了著名的平方根定律。该定律仍是今日铸造工艺设计的重要理论依据之一。（2）20 世纪 60 年代后的较长一段时间内，研究的重点放在经典理论的应用上，以提高材料的质量，降低产品成本，以便用低的消耗获得优质产品。同时，出现了快速凝固、定向凝固、等离子体熔化技术、激光表面重熔技术、半固态铸造、扩散铸造、调压铸造等先进的凝固技术和材料成形方法，积累了大量的凝固过程参数，为凝固学的进一步发展奠定了基础。（3）近代，凝固学的发展进入了新的历史阶段，其显著的特点是，对凝固过程的认识逐渐从经验主义中摆脱出来，对经典理论的局限性有进一步的认识。日本的大野笃美在总结前人经验的基础上，做了大量的试验研究，提出了晶粒游离和晶粒增殖理论，从而使人们从静止的观点发展到动态的观点来研究和分析凝固过程。特别是，计算机和计算技术的快速发展，通过凝固过程的数值模拟和计算机辅助设计的方法能定量地描述液态金属（合金）的凝固过程，预测凝固组织和凝固缺陷，以便能合理地控制凝固过程，大幅度节约材料和能源，以低的投入获得优质产品。在此基础上，出现了许多新的凝固理论和模型。它们将温度场、应力场、流动场等耦合起来进行研究，其结果更接近实际情况。国际上已出现了许多商品化的凝固模拟软件，在科研和生产中发挥着重要作用。国内也相继研发出凝固模拟软件，在科研和生产中得到了广泛的应用。现代凝固学的发展，在材料成形技术和新材料的研发中发挥着重要作用。随着近代科学技术的不断发展，对新材料和新的材料成形技术提出了更高的要求，反过来又推动凝固学的发展。凝固学是一门不断向前发展的学科，有许多奥秘和规律尚待去揭开。

扫码获得
数字资源

第一章　液态金属的结构和性质

金属的凝固是液态金属转变成固态金属的过程，因而液态金属的特性必然会影响金属的凝固过程。因此，研究液态金属的结构和性质，是分析和控制金属凝固过程的必要基础。

近代用原子论方法研究液态金属，并采用经典液体统计力学的各种理论进行探讨，对液态金属的结构有了进一步的认识，在一定范围和程度上能定量地描述液态金属的结构和性质。

第一节　液态金属的结构

液态金属的结构能否像固态晶体结构那样进行描述，从固态金属的熔化过程可知，液态金属的结构与固态金属的结构之间存在差异。而液态和气态都具有流动性，那么液态金属的结构与气态金属的结构是否相同，换言之，液态金属的结构更像固态金属还是气态金属。

一、液态金属的热物理性质

由表 1-1 可知，金属的熔化潜热远小于汽化潜热。如铝的汽化潜热约是熔化潜热的 28 倍，铁约 22 倍。这意味着固态金属原子完全变成气态比完全熔化所需的能量大得多，对气态金属而言，原子间结合键几乎全部被破坏，而液态金属原子间结合键只破坏了一部分。从熔化体积变化来看，固态金属变成液态金属的体积变化很少，表明固态金属中的原子排列与液态金属的相似。因此，液态金属的结构应接近固体金属而远离气态金属。

由表 1-2 的一些金属的熵值变化可见，金属由熔点温度的固态变为同温度的液态比其从室温加热至熔点的熵变要小。熵值变化是系统结构紊乱性变化的量度。金属由固态变为液态，熵值增加不大，说明原子在固态时的规则排列熔化后紊乱程度变化不大。这也间接说明，液态金属的结构应接近固体金属。

表 1-1　一些金属在熔化和汽化时的热物理性质变化

金属	晶体结构	熔点 /℃	熔化潜热 ΔH_m/kJ·mol^{-1}	沸点 /℃	汽化潜热 ΔH_g/kJ·mol^{-1}	$\Delta H_g/\Delta H_m$	熔化体积变化率 /%
Pb	fcc	327	4.77	1687	177.95	37.0	3.6
Zn	hcp	420	7.12	906	113.40	15.9	4.2
Mg	hcp	650	8.96	1103	128.70	14.4	4.2
Al	fcc	660	10.45	2480	290.93	27.8	6.0
Ag	fcc	961	11.30	2163	250.62	22.2	4.1
Au	fcc	1063	12.37	2950	324.50	26.2	5.1
Cu	fcc	1083	13.10	2595	304.30	23.2	4.2
Ni	fcc	1453	17.47	2914	369.25	21.1	4.5
Fe	fcc/bcc	1535	15.17	3070	339.83	22.4	3.0
Ti	hcp/bcc	1680	18.70	3262	397.00	21.2	3.7

表 1-2　一些金属的熵值变化

金属	从 25℃ 到熔点的熵值变化 ΔS/J·(K·mol)$^{-1}$	熔化时的熵值变化 ΔS_m/J·(K·mol)$^{-1}$	$\Delta S_m/\Delta S$
Zn	22.8	10.7	0.47
Mg	31.5	9.7	0.31
Al	31.4	11.5	0.37
Au	40.9	9.2	0.23
Cu	40.9	9.6	0.24
Fe	64.8	8.4	0.13

二、液态金属结构的 X 射线衍射分析

将 X 射线衍射运用到液态金属的结构分析上，与研究固态金属的结构一样，可以找出液态金属的原子间距和配位数，从而确定液态金属同固态金属在结构上的差异。但是，液态金属的温度大多都比较高，远高于室温，再加上液态金属自身不能保持一定的形状而需放置在容器中，这就给液态金属结构的 X 衍射试验研究带来了很大的困难。因此，液态金属结构衍射分析的数据少，成熟程度也没有固态金属高。

图 1-1 为根据资料绘制的 700℃时液态 Al 中原子分布曲线，表示一个选定的原子周围的原子密度分布状况。r 为以选定原子为中心的一系列球体的半径，$\rho(r)$ 为球面上的原子密度，$4\pi r^2\rho dr$ 表示围绕所选定原子的半径为 r，厚度为 dr 的一层球壳中的原子数。固态铝中的原子位置是固定的，在平衡位置做热振动，故球壳上的原子数显示出某一固定的数值，呈现一条条的直线。每一条直线都有明确的位置和峰值（原子数，也称为配位数），如图 1-1 中直线 3 所示。若 700℃液态铝是理想的均匀非晶质液体，其中原子排列完全无序，则其原子分布密度为抛物线 $4\pi r^2\rho$，如图 1-1 曲线 2 所示。但实际 700℃液态铝的原子分布情况为图 1-1 中曲线 1，这是一条由窄变宽的条带，是连续非间断的。条带的第一个峰值和第二个峰值接近固态的峰值，此后就接近于理想液体的原子平均密度分布曲线

2，说明原子已无固定的位置。液态铝中的原子排列，在几个原子间距的小范围内与固态铝原子的排列方式基本一致，而远离原子后就完全不同于固态。液态铝的这种结构称为“近程有序、远程无序”。而固态的原子结构为远程有序。

近程有序结构的配位数可由下式计算：

$$N=\int_0^{r_1}4\pi r^2\rho\mathrm{d}r$$

式中，r_1为原子分布曲线上靠近选定原子的第一个峰的位置。

表1-3为一些固态和液态金属的原子结构参数。固态金属铝和液态铝的原子配位数分别为12和10～11，而原子间距分别为0.286nm和0.298nm。气态铝的配位数可认为是零，原子间距为无穷大。

X射线衍射所得到的有关参数有力地证实：在熔点和过热度不大时，液态金属的结构接近固态金属。

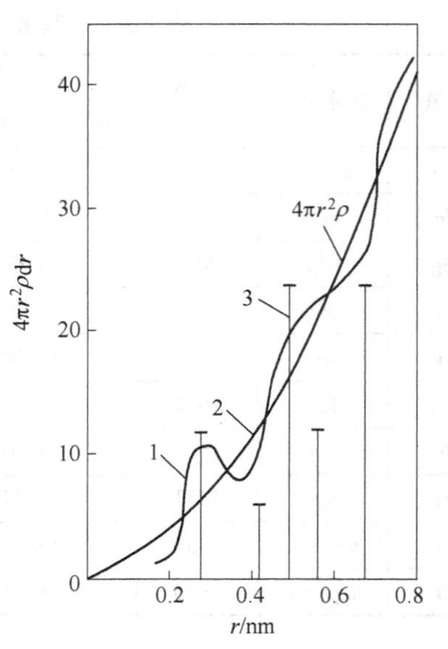

图1-1　700℃时液态Al中原子分布曲线
1—实际液态铝原子分布；2—理想液态铝原子分布；3—固态铝的原子分布

表1-3　X射线衍射所得液态和固态金属结构参数

金属	液态			固态	
	温度/℃	原子间距/nm	配位数	原子间距/nm	配位数
Li	400	0.324	10①	0.303	8
Na	100	0.383	8	0.372	8
Al	700	0.298	10～11	0.286	12
K	70	0.464	8	0.450	8
Zn	460	0.294	11	0.265、0.294	6+6②
Cd	350	0.306	8	0.297、0.330	6+6②
Sn	280	0.320	11	0.302、0.315	4+2②
Au	1100	0.286	11	0.288	12
Bi	340	0.332	7～8③	0.309、0.345	3+3②

①其配位数虽增大，但密度仍很小；②这些原子的第一、二层近邻原子非常相近，两层原子都算作配位数，但以“+”号表示区别，在液态金属中两层合一；③固态结构较松散，熔化后密度增大。

三、液态金属的结构

由以上的分析可知，纯金属的液态结构由原子集团、游离原子和空穴组成。原子集团由数量不等的原子组成，其大小为10^{-10}m数量级。在原子集团内部，原子排列仍具有一定的规律性，称为“近程有序”。而在更大的尺寸范围内，原子排列没有规律性。液态金属的结构是不稳定的，而处于瞬息万变的状态，即原子集团、空穴等的大小、形态与分布及热运动都处于无时无刻变化的状态。这种原子集团与空穴的变化现象称为“结构起伏”。在结构起伏的同时，液态中也存在着大量的能量起伏。

纯金属在工程中的应用极少，特别是作为结构材料，主要应用的是含有一种或多种其他元素的合金材料。通常所说的纯金属，其中也包含一定量的其他杂质元素。因此，在材料加工过程中碰到的液态金属，实际上是含两种或两种以上元素的合金熔体。其他元素的加入，除了影响原子之间的结合力之外，还会发生各种物理化学反应。这些物理化学反应往往导致合金熔体中形成各种高熔点的夹杂物。因此，实际液态金属（合金）的结构是极其复杂的，其中包含各种化学成分的原子集团、游离原子、空穴、夹杂物及气泡等，是一种“混浊”的液体。所以，实际的液态金属中还存在成分（或浓度）起伏。因此，液态金属中存在的温度（或能量）起伏、结构（或相）起伏以及成分（或浓度）起伏，三种起伏影响液态金属的凝固过程，从而对产品的质量产生重要的影响。对液态金属进行各种熔体处理，就是改变这三种起伏的状态，达到控制和改善液态金属的性状以及后续凝固过程和最终组织与性能的目的。

第二节　液态金属的性质

液态金属有各种性质，在此仅阐述与材料成形过程关系特别密切的两个性质，即液态金属的黏度和表面张力，以及它们在材料成形加工过程中的作用。

一、液态金属的黏度

（一）黏度（Viscosity）的实质及影响因素

液态金属由于原子间作用力大为削弱，且其中存在大量的空穴，其活动性比固态金属要大得多，呈液体的性质。当外力 F_x 作用于液体表面并使上板以速度 v_0 匀速运动时（图 1-2），并不能使液体整体一起运动，而只有表层液体发生运动，而后带动下一层液体运动，以此逐层进行，因而其速度分布如图 1-2 所示。第一层的速度 v_0 最大，第二层 v_1、第三层 v_2 依次减小，最下层与壁面接触的液体的速度等于零。这说明层与层之间存在内摩擦力。

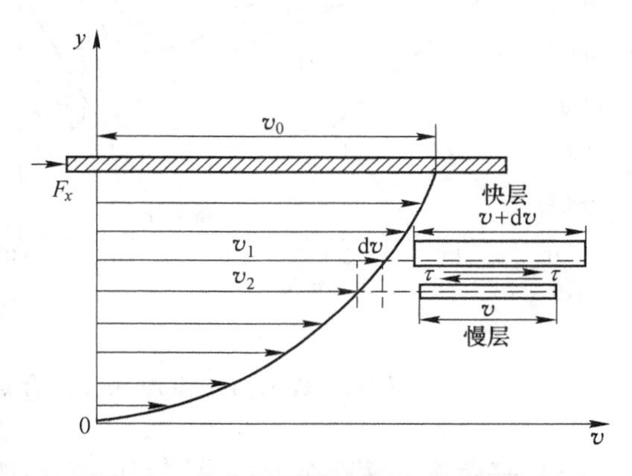

图 1-2　力作用下的液体运动速度梯度

设 y 方向的速度梯度为 $\frac{\mathrm{d}v_x}{\mathrm{d}y}$，根据液体的牛顿黏性定律 $F_x=\eta A\frac{\mathrm{d}v_x}{\mathrm{d}y}$，得

$$\eta=\frac{F_x}{A\frac{\mathrm{d}v_x}{\mathrm{d}y}} \tag{1-1}$$

式中，η 为液体的动力黏度；A 为液层接触面积。

富林克尔在关于液体结构的理论中作了黏度数学处理，表达式为

$$\eta = \frac{2t_0 k_B T}{\delta^3}\exp\left(\frac{U}{k_B T}\right) \tag{1-2}$$

式中，t_0 为原子在平衡位置的振动时间；k_B为玻耳兹曼常数；U 为原子离位激活能；δ 为相邻原子平衡位置的平均距离；T 为热力学温度。

由式（1-2）可知，黏度与原子离位激活能 U 成正比，与其平均距离的三次方成反比，这两者都与原子间的结合力有关，因此黏度本质上是原子间的结合力。黏度与温度的关系为：在温度不太高时，指数项的影响是主要的，即 η 与 T 成反比；当温度很高时，指数项接近 1，η 与 T 成正比。

影响液体金属黏度的主要因素是化学成分、温度和夹杂物。

（1）化学成分。图 1-3 示出了 Fe-C 和 Al-Si 合金熔体分别随含 C、Si 含量和温度等变化的黏度线。一般难熔化合物的液体黏度较高，而熔点低的共晶成分合金的黏度低。这是由于难熔化合物的结合力强，在冷却至熔点之前已开始原子聚集。对于共晶成分合金，异类原子之间不发生结合，而同类原子聚合时，由于异类原子的存在而使它的聚合缓慢，晶坯的形成拖后，故黏度较非共晶成分的低。

（2）温度。由式（1-2）可知，在温度不太高时，液体金属的黏度随温度的升高而降低。这也可以从图 1-3 的黏度实测值看出，对成分一定的合金，温度升高，η 值下降。

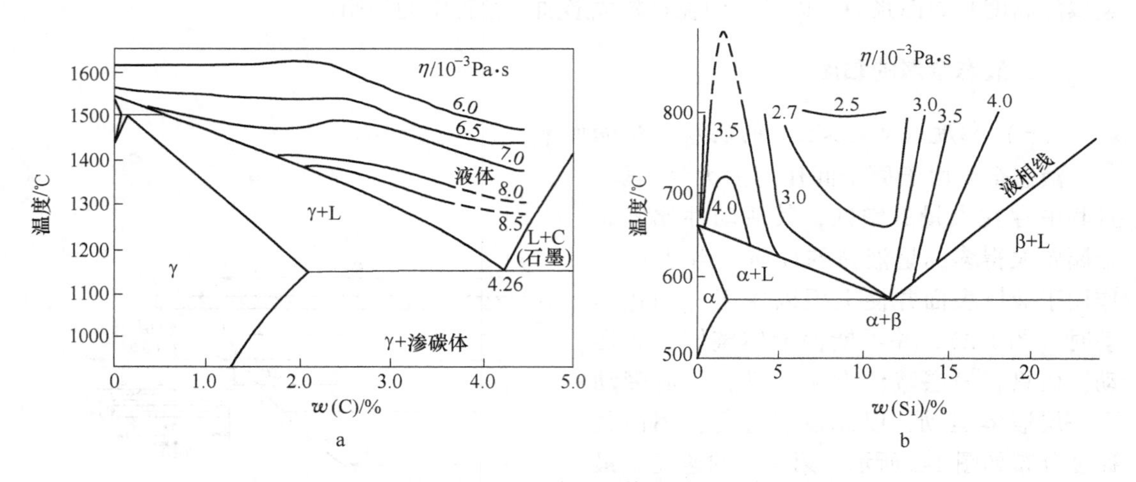

图 1-3　Fe-C(a) 和 Al-Si(b) 合金熔体黏度与成分和温度的关系

（3）夹杂物。液态金属中呈固态的夹杂物使液态金属的黏度增加，如钢中的硫化锰、氧化铝、氧化硅等。这是因为夹杂物的存在使液态金属成为不均匀的多相体系，液相流动时的内摩擦力增加所致。夹杂物越多，对黏度的影响越大。夹杂物的形态对黏度也有影响。

材料成形加工过程中的液体金属一般要进行各种冶金处理，如孕育、变质、晶粒细化、净化处理等，这些冶金处理对黏度也有显著影响。如铝硅合金进行变质处理后细化了初生硅或共晶硅的晶粒，从而使黏度降低。

（二）黏度在材料成形过程中的意义

1. 对液态金属净化的影响

液态金属中存在各种夹杂物及气泡等，必须尽量去除，否则会影响材料或成形件的性能，甚至发生灾难的后果。杂质及气泡与金属液的密度不同，一般比金属小，故总是试图离开液体，以上浮的方式分离。脱离的动力是两者重度或密度之差，即

$$F = V(\gamma_1 - \gamma_2) = Vg(\rho_1 - \rho_2)$$

式中，F 为动力；V 为杂质体积；γ_1 为液态金属重度；γ_2 为杂质重度；ρ_1 为液态金属密度；ρ_2 为杂质密度；g 为重力加速度。

杂质在 F 的作用下产生运动，在运动过程中会受到液态金属的阻力。试验指出，在最初很短的时间内，它以加速进行，往后便开始匀速运动。根据斯托克斯（Stokes）原理，半径在 0.1cm 以下的球形杂质的阻力 F_c 可由下式确定

$$F_c = 6\pi r v \eta$$

式中，r 为球形杂质半径；v 为运动速度。

杂质匀速运动时，有 $F=F_c$，故

$$6\pi r v \eta = V(\gamma_1 - \gamma_2) = Vg(\rho_1 - \rho_2)$$

由此可求出杂质上浮速度为

$$v = \frac{2r^2(\gamma_1 - \gamma_2)}{9\eta} = \frac{2r^2 g(\rho_1 - \rho_2)}{9\eta} \tag{1-3}$$

此即著名的斯托克斯公式。

2. 对液态合金流动阻力的影响

流体的流动形态分层流和紊流，这由雷诺数 Re 的大小来决定。Re 的数学式为

$$Re = \frac{v\rho d}{\eta} = \frac{vd}{\nu} \tag{1-4}$$

式中，d 为管道直径，m；v 为流体流速，m/s；ν 为运动黏度，m^2/s。

动力黏度 η 与运动黏度 ν 间的关系为 $\eta = \nu\rho$。

根据流体力学，$Re > 2300$ 为紊流，$Re<2300$ 为层流。管内流动流体的速度分布如图 1-4 所示。当呈紊流流动时，速度分布如曲线 1 所示，分布较均匀，平均流动速度较大；当呈层流流动时，流动速度沿管径方向呈近似抛物线分布，如曲线 2 所示，各点的速度差别比较大。

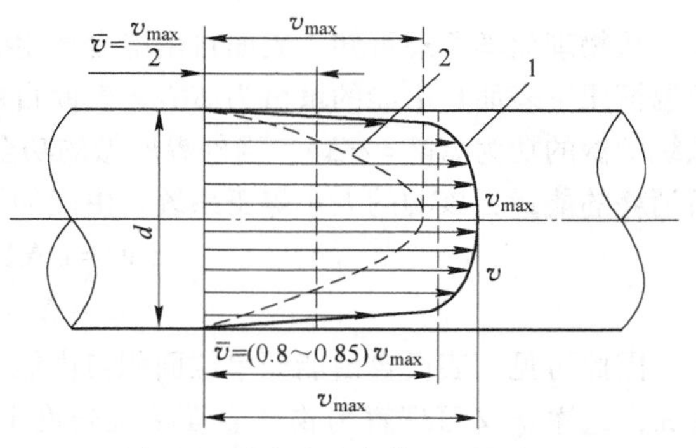

图 1-4　管内流动液体的速度分布
1—紊流；2—层流

设 f 为流体流动时的阻力系数，则有

$$f_{层} = \frac{64}{Re} \tag{1-5}$$

$$f_{紊} = \frac{0.092}{Re^{0.2}} \tag{1-6}$$

显然，当液体以层流方式流动时，阻力系数大，流动阻力大。因此，在材料成形过程中金属液的流动以紊流（湍流）方式流动最好，由于流动阻力小，液态金属能顺利地充

填型腔，故金属液在浇注系统和型腔中的流动一般为紊流。但在充型的后期或狭窄的枝晶间的补缩和细薄铸件中，则呈现为层流。总之，液态合金的黏度大，其流动阻力也大。

3. 对凝固过程中液态合金对流的影响

液态金属在冷却和凝固过程中，由于存在温度差和浓度差而产生浮力，它是液态合金对流的驱动力。当浮力大于或等于黏滞力时则产生对流。黏度越大对流强度越小。液体对流对结晶组织、溶质分布、偏析、杂质的聚合等产生重要影响。

二、表面张力

（一）表面张力（Surface Tension）的实质

液体或固体同空气或真空接触的界面叫表面。表面具有特殊的性质，由此产生一些表面特有的现象，即表面现象。如荷叶上晶莹的水珠呈球状，雨水总是以滴状的形式从天空落下。总之，一小部分的液体单独在大气中出现时，力图保持球状形态，说明总有一个力的作用使其趋向球状，这个力称为表面张力。

液体内部的分子或原子处于力的平衡状态，如图 1-5a 所示；而表面层上的分子或原子受力不均匀，结果产生指向液体内部的合力，如图 1-5b 所示，这就是表面张力产生的根源。可见表面张力是质点（分子、原子等）间作用力不平衡引起的。

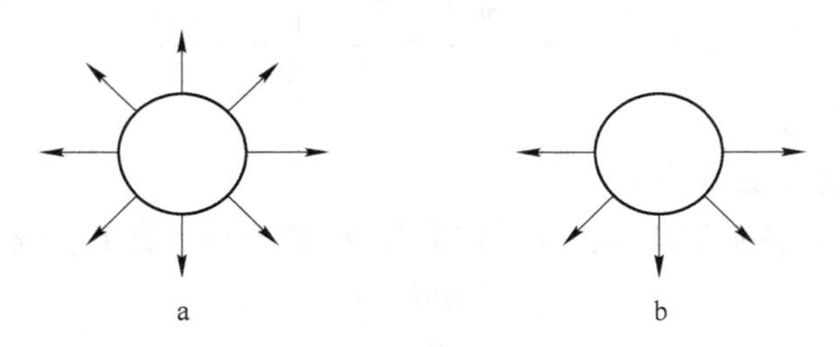

图 1-5　位置不同的分子或原子作用力模型
a—液体内部；b—液体表面

从物理化学原理可知，表面自由能是产生新的单位面积表面时系统自由能的增量。设恒温恒压下表面自由能的增量为 ΔG_b，表面自由能为 σ，使表面增加 ΔA 面积时，外界对系统所做的功为 $\Delta W = \sigma\Delta A$。当外界所做的功全部用于抵抗表面张力而使系统表面积增大所消耗的能量，该功的大小等于系统自由能的增量，即

$$\Delta W = \sigma\Delta A = \Delta G_b$$

$$\sigma = \Delta G_b / \Delta A \tag{1-7}$$

因此可见，表面自由能即单位面积自由能。σ 的物理量纲为 $[\sigma] = J/m^2 = N \cdot m/m^2 = N/m$，这样 σ 又可理解为物体表面单位长度上作用的力，即表面张力。因此，对于液体来说，表面张力和表面能大小相等，只是单位不同，体现为从不同角度来描述同一现象。

从广义而言，任一两相（固-固、固-液、固-气、液-气）的交界面称为界面，就出现了界面张力、界面自由能之说。因此，表面能或表面张力是界面能或界面张力的一个特例。界面能（Interfacial Energy）与两个表面的表面能之间的关系为

$$\sigma_{AB} = \sigma_A + \sigma_B - W_{AB} \tag{1-8}$$

式中，σ_A、σ_B分别为 A、B 两物体的表面张力；W_{AB}为两个单位面积界面向外做的功，或是将两个单位面积结合或拆开时外界所做的功，也叫黏附功。因此，当两相间的作用力大时，W_{AB}越大，则界面张力越小。

润湿角是衡量界面张力的标志，图 1-6 中的 θ 为润湿角，界面张力达到平衡时，存在下面的关系。

$$\sigma_{SG} = \sigma_{LS} + \sigma_{LG}\cos\theta$$

$$\cos\theta = \frac{\sigma_{SG} - \sigma_{LS}}{\sigma_{LG}} \qquad (1\text{-}9)$$

式中，σ_{SG}为固-气界面张力；σ_{LS}为液-固界面张力；σ_{LG}为液-固界面张力。

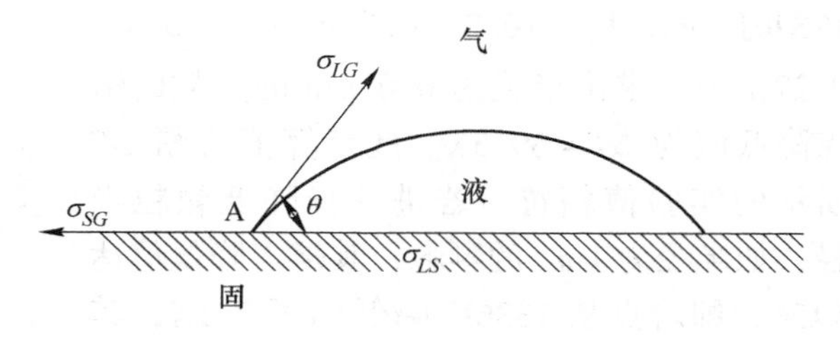

图 1-6　润湿角与界面张力

可见，润湿角是由界面张力 σ_{SG}、σ_{LS}和 σ_{LG}来决定的。当 $\sigma_{SG}>\sigma_{LS}$时，$\theta<90°$，此时液体能够润湿固体；$\theta=0°$称绝对润湿。当 $\sigma_{SG}<\sigma_{LS}$时，$\theta>90°$，此时液体不能润湿固体；$\theta=180°$称绝对不润湿。润湿角是可以测定的。

（二）影响表面张力的因素

影响液态金属表面张力的因素主要有熔点、温度和溶质元素。

1. 熔点

表面张力的实质是质点间的作用力，故原子间结合力大的物质，其熔点、沸点高，则表面张力往往就大。材料成形加工过程中常用的几种金属的表面张力与熔点的关系见表 1-4。

表 1-4　几种金属的熔点和表面张力间的关系

金属	熔点/℃	表面张力/$N \cdot m^{-1}$	液态密度/$g \cdot cm^{-3}$
Zn	420	782×10^{-3}	6. 57
Mg	650	559×10^{-3}	1. 59
Al	660	914×10^{-3}	2. 38
Cu	1083	1310×10^{-3}	7. 79
Ni	1453	1778×10^{-3}	7. 77
Fe	1537	1872×10^{-3}	7. 01

如果材料的尺寸很小，达到纳米量级，表面能也会引起颗粒材料熔点的变化。当颗粒达到纳米量级时，颗粒的表面曲率半径很小，表面能的作用增大，即表面原子比内部原子的能量高，表面原子摆脱键能的束缚就比较容易，熔化可以在正常熔点以下的较低温度发生，即金属微粒的熔点随其尺寸减小而降低，如图 1-7 所示。

针尖与针体的熔点不同，即半径很小的表面（或微粒）比大颗粒（或块体）的熔点低。因曲率半径 r 减小引起的熔点降低值可由下式计算

$$\Delta T = -\frac{2V_s \sigma_{LS} T_m}{\Delta H_m} \cdot \frac{1}{r} \tag{1-10}$$

式中，$\Delta T = T_r - T_m$、T_r 和 T_m 分别为微粒和块体材料的熔点，K；V_s 为固相的摩尔体积，m^3/mol；ΔH_m为熔化焓，J/mol。

例如，已知金的熔点为 1336K，$\Delta H_m = 12370J/mol$，$V_s = 10.2\times10^{-6} m^3/mol$，$\sigma_{LS} = 0.27J/m^2$，求出半径为 0.01μm 的金粒的熔点降低值为 $\Delta T = 59.5K$。此计算值与图 1-7 所示的实验值相符。若进一步降低颗粒半径，如半径为 1nm 的颗粒，其熔点降低值达 595K，即熔点从 1336K 降低到了 741K，其熔点降低十分明显。

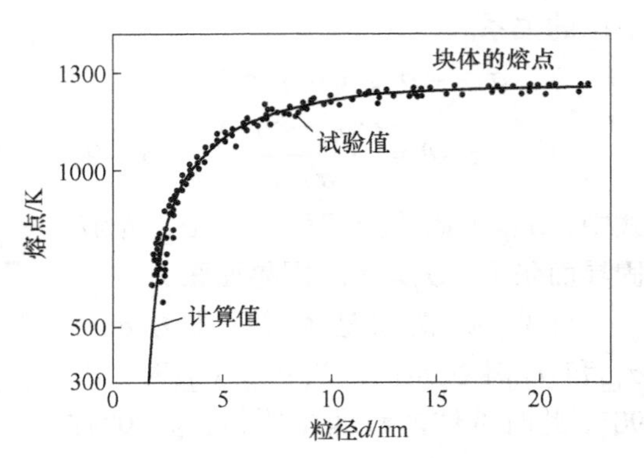

图 1-7 Au 微粒粒径与熔点的关系

2. 温度

大多数金属和合金，如 Al、Mg、Zn 等，其表面张力随温度的升高而降低。这是因温度升高而使液体质点间的结合力减弱所致。但对于铸铁、碳钢、铜及其合金则相反，即温度升高表面张力反而增加。

3. 溶质元素

溶质元素对液态金属表面张力的影响分两大类。使表面张力降低的溶质元素叫做表面活性元素，“活性”之义为表面含量大于内部含量，如钢液和铸铁液中的硫（S）即为表面活性元素，也称正吸附元素。提高表面张力的元素叫做非表面活性元素，其表面的含量少于内部含量，称负吸附元素。图 1-8~图 1-10 为各种溶质元素对 Al、Mg 和铸铁液表面张力的影响。

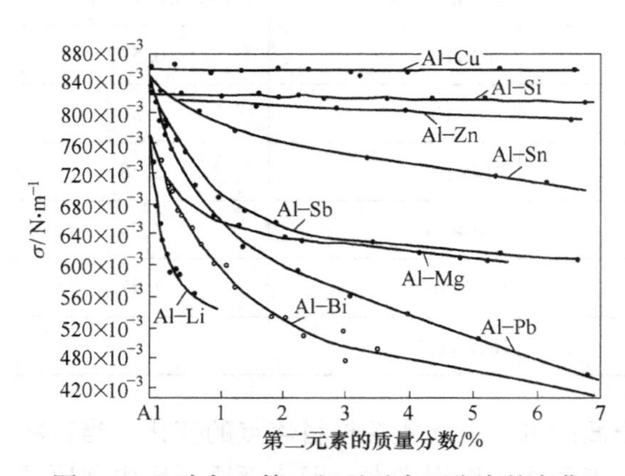

图 1-8 Al 中加入第二组元后表面张力的变化

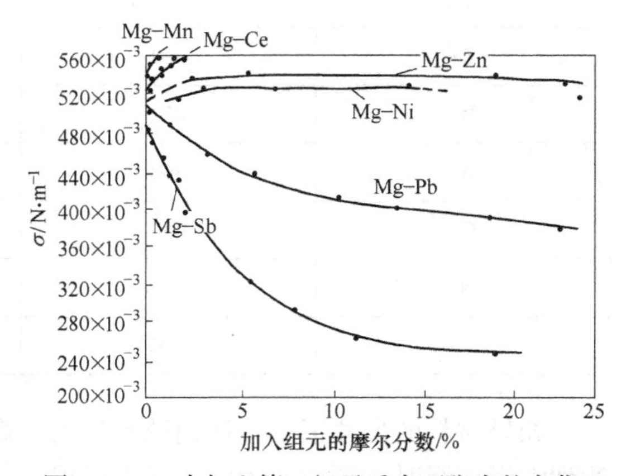

图 1-9 Mg 中加入第二组元后表面张力的变化

加入某些溶质后之所以能改变液体金属的表面张力，是因为加入溶质后改变了熔体表面层质点的力场分布不对称程度。而它之所以具有正（或负）吸附作用，是因为自然界中系统总是向减少自由能的方向自发进行。表面活性物质跑向表面会使自由能降低，故它

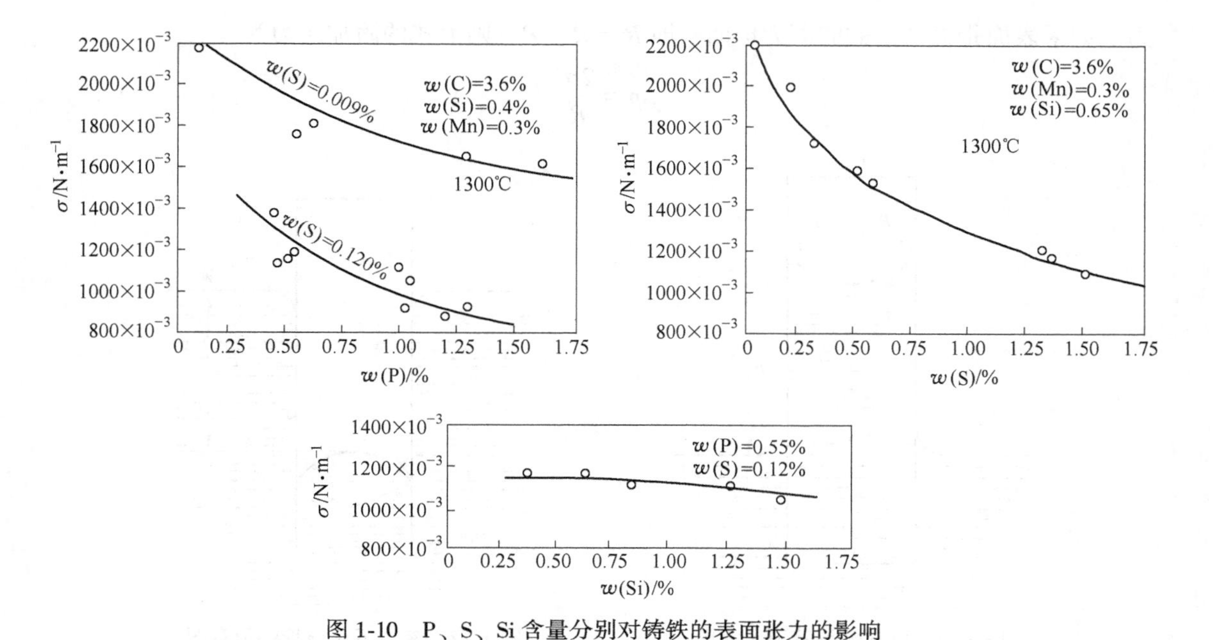

图 1-10　P、S、Si 含量分别对铸铁的表面张力的影响

具有正吸附作用；而非表面活性物质跑向熔体内部会使自由能降低，故它具有负吸附作用。一种溶质对于某种液体金属来说，其表面活性或非表面活性的程度可用吉布斯（Gibbs）恒温吸附公式来描述，即

$$V_B = -\frac{c_B d\sigma}{RT dc_B} \tag{1-11}$$

式中，V_B为单位面积液面较内部多吸附的溶质量；c_B 为溶质 B 元素的浓度；T 为热力学温度；R 为摩尔气体常数。

由吉布斯吸附公式可知，当 $d\sigma/dc_B<0$ 时，$V_B>0$，则溶质在界面层的浓度大于在溶液内部的浓度，这种现象称为正吸附，这类溶质称为表面活性物质。若 $d\sigma/dc_B>0$ 时，$V_B<0$，则溶质在界面层的浓度小于在溶液内部的浓度，这种现象称为负吸附，这类溶质称为非表面活性物质。

（三）表面或界面张力在材料成形过程中的意义

在材料加工工艺中经常遇到的毛细现象（Capillarity），主要就是受表面张力所控制的，弯曲液面的附加压力由拉普拉斯（Laplace）方程来描述：

$$\Delta p = \sigma\left(\frac{1}{R_1} + \frac{1}{R_2}\right) \tag{1-12}$$

式中，R_1和 R_2分别为曲面的曲率半径。

例如，将内径很细的玻璃管，插入能润湿管壁的液体中，则管内液面上升，且呈凹面状（图 1-11）；如果液体不润湿玻璃管，管内液面下降，且呈凸面状（图 1-12）。这种现象称为毛细管现象。毛细管现象是由液体对管壁的润湿性引起的。管内液体上升或下降，直接与弯曲液面的附加压力有关。

图 1-12 中，A、B 两点压力是相等的。C 点的压力低于 B 点的压力，相差一个附加压

力。如果表面张力产生的曲面为球面，即 $R_1 = R_2 = R$，则上式的附加压力为

$$\Delta p = \frac{2\sigma}{R} \tag{1-13}$$

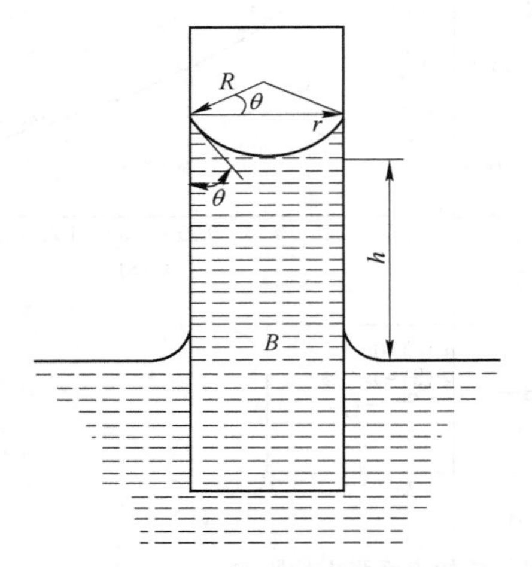

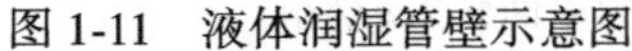
图 1-11　液体润湿管壁示意图

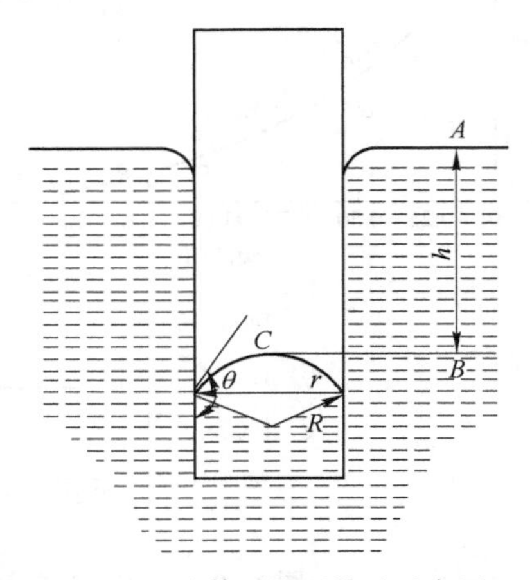

图 1-12　液体不润湿管壁示意图

液面为凹形时，Δp 为负值。因此将液体引进管内，液面上升至液柱压力与其相等时为止。则

$$\frac{2\sigma}{R} = hg(\rho - \rho')$$

式中，R 为凹液面的半径；σ 为液体的表面张力；ρ 及 ρ' 分别为液体及液面上方气体的密度；h 为管内液柱上升的高度。当 ρ' 很小时可略去，则

$$\frac{2\sigma}{R} = hg\rho \tag{1-14}$$

又如图 1-11 所示

$$\frac{r}{R} = \cos\theta \tag{1-15}$$

式中，r 为管子的半径。再将式（1-15）代入式（1-14），则

$$h = \frac{2\sigma\cos\theta}{\rho g r} \tag{1-16}$$

式（1-16）说明，h 与附加压力有关，与 θ 及液体的密度也有关。

若液体不润湿管壁，如图 1-12 所示。图中 C、B 两点的压力相等，而 A 点压力低于 B、C 两点的压力，二者之差也等于弯曲液面上的附加压力。同讨论润湿情况一样，液体下降的高度为

$$h = -\frac{2\sigma\cos\theta}{\rho g r} \tag{1-17}$$

毛细管现象不仅在圆形截面管中产生，在任何一个狭窄的管口、裂缝和细孔中皆能出现。

显然，附加压力与管道半径成反比。当 r 很小时将产生很大的附加压力，对液态成形过程中液态合金的充型性能和铸件表面质量产生很大影响。因此，浇注薄小铸件时必须提高浇注温度和压力，以克服附加压力的阻碍。液态成形过程中所用的铸型或涂料材料的选择是比较严格的。首先，所选择的材料与液态合金是不润湿的，如采用 SiO_2、Cr_2O_3 和石墨砂等材料。在这些细小砂粒之间的缝隙中，将会产生阻碍液态合金渗入的附加压力，从而使铸件表面得以光洁。

金属凝固后期，枝晶之间存在的液膜小至微米时，表面张力对铸件的凝固过程的补缩状况对是否出现热裂缺陷有重大的影响。

在熔焊过程中，熔渣与合金液这两相间的作用会对焊接质量产生重要的影响。熔渣与合金液如果是润湿的，就不易将其从合金液中去除，导致焊缝处可能产生夹渣缺陷。

在近代新材料的研究和开发中，如复合材料，界面现象更是担当着重要的角色。

总之，界面现象影响到液态成形加工的整个过程，晶体成核及生长、缩松、热裂、夹杂及气泡等铸造缺陷都与界面张力关系密切。

第三节 半固态金属的流变性及表观黏度

对于液态成形，合金液在浇注、凝固及冷却过程中，合金的流动性是变化的。它影响铸件或材质的质量，如致密度、成分的均匀性、缩松、夹杂和热裂等都与合金的流动性有关。合金液在熔点以上过热温度较高时，即浇注前或浇注过程中可视为牛顿黏性体，合金液的黏性对充型性以及夹杂物和气体的排除有重要影响。在凝固温度范围内，当合金液析出 20%（体积分数）的晶体时，合金已如同固体般不能流动，枝晶间的补缩很困难，这是铸件或材料产生缩松的根源，长期得不到解决。对于像钢锭等型材产品，可采用锻造的再加工方法以消除缩松，而对于铸件则难以弥合。

对铸造合金的流变性能研究具有重要意义。1972 年，Flemings 等人在研究半固态金属浆料黏性的基础上，提出了一种叫流变铸造（Rheocastings）的新型材料成形技术，其工艺过程如图 1-13 所示。将通过机械搅拌或电磁搅拌等方法制备的半固态浆料移送到压铸机等成形设备中，然后压铸或挤压至金属模具中成形为零件。

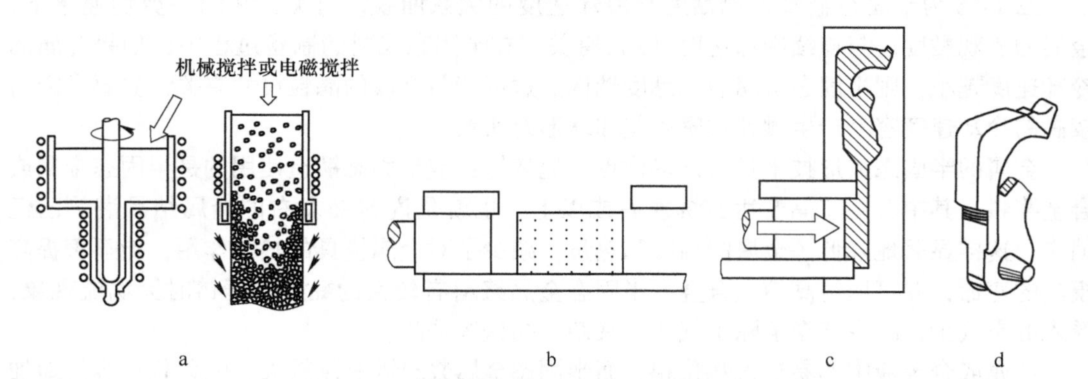

图 1-13 金属的半固态流变成形工艺示意图

a—半固态制浆；b—移送至压室内；c—压铸或挤压成形；d—成品

所谓流变铸造是金属或合金在凝固温度区间给以强烈的搅拌，使晶体的生长形态发生变化，由本来是静止状态的树枝晶转变为梅花状或接近于球形的晶粒。这样的半固态金属或合金浆料，其流变性发生了剧变，已不再是牛顿型流体，而如宾汉体（Bingham Body）的流变性。如图 1-14 所示，宾汉塑流型流体的切应力与速度梯度的关系为

$$\tau = \tau_0 + \eta \frac{\mathrm{d}v_x}{\mathrm{d}y} \tag{1-18}$$

在流变学（Rheology）等场合，常将稳定态下的速度梯度 $\mathrm{d}v_x/\mathrm{d}y$ 称为剪切速率（shear rate），以 $\dot{\gamma}$ 表示，如图 1-14 所示。要使这类流体流动，需要有一定的切应力 τ_0（塑变应力）。当施加的切应力 τ 小于屈服切应力 τ_0时，它如同固体一样不能流动，但可夹持搬动；但当切应力大于或等于屈服切应力 τ_0时，即使固相体积分数达到 50%~70%，合金浆料仍具有液态的性质，能很好地流动，即施加压力就可充填型腔，这称为流变铸造或半固态挤压。

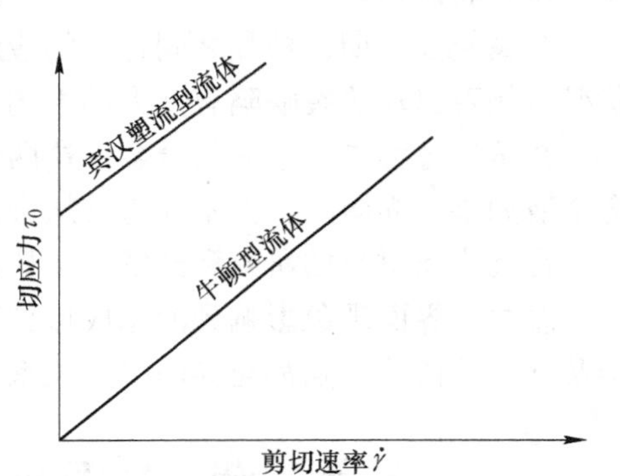

图 1-14　流体的切应力与剪切速率的关系

在很宽的剪切速率范围内，计算半固态浆料黏度的经验公式，可用简单而又常用的关系式，即众所周知的“幂定律”模型

$$\eta_a = K\dot{\gamma}^{n-1} \tag{1-19}$$

式中，η_a 是半固态浆料的表观黏度（Apparent Viscosity）（名称区别于服从牛顿黏性定律液体的动力黏度）；K 为稠密度；n 为幂指数系数。

当剪切速率一定时，浆料中的固相率越大，其表观黏度也越大，如图 1-15 所示。表观黏度的增长速度与剪切速率有关，剪切速率越小，表观黏度的增长速度越快。图中，当 $\dot{\gamma}=90\mathrm{s}^{-1}$时，浆料中的固相率 f_s 约为 38%时，浆料已呈现固态的流变性能，不能流动了。同一金属，当 $\dot{\gamma}=560\mathrm{s}^{-1}$时，浆料中的固相率达 60%时，浆料仍呈现一定的流动性。

图 1-16 为半固态金属表观黏度与冷却速度的关系曲线。可见，在同一剪切速率下，金属的表观黏度还与连续冷却速度（ε）有关。在半固态浆料的制备过程中，如果金属的冷却速度越小，则半固态金属表观黏度越低。这可能与金属的晶粒尺寸有关，主要是因为较高的冷却速度容易产生颗粒致密度差和球形差所致。

金属的半固态成形技术具有许多优点。流变铸造或半固态锻造使用的是半固态金属或合金浆料，其中含固态晶粒达 50%左右或以上，也就是说 50%左右的金属结晶潜热已经消失，这样显著地降低了金属的温度和热量，减少了对金属模具的热蚀作用，能显著提高模具的寿命，并可压铸高熔点合金。半固态金属浆料有较大的黏性，压铸时无涡流现象，卷入的空气少，减少甚至消除了气孔、夹杂、缩松等缺陷。

金属或合金液中不易掺入强化相，而半固态金属浆料因黏度较大，强化相可容易地加入其中，为制备新型复合材料开辟了一条广阔的道路，在铝合金中加入氧化铝、碳化硅、石墨等强化的复合材料已在工程上广泛采用。

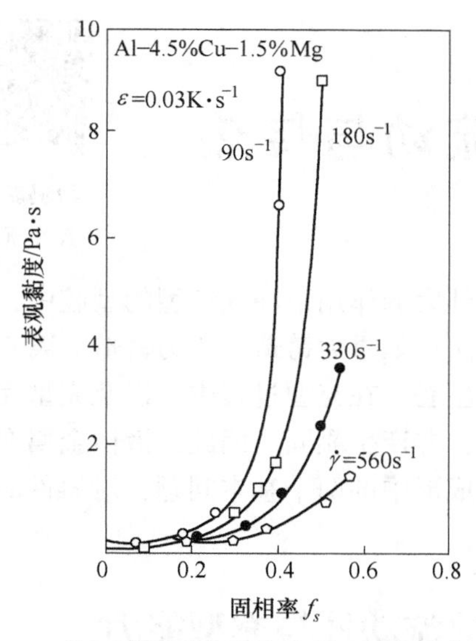

图 1-15　剪切速率对半固态金属表观黏度的影响

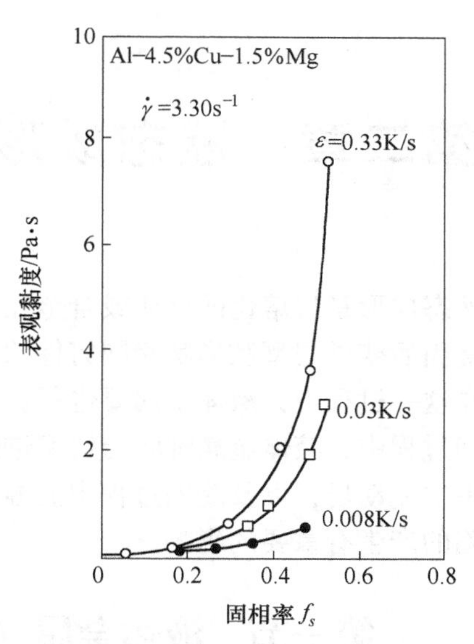

图 1-16　冷却速度对半固态金属表观黏度的影响

习　题

1-1　纯金属和实际合金的液态结构有何不同？举例说明。

1-2　液态金属的表面张力和界面张力有何不同，表面张力和附加压力有何关系？

1-3　钢液对铸型不浸润，$\theta=180°$，铸型砂粒间的间隙为 0.1cm，钢液在 1520℃ 时的表面张力 $\sigma=1.5$N/m，密度 $\rho_{液}=7500$kg/m^3。求产生机械黏砂的临界压力；欲使钢液不浸入铸型而产生机械黏砂，所允许的压头 H 值是多少？

1-4　根据 Stokes 公式计算钢液中非金属夹杂物 MnO 的上浮速度，已知钢液温度为 1500℃，$\eta=0.0049$Pa · s，$\rho_{液}=7500$kg/m^3，$\rho_{MnO}=5400$kg/m^3，MnO 呈球形，其半径 $r=0.1$mm。

1-5　计算铁液在浇注过程中的雷诺数 Re，并指出它属于何种流体流动。已知浇道直径为 20mm，铁液在浇道中的流速为 8cm/s，运动黏度为 0.307×10^{-6}m^2/s。

1-6　已知 660℃ 时铝液的表面张力 $\sigma=0.86$N/m，求铝液中形成半径分别为 1μm 和 0.1μm 的球形气泡各需要多大的附加压力？

1-7　何谓流变铸造，用该种工艺生产的产品有何特点？

1-8　阐述半固态金属表观黏度的影响因素。

第二章　液态成形中的流动与传热

扫码获得
数字资源

液态成形是将熔化的金属或合金在重力或其他外力的作用下注入铸型的型腔中，待其冷却凝固后获得与型腔形状相同铸件的一种成形方法，如重力铸造、压力铸造、离心铸造等。在这一过程中，液体金属要进行流动，并充满型腔。在充型过程中，以及充型完成后的冷却过程中，液体金属都将与铸型进行热量交换，并产生凝固。因此，液体金属在充型过程中的流动场，以及凝固过程中的温度场是液态成形中的两个基本问题，对铸件的质量及缺陷的产生有重要的影响。

第一节　液体金属（合金）的流动性与充型能力

一、流动性与充型能力的基本概念

液态成形是液态金属（合金）充满型腔并凝固后获得符合要求的毛坯或零件的工艺技术。可见，液态金属（合金）的充型性能是一种基本的性能。液态金属（合金）的充型能力好，零件的形状就完整，轮廓清晰；否则就会产生“浇不足”的缺陷。液态金属（合金）的充型能力首先取决于液态金属本身的流动能力，同时又与外界条件密切相关，是各种因素的综合反映。

液态金属（合金）本身的流动能力称为“流动性”（Fluidity），是由液态金属的成分、温度、杂质含量等决定的，而与外界因素无关。因此流动性也可认为是确定条件下的充型能力（Mould-Filling Ability）。

流动性对于排除液体金属（合金）中的气体和杂质，凝固过程的补缩、防止开裂，获得优质的液态成形产品有着重要的影响。液态金属（合金）的流动性越好，气体和杂质越易于上浮，使金属得以净化。良好的流动性有利于防止缩孔、缩松、热裂等缺陷的出现。液态金属（合金）的流动性好，其充型能力强；反之，其充型能力差。不过，充型能力可以通过改变外界条件来提高。

液态金属（合金）的流动性可用试验的方法，即用浇注螺旋形流动性试样或真空流动性试样来衡量，如图 2-1 所示。通过比较金属（合金）液在相同铸型条件下能够流动的长度，可知道流动性的优劣。

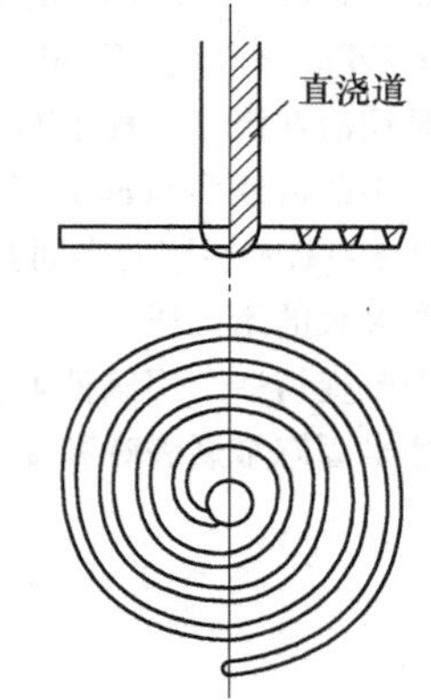

图 2-1　液态金属（合金）的螺旋形流动性试验示意图

二、液态金属的停止流动机理

图 2-2 为纯金属、共晶合金和结晶温度范围很窄的合金停止流动机理示意图。在金属

的过热量未散尽前为纯液态流动（图 2-2 第Ⅰ区）。金属液继续流动，冷的前端在型壁上凝固结壳（图 2-2b），而后面的金属液是在被加热了的沟道中流动，冷却强度下降。由于液流通过Ⅰ区终点时，尚具有一定的过热度，将已凝固的壳重新熔化，为第Ⅱ区。所以，该区是先形成凝固壳，又被完全熔化。第Ⅲ区是未被完全熔化而保留下来的一部分固相区，在该区的终点金属液耗尽了过热热量。在第Ⅳ区里，液相和固相具有相同的温度-结晶温度。由于在该区的起点处结晶开始较早，断面上结晶完毕也较早，往往在它附近发生堵塞（图 2-2c）。这类金属的流动性与固体层内表面的粗糙度、毛细管阻力，以及在结晶温度下的流动能力有关。

图 2-3 为宽结晶温度范围的合金的停止流动机理示意图。在过热热量未散尽以前，也以纯液态流动。温度下降到液相线以下时，液流中析出晶体，顺流前进，并不断长大（图 2-3a）。液流前端不断与冷的型壁接触，冷却最快，晶粒数量最多，使金属液的黏度增加，流速减慢（图 2-3b）。当晶粒达到某临界数量时，便结成一个连续的网络，液流的压力不能克服此网络的阻力时，发生堵塞而停止流动（图 2-3c）。

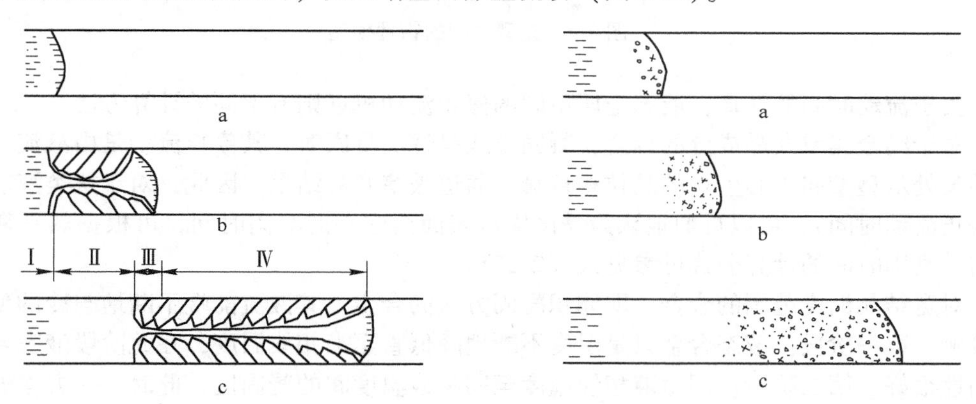

图 2-2　纯金属和窄结晶温度范围合金的停止流动机理　图 2-3　宽结晶温度范围合金的停止流动机理

合金的结晶温度范围越宽，枝晶就越发达，液流前端析出相对较少的固相，也即在相对较短的时间内，液态金属便停止流动。因此，具有最大溶解度的合金，其流动性最小。试验表明，在液态金属的前面析出 15%~20%的固相时，流动停止。

三、液态金属充型能力的计算

液态金属在过热情况下充填型腔，与型腔之间发生强烈的热交换。是一个不稳定的传热过程。因此，液态金属对型腔的充填也是一个不稳定的流动过程。由于影响因素很多，难以从理论上准确计算。以下介绍一种计算方法，比较简明地表述了液态合金的充型能力。

假设用某液体合金浇一水平圆棒形试样，在一定的浇注条件下，合金的充型能力以其流过的长度 l 来表示（图 2-4）。其值为

$$l = vt \tag{2-1}$$

式中，v 为静压头 H 作用下液态金属在型腔中的平均流速；t 为液态金属自进入型腔到停止流动的时间。

由流体力学原理可知

$$v = \mu\sqrt{2gH} \tag{2-2}$$

式中，H 为液态金属的静压头；μ 为流速系数。

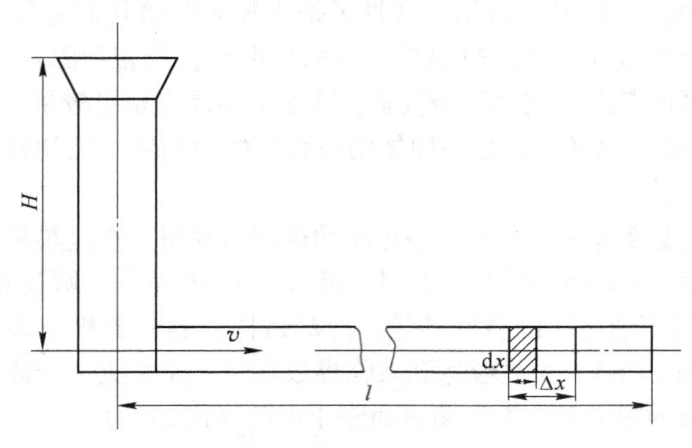

图 2-4 充型过程的物理模型

关于流动时间的计算，液态金属不同的停止流动机理则有不同的计算方法。

对于纯金属或共晶成分的合金，凝固方式呈逐层凝固时，其停止流动是由液流末端之前的某处从型壁向中心生长的晶粒相接触，通道被堵塞的结果。因此，对于这类液态金属的停止流动时间 t，可以近似地认为是试样从表面至中心的凝固时间，可根据热平衡方程求出，凝固时间的计算公式可参见式（2-27）。

对宽结晶温度范围的合金，即体积凝固方式的合金，其液流前端不断地与冷的型壁表面接触。第一阶段：液态合金只是温度不断地降低直至液相线温度，在此阶段液态合金的流动性很好。第二阶段：即由液相线温度至固相线温度间的凝固区，此时，一方面温度继续降低，另一方面不断地结晶出固相。在液流前端区 Δx 范围内，当其固相量达到某一临界值时，则停止流动。故总的停止流动时间为两阶段的时间之和。在这种情况下，可通过建立热平衡方程求解。

为使问题简化，可作如下假设：（1）在自进入型腔直至停止流动的时间内，型腔与液态金属的接触表面温度不变；（2）液态金属在型腔中以等速流动；（3）流体横断面上各点温度是均匀的；（4）热量只按垂直于型壁的方向传导，表面无辐射，沿液流方向无对流。

设液态金属停止流动的时间为 t，则 t 为第一阶段的流动时间 t_1 与第二阶段的流动时间 t_2 之和，它们可由下述两个阶段的热平衡方程式分别求得。

第一阶段液态金属的流动时间 t_1 的求解：距液流端部 Δx 的 dx 段，在 dt 时间内通过表面积 dA 所散发出的热量，等于该时间内液态金属温度下降 dT 放出的热量，其热平衡方程式为

$$\alpha(T - T_{型})\mathrm{d}A\mathrm{d}t = -\mathrm{d}V\rho_1 c_1 \mathrm{d}T \tag{2-3}$$

式中，T 为 dx 段的金属热力学温度，K；$T_{型}$ 为铸型的初始热力学温度，K；dA 为 dx 段与型腔接触的表面面积，m^2；dV 为 dx 段的体积，m^3；t 为时间，s；ρ_1 为液体金属的密度，kg/m^3；c_1 为液态金属的比热容，J/(kg · ℃)；α 为传热系数，W/(m^2 · ℃)。

第二阶段液态金属的流动时间 t_2 的求解：金属液继续向前流动时开始析出固相。此时，金属液放出的热量包括降温和凝固潜热两部分，其热平衡方程式为

$$\alpha(T - T_{型})\mathrm{d}A\mathrm{d}t = -\mathrm{d}V\rho_1^* c_1^* \mathrm{d}T \tag{2-4}$$

式中，ρ_1^* 为合金在液相线 T_L 到 T_K 温度（停止流动温度）范围的密度，近似地 $\rho_1^* = \rho_1$；c_1^* 为合金在 T_L 到 T_K 温度范围内的比热容，近似地取

$$c_1^* = c_1 + \frac{KL}{T_L - T_K} \tag{2-5}$$

式中，K 为液态金属停止流动时液流前端析出的固体数量；L 为金属的结晶潜热。

分别代入初始条件及边界条件到上述式中，可求出两个阶段的时间，相加并简化处理后得

$$l = vt = \mu\sqrt{2gh}\,\frac{AKL\rho_1 + c_1(T_{浇} - T_K)}{P\alpha(T_L - T_{型})} \tag{2-6}$$

式中，$T_{浇}$ 为合金的浇注温度；A 为试样的断面积；P 为断面积 A 的周长。

四、影响充型能力的因素及促进措施

影响充型能力的因素是通过两个途径发生作用的：（1）影响金属与铸型之间热交换条件，从而改变金属液的流动时间；（2）影响金属液在铸型中的水力学条件，从而改变金属液的流速。为便于分析，将影响充型能力的因素归纳为如下四类。

第一类因素，金属性质方面的因素：（1）金属的密度；（2）金属的比热容；（3）金属的热导率；（4）金属的结晶潜热；（5）金属的黏度；（6）金属的表面张力；（7）金属的结晶特点。

第二类因素，铸型性质方面的因素：（1）铸型的蓄热系数 $b(b=\sqrt{c\rho\lambda})$；（2）铸型的密度；（3）铸型的比热容；（4）铸型的热导率；（5）铸型的温度；（6）铸型的涂料层；（7）铸型的发气性和透气性。

第三类因素，浇注条件方面的因素：（1）液态金属的浇注温度；（2）液态金属的静压头；（3）浇注系统中压头损失总和；（4）外力场（压力、真空、离心、振动等）。

第四类因素，铸件结构方面的因素：（1）铸件的折算厚度；（2）由铸件结构规定的型腔的复杂程度引起的压头损失。

根据上述因素中的主要因素，采取相应措施提高充型能力，具体分析如下。

（一）金属性质方面的因素

这类因素是内因，决定了金属本身的流动能力，即流动性。

（1）合金成分。图 2-5 为 Pb-Sn 合金流动性与成分的关系。可以看出，合金的流动性与其成分之间存在着一定的规律性。在流动性曲线上，对应着纯金属、共晶成分的地方出现最大值，而有结晶温度范围的地方，流动性下降，且在最大结晶温度范围附近出现最小值。合金成分对流动性的影响，主要是成分不同时，合金的结晶特点不同造成的，可根据前述的液态金属停止流动机理进行分析。

（2）结晶潜热。结晶潜热约占液态金属含热量的 85%~90%，但是，它对不同类型合金的流动性的影响是不同的。

纯金属和共晶成分的合金在固定温度下凝固，在一般的浇注条件下，结晶潜热的作用能够发挥，是估计流动性的一个重要因素。凝固过程中释放的潜热越多，则凝固进行得越缓慢，流动性就越好。将具有相同过热度的纯金属浇入冷的金属型中，其流动性与结晶潜热对应：Pb 的流动性最差，Al 的流动性最好，Zn、Sb、Cd、Sn 依次居于中间。

对于结晶温度范围较宽的合金，散失一部分（约 20%）潜热后，晶粒就连成网而阻塞流动，大部分结晶潜热的作用不能发挥，所以对流动性影响不大。但是，也有例外，当初生晶为非金属，或者合金能在液相线温度以下呈液固混合状态，在不大的压力下流动时，结晶潜热则可能是重要的因素。例如，在相同的过热度下 Al-Si 合金的流动性，在共晶成分处并非为最大值，而在过共晶区里继续增加（图 2-6），就是因为初生 Si 相是比较规则的块状晶体，且具有较小的机械强度，不形成坚强的网络，能够以液固混合状态在液相线温度以下流动，结晶潜热得以发挥的结果。Si 相的潜热为 141×10^4J/kg，比 α-Al 相约大 3 倍。由于较大的结晶潜热而使流动性在过共晶区继续增长的情况，据目前的资料，只有铸铁（石墨的潜热为 383×10^4J/kg，比铁大 14 倍）、Pb-Sb 和 Al-Si 合金。

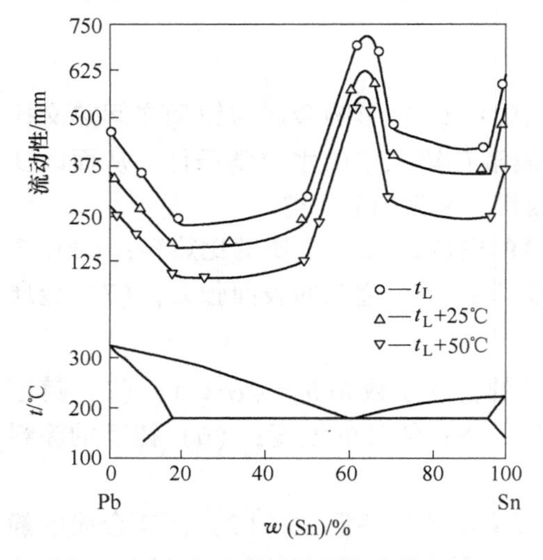

图 2-5　Pb-Sn 合金流动性与成分的关系

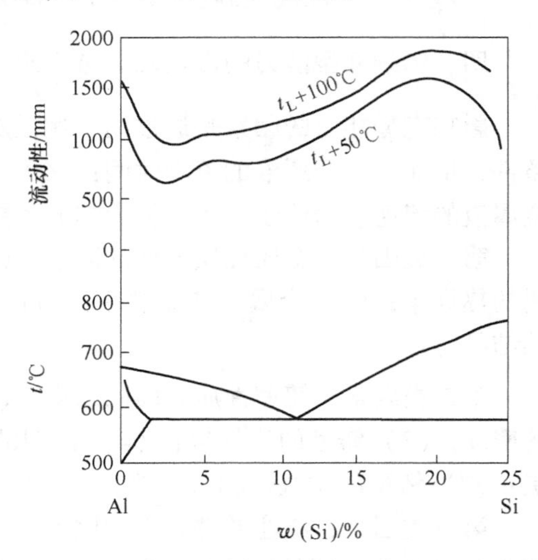

图 2-6　Al-Si 合金流动性与成分及过热温度的关系

（3）金属的比热容、密度和热导率。比热容和密度较大的合金，因本身含有较多的热量，在相同的过热度下保持液态的时间长，流动性好。热导率小的合金，热量散失慢，保持流动的时间长；热导率小，在凝固期间液固并存的两相区小，流动阻力小，故流动性好。

金属中加入合金元素后，热导率一般都会明显下降，使流动性上升。但是，有时加入合金元素后初晶组织发生变化，反而使流动性下降。例如，在 Al 合金中加入少量的 Fe 或 Ni，合金的初晶变为发达的枝晶，并出现针状 $FeAl_3$，流动性显著下降。在 Al 合金中加入 Cu，结晶温度范围扩大，降低了流动性。

（4）液态金属的黏度。如前所述，液态金属的黏度与其成分、温度、夹杂物的含量和状态等有关。根据水力学分析，黏度对层流运动的流速影响较大，对紊流运动的流速影响较小。实际测得，金属液在浇注系统中的流速，除停止流动前的阶段外，都大于临界速度，呈紊流运动。在这种情况下，黏度对流动性的影响不明显。在充型最后很短的时间内，由于通道截面积缩小，或由于液流中出现液固混合物时，特别是在此时因温度下降而使黏度显著增加时，黏度对流动性才表现出较大的影响。

（5）表面张力。造型材料一般不被液态金属润湿，即润湿角 $\theta>90°$。故液态金属在铸型细薄部分的液面是凸起的，而由表面张力产生一个指向液体内部的附加压力，阻碍对该部分的充填。所以，表面张力对薄壁铸件、铸件的细薄部分和棱角的成形有影响。型腔越细薄，棱角的曲率半径越小，表面张力的影响越大。为克服附加压力的阻碍，必须在正常的充型压头上增加一个附加压头。液态金属充填铸型尖角处的能力除与 σ 有关外，还与铸型的激冷能力有关。在激冷作用较大的铸型中，可在合金中加入表面活性元素或采用特殊涂料，降低 σ 或润湿角 θ。在激冷能力较小或预热的铸型中，如果浇注终了时在尖角处合金仍为液态，直浇道中的压头则能克服附加压力，而获得足够清晰的铸件轮廓。

如果在液态金属表面上有能溶解的氧化物，如铸铁和铸钢中的氧化亚铁，则润湿铸型。这时附加压力是负值，有助于金属液向细薄部分补充，同时也有利于金属液向铸型砂粒之间的孔隙中渗透，促进铸件表面黏砂的形成，这是不利的。

（二）铸型性质方面的因素

铸型的阻力影响金属液的充型速度，铸型与金属的热交换强度影响金属液流动时间。所以，铸型性质方面的因素对金属液的充型能力有重要的影响。同时，通过调整铸型性质来改善金属的充型能力，也往往能得到较好的效果。

（1）铸型的蓄热系数。铸型的蓄热系数表示铸型从液态金属中吸取并储存于自身热量的能力。蓄热系数越大，铸型的激冷能力就越强，金属液于其中保持液态的时间就越短，充型能力下降。表 2-1 为几种铸型材料的蓄热系数。

表 2-1　几种铸型材料的蓄热系数

材料	温度/℃	密度/g·cm^{-3}	比热容 /J·(kg·℃)$^{-1}$	热导率 /W·(m·℃)$^{-1}$	蓄热系数 /10^{-4}J·(m^2·S$^{\frac{1}{2}}$·℃)$^{-1}$
铜	20	8930	385.2	392	3.67
铸铁	20	7200	669.9	37.2	1.34
铸钢	20	7850	460.5	46.5	1.30
人造石墨	20	1560	1356.5	112.8	1.55
砂	1000	3100	1088.6	3.50	0.34
铁屑	20	3000	1046.7	2.44	0.28
黏土型砂	20	1700	837.4	0.84	0.11
黏土型砂	900	1500	1172.3	1.63	0.17
干砂	900	1700	1256.0	0.58	0.11
湿砂	20	1800	2302.7	1.28	0.23
耐火黏土	500	1845	1088.6	1.05	0.15
锯末	20	300	1674.7	0.174	0.0296
烟黑	500	200	837.4	0.035	0.0076

在金属型铸造中，经常用涂料调整其蓄热系数。为使金属型浇口和冒口中的金属液缓

慢冷却，常在一般的涂料中加入蓄热系数很小的石棉粉。

在砂型铸造中，利用烟黑涂料解决大型薄壁铝镁合金铸件的成形问题，已在生产中收到效果。砂型蓄热系数与造型材料的性质、型砂成分的配比、砂型的紧实度等因素有关。

（2）铸型的温度。预热铸型能减小金属液与铸型的温差，从而提高其充型能力。例如，在金属型中浇注铝合金铸件，将铸型温度由340℃提高到520℃，在相同的浇注温度（760℃）下螺旋线长度则由525mm增加到950mm。用金属型浇注灰铸铁件时，铸型的温度不但影响充型能力，而且影响铸件是否出现白口组织。在熔模铸造中，为得到清晰的铸件轮廓，可将型壳焙烧到800℃以上进行浇注。

（三）浇注条件方面的因素

（1）浇注温度。浇注温度对液态金属的充型能力有决定性的影响。浇注温度越高，充型能力越好。在一定温度范围内，充型能力随浇注温度的提高而直线上升。超过某界限后，由于金属吸气多，氧化严重，充型能力提高的幅度越来越小。在比较低的浇注温度下，铸钢的流动性随碳含量的增加而提高。浇注温度提高时，碳的影响减弱。

对于薄壁铸件或流动性差的合金，利用提高浇注温度改善充型能力的措施在生产中经常采用，也比较方便。但是，随着浇注温度的提高，铸件一次结晶组织粗大，容易产生缩孔、缩松、黏砂、裂纹等缺陷，因此必须综合考虑。

根据生产经验，一般铸钢的浇注温度为1520~1620℃，灰铸铁为1350~1450℃，铝合金为680~780℃。薄壁复杂铸件取上限，厚大铸件取下限。

（2）充型压头。液态金属在流动方向上所受的压力越大，充型能力就越好。在生产中，用增加金属液静压头的方法提高充型能力，也是经常采取的工艺措施。用其他方式外加压力，如压力铸造、低压铸造、真空吸铸等，也都能提高金属液的充型能力。

金属液的充型速度过高时，不仅会发生喷射和飞溅现象，使金属氧化和产生“铁豆”缺陷，而且型腔中气体来不及排出，导致反压力增加，还可能造成浇不足或冷隔缺陷。

（3）浇注系统的结构。浇注系统的结构越复杂，流动阻力越大，在静压头相同的情况下，充型能力就越差。在铝镁合金铸造中，为使金属液流动平稳，常采用的蛇形、片状直浇道，流动阻力大，充型能力显著下降。在铸件上常用的阻流式、缓流式浇注系统，也影响金属液的充型能力。

在设计浇注系统时，必须合理地安排内浇道在铸件上的位置，选择恰当的浇注系统结构和各组元（直浇道、横浇道和内浇道）的断面积，否则，即使金属液有较好的流动性，也会产生浇不足、冷隔等缺陷。

（四）铸件结构方面的因素

衡量铸件结构特点的因素是铸件的折算厚度和复杂程度，它们决定了铸型型腔的结构特点。

（1）铸件的折算厚度（换算厚度、当量厚度、模数）。铸件的壁越薄，折算厚度越小，就越不容易被充满。铸件壁厚相同时，铸型中水平壁和垂直壁相比较，垂直壁容易充满，因此，对薄壁铸件应正确选择浇注位置。

（2）铸件的复杂程度。铸件结构复杂、厚薄部分过渡面多，则型腔结构复杂，流动阻力大，铸型的充填就困难。

第二节　凝固过程中的热量传输

在材料的热加工过程中常常伴随热传递。传热有三种基本方式：传导、对流和辐射。在凝固过程中，液态金属（合金）的过热热量和凝固潜热，主要是以热传导的方式向铸型等外界释放的。传热强度影响到铸件中的温度分布和凝固方式。此外，缩松、变形、裂纹等缺陷也与传热或温度分布关系密切。因此，认识材料成形过程中的传热规律，就可以合理地控制它，以便使凝固过程按人们的意图进行。

一、铸件凝固传热的数学模型

液态金属浇入铸型后在型腔内的冷却凝固过程，是一个通过铸型向周围环境散热的过程。在这个过程中，铸件和铸型的内部温度分布是随时间而变化的。从传热方式看，这一散热过程是按导热、对流及辐射三种方式综合进行的，显然，对流和辐射主要发生在边界上。当液态金属充满型腔后，如果不考虑总铸件凝固过程中液态金属发生的对流现象，铸件凝固过程可看成是一个不稳定的导热过程，因此，铸件凝固过程传热的数学模型符合不稳定导热偏微分方程。但必须考虑铸件凝固过程中的潜热释放。

从传热学知道，对于一个三维导热的铸件，当单位体积内热源的热能为 Q 时，导热微分方程式的一般形式如下

$$\frac{\partial T}{\partial t}=\frac{\lambda}{\rho c}\left(\frac{\partial^2 T}{\partial x^2}+\frac{\partial^2 T}{\partial y^2}+\frac{\partial^2 T}{\partial z^2}\right)+Q \tag{2-7}$$

式中，λ 为热导率，W/(m·K)；ρ 为密度，kg/m^3；c 为比热容，J/(kg·K)。

在凝固过程中，内热源即为液-固转变释放的潜热。假定单位体积，单位时间内固相部分的增加率为 $\partial f_s/\partial t$，释放的潜热为

$$\rho L\frac{\partial f_s}{\partial t}$$

式中，L 为结晶潜热，J/kg；f_s为固相的份数。

因此，对于一维导热，考虑到潜热的不稳定，导热微分方程由式（2-7）可简化为

$$\rho c\frac{\partial T}{\partial t}=\lambda\frac{\partial^2 T}{\partial x^2}+\rho L\frac{\partial f_s}{\partial t} \tag{2-8}$$

此外，影响铸件凝固过程的因素众多，在求解中若要把所有的因素都考虑进去是不现实的。因此对铸件凝固过程必须进行合理简化，为了问题的求解，一般作如下基本假设：

（1）认为液态金属在瞬时充满铸型后开始凝固：假定初始液态金属温度为定值，或为已知各点的温度值。

（2）不考虑液、固相的流动：传热过程只考虑导热。

（3）不考虑合金的过冷：假定凝固是从液相线温度开始，固相线温度结束。

根据以上假设则可得到铸件凝固传热数学模型。以一维系统为例（图 2-7），在铸件中不稳定导热的控制方程表达式为

$$\rho_1 c_1\frac{\partial T}{\partial t}=\lambda_1\frac{\partial^2 T}{\partial x^2}+\rho_1 L\frac{\partial f_s}{\partial t} \tag{2-9}$$

式中，ρ_1、λ_1、c_1分别为铸件金属的密度、热导率、比热容。

式（2-9）左边表示铸件中的热积蓄项（单位时间内能的变化），右边第一项表示导热项，第二项为潜热项。

在铸型中，不稳定导热的控制方程的表达式为

$$\rho_2 c_2 \frac{\partial T}{\partial t} = \lambda_2 \frac{\partial^2 T}{\partial x^2} \tag{2-10}$$

式中，ρ_2、λ_2、c_2分别为铸型材料的密度、热导率、比热容。

初始条件的处理：根据前述基本假设（1），认为铸型被瞬时充满，故有

$T(x,\ 0) = T_{01}$（在铸件区域）

$T(x,\ 0) = T_{02}$（在铸型区域）

一般T_{01}定为等于或略低于浇注温度，T_{02}为室温或铸型预热温度。假定在浇注瞬间，因铸件尚未开始凝固，铸型和液态金属的接触是完全的，其共同的界面温度为T_i。除了界面附近外，离界面较远处的液态金属和铸型温度尚未来得及变化，仍保持浇注温度T_p和浇注时的铸型温度T_0，如图 2-7 所示。

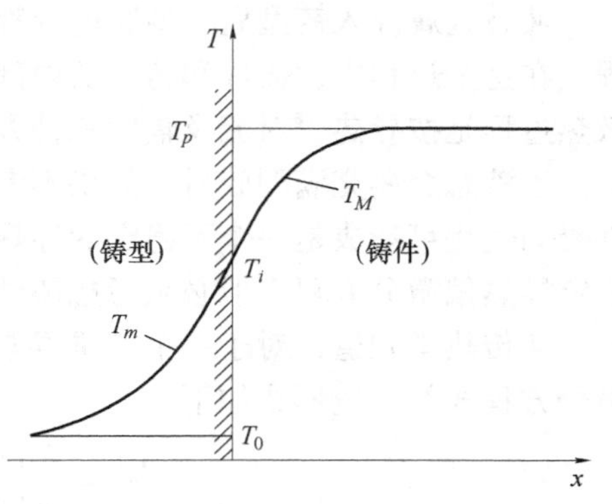

图 2-7　铸件-铸型界面温度分布模型

下面分析求T_i和界面附近温度的过程。在界面附近可以假定只有一维导热，即服从

$$\frac{\partial T}{\partial t} = \alpha \frac{\partial^2 T}{\partial x^2} \tag{2-11}$$

式中，α 为热扩散率，m^2/s，$\alpha=\lambda/(\rho c)$。

上式的通解为

$$T = A + B\mathrm{erf}\left(\frac{x}{2\sqrt{\alpha t}}\right) \tag{2-12}$$

式中，erf(x) 为高斯误差函数，可查表求得。其性质为：$x = 0$，$\mathrm{erf}(x) = 0$；$x = \infty$，$\mathrm{erf}(x) = 1$；$x = -\infty$，$\mathrm{erf}(x) = -1$。可见 erf(x) 值在$-1\sim1$。

在铸件一侧，边界条件为：当$x=0$时，$T=T_i$；当$x=\infty$时，$T=T_p$。分别代入式（2-12）可得

$$A = T_i;\ B = T_p - T_i$$

于是有

$$T_M = T_i + (T_p - T_i)\mathrm{erf}\left(\frac{x}{2\sqrt{\alpha_M t}}\right) \tag{2-13}$$

在铸型一侧，边界条件为：当$x=0$时，$T=T_i$；当$x=-\infty$时，$T=T_0$。分别代入式（2-12）可得

$$A = T_i;\ B = T_i - T_0$$

于是有

$$T_m = T_i + (T_i - T_0)\mathrm{erf}\left(\frac{x}{2\sqrt{\alpha_m t}}\right) \tag{2-14}$$

式中，T_M、T_m分别为铸件和铸型的温度；α_M、α_m分别为铸件和铸型的热扩散率。

在界面上，利用热流连续性，金属放出的热量等于铸型吸收的热量，应有

$$\lambda_M \left(\frac{\partial T_M}{\partial x}\right)_{x=0} = \lambda_m \left(\frac{\partial T_m}{\partial x}\right)_{x=0} \tag{2-15}$$

对式（2-13）和式（2-14）在 $x=0$ 处求导，得到

$$\left(\frac{\partial T_M}{\partial x}\right)_{x=0} = \frac{T_p - T_i}{\sqrt{\pi \alpha_M t}}; \qquad \left(\frac{\partial T_m}{\partial x}\right)_{x=0} = \frac{T_i - T_0}{\sqrt{\pi \alpha_m t}}$$

将上两式代入式（2-15）得

$$T_i = \frac{b_m T_0 + b_M T_p}{b_m + b_M} \tag{2-16}$$

式中，b_M、b_m分别为铸件和铸型的蓄热系数，$b=\sqrt{\lambda \rho c}$。蓄热系数表示物体向与其接触的高温物体吸热的能力。

二、凝固潜热的处理

铸件在凝固过程中会释放出大量的潜热。铸件凝固冷却过程实质上是铸件内部过热热量（显热）和潜热不断向外散失的过程。过热热量的释放与材料的定压比热容 c_p 和温度变化量 ΔT 密切相关；而潜热的释放仅取决于材质本身发生相变时所反映出的物理特性。在铸件凝固冷却过程释放出的总热量中，金属过热的热量仅占20%左右，凝固潜热约占80%，潜热占有相当大的比例。以纯铜为例，凝固潜热为211. 5kJ/kg，在熔点附近的液态定压比热容 c_{pL} 为0. 46kJ/(kg・℃)，则可由下式求出其等效温度区间 ΔT^* 为

$$\Delta T^* = \frac{L}{c_{pL}} \tag{2-17}$$

对于纯铜 ΔT^* 为456℃，即表明凝固时放出的潜热量相当于温度下降456℃时所放出的过热热量。可见，潜热对铸件凝固数值计算的精度起着非常关键的作用。

式（2-8）考虑了凝固潜热释放的不稳定的导热偏微分方程。若对式（2-8）的一维问题作如下变更

$$\rho L \frac{\partial f_s}{\partial t} = \rho L \frac{\partial f_s}{\partial T} \frac{\partial T}{\partial t} \tag{2-18}$$

并把潜热项移到左边，则式（2-18）变为

$$\rho \left(c - L \frac{\partial f_s}{\partial T}\right) \frac{\partial T}{\partial t} = \lambda \frac{\partial^2 T}{\partial x^2} \tag{2-19}$$

由上式可见，如果固相分数 f_s 和温度 T 的关系为已知，则式（2-19）就能很容易地进行数值求解。

由于合金材质不同，潜热释放的形式也不同，在数值计算中也应采取不同的潜热处理方法。常用的方法有温度补偿法、等价比热容法、热焓法等。

三、铸件凝固温度场的测量

（1）温度场。测温法测温度场是通过向被测物中安放热电偶来实现的，其主要技术

是放置热电偶位置的选择和数据的处理。以无限长圆柱体铸件为例，沿半径方向间隔一定距离放置热电偶，如图 2-8a 所示，其中 1 为边缘，6 为中心。图 2-8b 为由仪器直接记录的温度-时间（T-t）曲线；图 2-8c 为根据 T-t 曲线做出的圆柱截面的温度场，由图可确定任何位置和时刻的温度。

（2）凝固动态曲线。将图 2-8 中给出的液相线和固相线与 T-t 曲线各交点分别标注在 (x/R)-t 坐标系上，再将各液相线的交点和各固相线的交点分别相连，即得到液相线边界曲线和固相线边界曲线，二者组成动态凝固曲线（图 2-8d）。纵坐标中的 x 为型腔边缘到中心方向的距离，分母 R 是圆柱体半径。因凝固是从型腔边缘向中心推进的，所以 $x/R=1$ 表示已凝固至中心。图 2-8e 是根据凝固曲线绘制的圆柱体铸件横断面在 t 时刻的凝固形貌图。可见从边缘至 0.25R 区间已凝固，即凝固层厚度；0.25R 至 0.7R 区间为固液共存区；0.7R 至 1.0R 区间为液相区。当液相边界和固相边界的垂直距离（图 2-8d、e，图 2-8a 中为水平距离）越宽时，则该铸件的凝固范围也越宽。

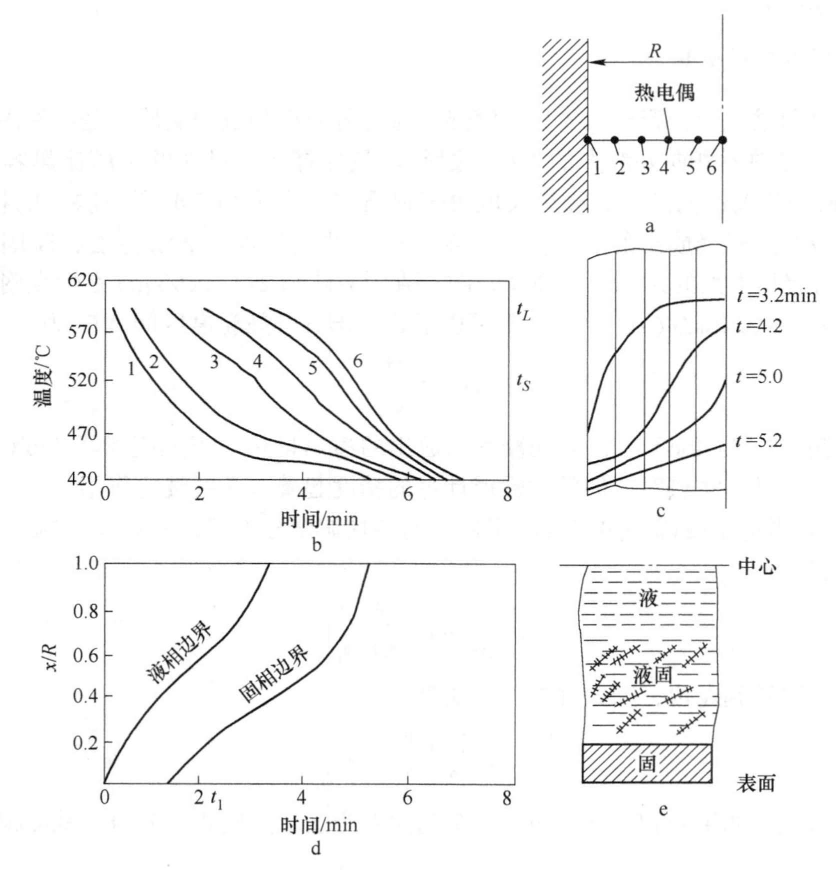

图 2-8 无限长圆棒试样测温及结果处理

a—热电偶位置；b—冷却曲线；c—断面温度场；d—动态凝固曲线；e—断面凝固结构

（3）铸件的凝固方式及影响因素。动态凝固曲线的水平距离很小或等于零时，这时铸件凝固区很小或根本没有，称这种凝固方式为层状凝固方式（也称为逐层凝固）；若水平距离很宽，凝固范围很大时，称体积凝固（也称为糊状凝固）；介于二者之间的称为中间状凝固方式。一般地，具有层状凝固方式的铸件，凝固过程中容易补缩，组织致密，性能好；具有体积凝固方式的铸件，不易补缩，易产生缩松、夹杂、开裂等缺陷，铸件的性能差。

影响铸件凝固方式的因素有二：一是合金的化学成分；二是铸件断面上的温度梯度。纯金属和共晶成分的合金，凝固温度区间（液相线与固相线之差）$T_L - T_S = 0$，倾向于层状凝固，如图2-9a所示。当合金的液相线温度与固相线温度相差很大时，此时凝固范围很宽，倾向于体积凝固或糊状凝固，如图2-9c所示。但是，若温度梯度较小时，如图2-9d所示的合金成分同图2-9b完全一样，但后者的冷却速度慢，温度梯度小（$G_{Ld} < G_{Lb}$），导致铸件的凝固方式由层状变成体积凝固方式。例如，工业纯铝在砂型中以糊状凝固方式凝固，而在金属型中以逐层凝固方式凝固。温度梯度可表示为

$$G_L = (T_L - T_S)/\delta \tag{2-20}$$

因此，凝固区间宽度 δ 为

$$\delta = (T_L - T_S)/G_L \tag{2-21}$$

所以，G_L小导致凝固范围 δ 大。

冷却能力强的铸型，如金属型，不仅表现为单位体积吸收凝固合金热量大，而且表现为导热能力强。因此，凝固合金与金属铸型的界面得以维持较低的温度，引起高的温度梯度（凝固合金的温度梯度可以表示为铸型与凝固合金间温度差的函数），导致合金液固两相区较窄，趋向于逐层凝固。另一方面，使用冷却能力弱的铸型，如砂型，除吸热少，导热能力弱，使凝固合金与砂型界面温度很快升高，接近于合金的熔点，结果导致合金的固液两相区较宽，逐层凝固的特征不强。

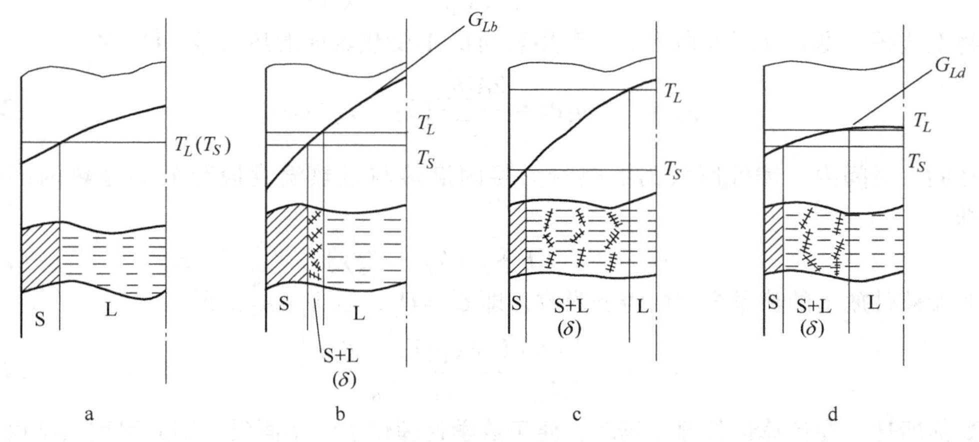

图2-9　合金成分和温度梯度对铸件凝固方式的影响

a，b—层状凝固；c，d—体积凝固

第三节　铸件的凝固时间

铸件的凝固时间是指液态金属充满铸型的时刻至凝固完毕所需要的时间。单位时间凝固层增长的厚度称为凝固速度。凝固时间是制定液态成形工艺的重要参数。

确定铸件凝固时间的方法有理论计算法、经验公式计算法和数值模拟法，在此只叙述理论计算法，并以无限大平板铸件为例来计算凝固时间。同时，介绍一下经验计算法。

一、理论计算法

以下的分析计算基于如下假设条件：

(1) 金属/铸型界面为无限大平面，铸件与铸型壁厚均为无限大。

(2) 凝固是在恒定温度下进行的。

(3) 除结晶潜热外，在凝固过程中没有任何其他热量释放出来。

(4) 金属与铸型的热物理性质不随时间变化。

(5) 金属液的对流作用所引起的温度场变化可忽略不计。

参考图 2-7，由式（2-14）得铸型温度分布方程为

$$T_m = T_i + (T_i - T_0)\operatorname{erf}\left(\frac{x}{2\sqrt{\alpha_m t}}\right)$$

对上式在界面 $x=0$ 处求导

$$\frac{\partial T_m}{\partial x} = (T_0 - T_i)\frac{1}{\sqrt{\pi\alpha_m t}}$$

根据傅里叶导热定律 $q=-\lambda(\mathrm{d}T/\mathrm{d}x)$，得出通过铸型界面的热流密度 q_2（单位面积的热流量，$\mathrm{W/m^2}$）为

$$q_2 = \lambda_m(T_i - T_0)\frac{1}{\sqrt{\pi\alpha_m t}} = \frac{b_m(T_i - T_0)}{\sqrt{\pi t}} \tag{2-22}$$

将上式积分得 $0\sim t$ 时间段内流过铸型表面积 A_2 受热表面的热量 $Q_2(\mathrm{J})$ 为

$$Q_2 = \int_0^t A_2 q_2 \mathrm{d}t = \frac{2A_2 b_m}{\sqrt{\pi}}(T_i - T_0)\sqrt{t} \tag{2-23}$$

在同一时间内，铸件所放出的热量为凝固潜热与过热温度段释放的显热两部分之和，即

$$Q_1 = V_1\rho_1[L + c_1(T_P - T_S)] \tag{2-24}$$

假设铸件放出的热量全部由铸型吸收，即 $Q_1=Q_2$，且 $A_1=A_2$，得

$$\sqrt{t} = \frac{\sqrt{\pi}}{2}\frac{V_1\rho_1}{A_1 b_m}\left[\frac{L + c_1(T_P - T_S)}{T_i - T_0}\right] \tag{2-25}$$

如前所述，在计算铸件温度场时，便于数学处理作了许多假设。因此引用其结论计算出来的凝固时间只是近似的，可供参考。同时，以下的经验计算法至今仍在科学研究和生产中应用，其计算出的凝固时间更为准确。

二、经验计算法——平方根定律

设时间 t 内半无限大平板铸件凝固厚度为 $\zeta(\zeta=V_1/A_1)$，则由式（2-25）整理后变为

$$\zeta = \frac{2b_m(T_i - T_0)}{\sqrt{\pi}\rho_1[L + c_1(T_P - T_S)]}\sqrt{t} \tag{2-26}$$

令
$$K = \frac{2b_m(T_i - T_0)}{\sqrt{\pi}\rho_1[L + c_1(T_P - T_S)]}$$
得
$$t = \frac{\xi^2}{K^2} \tag{2-27}$$

式（2-27）即为著名的丘里诺夫（Chvorinov）公式，也称为铸件凝固的“平方根”定律。式中的 K 也称为凝固系数，可由试验测定。表 2-2 列出了几种合金在不同铸型条件下的凝固系数。

表 2-2　几种合金的凝固系数

材　质	铸　型	凝固系数 K/cm · min$^{-1/2}$
灰铸铁	砂　型	0.72
	金属型	2.2
可锻铸铁	砂　型	1.1
	金属型	2.0
铸　钢	砂　型	1.3
	金属型	2.6
黄　铜	砂　型	1.8
	金属型	3.6
铸　铝	砂　型	—
	金属型	3.1

平方根定律比较适合于大平板和结晶间隔小的合金铸件。其计算结果与实际情况很接近。这说明平方根定律虽然有其局限性，但它揭示了凝固过程的基本规律。它是计算铸件凝固时间的基本公式，许多其他的计算方法都是在它的基础上发展起来的。

对于任意形状铸件，其体积为 V，表面积为 S。若包围铸件的铸型很厚，这时对铸件各个面，式（2-25）都是成立的，上述分析过程也适用。此时铸件的凝固时间计算式（2-27）中的凝固厚度 ξ 可用 $R=V/S$ 代替，即

$$t = R^2/K^2 \tag{2-28}$$

R 称为折算厚度（或称当量厚度或铸件模数）。式（2-28）即为所谓的计算铸件凝固时间的“折算厚度法则”。由于折算厚度法则考虑到了铸件的形状这个主要因素，所以它更接近实际，是对平方根定律的修正和发展。

由式（2-28）可知，铸件的形状对凝固时间有重要的影响。同时还受铸件结构、热物性参数、浇注条件的影响。平方根定律对大平板、球体和长圆柱体铸件比较准确。对于短而粗的杆和矩形，由于边角效应的影响，计算结果一般比实际凝固时间长 10%~20%。

实际生产中多数情况并不需要计算出铸件的凝固时间，只比较它们的相对厚度或模数，由此制定生产工艺，获得优质产品。因此，平方根定律得到了广泛的实际应用。

习　题

2-1　液态合金的流动性和充型能力有何异同，如何提高液态金属的充型能力？

2-2　浇注一半径为 r 的细长圆棒，试证明液态金属在型腔流经 L 长时的温度降为 $\Delta T=\dfrac{2\alpha(T_0-T_{型})L}{rv\rho_1 c_1}$，式中 v 为液态金属流速，T_0 为 $x=0$ 处的温度。

2-3　试证明铁在熔点浇入铝制铸型中，铝铸型内表面不会熔化。生产实际中为什么又不用铝做铸型？铁液的热物性参数为 $\rho_1=7800\text{kg/m}^3$，$\lambda_1=46.5\text{W/(m}\cdot℃)$，$c_1=455\text{J/(kg}\cdot℃)$，铝的热物性参数为 $\rho_2=2707\text{kg/m}^3$，$\lambda_2=204\text{W/(m}\cdot℃)$，$c_2=896\text{J/(kg}\cdot℃)$。

2-4　凝固过程中金属液体的对流分哪几种类型，它对材质和成形产品质量有何影响？

2-5　定性地比较下列各种铸型材料的导热能力，即砂、石膏、石墨、铸铁、钢、铝、铜，按它们导热能力排列顺序。

2-6　在一面为砂型而另一面为某种专用材料制成的铸型中浇注厚 50mm 的铝板，浇注时无过热。凝固后检验其组织，在位于砂型 37.5mm 处发现轴线缩松，计算专用材料的蓄热系数。

2-7　试分析铸件在砂型、涂有绝热涂料的金属型中的传热特点，并分析这两种情况影响传热的限制性环节及温度场特点。

2-8　用 Chvorinov 公式计算凝固时间时，误差来源于哪几方面，半径相同的圆柱和球体哪个误差大，大铸型和小铸型哪个误差大，金属型和砂型哪个误差大？

2-9　生产厚 250mm 的铝板，在无过热情况下浇入砂型。

（1）求凝固时间 t。

（2）用数学解析法求 62.5mm 和中心两点的冷却曲线。

扫码获得
数字资源

第三章　液态金属的凝固形核及生长方式

液态金属转变成固态的过程称为液态金属的凝固，或称金属的一次结晶。“凝固”（Solidification）与“结晶”（Crystallization）都是指固液相变过程，只不过结晶不能包含液态金属快速冷却成为非晶态的情况，因此凝固的概念更广泛，并更具有工程或工艺上的意义，而结晶更具有金属物理的意义。液态金属的凝固过程决定着铸件凝固后的显微组织，并影响随后冷却过程中的相变、过饱和相的析出、铸件的热处理过程以及凝固过程中的偏析、气体析出、补缩过程和裂纹形成等，因此它对铸件的质量、性能及其工艺过程都具有极其重要的作用。本章从热力学和动力学的观点出发，通过形核和生长过程阐述液态金属凝固过程的基本规律。

第一节　凝固的热力学条件

液态金属的凝固过程是一种相变，它是一个降低系统自由能的自发进行的过程。系统的吉布斯自由能 G 可由下式表示：

$$G = H - TS \tag{3-1}$$

纯金属液、固两相体积吉布斯自由能 G_L 和 G_S 均随温度的升高而降低，如图 3-1 所示。由于结构高度紊乱的液相具有更高的熵值，液相自由能 G_L 将以更大的速率随着温度的升高而下降。而高度有序的晶体结构具有更低的内能，因此在低温下固相自由能 G_S 低于液相自由能 G_L，并于某一温度 T_m 处两者相交。当 $T=T_m$ 时，$G_L=G_S$，固、液两相处于热力学平衡状态，T_m 即为纯金属的平衡结晶温度；当 $T>T_m$ 时，$G_L<G_S$，液相处于自由能更低的稳定状态，结晶不可能进行；只有当 $T<T_m$ 时 $G_L>G_S$，结晶才可能自发进行。这时两相吉布斯自由能的差值 ΔG_V 就构成相变（结晶）的驱动力。

$$\Delta G_V = G_L - G_S = (H_L - H_S) - T(S_L - S_S)$$

一般凝固都发生在金属的熔点附近，故焓与熵随温度的变化可以忽略不计，则有：$H_L - H_S = L$，$S_L - S_S = \Delta S$，其中，L 为结晶潜热，ΔS 为熔化熵。当 $T=T_m$ 时，$\Delta G_V = L - T_m\Delta S = 0$，所以有 $\Delta S = L/T_m$，因此可得

$$\Delta G_V = L\left(\frac{T_m - T}{T_m}\right) = \frac{L\Delta T}{T_m} \tag{3-2}$$

式中，$\Delta T = T_m - T$，为过冷度（Undercooling Degree）。对于给定金属，L 与 T_m 均为定值，故 ΔG_V 仅与 ΔT 有关。因此，液态金属凝固的驱动力是由过冷提供的，过冷度越大，凝固驱动力也就越大。过冷度为零时，驱动力就不复存在。所以液态金属不会在没有过冷度的情况下凝固。

在相变驱动力 ΔG_V 或 ΔT 的作用下，液态金属开始凝固。凝固过程不是在一瞬间完成的，首先产生结晶核心，然后是核心的长大直至相互接触为止。但生核和核心的长大不是

截然分开的，而是同时进行的，即在晶核长大的同时又产生新的结晶核心。新的核心又同老的核心一起长大，直至凝固结束。

凝固过程总的来说是由于体系自由能降低自发进行的。但在该过程中，自由能一方面增加，另一方面又降低。当能量降低起主要作用时，凝固过程就进行；当能量以增加为主时，就发生熔化现象。

根据相变动力学理论，液态金属中原子在结晶过程中的能量变化如图 3-2 所示，高能态的液态原子变成低能态的固态原子，必须越过能态更高的高能态 ΔG_A 区，高能态区即为固态晶粒与液态相间的界面。界面具有界面能，它使体系的自由能增加。生核或晶体的长大，是液态中的原子不断地经过界面向固态晶粒堆积的过程，是固-液界面不断地向前推进的过程。这样，只有液态金属中那些具有高能态的原子，或者说被“激活”的原子才能越过高能态的界面变成固体中的原子，从而完成凝固过程。ΔG_A 称为动力学能障。之所以称为动力学能障，是因为单从热力学考虑，此时液相自由能已高于固相自由能，固相为稳定态，相变应该没有能障，但要使液相原子具有足够的能量越过高能界面，还需动力学条件。因此，液态金属凝固过程中必须克服热力学和动力学两个能障。

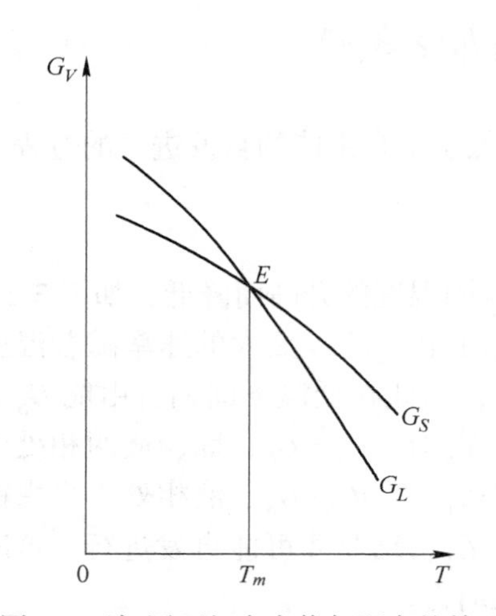

图 3-1　液-固两相自由能与温度的关系

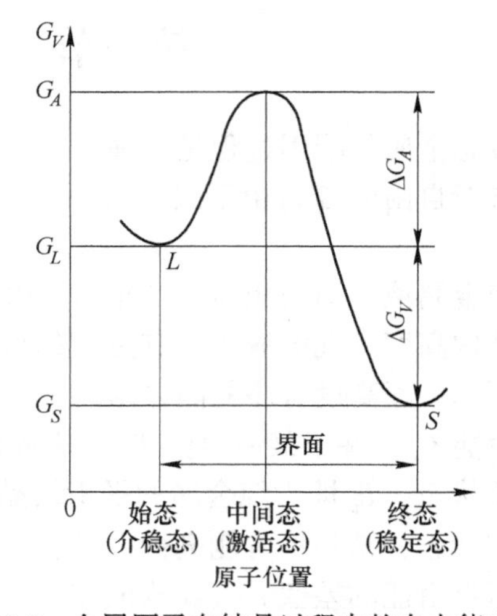

图 3-2　金属原子在结晶过程中的自由能变化

热力学能障和动力学能障皆与界面状态密切相关。热力学能障是由被迫处于高自由能过渡状态下的界面原子产生的，它能直接影响到系统自由能的大小，界面自由能即属于这种情况。动力学能障是由金属原子穿越界面过程引起的，它与驱动力的大小无关，而仅取决于界面的结构与性质，激活自由能即属于这种情况。液态金属在成分、温度、能量上是不均匀的，即存在成分、相结构和能量三个起伏，也正是这三个起伏才能克服凝固过程中的热力学能障和动力学能障，使凝固过程不断地进行下去。

凝固过程中产生的固液界面使体系的自由能增加，导致凝固过程不可能瞬时完成，也不可能同时在很大的范围内进行，只能逐渐地形核生长，逐渐地克服两个能障，才能完成液体到固体的转变。同时，界面的特征及形态又影响着晶体的形核和生长。也正是由于这个原因，使高能态的界面范围尽量缩小，至凝固结束时成为范围很小的晶界。

第二节 均质形核与异质形核

亚稳定的液态金属通过起伏作用在某些微观小区域内生成稳定存在的晶态小质点的过程称为形核。形核的首要条件是系统必须处于亚稳态以提供相变驱动动力；其次，由于新相和界面相伴生，因此界面自由能这一热力学能障就成为形核过程中的主要阻力，需要通过起伏作用克服能障才能形成稳定存在的晶核并确保其进一步生长。根据界面情况的不同，可能出现两种不同的形核方式：

（1）均质形核（Homogeneous Nucleation）：在没有任何外来界面的均匀熔体中的形核过程。均质形核在熔体各处概率相同。晶核的全部固液界面皆由形核过程提供。因此热力学能障较大，所需的驱动力也较大。理想液态金属的形核过程就是均质形核。

（2）异质形核（Heterogeneous Nucleation）：在不均匀的熔体中依靠外来杂质或型壁界面提供的衬底进行形核的过程。异质形核优先发生在外来界面处，因此热力学能障较小，所需的驱动力也较小。实际液态金属的形核过程一般都是异质形核。

一、均质形核

（一）均质形核热力学

给定体积的液态金属在一定的过冷度 ΔT 下，若其内部产生 1 个核心，并假设晶核为球形，则体系吉布斯自由能的变化为

$$\Delta G_{均} = -\frac{4}{3}\pi r^3 \Delta G_V + 4\pi r^2 \sigma_{CL} \tag{3-3}$$

式中，r 为球形核心的半径；σ_{CL} 为固相核心与液体间的界面能。由式（3-3）看出，形核时体系自由能的变化由两部分构成，第一项为体积自由能的降低，第二项为界面自由能的升高。当 r 很小时，第二项起支配作用，体系自由能总的倾向是增加的，此时不发生形核过程；只有当 r 增大到某一临界值 r^* 后，第一项才起主导作用，使体系自由能降低，形核过程才发生，如图 3-3 所示。故 $r<r^*$ 的原子团在液相中是不稳定的，还会溶解至消失。只有 $r>r^*$ 的原子集团才是稳定的，大于 r^* 的原子集团才能稳定地形核。r^* 可由式（3-3）求得，对其求导数并令其等于零，即 $\frac{d\Delta G_{均}}{dr} = 0$，则

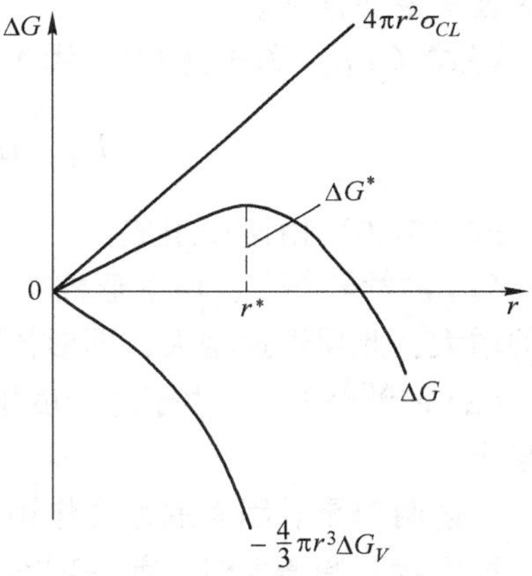

图 3-3 ΔG-r 的关系曲线

$$-4\pi r_{均}^{*2} \Delta G_V + 8\pi r_{均}^* \sigma_{CL} = 0$$

$$r_{均}^* = \frac{2\sigma_{CL}}{\Delta G_V} \tag{3-4}$$

将式（3-3）代入式（3-4），可得

$$r^*_{均} = \frac{2\sigma_{CL}T_m}{L\Delta T} \tag{3-5}$$

将式（3-5）代入式（3-3），得到相应于 $r^*_{均}$ 的临界形核功为

$$\Delta G^*_{均} = \frac{16}{3}\pi\frac{\sigma^3_{CL}}{L^2}\frac{T^2_m}{\Delta T^2} = \frac{1}{3}A^*\sigma_{CL} \tag{3-6}$$

式中，$A^* = 4\pi r^{*2}_{均}$ 为临界晶核的表面积。

液态金属在一定过冷度下，临界晶核由相起伏或成分起伏提供，临界形核功由能量起伏提供。

（二）均质形核速率

形核速率（Nucleation Rate）为单位时间、单位体积生成固相核心的数目。临界半径 r^* 的晶核处于介稳定状态，既可溶解，也可长大。当 $r>r^*$ 时才成为稳定核心，即在 $r>r^*$ 的原子集团上附加一个或一个以上的原子即成为稳定核心。其形核速率 $I_{均}$ 为

$$I_{均} = f_0 N^* \tag{3-7}$$

式中，N^* 为单位体积液相中 $r=r^*$ 的原子集团数目；f_0 为单位时间转移到一个晶核上的原子数目。

$$N^* = N_L\exp\left(-\frac{\Delta G^*_{均}}{k_B T}\right) \tag{3-8}$$

$$f_0 = N_S vp\exp\left(-\frac{\Delta G_A}{k_B T}\right) \tag{3-9}$$

式中，N_L 为单位体积液相中的原子数；N_S 为固-液界面紧邻固体核心的液体原子数；v 为液体原子振动频率；p 为被固相接受的几率；$\Delta G^*_{均}$ 为形核功；ΔG_A 为液体原子扩散激活能；k_B 为玻耳兹曼常数。

将式（3-8）和式（3-9）代入式（3-7）得

$$I_{均} = vN_S pN_L\exp\left(-\frac{\Delta G_A + \Delta G^*_{均}}{k_B T}\right) \tag{3-10}$$

式（3-10）由两项组成：

(1) $e^{-\Delta G^*_{均}/(k_B T)}$，由于形核功 $\Delta G^*_{均}$ 随过冷度增大而减小，它反比于 ΔT^2，故随着过冷度的增大，此项迅速增大，即形核速率相应增大。

(2) $e^{-\Delta G_A/(k_B T)}$，由于过冷度增大时原子热运动减弱，此项很快减小，故形核速率相应减小。

上述两项矛盾因素的综合作用，使形核速率随过冷度 ΔT 变化的曲线上出现一个极大值。过冷度开始增大时，前一项的贡献大于后一项，这时形核速率随过冷度的增加而急剧增大；但当过冷度过大时，液体的黏度迅速增大，原子的活动能力迅速降低，后者的影响大于前者，故形核速度下降。金属原子的活动能力强，不易出现极大值，但当冷却速度极快，过冷极大时，也可以在形核速度极小的状态下凝固，得到非晶态金属。

均质形核所需过冷度很大，理论分析和大量试验表明，均质形核过冷度约为金属熔点的 0.18~0.2 倍（见表 3-1），即使对熔点较低的纯铝来说，需要过冷度亦达 130℃左右。但是，实际上金属结晶的过冷度常为十几摄氏度到几分之一摄氏度，远小于均质形核所需

过冷度的数值。这说明了均质形核的局限性。均质形核之所以比较难以实现，是因为在实际金属的结晶过程中一般很难完全排除外来界面的影响，从而无法避免异质形核过程的缘故。以提纯后纯度很高的液态金属为例，假定其中杂质含量只有 10^{-8} 数量级，则每立方厘米的液态金属中仍约有 10^{15} 个杂质原子。假定它们都以边长为 1000 个原子的立方体出现，则在每立方厘米的液态金属中将有 10^{6} 质点。即使以固态出现的杂质原子仅占总数的 0.1%~1%，则每立方厘米液态金属中仍将有 $10^{3}\sim10^{4}$ 个小质点，这些质点在形核所涉及的微观区域内将提供数量巨大的外来界面，它们不同程度地对形核过程起着“催化”作用，促进液态金属在更小的过冷度下进行异质形核，从而使均质形核在一般情况下几乎无法实现。

虽然实际生产中几乎不存在均质形核，但其原理仍是液态金属凝固过程中形核理论的基础。其他的形核理论也是在它的基础上发展起来的，因此必须学习和掌握它。

表 3-1　几种金属的凝固温度、熔化潜热和最大过冷度

金属	凝固温度/℃	熔化潜热/$J\cdot cm^{-3}$	最大过冷度 ΔT/℃
Pb	327	280	80
Al	660	1066	130
Ag	962	1097	227
Cu	1083	1826	236
Ni	1453	2660	319
Fe	1535	2098	295

二、异质形核

（一）异质形核热力学

实际的液态金属或合金中存在大量的高熔点既不熔化又不溶解的夹杂物（如氧化物、氮化物、碳化物等）可以作为形核的基底。晶核依附于其中一些夹杂物的界面形成，其模型如图 3-4 所示。假设晶核在界面上形成球冠状，达到平衡时则存在以下关系

$$\sigma_{LS}=\sigma_{CS}+\sigma_{CL}\cos\theta \tag{3-11}$$

式中，σ_{LS}、σ_{CS}、σ_{CL} 分别为液相与基底、晶核与基底、液相与晶核间的界面张力；θ 为润湿角。

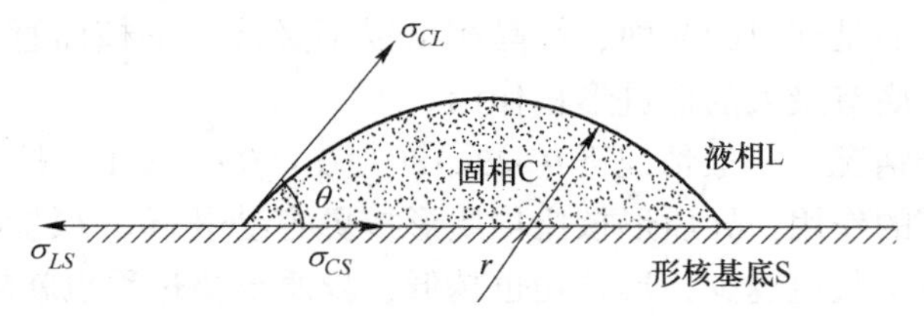

图 3-4　异质形核模型

该系统吉布斯自由能的变化为

$$\Delta G_{异}=-V_C\Delta G_V+A_{CS}(\sigma_{CS}-\sigma_{LS})+A_{CL}\sigma_{CL} \tag{3-12}$$

式中，V_C为球冠的体积，即固态核心的体积；A_{CS}为晶核与夹杂物（基底）间的界面面积；A_{CL}为晶核与液相的界面面积。

上式中各项参数的计算如下：

$$V_C = \int_0^{\theta} \pi (r\sin\theta)^2 \mathrm{d}(r - r\cos\theta) = \frac{\pi r^3}{3}(2 - 3\cos\theta + \cos^3\theta) \tag{3-13}$$

$$A_{CL} = \int_0^{\theta} 2\pi r\sin\theta(r\mathrm{d}\theta) = 2\pi r^2(1 - \cos\theta) \tag{3-14}$$

$$A_{CS} = \pi (r\sin\theta)^2 = \pi r^2 \sin^2\theta = \pi r^2(1 - \cos^2\theta) \tag{3-15}$$

将式（3-11）以及式（3-13）~式（3-15）代入式（3-12）得

$$\Delta G_{异} = \left(-\frac{4}{3}\pi r^3 \Delta G_V + 4\pi r^2 \sigma_{CL}\right)\frac{2 - 3\cos\theta + \cos^3\theta}{4} \tag{3-16}$$

上式右边第一项为均质形核功$\Delta G_{均}$，第二项为润湿角θ的函数，令

$$f(\theta) = \frac{2 - 3\cos\theta + \cos^3\theta}{4} = \frac{(2 + \cos\theta)(1 - \cos\theta)^2}{4} \tag{3-17}$$

$$\Delta G_{异} = \Delta G_{均} f(\theta) \tag{3-18}$$

对式（3-16）求导，并令$\frac{\mathrm{d}\Delta G_{异}}{\mathrm{d}r} = 0$，可求出

$$r_{异}^* = \frac{2\sigma_{CL}}{\Delta G_V} = \frac{2\sigma_{CL}T_m}{L\Delta T} \tag{3-19}$$

$$\Delta G_{异}^* = \frac{16\pi\sigma_{CL}^3}{3\Delta G_V^2}f(\theta) = \Delta G_{均}^* f(\theta) = \frac{1}{3}A^* \sigma_{CL}f(\theta) \tag{3-20}$$

由上可知，均质形核和异质形核的临界晶核尺寸相同，但异质核心只是球体的一部分，它所包含的原子数比均质球体核心少得多，所以异质形核阻力小。异质形核的临界功与润湿角有关。可见，$f(\theta)$ 是决定异质形核的一个重要参数。根据定义，$f(\theta)$ 取决于润湿角的大小。由于$0° \leqslant \theta \leqslant 180°$，因此，$f(\theta)$ 也应在 $0 \leqslant f(\theta) \leqslant 1$ 范围内变化。

当$\theta = 180°$时，$f(\theta) = 1$，因此$\Delta G_{异}^* = \Delta G_{均}^*$。这就是说，当结晶相完全不润湿基底时，球冠晶核实际上是一个与均质晶核无任何区别的球体，因此基底不起促进形核的作用，液态金属只能进行均质形核，形核所需的临界过冷度最大。

当$\theta = 0°$时，$f(\theta) = 0$，因此$\Delta G_{异}^* = 0$。这就是说，当结晶相与基底完全润湿时，球冠晶核已不复存在。基底是现成的晶面，结晶相可以不必通过形核而直接在其表面上生长，故其形核功为零，基底有最大的促进形核作用。

以上是两种极端情况。一般情况下$0° < \theta < 180°$，$0 < f(\theta) < 1$，故$\Delta G_{异}^* < \Delta G_{均}^*$，因而衬底都具有促进形核的作用，异质形核比均质形核更容易进行。θ越小，球冠的相对体积也就越小。所需的原子数也越少，形核功也越低，异质形核过程也就越易进行。可见，出现临界晶核所必需的过冷度（即临界过冷度）ΔT^*与θ的大小密切相关。异质形核的临界过冷度ΔT^*随θ减小而迅速降低；而均质形核则具有最大的过冷度。

图 3-5a 为铁素体基体球墨铸铁的金相组织，图 3-5b 为球状石墨的放大照片。由图可知，石墨以球化剂 Mg 的脱硫产物 MgS、MgO 为异质核心进行形核和生长。

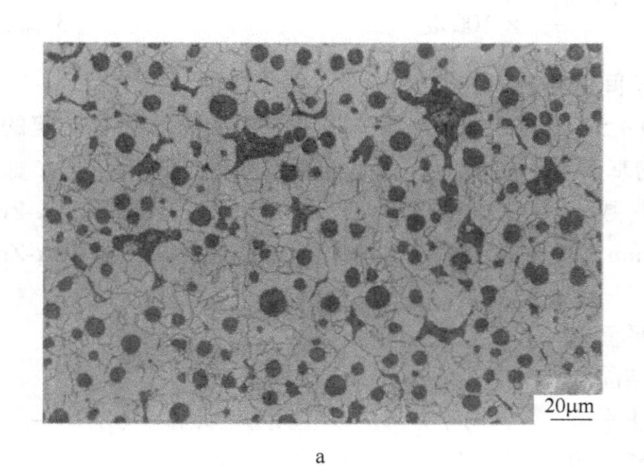

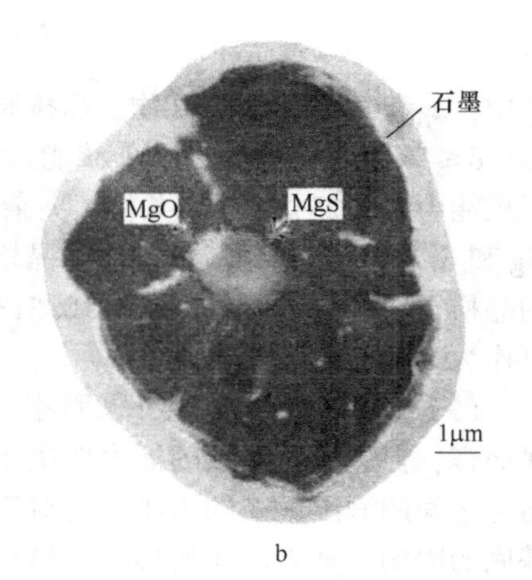

a　　　　　　　　　　b

图 3-5　球状石墨在异质核心上生长

a—铁素体球墨铸铁金相组织；b—石墨的异质核心

（二）异质形核速率

异质形核速率的理论推导结果在形式上和均质形核的式（3-10）相似，即

$$I_{异} = A\exp\left(-\frac{\Delta G_A + \Delta G_{异}^*}{k_B T}\right) \tag{3-21}$$

式中，A 为一些常数项合并的系数；$\Delta G_{异}^*$ 为异质形核的临界形核功，按式（3-20）计算。由于 $\Delta G_{异}^* = \Delta G_{均}^* f(\theta)$，$0 \leqslant f(\theta) \leqslant 1$，故 $\Delta G_{异}^* \leqslant \Delta G_{均}^*$，在一般情况下，异质形核的速率大于均质形核速率，即 $I_{异} > I_{均}$。

结合式（3-21）和式（3-20）分析可知，异质形核速率与下列因素有关：

（1）过冷度（ΔT）。过冷度越大形核速率越大。形核速率随 ΔT 变化的曲线如图 3-6 所示。在形核临界过冷度 ΔT^* 范围内，由于形核功数值过大，$I_{异}$ 基本保持为 0；当过冷度达到临界过冷度时，晶核几乎以不连续的方式突然出现，然后曲线迅速上升直至结晶过程结束。由于 $\Delta G_{异}^* \leqslant \Delta G_{均}^*$，所以 $I_{异}$ 曲线总在 $I_{均}$ 曲线以左。θ 越小，大量形核的临界过冷度就越小。

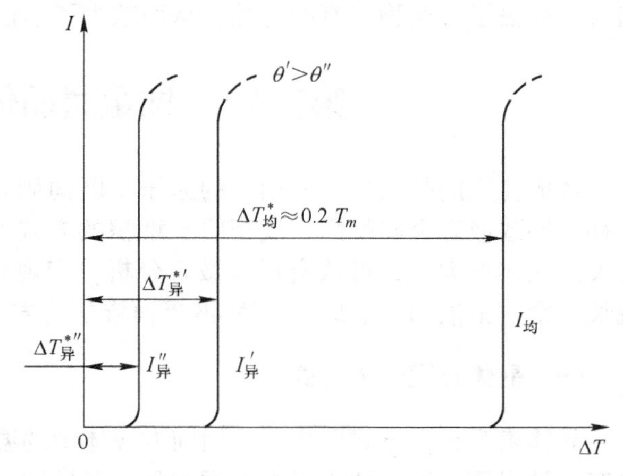

图 3-6　I-ΔT 的关系曲线

（2）界面。界面由夹杂物的特性、形态和数量来决定。如夹杂物基底与晶核润湿，则形核速率大。但润湿角难以测定，影响因素多，可根据夹杂物的晶体结构确定。当界面两侧夹杂物和晶核的原子排列方式相似，原子间距相近，或在一定范围内成比例，就可实现界面共格对应。共格对应关系用点阵失配度 δ 来衡量，即

$$\delta = \frac{|a_S - a_C|}{a_C} \times 100\% \tag{3-22}$$

式中，a_S和a_C分别为夹杂物、晶核原子间的距离。

$\delta \leq 5\%$时为完全共格，形核能力强；$5\% < \delta < 25\%$时为部分共格，夹杂物基底有一定的形核能力；$\delta > 25\%$时为不共格，夹杂物基底无形核能力。这是选择形核剂的理论依据。如Mg和α-Zr，面心六方晶体Mg的晶格常数$a = 0.3209$nm，$c = 0.5120$nm，$T_m = 650$℃；α-Zr的晶格常数$a = 0.3220$nm，$c = 0.5133$nm，$T_m = 1850$℃。α-Zr和Mg完全共格，所以α-Zr可作为Mg的强形核剂。

（3）基底形态。对于外来固相的平面基底而言，促进异质形核的能力取决于结晶相与它之间的润湿角θ的大小。但对于非平面基底的固相，其界面几何形状对形核能力也有影响。图3-7为在三个形状不同的基底上形成的晶核。它们具有相同的润湿角，曲界面的曲率半径相同，但晶核所包含的原子数不同：凹面上最少，平面上次之，凸面上最多。可见，即使是同一种物质的基底，其促进异质形核的能力也随界面曲率的方向和大小的不同而异；凹界面基底的形核能力最强，平界面基底次之，凸界面基底最弱。对凸界面基底而言，其促进异质形核的能力随界面曲率的增大而减小；而对凹界面，则随界面曲率的增大而增大。

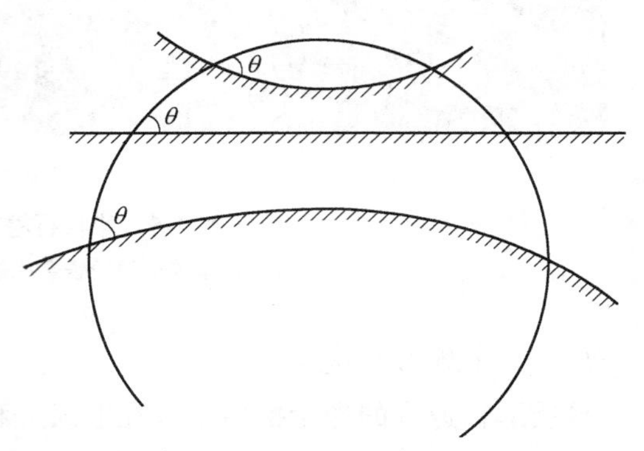

图3-7 异质核心基底形态与核心容积的关系模型

（4）液态金属的过热及持续时间的影响。异质核心的熔点比液态金属的熔点高。但当液态金属过热温度接近或超过异质核心的熔点时，异质核心将会熔化或是其表面的活性消失，失去了夹杂物应有的特性，从而减少了活性夹杂物数量，形核速率则降低。

第三节 纯金属晶体的长大方式

形成稳定的晶核后，液相中的原子不断向固相核心堆积，使固-液界面不断向液相中推移，导致液态金属凝固。液相原子堆积的方式及速率与凝固驱动力和固-液界面的特性有关。晶体长大方式可从宏观和微观分析。宏观长大是讨论固-液界面所具有的形态，微观长大则讨论液相中的原子向固-液界面堆积的方式。

一、晶体宏观长大方式

晶体宏观长大方式取决于界面前方液体中的温度分布，即温度梯度。在结晶界面前方存在两种温度梯度，即正温度梯度和负温度梯度。当温度梯度为正时，晶体以平面方式长大；当温度梯度为负温度梯度时，晶体则以树枝晶方式生长。

（一）平面方式长大（Planar Growth）

固-液界面前方液体中的温度梯度$G_L > 0$，液相温度高于界面温度T_i，这称为正温度梯度分布，如图3-8所示。界面前方液相中的局部温度$T_L(x)$为

$$T_L(x) = T_i + G_L x$$

过冷度 $$\Delta T = \Delta T_K - G_L x \tag{3-23}$$

式中，x 为液相离界面的距离；ΔT_K为界面处的动力学过冷度（$\Delta T_K = T_m - T_i$）。往往纯金属的 ΔT_K很小，因此离开界面一定距离的 ΔT 也小，可忽略。

可见，固-液界面前方液体过冷区域及过冷度极小。晶体生长时，凝固潜热的析出方向同晶体生长方向相反，一旦某一晶体生长伸入液相区就会被重新熔化，导致晶体以平面方式生长，如图 3-9 所示。

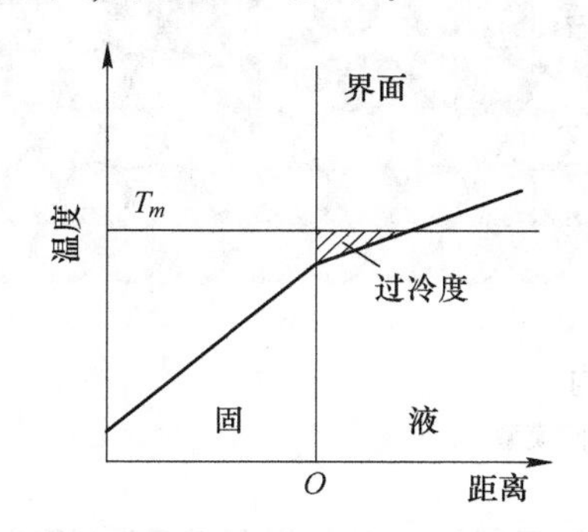

图 3-8　液体中的正温度梯度分布

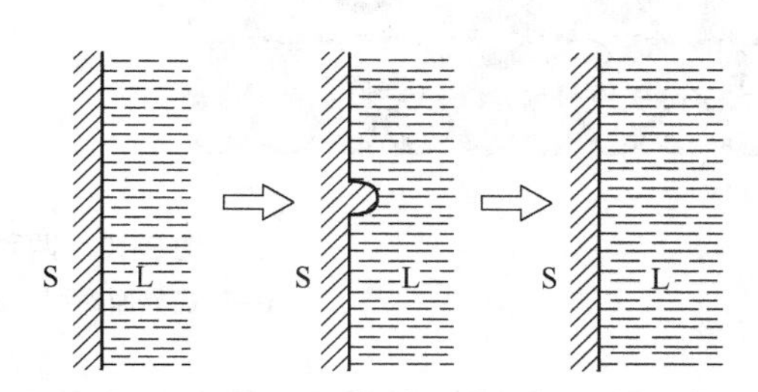

图 3-9　平面生长方式模型

(二) 树枝晶方式生长 (Dendritic Growth)

固-液界面前方液体中的温度梯度 $G_L<0$，液相温度低于界面温度 T_i，称为负温度梯度分布，如图 3-10 所示。界面前方液相中的局部温度 $T_L(x)$ 为

$$T_L(x) = T_i - G_L x = T_m - (\Delta T_K + G_L x) \approx T_m - G_L x \tag{3-24}$$

过冷度 $$\Delta T = \Delta T_K + G_L x \approx G_L x \tag{3-25}$$

可见，固-液界面前方液体过冷区域较大，距界面越远的液体其过冷度越大。晶体生长时凝固潜热的析出方向与晶体生长方向相同。晶体生长方式如图 3-11 所示，界面上凸起的晶体将快速进入过冷液体中，为树枝晶生长方式。

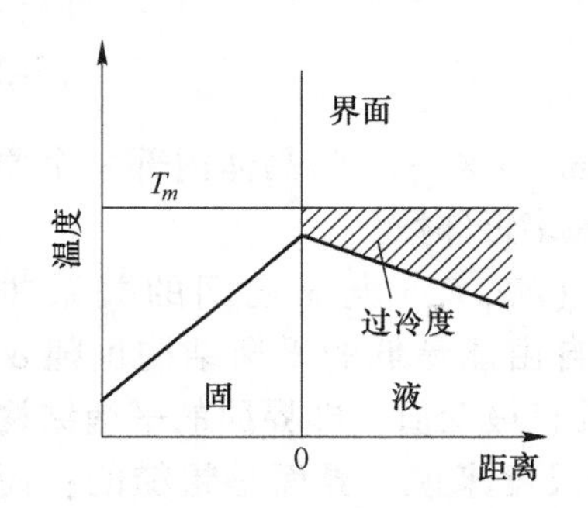

图 3-10　液体中的负温度梯度分布

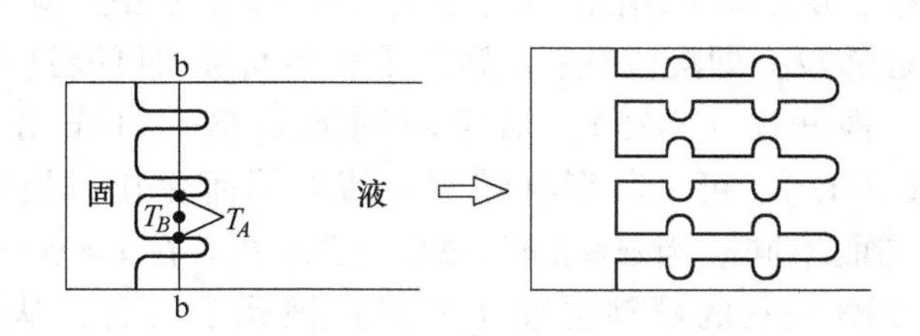

图 3-11　树枝晶生长方式模型

二、固-液界面的微观结构

(一) 分类

根据杰克逊 (Jackson) 理论，从原子尺度看固-液界面的微观结构可分为两大类。

（1）粗糙界面。界面固相一侧的点阵位置只有 50%左右被固相原子所占据，这些原于散乱地随机分布在界面上，形成一个坑坑洼洼凸凹不平的界面层，如图 3-12a 所示。

（2）平整界面。固相表面的点阵位置几乎全部被固相原子占据，只留下少数空位；或者是在充满固相原子的界面上存在有少数不稳定的、孤立的固相原子，从而形成一个总体上是平整光滑的界面，如图 3-12b 所示。

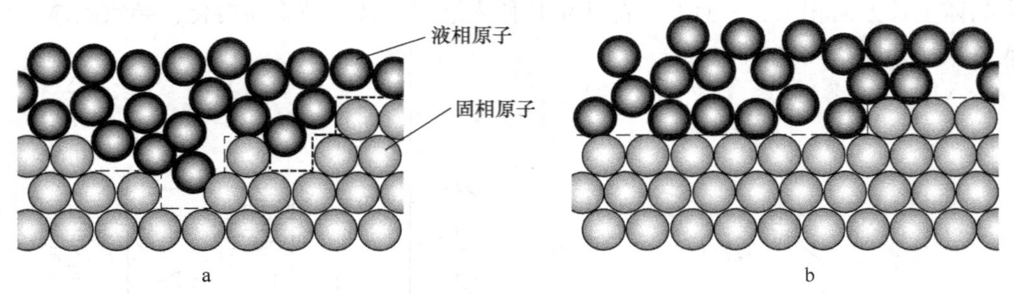

图 3-12　两种界面结构
a—粗糙界面模型；b—平整界面模型

必须指出，所谓粗糙界面和平整界面是对原子尺度而言的。在显微尺度下，粗糙界面由于其原子散乱分布统计的均匀性反而显得比较平滑；而平整界面则由一些轮廓分明的小平面构成。因此粗糙界面又称非小平面界面，其生长方式也叫非小平面生长（Non-faceted Growth）；平整界面又称小平面界面，以小平面生长（Faceted Growth）。

杰克逊认为，界面的平衡结构应是界面自由能最低的结构。若在平整界面上随机添加固相原子而使其粗糙化时，其自由能变化 ΔG_s 的相对变化量 $\Delta G_s/(Nk_B T_m)$ 应为

$$\frac{\Delta G_s}{Nk_B T_m} = \alpha x(1-x) + x\ln x + (1-x)\ln(1-x) \qquad (3\text{-}26)$$

式中，N 为界面上可供原子占据的全部位置数；x 为全部位置中被固相原子占据位置的分数；而 α 为

$$\alpha = \frac{L}{k_B T_m}\frac{n}{v} \approx \frac{\Delta S_m}{R}\frac{n}{v} \qquad (3\text{-}27)$$

式中，L 为原子结晶潜热，J/原子；ΔS_m 为熔化熵，J/(mol · K)；v 为晶体内部一个原子的近邻数，即配位数；n 为原子在界面层内可能具有的最多近邻数。

根据式（3-26），对于不同的 α 值，可作出 $\Delta G_s/(Nk_B T_m)$ 与 x 之间的关系曲线（图 3-13），可见其形状随着 α 值不同而变化，故界面自由能最低的平衡结构也随 α 的不同而不同。当 $\alpha \leqslant 2$ 时，$\Delta G_s/(Nk_B T_m)$ 在 $x = 0.5$ 处具有最低值，即界面的平衡结构应有 50%左右的堆砌位置（阵点）被原子占有，从原子尺度来说，界面是粗糙的；而粗糙界面从显微尺度来说却是平坦的。晶类物质的 α 值越小，则界面越“粗糙”。当 $\alpha > 2$ 时，界面相对自由能的最小值在 x 接近零或 1 的两端处，此时，界面的平衡结构应该是界面自由能为最小的结构，意味着界面上有很多空位未被原子占据，或几乎所有空位均被原子占据。这两种情况下，自由能都最小。因此，从原子尺度观察这两种情况都属于光滑界面，但从显微尺度观察其生长过程，光滑界面是由台阶形的小平面组成的。α 值越大，则界面越光滑。

（二）判据 α

α 由两项因子构成：

（1）$\Delta S_m/R$：它取决于系统两相的热力学性质。在熔体结晶的情况下，可近似地由熔化熵决定。

（2）n/v：称界面取向因子，它与晶体结构及界面处的晶面取向有关，如面心立方晶体的｛111｝面为6/12；｛100｝面为4/12。对于绝大多数结构简单的金属晶体来说，$n/v \leqslant 0.5$；对于结构复杂的非金属、准金属和某些化合物晶体来说，n/v 有可能大于0.5，但在任何情况下均小于1。取向因子反映了晶体在结晶过程中的各向异性，低指数的密排面具有较高的 n/v 值。

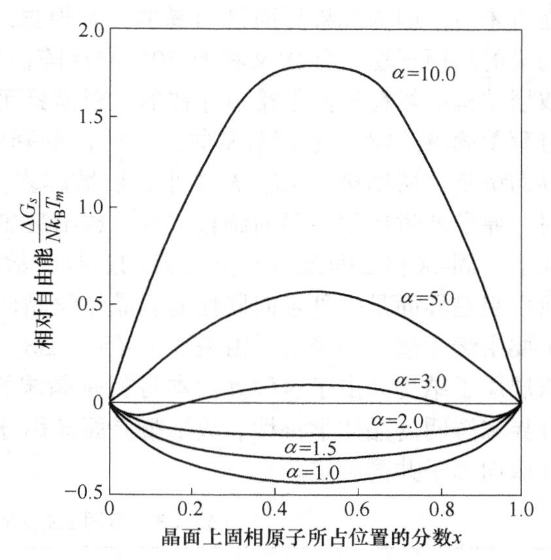

图 3-13 界面自由能变化与界面上原子所占位置分数的关系

表3-2为部分物质的 $\Delta S_m/R$ 的数据。可见，绝大多数金属的 $\Delta S_m/R$ 小于2。因此，α 值也必小于2。故在其结晶过程中，固-液界面是粗糙界面。四溴化碳和丁二腈（$CNCH_2CH_2CN$）的 $\Delta S_m/R$ 与金属相仿，又是低熔点透明体，因而可以用它来模拟金属晶体的生长行为。多数非金属和化合物的 $\Delta S_m/R$ 都比较大，即使在 $n/v<0.5$ 的情况下，α 值仍大于2。故这类物质结晶时，其固-液界面为由基本完整的晶面所组成的平整界面。铋、锗、硅等准金属的情况则介于两者之间，这时 n/v 的大小对界面类型起着决定性作用。如硅的｛111｝面取向因子最大 $n/v=3/4$，$\alpha=2.67$，如以该面作为生长界面则为平整界面，而在其余情况下皆为粗糙界面。所以这类物质结晶时，其固-液界面往往具有混合结构。

表3-2 不同物质的 $\Delta S_m/R$ 值

物质	$\Delta S_m/R$	物质	$\Delta S_m/R$	物质	$\Delta S_m/R$
Li	0.83	Mg	1.14	Bi	2.36
K	0.85	Cu	1.14	In	2.57
Ca	0.94	Hg	1.16	Ge	3.15
Pb	0.94	Ni	1.23	Si	3.56
Fe	0.97	Zn	1.26	H_2O	2.63
Na	1.02	Pt	1.28	Al_2O_3	6.09
Ag	1.14	Cd	1.22	$C_6H_5COCOC_6H_5$	6.3
Cr	1.07	Al	1.36	$C_6H_4(OH)COOC_6H_5$	7.0
Au	1.07	Sn	1.64	CBr_4	1.27
W	1.14	Ga	2.18	$CNCH_2CN$	1.40

杰克逊的理论分析是建立在双层结构的界面模型基础上的。但这种模型与理论本身存

在着矛盾。因为如果界面是粗糙的，则根据理论推断，占据 50%点阵位置的固相原子所构成的新原子层上依次又将有 50%的点阵位置被新来的固相原子占据。如此发展下去，双层结构的粗糙界面是难以存在的，粗糙界面应当具有多层结构。进一步研究表明，结晶过程中固-液界面的总层数随物质熔化熵的降低而增多。除平整界面外，几乎所有的粗糙界面都是多层结构，$\Delta S_m/R$ 越小，层数越多。多层结构的界面是一个过渡区，晶体生长时，原子通过界面层逐渐调整位置，放出潜热，逐步完成自液相到固相的过渡。在这种情况下，固-液相之间没有十分明确的边界，故又称弥散型界面。在界面层内部，$n/v \to 1$，所以粗糙界面是一种各向同性的非晶体学晶面，其界面性质（如界面能、界面扩散特性）主要由熔化熵大小确定。由表 3-3 可见，$\Delta S_m/R$ 较大的平整界面的确具有杰克逊所描述的双层原子结构。由于这种界面本身就是晶体的某一组特定的晶面，因此具有明确的固-液分界和鲜明的晶体学特性。故平整界面又称分离型界面或突变型界面。界面性质由熔化熵和取向因子共同确定。

表 3-3　不同 $\Delta S_m/R$ 系统中的界面层数

$\Delta S_m/R$	0.446	0.769	1.889	3.310
界面总层数	≈20	≈12	≈4	≈2

最后需要指出，杰克逊讨论的是界面的平衡结构，而晶体生长本身却是一个非平衡过程。因此还应考虑到动力学因素对界面结构的影响，这将在下面进一步讨论。

三、晶体的生长机理及生长速率

晶体长大机制是指在结晶过程中晶体结晶面的生长方式，与其液-固界面的结构有关，而生长速率则受过冷度的支配。

（一）连续生长机理

当液-固界面在原子尺度内呈粗糙结构时，界面上存在 50%左右的空位，这些空位构成了晶体生长所必需的台阶，使得液相原子能够连续地往上堆砌，并随机地受到固相中较多近邻原子的键合。界面的粗糙使原子的堆砌（结晶）过程变得容易。原子进入固相点阵以后被原子碰撞而弹回液相中去的概率很小，生长过程不需要很大的过冷度。另外，对粗糙界面来说，固相与液相之间在结构与键合能方面的差别较小，容易在界面过渡层内得到调节，因此动力学能障较小，它不需要很大的动力学过冷度来驱动新原子进入晶体，并能得到较大的生长速率。如前所述，绝大多数金属在熔体中结晶时都属于粗糙界面，呈现出非小平面形态。这种现象反映了晶体生长过程不受生长界面的影响，但由于界面键能和动力学的各向异性，使枝干、枝臂沿结晶学所规定的低指数晶向生长，依然存在着并不明显的各向异性生长的趋势。

连续生长速率可用经典的速率理论来研究，晶体的生长只有当原子从液态跃向固态的频率超过反方向的频率时才能进行，生长速率与正、反两向频率之差成正比，即连续生长速率 R_1 与动力学过冷度 ΔT_K 成正比，即

$$R_1 = k_1 \Delta T_K \tag{3-28}$$

式中，k_1 为动力学常数。绝大多数金属采用这种方式生长。因此，也称其为正常生长方式。

（二）晶体的二维生长

对平整的固-液界面，因界面上没有多少位置供原子占据，单个的原子无法往界面上堆砌。此时，如同均质形核那样，在平整界面上形成一个原子厚度的核心，叫二维晶核，如图3-14所示。由于二维核心的形成，产生了台阶，液相中的原子即可源源不断地沿台阶堆砌，使晶体侧向生长。当台阶被完全填满后，又在新的平整界面上形成新的二维台阶，如此继续下去，完成凝固过程。其生长速率有以下关系

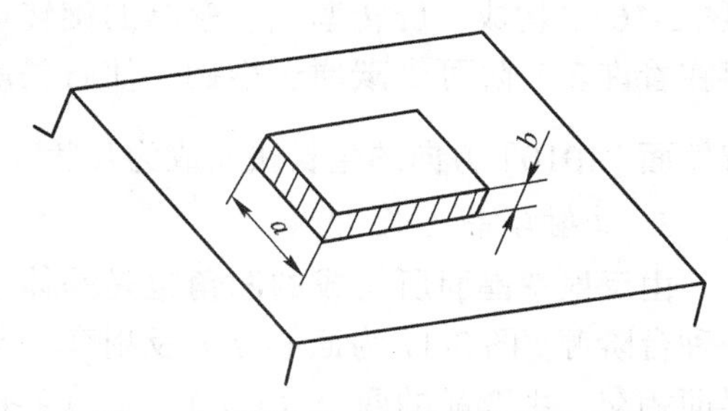

图3-14　平整界面二维晶核长大模型

$$R_2 = k_2 e^{-B/\Delta T_K} \tag{3-29}$$

式中，k_2、B为该种生长机理的动力学常数。

（三）晶体从缺陷处生长

此种晶体生长方式实质上是平整界面二维生长的另一种形式，但它不是由形核来形成二维台阶，而是依靠晶体缺陷产生出台阶，如位错、孪晶等。

1. 螺旋位错生长

在光滑界面上一旦发生螺旋位错时，如图3-15a所示，界面就由平整界面变成螺旋面并产生与界面垂直的露头而构成台阶。因此，通过原子在台阶上的不断堆砌，围绕着露头而旋转生长，不断地向液相纵深发展，最终在晶体表面形成螺旋形的卷线。如图3-15b所示，就是利用螺旋位错提供台阶的生长过程。由于台阶在生长过程中不会消失，所以生长可以一圈一圈地连续进行，其生长所需的动力学过冷度比二维形核机制的小，生长速率较大。生长速率R_3与动力学过冷度ΔT_K之间为抛物线关系，即

$$R_3 = k_3 \Delta T_K^2 \tag{3-30}$$

式中，k_3为动力学常数。

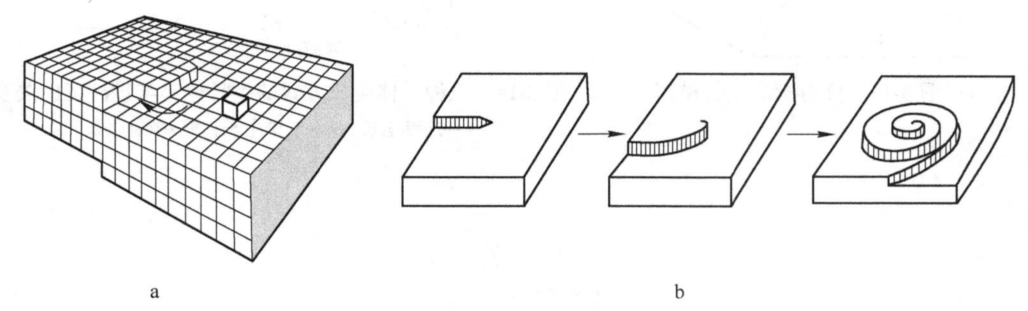

a　　　　b

图3-15　螺旋位错生长机理

a—螺旋位错及其生长台阶；b—螺旋卷线的形成

2. 旋转孪晶生长

旋转孪晶一般容易在层片状结晶的晶体中，在石墨晶体的生长中也起着重要的作用。石墨晶体具有以六角形晶格为基面的层状结构，基面之间的结合较弱，在结晶过程中原子

排列层错使上下层之间旋转产生一定的角度（图 3-16），构成了旋转孪晶。孪晶的旋转边界上存在着许多台阶可供碳原子堆砌，使石墨晶体沿着侧面［$10\bar{1}0$］方向的生长快而成为片状。

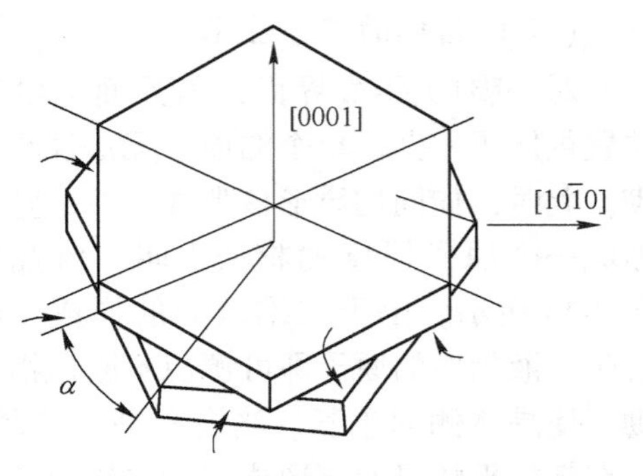

图 3-16　旋转孪晶生长模型

3. 反射孪晶生长

由反射孪晶面所构成的凹角也是晶体生长的一种台阶源。图 3-17 为面心立方反射孪晶与生长界面相交，由孪晶的两个（1 1 1）面在界面处构成凹角的情况。此凹角为晶体生长提供了现成的台阶，原子可以直接向凹角沟槽的根部堆砌，当生长在孪晶面所含的方向上进行时，凹角始终存在，从而保证了生长不断进行，这就是反射孪晶生长机理。它在 Ge、Si 和 Bi 晶体的生长中以及金属晶体在稀熔体中生长时都有重要的作用。

目前，人们还未能对旋转孪晶和反射孪晶的生长机理作出定量的描述，因此无法描绘出它们生长过程的动力学规律。

连续生长、二维生长和螺旋生长三种晶体生长方式的生长速率，其比较如图 3-18 所示。连续生长的速率最快，因粗糙界面上相当于大量的现成台阶，其次是螺旋生长。当 ΔT_K很大时，三者的生长速度趋于一致。也就是说，当过冷度很大时，平整界面上会产生大量的二维核心，或产生大量的螺旋台阶，使平整界面变成粗糙界面。

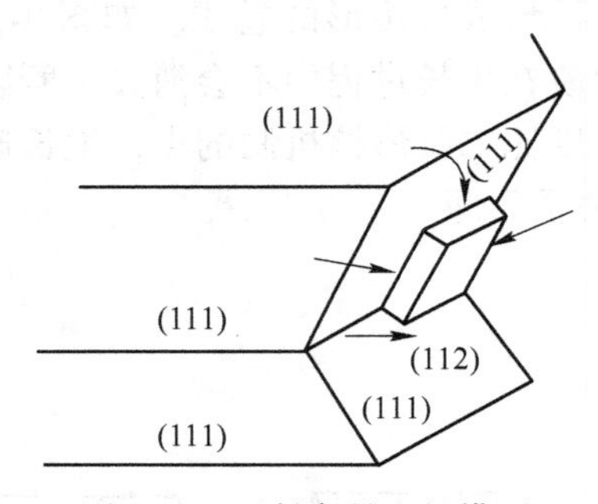

图 3-17　反射孪晶生长模型

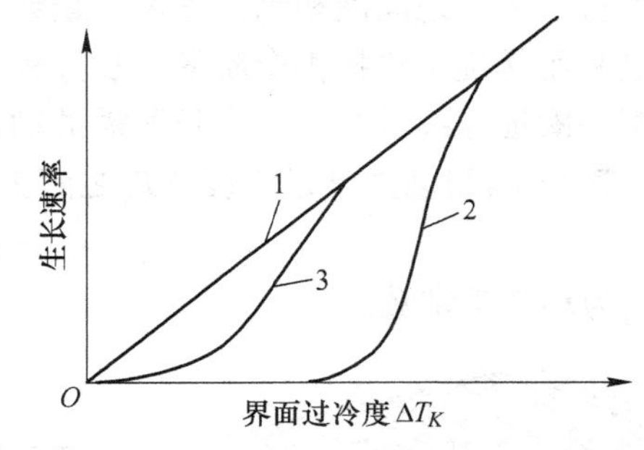

图 3-18　三种晶体生长方式的生长速率与过冷度的关系
1—连续生长；2—二维生长；3—螺旋生长

习　题

3-1　为什么过冷度是液态金属凝固的驱动力？

3-2　何谓热力学能障和动力学能障，凝固过程是如何克服这两个能障的？

3-3　假设液体金属在凝固时形成的临界核心是边长为 a^* 的立方体形状：

（1）求均质形核时 a^* 与 ΔG^* 的关系式；

（2）证明在相同过冷度下均质形核时，球形晶核较立方晶核更容易形成。

3-4　假设 ΔH、ΔS 与温度无关，试证明金属在熔点上不可能凝固。

3-5　已知 Ni 的 $T_m = 1453℃$，$L = -1870 J/mol$，$\sigma_{LC} = 2.25 \times 10^{-5} J/cm^2$，摩尔体积为 6.6cm³，设最大过冷度为 319℃，求 $\Delta G^*_{均}$和 $r^*_{均}$。

3-6　什么样的界面才能成为异质结晶核心的基底？

3-7　阐述影响晶体生长的因素。

3-8　固-液界面结构达到稳定的条件是什么？

3-9　阐述粗糙界面与平整界面间的关系。

第四章　单相合金与多相合金的凝固

按照液态金属凝固过程中晶体形成的特点，合金可分为单相合金和多相合金两大类。单相合金是指在凝固过程中只析出一个固相的合金，如固溶体、金属间化合物等。纯金属结晶析出单一成分的单相组织，可视作单相合金凝固的特例。多相合金是指结晶过程中同时析出两个及以上新相的合金，如共晶、包晶或偏晶合金。

凝固过程不仅发生金属的结晶，还伴随有体积的收缩和成分的重新分配，它决定液态成形产品的组织和性能。本章将讨论单相合金和多相合金凝固过程的基本原理。

凝固过程中溶质传输的主要理论基础是质量传输的两个扩散定律。

（1）菲克第一定律。对于一个 A、B 物质的二元系或多元系，溶质 A 在扩散场中某处的扩散通量 J_A 又称为扩散强度，为单位时间内通过单位面积的溶质量［$mol/(m^2 \cdot s)$］与溶质在该处的浓度梯度成正比，即

$$J_A = -D\frac{dC_A}{dx} \tag{4-1}$$

式中，D 为 A 物质的扩散系数，m^2/s，即单位浓度梯度下的扩散通量；dC_A/dx 为溶质 A 在 x 方向上的浓度梯度，即单位距离内的溶质浓度变化率，$(mol/m^3)/m$。式（4-1）右端的负号表示溶质传输方向与浓度梯度的方向相反。

（2）菲克第二定律。对于不稳定的扩散源，在一维扩散的情况下，扩散场中任一点的浓度随时间的变化率与该点的浓度梯度随空间的变化率成正比，其比例系数就是扩散系数，即

$$\frac{\partial C_A}{\partial t} = D\frac{\partial^2 C_A}{\partial x^2} \tag{4-2}$$

第一节　单相合金的凝固

一、固-液界面前沿的溶质再分配

（一）溶质再分配现象的产生

除纯金属外，单相合金的凝固过程一般是在一个固液两相共存的温度区间内完成的。在区间内的任意一点，共存的固液两相都具有不同的成分，因此结晶过程必然导致界面处固液两相成分的分离；同时，由于界面处两相成分随温度降低而变化，故晶体生长与传质过程必然相伴而生。这样，从形核开始到凝固结束，在整个结晶过程中固液两相内部将不断进行溶质元素的重新分布过程，称为合金结晶过程中的溶质再分配（Solute Redistribution）。它是合金结晶的一大特点，对结晶过程影响极大。显然，溶质再分配现

象起因于平衡相图这一系统热力学特性决定的界面两侧溶质成分的分离，而具体的分配形式则与决定传质过程的动力学因素密切相关。

在一定的压力条件下，凝固体系的温度、成分完全由相应合金体系的平衡相图决定，这种理想状态下的凝固过程称为平衡凝固。当然，这种理想的凝固过程实际上并不存在。然而，只要合金凝固过程的速度（以固液界面的推进速度表征）与相应的合金元素的扩散速度相比足够小，即凝固过程的各个因素符合 $R^2 \ll D_S/t$，就可以视为平衡凝固过程。其中，R 为固液界面推进速度；D_S为合金溶质元素在固相中的扩散系数；t 为凝固时间。

对于大多数实际的材料加工（如铸造、焊接等）而言，所涉及的合金凝固过程一般不符合上述平衡凝固的条件，合金凝固过程中的固液两相成分并不符合平衡相图的规定。尽管如此，可以发现在固液界面处合金成分符合平衡相图，这种情况称为界面平衡，相应的凝固过程称为近平衡凝固过程，也称为正常凝固过程。实际材料加工过程所涉及的凝固过程大多属于这类凝固过程。

随着现代科学技术的发展，某些极端条件下的凝固过程规律开始被人们认识，并且获得了一定的实际应用。其中一些凝固过程（如某些快速冷却）完全背离平衡过程，即使在固液界面处也不符合平衡相图的规定，产生所谓的“溶质捕获”现象，这类凝固过程称为非平衡凝固过程。以下分别讨论不同条件下的凝固过程及其伴生的有关问题。

（二）溶质平衡分配系数

如图 4-1 所示，决定界面两侧溶质成分分离的系统热力学特性可用平衡分配系数 k 表示，其定义是在给定的温度下，固液界面平衡固相溶质浓度 C_S与液相溶质浓度 C_L之比，即

$$k = \frac{C_S}{C_L} \tag{4-3}$$

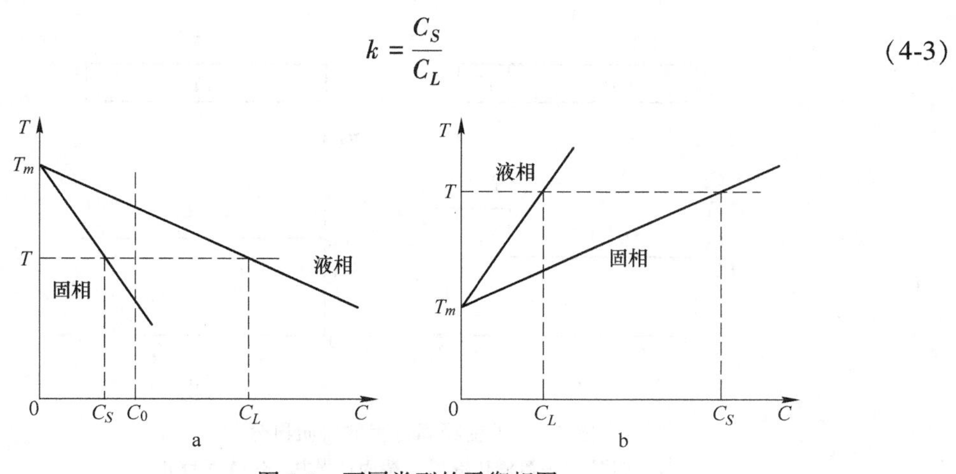

图 4-1　不同类型的平衡相图

a—k<1；b—k>1

因此，k 实质上描述了在固、液两相共存条件下，溶质原子在界面两侧的平衡分配特征。如果近似将合金的液相线和固相线看成直线，则不难证明对于给定的合金系统，其 k 为一常数。在图 4-1a 中，合金的熔点随溶质浓度增加而降低，$C_S<C_L$，$k<1$；在图 4-1b 中，合金熔点随溶质浓度增加而升高，$C_S>C_L$，$k>1$。对大多数单相合金而言，$k<1$。因此，下面只讨论 $k<1$ 的情况，其结论对 $k>1$ 的情况也适用。

二、平衡凝固时的溶质再分配

设长度为 l 的一维体自左至右定向单相凝固，并且冷却速度缓慢，溶质在固相和液相中都充分均匀扩散，液相中的温度梯度 G_L 保持固-液界面为平面生长，此时完全按平衡相图凝固，溶质再分配的物理模型如图 4-2 所示。图 4-2a 为平衡相图，设液态合金原始成分为 C_0，当温度达到 T_L 时开始凝固，固相百分数为 $\mathrm{d}f_S$，溶质含量为 kC_0；液相中溶质含量几乎不变，近似为 C_0（图 4-2b）。当温度继续下降至 T^* 时，此时固相和液相中溶质含量分别为 C_S^* 和 C_L^*（图 4-2c），并且 $\dfrac{C_S^*}{C_L^*}=k$，固相和液相的体积分数分别为 f_S 和 f_L，由杠杆定律得

$$C_S f_S + C_L f_L = C_0 \tag{4-4}$$

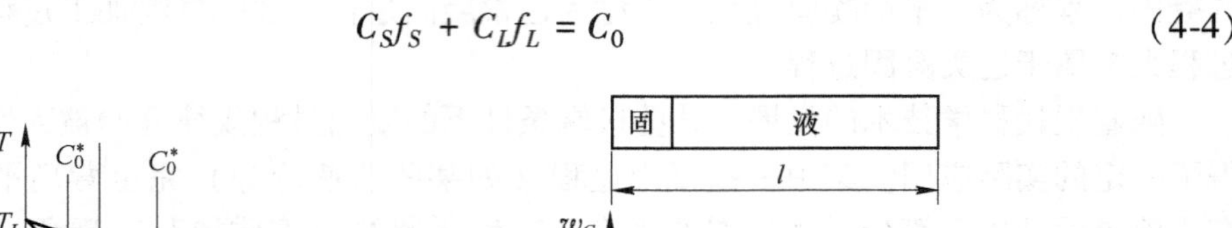

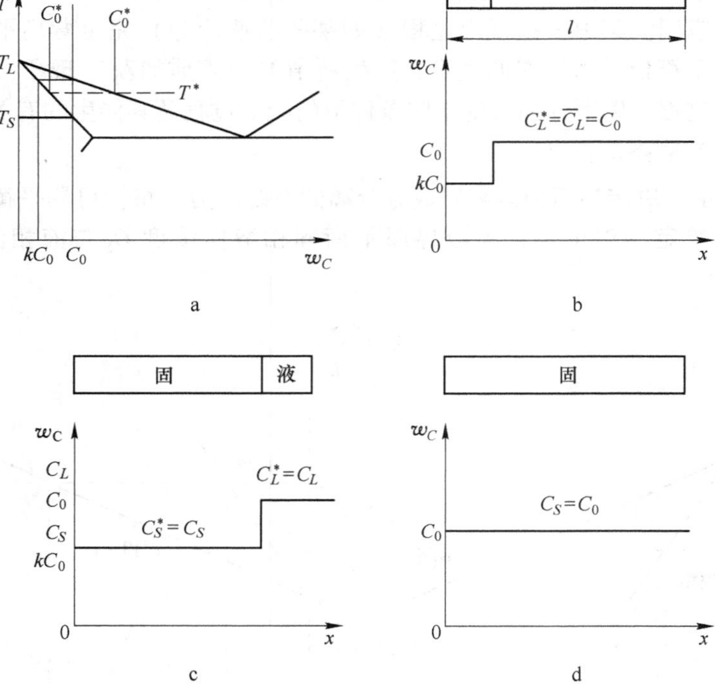

图 4-2 平衡凝固过程的溶质再分配

a—相图；b—凝固初始；c—凝固过程中；d—凝固终止

将 $C_L = C_S/k$ 和 $f_L = 1 - f_S$ 代入得

$$C_S = \frac{kC_0}{1 - f_S(1 - k)} \tag{4-5}$$

同理，

$$C_L = \frac{kC_0}{1 - f_L(1 - k)} \tag{4-6}$$

式（4-5）和式（4-6）即为平衡凝固时溶质再分配的数学模型。代入初始条件，开始凝固

时，$f_S \approx 0$，$f_L \approx 1$，则 $C_S = kC_0$，$C_L = C_0$；凝固将结束时，$f_S \approx 1$，$f_L \approx 0$，则 $C_S = C_0$，$C_L = C_0/k$。可见平衡凝固时溶质再分配仅取决于热力学参数 k，而与动力学无关。即此时此刻的动力学条件是充分的。凝固的进行虽然存在溶质再分配，但最终凝固结束时，固相成分为液态合金原始成分 C_0（图 4-2d）。

三、近平衡凝固时的溶质再分配

（一）固相无扩散、液相均匀混合的溶质再分配

通常，溶质在固相中的扩散系数 D 比在液相中的扩散系数小几个数量级，故认为溶质在固相中无扩散是比较接近实际情况的。溶质在液相中充分扩散不易得到，但经扩散、对流，特别是外力的强烈搅拌可以达到均匀混合。这种凝固条件溶质再分配的物理模型如图 4-3 所示，凝固开始时，与平衡态相同，固相溶质为 kC_0，液相中溶质浓度为 C_0。当温度下降至 T^* 时，所析出的固相成分为C_S^*，液相成分为C_L^*。但固相中无扩散，各温度下析出的固相成分是不相同的，如图 4-3c 所示。凝固结束时，固相中溶质浓度为 C_{Sm}，即相图中的溶质最大含量；而液相中的溶质为共晶成分 C_E，如图 4-3d 所示。

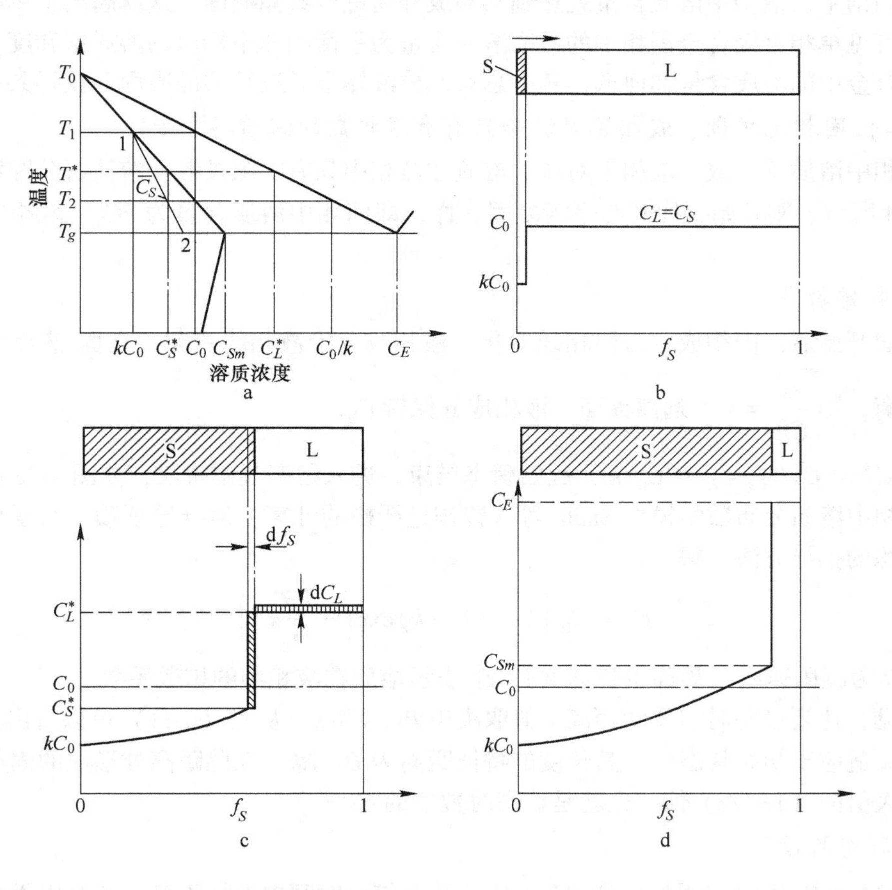

图 4-3　固相无扩散、液相充分扩散条件下凝固时的溶质再分配

a—相图；b—凝固初始；c—凝固过程中；d—凝固末期

在物理模型的基础上建立固相中溶质再分配的数学模型。如图 4-3c 所示，在温度 T^* 固-液界面向前推进一微小量，固相量增加的质量分数为 df_S，其排出的溶质量为 $(C_L^* - C_S^*)df_S$。这部分溶质将均匀地扩散至整个液相中，使液相中的溶质含量增加 dC_L^*，则

$$(C_L^* - C_S^*)df_S = (1 - f_S)dC_L^* \tag{4-7}$$

将 $C_L^* = C_S^*/k$ 代入上式整理得

$$\frac{dC_S^*}{C_S^*} = \frac{(1-k)df_S}{1-f_S} \tag{4-8}$$

积分得 $\ln C_S^* = (k-1)\ln(1-f_S) + \ln C$

因 $f_S=0$ 时，$C_S^* = kC_0$，代入上式，积分常数 $C=kC_0$，故

$$C_S^* = kC_0(1-f_S)^{k-1} \tag{4-9}$$

同理

$$C_L^* = C_0 f_L^{k-1} \tag{4-10}$$

式（4-9）和式（4-10）称为 Scheil 公式，也称非平衡杠杆定律。由于数学推导时采用了假设条件，故其表达式是近似的。特别在接近凝固结束时此定律是无效的。因还没有到达凝固结束，液相中溶质含量就达到共晶成分而进行共晶凝固，这就超出了单相凝固的条件。可见单相凝固合金固相中的最高溶质含量为平衡相图中标出的溶质饱和度。同时不管液态合金中的溶质含量如何低，其中总有部分液体最后进行共晶凝固而获得共晶组织。

（二）固相无扩散、液相无对流而只有有限扩散的溶质再分配

固相中溶质不扩散，液相不对流，溶质在液相中只有有限扩散，溶质再分配物理模型如图 4-4 所示。刚开始凝固时与平衡凝固一样，即固相中溶质含量为 kC_0，液相中溶质含量为 C_0。

1. 起始瞬态

凝固开始后，固相成分沿固相线变化，液相成分沿液相线变化，在固-液界面处两相局部平衡，即 $\frac{C_S^*}{C_L^*} = k$。远离界面，液相成分保持 C_0。

当 $C_S^* = C_0$ 时，$C_L^* = C_0/k$，起始瞬态结束，进入稳态凝固阶段，如图 4-4c 所示。起始态固相中溶质分布数学模型 Smith 等人曾作过严格的计算，但推导烦琐，张承甫找出了一个简练的推导方法，得出：

$$C_S = C_0\left[1 - (1-k)\exp\left(-\frac{kR}{D_L}x\right)\right] \tag{4-11}$$

式中，R 为凝固速度（界面生长速度）；D_L表示溶质在液相中的扩散系数。

可见，达到稳态时需要的距离 x 值取决于 R/D_L和 k。从式（4-11）可以看出，当 k 值较小时，适应于初始瞬态区，其长度的特征距离为 D_L/Rk，在此距离处形成的固相成分上升到最大值的（$1-1/e$）倍，也就是稳态时数值的 67%。

2. 稳态阶段

当 $C_L^* = C_0/k$ 时，固相成分 $C_S^* = C_0$，并在较长时间内保持不变。此时由固相中排出的溶质量与界面处向液相中扩散的溶质量相等。界面处两相成分不变，达到稳态凝固，如图 4-4d 所示。

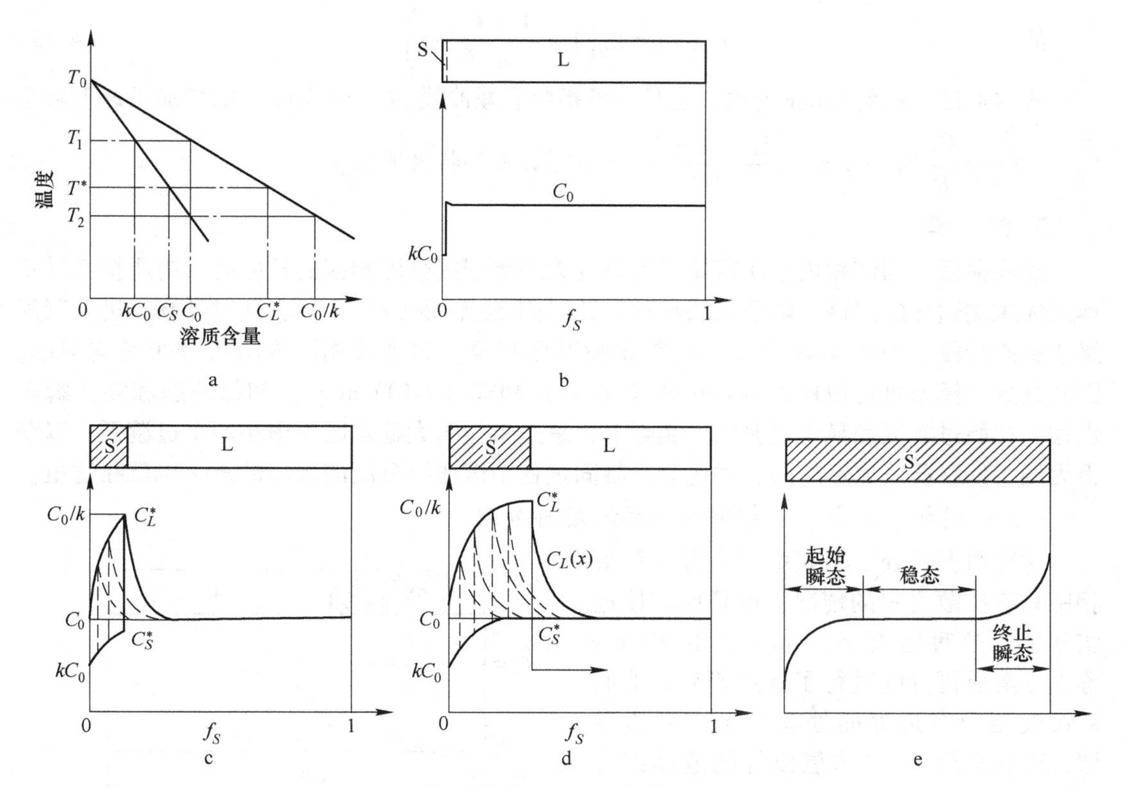

图 4-4　固相无扩散、液相有限扩散条件下凝固时的溶质再分配

a—相图；b—凝固初始；c—起始瞬态；d—稳态阶段；e—终止瞬间

现在由物理模型求解稳态凝固阶段固-液界面液相侧溶质分布的数学模型。将坐标原点设在界面处，由图 4-4d 知，$C_L(x)=f(x)$。$C_L(x)$ 取决于两个因素的综合作用。

（1）扩散引起浓度随时间而变化，由扩散第二定律 $\dfrac{\mathrm{d}C_L(x)}{\mathrm{d}t}=-D_L\dfrac{\mathrm{d}^2C_L(x)}{\mathrm{d}x^2}$ 决定。

（2）因凝固速度或界面向前推进的速度 R 而排出溶质所引起的浓度变化为 $R\dfrac{\mathrm{d}C_L(x)}{\mathrm{d}x}$。

稳态下二者相等，即

$$R\frac{\mathrm{d}C_L(x)}{\mathrm{d}x}=-D_L\frac{\mathrm{d}^2C_L(x)}{\mathrm{d}x^2} \tag{4-12}$$

所以

$$R\frac{\mathrm{d}C_L(x)}{\mathrm{d}x}+D_L\frac{\mathrm{d}^2C_L(x)}{\mathrm{d}x^2}=0 \tag{4-13}$$

此微分方程的通解为

$$C_L(x)=A+Be^{-\frac{R}{D_L}x} \tag{4-14}$$

根据边界条件，$x=0$，$C_L(0)=C_0/k$；$x=\infty$，$C_L(\infty)=C_0$，得 $A=C_0$，$B=\dfrac{1-k}{k}C_0$，

故 $$C_L(x)=C_0\left(1+\frac{1-k}{k}e^{-\frac{R}{D_L}x}\right) \tag{4-15}$$

式（4-15）称为Tiller公式，它是一条指数衰减曲线。$C_L(x)$ 随着 x 的增加迅速下降至 C_0。当 $x=\frac{D_L}{R}$ 时，$C_L=C_0\frac{ke+1-k}{ke}$，故称 D_L/R 为特性距离。

3. 终止瞬态

凝固最后，当液相内溶质富集层的厚度大约等于剩余液相区的长度时，溶质扩散受到单元体末端边界的阻碍，溶质无法扩散。此时固-液界面处 C_L^* 和 C_S^* 同时升高，进入凝固终止瞬态阶段，如图 4-4e 所示。但终止瞬态区很窄，整个液相区内溶质分布是均匀的。因此其数学模型可近似地用 Scheil 公式（4-9）和式（4-10）表示。初始瞬态和终止瞬态也称为初始过渡区和最终过渡区。实际上，总是希望扩大稳态区而缩小两个过渡区，以获得无偏析的材质或成形产品，讨论分析凝固过程中溶质再分配的规律的意义也就在这里。

（三）固相无扩散、液相有对流的溶质再分配

这种情况是处于液相中完全混合和液相中只有扩散之间的情况，也是比较接近实际的。这种情况下，Burten 和 Wagner 等人对溶质再分配进行了详细研究。他们假设液相中靠近界面处有一个扩散边界层，其厚度设为 δ；这层以外的液体因有对流作用得以保持均匀的成分。如果液相的容积很大，它将不受已凝固层的影响，仍保持原始成分 C_0，而边界层 δ 内，则只靠扩散进行传质，其物理模型如图 4-5 所示。达到稳态后，用微分方程式（4-13）表示，其通解用式（4-14）表示。此时边界条件为：$x=0$，$C_L=C_L^*$；$x=\delta$，$C_L=C_0$。代入边界条件得

$$A=C_L^*-\frac{C_L^*-C_0}{1-\exp\left(-\frac{R}{D_L}\delta\right)}$$

$$B=\frac{C_L^*-C_0}{1-\exp\left(-\frac{R}{D_L}\delta\right)}$$

将 A、B 值代入式（4-14）得特解

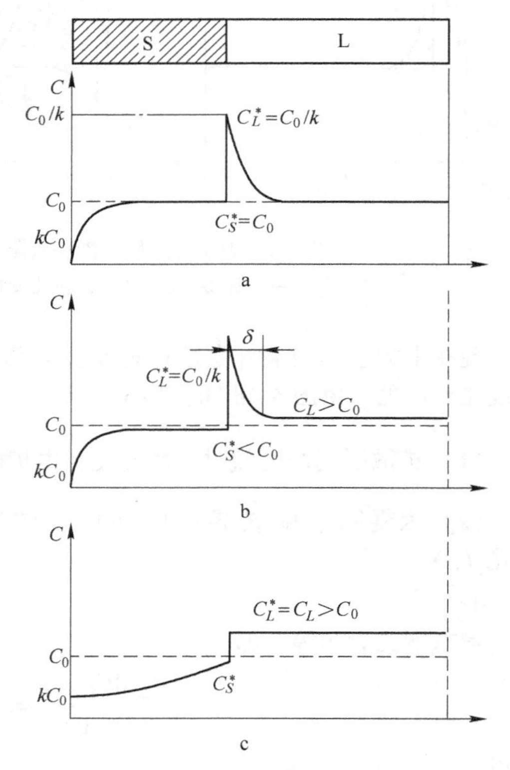

图 4-5 液相传质条件对溶质再分配规律的影响

a—$\delta\to\infty$；b—一般情况；c—$\delta\to 0$

$$\frac{C_L(x)-C_0}{C_L^*-C_0}=1-\frac{1-\exp\left(-\frac{R}{D_L}x\right)}{1-\exp\left(-\frac{R}{D_L}\delta\right)} \tag{4-16}$$

如果液体容积有限，则溶质富集层δ以外的液相成分在凝固过程中将不再是固定不变的C_0，而是逐步提高的，以其平均值$\overline{C}_L$表示，这样上式可写成

$$\frac{C_L(x)-\overline{C}_L}{C_L^*-\overline{C}_L}=1-\frac{1-\exp\left(-\frac{R}{D_L}x\right)}{1-\exp\left(-\frac{R}{D_L}\delta\right)} \tag{4-17}$$

由式（4-16），当$\delta\rightarrow\infty$时，可导出液相没有对流扩散情况下的溶质再分配，见式（4-15）。当达到稳态时，凝固排出的溶质等于扩散至液相中的溶质，即

$$RA\mathrm{d}t(C_L^*-C_S^*)=-D_L\left.\frac{\mathrm{d}C_L(x)}{\mathrm{d}x}\right|_{x=0}A\mathrm{d}t$$

则

$$R(C_L^*-C_S^*)=-D_L\left.\frac{\mathrm{d}C_L(x)}{\mathrm{d}x}\right|_{x=0}$$

对式（4-16）求导得

$$D_L\left.\frac{\mathrm{d}C_L(x)}{\mathrm{d}x}\right|_{x=0}=-R\frac{C_L^*-C_0}{1-\exp\left(-\frac{R}{D_L}\delta\right)} \tag{4-18}$$

上述二式相等，即得

$$C_L^*-C_S^*=\frac{C_L^*-C_0}{1-\exp\left(-\frac{R}{D_L}\delta\right)}$$

将$C_S^*=kC_L^*$代入整理得

$$C_L^*=\frac{C_0}{k+(1-k)\exp\left(-\frac{R}{D_L}\delta\right)} \tag{4-19}$$

$$C_S^*=\frac{kC_0}{k+(1-k)\exp\left(-\frac{R}{D_L}\delta\right)} \tag{4-20}$$

对于一定成分的合金，在液相部分混合的单相定向凝固过程中，达到稳态时，固相和液相成分C_S^*和C_L^*仅取决于R值和δ值，并且均小于没有混合时的$C_S^*=C_0$和$C_L^*=C_0/k$值。这由式（4-19）和式（4-20）可导出，即液相没有混合时$\delta=\infty$，代入二式中即可得到。δ值越小，C_S^*值越低，即搅拌、对流越强时，凝固析出的固相的稳态成分越低。同样，生长速度R越大时，C_S^*值越接近于C_0；R越小，C_S^*值越低，越远离C_0。在液相中存在部分对流的情况下，当搅拌激烈程度增加，δ变小时，为了使C_S^*保持均匀的成分不变，必须使特性距离$D_L/R<\delta$，即必须增加凝固速度。

（四）非平衡凝固

此处所谓的非平衡凝固是指绝对的非平衡凝固，如快速凝固、激光重熔及合金雾化冷却凝固等近代先进的材料成形技术中液态合金的凝固。此时已不遵循热力学规律，即使固-液界面紧邻处也如此。此时C_S^*和C_L^*的比值趋近于1。影响溶质再分配的因素主要是动

力学因素，其分布规律正在研究中，这是一个新的研究领域。

四、成分过冷（Constitutional Undercooling）

（一）“成分过冷”产生的条件

金属凝固时所需的过冷度，若完全由热扩散控制，这样的过冷称为热过冷。其过冷度称为热过冷度。纯金属凝固时就是热过冷，热过冷度为理论凝固温度与实际凝固温度之差。

对合金而言，其凝固过程同时伴随着溶质再分配，在固液界面的液相侧形成一个溶质富集区。其分布规律在上一节中已进行了详细分析。由于液相成分的变化，导致理论凝固温度发生变化。当固相无扩散而液相只有扩散的单相合金凝固时，界面处溶质含量最高，离界面越远溶质含量越低（图 4-6b）。平衡液相温度 $T_L(x)$ 则与此相反，界面处温度最低；离界面越远，液相温度越高；最后接近原始成分合金的凝固温度 T_0（图 4-6c）。假设液相线为直线，其斜率为 m_L，纯金属的熔点为 T_m，凝固达到稳态时固-液界面前方液相温度为

$$T_L(x) = T_m - m_L C_L(x) = T_0 - m_L[C_L(x) - C_0] \tag{4-21}$$

固-液界面（$x = 0$）处温度　$T_i = T_m - m_L C_0/k$　(4-22)

界面处的过冷度 ΔT_k（也称为动力学过冷度）为

$$\Delta T_k = T_i - T_{x0} = T_m - m_L C_0/k - T_{x0} \tag{4-23}$$

式中，T_{x0}为界面处的实际温度。

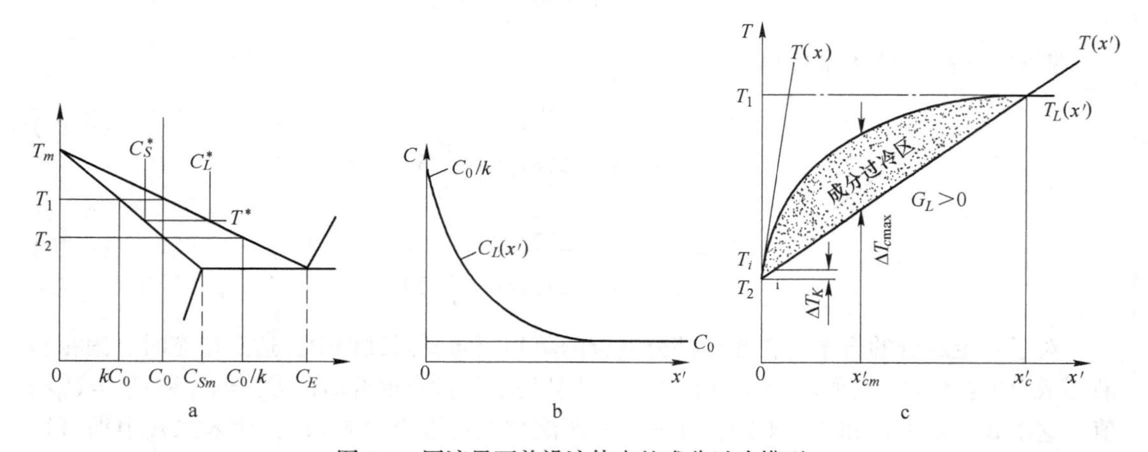

图 4-6　固液界面前沿液体中的成分过冷模型

假设固-液界面前沿的实际温度分布为直线 $T(x)$，其温度梯度为 G_L（图 4-6c）。此时，固-液界面前方液体的过冷度为平衡液相温度（即理论凝固温度）$T_L(x)$ 与实际温度 $T(x)$ 之差，即

$$\Delta T_c = T_L(x) - T(x) \tag{4-24}$$

通常动力学过冷度 ΔT_k很小，可忽略，则

$$\Delta T_c = T_L(x) - (T_i + G_L x)$$

显然，ΔT_c是由固-液界面前方溶质的再分配引起的，将这样的过冷称为“成分过

冷”，其过冷度称为“成分过冷度”。$T_L(x)$ 曲线和直线 $T(x)$ 构成的如图 4-6c 所示的阴影区叫“成分过冷区”，固-液界面前过冷范围 x_c 叫“成分过冷范围”。因此，产生“成分过冷”必具备两个条件：第一是固-液界面前沿溶质的富集而引起成分再分配；第二是固-液界面前方液相的实际温度分布 $T(x)$，或实际温度分布梯度 G_L 必须达到一定的值，以形成成分过冷区。

由图 4-6c 可看出，“成分过冷”的条件为

$$G_L < \left.\frac{\mathrm{d}T_L(x)}{\mathrm{d}x}\right|_{x=0} \tag{4-25}$$

而

$$\frac{\mathrm{d}T_L(x)}{\mathrm{d}x} = -m_L\frac{\mathrm{d}C_L(x)}{\mathrm{d}x} \tag{4-26}$$

故

$$G_L < -m_L\left.\frac{\mathrm{d}C_L(x)}{\mathrm{d}x}\right|_{x=0} \tag{4-27}$$

从式（4-18）求出

$$\left.\frac{\mathrm{d}C_L(x)}{\mathrm{d}x}\right|_{x=0} = -\frac{R}{D_L}\frac{C_L^* - C_0}{1 - e^{-R\delta/D_L}}$$

将上式和式（4-19）代入式（4-27）并整理可得

$$\frac{G_L}{R} < \frac{m_L}{D_L}\frac{C_0}{\dfrac{k}{1-k} + e^{-R\delta/D_L}} \tag{4-28}$$

式（4-28）称为“成分过冷”判别式或判据通式。当液相中只有扩散而无对流时，$\delta\rightarrow\infty$，式（4-28）变为

$$\frac{G_L}{R} < \frac{m_L C_0(1-k)}{kD_L} \tag{4-29}$$

式（4-29）为只有扩散而无对流时的“成分过冷”判据。式中左边的温度梯度 G_L 及界面生长速度 R 是可以人为控制的工艺因素，右边为由合金性质决定的因素。

（二）“成分过冷度”

“成分过冷度”表示为

$$\Delta T_c = T_L(x) - T(x) \tag{4-30}$$

实际温度 $T(x)$ 分布为

$$T(x) = T_i + G_L x \tag{4-31}$$

单相合金凝固，固-液界面为平界面，液相中只有扩散而无对流达到稳态凝固时：

$$T_i = T_m - m_L C_0/k \tag{4-32}$$

$$T_L(x) = T_m - m_L C_L(x) \tag{4-33}$$

将式（4-15）和式（4-32）代入式（4-33）得

$$T_L(x) = T_i + \frac{m_L C_0(1-k)}{k}\left[1 - \exp\left(-\frac{R}{D_L}x\right)\right] \tag{4-34}$$

联合式（4-31）和式（4-34）得

$$\Delta T_c = \frac{m_L C_0(1-k)}{k}\left[1 - \exp\left(-\frac{R}{D_L}x\right)\right] - G_L x \tag{4-35}$$

求 ΔT_c 最大值，令 $\mathrm{d}\Delta T_c/\mathrm{d}x=0$，则得最大“成分过冷度”处的 x_{cm} 为

$$x_{cm}=\frac{D_L}{R}\ln\frac{Rm_LC_0(1-k)}{G_LD_Lk} \tag{4-36}$$

将式（4-36）代入式（4-35）得最大“成分过冷度”为

$$\Delta T_{c\max}=\frac{m_LC_0(1-k)}{k}-\frac{G_LD_L}{R}\left[1+\ln\frac{Rm_LC_0(1-k)}{G_LD_Lk}\right] \tag{4-37}$$

令 $\Delta T_c=0$，由式（4-35）得

$$G_Lx_c=\frac{m_LC_0(1-k)}{k}\left[1-\exp\left(-\frac{R}{D_L}x_c\right)\right] \tag{4-38}$$

由函数 $\exp\left(-\frac{R}{D_L}x_c\right)$ 的幂级数展开式可近似求得

$$\exp\left(-\frac{R}{D_L}x_c\right)=1-\frac{R}{D_L}x_c+\frac{1}{2}\left(-\frac{R}{D_L}x_c\right)^2$$

将此式代入式（4-38）得

$$x_c=\frac{2D_L}{R}-\frac{2kG_LD_L^2}{m_LC_0(1-k)R^2} \tag{4-39}$$

x_c 是由于成分过冷所引起的固-液共存区（或称糊状区）的宽度，和没有成分过冷的 $x=\frac{T_L-T_m}{G_L}$ 相比，其影响因素更多些，并随凝固速度 R 的增加而减少；随液体中溶质的扩散系数 D_L 的增加而增大。由于糊状区的大小和状况影响到缩松、热裂等缺陷的形成，因而对糊状区的有效控制，对获得优质的铸件有重要的影响。

五、“成分过冷”对单相合金凝固过程的影响

如前所述，纯金属在正温度梯度下，固-液界面前方的液体几乎没有过冷，固液界面以平面方式向前推进，即晶体以平面方式生长。在负温度梯度下，界面前方的液体强烈过冷，晶体以树枝晶方式生长。纯金属凝固所需要的过冷度 ΔT 仅与传热过程有关，称这样的过冷度为热过冷度。

合金凝固与纯金属不同，除“热过冷”外，更主要的受到“成分过冷”的影响。成分过冷对一般单相合金凝固过程的影响与热过冷对纯金属凝固过程的影响在本质上是相同的，但同时存在传质过程的制约，因此情况更为复杂。在无成分过冷时，合金同纯金属一样，界面为平界面；在负温度梯度时，界面为树枝状形态；在正温度梯度时，晶体的生长方式具有多样性：当稍有成分过冷时为胞状生长，随着成分过冷的增大，晶体由胞状晶变为柱状晶、柱状枝晶和自由树枝晶（等轴晶）。下面对此逐一分析。

（一）无“成分过冷”的平面生长

当单相合金晶体生长条件符合

$$\frac{G_L}{R}\geqslant\frac{m_LC_0(1-k)}{kD_L} \tag{4-40}$$

界面前方不产生成分过冷，如图 4-7a 中温度梯度 G_1 所示。此时，界面将以平面生长

方式生长（图 4-7b）。达到稳定生长阶段时，宏观平坦的界面将是等温的，并以恒定的平衡成分向前推进。最后会在稳定生长区内获得成分完全均匀的单相固溶体柱状晶甚至单晶体。

由式（4-40）及图 4-7b 可知，平面生长的速度慢，界面前方的温度梯度大。纯金属和一般单相合金稳定生长阶段界面的生长速度 R 可由界面处的热量关系导出。由于界面液态金属温度下降和析出潜热的总热量等于固相导出的热量，故

$$G_S\lambda_S = G_L\lambda_L + R\rho L \tag{4-41}$$

式中，G_S、G_L分别为固、液相在界面处的温度梯度；λ_S、λ_L分别为固、液两相的热导率；ρ 为合金的密度；L 为结晶潜热。由此可得

$$R = \frac{G_S\lambda_S - G_L\lambda_L}{\rho L} \tag{4-42}$$

对于纯金属而言，式（4-42）中 G_L 只受热过冷的影响，但对于合金，G_L 必须受式（4-40）约束。

一般单相合金晶体生长，同时受到传质过程的影响，要保持平界面生长方式，温度梯度应更高，而生长速率应更低。因此，工艺因素的控制是很严格的；且合金的性质也有影响。C_0和 $|m_L|$ 越大，k 偏离 1 越远，D_L 越大，界面越趋向于平面生长。图 4-8 为 Al-0.1%Cu 合金在无成分过冷情况下的平面生长组织，此时 $G_L/R = 4.5 \times 10^4 \text{K} \cdot \text{s/cm}^2$。

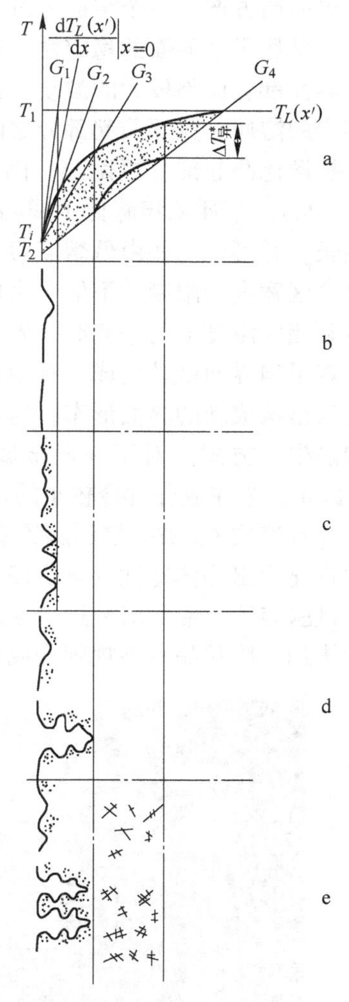

图 4-7　成分过冷对晶体生长方式的影响

（二）窄成分过冷区的胞状生长

当单相合金晶体生长符合条件

$$\frac{G_L}{R} < \frac{m_L C_0(1-k)}{kD_L} = \frac{T_0 - T_L}{D_L} \tag{4-43}$$

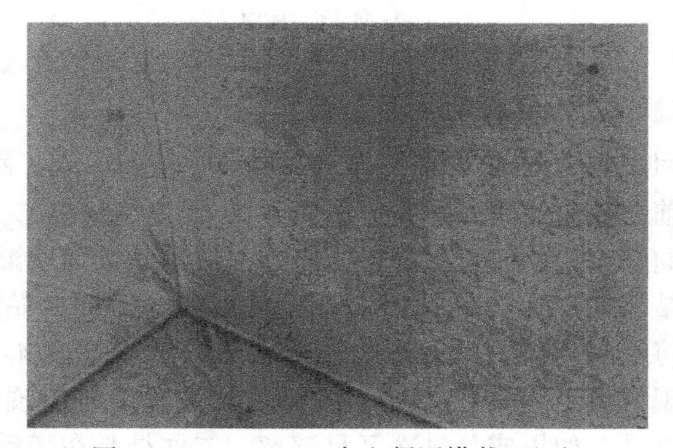

图 4-8　Al-0.1%Cu 合金凝固横截面组织

界面前方产生一个窄成分过冷区，如图 4-7a 中温度分布梯度 G_2所示。成分过冷区的存在，破坏了平界面的稳定性，这时，由于偶然的扰动，对宏观平坦的界面产生的任何凸起，界面都会面临较大的波动，而以更快的速度向前长大。同时，不断向周围的熔体中排出多余的溶质，相邻凸起部分之间的凹陷区域溶质浓度增加得更快，而凹陷区域的溶质向熔体扩散比凸起部分更困难。因此，凸起部分快速生长将导致凹陷部分溶质进一步浓集（图 4-7c）。溶质浓集降低了凹陷区域熔体的液相温度和过冷度，从而抑制凸起晶体的横向生长，并形成一些由低熔点溶质汇集区所构成的网络状沟槽。凸起晶体前端的生长受成分过冷区宽度的限制，不能自由地向前伸展。当由于溶质的浓集，而使界面各处的液相成分达到相应温度下的平衡时，界面形态趋于稳定。这样在窄成分过冷区的作用下，不稳定的宏观平坦界面就转变成一种稳定的，由许多近似于旋转抛物面的凸出圆胞和网络，将凹陷的沟槽构成新的界面形态，这种形态称为胞状晶。以胞状晶向前推进的生长方式，称为胞状晶生长方式。对于一般金属而言，圆胞显示不出特定的晶面，如图 4-9 所示。Al-0.1%Cu 合金在成分过冷较小的情况下（$G_L/R = 4.2 \times 10^3 \mathrm{K \cdot s/cm^2}$），界面出现许多胞状晶，并且溶质 Cu 被排挤到晶界富集。而对于小平面生长的晶体（如一些非金属），胞晶前端将显示出晶体特性的鲜明棱角。

试验表明，形成成分过冷区的宽度约在 0.01～0.1cm。随着溶质浓度的增大或冷却速度的增加，胞状晶由不规则变成规则的正六边形，最后变成树枝晶。

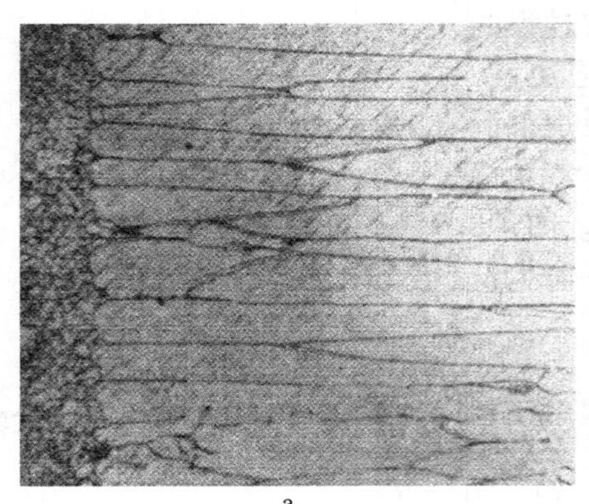
a

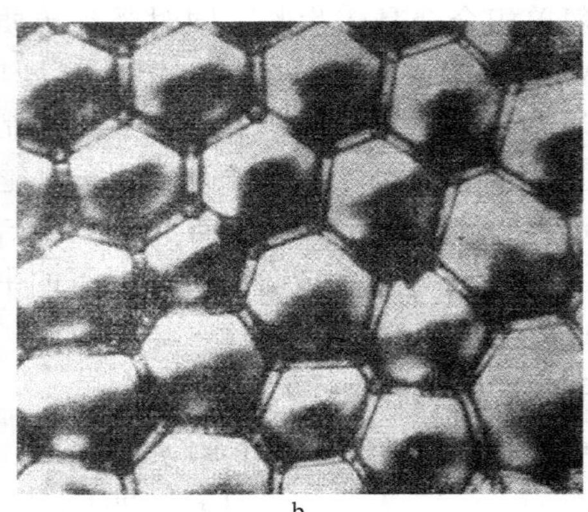
b

图 4-9 Al-0.1%Cu 合金定向凝固组织
a—纵向；b—横向

（三）较宽成分过冷区的柱状树枝晶生长

胞状晶的生长方向垂直于固-液界面，而且与晶体学取向无关。随着 G_L/R 的减小和溶质浓度的增加，界面前方成分过冷区加宽，如图 4-7a 中温度梯度 G_3所示。此时凸起晶胞将向熔体伸展更远，面临着新的成分过冷；原来胞晶抛物状界面逐渐变得不稳定。由胞状晶转变成柱状树枝晶结构的过程如图 4-10 所示。晶胞生长方向开始转向优先的结晶生长方向，胞晶的横向也将受晶体学因素的影响而出现凸缘结构（图 4-10b），当成分过冷加强时，凸缘上又会出现锯齿结构（图 4-10d），即二次枝晶。将出现二次枝晶的胞晶称为胞状树枝晶或柱状树枝晶。如果成分过冷区足够宽，二次枝晶在随后的生长中又会在其前端分裂出三次枝晶。这样不断分枝结果，在成分过冷区迅速形成树枝晶骨架（图 4-7d）。

在构成骨架枝晶的固-液两相区，随着枝晶的长大和分枝，剩余液体中的溶质不断富集，熔点不断降低，致使分枝周围熔体的过冷度很快消失，分枝便停止分裂和生长。由于分枝侧面无成分过冷，往往以平面生长方式完成其凝固过程。

这与纯金属在 $G_L<0$ 下的柱状枝晶生长不同，单相合金柱状枝晶的生长是在 $G_L>0$ 的情况下进行的；平面生长与胞状生长一样，是一种热量通过固相散失的约束生长，在生长过程中，结晶主干彼此平行地向着热流相反的方向延伸，相邻主干的高次分枝往往互相连接起来，而排列成方格网状。

（四）宽成分过冷区的自由树枝晶生长

当固-液界面前方液体中出现大范围的成分过冷时，成分过冷度的最大值将大于液体中非均质生核所需要的过冷度，如图 4-7a 中 G_4所示。由于在过冷的液体中自由成核生长，并长成树枝晶，这称为自由树枝晶，也称等轴晶，如图 4-7e 所示。等轴晶的生长，阻碍了柱状树枝晶的单向延伸，此后的凝固过程便是等轴晶不断向液体内部推进的过程。

在液体内部自由形核生长，从自由能的角度看应该是球体，因为同体积以球的表面积最小。但为什么又成为树枝晶的形态呢？在稳定状态下，平衡的结晶形态并不是球形，而是近于球形的多面体（图 4-11a）。晶体的界面总是由界面能较小的晶面组成，所以一个多面体的晶体，那些宽而平的面是界面能小的晶面，而棱与角的狭面，为界面能大的晶面。非金属晶体界面具有强烈的晶体学特性，其平衡态的晶体形貌具有清晰的多面体结构，而金属晶体的方向性较弱，其平衡态的初生晶体近于球形。但是，在近平衡状态下，多面体的棱角前沿液相中的溶质浓度梯度较大，其扩散速度较快（图 4-11b）；而大平面前沿液相中的溶质梯度较小，其扩散速度较慢，这样棱角处晶体长大速度快，平面处较小，近于球形的多面体逐渐长成星形（图 4-11c），从星形再生出分枝而成树枝状(图 4-11d)。

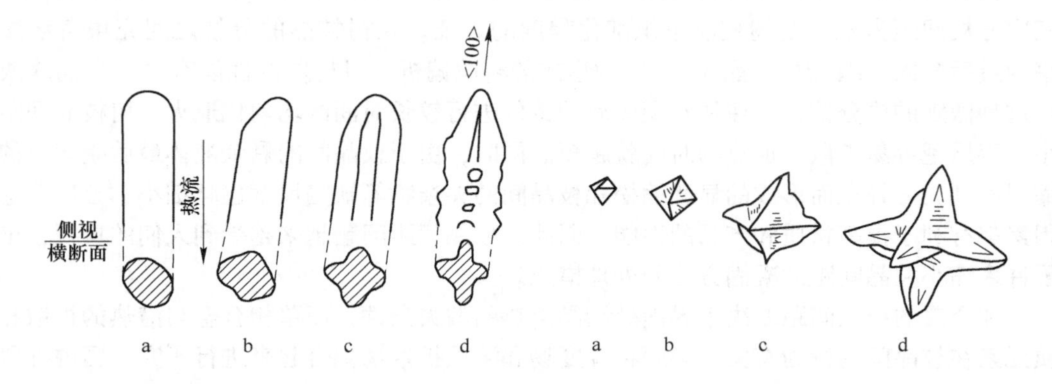

图 4-10　胞状晶向树枝晶生长的转变过程模型　图 4-11　由八面体晶体发展为树枝晶的过程模型

就合金的宏观结晶状态而言，平面生长、胞状生长和柱状树枝晶生长都属于一种晶体型壁生核，然后由外向内单向延伸的生长方式，称为外生生长。而等轴晶是在液体内部自由生长的，称为内生生长。可见，成分过冷加强了晶体生长方式由外生生长向内生生长转变。这个转变取决于成分过冷的大小和外来质点异质形核的能力两个因素。宽范围的成分过冷及具有强形核能力的生核剂，都有利于内生生长和等轴晶的形成。

等轴晶具有无方向性的特性。因此，等轴晶材质或成形产品的性能是各向同性的，且等轴晶越细性能越好。

（五）树枝晶的生长方向和枝晶间距

从上述分析可知，枝晶的生长具有鲜明的晶体学特征，其结晶主干和分枝的生长均与特定的晶向相平行。图 4-12 为立方系柱状树枝晶生长方向示意图。对于小平面生长的枝晶结构，其生长表面均被慢速生长的密排面（111）所包围，四个（111）面相交，并构成锥体尖顶，其所指的晶向<100>是枝晶生长的方向（图 4-12a）；对于非小平面生长的粗糙界面的非晶体学性质与其枝晶生长中鲜明的晶体学特征尚无完善的理论解释。枝晶的生长方向依赖于晶体结构特性，立方晶系为<100>晶向，密排六方晶系为 $<10\bar{1}0>$ 晶向，体心正方为<110>晶向。

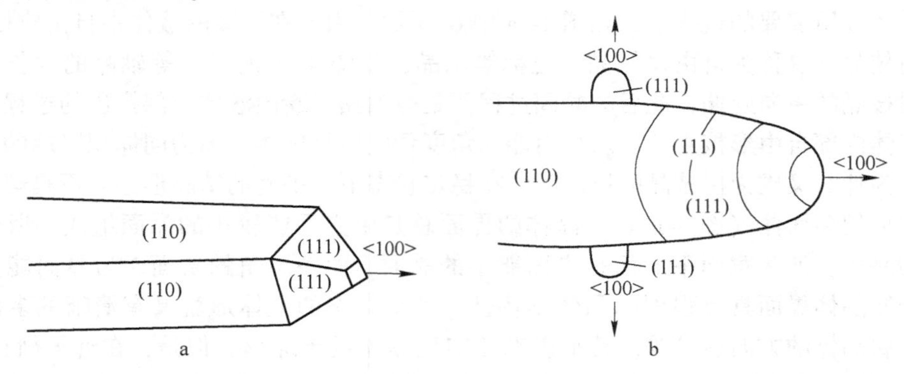

图 4-12　立方晶系柱状树枝晶的长大方向
a—小平面长大；b—非小平面长大

枝晶间距指的是相邻同次枝晶之间的垂直距离。主轴间距为 d_1，二次分枝间距为 d_2，三次分枝间距为 d_3，是树枝晶组织细化程度的表征。在树枝晶的分枝之间充填着溶质富集的最后凝固组织（如共晶体），这种形式的溶质偏析，对材质的性能有害。为消除或减小这种微观的成分偏析，往往对凝固后的铸件进行较长时间的均匀化退火。树枝晶间距越小，溶质越容易扩散，加热的时间就越短。同时，由于枝晶间的剩余液体最后凝固时的收缩得不到充分补充而形成的显微缩松和枝晶间的夹杂物等缺陷尺度也越细小、分散。这些因素都有利于提高材质和产品的性能。因此，枝晶间距问题越来越受到人们的重视，出现了许多缩小枝晶间距的凝固方法和处理措施。

纯金属的枝晶间距取决于界面处结晶潜热的散失条件，而单相合金与潜热的扩散和溶质元素在枝晶间的行为有关，必须将温度场和溶质扩散场耦合起来进行研究。国内外研究者所得到的定性结论一致，但定量结论有多种模型。

定向凝固组织，如胞状晶、柱状枝晶中一次枝晶间距的经典理论模型是 Jackson Hunt（J-H）模型。一次枝晶间距的表达式为

$$d_1 = A_1 G_L^{-1/2} R^{-1/2} \tag{4-44}$$

式中，A_1为合金性能的常数。

$$A_1 = 4.3\left(\frac{\Delta T_S D_L \sigma_{LC}}{k\Delta S_m}\right)^{1/4} \tag{4-45}$$

式中，ΔT_S为合金凝固的温度范围；ΔS_m为熔化熵。

第二节　共晶合金的凝固

一、共晶组织的特点和共晶合金的分类

共晶结晶（Eutetic Solidification）形成的两相混合物具有多样的组织形态：（1）宏观形态，即共晶体的形状与分布的形成原因与单相合金晶体类似，并随着结晶条件的改变也呈现从平面生长、胞状生长到枝晶生长，从柱状晶（共晶群体）到等轴晶（共晶团）的不同变化。（2）微观形态，即共晶体内两相析出物的形状与分布，则与组成相的结晶特性，它们在结晶过程中的相互作用以及具体条件有关。在众多的复杂因素中，共晶两相生长中的固-液界面结构在很大程度上决定着微观形态的基本特征。根据界面结构不同，共晶合金分为两类。

（1）非小平面-非小平面共晶合金。该类合金也称为规则共晶合金，在结晶过程中，共晶两相 α 和 β 均具有非小面生长的粗糙界面，组成相的形态为规则的棒状或层片状，如图 4-13 所示。由于粗糙界面的连续生长是金属状态物质结晶的基本特点，故又称为金属-金属共晶合金。它包括了所有的金属与金属之间以及许多金属与金属间化合物之间的共晶合金，如 Sb-Pb、Ag-Cu 和 Al-Al_3Ni 等。

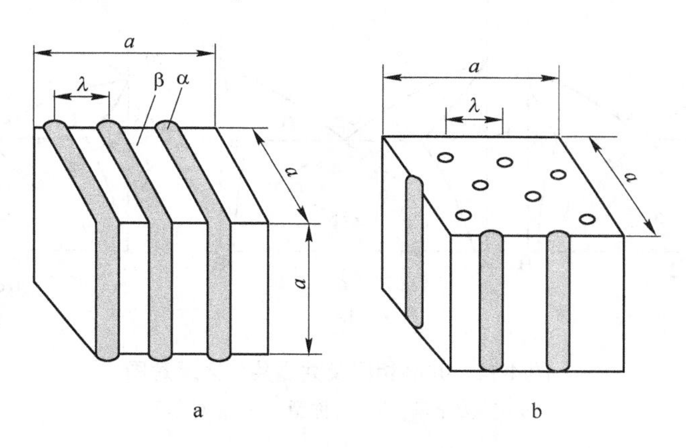

图 4-13　非小平面-非小平面共晶共生生长
a—层片状；b—棒状

（2）非小平面-小平面共晶合金。该类合金也称为非规则共晶合金，在结晶过程中，一个相的固-液界面为非小平面生长的粗糙界面，另一个相则为小平面生长的平整界面，故又称金属-非金属共晶合金。它包括了许多由金属和非金属以及金属和准金属组成的共晶合金，如 Fe-C，Al-Si 以及 Pb-Bi、Sb-Bi 和 Al-Ge 等共晶合金。许多金属-金属氧化物（碳化物）共晶也属此类。非规则共晶合金组织形态根据凝固条件（化学成分、冷却速度、变质处理等）的不同而变化。小平面相的各向异性导致其晶体长大具有强烈的方向性。固-液界面为特定的晶面，在共晶长大过程中，虽然共晶两相也依靠液相中原子的扩散而协同长大，但固-液界面不是平整的，而是极不规则的。小平面相的长大属于二维晶核生长，它对凝固条件极为敏感，因此，非规则共晶组织的形态变化多样。

此外，就共晶系本身而言，还有另一类小平面-小平面共晶，即非金属-非金属共晶。

二、共晶合金的结晶方式

（一）共晶合金的共生生长

根据相图平衡条件，只有具有共晶成分这一固定组成的合金才能获得全部的共晶组织。但在实际凝固条件下，即使是共晶点附近非共晶成分的合金，当其以比较快的速度冷却到图4-14a所示的平衡相图上两条液相线的延长线以下的区域时，液相内部两相同时达到过饱和，都具备了析出的条件。然而实际上往往是某一相首先析出，然后另一相再在先析出相的表面上析出，从而开始两相交替竞相析出共晶凝固过程，最后获得100%的共晶组织。这种由非共晶成分合金发生共晶凝固而获得的共晶组织称为伪共晶组织。图4-14中的影线区称为共晶共生区。共晶共生区规定了共晶凝固特定的温度和成分范围。

如果仅从热力学观点考虑，共晶共生区如图4-14a所示，完全由平衡相图的液相线外推延长以后构成。然而，实际共晶凝固过程不仅与热力学因素有关，在很大程度上还取决于共晶两相析出过程的动力学条件。因此，实际共晶共生区取决于共晶生长的热力学和动力学因素的综合作用。实际的共晶共生区可以大致分为两种：对称型（图4-14b）和非对称型（图4-14c）。

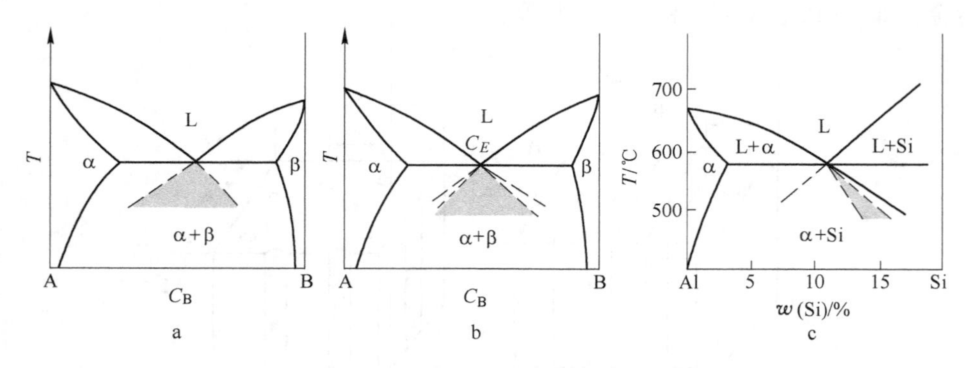

图4-14　共晶相图及共晶共生区示意图

a—热力学型；b—对称型；c—非对称型

当组成共晶的两个组元的熔点相近，两条液相线形状彼此对称，共晶两相性质相近，在共晶成分、温度区域内的析出动力学因素也大致相当，容易形成相互依附的共晶核心。同时两相组元在共晶成分、温度区域内的扩散能力也接近，易于保持两相等速协同生长。在这种条件下，共晶共生区以共晶成分 C_E 为对称轴，形成对称型共晶共生区（图4-14b）。以共晶成分为中心的对称型共晶共生区，只发生在金属-金属共晶系中。

当组成共晶两相的两个组元的熔点相差较大，两条液相线不对称，共晶点成分通常靠近低熔点组元一侧。此时，共晶两相的性质相差往往很大，高熔点相往往易于析出，且其生长速度也较快，两相在共晶成分、温度区域内生长的动力学条件差异破坏了共晶共生区的对称性，使其偏向于高熔点组元的一侧，形成非对称型共晶共生区（图4-14c）。共晶两相性质差别越大，共晶共生区偏离对称的程度就越严重。大多数金属-非金属共晶系，如Al-Si、Fe-C(Fe_3C)系的共晶共生区均属于此类。

实际上，共晶共生区的形状并非如图 4-14 所示那样简单，而是随着液相温度梯度、初生相及共晶相的长大速度和温度等因素的变化而呈现出多样的复杂变化。如图 4-15 所示，对称型的金属-金属系共晶在液相温度梯度 G_L 为正时，呈现出铁砧式的共晶共生区。可见当晶体生长速度较小时，单向凝固的合金可以获得以平界面生长的共晶组织。随着晶体长大速度或成分过冷度的增大，共晶组织将依次转变为胞状、树枝状以至粒状（等轴）共生共晶。

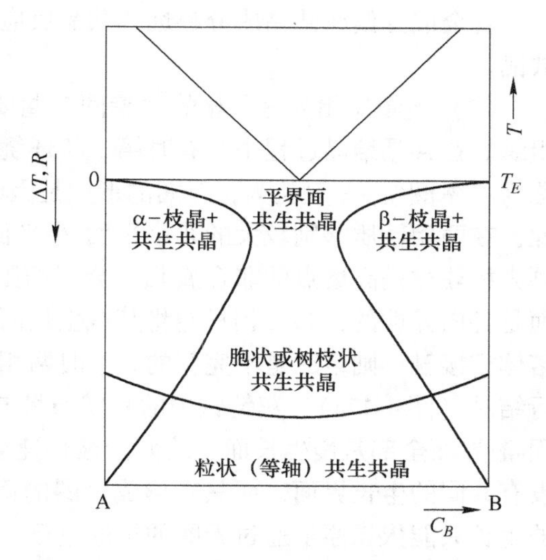

图 4-15　非小平面-非小平面共晶共生区

（二）离异生长和离异共晶

合金液可以在一定成分条件下通过直接过冷而进入共晶共生区，也可以在一定过冷条件下通过初生相的生长使液相成分发生变化而进入共晶共生区。合金液一旦进入共晶共生区，两相就能借助于共生生长的方式进行共晶结晶，从而形成共生共晶组织。然而研究表明，在共晶转变中也存在着合金液不能进入共晶共生区的情况。在这种情况下，共晶两相没有共同的生长界面，它们各以不同的速度独立生长。也就是说，两相的析出在时间和空间上都是彼此分离的，因而在形成的组织上没有共生共晶的特征。这种非共生生长的共晶结晶方式称为离异生长，所形成的组织称为离异共晶（图 4-16）。在下述情况下，共晶合金将以离异生长的方式进行结晶，并形成几种形态不同的离异共晶组织。

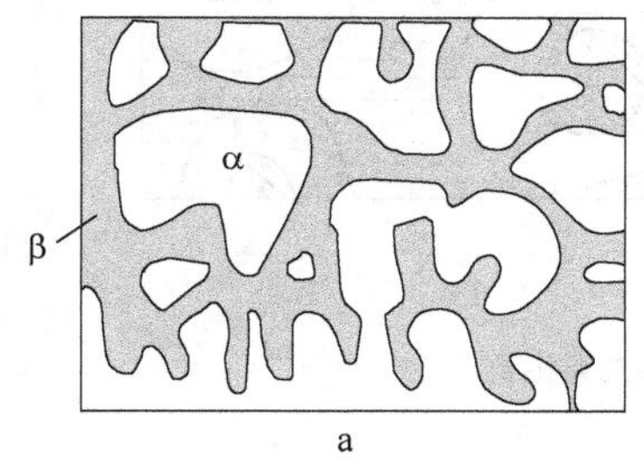

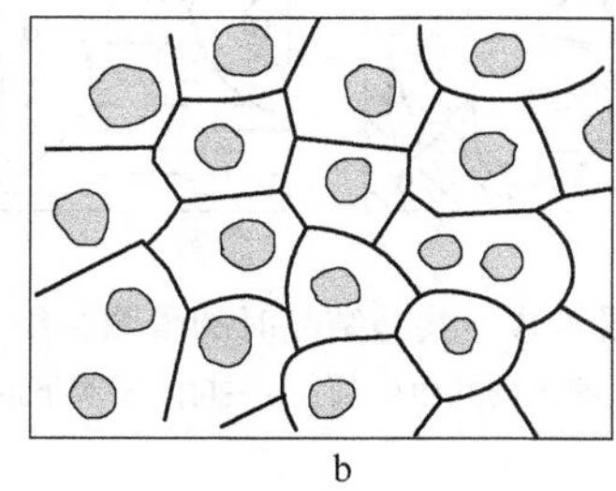

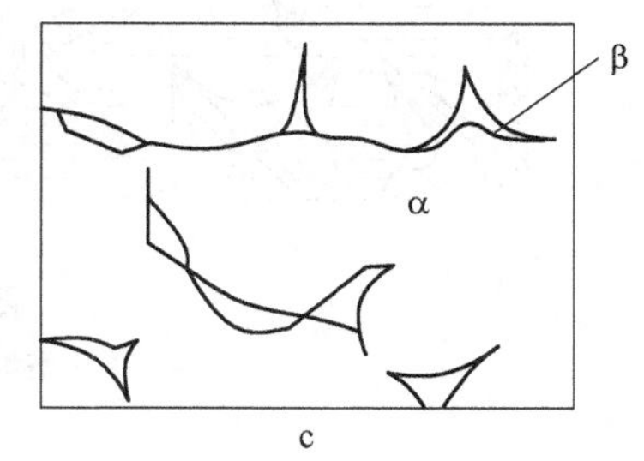

图 4-16　几种离异共晶组织

（1）当一相大量析出，另一相尚未开始结晶时，将形成晶间偏析型离异共晶组织。其产生原因有两种：第一种原因是由系统本身造成的，当合金成分偏离共晶点很远，初晶相长得很大，共晶成分的残留液体很少，类似于薄膜分布于枝晶之间。当共晶转变时，一相就在初晶相的枝晶上继续长出，而把另一相单独留在枝晶间（图 4-16a）。第二种原因是由另一相的形核困难引起的，合金偏离共晶成分，初晶相长得较大。另一相不能以初生相为衬底形核，或因液体过冷倾向大而使该相析出受阻时，初生相就继续长大而把另一相留在枝晶间（图 4-16c）。

合金成分偏离共晶成分越远，共晶反应所需的过冷度越大，则越容易形成上述的离异共晶。

（2）当领先相为另一相的“晕圈”封闭时，将形成领先相呈球团状结构的离异共晶组织。在共晶结晶过程中，有时第二相环绕领先相生长而形成一种镶边外围层，此外围层称为“晕圈”。一般认为，晕圈的形成是因两相在形核能力和生长速度上的差别所致。因此，在两相性质差别较大的非小平面-小平面共晶合金中更容易出现这种晕圈组织。这时领先相往往是高熔点的非金属相，金属相则围绕领先相形成晕圈。如果领先相的固-液界面是各向异性的，第二相只能将其慢生长面包围住，而其快生长面仍能突破晕圈包围并与熔体相接触，则晕圈是不完整的。这时两相仍能组成共同的生长界面而以共生生长方式进行结晶（图 4-17a）。灰铸铁中的片状石墨与奥氏体的共生生长则属此类。如果领先相的固-液界面全部是慢生长面，从而能被快速生长的第二相晕圈封闭时，则两相与熔体之间没有共同的生长界面，而只有形成晕圈的第二相与熔体相接触（图 4-17b），所以领先相的生长只能依靠原子通过晕圈的扩散进行，最后形成领先相呈球团状结构的离异共晶组织（图 4-16b）。其典型例子就是球墨铸铁的球状石墨与奥氏体的共晶凝固。

在晶间偏析型离异共晶组织中，不存在共晶团或共晶群体结构；而在球团状离异共晶组织中，一个领先相的球体连同包围它的第二相晕圈即可看成一个共晶团。当共晶合金采取离异生长方式进行结晶时，由于两相彼此分离的性质，则很难明确区分共晶形核过程和共晶生长过程。研究工作一般都是分别考察两相的形核和生长过程。

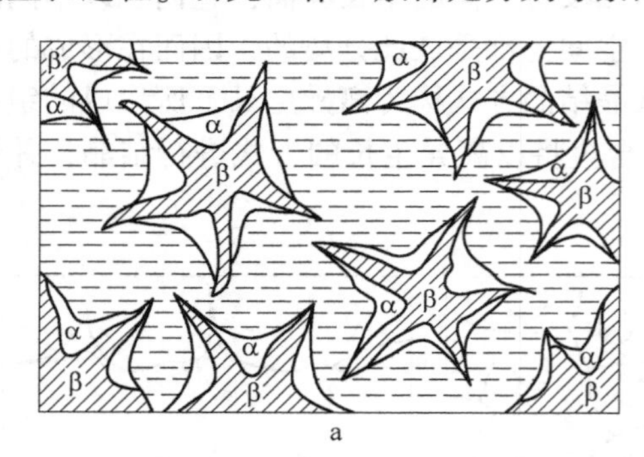

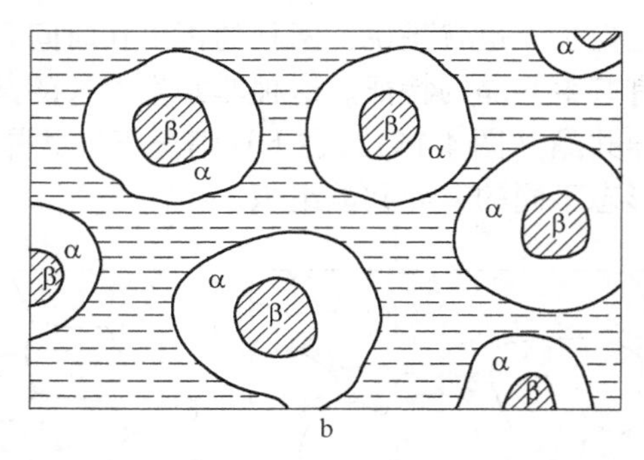

图 4-17　共晶结晶时的晕圈组织

a—不完整晕圈下的共生生长；b—封闭晕圈下的离异生长

三、规则共晶凝固

（一）层片状共晶

层片状共晶组织是最常见的一类规则共晶组织，组织中共晶两相呈片状交叠生长。一般情况下，其长大速度在四周各个方向上是均一的，因它具有球形长大的固-液界面前沿。片状共晶合金的自由共晶凝固过程如图 4-18 所示。根据形核理论在液相中析出呈球状的 α 领先相（图 4-18a），即 α 相为共晶核心。由于两相性质相近，β 相以 α 相为衬底依附其侧面析出长大。β 相的析出又促进 α 相依附 β 相侧面长大（图 4-18b），如此交替搭桥式地生长成如散射状球形共晶（图 4-18c）。

共晶中两相交替生长，并不意味着每一片都要单独形核，其长大过程是靠搭桥的方式

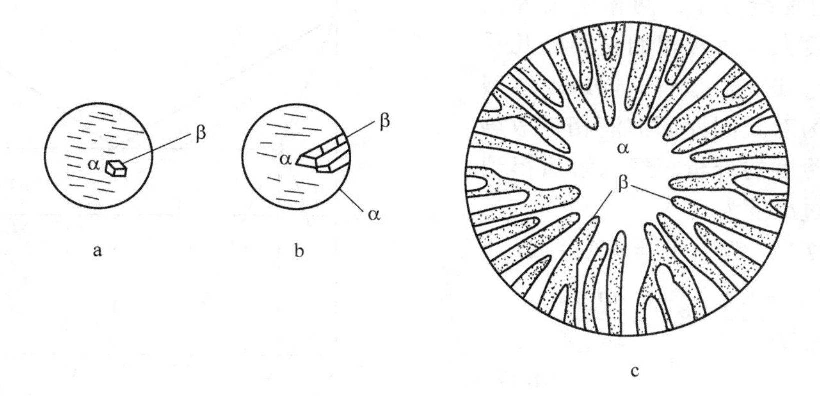

图 4-18 球形共晶的形核与长大

（图 4-19）使同类相的片层进行增殖。这样就可以由一个晶核长出整整一个共晶团，这种共晶团也可以称为共晶晶粒或共晶领域。

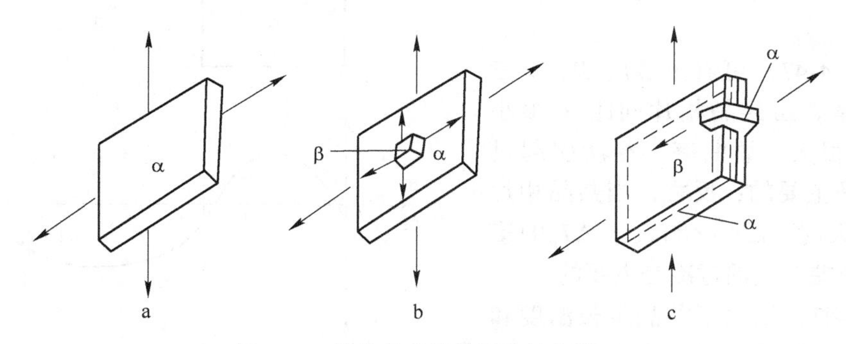

图 4-19 层片状共晶搭桥式长大模型

a—α 相核心；b—β 相核心；c—搭桥长大

片状共晶组织的重要参数是共晶间距，或 α 相和 β 相的片间距。为研究共晶间距需要建立共晶生长模型。共晶生长的经典模型是 Jackson-Hunt 模型。因为片间距 λ 很小，在长大过程中横向扩散是主要的。如图 4-20b 所示，α 相生长排出的组元 B 为 β 相生长创造条件，而 β 相生长所排出的组元 A 为 α 相生长创造了条件。这样 α 相前沿富集 B 元素，β 相前富集 A 元素，凝固界面液相侧横向的成分分布如图 4-20c 所示。α 相中央前沿距离 β 相较远，排出的 B 原子不可能像两相的交界处的前沿那样快速地扩散，因此这里 B 原子富集较多，而越靠近 α 相边缘，B 原子富集得越少，在两相的交界处几乎没有富集，为共晶成分 C_E。同理 B 相中央前沿液相富集着较多的 A 原子，相对 B 原子的含量较低，越靠近 β 相边缘，富集的 A 原子越少，而 B 原子就越多。这样，α 相和 β 相边缘的生长速度大于中央的生长速度，形成如图 4-20e 所示的界面，边缘的曲率半径小，中央的曲率半径大。界面前溶质的再分配将产生过冷，其过冷程度与浓度差 $C_E - C_L^*$ 和液相线 $T_{L\infty}$ 的斜率 m_L有关（图 4-20a）。其表达式为

$$\Delta T_c = m_L(C_E - C_L^*) \tag{4-46}$$

ΔT_c呈抛物线分布，两相中央界面的液体过冷度大，而两相的交界处几乎不产生过冷。这样，Jackson-Hunt 模型将凝固归结为对凝固界面前液相扩散场的求解和过冷度的分析。经求解后得到凝固界面的过冷度为

$$\Delta T = T_E - T^* = T_E - T_i = \Delta T_c + \Delta T_r = \frac{m_L(C_{\beta m} - C_{\alpha m})}{\pi^2 D_L}R\lambda + \frac{\sigma_{SL}}{\Delta S_m \lambda} \tag{4-47}$$

式中，$C_{\alpha m}$、$C_{\beta m}$为共晶时 α、β 相平衡溶质成分；ΔT_r为因曲率半径作用而引起的过冷；σ_{SL}为固液相界面张力；ΔS_m为熔化熵；λ 为共晶相片间距；R 为凝固速率。

从式（4-47）可看出 ΔT、R、λ 三者间的关系。当共晶相片间距 λ 很小时，ΔT_r则很大，故曲率半径所引起过冷的影响是主要的；反之，当共晶相片间距 λ 较大时，ΔT_c影响大于 ΔT_r的影响，即成分差产生的过冷是主要的。

式（4-47）给出了共晶生长温度和共晶片间距的关系。但过冷度是不确定的，为此引入最小过冷度原理，即当生长速率给定后，共晶相生长的实际间距应使生长过冷度获最小值。这样令 $\frac{\partial \Delta T}{\partial \lambda} = 0$，则可求出共晶相片间距为

$$\lambda^2 = \frac{D_L \sigma_{SL} \pi^2}{m_L R \Delta S_m (C_{\beta m} - C_{\alpha m})}$$

即

$$\lambda = AR^{-1/2} \tag{4-48}$$

式中，$A = \sqrt{\frac{D_L \sigma_{SL} \pi^2}{m_L \Delta S_m (C_{\beta m} - C_{\alpha m})}}$。

由式（4-48）可见，共晶片间距 λ 与凝固速率 R 的平方成反比，即凝固速率越大，片间距越小，这已被试验所证明。

上述共晶固-液界面前成分及过冷度

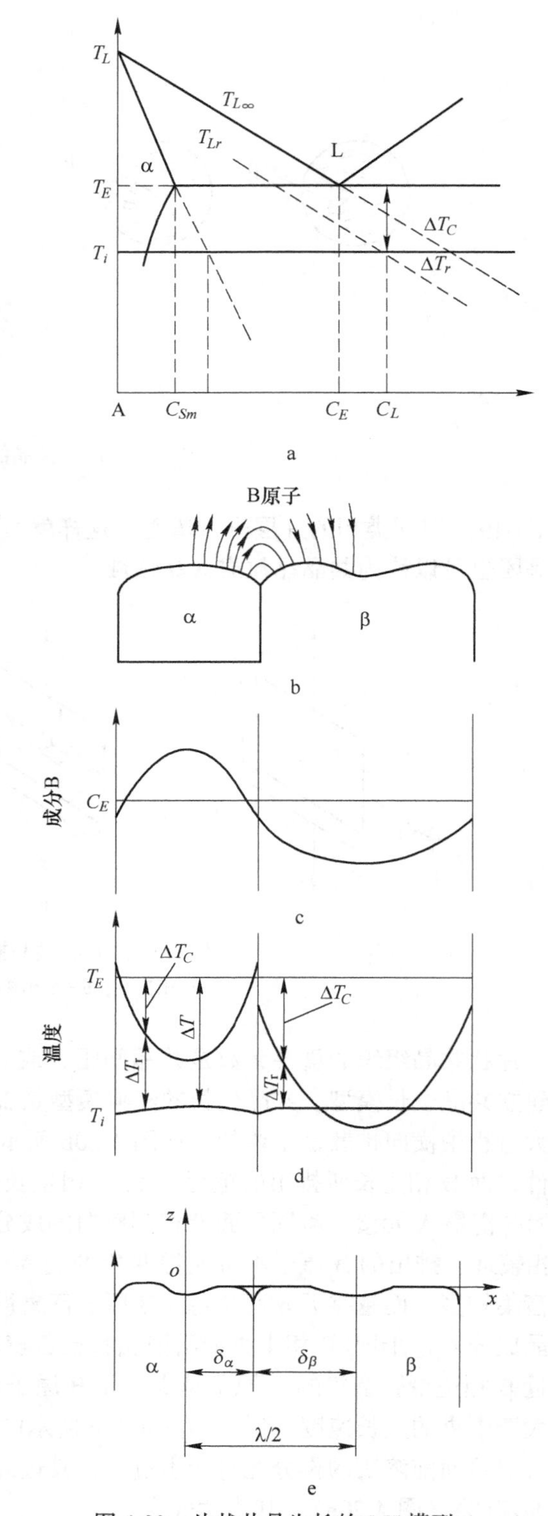

图 4-20　片状共晶生长的 J-H 模型

a—相图；b—α 和 β 耦合生长；c—界面前液相中 B 组元分布；d—界面前液相过冷度分布；e—两相的弯曲固液界面

的不均匀分布，仅限于界面前几个层片厚度的液体内，超过此范围，液相成分急剧均匀化而成共晶成分 C_E。

（二）棒状共晶

规则共晶除层片状共晶外，另一类是棒状共晶。在该组织中一个组成相以棒状或纤维状形态沿着生长方向规则地分布在另一相的连续基体中，如图 4-21 所示。设棒状相为 α 相，则 β 相的晶界为正六边形。究竟出现棒状还是层片结构，取决于共晶中 α 相与 β 相的体积分数和第三组元的影响。

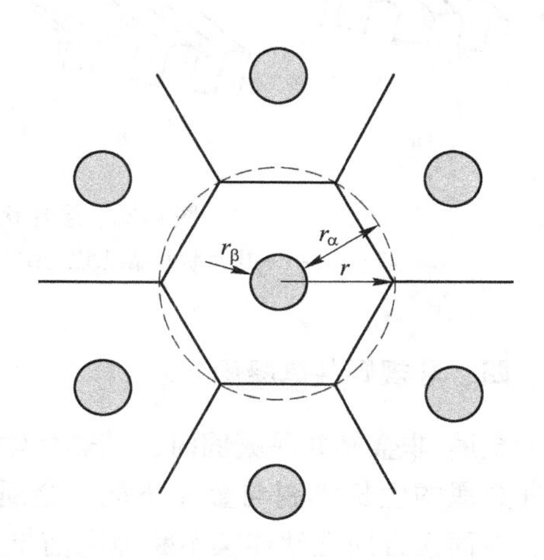

图 4-21　棒状共晶组织特征尺寸示意图

（1）共晶体中两相体积分数的影响。在 α、β 两固相间界面张力相同的情况下，当某一相的体积分数远小于另一相时，则该相以棒状方式生长。当两相体积含量相近时，则倾向于层片状生长。更确切地说，如果一相的体积分数小于 1/π 时，该相将以棒状结构出现；如果体积分数在 1/π~1/2 时，两相则以层片状结构出现。

但必须指出，层片状共晶中两相间的位向关系比棒状共晶中两相间位向关系更强。因此，在层片状共晶中，相间界面更可能是低界面能的晶面。在这种情况下，虽然一相的体积分数小于 1/π，也会出现层片状共晶而不是棒状共晶。

（2）第三组元对共晶结构的影响。当第三组元在共晶两相中的分配系数相差较大时，其在某一相的固-液界面前沿富集，将阻碍该相的继续长大；而另一相的固液界面前沿由于第三组元的富集较少，其长大速率较快。于是，由于搭桥作用，落后的一相将被长大快的一相隔成筛网状组织，继续发展则成棒状共晶组织，如图 4-22 所示。图 4-22a ~ d 为共晶转变趋势，通常在层片状共晶的交界处看到棒状共晶组织就是这样形成的。

棒状共晶可用与六边形等面积的半径 r 取代层片状共晶中的间距 λ，作为共晶组织的特征尺寸。参照层片状组织的 Jachson-Hunt 生长模型，求解后最终获得过冷度 ΔT、凝固速率 R 及 r 之间的关系。

令
$$A_b = \frac{m_L(C_{\beta m} - C_{\alpha m})}{\pi^2 D_L},\quad B_b = \frac{\sigma_{SL}}{\Delta S_m}$$

则式（4-46）可改写为

$$\Delta T = A_b R r + \frac{B_b}{r} \tag{4-49}$$

当 $\dfrac{\partial \Delta T}{\partial r} = 0$ 时，可得 r 的极值为

$$r^2 = kR^{-1} \tag{4-50}$$

式中，$k = B_b/A_b$ 是由组成相的物理性质决定的常数。

式（4-50）和片状共晶间距表达式（4-48）相似，r 和 λ 均与凝固速率 R 的平方根成反比，即生长速率越快，r 和 λ 越小，共晶组织越细，材质的性能就越好。

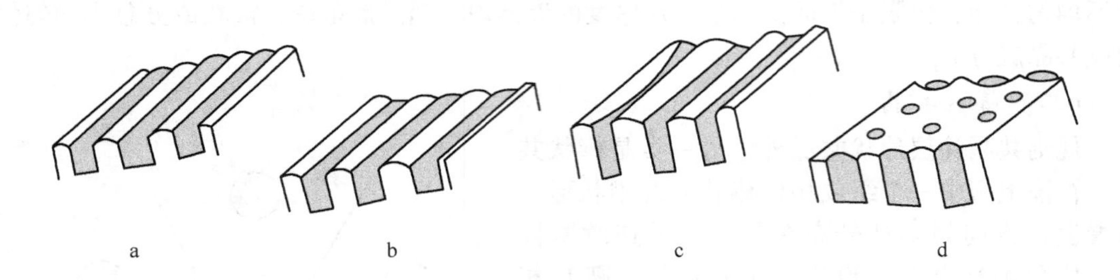

图 4-22　层片状共晶向棒状共晶转变示意图

a~c—层片状共晶组织，第二相的体积分数逐渐减少；d—棒状共晶组织

四、非规则共晶凝固

金属-非金属共晶凝固时，其热力学和动力学原理与规则共晶的凝固一样，其差别在于非金属的生长机制与金属不同。金属-金属凝固时，固-液界面从原子尺度来看是粗糙的，界面无方向性地连续不断地向前推进；而非金属的固-液界面从原子尺度来看是小平面的，具有强烈的各向异性，晶体生长方向受热力学条件的控制作用不明显，而晶体学各向异性是决定晶体生长方向的关键因素。因此，其长大是有方向性的，即在某一方向上生长速度很快，在另外的方向上生长速度缓慢。因而，非规则共晶的固-液界面不是平直的，而呈参差不齐、多角形的形貌。

非规则共晶由于两相性质差别很大，共生区往往偏向于高熔点的非金属组元一侧，呈非对称型共晶共生区（图 4-14c）。这类共晶对凝固条件表现出高度的敏感性，因此其组织形态更为复杂多变。非规则共晶凝固模型只有为数不多的几种合金得到了比较深入的研究，且由于其复杂性，故仍有许多问题没彻底弄清楚。对 Fe-C 和 Al-Si 这两种合金的共晶凝固研究得比较详细，下面以这两种共晶合金为例，讨论分析非规则共晶的凝固。

1. Fe-C（石墨）的共晶凝固

灰铸铁中石墨呈片状与石墨的晶体结构有关。如图 4-23a 所示，石墨呈六方晶格，基面（0001）之间的距离远远大于基面内原子间的距离，基面之间原子的作用力较弱，因此容易产生孪晶旋转台阶（图 4-23b）。碳原子源源不断地向台阶处堆积，石墨在 $[10\bar{1}0]$ 方向上以旋转台阶生长方式快速生长；而（0001）面是原子密排面，是光滑的小平面，原子极难堆积其上，只有产生螺旋位错时才能生长（图 4-23c）。当石墨形成时，奥氏体依附于（0001）面形核生长（图 4-24a），（0001）面被奥氏体包围，致使石墨（0001）面长大的动力学条件较差。因此，石墨在成长过程中产生分枝（图 4-24b），结果共生生长成如图 4-24c 所示的共晶团。图 4-24d 为亚共晶灰铸铁的共晶团的立体图，共晶团内石墨是相互连接的。

金属-非金属共晶凝固时，第三组元对非金属的长大机制影响极大。一般的 Fe-C-Si 合金共晶凝固时，如前所述，石墨在长成片状时，因 S、O 等活性元素吸附在旋转孪晶台阶处，显著降低了石墨棱面 $[10\bar{1}0]$ 与合金液的界面张力，使得 $[10\bar{1}0]$ 方向的生长速度大于［0001］方向，石墨最终长成片状。当向铁液中加入 Mg、RE 等球化剂后，它们首先与氧、硫发生反应，使液体中活性氧、硫的含量大大降低，抑制石墨沿［10$\bar{1}$0］方向的快速生长，同时，按螺旋位错缺陷方式生长则得以加强。因为氧、硫等表面活性元素若吸附在螺旋台阶的旋出口处，它们将抑制这一螺旋晶体的生长。氧、硫被球化剂脱去后，这一抑制作用大大减弱，使得螺旋位错方式这一看起来沿［10$\bar{1}$0］方向堆砌，实际是沿（0001）生长的方式占优，最终使石墨长成球状（图4-25）。石墨长成球状后，对铸铁基体的割裂作用大大减弱，从而使铸铁的强度、塑性和韧性大幅度提高。

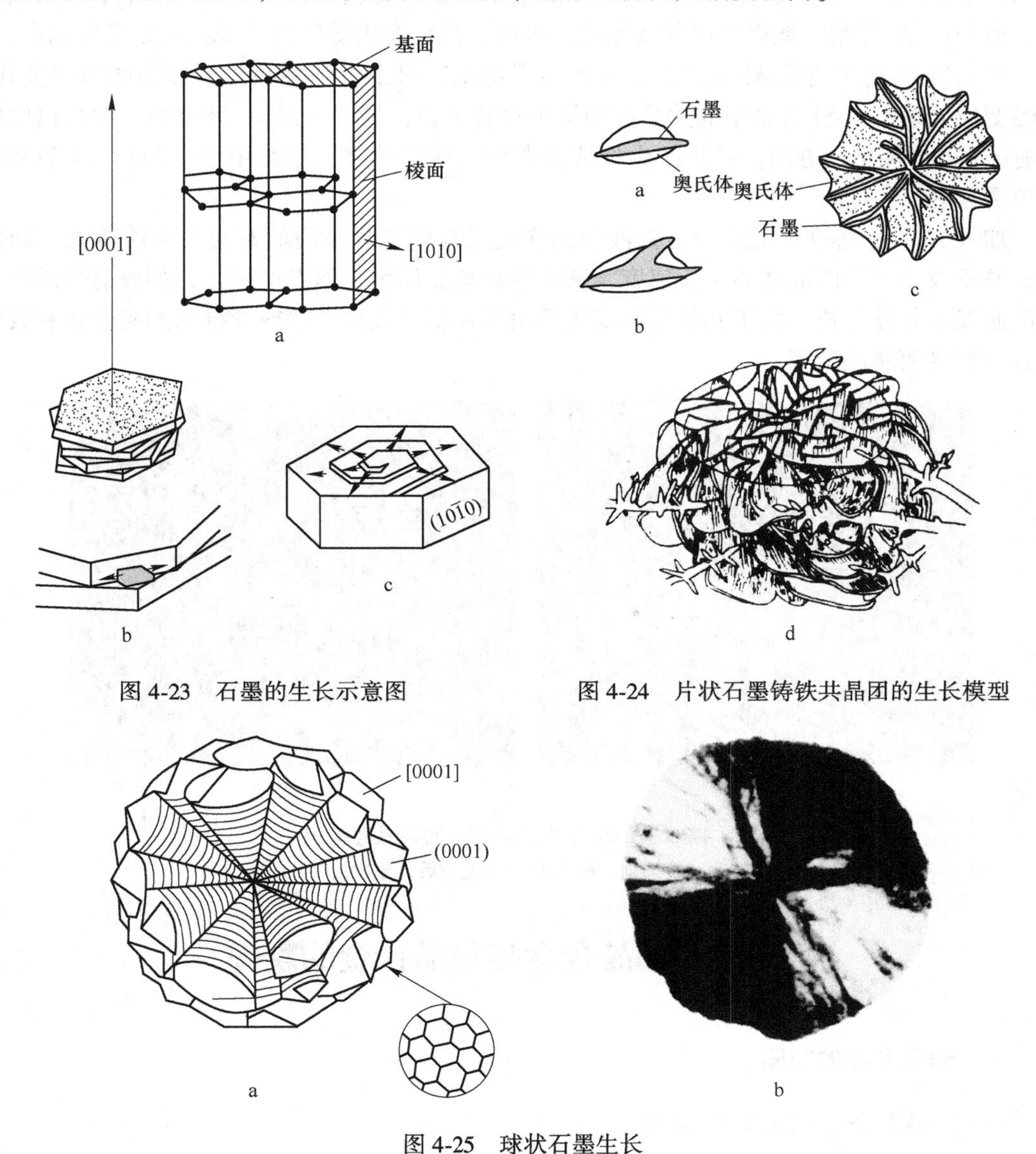

图4-23　石墨的生长示意图

图4-24　片状石墨铸铁共晶团的生长模型

图4-25　球状石墨生长

a—石墨结构；b—石墨球的偏振光照片

2. Al-Si 合金的共晶凝固

Al-Si二元合金具有简单的共晶型相图，室温下只有α-Al和Si两种相。α-Al相的性能与纯铝相似，Si 相的性能与纯硅相似。Si 相在自然生长条件下会长成块状或片状的脆性相，它严重地割裂基体，降低合金的强度和塑性，因而需要将它变成有利的形态。变质处理就是要使共晶硅由粗大的片状变成细小纤维状或层片状，从而提高合金性能。Al-Si 合金的变质处理是向凝固前的合金熔体中加入少量的变质元素，改变共晶硅相的生长形态。在 20 世纪 70 年代前，Na 是唯一应用的变质元素。而现在发现，碱金属中的 K、Na，碱土金属中的 Ca、Sr，稀土元素 Eu、La、Ce 和混合稀土，氮族元素 Sb、Bi，氧族元素 S、Te 等均具有变质作用。其中，Na、Sr 的效果最佳，可获得完全均匀的细小水草状共晶硅，而 Sb、Te 等则只能得到层状共晶硅。因此，目前应用最广的是 Na 和 Sr 变质元素。

图 4-26 为变质前后 Al-Si 二元合金的显微组织，可以看到共晶硅相形态的明显变化。不经变质处理，Al-Si 合金中的共晶硅相呈板片状生长，具有 {111} 惯习面，生长速度缓慢有<211>择优生长方向。硅片的生长常出现大角度的分枝，这是由于 {111} 孪晶系的增殖引起的。

加入 Na、Sr 等变质元素后，铝液中的变质元素因选择吸附而富集在台阶等处，阻滞了硅原子或硅原子四面体的生长速度，从而导致硅晶体生长形态的变化，如放射孪晶凹角机制而高度分枝生长。关于共晶硅经变质后由板片状变成水草状或纤维状的机理还有其他观点，如界面能理论等。

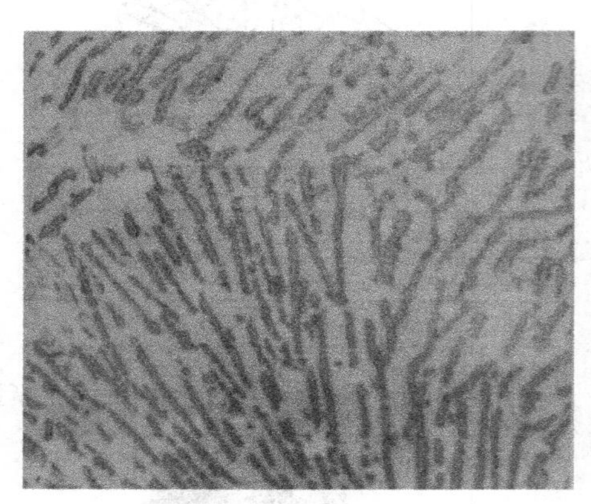

a

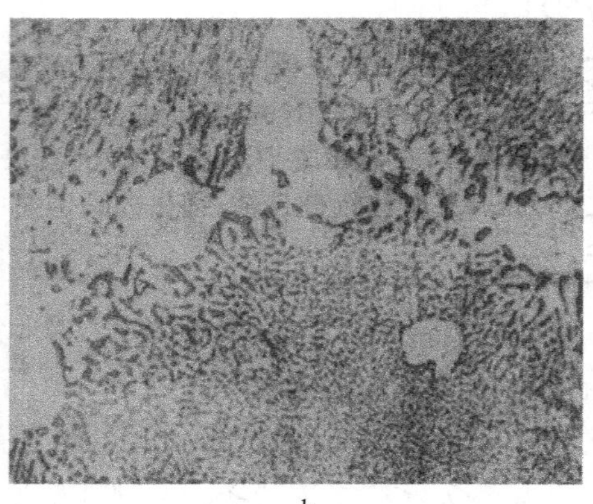

b

图 4-26　Al-Si 合金变质前后的共晶硅组织

a—变质前，板片状；b—变质后，球粒状

第三节　偏晶合金与包晶合金的凝固

一、偏晶合金的凝固

（一）偏晶合金的大体积凝固

图 4-27 为具有偏晶反应 $L_1 \rightarrow \alpha + L_2$ 的相图。具有偏晶成分的合金 m，冷却到偏晶反应温度 T_m 以下时，即发生上述偏晶反应。反应的结果是从液相 L_1 中分解出固相 α 及另一成分的液相 L_2。L_2 在 α 相周围形成并把 α 包围起来，这就像包晶反应一样，但反应过程取决于 L_2 与 α 相的润湿程度及两种液相 L_1 和 L_2 的密度差。如果 L_2 阻碍 α 相长大，则 α 相要

在L_1中重新形核，然后L_2再包围它。如此进行，直至反应终了。继续冷却时，在偏晶反应温度和图中所示的共晶温度之间，L_2将在原有的α相晶体上继续沉积出α相晶体，直到最后剩余的液体L_2凝固成（α+β）共晶。如果α与L_2不润湿或L_1与L_2密度差别较大时，会发生分层现象。如Cu-Pb合金，偏晶反应产物L_2中Pb较多，以致L_2分布在下层，α与L_1分布在上层。因此，这种合金的特点是容易产生大的偏析。

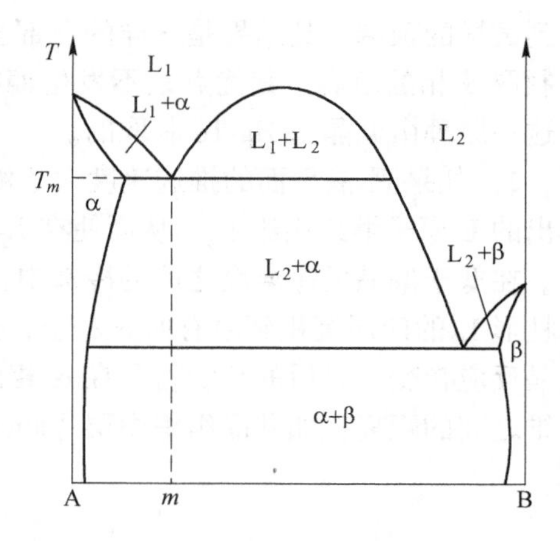

图 4-27　具有偏晶反应的平衡相图

在人们所知道的偏晶相图中，反应产生的固相α的量总是大于反应产生的液相L_2的量。这意味着偏晶中的固相要连成一个整体，而液相L_2则是不连续地分布在α相基体中，这样，其最终组织实际上和亚共晶组织没有什么区别。

（二）偏晶合金的单向凝固

偏晶反应与共晶反应类似，在一定条件下，当其以稳定态定向凝固时，分解产物呈有规则的几何分布。当其以一定的凝固速度进行时，在底部由于液相温度低于偏晶反应温度T_m，所以α相首先在这里沉积，而靠近固-液界面的液相，由于溶质的排出而使组元B富集，这样就会使L_2形核。L_2是在固-液界面上形核还是在原来的母液L_1中形核，要取决于界面能$\sigma_{\alpha L_1}$、$\sigma_{\alpha L_2}$和$\sigma_{L_1L_2}$三者之间的关系。而偏晶合金的最终显微形貌将要取决于以上三个界面能、L_1与L_2的密度差以及固-液界面的推进速度。图4-28为液相L_2的形核与界面张力的平衡关系。

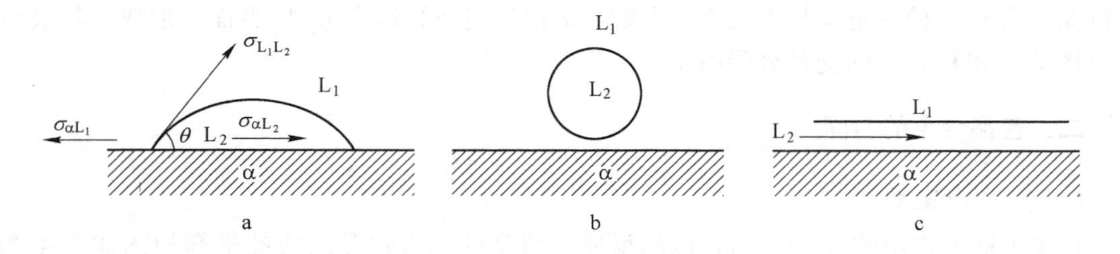

图 4-28　液相L_2的形核与界面张力的平衡关系

以下讨论界面张力之间三种不同的情况。

（1）$\sigma_{\alpha L_1}=\sigma_{\alpha L_2}+\sigma_{L_1L_2}\cos\theta$。图4-28a，随着由下向上单向凝固的进行，α相和L_2并排长大，α相生长时排出B原子，L_2生长时将B原子吸收，这就和共晶结晶的情况一样。当达到共晶温度时，L_2转变为共晶组织，只是共晶组织中的α相与偏晶反应产生的α相合并在一起。凝固后的最终组织为在α相基底上分布着的棒状或纤维状相。

（2）$\sigma_{\alpha L_2}>\sigma_{\alpha L_1}+\sigma_{L_1L_2}$。图4-28b，液相$L_2$不能在固相α相上形核，只能孤立地在液相$L_1$的顶部。在这种情况下，$L_2$是上浮还是下沉，将由斯托克斯（Stokes）公式决定。

1）如果液滴L_2的上浮速度大于固-液界面的推进速度R，则它将上浮到液相L_1的顶部。在这种情况下，α相将依温度的推移，沿铸型的垂直方向向上推进，而L_2将全部集中到试样的顶端，其结果是试样的下部全部为 α 相，上部全部为 β 相。利用这种方法可以制取 α 相的单晶，其优点是不发生偏析和成分过冷。半导体化合物 Hg-Te 单晶就是利用这一原理由偏晶系 Hg-Te 制取的。

2）如果固-液界面的推进速度大于液滴的上升速度时，则液滴 L_2将被 α 相包围，而排出的 B 原子继续供给 L_2，从而使在 L_2生长方向拉长，使生长进入稳定态，如图 4-29 所示。在低于偏晶反应温度之后的冷却中，从液相 L_2中将析出一些 α 相，新生的 α 相是从圆柱形 L_2的四周沉积到原有的 α 相上，这样 L_2将会变细。温度继续降低，L_2将按共晶和包晶反应转变。最后的组织将是在 α 相的基体中分布着棒状或纤维状的 β 相晶体。β 相纤维之间的距离正如共晶组织中层片间距一样，取决于长大速度，即 $\lambda \propto R^{-1/2}$ 。

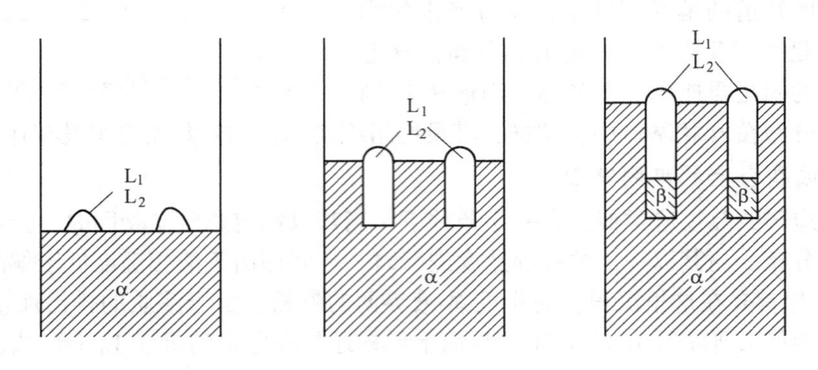

图 4-29　偏晶合金的单向凝固

（3）$\sigma_{\alpha L_1} > \sigma_{\alpha L_2} + \sigma_{L_1 L_2}$ 。图 4-28c（$\theta=0°$），α 相和 L_2完全湿润。这时，在 α 相上完全覆盖一层 L_2，使稳定态长大成为不可能，α 相只能断续地在 L_1-L_2界面上形成，其最终组织将是 α 相和 β 相的交替分层组织。

二、包晶合金的凝固

（一）平衡凝固

很多工业上常用的合金都具有包晶反应。典型的包含包晶反应的平衡相图如图 4-30 所示，其特点是：

（1）液相完全互溶，固相中部分互溶或完全不互溶；

（2）有一对固、液相线的分配系数大于 1。

以图 4-30 中成分为 C_0的合金为例，在冷却到 T_1时析出 α，冷却到 T_p（包晶反应温度）时发生包晶反应：$\alpha_p + L_p \rightarrow \beta_p$ 。包晶转变是液相 L_p和固相 α_p发生作用而形成新相 β_p的过程。这种作用首先发生在液相 L_p和固相 α_p的界面上，所以，β 相通常依附在 α 相生核并长大，将 α 相包围起来，β 相成为 α 相的外壳，故称为包晶转变。随着包晶反应进行，L 相和 α 相就被 β 相隔离开，它们之间的进一步作用只有通过 β 相进行原子互扩散才能进行。这样，β 相将不断消耗 L 相和 α 相生长，L 相和 α 相的数量不断减少，直至完全消失，完全转变为 β 相。由于原子在固相中的扩散速度比在液相中低得多，所以，包晶转变过程十分缓慢。

（二）非平衡凝固

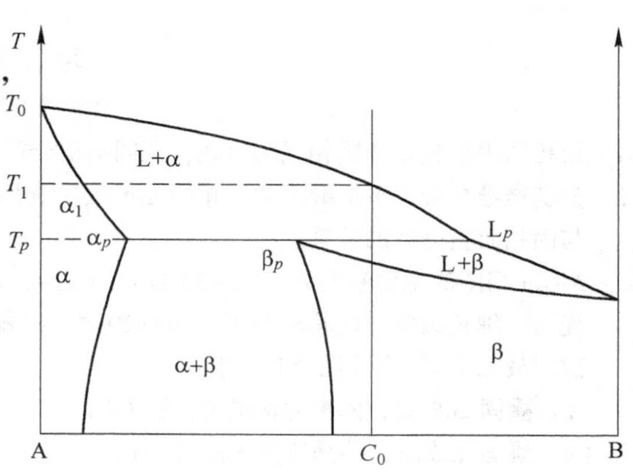

图 4-30　包晶平衡相图

在实际生产条件下，由于冷却速度较快，包晶转变将被抑制而不能继续进行，剩余的液体在低于包晶转变温度下，直接转变为 β 相。这样，在平衡转变时本来不存在的 α 相被保留下来，同时 β 相的成分也很不均匀。这种由于包晶转变不能充分进行而产生的化学成分不均匀现象称为包晶偏析。

从 α 相枝晶的断面上来看，包晶转变过程如图 4-31 所示。当液相温度低于 T_p 时，在 α 相的表面上发生包晶反应。新形成的 β 相一般都在 α 相表面异质形核，这样的形核比液相中的均质形核更容易，所以，α 相很快就被 β 相包围，α 相与液相脱离接触，如图 4-31b 所示。溶质原子只能通过液相一侧穿过 β 相向 α 相扩散才能使液相和 α 相反应形成 β 相，这一转变过程受到固相扩散的严重抑制，转变速度大幅下降。与此同时，整个合金体系的温度不断下降，液相的过冷度不断增大，于是，液相直接转变为 β 相，即包围 α 相的 β 相不断增厚，或在他处开始析出 β 相，直至剩余液体全部转变完成，如图 4-31c 所示。

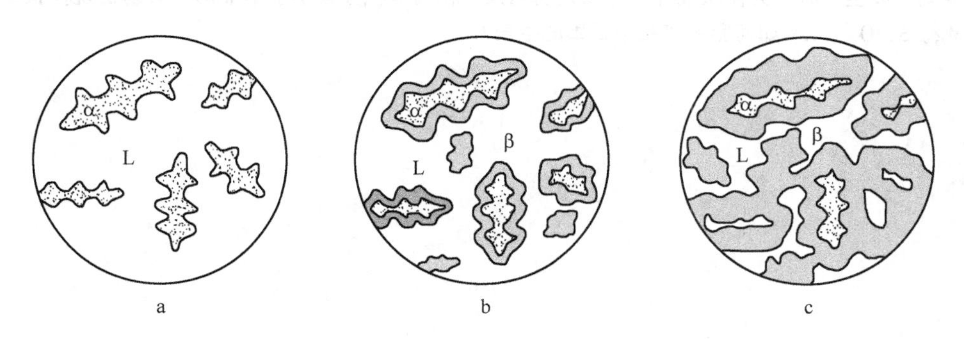

图 4-31　非平衡凝固条件下的包晶反应示意图

a—α+β；b，c—α+β+L

多数具有包晶反应的合金，其溶质组元在固相中的扩散系数很小，因此，在非平衡凝固条件下，包晶反应是不完全的。由于溶质组元在固相中扩散得不充分，本来是单相组织却变成了多相组织。当然，一些固相扩散系数大的溶质组元，如钢中的 C，包晶反应可以充分地进行。具有包晶反应的碳钢，初生 δ 相可以在冷却到奥氏体区后完全消失。

利用包晶反应促使晶粒细化是非常有效的，如向 Al 合金液中加入少量 Ti，可以形成 $TiAl_3$，当 Ti 的质量分数超过 0.15%时，将发生包晶反应：$TiAl_3+L\rightarrow\alpha$。包晶反应产物 α 为 Al 合金的主体相，它作为一个包层包围着非均质核心 $TiAl_3$，由于包层对溶质组元扩散的屏障作用，使得包晶反应不易继续进行下去，也就是包晶反应产物 α 相不易继续长大，因而获得细小的 α 相晶粒组织。这种利用包晶反应来实现非均质形核的孕育作用之所以特别有效，其原因在于包晶反应提供了无污染的非均质晶核的界面。

习　题

4-1　设相图中液相线和固相线为直线，证明平衡分配系数为常数。

4-2　分别推导合金在平衡凝固和固相中无扩散、液相完全混合条件下凝固时，固-液界面处的液相温度与固相质量分数的关系。

4-3　Al-Cu 相图的主要参数为：$C_E = 33\%$Cu，$C_{Sm} = 5.65\%$Cu，$T_m = 660℃$，$T_E = 548℃$。用 Al-1%Cu 合金浇铸一细长圆棒，使其从左至右单向凝固，冷却速度足以保证固液界面为平面，当固相无 Cu 扩散，液相中 Cu 充分混合时，求：

（1）凝固 20%时，固液界面的 C_S^* 和 C_L^*；

（2）凝固完成时，共晶体所占的比例；

（3）画出沿试棒长度方向 Cu 的分布曲线图，并标明各特征值。

4-4　试述成分过冷和热过冷的含义以及它们之间的区别和联系。

4-5　何谓成分过冷判据，成分过冷的大小受哪些因素影响，成分过冷对晶体的生长方式有何影响？

4-6　影响枝晶间距的主要因素是什么，枝晶间距与材质的质量有何关系？

4-7　共晶结晶中，满足共生生长和离异生长的基本条件是什么，共晶两相的固液界面结构与其共生区结构特点之间有何联系，它们对共晶合金的结晶方式有何影响？

4-8　试述非小平面-非小平面共生共晶组织的形核机理和生长机理、组织特点和转化条件。

4-9　小平面-非小平面共晶生长的最大特点是什么，它与变质处理原理之间有何关系？

4-10　规则共晶生长时可为棒状或片状，试证明当某一相的体积分数小于 $1/\pi$ 时，容易出现棒状结构。

4-11　Mg、S、O 等元素如何影响铸铁中石墨的生长？

第五章　铸件凝固组织的形成与控制

扫码获得
数字资源

铸件凝固组织的形成是由合金的成分和各种铸造条件决定的，它对铸件的各项性能，尤其是力学性能有显著的影响。因此，生产上控制铸件的性能通常是通过控制凝固组织来实现的。铸件的凝固组织可从宏观和微观两方面来描述。宏观凝固组织主要是指铸态晶粒的形状、尺寸、取向和分布等情况；而微观凝固组织则主要描述晶粒内部的结构形态，如树枝晶、胞状晶等亚结构组织，以及共晶团内部的两相结构形态、数量及分布状态等。本章将着重讨论铸件宏观组织的形成及其机理，影响宏观组织形成的因素和控制方法。

第一节　铸件宏观凝固组织的特征及其形成机理

一、铸件宏观凝固组织的特征

液态金属在铸型内凝固时，根据液态金属的成分、铸型的性质、浇注及冷却条件的不同，可以得到三种不同形态特征晶区的凝固组织。这些凝固组织在铸锭中最为典型，如图 5-1 所示。

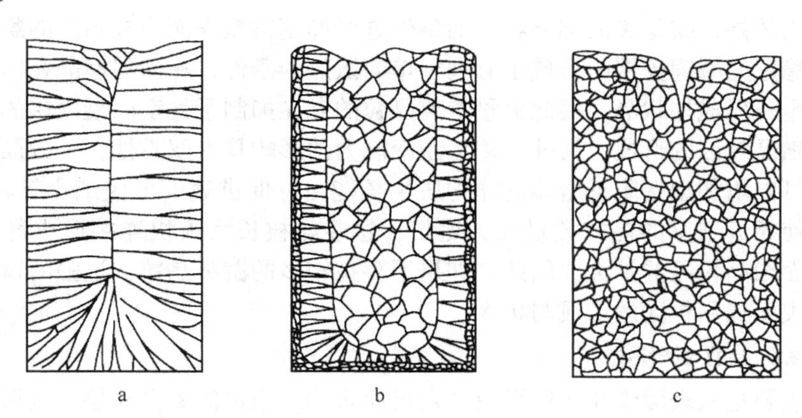

图 5-1　铸锭截面典型宏观组织示意图
a—柱状晶形成“穿晶”的凝固组织；b—含有三个晶区的凝固组织；c—全部等轴晶的凝固组织

铸锭截面宏观组织的三种形态：

（1）表面细晶粒区：是紧靠铸型壁的激冷组织，也称激冷区，由无规则排列的细小等轴晶组成。

（2）柱状晶区：由垂直于型腔壁（沿热流方向）且彼此平行排列的柱状晶粒组成。

（3）内部等轴晶区：由各向同性的等轴晶组成。等轴晶的尺寸往往比表面细晶粒区的晶粒尺寸粗大。

当然在实际生产的铸件中，三种晶粒并不一定同时出现，各晶粒区的厚薄也会随条件不断变化，但它们的存在对铸件性能有着较大影响。通常铸件的激冷区较薄，只有几个晶粒厚，其余两个晶区相对较厚。铸件宏观凝固组织中的晶区数及其相对厚度并不是一成不变的，而是随着合金的成分和冷却凝固条件的改变而变化，甚至可以形成无中心等轴晶或全部由等轴晶组成的宏观组织（图 5-1c）。决定铸件性能的重要因素是柱状晶区与等轴晶区的相对量，表面细晶粒区因较薄而影响很有限。以下以铸锭为例说明三种晶粒区的形成。

二、铸件宏观凝固组织的形成机理

（一）表面细晶粒区的形成

表面细晶粒区的形成有不同的理论，较早期的理论认为，液态金属浇注到温度较低的铸型中，在型壁附近的熔体中会产生较大的过冷度而大量生核，这些晶核迅速长大并互相接触，从而形成无方向性的表面细等轴晶，根据这种理论，表面细晶粒的形成与型壁附近熔体内的生核数量有关，因此，影响非均质生核的因素，例如有生核能力的杂质颗粒的数量、铸型的冷却能力等传热条件将直接影响表面细晶粒区的宽度和晶粒的大小。

后来的研究表明，形成表面细晶粒区的晶核，除了非均质形核的部分外，还有各种原因引起的游离晶粒也是形成表面细晶粒的“晶核”来源。根据大野笃美的研究，游离晶粒产生的原因之一，是由于铸型界面熔液中的溶质再分配使生长的枝晶根部产生“缩颈”，在流动的液态金属作用下，枝晶熔断或型壁晶粒脱落而游离。因此，存在溶质偏析和增加液态金属的流动，将有利于铸件表面细晶粒区的形成。

需要指出的是，获得表面细晶粒区的条件是要抑制铸型表面形成稳定的凝固壳层。因为一旦形成稳定的凝固壳层则形成了有利于单向散热的条件，从而促使晶粒向与热流相反的方向择优生长形成柱状晶，因此大量游离晶粒的存在抑制了稳定的凝固层的产生，从而有利于表面细晶粒区的形成。另外，铸型激冷能力的影响具有双重性，一方面提高铸型的激冷能力，可以增加型壁附近熔体的非均质生核能力，促进表面形成细小等轴晶的形成；另一方面也使靠近型壁的晶核数量大大增加，这些晶核长大很快连接形成稳定的凝固壳层，阻止表面细晶粒区的扩大，因此，如果不存在较多的游离晶粒，过强的铸型激冷能力反而不利于表面细晶粒区的形成与扩大。

（二）柱状晶区的形成

柱状晶主要是从表面细晶粒区形成并发展而来的。稳定的凝固壳层一旦形成，处在凝固界面前沿的晶粒在垂直于型壁的单向热流的作用下，便转而以枝晶状延伸生长。由于各枝晶主干方向互不相同，那些主干与热流方向相平行的枝晶，较之取向不利的相邻枝晶生长得更为迅速，它们优先向内伸展并抑制相邻枝晶的生长。在逐渐淘汰取向不利的晶体过程中发展成柱状晶组织（图 5-2）。这个互相竞争淘汰的晶体生长过程称为晶体的择优生长。由于择优生长，在柱状晶向前发展的过程中，离开型壁的距离越远，取向不利的晶体被淘汰得越多，柱状晶的方向就越集中，晶粒的平均尺寸就越大。

控制柱状晶区继续发展的关键因素是内部等轴晶区的出现。如果界面前方始终不利于等轴晶的形成与生长，则柱状晶区可以一直延伸到铸件中心，直到与对面型壁长出的柱状晶相遇为止，从而形成所谓的穿晶组织。如果界面前方有利于等轴晶的产生与发展，则会阻止柱状晶区的进一步扩展而在内部形成等轴晶。例如，随着浇注温度的提高，柱状晶区的宽度增大。当浇注条件一定时，随着合金元素含量的增加，游离的晶核数量增加，则柱状晶区的宽度减小。对于纯金属，则铸态组织常常全部为柱状晶。

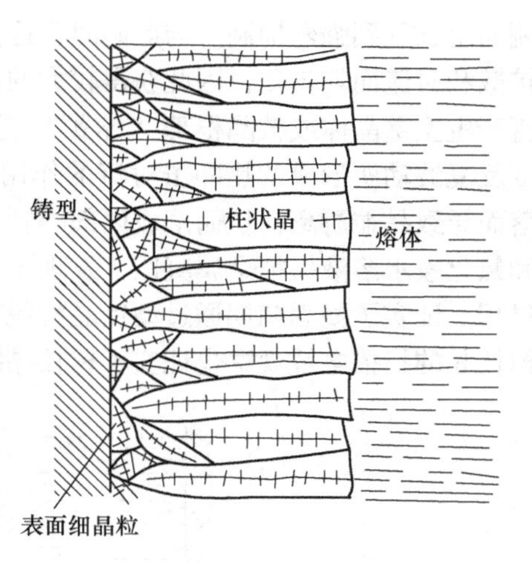

图 5-2 柱状晶择优生长示意图

（三）内部等轴晶区的形成

实际上，内部等轴晶区的形成是由于剩余熔体内部晶核自由生长的结果。但是，关于晶核的来源和形成中心等轴晶区的过程却有不同的理论和观点，主要有以下四种：

（1）过冷熔体非自发形核理论。该理论认为，随着柱状晶向内推移和溶质再分配，在固-液界面前沿产生成分过冷，当成分过冷度大于非自发形核所需过冷度时，则在熔体内部产生晶核并长大，导致内部等轴晶的形成。

（2）激冷形成的晶核卷入理论。大野笃美等认为，在铸件浇注和凝固初期的激冷层形成之前，由于浇道、型壁等处的激冷作用而使其附近的熔体过冷，并通过非均质形核作用在熔体内形成大量游离状态的激冷晶体，这些小晶体随液流的流动漂移到铸型的中心区域。如果液态金属的浇注温度不高，小晶体就不会全部熔化掉，残存下来的晶体可以作为内部等轴晶的晶核，如图 5-3 所示。

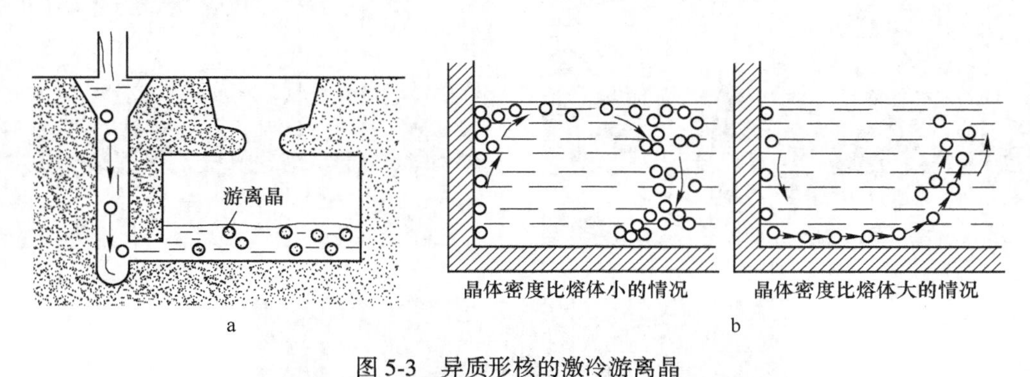

图 5-3 异质形核的激冷游离晶

a—由于浇注温度低，在浇注前期形成的激冷游离晶；b—凝固初期形成的激冷游离晶

以上两种理论均从不同角度说明内部等轴晶区是由于非自发生核并游离、长大的结果，尤其是当液态金属内部存在大量有效生核质点时，内部等轴晶区宽度增加，等轴晶尺寸下降。

（3）型壁晶粒脱落和枝晶熔断理论。这种理论的出发点是合金凝固时的溶质再分配。当铸件凝固时，依附型壁生核的合金晶粒或枝晶，在其生长过程中必然要引起固-液界面前方熔体中溶质浓度的重新分布。其结果将导致界面前沿液态金属凝固点降低，从而使其实际过冷度减小。溶质偏析程度越大，实际过冷度就越小，其生长速度就越缓慢。由于紧靠型壁晶体根部和枝晶根部的溶质在液体中扩散均匀化的条件最差，故其偏析程度最为严重，该处侧向生长受到强烈抑制。与此同时，远离根部的其他部位，则由于界面前方的溶质易于通过扩散和对流而均匀化，因此获得较大的过冷度，其生长速度要快得多。故在晶体生长过程中将产生型壁晶体或枝晶根部“缩颈”现象，生成头大根小的晶粒。在流体的机械冲刷和温度反复波动所形成的热冲击对流的作用下，最脆弱的“缩颈”处极易断开，晶粒或枝晶脱落而导致晶粒游离，从而形成内部等轴晶区，型壁晶粒脱落如图 5-4 所示。大野笃美利用饱和氯化铵水溶液模拟金属凝固，发现了枝晶根部产生缩颈、熔断的现象，图 5-5 显示了这一过程。证实了凝固初期通过型壁晶粒脱落而产生晶粒游离这一过程的存在。中江秀雄对铸铁树枝晶的扫描电镜观察也证实了树枝晶缩颈现象的存在，如图 5-6 所示。

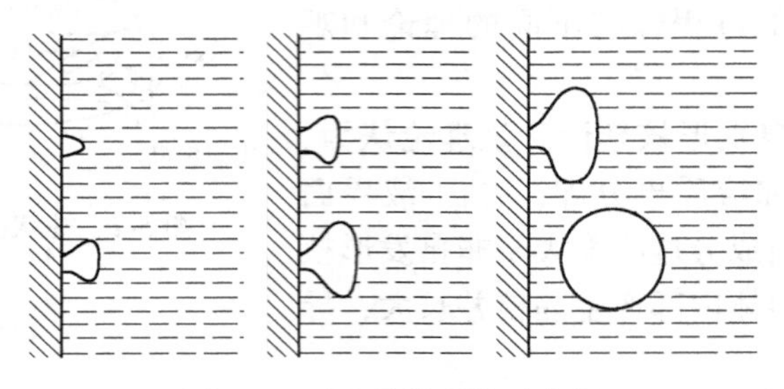

图 5-4　型壁晶粒脱落示意图

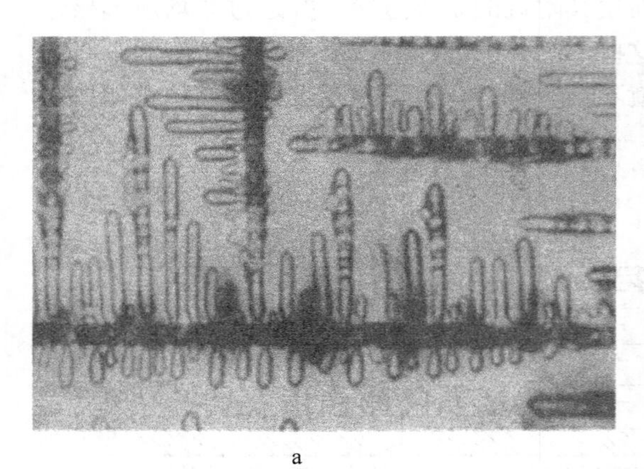

a

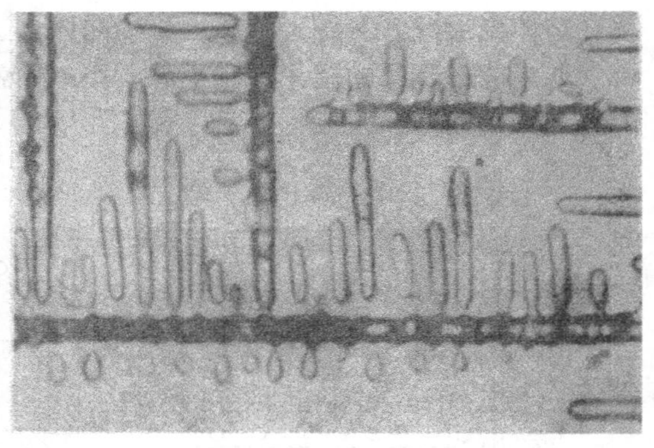

b

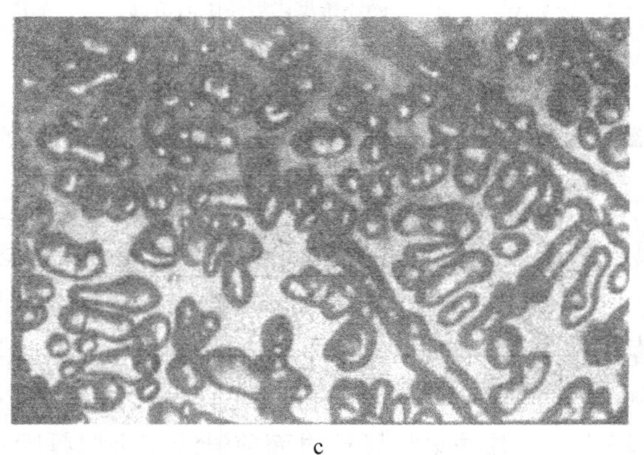

c

图 5-5　氯化铵枝晶的熔断

a—氯化铵枝晶；b—枝晶熔断；c—熔断枝晶形成的晶粒

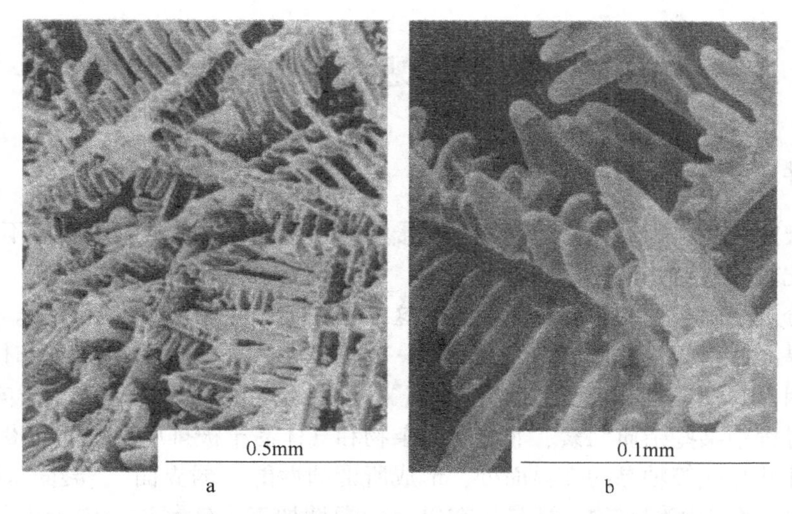

图 5-6　铸铁的奥氏体树枝晶及其缩颈（b 为 a 的局部放大）

（4）“结晶雨”游离理论。根据这一理论，凝固初期在液面处的过冷熔体中产生过冷，形成晶核并生长成小晶体。这些小晶体或由铸型顶部凝固层脱落的分枝，由于密度比液态金属大而像雨滴似的降落，形成游离晶体。这些小晶体在生长的柱状晶前面的液态金属中长大形成内部等轴晶。

需要指出的是，一般这种晶粒游离现象大多发生在大型铸锭的凝固过程中，而在一般铸件凝固过程中较少发生。

以上介绍了内部等轴晶形成的四种理论。在这里有两个问题还需引起注意：

（1）在游离的晶体中存在增殖现象：前述理论均已说明，游离晶体的生长是内部等轴晶区形成的重要原因之一。处于自由状态下的游离晶体一般都以树枝状形态生长，具有树枝晶结构。当它们在液流中漂移时，通过不同的温度区域和浓度区域会不断受到温度起伏和浓度起伏的影响，从而使其表面处于反复局部熔化和反复生长的状态中。这样，游离树枝晶分枝根部缩颈就可能断开而使一个晶粒破碎成几部分，然后在低温下各自生长为新的游离晶体。这个过程称为晶粒增殖。以来自铸型型壁的晶粒游离为例，可较好地说明这一现象，如图 5-7 所示。

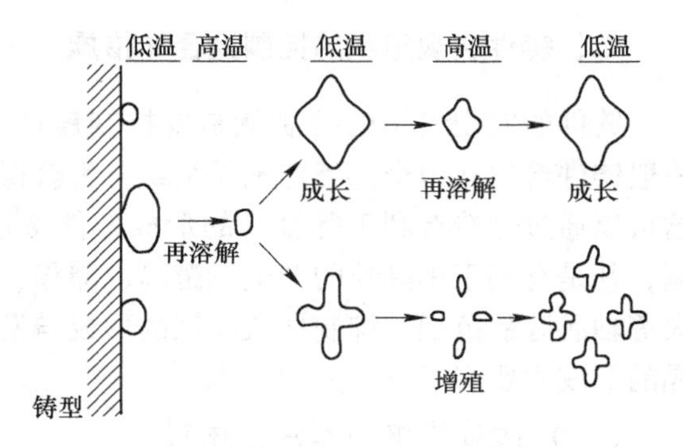

图 5-7　从铸型游离的晶粒及其增殖

（2）综合作用：迄今的研究表明，上述四种等轴晶区形成均有试验依据，因而可以认为在铸锭或铸件凝固过程中这四种内部等细晶形成机理都是存在的。但它们的相对作用的大小则取决于凝固的实际条件。在某种条件下可能是这种理论起主导作用，在另一种条件下可能是其他理论起主导作用，或者有几种机理共同起作用。实际上，中心等轴晶区的形成大多是几种机理综合作用的结果，因而可以根据上述四种机理，采用综合措施才能对铸锭或铸件的宏观组织予以正确的控制。

第二节　铸件宏观凝固组织的控制

一、铸件宏观组织对铸件性能的影响

铸件的宏观结晶组织对铸件的性能有直接影响，但各结晶区的影响程度不同。表面细晶粒区由于比较薄，对铸件的性能影响较小；而柱状晶区和等轴晶区的宽度、晶粒的大小均随合金成分及凝固条件的不同变化较大，这才是决定铸件性能的主要因素。

柱状晶是晶体择优生长形成的细长晶体，比较粗大，晶界面积较小，同时柱状晶排列位向一致，因而其性能也具有明显的方向性。一般地说，纵向性能较好，横向差。另外，柱状晶生长过程中某些杂质元素、非金属夹杂物和气体易于被排斥在界面前沿，最后分布在柱状晶与柱状晶或等轴晶的交界面处，形成所谓的性能“弱界面”，凝固末期易于在该处形成热裂纹。对于铸锭来说，还易于在以后的塑性加工或轧制过程中产生裂纹。因此，通常铸件不希望获得粗大的柱状晶组织。但是，鉴于柱状晶在轴向具有良好的性能，对于某些特殊的轴向受拉应力的铸件，如航空发动机叶片则往往特意采用定向凝固技术，控制单向散热，获得全部单向排列的柱状晶组织，以提高铸件的性能和可靠性。

内部等轴晶区的等轴晶粒之间位向各不相向，晶界面积大，而且偏析元素、非金属夹杂物和气体的分布比较分散，等轴枝晶彼此嵌合，结合比较牢固，因而不存在所谓“弱面”，性能比较均匀，没有方向性，即所谓各向同性，使材料性能均匀化，这是一般铸件生产所需要的。另外，细化等轴晶可以使杂质元素和非金属夹杂物、显微缩松等缺陷更加分散，可以显著提高材料的力学性能和抗疲劳性能。因此，生产上往往采取措施来细化等轴晶粒，以获得较多甚至全部是细小等轴晶的组织。但如果内部等轴枝晶比较发达，显微缩松较多，凝固组织不够致密，会对性能产生不利影响。

二、铸件宏观组织的控制途径和措施

铸件的宏观组织的控制就是要控制铸件（锭）中柱状晶区与等轴晶区的相对比例。一般铸件希望获得全部细等轴晶组织，为获得这种组织则要求抑制柱状晶的产生和生长，这可以通过创造有利于等轴晶的形成条件来达到。由第五章第一节所述的等轴晶形成机理，凡是有利于小晶粒的产生、游离、漂移、沉积、增殖的各种因素和措施，均有利于扩大等轴晶区的范围，抑制柱状晶区的形成与发展，并细化等轴晶组织。具体说，促进等轴晶的形成主要有以下几方面。

（一）向熔体中加入强生核剂

控制金属和合金铸态组织的重要方法之一就是控制形核。在实际铸件生产中应用的主要方法是向液态金属中添加生核剂（孕育剂、变质剂）。从本质上讲，孕育剂主要是影响生核过程，通过增加晶核数实现细化晶粒；而变质剂主要是改变晶体的生长过程，通过变质元素的选择性分布实现改变晶体的生长形貌，因而两者在概念上是不同的。

加入生核剂的目的是强化非均质形核。根据生核质点的作用过程，生核剂主要有以下几类。

（1）直接作为外加晶核的生核剂：这种生核剂通常是与被细化相具有界面共格对应

的高熔点物质或同类金属、非金属碎粒，它们与被细化相具有较小的界面能，润湿角小，直接作为有效基底促进非自发生核。如高锰钢中加入锰铁，可以细化高锰钢的奥氏体组织；铸铁中加入石墨粉，可以增加铸铁中石墨数量、降低石墨尺寸。

（2）能形成较高熔点的稳定化合物的生核剂：生核剂中的元素能与液态金属中的元素形成较高熔点的稳定化合物，这些化合物与被细化相具有界面共格对应关系和较小的界面能。如钢中加入含 V、Ti 的生核剂就是通过形成含 V、Ti 的碳化物和氮化物，并利用这些碳化物和氮化物来促进非均质生核，从而达到增加及细化等轴晶的目的。如在过共晶 Al-Si 合金中加入含 P 生核剂，通过形成 AlP 化合物使初晶硅细化。

综合（1）（2）所述，加入生核剂后在液相中形成适当的异质形核的固相颗粒或基底。除此之外，要发生异质形核，还应满足一定的温度条件，即液相中存在异质生核所需的过冷度。图 5-8 给出了具有不同润湿角（θ）的异质晶核形核的温度条件，即过冷度。对于 $\theta=\theta_1$ 的质点，凝固界面前沿存在很小的成分过冷，即图中 $G_T=G_{T_1}$ 的情况，则会发生异质形核；而对 $\theta=\theta_2$ 颗粒，必须进一步降低温度梯度到 G_{T_2} 才可能发生异质形核；而对于 $\theta=\theta_3$ 的颗粒，仅成分过冷则不足以发生异质形核，需要获得更大的过冷度才可能起到异质形核的作用，因而，存在具有最小润湿角的固相颗粒是选择生核剂的依据。而要获得小的润湿角，异质固相颗粒与被细化相之间应具有晶格匹配关系。良好的晶粒细化剂应具有以下特征：

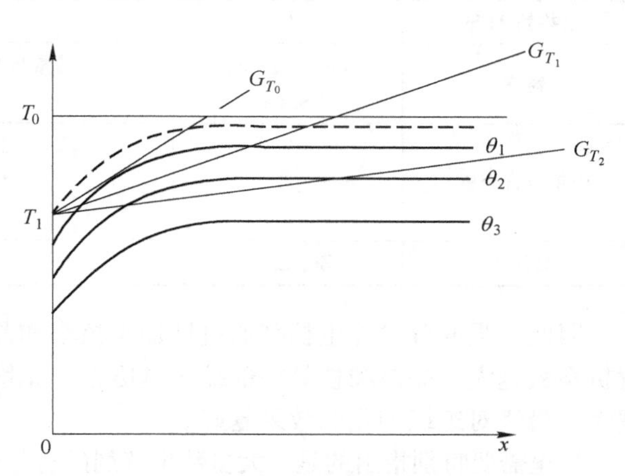

图 5-8　具有不同 θ 角的异质形核的温度条件

1）含有非常稳定的异质固相颗粒，这些颗粒不易溶解。

2）异质固相颗粒与固相晶体之间存在良好的晶格匹配关系，从而获得很小的润湿角 θ。

3）异质固相颗粒非常细小、高度弥散，既能起到非均质形核的作用，又不影响合金的性能。

4）不带入任何影响合金性能的有害元素。

（3）通过在液相中微区富集使结晶相提前弥散析出形成的生核剂：如把硅加入铁液中瞬时形成了很多富硅区，造成局部过共晶成分，迫使石墨提前析出，而硅的脱氧产物 SiO_2 及某些微量元素形成的化合物又可作为石墨析出的有效基底而促进非均质生核。

常用的合金生核剂见表 5-1。

（4）含强成分过冷元素的生核剂：强成分过冷元素即为偏析系数 $|1-k|$ 大的元素，其作为生核剂的作用主要有三个方面：

1）这类元素通过在生长的固-液界面前沿富集，使晶粒根部或树枝晶分枝根部产生细弱缩颈，易于通过熔体流动及冲击产生晶粒的游离。

2）这类生核剂产生的强成分过冷也能强化界面前沿熔体内部的非均质形核。

3）强成分过冷元素的界面富集对晶体生长具有抑制作用，降低晶体生长速度，可使晶粒细化。

表 5-1　常用的合金生核剂

合　金	生核剂	加入量（质量分数）/%	加入方法
Al、Al-Cu、Al-Mn、Al-Si	Ti、Zr、Ti+B	Ti：0.15、Zr：0.2 Ti+B：0.01Ti、0.05B	中间合金
过共晶 Al-Si	P	>0.02	Cu-P 或 Al-P 合金
铸铁	Ca、Sr、Ba、Si-Fe	通常与 Si-Fe 制成复合生核剂 0.1~1.0	中间合金
碳钢及合金钢	V Ti B	0.06~0.30 0.1~0.2 0.005~0.01	中间合金
铜合金	Zr、Zr+B	0.02~0.04	纯金属或合金

因此，强成分过冷生核剂通过增加生核率和晶粒数量，降低生长速度而使组织细化。偏析系数越大，晶体和枝晶根部缩颈越厉害，非均质形核作用越强，抑制晶体生长的作用越大，最终对组织细化的效果越好。

这里需要特别指出的是，大多数生核剂的有效性均与其在液态金属中的存在时间有关，即随着时间的延长，生核效果减弱甚至消失，这种现象被称为孕育衰退现象。因此，生核剂的作用效果除与其本身性能有关外，还与孕育处理工艺密切相关。通常孕育处理温度越高，孕育衰退越快。在保证生核剂均匀溶解的前提下，应采用较低的孕育处理温度。生核剂的粒度也要根据处理的液态金属温度和处理方法，以及液态金属的体积等因素来选择。

（二）控制浇注工艺和增大铸件冷却速度

1. 采用较低的浇注温度

大量试验及生产实践表明，降低浇注温度是减少柱状晶、获得细等轴晶的有效措施之一，尤其是对于高锰钢那些导热性较差的合金而言，其效果更为显著。较低的浇注温度一方面有利于从型壁上脱离的晶粒、枝晶熔断而产生的晶粒以及自由表面产生的晶粒雨更多地残存下来，减少被重新熔化的数量；另一方面，由于熔体的过热度小，易于产生较多的游离晶粒。这两个方面均对等轴晶的形成和细化有利。但是浇注温度也不能过低，否则会由于液态金属流动性降低而产生浇不足或冷隔、夹杂等铸造缺陷。因此，应通过试验来确定合适的浇注温度。

2. 采用合适的浇注工艺

根据第五章第一节所述的激冷游离晶理论，等轴晶晶核部分来源于浇注期间和凝固初期的激冷游离晶。而游离晶体的产生与液态金属的流动密切相关。因此，凡是能够增加液流对型壁的冲刷和促进液态金属内部产生对流的浇注工艺均能扩大并细化等轴晶区。试验表明（图 5-9），当采用单孔中间浇注时，由于对型壁冲刷作用较弱，柱状晶发达，等轴晶区较窄且粗大，而采用 6 孔沿型壁浇注时，则获得了全部细小等轴晶。

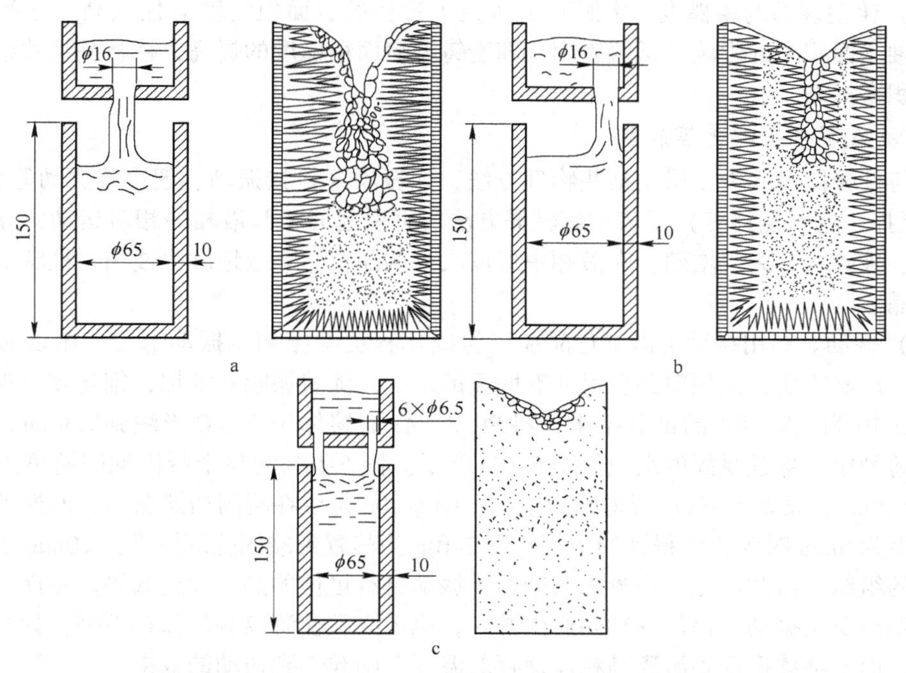

图 5-9　不同浇注工艺对 Al-0.2%Cu 合金的宏观结构组织（石墨型）
a—中心上浇注法；b—靠近型壁上浇注法；c—通过 6 孔靠近型壁上浇注法

3. 改进铸型冷却能力和铸型结构

（1）铸型冷却能力的影响。铸型激冷能力对凝固组织的影响与铸件壁厚和液态金属的导热性有关。对于薄壁铸件而言，激冷可以使整个断面同时产生较大过冷。铸型蓄热系数越大，整个熔体的生核能力越强。因此，这时采用金属型铸造比采用砂型铸造更易获得细等轴晶。

对铸件较厚或导热性较差的铸件而言，由于铸型的激冷作用只产生于铸件的表面层，在这种情况下，等轴晶区的形成主要依靠各种形式的晶粒游离。这时铸型冷却能力的影响具有两面性：一方面，低蓄热系数的铸型（或散热较慢的铸型）能延缓稳定凝固壳层的形成，有助于凝固初期激冷晶的游离，同时也使内部温度梯度变小，凝固区域加宽，从而有利于增加等轴晶。另一方面，低蓄热系数的铸型又减慢了熔体过热量的散失，不利于已游离晶粒的残存，从而减少了等轴晶的数量。通常，前者是矛盾的主导因素。因而，在一般铸造生产中，除薄壁铸件外，采用金属型铸造比砂型铸造更易于获得柱状晶，特别是在高温下浇注更是如此。砂型铸造所形成的等轴晶一般比较粗大。如果存在非均质形核与晶粒游离的其他因素，如强生核剂的存在、低的浇注温度、严重的晶粒缩颈以及强熔体对流和搅拌等足以抵消其不利影响，则无论是金属型还是砂型铸造，皆可获得细等轴晶。当然，在相同的情况下，金属型铸造获得等轴晶的晶粒更细小。

（2）液态金属与铸型表面的润湿角。试验表明，液态金属与铸型表面的润湿性好，即润湿角小，在铸型表面易于形成稳定的凝固壳层，有利于柱状晶的形成与生长；反之，则有利于等轴晶的形成与细化。

（3）铸型表面的粗糙度。大野笃美研究了铸型的表面粗糙度对柱状晶尺寸和铸锭纵剖面等轴晶面积率的影响，试验表明，随着铸型表面粗糙度的提高，柱状晶尺寸减小，等轴晶面积率提高。

4. 动态下结晶细化等轴晶

在铸件凝固过程中，采用某些物理方法，如振动（机械振动、超声波振动等）、搅拌（机械搅拌、电磁搅拌等）或铸型旋转等方法均可引起固相和液相的相对运动，导致枝晶的脱落、破碎及游离、增殖，在液相中形成大量的晶核，有效地减少或消除柱状晶区，细化等轴晶。

（1）振动。利用振动可以细化晶粒，但细化程度与振幅、振动部位、振动时间等因素有关。试验表明，振幅对晶粒尺寸有明显的影响，随着振幅的增加，细化效果提高。

图 5-10 为大野笃美的试验结果，将 99.8% Al 的熔体于 750℃ 浇注到 ϕ30mm×100mm 的石墨铸型中，静置凝固的组织如图 5-10a 所示。图 5-10b 为整个凝固期间铸型上下振动（振幅 0.2mm、频率 50Hz）所得到的组织；图 5-10c 是仅在凝固初期振动，即振动到凝固壳层厚度为 5mm 时为止所得到的组织；图 5-10d 为静置到凝固壳层厚度为 10mm 以后才给予振动的组织。由此可见，在凝固初期给予振动具有更佳的晶粒细化效果。然而，即使在凝固初期给予了振动，促使等轴晶产生游离，也还必须使游离晶粒保存下来，如果浇注温度过高，而不继续振动到游离晶粒能保存的温度，则起不到振动的效果。

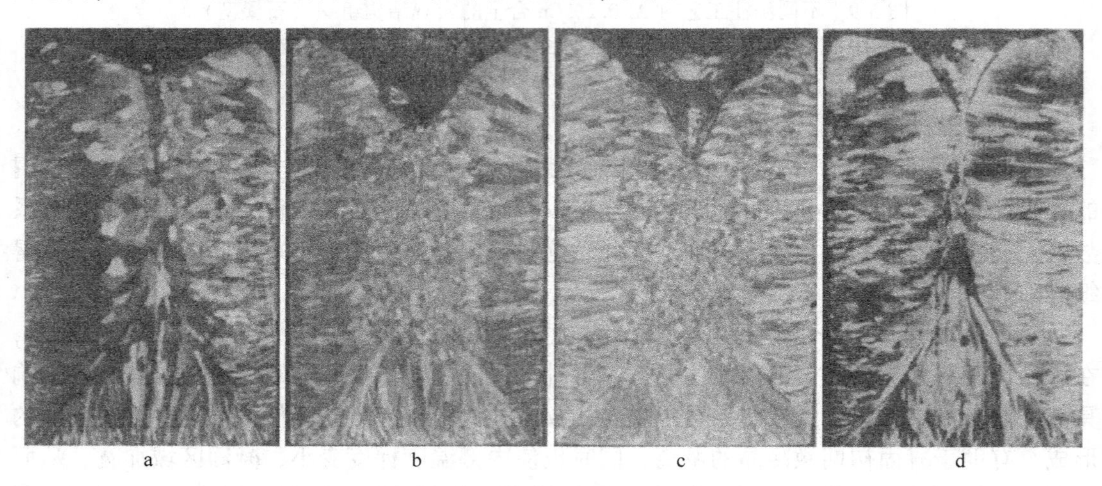

图 5-10　振动期间与凝固组织的关系
a—静置凝固；b—振动凝固；c—仅初期振动（振动至凝固壳层厚度为 5mm）；
d—仅后期振动（凝固壳层厚度为 10mm 后开始振动）

（2）搅拌。在凝固初期，对液面周边予以机械搅拌可以收到与振动相同的细化晶粒效果。但在实际铸件生产中，除连铸过程和铸锭外，一般铸件采用机械搅拌是较难实现的。而电磁搅拌则不同，充满液态金属的铸型在旋转磁场作用下，其中的液态金属由于旋转而产生搅拌和冲刷型壁，从而促进晶粒脱落、破碎、游离、细化等轴晶。

除了上述振动和搅拌方法外，还有旋转铸型、撞击等方法，其原理与上述方法基本相同。

第三节　气孔与夹杂

一、气孔

金属在熔炼、浇注、凝固过程中，以及炉料、铸型、浇包、空气及化学反应产生的各种气体会溶入液态金属中，并随温度下降，气体会因在金属中溶解度的显著降低而形成分子状态的气泡存在于液态金属中并逐渐排入大气。由于铸造生产中铸件凝固速度较快，部分尚未从金属液中排出的气泡残留在固体金属内部而形成气孔。气孔是铸件或焊件最常见的缺陷之一。气孔的存在不仅减少金属的有效承载面积，而且会造成局部应力集中，成为零件断裂的裂纹源。一些形状不规则的气孔，则会增加缺口的敏感性，使金属的强度和抗疲劳能力降低。

（一）气孔的分类及特征

金属中的气孔（Gas Hole）按气体来源不同，可分为析出性气孔、侵入性气孔和反应性气孔；按气体种类不同可分为氢气孔、氮气孔和一氧化碳气孔等。

（1）析出性气孔：液态金属在凝固过程中，因气体溶解度下降，析出的气体来不及逸出而产生的气孔称为析出性气孔。这类气孔主要是氢气孔和氮气孔。

析出性气孔通常在铸件断面上大面积分布，或分布在铸件的某一局部区域，尤其在冒口附近和热节等温度较高的区域分布比较密集。气孔形状有团球形、裂纹多角形、断续裂纹状或混合型。当金属含气量较少时，呈裂纹状；而含气量较多时，气孔较大，呈团球形。

（2）侵入性气孔：砂型和砂芯等在液态金属高温作用下产生的气体（并无明显的化学反应），侵入金属内部所形成的气孔，称为侵入性气孔。其特征是数量较少、体积较大、孔壁光滑、表面有氧化色，常出现在铸件表层或近表层。形状多呈梨形、椭圆形或圆形，梨尖一般指向气体侵入的方向。侵入的气体一般是水蒸气、一氧化碳、二氧化碳、氢、氮和碳氢化合物等。

（3）反应性气孔：液态金属内部或与铸型之间发生化学反应而产生的气孔，称为反应性气孔。

金属-铸型间反应性气孔常分布在铸件表皮下1~3mm处，通称为皮下气孔，其形状有球状和梨状，孔径1~3mm。有些皮下气孔呈细长状，垂直于铸件表面，深度可达10mm左右。气孔内气体主要是H_2、CO和N_2等。

液态金属内部合金元素之间或与非金属夹杂物发生化学反应产生的蜂窝状气孔，呈梨形或团球形均匀分布。

（二）气体的析出及气泡的形成

气体从金属中析出有三种形式：（1）扩散析出；（2）与金属内的某元素形成化合物；（3）以气泡形式从液态金属中逸出。气体以扩散方式析出，只有在非常缓慢冷却的条件下才能充分进行，在实际生产条件下往往难以实现。

气体以气泡形式析出的过程由三个相互联系而又彼此不同的阶段组成，即气泡的生核、长大和上浮。

1. 气泡的生核

液态金属中存在过饱和气体是气泡生核的重要条件。但在极纯的液态金属中，即使溶解有过饱和气体，气泡自发生核的可能性也很小，因为自发生核需要很大的过冷度或能量起伏。然而，在实际生产条件下，液态金属内部通常存在大量的现成表面（如未熔的固相质点、熔渣和枝晶的表面），这为气泡生核创造了有利条件。

气泡依附于现成表面生核所需能量 E 为

$$E = -(p_h - p_L)V + \sigma A\left[1 - \frac{A_a}{A}(1 - \cos\theta)\right] \tag{5-1}$$

式中，p_h为气泡内气体的压力；p_L为液体对气泡的压力；V 为气泡核的体积；σ 为界面张力；A 为气泡核的表面积；A_a为吸附力的作用面积；θ 为润湿角。

由式（5-1）可知，A_a/A 值升高时，生核所需能量减少。可以认为，A_a/A 值最大的地方，即相邻枝晶间的凹陷部位是气泡最可能生核之处，故该处最易产生气泡核。此外，A_a/A 值一定时，θ 角越大，形成气泡核所需能量越小，气泡越易生核。

2. 气泡的长大

气泡生核后要继续长大。气体向气泡内析出的热力学条件是气体自金属中的析出压力大于气泡内该气体的分压。故气泡长大需满足下列条件

$$p_h > p_0 \tag{5-2}$$

式中，p_h为气泡内各气体分压的总和；p_0为气泡所受的外部压力总和。

阻碍气泡长大的外界压力 p_0由大气压 p_a、金属静压力 p_b和表面张力所产生的附加压力 p_c组成，即

$$p = p_a + p_b + p_c = p_a + p_b + \frac{2\sigma}{r}$$

式中，σ 为液态金属的表面张力；r 为气泡半径。

气泡刚刚形成时体积很小（即 r 小），附加压力 $2\sigma/r$ 很大。在这样大的附加压力下，气泡难以长大。但在现成表面生核的气泡不是圆形，而是椭圆形，因此有较大的曲率半径，降低了附加压力 $2\sigma/r$ 值，有利于气泡长大。

3. 气泡的上浮

气泡形核后，经短暂的长大过程，即脱离其依附的表面而上浮。气泡脱离现成表面的过程如图 5-11 所示。由图可见，当润湿角 $\theta<90°$时，气泡尚未长到很大尺寸便完全脱离现成表面（图 5-11a）。当 $\theta>90°$时，气泡长大过程中有细颈出现，当气泡脱离现成表面时，会残留一个透镜状的气泡核，它可以作为新的气泡核心（图 5-11b）。由于形成细颈需要时间，所以在结晶速度较大的情况下，气体可能来不及逸出而形成气孔。可见，$\theta<90°$时有利于气泡上浮逸出。

气泡在上浮过程中将不断吸收扩散来的气体，或与其他气泡相碰而合并，致使气泡不断长大，上浮速度不断加快。气泡的上浮速度与气泡半径、液态金属的密度和黏度等因素有关。气泡的半径及液态金属的密度越小、黏度越大，气泡上浮速度就越小。若气泡上浮速度小于结晶速度，气泡就会滞留在凝固金属中而形成气孔。

（三）气孔的形成机理

1. 析出性气孔的形成机理

如前所述，液态金属含气量较多时，随着温度下降溶解度降低，气体析出压力增大，

当大于外界压力时便形成气泡。气泡如在金属凝固时来不及浮出液面，便残留在金属中形成气孔。当液态金属含气量较低，甚至低于凝固温度下液相中的溶解度时，也可能产生气孔。这些现象均可用溶质再分配理论加以解释。

假定金属在凝固过程中液相中的气体溶质只存在有限扩散，无对流、无搅拌作用，而固相中气体溶质的扩散忽略不计，则固-液界面前沿液相中气体溶质的分布可用下式来描述，即

$$C_L = C_0\left[1 + \frac{1-k}{k}\exp\left(-\frac{Rx}{D}\right)\right] \tag{5-3}$$

式中，C_L为固-液界面前沿液相中气体的含量；C_0为凝固前金属液中气体的含量；k 为气体溶质平衡分配系数；D 为气体在金属液中的扩散系数；R 为凝固速度；x 为离液-固界面处的距离。

根据式（5-3），金属凝固时气体溶质在液相中的含量分布如图 5-12 所示。可见，即使金属中气体的原始含量 C_0小于饱和含量 S_L，由于金属凝固时存在溶质再分配，在某一时刻，固-液界面处液相中所富集的气体溶质含量也会大于饱和含量而析出气体。

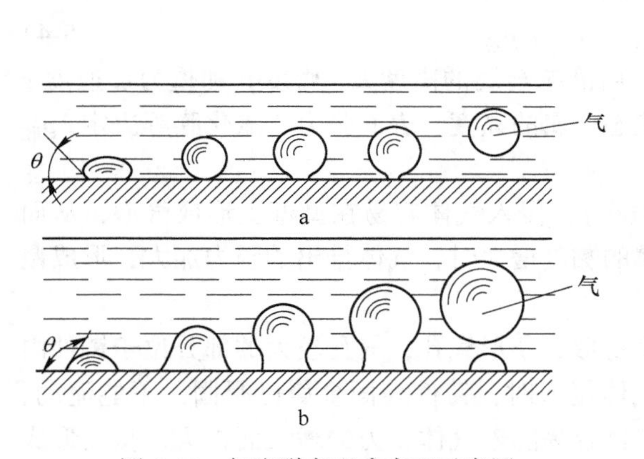

图 5-11　气泡脱离现成表面示意图

a—θ<90°　b—θ>90°

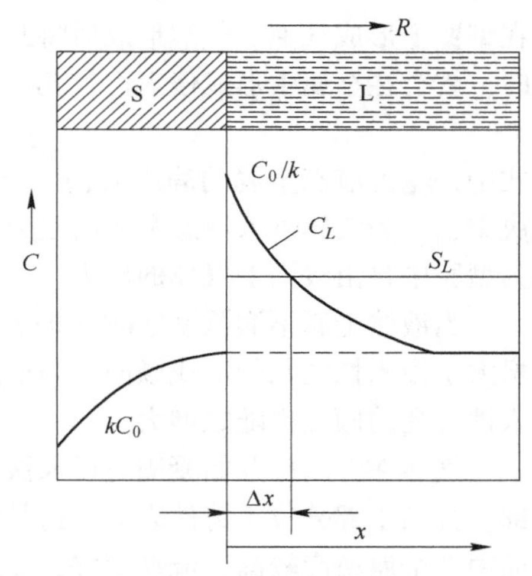

图 5-12　金属凝固时气体在固相及液相界面前沿的含量分布

枝晶间液体中气体的含量随着凝固的进行不断增大，且在枝晶根部附近其含量最高，具有很大的析出动力。同时，枝晶间也富集着其他溶质及非金属夹杂物，为气泡生核提供基底；液态金属凝固收缩形成的缩孔，初期处于真空状态，也为气体析出创造了有利条件。因此，此处最容易形成气泡，而成为析出性气孔，这在那些枝晶生长发达、收缩倾向大的合金如亚共晶铝硅合金中，析出性气孔（或称为针孔）表现得较为严重。

综上所述，析出性气孔的形成机理为：结晶前沿，特别是枝晶间的气体溶质聚集区中的气体含量将超过其饱和含量，被枝晶封闭的液相内则具有更大的过饱和析出压力，而液-固界面处气体的含量最高，并且存在其他溶质的偏析及非金属夹杂物，当枝晶间产生凝固收缩时，该处极易析出气泡，且气泡很难排除，从而保留下来形成气孔。

2. 侵入性气孔的形成机理

侵入性气孔主要是由砂型或砂芯在液态金属高温作用下产生的气体侵入到液态金属内

部形成的。气孔形成过程如图 5-13 所示，可大致分为气体侵入液态金属（图 5-13a ~ c）和气泡的形成与上浮（图 5-13d、e）两个阶段。

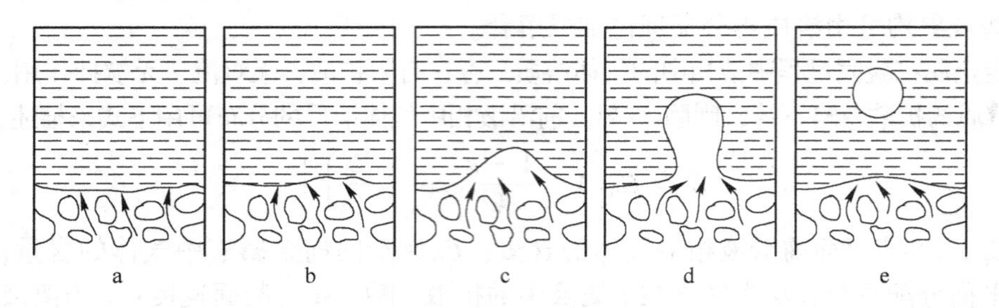

图 5-13　侵入性气孔形成过程示意图

将液态金属浇入铸型时，砂型或砂芯在金属液的高温作用下会产生大量气体。随着温度的升高和气体量的增加，金属-铸型界面处气体的压力不断增大。当界面上局部气体的压力满足式（5-4）所示的条件时，气体就会在金属凝固之前或凝固初期侵入液态金属，在型壁上形成气泡。气泡形成后将脱离型壁浮入型腔液态金属中。当气泡来不及上浮逸出时，就会在金属中形成侵入性气孔。气泡形成的条件为

$$p_{气} > p_{静} + p_{阻} + p_{腔} \tag{5-4}$$

式中，$p_{静}$为液态金属的静压力，$p_{静} = \rho g h$，由液态金属的高度 h、密度 ρ 和重力加速度 g 决定；$p_{阻}$为气体进入液态金属的阻力，由液态金属的黏度、表面张力、氧化膜等决定；$p_{腔}$为型腔中自由表面上气体的压力。

当液体金属不润湿型壁时（即表面张力小），侵入气体容易在型壁上形成气泡，从而增大了侵入性气孔的形成倾向。当液态金属的黏度增大时，气体排出的阻力加大，形成侵入性气孔的倾向也随之增大。

气体在金属已开始凝固时侵入液态金属易形成梨形气孔，气孔较大的部分位于铸件内部，其细小部分位于铸件表面。这是因为气体侵入时，铸件表面金属已凝固，不能流动，而内部金属温度较高，流动性好，侵入的气体容易随着气体压力的增大而扩大，从而形成外小内大的梨形。

3. 反应性气孔的形成机理

（1）金属与铸型间的反应性气孔：这类气孔的形成与金属液-铸型界面处存在的气体密切相关。高温下气相反应达到平衡状态时，界面处的气相主要由 H_2、CO 和少量的 CO_2 组成。

皮下气孔是典型的金属-铸型间反应性气孔，其形成机理主要存在以下几种：

1）氢气。金属液浇入铸型后，在金属液热作用下，铸型中的水分迅速蒸发并与金属液中的某些组元反应，即

$$m[\mathrm{Me}] + n\mathrm{H_2O(g)} \longrightarrow \mathrm{Me}_m\mathrm{O}_n + n\mathrm{H_2} \tag{5-5}$$

式中，Me 为能与水蒸气反应的元素，如 Fe-C 合金中的 Fe、C、Si、Mn、Al 等，反应生成的氢气，一部分通过铸型逸出，另一部分则向金属液中扩散，使金属液表面层 H 含量急剧增加。

在铸件开始凝固时，形成一固相薄壳。由于溶质再分配，H 在凝固前沿的液相中富

集，形成H的过饱和浓度区，该区存在的Al_2O_3、MnO等固相质点，均能使H依附其表面形核成为气泡核心。气泡一旦形成，溶解在液相中的其他气体向气泡扩散，并伴随着凝固前沿的推进，气泡沿枝晶间长大。但也有人认为，H气孔是以CO或溶解在金属液中的[H]和[O]反应生成的水蒸气作为核心。

可见，氢气孔的形成，既与合金液原始含气量有关，也与浇注后吸收的氢含量有关，而后者对氢气孔的形成敏感性更大。

2）CO。一些研究者认为，金属-铸型表面处金属液与水蒸气或CO相互作用，使铁液生成FeO，铸件凝固时，由于结晶前沿枝晶内液相碳含量的偏析，将产生下列反应

$$[FeO] + [C] \longrightarrow [Fe] + CO\uparrow \tag{5-6}$$

CO气泡可依附晶体或非金属夹杂物形成，这时氢、氮均可扩散进入该气泡，气泡沿枝晶生长方向长大，形成垂直于铸件表面的皮下气孔。

3）氮气。在含N树脂砂中常出现以N_2为主的皮下气孔。例如，[N]超过0.012%时，白口铸铁件出现严重的气孔。这类气孔是由于树脂砂中树脂分解的N溶解在金属液中，在凝固时析出所致。

皮下气孔的形状与结晶特点和气体析出速度有关。铸钢件表面层多为柱状晶，故易生成条状针孔；铸铁件凝固速度较慢，且初晶为共晶团，气泡成长速度较快，故呈球形或团形。

（2）金属与熔渣间的反应性气孔：液态金属与熔渣相互作用产生的气孔称为渣气孔。这类气孔多数因反应生成的CO气体所致。

钢铁凝固过程中，若凝固前沿液相区内存在有FeO等低熔点氧化夹杂物，则其中的FeO可与液相中富集的碳发生反应，即

$$(FeO) + [C] \longrightarrow Fe + CO\uparrow \tag{5-7}$$

反应生成的CO气体，依附在（FeO）熔渣上，就会形成渣气孔。

（3）液态金属内元素间的反应性气孔：

1）碳-氧反应性气孔。钢液脱氧不足或铁液氧化严重时，溶解的氧将与液态金属中的碳反应，生成CO气泡。CO气泡在上浮中吸入氢和氧，使其长大。由于液态金属温度下降快，凝固时气泡来不及完全排出，最终在铸件中产生许多蜂窝状气孔（其周围为脱碳层）。

2）氢-氧反应性气孔。液态金属中溶解的[O]和[H]如果相遇就会产生H_2O气泡，凝固前若来不及析出，就会产生气孔。这类气孔主要出现在溶解氧和氢的铜合金铸件中。

3）碳-氢反应性气孔。铸件最后凝固部位的偏析液相中，含有较高含量的H和C，凝固过程中产生甲烷气（CH_4），形成局部性气孔。

（四）防止铸件产生气孔的措施

1. 防止析出性气孔的措施

（1）消除气体来源：保持炉料清洁、干燥，控制型砂、芯砂的水分；限制铸型中有机黏结剂的用量和树脂的氮含量；加强保护，防止空气侵入液态金属中。

（2）金属熔炼时控制熔炼温度勿使其过高或采用真空熔炼，可降低液态金属的含气量。

（3）对液态金属进行除气处理：金属熔炼时常用的除气方法有浮游去气法和氧化去气法。前者是向金属液中吹入不溶于金属的气体（如惰性气体、氮气等），使溶解的气体进入气泡而排除；后者是对能溶解氧的液态金属（如铜液）先吹氧去氢，再加入脱氧剂去氧。

（4）阻止液态金属内气体的析出：提高金属凝固时冷却速度和外压，可有效地阻止气体的析出。如在铝合金中采用金属型铸造，或将浇注的铝合金铸型放在通入 4~6 大气压的压缩空气室中凝固，均可减少或防止铝合金中析出性气孔的产生。

2. 防止侵入性气孔的措施

（1）控制侵入气体的来源：严格控制型砂和芯砂中含气物质的含量和湿型的水分。干型应保证烘干质量并及时浇注。冷铁或芯铁应保证表面清洁、干燥。浇口套和冒口套应烘干后使用。

（2）控制砂型的透气性和紧实度：砂型的透气性越差，紧实度越高，侵入性气孔的产生倾向越大。在保证砂型强度的条件下，应尽量降低砂型的紧实度。采用面砂加粗背砂的方法是提高砂型透气性的有效措施。

（3）提高砂型和砂芯的排气能力：砂型上扎排气孔帮助排气，保持砂芯排气孔的畅通，铸件顶部设置出气冒口、采用合理的浇注系统。

（4）适当提高浇注温度：提高液态金属温度，以有充足的时间排气。浇注时应控制浇注高度和浇注速度，保证液态金属平稳地流动和充型。

（5）提高液态金属的熔炼质量：尽量降低铁液中的硫含量，保证铁液的流动性。防止液态金属过分氧化，减小气体排出的阻力。

3. 防止反应性气孔的措施

（1）采取烘干、除湿等措施：防止和减少气体进入液态金属。严格控制砂型水分和透气性，避免铸型返潮。重要铸件可采用干型或表面烘干型，限制树脂砂中树脂的氮含量。

（2）严格控制合金中强氧化性元素的含量：如球墨铸铁中的镁及稀土元素，钢中用于脱氧的铝等，其用量要适当。

（3）适当提高液态金属的浇注温度：尽量保证液态金属平稳进入铸型，减少液态金属的氧化。

二、夹杂物

（一）夹杂物的来源及分类

1. 夹杂物（Inclusions）的来源

夹杂物是指金属内部或表面存在的与基体金属成分不同的物质，它主要来源于原材料本身的杂质，以及金属在熔炼、浇注和凝固过程中与非金属元素或化合物发生反应而形成的产物。

（1）原材料本身含有杂质，如金属炉料表面的黏砂、氧化锈蚀、随同炉料一起进入熔炉的泥砂、焦炭中的灰分等，熔化后变为熔渣。

（2）金属熔炼时，在脱氧、孕育和变质等处理过程中，产生大量的 MnO、SiO_2、Al_2O_3等夹杂物。

（3）液态金属与炉衬、浇包的耐火材料及熔渣接触时，会发生相互作用，产生大量的 MnO、Al_2O_3等夹杂物。

（4）在精炼后转包及浇注过程中，金属表面与空气接触形成的表面氧化膜，被卷入金属后形成氧化夹杂物。

（5）在铸造过程中，金属与非金属元素发生化学反应而产生的各种夹杂物，如 FeS、MnS 等硫化物。

2. 夹杂物的分类

（1）按夹杂物的来源，可分为内在夹杂物和外来夹杂物。前者是指在熔炼、铸造或焊接过程中，金属与其内部非金属发生化学反应而生成的化合物；后者是指金属与外界物质接触发生相互作用所生成的非金属夹杂物。

（2）按夹杂物的组成，可分为氧化物、硫化物、硅酸盐等。常见的氧化物夹杂如 FeO、MnO、SiO_2、Al_2O_3，硫化物夹杂如 FeS、MnS、CuS。硅酸盐是一种玻璃夹杂物，其成分较复杂，常见的如 FeO、SiO_2、Fe_2SiO_4、Mn_2SiO_4。几种氧化物和硫化物的熔点及密度见表 5-2 和表 5-3。

表 5-2　几种氧化物的熔点和密度

化合物	FeO	MnO	SiO_2	TiO_2	Al_2O_3	$(FeO)_2SiO_2$	$MnO \cdot SiO_2$	$(MnO)_2SiO_2$
熔点/℃	1370	1580	1713	1825	2050	1205	1270	1326
密度（20℃）/g·cm^{-3}	5.80	5.11	2.26	4.07	3.95	4.30	3.60	4.10

表 5-3　几种硫化物的熔点和密度

硫化物	熔点/℃	密度/g·cm^{-3}
Al_2S_3	1100	—
MnS	1610	3.6
FeS	1193	4.5
MgS	2000	2.8
CaS	2525	2.8
CeS	2450	5.88
Ce_2S_3	1890	5.07
LaS	2200	5.75
La_2S_3	2095	4.92
LaS_2	1650	5.75

（3）按夹杂物形成时间，可分为一次和二次夹杂物。一次夹杂物是在金属熔炼及炉前处理过程中产生的；二次夹杂物是液态金属在充型和凝固过程中产生的。

（4）按夹杂物形状，可分为球形、多面体、不规则多角形、条状及薄板形、板形等。氧化物一般呈球形或团状。同一类夹杂物在不同合金中有不同形状，如 Al_2O_3在钢中呈链球多角状，在铝合金中呈板状；同一夹杂物在同种合金中也可能存在不同的形态，如 MnS 在钢中通常有球形、枝晶间杆状、多面体结晶形三种形态。

此外，还可根据夹杂物的大小分为宏观和微观夹杂物；按熔点高低分为难熔和易熔夹杂物等。

夹杂物的存在将影响金属的力学性能。为确保铸件的质量，对宏观夹杂物的数量、大小等有较严格的检验标准，铸件中除宏观夹杂物外，通常不可避免地含有 $10^7 \sim 10^8$ 个/cm^3 数量的微观夹杂物，它会降低铸件的塑性、韧性和疲劳性能。试验证明，疲劳裂纹源主要发生在非金属夹杂物处，这是因为夹杂物与金属基体有着不同的弹性模量和膨胀系数所致。当夹杂物与基体相比其弹性模量较大，而膨胀系数又较小时，基体产生较大的拉应力，此时，在夹杂物的尖角处出现应力集中，甚至出现裂纹。

此外，金属液内含有的悬浮状难熔固体夹杂物显著降低其流动性。易熔的夹杂物（如钢铁中的 FeS），往往分布在晶界，导致铸件或焊件产生热裂；收缩大、熔点低的夹杂物（如钢中 FeO），将促进微观缩孔形成。

在某些情况下，可以利用夹杂物来改善合金某些方面的性能：如铝合金液中加入 Ti，可形成 $TiAl_3$，在 Ti 的质量分数超过 0.15%时，发生 $TiAl_3$ 与 Al 的包晶反应，所产生的 α 相可作为铝合金的非均质核心，使 α-Al 相得以细化。

（二）一次夹杂物

1. 一次夹杂物的形成

在金属熔炼及炉前处理过程中，液态金属内会产生大量的一次非金属夹杂物。这类夹杂物的形成大致经历两个阶段，即夹杂物的偏晶析出和聚合长大。

（1）夹杂物的偏晶析出：从液态金属中析出固相夹杂物是一个结晶过程，夹杂物往往是结晶过程中最先析出的相，并且大多属于偏晶反应。

液态金属内原有的固体夹杂物有可能作为非自发晶核，同时液态金属中总是存在着浓度起伏。当对金属进行脱氧、脱硫和孕育处理时，由于对流、传质和扩散，液态金属内会出现许多有利于夹杂物形成的元素微观聚集区域。该区的液相含量到达 L_1 时，发生偏晶反应，将析出非金属夹杂物相

$$L_1 \xrightarrow{T_0} L_2 + A_mB_n \tag{5-8}$$

即在 T_0 温度下，含有形成夹杂物元素 A 和 B 的高含量聚集区域的液相，析出固相非金属夹杂物 A_mB_n 和含有与其平衡的液相 L_2。L_1 与 L_2 的含量差使 A、B 元素从 L_1 向 L_2 扩散，夹杂物不断长大，直到 L_1 达到 L_2 含量为止。这样，在 T_0 温度下达到平衡时，只存在 L_2 与 A_mB_n 相。

（2）夹杂物的聚合长大：夹杂物从液相中析出时尺寸很小（仅有几微米），数量却很多（数量级可达 10^8 个/cm^3）。由于对流、环流及夹杂物本身的密度差，夹杂物质点在液态金属内将产生上浮或下沉运动，并发生高频率的碰撞。异类夹杂物碰撞后可产生化学反应，形成更复杂的化合物，如

$$3Al_2O_3 + 2SiO_2 \longrightarrow 3Al_2O_3 \cdot 2SiO_2 \tag{5-9}$$

$$SiO_2 + FeO \longrightarrow FeSiO_3 \tag{5-10}$$

不能产生化学反应的同种夹杂物相遇后，可机械黏附在一起，组成各种成分不均匀、形状不规则的复杂夹杂物。夹杂物粗化后，其运动速度加快，并以更高的速度与其他夹杂物发生碰撞。如此不断进行，使夹杂物不断长大，其成分或形状也越来越复杂。与此同时，某些夹杂物因成分变化或熔点较低而重新熔化，有些尺寸大、密度小的夹杂物则会浮到液态金属表面。

2. 一次夹杂物的分布

不同类型的一次夹杂物在金属中的分布不同，主要有以下几种情况：

（1）能作为金属非自发结晶核心的夹杂物：这类夹杂物因结晶体与液态金属存在密度差而下沉，故在铸件底部分布较密集，且多数分布在晶内。显然，冷却速度或凝固速度越快，铸件断面越小，浇注温度越低，这些微小晶体下沉就越困难，夹杂物的分布就越均匀。

（2）不能作为非自发结晶核心的微小固体夹杂物：这类夹杂物的分布取决于液态金属 L、晶体 C 与夹杂物 I 之间的界面能关系。当凝固区域中的固态夹杂物与正在成长的树枝晶发生接触时，如果满足

$$\sigma_{IC} < \sigma_{LI} + \sigma_{LC} \tag{5-11}$$

相互黏附后使能量降低，则微小夹杂物就会被树枝晶所粘附而陷入晶内，否则夹杂物就会被凝固界面所推开。显然，夹杂物被晶体粘附的先决条件是两者必须发生接触。夹杂物越小（运动速度越慢），晶体生长速度越快，两者越容易发生接触，夹杂物被晶体粘住的可能性越大。通常，陷入晶内的夹杂物分布比较均匀，被晶体推走的夹杂物常聚集在晶界上。

（3）能上浮的液态和固态夹杂物：液态金属中不溶解的夹杂物也会产生沉浮运动，发生碰撞、聚合而粗化。若夹杂物密度小于液态金属的密度，则夹杂物的粗化将加快其上浮速度。铸件凝固后，这些夹杂物可能移至冒口而排除，或保留在铸件的上部及上表面层。

3. 排除液态金属中一次夹杂物的途径

（1）加熔剂：在液态金属表面覆盖一层能吸收上浮夹杂物的熔剂（如铝合金精炼时加入氯化盐），或加入能降低夹杂物密度或熔点的熔剂（如球墨铸铁加冰晶石），有利于夹杂物的排除。

（2）过滤法：使液态金属通过过滤器去除夹杂物。过滤器分非活性和活性两种，前者起机械作用，如石墨、镁砖、陶瓷碎屑等；后者还多一种吸附作用，排杂效果更好，如 NaF、CaF_2、Na_3AlF_6等。

此外，排除和减少液态金属中气体的措施，如合金液静置处理、浮游法净化、真空浇注等，同样也能达到排除和减少夹杂物的目的。

（三）二次氧化夹杂物

液态金属在浇注及充型过程中因氧化而产生的夹杂物，称为二次氧化夹杂物。

1. 二次氧化夹杂物的形成

液态金属与大气或氧化性气体接触时，其表面会很快形成一层氧化薄膜。吸附在表面的氧元素将向液体内部扩散，而内部易氧化的金属元素则向表面扩散，从而使氧化膜的厚度不断增加。若表面形成的是一层致密的氧化膜，则能阻止氧原子继续向内部扩散，氧化过程将停止。若氧化膜遭到破坏，在被破坏的表面上又会很快形成新的氧化膜。

在浇注及充型过程中，由于金属流动时产生的紊流、涡流及飞溅等，表面氧化膜会被卷入液态金属内部。此时因液体的温度下降较快，卷入的氧化物在凝固前来不及上浮到表面，从而在金属中形成二次氧化夹杂物。这类夹杂物常出现在铸件表面、型芯下表面或死角处。

二次氧化夹杂物是铸件非金属夹杂缺陷的主要来源，其形成与下列因素有关。

（1）化学成分：液态金属含有易氧化的金属元素（如镁、稀土等）时，容易生成二次氧化夹杂物。氧化物的标准生成吉布斯自由能越低，即金属元素的氧化性越强，生成二次氧化夹杂物的可能性就越大；易氧化元素的含量越多，二次氧化夹杂物的生成速度和数量就会越大。

（2）液流特性：液态金属与大气接触的机会越多，接触面积越大和接触时间越长，产生的二次氧化夹杂物就越多。浇注时，液态金属若呈平稳的层流运动，则可减少二次氧化夹杂物；若呈紊流运动，则会增加液态金属与大气接触的机会，则会增加二次氧化夹杂物。液态金属产生的涡流、对流和飞溅等容易将氧化物和空气带入金属液内部，使二次氧化夹杂物形成的可能性增大。

（3）熔炼温度：金属熔炼温度低，易出现液态氧化物熔渣和固态渣；熔炼温度越低，金属流动性越差，金属氧化越严重，熔渣越不易上浮而残留在液态金属内，凝固后形成夹杂。

2. 防止和减少二次氧化夹杂物的途径

（1）正确选择合金成分，严格控制易氧化元素的含量。

（2）采取合理的浇注系统及浇注工艺，保持液态金属充型过程平稳流动。

（3）严格控制铸型水分，防止铸型内产生氧化性气氛。另外，还可加入煤粉等碳质材料或采用涂料，使铸型内形成还原性气氛。

（4）对要求高的重要零件或易氧化的合金，可以在真空或保护性气氛下浇注。

（四）偏析夹杂物

偏析夹杂物也称为次生夹杂物，是指合金凝固过程中因液固界面处液相内溶质元素的富集而产生的非金属夹杂物，其大小通常属于微观范畴。

合金结晶时，由于溶质再分配，在凝固区域内合金及杂质元素将高度富集于枝晶间尚未凝固的液相内。在一定条件（温度、压力等）下，靠近液-固界面的“液滴”有可能且具备产生某种夹杂物的条件，这时处于过饱和状态的液相 L_1 将发生 $L_1 \rightarrow \beta + L_2$ 偏晶反应，析出非金属夹杂物 β。由于这种夹杂物是从偏析液相中产生的，因此称为偏析夹杂物。因各枝晶间偏析的液相成分不同，产生的偏析夹杂物也有差异。

和高熔点一次夹杂物一样，偏析夹杂物有的能被枝晶粘附而陷入晶内（图 5-14），其

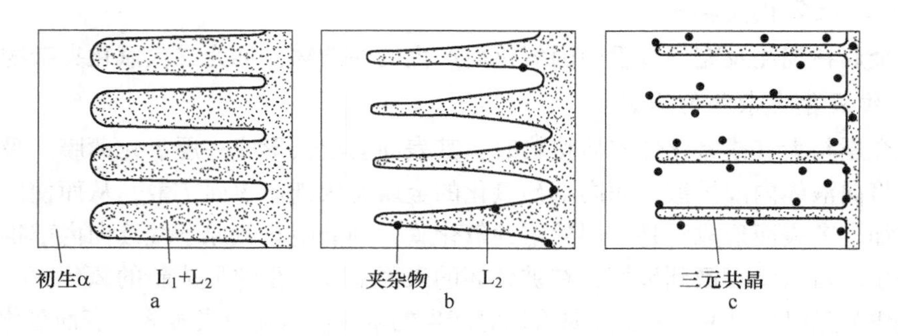

图 5-14 合金凝固时偏析夹杂物陷入晶内示意图

a—初生 α 相结晶；b—夹杂物偏晶结晶；c—三元共晶凝固

分布比较均匀，此时大多能满足产生黏附的界面能条件。有的被生长的晶体推移到尚未凝固的液相内，并在液相中产生碰撞、聚合而粗化，凝固完毕时被排挤到初晶晶界上(图 5-15)，大多密集分布在断面中心或铸件上部。

偏析夹杂物大小主要由合金的结晶条件和成分决定。凡是能细化晶粒的条件都能减小偏析夹杂物尺寸；形成夹杂物的元素原始含量越高，枝晶间偏析液相中富集该元素的数量越多，同样结晶条件下产生的偏析夹杂物尺寸越大，数量也越多。

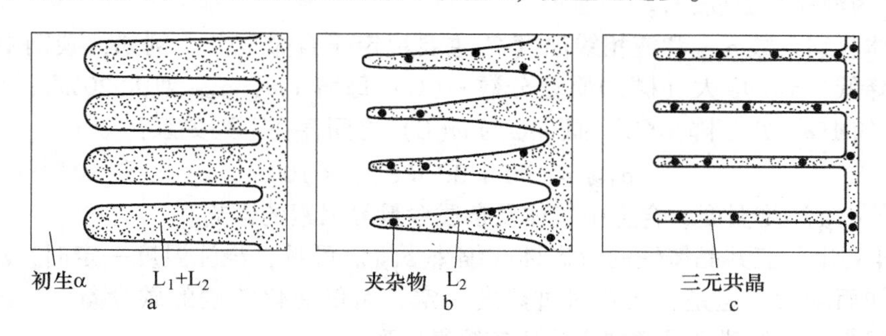

图 5-15 合金凝固时夹杂物被推向初晶晶界示意图

a—初生 α 相结晶；b—夹杂物偏晶结晶；c—三元共晶凝固

第四节 缩孔与缩松

一、金属的收缩

金属在液态、凝固态和固态冷却过程中发生的体积减小现象，称为收缩(Contraction)。它是金属本身的物理性质，也是引起缩孔、缩松、应力、变形、热裂和冷裂等缺陷的重要原因。

液态金属从浇注温度冷却到常温要经历三个阶段（图 5-16)，即液态收缩阶段（Ⅰ)、凝固收缩阶段（Ⅱ）和固态收缩阶段（Ⅲ)。在不同的阶段，金属具有不同的收缩特性。

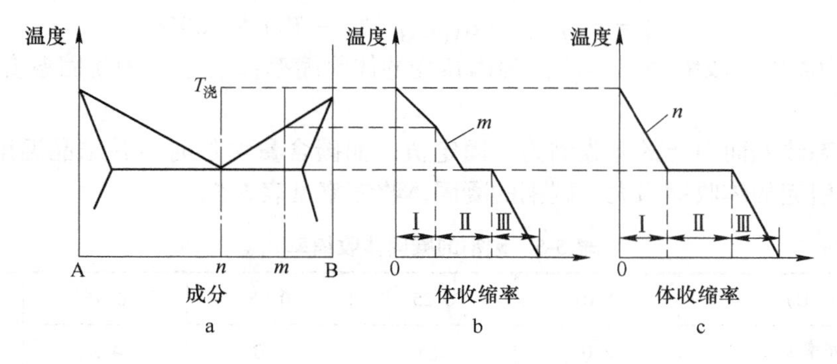

图 5-16 二元合金收缩过程示意图

a—合金相图；b—有一定结晶温度范围的合金；c—恒温凝固的合金

（一）液态收缩

液态金属从浇注温度 $T_{浇}$ 冷却到液相线温度 T_L 产生的体收缩（体积改变量），称为液态收缩。液态收缩的表现形式为金属液面降低，其大小可用如下液态体收缩率表示

$$\varepsilon_{V液} = \alpha_{V液}(T_{浇} - T_L) \times 100\% \qquad (5\text{-}12)$$

式中，$\varepsilon_{V液}$ 为液态体收缩率，%；$\alpha_{V液}$ 为金属液体收缩系数，℃$^{-1}$；$T_{浇}$ 为液态金属的浇注温度，℃；T_L 为液相线温度，℃。

液态体收缩系数 $\alpha_{V液}$ 和液相线温度 T_L 主要决定于合金成分。例如，碳钢中碳含量增加时，T_L 降低，$\alpha_{V液}$ 增大（碳的质量分数 w(C) 每增 1%，$\alpha_{V液}$ 增大 20%）；对于铸铁，w(C)每增加 1%，T_L 下降 90℃，而 $\alpha_{V液}$ 与 w(C) 之间存在下列关系：

$$\alpha_{V液} = (90 + 30w(\mathrm{C})) \times 10^{-6} \qquad (5\text{-}13)$$

此外，$\alpha_{V液}$ 还受温度、合金中气体及杂质含量等因素的影响。

表 5-4 列出了亚共晶铸铁的液态体收缩率 $\varepsilon_{V液}$。可见，浇注温度一定时，$\varepsilon_{V液}$ 随着碳含量的增加而增大。但是，当相对过热度一定，而仅变化铸铁的碳含量时，$\varepsilon_{V液}$ 变化不大，这是因为 $\alpha_{V液}$ 随碳含量增加变化比较缓慢所致。

表 5-4 亚共晶铸铁的液态体收缩率 $\varepsilon_{V液}$

碳含量 w(C)/%	2.0	2.5	3.0	3.5	4.0
$\varepsilon_{V液}$($T_{浇}$ = 1400℃)/%	0.6	1.4	2.3	3.4	4.6
$\varepsilon_{V液}$($T_{浇} - T_L$ = 100℃)/%	1.5	1.7	1.8	2.0	2.1

（二）凝固收缩

金属从液相线冷却到固相线所产生的体收缩，称为凝固收缩（Solidification Shrinkage）。

对于纯金属和共晶合金，凝固期间的体收缩仅由状态改变引起，与温度无关，故具有一定的数值。对于有一定结晶温度范围的合金，其凝固收缩率既与状态改变时的体积变化有关，也与结晶温度范围有关。某些合金（如 Bi-Sb），在凝固过程中，体积不但不收缩反而膨胀，故其凝固体收缩率 $\varepsilon_{V凝}$ 为负值。

钢和铸铁的凝固收缩包括状态改变和温度降低两部分，可表示为

$$\varepsilon_{V凝} = \varepsilon_{V(L\to S)} + \alpha_{V(L\to S)}(T_L - T_S) \times 100\% \qquad (5\text{-}14)$$

式中，$\varepsilon_{V凝}$ 为凝固体收缩率；$\varepsilon_{V(L\to S)}$ 为因相变的体收缩率；$\alpha_{V(L\to S)}$ 为凝固温度范围内的体收缩系数。

钢因状态改变而引起的体收缩为一固定值，而碳含量增加时，其结晶温度范围变宽，由温度降低引起的体收缩增大。碳钢的凝固体收缩率见表 5-5。

表 5-5 碳钢的凝固体收缩率 $\varepsilon_{V凝}$

碳含量 w(C)/%	0.10	0.25	0.35	0.45	0.70
凝固体收缩率 $\varepsilon_{V凝}$ /%	2.0	2.5	3.0	4.3	5.3

对于亚共晶铸铁，$\varepsilon_{V(L\to S)}$ 和 $\alpha_{V(L\to S)}$ 的平均值分别为 3.0% 和 1.0×10^{-4}；而碳含量

$w(C)$每增加1%，T_L降低90℃。由此可得铸铁的凝固体收缩率为

$$\varepsilon_{V凝} = 6.9 - 0.9w(C) \tag{5-15}$$

灰铸铁在凝固后期共晶转变时，由于石墨的析出膨胀而使体收缩得到一定的补偿。因此其凝固体收缩率为

$$\varepsilon_{V凝} = 10.1 - 2.9w(C) \tag{5-16}$$

可见，铸铁的凝固体收缩率随着碳含量的增加而减小。对于灰铸铁，当其碳含量足够高时，凝固体收缩率将变为负值，见表5-6。

表5-6　亚共晶铸铁的凝固体收缩率 $\varepsilon_{V凝}$

碳含量 $w(C)$/%		2.0	2.5	3.0	3.5	4.0
凝固体收缩率 $\varepsilon_{V凝}$/%	白口铸铁	5.1	4.6	4.2	3.7	3.3
	灰铸铁	4.3	2.8	1.4	-0.1	-1.5

凝固收缩的表现形式分为两个阶段。当结晶尚少未搭成骨架时，表现为液面下降；当结晶较多并搭成完整骨架时，收缩的总体表现为三维尺寸减小即线收缩，在结晶骨架间残留的液体则表现为液面下降。

（三）固态收缩

金属在固相线以下发生的体收缩，称为固态收缩。固态体收缩率表示为

$$\varepsilon_{V固} = \alpha_{V固}(T_S - T_0) \times 100\% \tag{5-17}$$

式中，$\varepsilon_{V固}$为金属的固态体收缩率,%；$\alpha_{V固}$为金属的固态体收缩系数,℃$^{-1}$；T_S为固相线温度,℃；T_0是室温,℃。

固态收缩的表现形式为三维尺寸同时缩小。因此，常用线收缩率 ε_l 表示固态收缩，即

$$\varepsilon_l = \alpha_l(T_S - T_0) \times 100\% \tag{5-18}$$

式中，ε_l为金属的线收缩率,%，$\varepsilon_l \approx \varepsilon_{V固}/3$；$\alpha_l$为金属的固态线收缩系数,℃$^{-1}$，$\alpha_l = \alpha_{V固}/3$。

对于纯金属和共晶合金，线收缩在金属形成凝固壳时开始；对于具有结晶范围的合金，线收缩在表面形成凝固骨架后开始。

当合金有固态相变发生时，α_l将发生突变，并在不同温度区段取不同的值。例如，碳钢在共析转变前后都随温度降低而收缩，但在共析转变时，因产物体积增加而膨胀。同样，铸铁在共析转变和析出石墨时，也会发生膨胀。

碳钢和铸铁的线收缩率分别见表5-7和表5-8。

表5-7　碳钢的线收缩率与碳含量的关系

$w(C)$/%	0.08	0.14	0.35	0.45	0.55	0.60
ε_l/%	2.47	2.46	2.40	2.35	2.31	2.18

注：碳钢中 $w(Mn)$ = 0.55%~0.80%，$w(Si)$ = 0.25%~0.40%。

表 5-8　铸铁的自由线收缩率

材料名称	化学成分（质量分数）/%						碳当量 CE[①] /%	线收缩率 /%	浇注温度 /℃
	C	Si	Mn	P	S	Mg			
白口铸铁	2.65	1.00	0.48	0.06	0.015	—	3.04	2.180	1300
灰铸铁	3.30	3.14	0.66	0.095	0.026	—	4.38	1.082	1270
球墨铸铁	3.00	2.96	0.69	0.11	0.015	0.045	4.02	0.807	1250

① $CE=w(C)+(w(Si)+w(P))/3$。

金属从浇注温度冷却到室温所产生的体收缩为液态收缩、凝固收缩和固态收缩之和，即

$$\varepsilon_{V总} = \varepsilon_{V液} + \varepsilon_{V凝} + \varepsilon_{V固} \tag{5-19}$$

式中，液态收缩和凝固收缩是铸件产生缩孔和缩松的基本原因，$\varepsilon_{V液} + \varepsilon_{V凝}$ 越大，缩孔的容积就越大；而金属的固态收缩（线收缩）是铸件产生尺寸变化、应力、变形和裂纹的基本原因。

（四）铸件的收缩

铸件收缩时还会受外界阻力的影响。这些阻力包括热阻力（铸件温度分布不均匀所致)、铸型表面摩擦力和机械阻力（铸型和型芯的阻碍作用）等。表面摩擦力和机械阻力均可使铸件收缩量减少。

铸件在铸型中的收缩若仅受到可以忽略的阻力影响时，则为自由收缩；否则，称为受阻收缩。显然，对于同一种合金，受阻收缩率小于自由收缩率。生产中应采用考虑各种阻力影响的实际收缩率。

图 5-17 为常见 Fe-C 合金的自由固态收缩（线收缩）曲线。由图可见，灰铸铁和球墨铸铁有两次膨胀过程，第一次膨胀量大，称为体膨胀(缩前膨胀)，由共晶时石墨及气体析出所致；第二次膨胀较小，由共析转变引起。白口铸铁的缩前膨胀很小，共析转变膨胀也不明显；而碳钢主要发生共析转变膨胀。

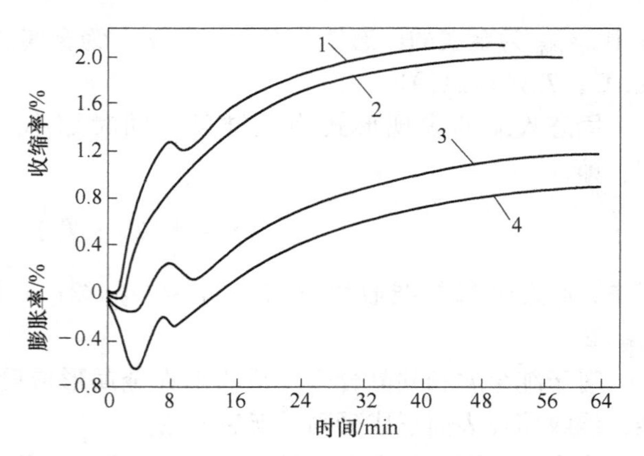

图 5-17　Fe-C 合金的自由固态收缩（线收缩）曲线
1—碳钢；2—白口铸铁；3—灰铸铁；4—球墨铸铁

二、缩孔与缩松的分类及特征

铸件在凝固过程中，由于合金的液态收缩和凝固收缩，往往在铸件最后凝固的部位出现孔洞。容积大而集中的孔洞称为缩孔，细小而分散的孔洞称为缩松。

（一）缩孔（Shrinkage Hole）

常出现于纯金属、共晶合金和结晶温度范围较窄的铸造合金中，且多集中在铸件的上

部和最后凝固的部位。铸件厚壁处、两壁相交处及内浇道附近等凝固较晚或凝固缓慢的部位（称为热节），也常出现缩孔。缩孔尺寸较大，形状不规则，表面不光滑，有枝晶脉络状凸起特征。

缩孔有内缩孔和外缩孔两种形式（图5-18）。外缩孔出现在铸件的外部或顶部，一般在铸件上部呈漏斗状（图5-18a）。铸件壁厚很大时，有时会出现在侧面或凹角处（图5-18b）。内缩孔产生于铸件内部（图5-18c、d），孔壁粗糙不规则，可以观察到发达的树枝晶末梢，一般为暗黑色或褐色，如果是气缩孔，则内表面为氧化色。

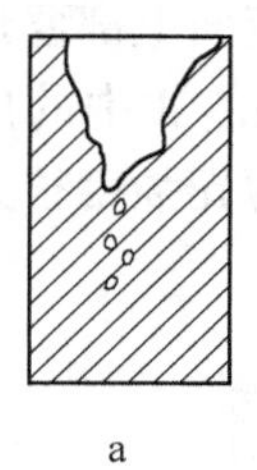
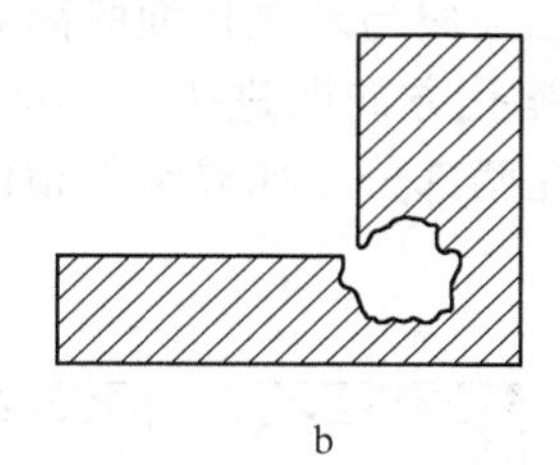
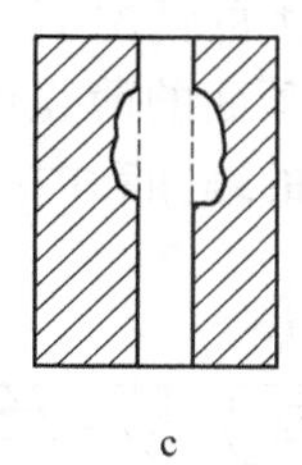
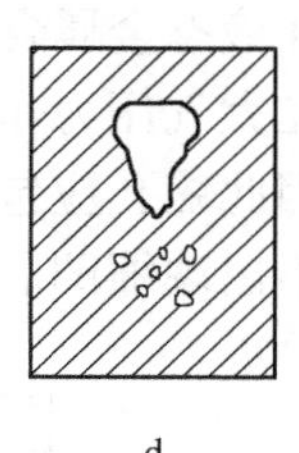

a　　b　　c　　d

图5-18　铸件缩孔形式

a—明缩孔；b—凹角缩孔；c—芯面缩孔；d—内部缩孔

（二）缩松（Porosity）

按其形态分为宏观缩松（简称缩松）和微观缩松（也称显微缩松）两类。缩松多出现于结晶温度范围较宽的合金中，常分布在铸件壁的轴线区域、缩孔附近或铸件厚壁的中心部位（图5-19）。微观缩松则在各种合金铸件中（特别在球铁铸件中）或多或少都会存在，一般出现在枝晶间和分枝晶之间，与微观气孔难以区分，只有在显微镜下才能观察到。

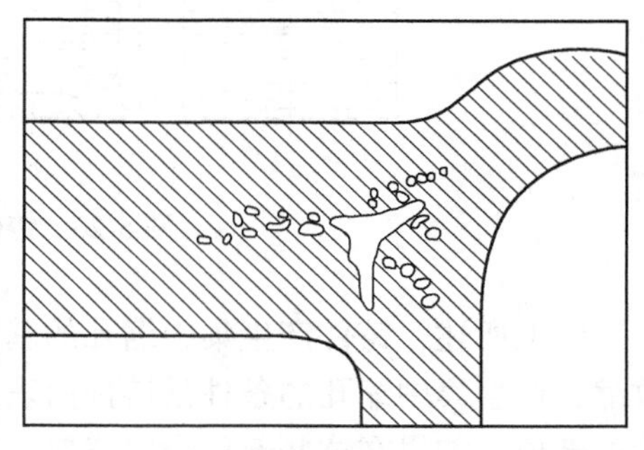

图5-19　铸件热节处的缩孔和缩松

铸件中存在的任何形态的缩孔和缩松，都会减少铸件的受力面积，在缩孔和缩松的尖角处产生应力集中，使铸件的力学性能显著降低。此外，缩孔和缩松还会降低铸件的气密性和物理化学性能。因此，必须采取有效措施予以防止。

三、缩孔与缩松的形成机理

（一）缩孔的形成

纯金属、共晶合金和结晶温度范围窄的合金，在一般铸造条件下按由表及里逐层凝固的方式凝固。由于金属或合金在冷却过程中发生的液态收缩和凝固收缩大于固态收缩，从而在铸件最后凝固的部位形成尺寸较大的集中缩孔。现以圆柱体铸件为例，说明缩孔的形成机理。

缩孔的形成过程如图5-20所示。液态金属充满型腔后，由于铸型的吸热作用，其温度下降，产生液态收缩。此时，液态金属可通过浇注系统得到补充，因而型腔始终保持充满状态（图5-20a）。当铸件外表温度降到凝固温度时，铸件表面就凝固成一层固态外壳，并将内部液体包住（图 5-20b）。这时，内浇道已经凝结。当铸件进一步冷却时，壳内的液态金属因温度降低，一方面产生液态收缩，另一方面继续凝固使壳层增厚并产生凝固收缩；与此同时，壳层金属也因温度降低而发生固态收缩。如果液态收缩和凝固收缩造成的体积缩减等于固态收缩引起的体积缩减，则壳层金属和内部液态金属将紧密接触，不会产生缩孔。但是，由于金属的液态收缩和凝固收缩大于壳层的固态收缩，壳内液体与外壳顶面将发生脱离（图 5-20c）。随着冷却的进行，固态壳层不断加厚，内部液面不断下降。当金属全部凝固后，在铸件上部就形成一个倒锥形的缩孔（图 5-20d）。

在液态金属含气量不大的情况下，当液态金属与外壳顶面脱离时，液面上部要形成真空。在大气压力作用下，顶面的薄壳可能向缩孔方向凹进去，如图 5-20c、d 中的虚线所示。因此缩孔应包括外部的缩凹和内部的缩孔两部分。如果铸件顶面的薄壳强度很大，也可能不出现缩凹。

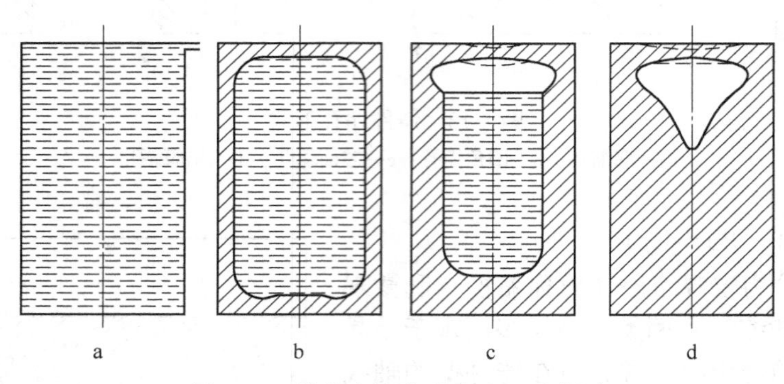

图 5-20　铸件中缩孔形成过程示意图

综上所述，铸件产生集中缩孔的基本原因是金属的液态收缩和凝固收缩之和大于固态收缩；产生集中缩孔的条件是铸件由表及里逐层凝固。缩孔一般集中在铸件顶部或最后凝固的部位，如果在这些部位设置冒口，缩孔将被移入冒口中。

（二）缩松的形成

结晶温度范围较宽的合金，一般按照体积凝固的方式凝固。由于凝固区域较宽，凝固区内的小晶体很容易发展成为发达的树枝晶。当固相达到一定数量形成晶体骨架时，尚未凝固的液态金属便被分割成一个个互不相通的小熔池。在随后的冷却过程中，小熔池内的金属液体将发生液态收缩和凝固收缩，已凝固的金属则发生固态收缩。由于熔池内金属液的液态收缩和凝固收缩之和大于其固态收缩，两者之差引起的细小孔洞又得不到外部液体的补充，因而在相应部位便形成了分散性的细小缩孔，即缩松。金属的凝固区域越宽，产生缩松的倾向越大。

可见，缩松和缩孔形成的基本原因是相同的，即金属的液态收缩和凝固收缩之和大于固态收缩。但形成缩松的条件是金属的结晶温度范围较宽，倾向于体积凝固或同时凝固方式、断面厚度均匀的铸件，如板状或棒状铸件，在凝固后期不易得到外部液态金属的补充，往往在轴线区域产生缩松，称为轴线缩松。

显微缩松通常伴随着微观气孔的形成而产生。当铸件在凝固过程中析出气体时，显微缩松的形成条件表示为

$$p_g + p_s > p_a + p_H + \frac{2\sigma}{r} \tag{5-20}$$

式中，p_g为某一温度下金属中气体的析出压力；p_s为对显微孔洞的补缩阻力；p_a为凝固着的金属上方的大气压；σ 为气-液界面的表面张力；r 为显微孔洞半径；p_H为孔洞上方的金属压头。

当金属在常压下凝固时，式（5-20）中变化的参数只有p_g和p_s。p_g与液态金属中气体的含量有关，p_s与枝晶间通道的长度、晶粒形态以及晶粒大小等因素有关。铸件的凝固区域越宽，树枝晶越发达，则通道越长，晶间和分枝间被封闭的可能性越大，产生显微缩松的可能性也就越大。

（三）铸铁的缩孔和缩松

灰铸铁和球墨铸铁在凝固过程中会析出石墨产生体积膨胀，因此其缩孔和缩松的形成比一般合金复杂。

亚共晶灰铸铁和球墨铸铁凝固的共同特点是，初生奥氏体枝晶能迅速布满铸件的整个断面，而且奥氏体枝晶具有很大的连成骨架的能力。因此，这两种铸铁都有产生缩松的可能性。但是，由于它们的共晶凝固方式和石墨长大的机理不同，产生缩孔和缩松的倾向有很大差别。

灰铸铁共晶团中的片状石墨，与枝晶间的共晶液直接接触（图 5-21a），因此，片状石墨长大时所产生的体积膨胀大部分作用在所接触的晶间液体上，迫使它们通过枝晶间的通道去充填奥氏体枝晶间因液态收缩和凝固收缩所产生的小孔洞，从而大大降低了灰铸铁产生缩松的严重程度。这就是灰铸铁的所谓“自补缩现象”。

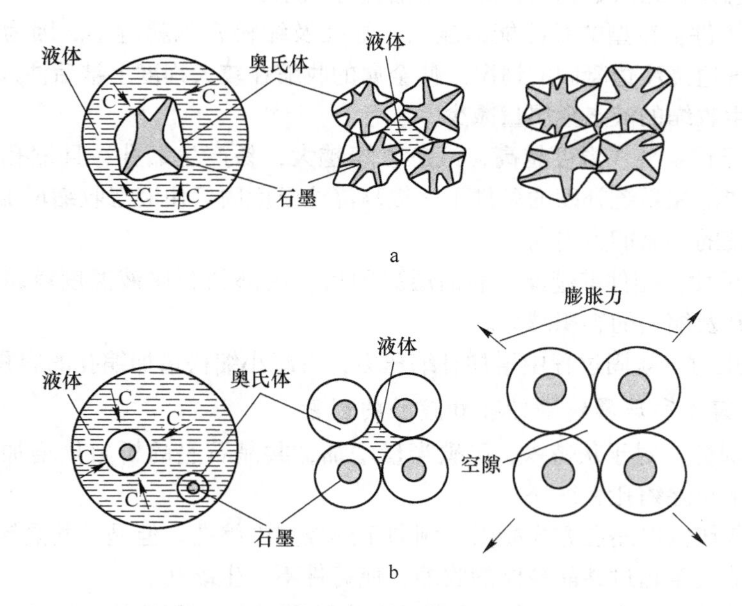

图 5-21　灰铸铁和球墨铸铁共晶石墨长大示意图

a—片状石墨长大；b—球状石墨长大

被共晶奥氏体包围的片状石墨，由于碳原子的扩散作用，在横向上也要长大，但速度很慢。石墨片横向长大所产生的膨胀力作用在共晶奥氏体上，使共晶团膨胀，并传到邻近的共晶团或奥氏体晶体骨架上，使铸铁产生缩前膨胀。显然，这种缩前膨胀会抵消部分自补缩效果。但是，由于这种横向的膨胀作用很小而且是逐渐发生的，同时因灰铸铁在共晶凝固中期，在铸件表面已经形成硬壳，所以灰铸铁的缩前膨胀一般只有 0.1%~0.2%。因此，灰铸铁件产生缩松的倾向性较小。

从图 5-21b 可以看出，球墨铸件在凝固中后期，石墨球长大到一定程度后四周形成奥氏体壳，碳原子通过奥氏体壳扩散到共晶团中使石墨球长大。当共晶团长大到相互接触后，石墨化膨胀所产生的膨胀力，只有一小部分作用在晶间液体上，而大部分作用在相邻的共晶团上或奥氏体枝晶上，趋向于把它们挤开。因此，球墨铸铁的缩前膨胀比灰铸铁大得多（图 5-17）。随着石墨球的长大，共晶团之间的间隙逐步扩大，并使铸件普遍膨胀。共晶团之间的间隙就是球墨铸铁的显微缩松，而共晶团集团之间的间隙则构成铸件的（宏观）缩松。所以，球墨铸铁产生缩松的倾向性很大。如果铸件厚大，球墨铸铁的缩前膨胀也会导致铸件产生缩孔。如果铸型刚度足够大，石墨化膨胀力有可能将缩松压合。在这种情况下，球墨铸铁也可看作具有“自补缩”能力。

四、影响缩孔与缩松的因素及防止措施

（一）影响缩孔与缩松的因素

1. 影响缩孔与缩松大小的因素

（1）金属的性质：金属的液态体收缩系数和凝固体收缩率越大，缩孔及缩松容积越大。金属的固态体收缩系数越大，缩孔及缩松容积越小。

（2）铸型条件：铸型的激冷能力越大，缩孔及缩松容积就越小。因为铸型激冷能力越大，越易出现边浇注边凝固的情况，使金属的收缩在较大程度上被后注入的金属液所补充，使实际发生收缩的液态金属量减少。

（3）浇注条件：浇注温度越高，液态收缩越大，易产生缩孔，且缩孔容积越大。但是，在有冒口或浇注系统补缩的条件下，提高浇注温度固然使液态收缩增加，然而它也使冒口或浇注系统的补缩能力提高。

（4）铸件尺寸：铸件壁越厚，表面层凝固后，内部的金属液温度就越高，液态收缩就越大，则缩孔及缩松的容积越大。

（5）补缩压力：凝固过程中增加补缩压力，可减小缩松增加缩孔的容积。

2. 影响灰铸铁和球墨铸铁缩孔和缩松的因素

（1）铸铁成分：对于灰铸铁，随碳当量增加，共晶石墨的析出量增加，石墨化膨胀量增加，有利于消除缩孔和缩松。

共晶成分灰铸铁以逐层方式凝固，倾向于形成集中缩孔。但是，共晶转变的石墨化膨胀作用，能抵消甚至超过共晶液体的收缩，使铸件不产生缩孔。

球墨铸铁的碳当量大于 3.9%时，经过充分孕育，在铸型刚度足够时，利用共晶石墨化膨胀作用，产生自补缩效果，可以获得致密的铸件。

球墨铸铁中磷含量、残余镁量及残余稀土量过高，均会增加缩松倾向。因为磷共晶会削弱铸件外壳的强度，增加缩前膨胀量，松弛了铸件内部压力；镁及稀土会增大铸件白口

倾向，减少石墨析出，使石墨化膨胀作用减弱。

（2）铸型刚度：铸铁在共晶转变发生石墨化膨胀时，型壁是否迁移是影响缩孔容积的重要因素。铸型刚度大，缩前膨胀就小，缩孔容积也相应减小，甚至不产生缩孔。铸型刚度依下列次序逐级降低：金属型—覆砂金属型—水泥型—水玻璃砂型—干型—湿型。因此，高刚度的铸型（如覆砂金属型等）可以生产无冒口球墨铸铁件。

（二）防止铸件产生缩孔和缩松的途径

缩孔和缩松可以通过凝固工艺原则的选择（即顺序凝固还是同时凝固）加以控制。

1. 顺序凝固

铸件的顺序凝固是采取各种措施，保证铸件各部分按照距离冒口的远近，由远及近朝着冒口方向凝固，冒口本身最后凝固（图 5-22）。铸件按照这一原则凝固时，可使缩孔集中在冒口中，获得致密的铸件。

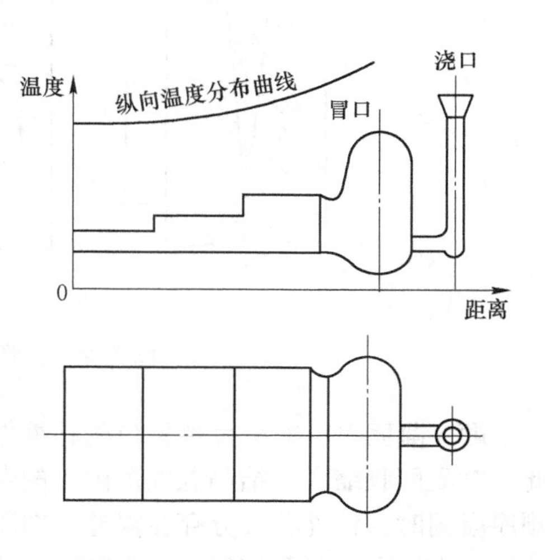

图 5-22　顺序凝固方式示意图

均匀壁厚铸件的顺序凝固过程如图 5-23 所示。图 5-23a 是厚度为 δ 的带有冒口的板状铸件，采用顶注式浇注。由于金属液是从冒口浇入的，所以铸件纵断面中心线上的温度自远离冒口处向冒口方向依次递增（图 5-23b）。在 A、B、C 三点的横截面上，铸件外表冷却快，温度低（图 5-23c）。而在图 5-23d 所表示的铸件纵截面上，向着冒口张开的 φ 角（等液相线之间的夹角，称为补缩通道扩张角）范围内，金属都处于液态，形成“楔形”补缩通道。φ 角越大，越有利于冒口的补缩。

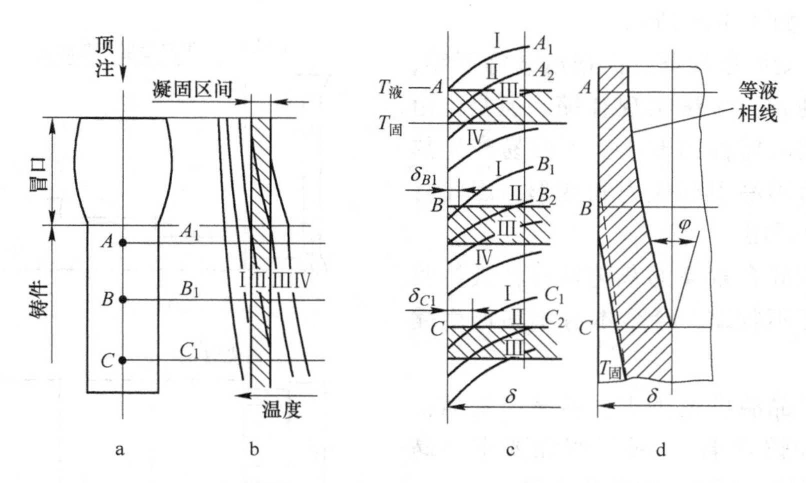

图 5-23　均匀壁厚铸件顺序凝固过程示意图（c、d 较图 a 放大 1 倍）

a—厚度为 δ 带冒口的板状铸件；b—铸件纵截面中心线上的温度分布；
c—铸件 A、B、C 三点横截面上径向温度分布（纵坐标为温度）；
d—铸件纵截面上（Ⅱ时刻的等液相线和补缩通道扩张角 φ）（Ⅰ、Ⅱ、Ⅲ、Ⅳ代表不同时刻）

在铸件中，液固两相区与铸件壁热中心相交的线段为“补缩困难区μ”。液固两相区越宽，扩张角φ越小，补缩困难区μ就越长，如图5-24所示，图5-24a~c反应了扩张角变化情况的影响。

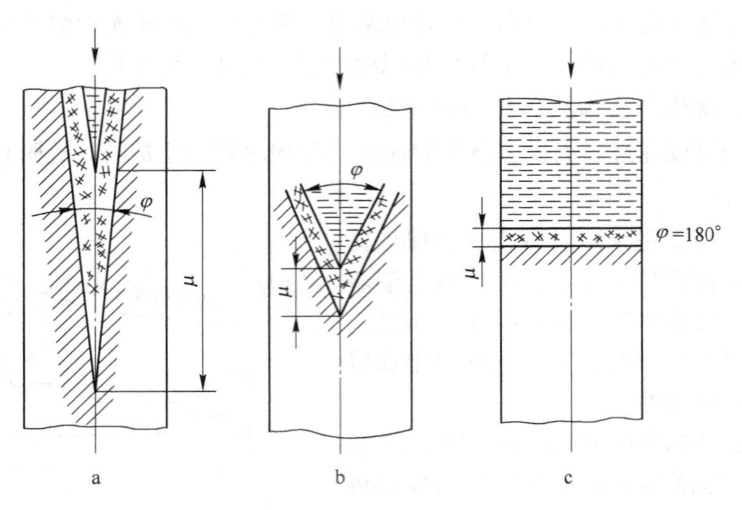

图5-24　扩张角对补缩困难区的影响

顺序凝固可以充分发挥冒口的补缩作用，防止缩孔和缩松的形成，获得致密铸件。因此，对凝固收缩大、结晶温度范围小的合金，以及断面较厚的铸件通常采用这一原则。但顺序凝固时，铸件各部分存在温差，在凝固过程中易产生热裂，凝固后铸件易产生变形。此外，由于有时需要使用冒口和补贴（主要是铸钢件），故工艺出品率较低。

2. 同时凝固

同时凝固原则是采取工艺措施保证铸件各部分之间没有温差或温差尽量小，使各部分同时凝固，如图5-25所示。

同时，凝固条件下，扩张角φ等于零，没有补缩通道，无法实现补缩。但是，由于同时凝固时铸件温差小，不容易产生热裂，凝固后不易引起应力和变形，因此常在以下情况采用：

（1）碳硅含量高的灰铸铁件，其体收缩较小甚至不收缩，合金本身不易产生缩孔和缩松。

（2）结晶温度范围大、容易产生缩松的合金（如锡青铜），对气密性要求不高时，可采用这一原则，以简化工艺。

（3）壁厚均匀的铸件，尤其是均匀薄壁铸件，倾向于采用同时凝固。因该类铸件消除缩松困难，故多采用同时凝固原则

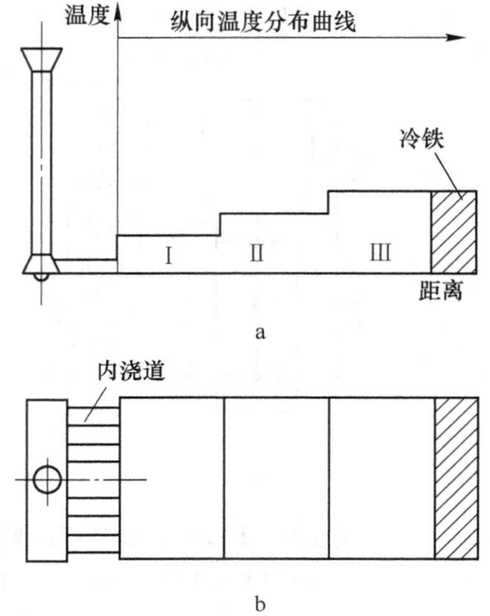

图5-25　同时凝固方式示意图（b为a的俯视图）

设计浇注系统。

（4）球墨铸铁件利用石墨化膨胀进行自补缩时，必须采用同时凝固原则。

（5）某些适合采用顺序凝固原则的铸件，当热裂、变形成为主要矛盾时，也可采用同时凝固原则。

应当指出，对于某一具体铸件，究竟采用何种凝固方式，应根据合金特点、铸件结构及其技术要求，以及可能出现的其他缺陷（如应力、变形、裂纹）等综合加以考虑。对于某些结构复杂的铸件，也可采用复合凝固方式，即整体上按同时凝固，局部为顺序凝固，或者相反。

3. 控制缩孔和缩松的工艺措施

调整液态金属的浇注温度和浇注速度，可以加强顺序凝固或同时凝固。采用高温慢浇工艺，能增加铸件的纵向温差，有利于实现顺序凝固。通过多个内浇道低温快浇，可减少纵向温差，有利于实现同时凝固。

使用冒口、补贴和冷铁是防止缩孔和缩松最有效的工艺措施。冒口一般设置在铸件厚壁或热节部位，其尺寸应保证铸件被补缩部位最后凝固，并能提供足够的金属液以满足补缩的需要。此外，冒口与被补缩部位之间必须有补缩通道。

冷铁和补贴与冒口配合使用，可以造成人为的补缩通道及末端区，延长了冒口的有效补缩距离。冒口有效补缩距离等于冒口补缩区长度与末端区长度之和（图 5-26）。此外，冷铁还可以加速铸件厚壁局部热节的冷却，实现同时凝固。

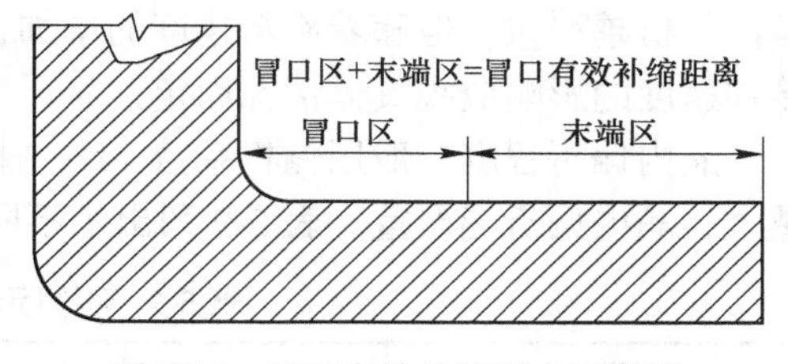

图 5-26　冒口有效补缩距离示意图

加压补缩法是防止产生显微缩松的有效方法。该法是将铸件放在具有较高压力的装置中，使铸件在压力下凝固，以消除显微缩松，获得致密铸件。加压越早，压力越高，补缩效果越好。对于致密要求高而缩松倾向较大的铸件，通常需采用加压补缩方法。

第五节　偏　　析

液态合金在凝固过程中发生的化学成分不均匀现象称为偏析（Segregation）。根据偏析范围的不同，可将偏析分为微观偏析和宏观偏析两大类。微观偏析是指小范围（约一个晶粒范围）内的化学成分不均匀现象，按位置不同可分为晶内偏析（枝晶偏析）和晶界偏析。宏观偏析是指凝固断面上各部位的化学成分不均匀现象，按其表现形式可分为正常偏析、逆偏析、重力偏析等。

微观偏析和宏观偏析主要是由于合金在凝固过程中溶质再分配和扩散不充分引起的。它们对合金的力学性能、可加工性、抗裂性能，以及耐蚀性能等有着程度不同的损害。但偏析现象也有有益的一面，如利用偏析现象可以净化或提纯金属等。

偏析还可根据合金各部位的溶质浓度 C_S 与合金原始平均浓度 C_0 的偏离情况分类。凡 $C_S>C_0$ 者为正偏析；$C_S<C_0$ 者称为负偏析。这种分类对微观偏析和宏观偏析均适用。

一、微观偏析

（一）晶内偏析

晶内偏析是在一个晶粒内出现的成分不均匀现象，常产生于具有一定结晶温度范围、能够形成固溶体的合金中。

在实际生产条件下，冷却速度较快，扩散过程来不及充分进行，因而固溶体合金凝固后每个晶粒内的成分是不均匀的。对于溶质分配系数 $k<1$ 的固溶体合金，晶粒内先结晶部分含溶质较少，后结晶部分含溶质较多。这种成分不均匀性就是晶内偏析。固溶体合金按树枝晶方式生长时，先结晶的枝干与后结晶的分枝也存在成分差异。这种在树枝晶内出现的成分不均匀现象，又称为枝晶偏析。

晶内偏析程度取决于合金相图的形状、偏析元素的扩散能力和冷却条件。

（1）合金相图上液相线与固相线间隔越大，则先后结晶部分的成分差别越大，晶内偏析越严重。如锡青铜（Cu-Sn 合金）结晶的成分间隔和温度间隔都比较大，故偏析严重。

（2）偏析元素在固溶体中的扩散能力越小，晶内偏析倾向越大。如硅在钢中的扩散能力大于磷，故硅的偏析程度小于磷。

（3）在其他条件相同时，冷却速度越快，则实际结晶温度越低，原子扩散能力越小，晶内偏析越严重，但随着冷却速度的增加，固溶体晶粒细化，晶内偏析程度减轻。因此，冷却速度的影响应视具体情况而定。

晶内偏析程度一般用偏析系数 $|1-k|$ 来衡量。$|1-k|$ 值越大，固相与液相的浓度差越大，晶内偏折越严重。表 5-9 列出了不同元素在铁中的偏析系数。

表 5-9　不同元素在铁中的偏析系数

元　　素	P	S	B	C	V	Ti	Mo	Mn	Ni	Si	Cr
元素含量（质量分数）/%	0.01～0.03	0.01～0.04	0.002～0.10	0.30～1.0	0.50～4.0	0.20～1.20	1.00～4.0	1.00～2.50	1.00～4.50	1.00～3.0	1.00～8.0
偏析系数 $\|1-k\|$	0.94	0.90	0.87	0.74	0.62	0.53	0.51	0.86	0.65	0.35	0.34

晶内偏析通常是有害的。晶内偏析的存在，使晶粒内部成分不均匀，导致合金的力学性能降低，特别是塑性和韧性降低。此外，晶内偏析还会引起合金化学性能不均匀，使合金的耐蚀性能下降。

晶内偏析是一种不平衡状态，在热力学上是不稳定的。如果采取一定的工艺措施，使溶质充分扩散，就能消除晶内偏析。生产上常采用均匀化退火来消除晶内偏析，即将合金加热到低于固相线 100～200℃的温度进行长时间保温，使偏析元素进行充分扩散以达到均匀化的目的。

（二）晶界偏析

在合金凝固过程中，溶质元素和非金属夹杂物富集于晶界，使晶界与晶内的化学成分出现差异，这种成分不均匀现象称为晶界偏析。晶界偏析的产生一般有两种情况，如图 5-27 所示。

（1）两个晶粒并排生长，晶界平行于晶体生长方向。由于表面张力平衡条件的要求，在晶界与液相的接触处出现凹槽（图 5-27a），此处有利于溶质原子的富集，凝固后就形

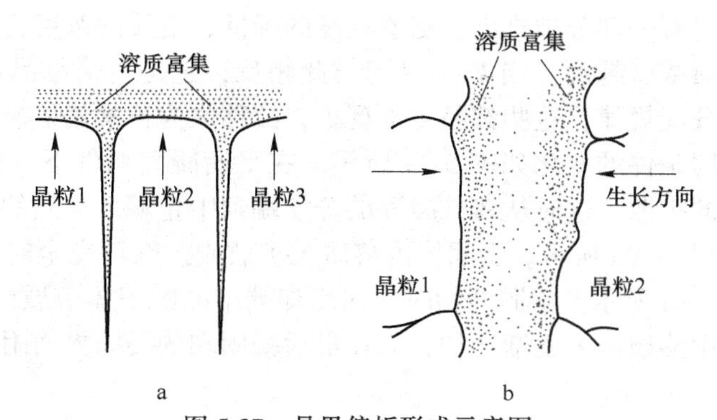

图 5-27 晶界偏析形成示意图

a—晶界平行于生长方向形成的晶界偏析；b—晶界相遇形成的晶界偏析

成了晶界偏析。

（2）两个晶粒相对生长，彼此相遇而形成晶界（图 5-27b）。晶粒结晶时所排出溶质（$k<1$）富集于固-液界面，其他的低熔点物质也可能被排出在固-液界面。这样，在最后凝固的晶界部分将含有较多的溶质和其他低熔点物质，从而造成晶界偏析。

固溶体合金凝固时，若成分过冷不大，会出现一种胞状结构。这种结构由一系列平行的棒状晶体组成。沿凝固方向长大，呈六方断面。当 $k<1$ 时，六方断面的晶界处将富集溶质元素，如图 5-28 所示。这种偏析又称为胞状偏析。实质上，胞状偏析属于亚晶界偏析。这种情况类似于图 5-27a。

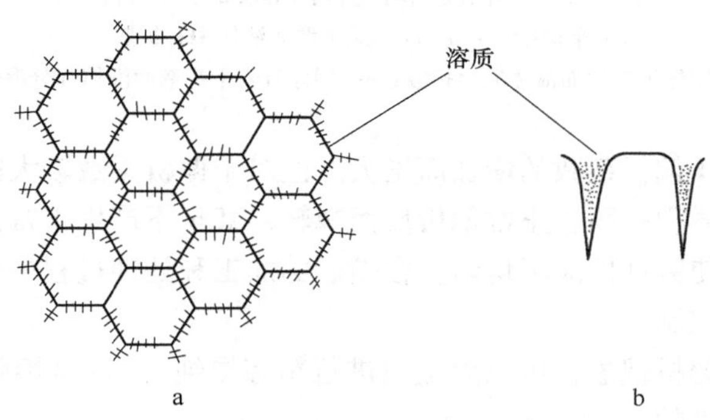

图 5-28 胞状偏析时溶质分布示意图

a—胞状偏析宏观示意图；b—胞状偏析局部示意图

晶界偏析比晶内偏析的危害更大，它既会降低合金的塑性和高温性能，又会增加热裂倾向，因此必须加以防止。生产中预防和消除晶界偏析的方法与晶内偏析所采用的措施相同，即细化晶粒，均匀化退火。但对于氧化物和硫化物引起的晶界偏析，即使均匀化退火也无法消除，必须从减少合金中氧和硫的含量入手。

二、宏观偏析

（一）正常偏析

铸造合金一般从与铸型壁相接触的表面层开始凝固。当合金的溶质分配系数 $k<1$ 时，

凝固界面的液相中将有一部分被排出，随着温度的降低，溶质的浓度将逐渐增加，越是后来结晶的固相，溶质浓度越高。当 $k>1$ 时则与此相反，越是后来结晶的固相，溶质浓度越低。按照溶质再分配规律，这些都是正常现象，故称之为正常偏析。

正常偏析随凝固条件的变化如图 5-29 所示。在平衡凝固条件下，固相和液相中的溶质都可以得到充分的扩散，这时从铸件凝固的开始端到中止端，溶质的分布是均匀的，无偏析现象发生，如图 5-29a 所示。当固体内溶质无扩散或扩散不完全时，铸件中出现了严重偏析，如图 5-29b～d 所示。凝固开始时，在冷却端结晶的固体溶质浓度为 kC_0（$k<1$），随后结晶出的固相中溶质浓度逐渐增加，而在最后凝固端的凝固界面附近固相溶质的浓度急剧上升。

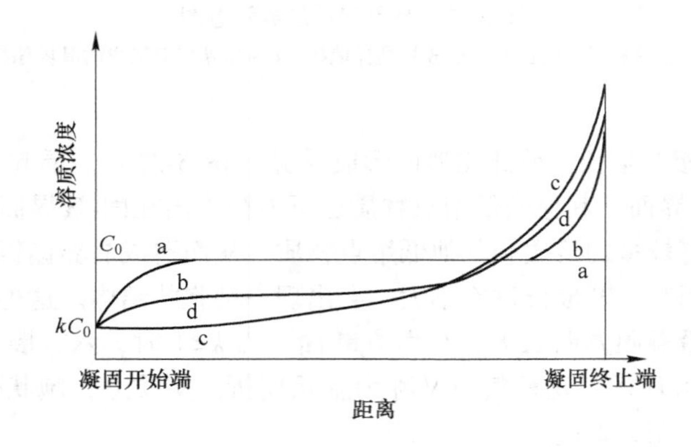

图 5-29　单向凝固时铸件内溶质的分布曲线
a—平衡凝固；b—固体无扩散而液体中有扩散；
c—固体无扩散而液体完全扩散；d—固体有若干扩散而液体部分混合

正常偏析随着溶质偏析系数的增加而增大。但对于偏析系数较大的合金，当溶质含量较高时，合金倾向于体积凝固，正常偏析反而减轻，甚至不产生正常偏析。

正常偏析的存在使铸件性能不均匀，在随后的加工和处理过程中也难以根本消除，故应采取适当措施加以控制。

利用溶质的正常偏析现象，可以对金属进行精炼提纯。“区域熔化提纯法”就是利用正常偏析规律发展起来的。

（二）逆偏析

铸件凝固后常出现与正常偏折相反的情况，即 $k<1$ 时，铸件表面或底部含溶质元素较多，而中心部位或上部含溶质元素较少，这种现象称为逆偏析。如 Cu-10%Sn 合金，其表面有时会出现含 $w(\mathrm{Sn})=20\%\sim25\%$的“锡汗”。图 5-30 为 $w(\mathrm{Cu})=4.7\%$的铝合金铸件断面上产生的逆偏析情况。逆偏析会降低铸件的力学性能、气密性和可加工性能。

逆偏析的形成特点是：结晶温度范围宽的固溶体合金和粗大的树枝晶易产生逆偏析，缓慢冷却时逆偏析程度增加。若液态合金中溶解有较多的气体，则在凝固过程中将促进逆偏析的形成。

逆偏析的形成原因在于结晶温度范围宽的固溶体型合金，在缓慢凝固时易形成粗大的树枝晶，枝晶相互交错，枝晶间富集着低熔点相，当铸件产生体收缩时，低熔点相将沿着

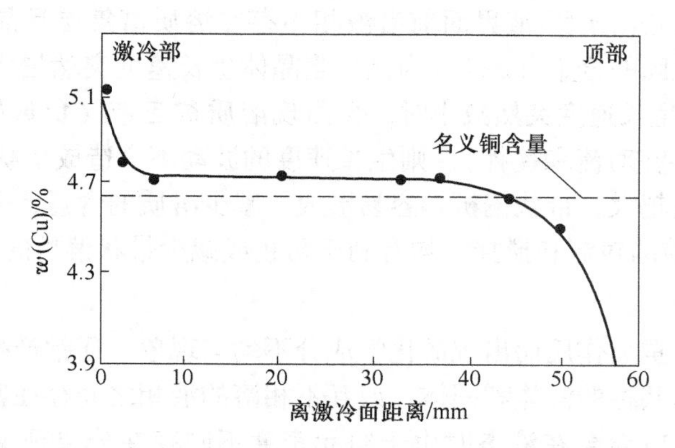

图 5-30　Al-4.7%Cu 合金铸件的逆偏析

树枝晶间向外移动。

向合金中添加细化晶粒的元素，减少合金的含气量，有助于减少或防止逆偏析的形成。

（三）V 形偏析和逆 V 形偏析

V 形偏析和逆 V 形偏析常出现在大型铸锭中，一般呈锥形，偏析中带含有较高的碳以及硫和磷等杂质。图 5-31 为 V 形偏析和逆 V 形偏析产生部位示意图。关于 V 形和逆 V 形偏析的形成机理，目前尚无统一的解释，概括起来有以下几点：

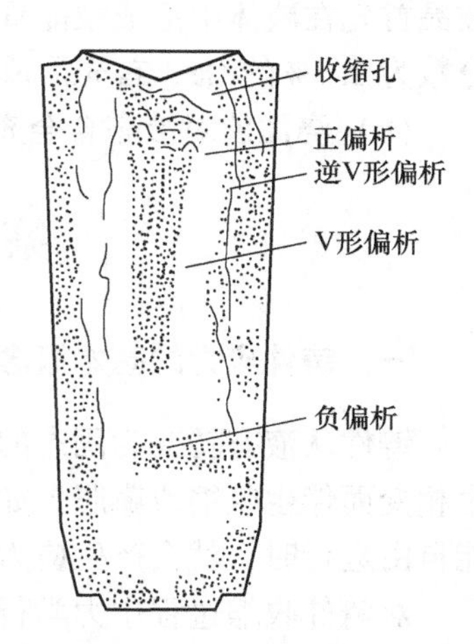

图 5-31　铸锭产生 V 形偏析和逆 V 形偏析部位示意图

НехенДЗИ. Ю. А 认为，固-液界面偏析元素的富集将阻碍晶体的生长，出现周期性结晶。并且认为，金属在液态时，由于密度的差异已开始产生偏析。由于结晶沉淀，在铸锭的下半部形成低于平均成分的负偏析区，上半部则形成高于平均成分的正偏析区。

大野笃美认为，铸锭凝固初期，晶粒从型壁或固-液界面脱落沉淀，堆积在下部，凝固后期堆积层收缩下沉对 V 形偏析起着重要作用。铸锭在凝固过程中，由于结晶堆积层的中央下部收缩下沉，上部不能同时下沉，就会在堆积层上方产生 V 形裂纹，V 形裂纹被富溶质的液相填充，便形成 V 形偏析。

铃木等认为，逆 V 形偏析的形成是由于密度小的溶质浓化液沿固-液界面上升引起的。另一种观点认为，当铸锭中央部分在凝固过程中下沉时，侧面向斜下方产生拉应力，从而在其上部形成逆 V 形裂纹，并被低熔点物质所填充，最终形成逆 V 形偏析带。

降低铸锭的冷却速度，枝晶粗大，液体沿枝晶间的流动阻力减小，促进富集液的流动，均会增加形成 V 形偏析和逆 V 形偏析的倾向。

（四）带状偏析

带状偏析常出现在铸锭或厚壁铸件中，有时是连续的，有时则是间断的。带状偏析的形成特点是它总是和凝固的固-液界面相平行。

带状偏析的形成是由于固-液界面前沿液相中存在溶质富集层且晶体生长速度发生变化的缘故。以单向凝固的合金（$k<1$）为例，当晶体生长速度突然增大时，会出现溶质富集带（正偏析）；当生长速度突然减小时，会出现溶质贫乏带（负偏析）。如果液相中溶质能完全混合（即存在对流和搅拌），则生长速度的波动不会造成带状偏析。

溶质的偏析系数越大，带状偏析越容易形成。减少溶质的含量，采取孕育措施细化晶粒，加强固-液界面前的对流和搅拌，均有利于防止或减少带状偏析的形成。

（五）重力偏析

重力偏析是由于重力作用而出现的化学成分不均匀现象，通常产生于金属凝固前和刚刚开始凝固之际。当共存的液体和固体，或互不相溶的液相之间存在密度差时，将会产生重力偏析。例如 Cu-Pb 合金在液态时由于组元密度不同存在分层现象，上部为密度较小的 Cu，下部为密度较大的 Pb，凝固前即使进行充分搅拌，凝固后也难免形成重力偏析。Sn-Sb 轴承合金也易产生重力偏析，铸件上部富 Sb，下部富 Sn。

防止或减轻重力偏析的方法有以下几种：

（1）加快铸件的冷却速度，缩短合金处于液相的时间，使初生相来不及上浮或下沉。

（2）加入能阻碍初晶沉浮的元素，例如在 Cu-Pb 合金中加入少量 Ni，能使 Cu 固溶体枝晶首先在液体中形成枝晶骨架，从而阻止 Pb 下沉。再如向 Pb-17%Sn 合金中加入质量分数为 1.5%的 Cu，首先形成 Cu-Pb 骨架，也可以减轻或消除重力偏析。

（3）浇注前对液态合金充分搅拌，并尽量降低合金的浇注温度和浇注速度。

第六节 应力、变形与裂纹

一、铸件应力的基本概念

铸件从液态转变为固态的凝固过程中会发生体积收缩。有些合金在固态冷却时还会发生相变而伴生收缩或膨胀。如果铸件或者铸件某部位由于凝固带来的尺寸变化受到阻碍不能自由进行时，就会产生应力、变形或裂纹（包括冷裂、热裂）。

对铸件收缩过程中力学行为的研究表明，在合金有效结晶温度间隔内，合金的强度和塑性都很低，在应力作用下很易产生变形或热裂，应力不会残留于铸件内。该温度范围即为热裂区。但处于固相线以下某一温度范围时，合金的强度和塑性随温度的下降而升高。因此，铸件在应力作用下，容易发生塑性变形而使应力松弛。该温度范围称变形区，其温度下限称为塑性与弹性转变的临界温度。不同材料的临界温度不同，有人认为铸铁可取 400℃左右，铸钢为 600℃。在临界温度以下，强度随温度下降而继续升高，塑性则急剧下降至某较低水平。如果铸件受外力作用则将发生弹性变形，并在铸件内部保持着应力。该温度范围称应力区。

铸件在冷却过程中产生的应力，按产生的原因可分为热应力、相变应力和机械阻碍应力三种。热应力是铸件冷却过程中各部位冷却速度不同，因而同时刻的收缩量不等，互相制约形成的应力。相变应力是固态发生相变的合金，因各部位达到相变温度的时刻不同，相变程度也不同而产生的应力。机械阻碍应力是铸件收缩受到诸如铸型、型芯、箱带或芯骨等外部机械阻碍产生的应力。

通常说的铸造应力，有时是泛指，即不论产生应力的原因如何，凡铸件冷却过程中尺寸变化受阻所产生的应力都称铸造应力。但通常指的铸造应力多指残余应力。实际铸件中的应力，通常是热应力、相变应力和机械阻碍应力的矢量和，称为总应力。由于应力的存在，将引起铸件变形和冷裂。若总应力超过屈服强度，铸件将产生塑性变形或挠曲。若总应力超过抗拉强度，铸件将产生冷裂。若总应力低于弹性极限，铸件中将存在残余应力。

有残余应力的铸件，机械加工后残余应力失衡，可能产生新的变形使铸件精度降低或尺寸超差。若铸件承受的工作应力与残余应力方向相同而叠加，也可能超过抗拉强度而破坏。有残余应力的铸件在长期存放过程中还会产生变形；若在腐蚀介质中存放或工作，还会因耐蚀性降低而产生应力腐蚀而开裂。因此，应尽量减小铸件冷却过程中产生的残余应力并设法消除之。

铸造热应力、相变应力和机械阻碍应力的产生原理与焊接应力相似。

二、铸件的变形和冷裂

（一）铸件的变形

如果铸件冷却过程中形成的铸造应力较大，或者冷却至室温时铸件内有残余应力存在，在应力作用下，铸件就有发生塑性变形的趋势，从而减小或消除应力，使之趋于稳定状态。铸件中铸造应力的状态及其分布规律取决于铸件的结构及温度分布情况。而铸件发生的变形是各种应力综合作用的结果。挠曲（Warp）是铸件中最常见的变形。

图 5-32 是几种铸件变形的例子。图 5-32a 是 T 形梁在热应力作用下的变形情况。由于厚部内的拉应力力图使铸件缩短，薄部内的压应力力图使铸件伸长，结果使铸件弯曲。图 5-32b 是镁合金雷达罩铸件，由于浇注系统收缩及引入位置的影响，使 α、β 两个张角变大。图 5-32c 是壁厚均匀的槽形铸件，由于充填铸型先后的影响，下部先冷，上部后冷，最终出现与 T 形梁类似的应力和变形。图 5-32d 是采用熔模精铸法生产的半球形铸钢件轴承壳，由于浇口棒粗大，最后冷却时的收缩使铸件变形为椭圆，其短轴方向与浇口棒方向一致。壁厚均匀的大平板铸件，其边角部位比中心部位冷却快，产生压应力，中心部位为拉应力。如果平板上下表面冷却速度不同，平板将发生挠曲变形，中心部分向冷却较快的下表面凸出。

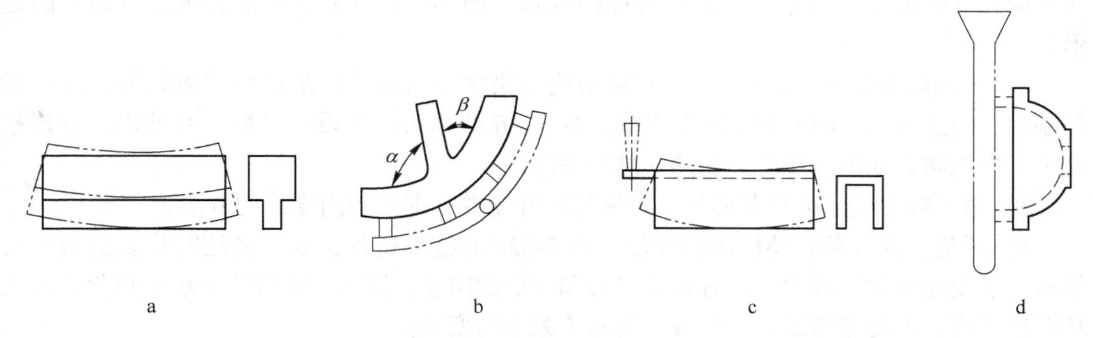

图 5-32　铸件的变形

a—T 形梁；b—雷达罩；c—槽形铸件；d—轴承壳

由于铸件的变形，可能造成尺寸超差，增加加工余量，又导致铸件重量和切削加工成本增加。铸件变形如果超差而又不能校正时则将报废。

（二）铸件的冷裂

冷裂（Cold Crack）是铸件处于弹性状态、铸造应力超过材料的抗拉强度时产生的裂纹。冷裂总发生在拉应力集中的部位，如铸件厚部或内部以及转角处等。与热裂产生的部位相同。但冷裂的断口表面有金属光泽或呈轻度氧化色，裂纹走向平滑，而且往往是穿过晶粒而非沿晶界发生，这与热裂有显著的不同。

大型复杂铸件由于冷却不均匀，应力状态复杂，铸造应力大而易产生冷裂。有的铸件在落砂和清理前可能未产生冷裂，但内部已有较大的残余应力，而在清理或搬运过程中，因为受到激冷或振击作用而促使其冷裂。

铸件产生冷裂的倾向还与材料的塑性和韧性有密切关系。有色金属由于塑性好易产生塑性变形，冷裂倾向较小。低碳奥氏体钢弹性极限低而塑性好，很少形成冷裂。合金成分中含有降低塑性及韧性的元素时，将增大冷裂倾向。磷增加钢的冷脆性，而容易冷裂。当合金中含有较多的非金属夹杂物并呈网状分布时，也会降低韧性而增加冷裂倾向。

总之，使铸件中铸造应力增大，或者使材料的强度、塑性及韧性降低的因素，都会使冷裂倾向增加。

（三）铸造应力、变形和冷裂的预防与消除

（1）铸造应力的防止与消除：防止或减小铸造应力的主要途径是使铸件冷却均匀，减小各部分温度差。改善铸型及芯型退让性，减少铸件收缩时的阻力。

上述这些原则对防止热裂同样适用，如两者都希望铸型和芯型有好的退让性等。但由于铸造应力产生的温度比热裂低，因此它只要求在铸件凝固后的冷却阶段，尤其是在临界温度以下时退让性要好，如掌握好合理的开箱时间，对于减小铸造应力将是有效的。

铸件产生残余应力后，可以采取自然时效、人工时效及共振法等方法消除。

（2）变形和冷裂的防止与消除：如前所述，铸件变形和冷裂的主要原因是铸造应力。因此，防止及消除变形和冷裂的最根本的方法是设法减小铸造应力。如前所述的防止和消除铸造应力的方法，对于变形和冷裂的防止同样适用。在生产实践中，还可以根据具体情况采用一些专门的工艺措施。

1）反变形措施。在掌握了铸件变形规律的情况下，设计并制造出与铸件变形量相等而方向相反的模样或芯盒，以抵消铸件的变形。图 5-32a 的 T 形梁模型可做成向上凸起形状。

2）设置防变形的“拉肋”。针对铸造应力集中的情况及变形趋势设置拉肋，可以增强刚性，防止变形。图 5-32b 的雷达罩，在 α、β 两角对面各设一拉肋，将伸出的臂连接起来，即能防止变形。拉肋可在热处理后去除。

3）对于容易变形的重要铸件，可采用早开箱并立即入炉内缓冷的方法。

4）用浇注系统调整铸件的温度场。图 5-32c 的槽形铸件，如果浇注时将直浇道一端抬高，改变原来的充填顺序，有利于应力和变形的防止。图 5-32d 的球轴承壳铸件，改用环形横浇道，内浇道增加为三个后，消除了原来的变形。

已产生变形的铸件，如果材料的塑性好，可以用机械方法进行校正，例如精密铸造件及有色金属铸件。但对于变形量过大或材料塑性差的铸件，则校正困难。

铸件产生冷裂后，如果材料的焊接性好，工艺文件也允许时，可以焊补修复，否则报废。

三、热裂

（一）热裂的形态及危害

热裂（Hot Crack）是铸件处于高温状态时形成的裂纹类缺陷，是许多合金铸件最常见的缺陷之一。合金的热裂性是重要的铸造性能之一。

热裂的外形不规则，弯弯曲曲，深浅不一，有时还有分叉。裂纹表面不光滑，有时可以看到树枝晶凸起，并呈现高温氧化色，如铸钢为黑灰色，铸铝为暗灰色。在铸件表面可以观察到的裂纹为外裂纹，隐藏在铸件内部的裂纹为内裂纹。外裂纹表面宽，内部窄，有的裂纹贯穿整个铸件断面，它常产生于铸件的拐角处、截面厚度突变处、外冷铁边缘附近以及凝固冷却缓慢且承受拉应力的部位。内裂纹多产生在铸件最后凝固部位，如缩孔附近，需用X射线、γ射线或超声波探伤检查才能发现。外裂纹大部分可用肉眼观察到，细小的外裂纹需用磁力探伤或荧光检查等方法才能发现。

铸件中的热裂严重降低其力学性能，引起应力集中。在铸件使用中，裂纹扩展而导致断裂，是酿成事故的主要原因之一。发现热裂纹后，若铸造合金的焊接性好，在技术条件许可的情况下经焊补后仍可使用；若焊接性差，铸件则应报废。内裂纹不易发现，危害性更大。

关于热裂产生的机理也有液膜理论及高温强度理论，与焊缝的热裂相同。

（二）防止铸件热裂的途径

热裂的影响因素主要是合金性质、铸型性质、浇注条件及铸件结构四个方面，因此，防止热裂的途径及措施也主要从这四个方面入手。

（1）提高合金抗热裂能力：在满足铸件使用性能的前提下，调整成分或选用热裂倾向小的合金。例如在铸铁中调整Si、Mn含量；采用近共晶成分的合金等；控制炉料中的杂质含量和采取有效的精炼措施，以改善夹杂物在铸件中的形态和分布，从而提高抗裂能力。

另外，控制结晶过程，细化一次结晶组织。采取变质处理、振动结晶、在旋转磁场中凝固、悬浮铸造等细化一次结晶的措施。细小晶粒表面积大，液膜薄而均匀，变形时晶粒位置易于调整，不易断裂。

（2）改善铸型和型芯的退让性，减少铸件收缩时的各种阻力：铸型紧实度不应过大，使用溃散性好的芯砂。湿砂型代替干砂型，黏土砂中加入木屑；采用空心型芯或在大型芯中加入焦炭、草绳等松散材料，都可改善退让性。此外，避免芯骨和箱带阻碍铸件的收缩，浇注系统的结构不应增加铸件的收缩阻力，避免过长或截面积过大的横浇道，尽量减少铸件产生的披缝等。

（3）减小铸件各部位温差，建立同时凝固的冷却条件：如预热铸型；在铸件薄壁处开设多个分散的内浇道；在热节及铸件内角处安放冷铁，并在单个厚大冷铁边缘采用导热能力好的材料（例如铬矿砂）过渡；薄壁铸件可采取高温快浇等。这些措施都可使铸件冷却均匀，而达到减少热裂的目的。

（4）改进铸件结构的设计：在铸件结构设计中，应尽量缩小或消除热节和应力集中，增强高温脆弱部位的冷却条件及抗裂能力。在厚薄相接处要逐渐过渡；在两壁转角处要有适当的半径圆角，减小铸件不等厚截面收缩时的互相阻碍（如轮类铸件的轮辐设计成弯曲形状）；在铸件易产生热裂的部位设置防裂肋（图 5-33），有的防裂肋在铸件冷却到室温后或热处理后可以去除掉。

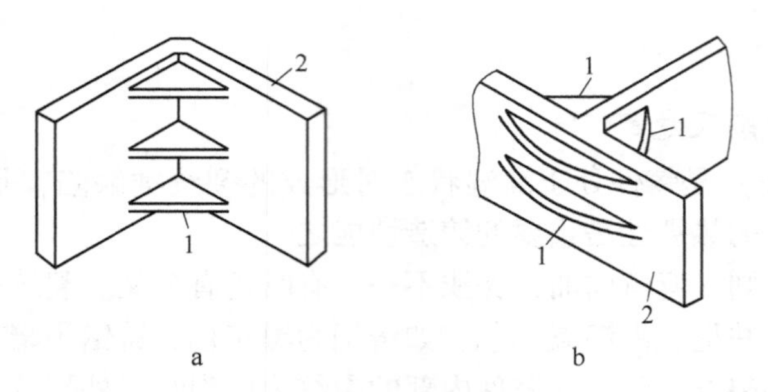

图 5-33　增加防裂肋防止热裂

a—角接；b—T 字形连接

1—防裂肋；2—铸件

总之，影响热裂形成的因素很多，应根据具体情况具体分析，找出主要原因，才能有效地采取适当措施，防止铸件的热裂。

习　题

5-1　铸件典型宏观凝固组织由哪几部分构成，它们的形成机理如何？

5-2　试分析溶质再分配对游离晶粒的形成及晶粒细化的影响。

5-3　液态金属中的流动是如何产生的，流动对内部等轴晶的形成及细化有何影响？

5-4　常用生核剂有哪些种类，其作用条件和机理如何？

5-5　试分析影响铸件宏观凝固组织的因素，列举获得细等轴晶的常用方法。

5-6　何谓“孕育衰退”，如何防止？

5-7　简述析出性气孔的特征、形成机理及主要防止措施。

5-8　分析初生夹杂物、次生夹杂物及二次氧化夹杂物是如何形成的，主要防止措施有哪些？

5-9　某厂生产的球墨铸铁曲轴，经机加工和抛丸清理后，发现大量直径 1～3mm 的球状、椭圆状或针孔状、内壁光滑的孔洞，有的均匀分布，有的呈蜂窝状分布，试对此缺陷产生的原因进行分析，并提出防止措施。

5-10　何谓体收缩、线收缩、液态收缩、凝固收缩、固态收缩、收缩率、顺序凝固和同时凝固？

5-11　试分析缩孔、缩松形成条件及形成原因的异同点。

5-12　试分析灰铸铁及球墨铸铁产生缩孔及缩松的倾向性及影响因素。

5-13　简述顺序凝固原则及同时凝固原则分别适应于哪些情况。

5-14　何谓晶内偏析、晶界偏折、正偏析、逆偏析、V 形偏析、逆 V 形偏折、带状偏析？

5-15　分析偏析对铸件质量的影响。

5-16　Cu-Sn 铸件表面常出现“锡汗”，试述其产生的原因。

5-17　分析影响铸件中产生正偏析和逆偏析的因素。如何防止它们的产生及消除措施如何？

5-18　生产中如何防止重力偏析的形成？

5-19　为什么铸铁容易形成冷裂纹，防止措施有哪些？

5-20　试分析 T 形梁铸件在冷却过程中的应力和变形。

第六章　特殊条件下的凝固

扫码获得
数字资源

人们对传统凝固理论的深入探索，发现了一系列有趣的现象，进一步丰富了凝固理论；工业技术的进步刺激了人们对高性能材料的需求，开拓出新的凝固技术和工艺。本章主要介绍压力对金属凝固的影响以及新型凝固技术。

第一节　压力下金属的凝固

随着工业技术的发展，金属在压力下凝固的工艺方法越来越多，如低压铸造、高压铸造、挤压铸造等。一些成形方法已成为很常见、普遍的工艺，如许多汽车零部件都采用压铸或挤压铸造工艺生产。

凝固或结晶压力是金属或合金凝固时的一个重要工艺参数，随着结晶压力的升高，金属或合金的物性参数、相图、凝固组织和性能都会发生明显的变化。

一、压力对金属物性参数的影响

施加于正在结晶的熔体上的压力，对铸造毛坯的主要热物理参数值是有影响的，如熔点、热导率、比热容、结晶潜热、密度等。

（一）对熔点的影响

对正在结晶的液态金属施加压力，会导致金属熔点的变化。利用克劳修斯-克拉伯龙方程（Clausius-Clapeyron Equation）可以描述金属熔点与凝固压力之间的关系，即

$$\frac{\mathrm{d}T_m}{\mathrm{d}p}=\frac{T_m(v_{液}-v_{固})}{\Delta H_m} \tag{6-1}$$

近似计算采用下式

$$\Delta T_m=\frac{T_m(v_{液}-v_{固})}{\Delta H_m}\Delta p \tag{6-2}$$

式中，p 为压力，MPa；T_m 为金属或合金的熔点，K；$v_{液}$、$v_{固}$分别为单位质量的液相和固相金属的体积，cm^3/g；ΔH_m 为单位质量金属的熔化潜热，J/g。

根据式（6-2）可以计算压力下金属或合金熔点的变化。表 6-1 列举了一些常用金属的熔点（0.1MPa）、结晶时的体积变化率和熔点随压力的变化率及对应的计算值。

表 6-1　常用金属熔点与附加压力的关系

金　属		镉	铝	铁	镁	铜	镍	锡	铅	锌	铋	锑	硅
熔点/℃		320	660	1539	650	1083	1455	232	327	419	271	630	1430
$\mathrm{d}T_m/\mathrm{d}p$ /℃·MPa^{-1}	计算值	5.9×10^{-2}	5.7×10^{-2}	2.7×10^{-2}	6.3×10^{-2}	3.3×10^{-2}	2.6×10^{-2}	3.2×10^{-2}	8.3	3.7	-3.6	-2.8	-5.9
	实验值	6.2×10^{-2}	6.4	3.0	7.5	4.2	3.7	4.3	11	4.5	-0.4	-0.5	—

续表 6-1

金　属	镉	铝	铁	镁	铜	镍	锡	铅	锌	铋	锑	硅
结晶时体积变化率/%	-5.64	-6.5	-2.2	-5.1	-4.1	—	-2.8	-3.5	-4.2	3.3	0.95	—

图 6-1 为部分纯金属和共晶合金的熔点随压力的变化曲线。从表 6-1 和图 6-1 可以总结以下规律。

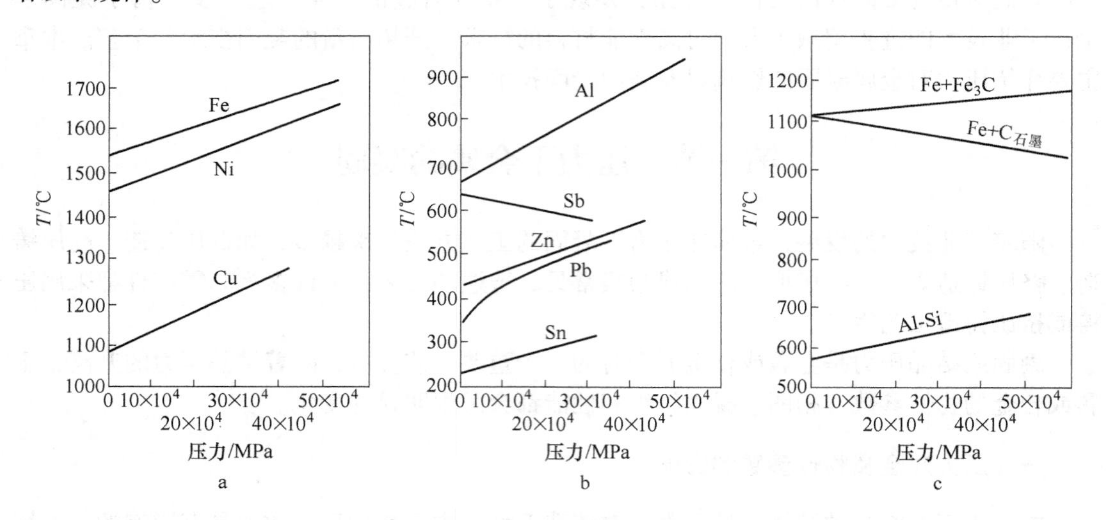

图 6-1　部分纯金属和共晶合金的熔点随压力的变化
a，b—纯金属；c—共晶合金

（1）熔化时体积膨胀，即结晶时体积收缩的金属（$v_{液}-v_{固}>0$），增加结晶时的压力，金属的熔点将升高（$\Delta T_m>0$），如 Al、Cu、Mg、Fe、Ni、Zn、Pb、Sn、Cd 等纯金属以及 Al-Si、Fe-Fe_3C 共晶合金；相反的情况是，熔化时体积收缩，即结晶时体积膨胀的金属（$v_{液}-v_{固}<0$），如 Bi、Sb 等纯金属以及 Fe-$C_{石墨}$ 共晶合金。所以，在相变过程中，增加压力促进形成比体积小的相和阻碍形成比体积大的相。

（2）在压力不太高的情况下，金属的熔点与压力呈直线关系。

（3）对于 Al-Si 共晶合金，按式（6-2）计算的合金熔点随压力的变化值为（2.6~3.0）$\times10^{-2}$℃/MPa；用 Al-12%Si 共晶合金的 ϕ50mm×76mm 铸锭进行柱塞挤压铸造，在 325MPa 下，测定其熔点的升高为 11~12℃，即合金熔点随压力的变化实际值为（3.1~3.4）$\times10^{-2}$℃/MPa。

（4）对于 Fe-C 系共晶合金，加压使 Fe-$C_{石墨}$ 合金共晶点温度下降，按式（6-2）计算值为-2.34×10^{-2}℃/MPa；加压使 Fe-Fe_3C 合金共晶点温度上升，按式（6-2）计算值为 4×10^{-2}℃/MPa。

（5）一些试验结果表明，曾经在高压下凝固过的金属，若重新在常压下凝固，其熔点还有一定程度的提高（凝固时体积收缩）或下降（凝固时体积膨胀），如分别在 200MPa 和 2000MPa 压力下凝固的 Zn 试样，在常压下重新凝固时，其熔点分别提高了 3℃ 和 6℃，与此相似，Sn、Cd 的熔点提高了，而 Bi 的熔点则降低了。

（二）对热导率的影响

在压力下凝固，由于金属结晶的致密化，缩短了原子间的平均距离，使金属的热导率（λ）有一定的提高，但提高幅度有限，尚不能明显地提高金属的凝固速度。例如，ϕ20mm×60mm 的 T1 纯铜铸锭在一个大气压力下凝固，其热导率为 0.378~0.388kW/(m·K)，而在 150MPa 柱塞压力下凝固，相应热导率为 0.409~0.413kW/(m·K)。

（三）对密度的影响

在一定的压力范围内，随着压力的增加，结晶金属的密度有明显的提高，见表 6-2。压力下结晶金属的密度随压力的增加并非都是线性递增，它与铸件的缩松和晶体中的位错密度等有关。

表 6-2 结晶压力对一些金属和合金密度的影响 (g/cm^3)

压力/MPa	1	100	200	500	1000	1500	2500
Zn	7.100	7.120	7.130*	7.125	7.120	7.118	7.117
ZnAl4-1	6.220	6.730	6.740	6.770	6.795*	6.790	6.774
ZM5	1.781	1.784	1.787	1.792	1.799	1.802*	1.792
ZG20	7.80	7.845	7.850	7.855*	7.843	—	—
黄铜	8.130	8.136	8.140	8.149*	8.140	8.130	8.116

注：黄铜成分为 60%Cu-36%Zn-1%Al-3%Fe；标 * 的数值为极大值。

（四）对结晶潜热和比热容的影响

在压力和密度增加时，结晶潜热有一定程度的提高，而比热容不受压力的影响。

二、压力对合金相图的影响

研究压力对合金相图的影响，对于研究压力下的金属凝固技术、合理地掌握压力下金属的凝固工艺都具有重要的意义。

金属与合金的熔点随结晶压力的改变仅仅是压力改变合金相图的一方面。经理论计算和大量试验证明：结晶压力的改变会导致金属相图发生较大的变化，如改变合金相变点位置、相区的范围、已知相的性质以及形成新相或新相区等。

目前，已经研究过的高压合金相图有 Al-Si、Cu-Al、Fe-C、Fe-Si、Ag-Cu、Bi-Sn、Bi-Pb 等合金系，下面介绍 Al-Si 和 Fe-C 系的高压相图。

（一）Al-Si 合金的高压相图

图 6-2 为已经公开发表的两个 Al-Si 合金高压相图。

（1）随结晶压力的升高，纯铝的熔点升高，纯硅的熔点下降。

（2）随结晶压力的升高，Al-Si 共晶点 B 向高温和高 Si 方向移动。在 0.1MPa 下，Al-Si 共晶温度为 577℃，但当压力增至 1000MPa 时，Al-Si 共晶温度上升至 640℃，而当压力增至 2500MPa 时，Al-Si 共晶温度上升至 677℃。在 0.1MPa 下，Al-Si 合金的共晶成分为 $w(\text{Si})=12\%$，但当压力增至 5000MPa 时，Al-Si 合金的共晶成分变为 $w(\text{Si})=30\%$。

（3）随结晶压力的升高，Si 在 Al 中的固溶体 α-Al 相区逐渐扩大，其最大固熔点 A 同

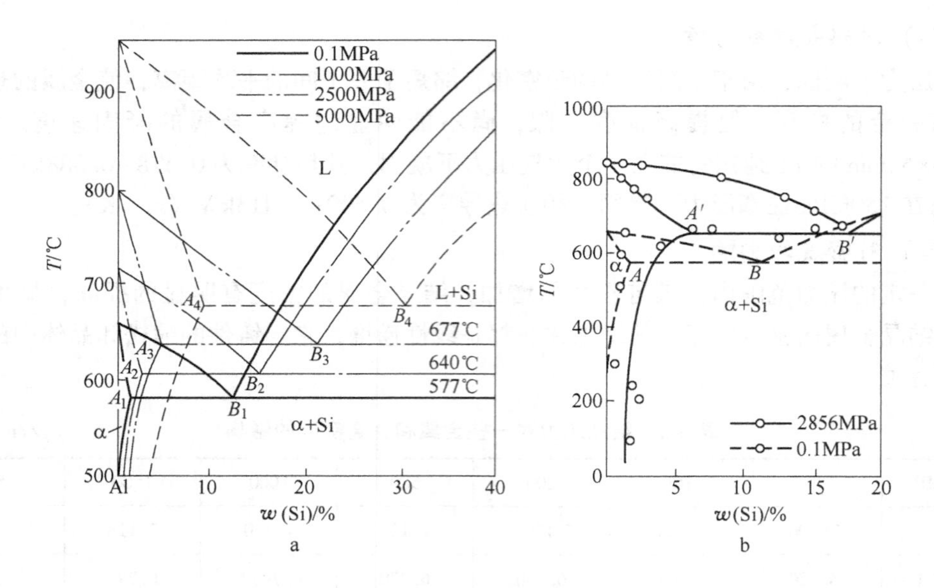

图 6-2　不同压力下的 Al-Si 合金相图

a—压力分别为 0.1MPa、1000MPa、2500MPa 和 5000MPa；b—压力分别为 0.1MPa 和 2856MPa

共晶点 *B* 一样，也向高温和高硅方向移动。

总之，Al-Si 合金在压力下结晶，由于共晶成分和最大固熔点 *A* 都向高 Si 方向移动，使亚共晶 Al-Si 合金中的 α-Al 相增加、共晶体减少，也使过共晶 Al-Si 合金中的共晶体增加、初生 Si 相减少。

(二) Fe-C 合金的高压相图

图 6-3 和图 6-4 分别为 Fe-C 稳定系和介稳系的共晶点、共析点附近相图与压力的关系。

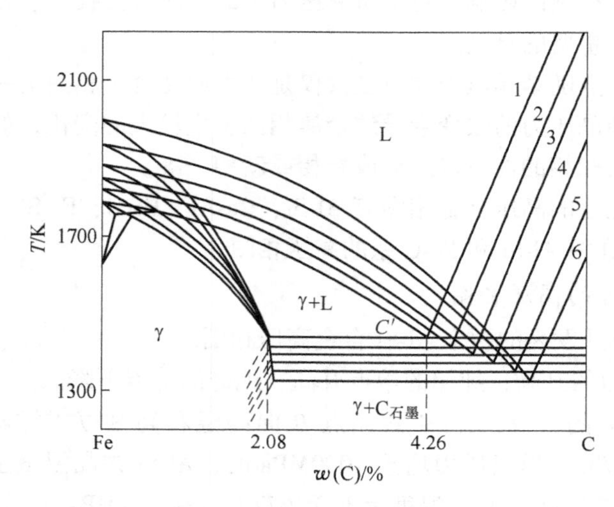

图 6-3　压力对 Fe-C 石墨系共晶点附近相图的影响

1—压力为 0.1MPa；2—压力为 1GPa；3—压力为 2GPa；4—压力为 3GPa；5—压力为 4GPa；6—压力为 5GPa

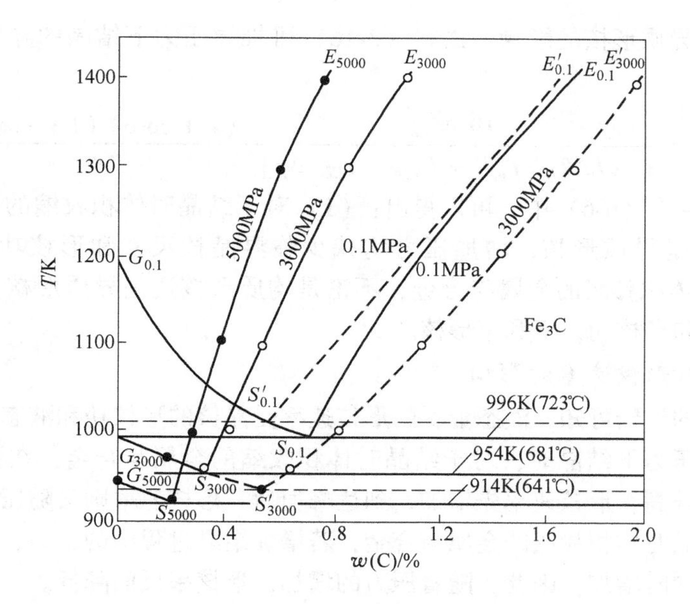

图 6-4　压力对 Fe-C 共析点附近相图的影响

从这些图中可以看出：

（1）随结晶压力的升高，Fe-$C_{石墨}$系的共晶温度和共晶点 C'的成分向低温和高碳方向移动。

（2）随结晶压力的升高，Fe-Fe_3C 系和 Fe-$C_{石墨}$系的共析温度向低温方向移动，共析点 S 和 S'的成分向低碳方向移动。例如：在 0.1MPa 下，介稳系的共析温度和共析点 S 的成分分别为 723℃和 0.77%；当压力增至 3GPa 时，介稳系的共析温度和共析点 S 的成分分别为 681℃和 0.40%；当压力增至 5GPa 时，介稳系的共析温度和共析点 S 的成分分别为 641℃和 0.25%。

三、压力对结晶参数的影响

液态金属结晶过程的实质是：在液相中形成结晶和随后的晶核长大。因此，结晶过程可以用形核率和晶体的长大速度来评价。

（一）压力对临界形核功和临界晶核半径的影响

（1）压力对均质形核的影响：在附加压力下的金属结晶，其过冷度有如下关系

$$\Delta T = \Delta T_0 + \Delta T_m \tag{6-3}$$

式中，ΔT_0 为液态金属在 0.1MPa 下的过冷度，℃；ΔT_m 为液态金属在附加压力 Δp 条件下的过冷度，℃，可用式（6-2）计算。

将式（6-3）和式（6-2）代入式（3-5）和式（3-6），可分别计算在附加压力下金属均质形核的晶核临界半径和临界形核功。

$$r^{*\prime}_{均} = \frac{2\sigma_{CL}}{(L\Delta T_0/T_m) + (v_{液} - v_{固})\Delta p} \tag{6-4}$$

$$\Delta G^{*\prime}_{均} = \frac{16\pi\sigma^3_{CL}}{3\left[(L\Delta T_0/T_m) + (v_{液} - v_{固})\Delta p\right]^2} \tag{6-5}$$

(2) 压力对异质形核的影响：由式（3-16）可推导压力下结晶的异质形核的临界形核功为

$$\Delta G_{异}^{*\prime}=\frac{16\pi\sigma_{CL}^{3}}{3[(L\Delta T_0/T_m)+(v_{液}-v_{固})\Delta p]^2}\frac{(2+\cos\theta)(1-\cos\theta)^2}{4} \tag{6-6}$$

从式（6-4）~式（6-6）中，可以得出：(1) 对于结晶时体积收缩的金属与合金，不论是均质形核还是异质形核，增加压力均减少临界晶核尺寸和形核功，有利于形核；(2) 对于结晶时体积膨胀的金属与合金，不论是均质形核还是异质形核，增加压力均增加临界晶核尺寸和形核功，不利于形核。

(二) 压力对形核速率的影响

根据第三章的讨论可知，液态金属的形核速率受晶核的形核功和液态原子扩散激活能的影响。在附加压力下结晶时，对于结晶时体积收缩的金属与合金，在温度相同的条件下，随着压力的升高，形核速率先增加，到达峰值后，形核速率则又随压力的进一步升高而降低。对于结晶时体积膨胀的金属与合金，若增加结晶过程中的压力，则会使形核功和原子扩散激活能同时增加，因此，随着压力的增加，形核率反而降低。

(三) 压力对晶体生长速度的影响

对于结晶体积收缩的金属与合金，若增加结晶过程中的压力，将使其熔点升高，在结晶温度不变的情况下，相应地增加了结晶过冷度，因此，在一定的范围内，增加结晶过程中的压力会导致晶体生长速度 R 的提高。但在一定范围内，增加结晶过程中的压力也会导致液态金属形核速率 I 的提高，因此，压力下结晶对金属或合金宏观晶粒度的影响是复杂的，它还与合金的成分和各种工艺条件有关。在某些压力条件下，形核速率 I 的增加幅度超过了晶体生长速度 R 的增加幅度，则加压可以使宏观晶粒细化；反之，若形核速率 I 的增加幅度低于晶体生长速度 R 的增加幅度，则加压反而会使宏观晶粒粗化。

对于结晶时体积膨胀的金属或合金，若增加结晶过程中的压力，将使熔点下降，在结晶温度不变的条件下，相应地减少了结晶过冷度，因此，在一定的范围内，增加结晶过程中的压力会导致晶体长大速度 R 的降低。但在一定范围内，增加结晶过程中的压力也会导致液态金属形核速率 I 的下降，因此，压力下结晶对金属或合金宏观晶粒的影响也是复杂的，要视具体情况而定。

四、压力对金属或合金结晶组织的影响

(一) 压力对宏观晶粒的影响

结晶时施加外界压力，除改变结晶参数外，还会影响以下几个方面：

(1) 使液态金属或铸件结晶的硬壳与模具型腔紧密接触，可大大改善模具与金属的热交换条件，加速铸件的凝固。但是，冷却速度的提高也会增加结晶前沿液态金属中的温度梯度，对于厚壁铸件内部或导热性较差的金属来说，这会促使形成发达的柱状晶；还可以在结晶前沿的液态金属中产生较大的过冷度，这对于在较小过冷度下就能迅速形核的金属或合金来说，可以细化晶粒。

(2) 使正在生长的树枝晶破碎和脱落而成为新的晶核，有利于细化晶粒。

(3) 在大多数情况下，只要工艺得当，压力下结晶可以细化晶粒，如图 6-5 所示。

ZM5、ZA4-1 和 ZA4-4、ZG200-400 合金随结晶压力的升高，晶粒明显细化，但当压力超过 200MPa 后，晶粒细化效果不明显。

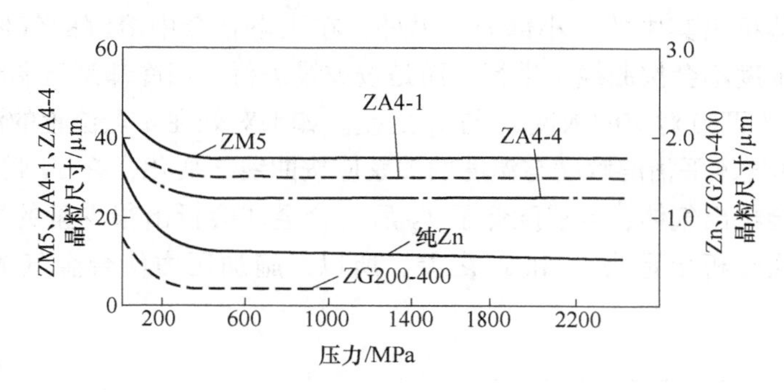

图 6-5　结晶压力与金属晶粒度的关系

金属或合金晶粒的细化还与其他工艺因素有关，见表 6-3。晶粒能否细化与加压时液态金属的过热度有关，如果过热度太高，就达不到细化效果，甚至还会形成粗大的晶粒。

表 6-3　工艺参数对 Cu-10%Sn 晶粒分布的影响

工艺参数		晶粒分布
开始加压时液态金属温度/℃	压力/MPa	
液相线温度以上 30	0.1	细等轴晶
液相线温度以上 30	100~600	外周为柱状晶，中心为粗大等轴晶
液相线温度以上 10	400	外周为柱状晶，中心粗大等轴晶区扩大
液相线温度以下	400	全细等轴晶

（二）压力对显微组织细化的影响

显微组织细化的程度，可以用树枝晶的二次臂间距、胞晶的间距或单个胞晶的宽度参数来描述。研究表明，影响树枝晶细化的主要因素是合金成分和凝固速度，凝固速度越快，结晶组织越细小。

液态金属在高压下结晶，使铸件的凝固速度大大提高，可以细化显微组织。图 6-6 为不同压力下结晶的铝合金枝晶间距，随着压力的增加，晶粒不断细化；当压力达到某一数值时，再增加压力，晶粒也不会进一步细化。$Mg_{65}Cu_{25}Y_{10}$ 合金在超高压下结晶，当压力由 2GPa 提高至 5GPa 时，Mg_2(Cu，Y) 纳米晶由 125nm 细化至 80nm，Cu_2(Mg，Y) 纳米晶由 96nm 细化至 7nm。ZA27 合金在常压下凝固，α-Al 的二次枝晶臂间距一般为 10~20μm，但在 2.5GPa 下凝固，α-Al 的二次枝晶臂间距则为 5~6μm。

五、压力对液态金属气体析出的影响

液态金属在附加压力凝固时，压力对液态金属中的气体析出过程的影响主要体现在以下几方面。

（1）增加气体的溶解度，使可能析出的气体量减少，如图 6-7 所示。图中曲线 1 是 0.1MPa 压力下合金中气体溶解度的平衡曲线，曲线 2 是 p×0.1MPa 压力下合金中气体平衡溶解度曲线。图 6-7 中处在 a 点位置的液态合金的温度为 T_L、饱和气体含量为 s_3，随着温度的降低，合金按曲线 1 不断地析出气体；当达到温度 T_1 后，由于来不及析出所有的过饱和气体，只能析出其中的一小部分，另外，在固态合金中溶解的气体不能析出，因此，合金气体的浓度不会按曲线 1 进行，而是按虚线进行；当冷却到室温时，合金气体的实际析出量为 a、b 两点对应的浓度 s_3 与 s_1 之差。如果对处在 a 点位置的液态合金开始施加外部压力 p，其气体平衡溶解度与温度的关系应按曲线 2 变化；在 T_L 冷却到 T_2 的区间内，液态合金不会析出气体；当温度低于 T_2 后，合金才会析出很少量的气体；当冷却到室温时，气体的实际析出量为 s_3 和 s_2 之差，所以，施加压力使合金气体总析出量大大减少。

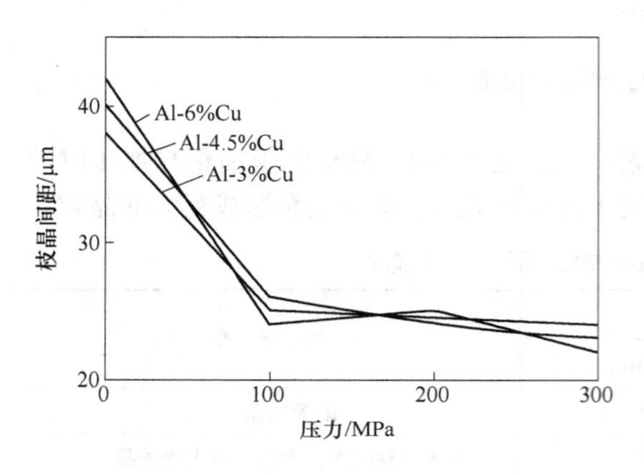

图 6-6　不同压力下结晶的铝合金枝晶间距

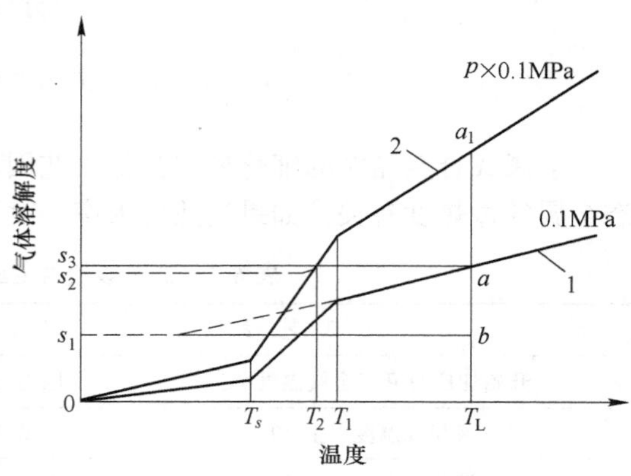

图 6-7　合金中的溶解度与温度和压力的关系

（2）增加外部压力，使气泡在更高的内部压力下才能形核，从而可抑制气泡的形成。

（3）增加外部压力，提高了金属液的凝固速度，使气体来不及扩散析出，从而避免凝固的金属中出现气孔。

例如，铸造铝合金在 0.4~0.5MPa 的高压釜中凝固，可使大部分的气体以溶解状态保留在铝合金中，所以，应使用含气量较高的铝合金液浇注，也可以保证获得无气孔的致密铸件。

下面简要介绍压力结晶技术的应用。

铸造金属的组织与性能，在很大程度上取决于结晶规范，这个规范的调节范围很宽。为了改善铸件的质量，影响金属和合金结晶过程所使用的最基本方法是调节冷却速度和变形处理。近年来，在生产黑色金属及有色金属铸件中，加压铸造工艺越来越得到广泛的应用，图 6-8 给出了常用的加压铸造工艺。

下面以挤压铸造为例，说明压力结晶技术的应用。

挤压铸造是对浇入铸型型腔的液态金属施加较高的机械压力，并使其成形和凝固，从而获得铸件的一种工艺方法。挤压铸造装备可参考其他资料。按液态金属的充型特征和结晶时所受的压力状况，挤压铸造技术可分为以下几种：（1）柱塞挤压，合型加压时，液态金属不发生充型流动；（2）冲头挤压（又分为直接冲头挤压和间接冲头挤压），合型加压时，液态金属发生充型流动；（3）特殊挤压，可分为冲头柱塞挤压和型板挤压。

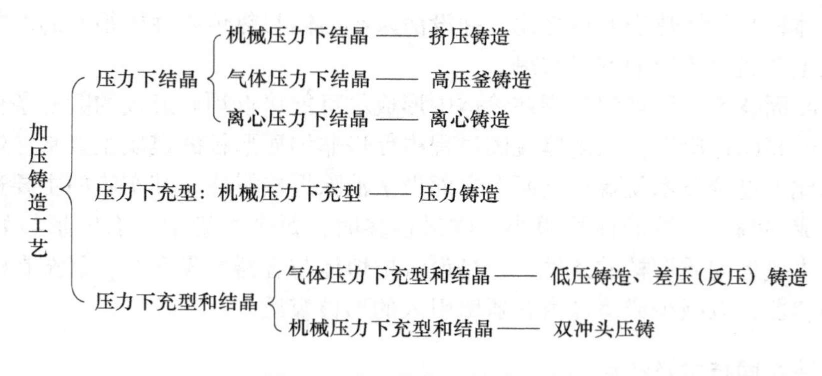

图 6-8　常用的加压铸造工艺

在挤压铸造生产中，铝合金的挤压铸造所占比例最大，工艺最成熟，包括铸造铝合金、变形铝合金、铝基轴承合金、铝基复合材料等。国内外用于挤压铸造生产的铝合金零件有：铝活塞、炮弹引信体、军械零件、壳体零件、法兰盘、杯形件、筒形件、气动仪表元件、车轮、支座、盖板、多通道接头、餐具、器皿等。

在挤压铸造生产中，铜合金也应用较早、挤压铸造工艺较为成熟的材料之一。国内外挤压铸造的铜合金零件毛坯有各种供锻压使用的铸锭毛坯、实心铸件、齿轮、套筒形零件、杯形件、法兰盘、涡轮、高压阀体、管接头、光学镜架等。

目前，也有部分挤压铸造钢铁零件用于生产。国内外挤压铸造的钢铁件毛坯有锻模和铸型零件、螺母、轮盘、端盖、法兰盘、军械零件、机座、管接头、齿轮、铁锅、农机零件等。

第二节　快 速 凝 固

快速凝固（Rapid Solidification）是指采用急冷或大过冷技术获得很高的凝固前沿推进速度的一种凝固过程，通常其界面推进速度大于 10mm/s。在采用急冷方法的快速凝固技术中，液态金属的冷却速度可达到 $10^4 \sim 10^{10}$K/s，而一般凝固过程的冷却速度通常不超过 10^2K/s。大量研究表明，快速凝固使金属材料发生了一些前所未有的结构变化。主要有：形成超细组织；形成溶解度比通常情况下大得多的过饱和固溶体，固溶体中合金元素的含量大大超过平衡相图上合金元素的极限溶解度；形成亚稳相或新的结晶相；形成微晶、纳米晶或金属玻璃。通过形成不同的组织结构，特别是亚稳相、微晶、纳米晶或金属玻璃，可以获得优异的强度、塑性、耐磨性、耐蚀性等，从而满足各种实际应用的需要。

一、快速凝固基本原理

快速凝固技术可以分为急冷凝固技术和大过冷凝固技术两大类。急冷凝固技术的核心是要提高凝固过程中熔体的冷速。对金属凝固而言，提高系统的冷速必须要求：

（1）减少单位时间内金属凝固时产生的结晶潜热。

（2）提高凝固过程中的传热速度。

根据这两个基本要求，急冷凝固技术的基本原理是设法减小同一时刻凝固的熔体体积并减小熔体体积与其散热表面积之比，并没法减小熔体与热传导性能很好的冷却介质的界面热阻以及主要通过传导的方式散热。

大过冷凝固技术的原理就是要在熔体中形成尽可能接近均质形核的凝固条件，从而获得尽可能大的凝固过冷度。在熔体凝固过程中促进非均质形核的媒质主要来自熔体内部和容器壁，因此大过冷技术就要从这两个方面设法消除形核媒质。其实施的主要途径：一是把熔体弥散成熔滴，当熔滴体积很小、数量很多时，每个熔滴中含有的形核媒质数非常少，从而产生接近均质形核的条件；二是设法把熔体与容器壁隔离开，甚至在熔化与凝固过程中不用容器，以减少或消除由容器壁引入的形核媒质。

二、急冷凝固技术及特点

在急冷凝固技术中，根据熔体分离和冷却方式的不同又可分为模冷技术、雾化技术和表面熔化与沉积技术三类。

（一）模冷技术

模冷技术主要是使熔体与冷模接触并以传导的方式散热，根据这个特点，模冷技术可分为双活塞法、熔体旋转法、平面流铸造法、电子束急冷淬火法、熔体提取法及急冷模法等。

这类技术采用一个或多个熔体流冲击到以几十米每秒的速度旋转的单个或双冷却辊表面上，形成厚 10～100μm，宽几个毫米的单一或复合的条带。在平面流铸造法中（图 6-9），喷嘴口到冷却体表面的距离可降低到 0.5mm，以限制条带上熔池的形成和防止组织不稳定现象的出现。通过该技术，可以成吨生产最大宽度达 500mm 的薄带。

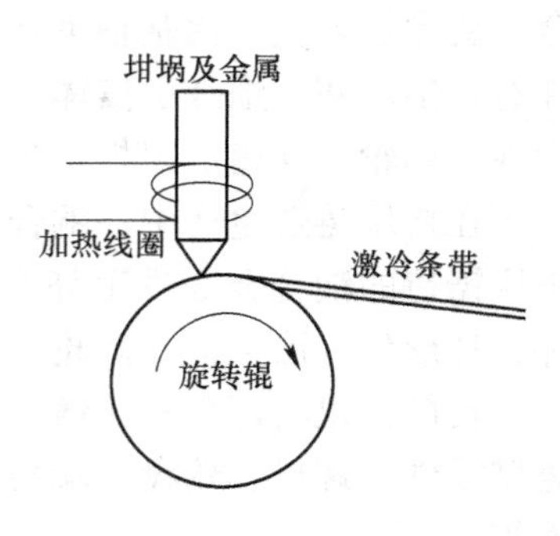

图 6-9　模冷工艺—平面流铸造法示意图

采用模冷技术，熔体的凝固冷速较高，产品的微观组织结构和性能也比较均匀，这是该技术的主要优点。但是用模冷技术生产的急冷合金产品作为结构材料使用时，还要首先粉碎后才能经固结成形加工成大块材料，这是模冷技术的一个缺点。采用这技术时，提高急冷产品凝固冷速的关键是选择与熔体热接触好、导热能力强的材料做冷模，从而提高传热效率；同时要减小熔体流的截面尺寸，控制熔体与冷模上某一固定点的连续接触时间，以便提高传热速度。在上述各种方法中，熔体旋转法、平面流铸造法、熔体提取法已经用于工业化大批量生产中。

（二）雾化技术

雾化技术指采取某种措施将熔体分离雾化，同时通过对流的方式冷凝。该技术主要包括超声雾化、离心雾化和机械雾化三类方法，如图 6-10 所示。

这种技术可以通过高速气流喷枪或水喷头的冲击，在旋转杯或盘边缘的离心力以及电场力作用下，使熔体流分散成小液滴，并可以使小液滴在飞行过程中完全凝固，形成单个的颗粒或薄片，或在合适的基底上形成厚沉积层。由这种技术形成的粉末或颗粒的尺寸和形状有一定的分布，在同一种操作条件下，如果增加雾化气流的压力，将使比较细小的颗粒部分的尺寸分布增加，而采用水雾化则会导致颗粒形状更加不规则。在同一粉末样品中，尽管尺寸和形状大致相同的颗粒可能具有非常不同的显微组织，但总的来说，尺寸小

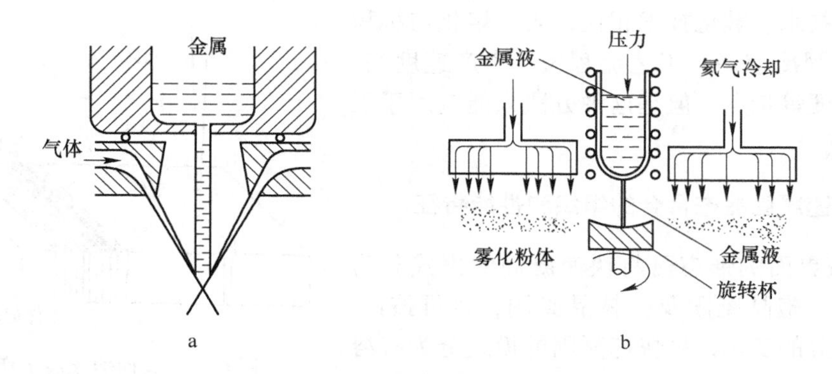

图 6-10 两种雾化技术示意图
a—超声雾化法；b—离心雾化法

的颗粒还是趋向于更快地冷却或在凝固前得到更大的过冷度，从而凝固得更快。由一定尺寸小液滴形成的薄片，由于它们提供了更大的表面，热量散发更快，因而凝固得更快，特别是当这些薄片至少有一个面与高效冷却器（如水冷旋转铜鼓）紧密接触的情况下。喷射沉积可以获得与相应的薄片相同的显微组织，因为喷射沉积的凝固时间比在基底上沉积连续层片的时间要短。目前，从每次产量不大于 1kg 的实验室雾化装置到年产量 5×10^4t 工业雾化设备都有应用。用于生产高性能产品的粉末通常要在惰性气体或真空条件下雾化，以减少氧化物和其他有害夹杂的形成。

由于采用雾化技术制成的产品主要是粉末，可以不用粉碎而直接固结成形为大块材料或工件，因此生产成本较低，便于大批量生产，这是雾化技术的主要优点。雾化技术的缺点是熔体在凝固过程中一般不与冷模接触，或只在冷凝过程中的部分时间内与冷模接触，主要以对流方式冷却，因此凝固速度一般不如模冷技术高。此外，如何提高粉末的收得率，减轻粉末的氧化与污染等问题还有待进一步研究改进。

（三）表面熔化与沉积技术

表面熔化与沉积技术（或表面喷涂沉积技术），主要应用激光束、电子束或等离子束等作为高密度能束聚焦并迅速逐行扫描工件表面，使工件表层熔化，熔化层深一般为 10~1000μm。表面熔化与沉积技术应用较多的是等离子体喷涂沉积技术。这一方法主要是用高温等离子体火焰熔化合金或陶瓷粉末，然后再喷射到工件表面，高温熔滴迅速冷凝沉积并与基体结合成牢固、致密的喷涂层。

这类技术起源于点焊或连续焊接技术。它与点焊和连续焊接的不同点仅在于需要控制深度以保证后续的凝固足够快。最简单的方法是，采用一个脉冲或连续移动热源，对一大料的表面进行快速熔化，材料的大块未熔化部分在后续的快速凝固过程中充当散热器的角色，如图 6-11 所示。这样，尽管快速凝固将可能产生不同的组织和良好的性能，但快速冷却的材料与母材基本上具有相同的化学成分。第二个方法是，在材料的表面预先放置或喷射合金，或者分散添加剂，以使它们混合到熔化区中，产生一个与所在基体材料成分不同的表面区。第三个方法是，对预先放置在表面上的材料进行熔化，使其与基体合金的混合限制在形成有效结合的最小限度。以上三种方法，都可以在基体材料上形成一种寿命更长的表面，而基体材料在其他方面都可以满足应用需要。

与模冷技术、雾化技术相比，表面熔化与沉积技术具有凝固冷速高、工艺流程短、生产速度快、应用比较方便等特点，但是这种方法只能应用于工件表面强化。

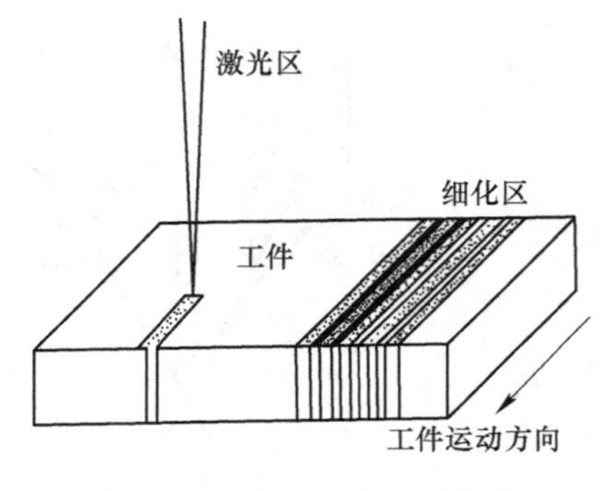

图 6-11　表面熔化法示意图

三、快速凝固晶态合金的组织和性能特征

按固-液界面的形态可将快速凝固的模式分为平界面凝固、胞晶凝固及树枝晶凝固；也可按固-液界面上成分的变化，将快速凝固的模式分为有溶质再分配凝固、无溶质再分配凝固或无偏析凝固。快速凝固合金具有极高的凝固速度，因而使合金在凝固中形成的微观组织产生了许多变化，主要包括：

（1）显著扩大合金的固溶极限：共晶成分的合金通过快速凝固甚至可形成单相的固溶体组织。

（2）超细的晶粒度：快速凝固合金具有比常规合金低几个数量级的晶粒尺寸，一般小于 0.1～1.0μm。这是在很大的过冷度下达到很高形核率的结果。

（3）少偏析或无偏析：在快速凝固的合金中，如果冷速不够快，局部区域也会出现胞状晶或树枝晶。但这些胞状晶或树枝晶与常规合金相比已大大细化，因此表现出的显微偏析也很小。如果凝固速率超过了界面上溶质原子的扩散速率，即进入完全的无偏析、无扩散凝固，可获得完全不存在任何偏析的合金。

（4）形成亚稳相：这些亚稳相的晶体结构可能与平衡相图上相邻的某一中间相的结构极为相似，因此在快速冷却和达到大过冷的条件下，中间相的亚稳浓度范围扩大的结果。另外，也有可能形成某些在平衡相图上完全不出现的亚稳相。

（5）高的点缺陷密度：在快速凝固过程中，液态金属内的缺陷会较多地保存在固态金属中。

在快速凝固的晶态合金中出现的上述组织特征，导致这些合金具有优异的力学性能与物理性能。

快速凝固合金由于微观组织结构的尺寸明显细化和均匀化，所以具有很好的晶界强化与韧化、微畴强化与韧化等作用；而成分均匀、偏析减小不仅提高了合金元素的使用效率，还避免了一些降低合金性能的有害相的产生，消除了微裂纹萌生的隐患，因而改善了合金的强度、延性和韧性；固溶度的扩大、过饱和固溶体的形成，不仅起到了很好的固溶强化作用，也为第二相析出、弥散强化提供了条件；位错、层错密度的提高还产生了位错强化的作用。此外，快速凝固过程中形成的一些亚稳相也能起到很好的强化与韧化作用。

快速凝固形成的一些亚稳相具有较高的超导转变温度。由于平衡相相区的亚稳扩展程度与凝固冷速有关，所以对一定成分的合金存在一个使其超导转变温度达到最高的最佳冷速。快速凝固合金的成分偏析显著减小，对提高合金的磁学性能十分有利，而且有些在快速凝固中形成的亚稳相还有很高的矫顽力等特性，所以某些快速凝固晶态合金也与非晶态合金一样具有很好的磁学性能。此外，某些快速凝固合金还具有很好的电学性能。

四、快速凝固非晶态材料的性能特征

液态合金经过快速凝固形成非晶态合金（Amorphous Alloy）是非平衡凝固的一种极限情况。在足够高的冷却速度下，液态合金可避免通常的结晶过程（形核与生长），在过冷至某一温度以下时，内部原子冻结在液态时所处的位置附近，从而形成非晶结构，也称为金属玻璃（Metallic Glass）。

非晶态材料的生产是一个直接的铸造过程，加工温度低于纯金属或合金。此外，在液态进行金属成形，所需能量少，设备轻巧，生产率较高。缺点是：为快速冷却，必须很快从系统中排除热量，在短时间内使热量流出材料，因此非晶态材料必须在至少一维方向上尺寸很小，只能是粉末、丝、带和薄片等。若通过合金设计或采取特殊的工艺，也可以制备出厘米级以上的大块非晶态材料。非晶态材料的另一缺点是热稳定性不佳，加热到几百摄氏度就会发生原子移动，温度稍高便失去非晶特性，变成单一或多个结晶相。

非晶态材料具有一系列极有价值的性能特点。在力学性能方面，它有极高的强度及硬度，这是因为在非晶态金属中没有普通晶态金属中存在着的活动晶格位错，而在金属/类金属原子间又有很强的化学键的缘故。与普通晶态金属相比，金属玻璃的强度与金属理论强度之间的差距已大为缩小。拉伸时金属玻璃的伸长率较小（1.5%~2.5%），但在压缩时表现出很高的塑性，它的撕裂能亦比一般晶态合金高，表明在高强度的同时有较好的韧性。由于非晶态合金中没有晶界、位错、夹杂物相等显微缺陷，因此铁、铬、镍基的金属玻璃具有十分良好的软磁性能，它们的铁心损耗仅为晶态合金的几分之一，是优异的变压器铁芯、磁录音头及磁性器件材料。由于非晶态合金具有很小（直至为零）的电阻温度系数，因而可成为标准电阻及磁泡存储器材料。除了优异的力学、磁学、电学性能外，金属玻璃也具有极为有利的化学性能。以铁、镍、钴为基，含有一定量的铬及磷的金属玻璃有极好的耐蚀性能，远优于最好的不锈钢。近年来还发现非晶态合金的表面具有很高的化学活性，在许多情况下，具有良好的对化学反应的选择性，再加上优良的耐蚀性，使金属玻璃有可能成为一种新型的催化剂及电极材料。某些非晶合金的表面具有只吸附溶液中特定的金属离子的特性，因而可用来从放射性废料中分离某些元素。此外，非晶合金还是有希望的储氢及超导材料。

第三节　定 向 凝 固

定向凝固（Directional Solidification）又称定向结晶，是使金属或合金在熔体中定向生长晶体的一种工艺方法。由金属学原理可知，晶界处原子排列不规则、杂质多、扩散快，因此在高温受力条件下，晶界是较薄弱的地方，裂纹常常是沿垂直于受力方向的横向晶界扩展，甚至断裂。如果采取定向凝固方式，使晶粒沿受力方向生长，消除横向晶界，则能大大提高材料的性能。在凝固过程中，如果热流（散热）是单向的，又有足够的温度梯度，则新晶核的形成将受到限制，晶体便以柱状晶方式生长，且这种生长有一定的晶体学取向，这便是定向凝固技术。定向凝固技术已在涡轮与叶片生产、磁性材料等方面取得了应用。例如，涡轮叶片在高温工作过程中常呈晶界断裂，特别容易在沿与主应力相垂直的晶界上发生，通过定向凝固技术，可使叶片中的晶界与主应力相平行，从而使叶片的使用寿命显著地提高。

一、定向凝固工艺参数

由凝固原理可知，获得单向生长柱状晶的根本条件是避免在固-液界面前方的液体中形成新的晶核，即固-液界面前方不应存在生核和晶粒游离现象，使柱状晶的纵向生长不受限制。其技术关键在于保证固-液界面前沿液相中的温度梯度 G_L 足够大，以形成柱状晶组织，同时还要控制界面的推进速度，即晶体生长速度 R，以保证一定的生产率。G_L/R 值是控制晶体长大形态的重要判据。以坩埚下降定向凝固法为例（图 6-12），由式（4-41）其温度梯度可表示为

$$G_L = \frac{G_S\lambda_S - RL\rho}{\lambda_L} \tag{6-7}$$

式中，R 为凝固速度；L 为结晶潜热；ρ 为熔体的密度；λ_S、λ_L 分别是固体和液体的热导率；G_S 为固相温度梯度。

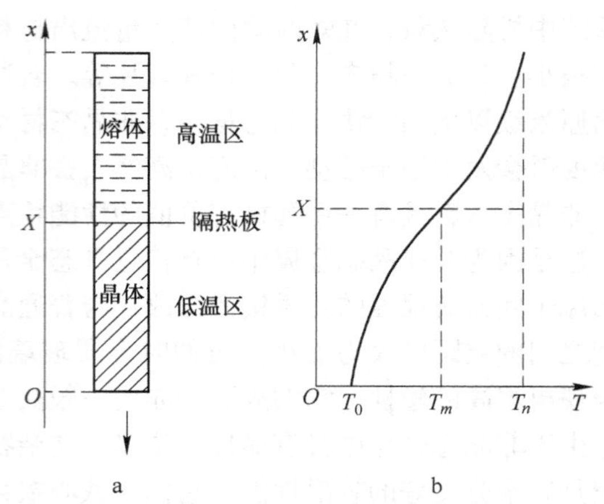

图 6-12 坩埚下降定向凝固法装置示意图
a—装置示意图；b—温度分布图

若 λ_S、λ_L 为常数，则在凝固速度 R 一定时，G_L 与 G_S 成正比，通过增大 G_S 可增强固相的散热强度，这是实际生产应用中获得大的 G_L 的重要途径。但是，固相散热强度的增大，在 G_L 提高的同时，凝固速度 R 也可能增大，不利于柱状晶的形成及稳定。因此，为了提高 G_L，常用提高固-液界面前沿熔体的温度来达到。单向凝固装置在凝固界面附近加上辐射板正是为此目的。G_L 较大时，有利于抑制成分过冷，从而提高晶体的质量。但并不是温度梯度 G_L 越大越好，特别是制备单晶时，熔体温度过高，会导致液相剧烈挥发、分解和受到污染，从而影响晶体的质量。固相温度梯度 G_S 过大，也会使生长着的晶体产生大的内应力，甚至使晶体开裂。

采用功率降低法进行定向凝固（图 6-13），铸件在凝固时所放的热量，只靠水冷结晶器导出；随着凝固界面的推移，结晶器的冷却效果越来越小，温度梯度也逐渐减小，因而凝固速度不断减缓。采用快速凝固法时（图 6-14），凝固速度实际上取决于铸型或炉体的移动速度。通常将固-液界面稳定在辐射板附近，使之达到一定的 G_L/R 值，以保证晶体稳定生长。利用这种方法，可使铸件在拉出初期，热量主要靠传导传热，通过结晶器导出。随着铸件不断拉出，铸件向周围辐射传热逐渐增加。显然，采用快速凝固法时，G_L 受到铸件拉出速度、热辐射条件和铸件径向尺寸的影响。在稳定生长条件下，铸件拉出的临界速率主要受到铸件辐射传热特性的影响，在小于临界拉出速率时，凝固速度 R 与拉出速度 v 基本一致，固-液界面稳定在辐射挡板附近。

二、常用的定向凝固方法

（1）发热剂法：将型壳置于绝热耐火材料箱中。底部安放水冷结晶器。型壳中浇入金属液后在型壳上部盖以发热剂，使金属液处于高温，建立自下而上的凝固条件。由于无法调节凝固速度和温度梯度，因此该法只能制备小的柱状晶铸件。

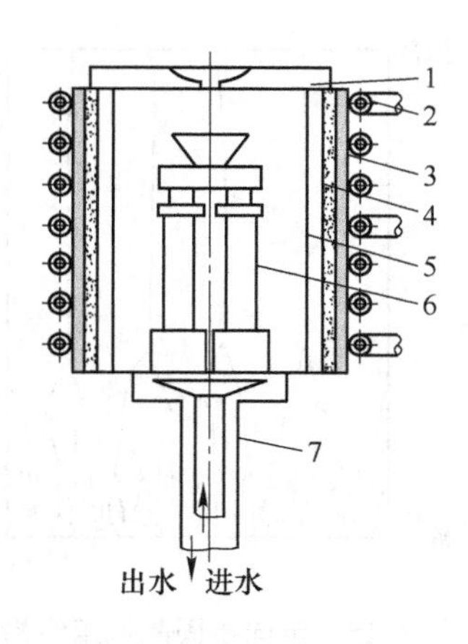

图 6-13　功率降低法

1—保温盖；2—感应圈；3—玻璃布；4—保温层；5—石墨套；6—模壳；7—结晶器

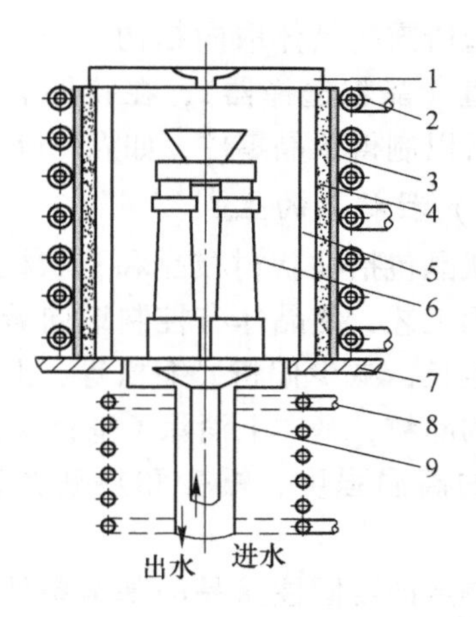

图 6-14　快速凝固法

1—保温盖；2—感应圈；3—玻璃布；4—保温层；5—石墨套；6—模壳；7—挡板；8—冷却圈；9—结晶器

（2）功率降低法：铸型加热感应圈分两段，铸件在凝固过程中不移动。当型壳被预热到一定过热温度时向型壳内浇入过热合金液，切断下部电源，上部继续加热，G_L 随着凝固距离的增大而不断减小。G_L 和 R 都不能人为控制。

（3）快速凝固法：与功率降低法的主要区别是铸型加热器始终加热，在凝固时铸件与加热器之间产生相对移动。另外，在热区底部使用辐射挡板和水冷套。在挡板附近产生较大的温度梯度 G_L 和 G_S。与功率降低法相比，该法可大大缩小凝固前沿两相区，局部冷却速度增大，有利于细化组织，提高力学性能。

（4）液态金属冷却法：该法工艺过程与快速凝固法基本相同，当合金液浇入型壳后，按预定的速度将型壳拉出炉体浸入金属浴。金属浴的水平面位于固-液界面近处，并保持在一定温度范围内。作为冷却剂的液态金属（金属浴）应满足以下要求：

1）熔点低，有良好的热学性能。

2）不溶于合金中。

3）蒸气压低，可在高真空条件下使用。

4）价格便宜。

目前，使用的金属浴有锡液、铝液、镓铟合金、镓铟锡合金等。镓、铟价格过于昂贵，难以采用，锡液应用较多。但锡为高温合金的有害元素，如操作不当可使锡污染了合金，会严重恶化合金性能。

三、定向凝固技术的应用

定向凝固技术常用于制备柱状晶和单晶合金。在定向凝固过程中，由于晶粒的竞争生长，形成了平行于抽拉方向的结构。最初产生的晶体，其取向呈任意分布。其中平行于凝固方向的晶体凝固较快，而其他取向的晶体最后都消失了（图 6-15），因此存在一个凝固的初始阶段。在这个阶段，柱状晶密度大，随着晶体的生长，柱状晶密度趋于稳定。因此，任何定向凝固铸件都有必要设置可以切去的结晶起始区，以便在零件本体开始凝固前就建立起所需的晶体取向结构。若在铸型中设置一段缩颈过道（晶粒选择器），在铸件上部选择一个单晶体，就可以制得单晶零件，如涡轮叶片等。

（一）柱状晶的生长

柱状晶包括柱状树枝晶和胞状柱状晶。通常采用定向凝固工艺，使晶体有控制地向着与热流方向相反的方向生长，减少偏析、缩松等，形成取向平行于主应力轴的晶粒，基本上消除了垂直应力轴的横向晶界，使合金的高温强度、蠕变和热疲劳性能有大幅度的改善。

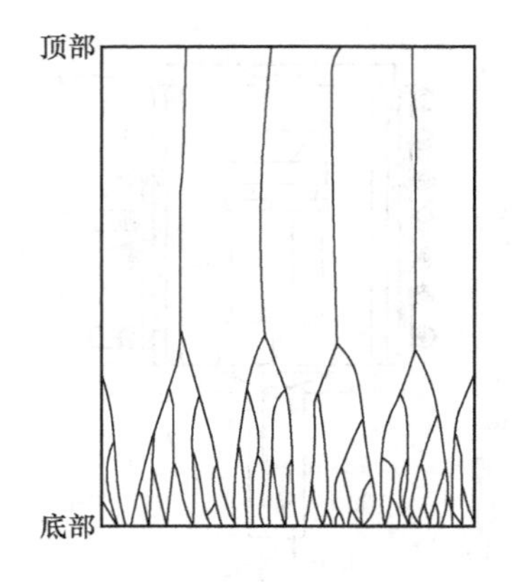

图 6-15　定向凝固晶粒组织沿长度方向的变化示意图

获得定向凝固柱状晶的基本条件是合金凝固时热流方向必须是定向的。在固-液界面前沿应有足够高的温度梯度，避免在凝固界面的前沿出现成分过冷或外来核心，使柱状晶的横向生长受到限制。另外，还应保证定向散热，绝对避免侧面型壁生核长出横向新晶体。因此，要尽量抑制液态合金的形核能力。提高液态合金的纯洁度，减少氧化、吸气所形成的杂质污染，是用来抑制形核能力的有效措施。另外，还可以通过添加适当的元素或添加物，使形核剂失效。

G_L/R 值决定着合金凝固时组织的形貌，又影响着各组成相的尺寸大小。由于 G_L 在很大程度上受到设备条件的限制，因此，凝固速度 R 就成为控制柱状晶组织的主要参数。

（二）单晶生长

定向凝固是制备单晶体的最有效的方法。单晶在生长过程中要绝对避免固-液界面不稳定而长出胞状晶或柱状晶，因而固-液界面前沿不允许有温度过冷和成分过冷。固-液界面前沿的熔体应处于过热状态，结晶过程的潜热只能通过生长着的晶体导出。定向凝固满足上述热传输的要求，只要恰当地控制固-液界面前沿熔体的温度和晶体生长速率，是可以得到高质量单晶体的。为了得到高质量的单晶体，首先要在金属熔体中形成一个单晶核，而后在晶核和熔体界面上不断生长出单晶体。20 世纪 60 年代初，美国普拉特 · 惠特尼公司用定向凝固高温合金制造航空发动机单晶涡轮叶片，与定向柱状晶相比，在使用温度、抗热疲劳强度、蠕变强度和抗热腐蚀性等方面都具有更为良好的性能。

1. 单晶生长的特点

单晶体是从液相中生长出来的，按其成分和晶体特征可分为如下三种：

（1）晶体和熔体成分相同：纯金属和化合物属于这一种。

（2）晶体和熔体成分不同：为了改善单晶材料的电学性质，通常要在单晶中掺入一定含量的杂质，使这类材料实际上变为二元或多元系。这类材料要得到均匀成分的单晶困难较大，在固-液界面上会出现溶质再分配，因此熔体中溶质的扩散和对流对晶体中杂质的分布有重要作用。

（3）有第二相或出现共晶相的晶体：高温合金的铸造单晶组织不仅含有大量基体相和沉淀析出强化相，还有共晶相析出于枝晶之间。整个零件由一个晶粒组成，晶粒内有若干柱状枝晶，枝晶是“十”字形花瓣状，枝晶干均匀，二次枝晶干互相平行，具有相同的取向。纵截面上是互相平行排列的一次枝干，这些枝干同属一个晶体，不存在晶界。严格地说，这是一种“准单晶”组织，与严格的晶体学单晶是不同的。由于是柱状晶单晶，在凝固过程中会产生成分偏析、显微疏松及柱状晶间小角度取向差（2°~3°）等，这些都会不同程度地损害晶体的完整性。但是，单晶体内的缺陷比多晶粒柱状晶界对力学性能的影响要小得多。

2. 单晶生长的制备方法

根据熔区的特点，单晶生长的制备方法可分为正常凝固法和区熔法。

（1）正常凝固法制备单晶：最常用的有坩埚移动、炉体移动及晶体提拉等定向凝固方法。坩埚移动或炉体移动定向凝固法的凝固过程都是由坩埚的一端开始，坩埚可以垂直放置在炉内，熔体自下而上凝固或自上而下凝固，也可以水平放置。最常用的是将尖底坩埚垂直沿炉体逐渐下降，单晶体从尖底部位缓慢向上生长；也可以将“籽晶”放在坩埚底部，当坩埚向下移动时，“籽晶”处开始结晶，随着固-液界面移动，单晶不断长大。这类方法的主要缺点是，晶体和坩埚壁接触容易产生应力或寄生成核，因此，在生产高完整性的单晶时很少采用。

晶体提拉是一种常用的晶体生长方法，它能在较短时间里生长出大而无位错的晶体。这种方法是将欲生长的材料放在坩埚里熔化，然后将“籽晶”插入熔体中，在适当的温度下，“籽晶”既不熔掉，也不长大，然后缓慢向上提拉和转动晶杆。旋转一方面是为了获得好的晶体热对称性，另一方面也搅拌熔体。用这种方法生长高质量的晶体，要求提拉和旋转速度平稳，熔体温度控制精确。单晶体的直径取决于熔体温度和拉速。减少功率和降低拉速，使晶体直径增加，反之直径减小。提拉法的主要优点是：

1）在生长过程中，可以方便地观察晶体的生长状况。

2）晶体在熔体的自由表面处生长，而不与坩埚接触，显著减少晶体的应力，并防止坩埚壁上的寄生成核。

3）可以以较快的速度生长，具有低位错密度和高完整性的单晶，而且晶体直径可以控制。

（2）区熔法制备单晶：可分为水平区熔法和悬浮区熔法。

水平区熔法制备单晶是将材料置于水平舟内（图 6-16），通过加热器 1 加热，首先在舟端放置的籽晶和多晶材料间产生熔区，然后以一定的速度移动熔区，熔区从一端移至另一端，使多晶材料变为单晶体。该法的优点是减小了坩埚对熔体的污染，降低了加热功率。另外，区熔过程可以反复进行，从而不断提高晶体的纯度或使掺杂均匀化。水平区熔法主要用于材料的物理提纯，也可用来生产单晶体。

悬浮区熔法是一种垂直区熔法，它是依靠表面张力支持着正在生长的单晶和多晶棒之间的熔区，由于熔融硅有较大的表面张力和小的密度，所以该法是生产硅单晶的优良方法。该法不需要坩埚，免除了坩埚污染。此外，由于加热温度不受坩埚熔点限制，因此可用来生长熔点高的单晶，如钨单晶等。

（三）定向凝固合金的力学行为

多晶材料在高温下的断裂，一般起始于垂直于主应力的横向晶界。如果这些有害的横向晶界可以通过定向凝固制取柱状晶来减少，或者通过制取单晶部件来消除，那么断裂会受到抑制，某些力学性能，尤其是塑性将得到改善。定向凝固得到的力学性能的改善，是

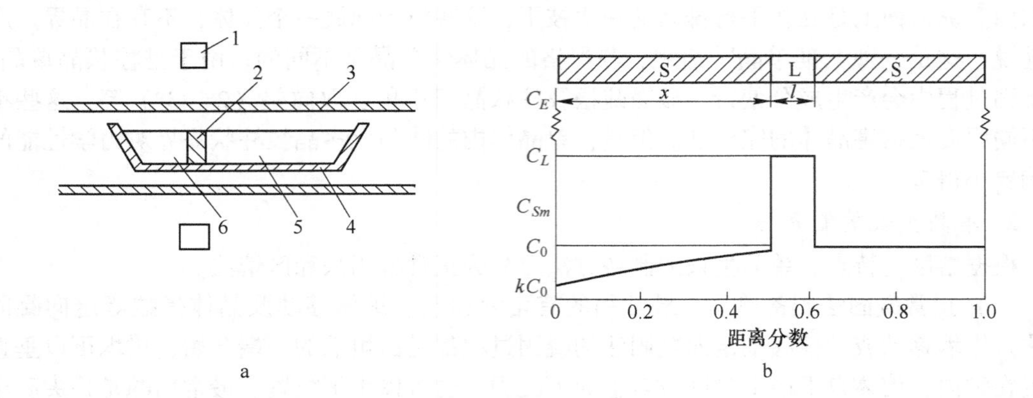

图 6-16 水平区熔法示意图（a）及提纯过程中的溶质再分配（b）
1—加热器；2—熔区；3—炉管；4—坩埚；5—多晶材料；6—晶体

定向凝固对材料微观组织的影响结果。

（1）弹性各向异性。普通铸造合金在宏观上显示各向同性的弹性及塑性，这是由于组成材料的晶粒取向是随机分布的。在单晶状态下，力学性能取决于应力施加的方向，并反映出结晶学上的对称性。定向凝固获得的柱状晶组织，具有介于等轴晶与单晶之间的力学行为，表现在凝固方向与横向之间的差异，但在横向上是各向同性的。

（2）塑性各向异性。不同取向的单晶镍基高温合金的拉伸试验表明，温度低于760℃时，变形特性有很强的各向异性，在较高温度下则显示各向同性。低温下的各向异性及缺少加工硬化均与单滑移系易产生滑移有关。温度高于980℃时，所有取向急剧变为各向同性变形，这意味着在高温下其他的滑移系统被激活了。在定向凝固生产的柱状晶中，应力相当均匀地分布在不同晶粒上，使各晶体在相同应变下产生屈服。因此，在定向凝固材料变形时产生的内应力小，这可用材料塑性高来解释，这与普通铸造高温合金中的低塑性正好相反。

（3）蠕变特性。研究表明，高温合金定向凝固材料的蠕变伸长率大为增加，断裂韧度提高。在因定向凝固而额外增加的断裂韧度中，大部分是由于第三阶段蠕变伸长的结果，不是由于蠕变强度提高的结果。

（4）循环形变。定向凝固高温合金沿生长轴的弹性模量低，在应变控制条件下，应力范围就低于普通铸造的同一合金。在温度循环中，一个部件上冷却速率及加热速率不同的部位会引起应变控制的热疲劳，沿生长轴取向的晶体的弹性模量低而断裂性能好，在稳态负荷和热疲劳方面比普通铸造合金高。在应力控制的高循环疲劳条件下，沿生长轴取向的晶体的性能低于普通铸造合金，但是定向凝固材料塑性的提高有可能克服低模量的缺点，从而使疲劳寿命有显著的改进。定向凝固的镍基高温合金 MarM200 沿纵向受力时，其 10^7 循环疲劳极限大约比普通铸造合金高 10%，而横向受力时其疲劳极限与普通铸造合金相当。

（5）断裂。等轴晶高温合金的蠕变断裂一般与晶界有关。蠕变裂纹一般都沿垂直于外加应力方向的晶界扩展。定向凝固组织中基本消除了横向晶界，所以沿晶界开裂的机制不会发生，裂纹是穿晶面不是沿晶扩展的。

总之，与普通铸造合金相比，定向凝固合金在弹性、塑性、抗蠕变性、抗疲劳性等方面都具有突出特点，在高温耐热合金方面有广泛应用。

第四节　微重力凝固

在重力场中，采取某种技术措施，使在某一有限区域内物体的重力加速度小于应有的重力加速度，则可使该区域内物体“失重”。失重达到某种程度，比如失去99%以上，则可称该区域为微重力环境。

一、微重力条件下的凝固

在微重力环境中，由于重力加速度 $g \to 0$，两相接触过程的动力因素即浮力因子 $\Delta(\rho g) \to 0$，系统中不同组元间的重度差异消失，两相不会因为密度差而产生相间流动，因沉、浮作用而引起的一些相的聚集和偏析也不再存在，可使多组分的液体有限或无限地保持悬浮，对具有弥散的第二相系统的凝固提出了新的问题。微重力环境有利于制取像Pb-Al等偏晶合金材料，其组分混合得非常均匀，是一种优良的减振耐磨材料。同样，失重条件下组分的均匀混合，对颗粒、短纤维强化复合材料的制备有特殊作用。

在微重力条件下，由重力引起的对流被抑制，扩散及界面张力的作用突出出来，这些作用对金属凝固过程及组织势必产生影响。如液体的外形受控于表面张力。熔融液体悬浮在气体中，凝固后可形成极圆的球或泡。试验发现，在微重力场下结晶出的晶体尺寸比地面上的大，其理由是重力的减小及对流的削弱达到一定程度后，会使晶核数目减少，长大速度增加。此外，重力通过该作用对扩散系数的影响势必会影响到枝晶臂间距及共晶片间距的大小。

在微重力环境下，可进行无容器加工。为了获得较大的过冷度，创造一个均质形核的环境，一个重要的方法就是无容器熔炼，消除容器壁造成的非均质形核。在微重力条件下，只要很小的功率输入就可悬浮一个大试样，能够更好地控制熔化和过冷过程。用静电力、电磁力、声辐射压力就可克服飞行器剩余加速度，使液滴或熔融体维持在一定位置，不用器壁帮助，这对测量晶体材料的热物理性质和加工超纯材料是有益的。由于没有杂散晶核，故能使熔融材料在凝固前过冷，而过冷对固体最终微结构有很大影响，有可能获得亚稳相和未进入平衡态凝固的固体样品，也有可能在通常不能形成玻璃态的系统中获得非晶相，还可能以无容器技术来消除杂散晶核以检验各种单晶核理论。

在外层空间，除具有微重力场条件外，高真空和超低温为大过冷金属的制取创造了极为有利的条件。在空间实验室可以进行没有搅拌作用的悬浮熔炼，并在悬浮条件下进行凝固。在这样的条件下获得的高纯金属，在大过冷下进行静态结晶，可以制备具有稳定相或亚稳相的新成分及新性能的合金材料。因为在大过冷条件下，固相的固溶度可以大大提高。与此同时，大的过冷度会使晶粒细化，特别是当过冷度达到某一数值时晶粒度有一个突变，此时伴随有枝晶的消失。理由是结晶潜热放出速度很大，温度很快（$10^3 \sim 10^6$ K/s）回升至熔点温度，使枝晶熔断。这种没有枝晶特征的极细晶粒称为微晶。此外，大过冷有利于获得非晶和准晶组织，它们具有优异的耐磨、耐蚀及超导性能，应用前景广阔。

太空材料的制造正是基于这些特点，使材料的生产场所远离地球的重力场，在微重力场下（1×10^{-5}g），浮力对流得以消除，可获得溶质分布高度均匀的无晶体缺陷的材料。

二、微重力试验环境的获得

利用落体系统，人为制造局部微重力环境，使之为人类活动服务，具有重要意义。获得微重力环境的方法主要有落塔、落管、飞机、火箭及轨道飞行。

落塔是在地球上使用的落体系统，落体为多种舱体，在下落过程中，舱内产生微重力环境。落塔的特点是：参数可调，舱体大，可多次重复试验，能完好回收公用设备和试验成本低。

以竖立的管道代替落塔塔体称落管。试验样品经管道下落，试验结束后设施可回收。落管的特点是：不用笨重舱体，可实现无容器加工，样品小，能产生并维持真空而使样品不受污染和氧化以及能屏蔽光干扰。落管也是多种多样的，除制冷式外，还有流气式等。

飞机获取尽可能大而且有上升角度的初速度后，驾驶员保持水平速度为常数，垂直加速度为零，即可飞出抛物线径迹，这时机舱内可获得微重力场。一般运输机可获数十秒的失重，一次起飞可多次试验。但飞机微重力水平不高，在10^{-3}g已可算作是较高精度，精度差但可载人是其特色。

以较大的发射角向上发射火箭，试验载荷与箭体分离后以惯性继续上升，克服自旋，稳定姿态，清除了附加加速度，达到大气已足够稀薄的高度，载荷舱内开始处于微重力状态，火箭到达弹道顶点折返下来，降至较稠密大气高度结束，共可获数分钟微重力环境。采用火箭获得微重力场费用较高，但比轨道飞行，如航天飞机、空间站还是低得多。

轨道飞行可以取得长时间的微重力环境，但试验成本较高。

第五节　超重力凝固

一般只要物体加速度与重力加速度的比值超过 1，就可以认为该物体处于超重力状态。达到超重力条件时，能改变固-液界面前沿的对流，并且可以获得组织均匀、性能良好的晶体。

一、超重力场的获得及产生原理

在实现超重力的手段中，应用最多的是离心机。该方法投资省，试验参数便于控制和测试。虽然超重力技术的实质是离心力场的作用，但该技术与以往的传统复相分离或密度差分离有质的区别，它的核心在于对传递过程的极大强化。

理论分析表明，“g”越大，两相接触过程的动力因素即浮力因子 $\Delta(\rho g)$ 越大，流体相对滑动速度也越大。巨大的切应力克服了表面张力，可使液体伸展出巨大的相间接触界面，从而极大地强化了传质过程，这一结论导致了超重力的诞生。显然，由于 $\Delta(\rho g)$ 的大幅度提高，不仅质量传递，而且动量、热量传递以及与传递相关的过程也都会得到强化。因此，超重力技术被认为是强化传递的一项突破性技术。

二、超重力下熔体的结晶

在超重力状态下，熔体中浮力对流强度得到加强，液流状态随对流强度发生变化。反映在温度的波动上，层流温度起伏平缓，而紊流温度波动剧烈。温度的波动会造成生长界面的热扰动，从而带来成分的波动。研究发现，随着重力水平的提高，熔体的流态由层流转化为紊流状态，当离心加速度进一步提高到一定的重力水平时，熔体又由紊流转化为层流，即所谓重新层流化。此时是一种高速层流状态，可极大地提高凝固界面的热稳定性，为制备无偏析晶体创造了必要的条件。

重力下的凝固会产生生长条纹缺陷，是一种微观不均匀性。这是由于非稳态的热对流引起固-液界面附近的温度起伏，以及杂质分离依赖于生长速率，从而导致生长条纹，所以生长条纹是重力驱动的对流造成的。

在超重力条件下，可消除这种生长条纹。同样是用垂直 Bridgman 法生长晶体和顶部籽晶技术，但在离心机上获得不同加速度的超重力条件，则熔体温度波动逐渐变小，生长条纹也慢慢变弱。

在超重力下，对流流动的增强也能稳定晶体生长的固-液界面。因为增加离心加速度，增强对流传输，从而增大在生长界面的温度梯度，最后达到稳定固-液界面的作用。

生长条纹的形成与流体中热扰动有直接联系，一旦温度波动到达固-液界面时，将会扰动生长速率，从而使成分波动，随着超重力的提高，不仅流体内温度的波动情况发生改变，浮力对流也由紊流转化为层流，即实现重新层流化。

苏联科学院空间研究院研究认为，超重力引起的对流似乎对大量形核有利，也使生长方向更有序。Johnston 等人研究了重力对对流的影响，重力降低，使枝晶间金属液的对流强度减小，结果使浓度梯度增大，造成在低重力阶段较大的枝晶间距。相反，在超重力阶段浓度梯度小，粗化的驱动力也变小，枝晶粗化速率减慢。

习　题

6-1　试分析压力对液态金属凝固参数的影响。

6-2　简述压力对液态金属凝固组织的影响。

6-3　简述挤压铸造的原理及其应用。

6-4　何为快速凝固，其基本原理是什么？

6-5　快速凝固晶态合金的组织与性能有何特点？

6-6　快速凝固技术有哪些方法，各有何特点？

6-7　何为微重力，微重力环境有何特点？

6-8　微重力对凝固组织有何影响？

6-9　如何获得微重力环境？

6-10　何为超重力，超重力场如何获得？

6-11　超重力场对合金凝固组织有何影响？

6-12　定向凝固技术有哪些应用？

6-13　定向凝固方法有哪些？

第二篇　连接成形理论基础

焊接又称为材料连接工程，与液态成形、塑性成形、塑料成形一样，是一种重要的材料加工与成形工艺，广泛应用于机械制造、石油化工、桥梁、船舶、建筑、动力工程、交通车辆、航空航天等各个工业部门。本篇从传热学、冶金学、相变、凝固等方面探讨了材料连接成形的基本原理，通过学习，能够根据工程的实际需要，选用合适的连接方法、焊接材料以及制定工艺，进行失效分析等。

第七章　焊接熔池凝固及控制

扫码获得
数字资源

熔焊是焊接热源（电弧、激光、电子束等）加热、熔化母材和填充材料（焊丝、焊条等）形成熔池，而后凝固形成焊缝的过程。焊接热过程、熔池的凝固行为对焊接接头（焊缝）的组织结构和性能起着重要影响。本章主要讨论熔焊过程温度场、焊接冶金特点、焊接熔池凝固（结晶）行为及其与焊缝组织的关系（包括结晶形核、结晶形态、焊缝的凝固组织及其影响因素）以及焊缝组织的调控方法。

第一节　熔焊过程温度场

焊接热过程是决定焊接质量和焊接生产率的关键因素，也是焊接工艺的科学基础，准确分析与计算焊接热过程，对焊接冶金分析、应力变形分析、过程控制及工艺优化等都具有十分重要的意义。随着信息科学与技术的飞速发展，焊接热过程的数值模拟成为国际上的学科前沿与研究热点，这是焊接工艺从“定性”走向“定量”分析、从“经验”走向“科学”的重要途径。

在焊接过程中，被焊金属由于热量输入和热量传导、辐射和对流，焊接接头经历加热、熔化（或达到热塑性状态）和随后的连续冷却过程，称为焊接热过程。焊接热过程有着十分复杂的传热问题，主要体现在以下几个方面：

（1）焊接过程的局部集中性。焊件加热时，不是整体被加热，而只是热源。加热直接作用点附近的区域，加热和冷却都不均匀。这种局部加热正是引起焊接残余应力和变形的主要原因。

（2）焊接过程的运动性。由于焊接热源相对焊件的位置不断发生变化，这就造成了焊接热过程的不稳定性。

(3) 焊接过程的瞬时性。在高度集中热源的作用下，加热速度极快（在电弧焊情况下，可达1500℃/s以上）。这种热源可以在极短的时间内将大量的热量由热源传递给焊件，同时，又由于加热的局部性和热源的移动而相应地提高了冷却速度。

(4) 焊接传热过程的复合性。熔焊时，热源对工件加热，使被焊材料产生局部熔化，形成熔池。

根据传热理论，焊接热过程分为两部分：

(1) 焊接熔池内部高温过热液态金属以对流为主。

(2) 熔池外部未熔化区域的固体以导热为主，是一种复合传热过程。

一、焊接传热学基础

(一) 导热微分方程

为了使问题简化，本节忽略熔池内部的对流、热源的作用及流体作黏性功所产生的热量，这时热量传输微分方程式（7-1）可以写成：

$$\frac{\partial T}{\partial t} = \alpha \nabla^2 T \tag{7-1}$$

式中　α——热扩散系数。

对于薄板焊接，厚度方向可以看成温度是均匀的，相当于二维传热问题，于是有：

$$\frac{\partial T}{\partial z} = 0, \qquad \frac{\partial^2 T}{\partial^2 z} = 0$$

热量传输微分方程式（7-1），可以写成：

$$\frac{\partial T}{\partial t} \approx \alpha\left(\frac{\partial^2 T}{\partial x^2} + \frac{\partial^2 T}{\partial y^2}\right) \tag{7-2}$$

对于一维传热（如细棒对焊），热传导仅在 X 方向进行，热量传输微分方程式（7-1）可以写成：

$$\frac{\partial T}{\partial t} = \alpha \frac{\partial^2 T}{\partial x^2} \tag{7-3}$$

实际中并不是所有问题都能够得到解析的解，对于复杂的热传导问题，一般都需要用数值方法进行求解。

(二) 边值条件

要求解具体的热传导问题，除热传导微分方程外，还必须有边值条件。所谓边值条件，就是热传导问题的初始条件和边界条件。

1. 初始条件

初始条件是指焊件开始导热的瞬时（即 $t=0$ 时）的温度分布。焊件的初始条件不同，在同样的热源作用下，温度场的分布是不同的。初始条件通常比较简单，多数焊件在焊前具有均匀的温度，一般为环境温度或预热温度。为了简化，通常假设焊件的初始温度为0℃（$T_0 = 0$℃），需要精确求解时，也可假定初始温度为某一常数。

2. 边界条件

边界条件是指焊件在其几何边界上与周围介质（环境）的相互换热条件。实际的边界条件是多种多样的，十分复杂。即便是最普通的边界换热条件（如与一定温度的静止空气换热），实际计算也是十分困难的。边界换热的不确定性是精确计算焊接温度场的主要困难之一。为了简化数学处理，实际中对边界条件常常作如下的简化处理。

（1）当焊件尺寸较大或焊接位置距离边界较远时，可假设焊件是无限大的物体，即不存在边界。

（2）当无法处理成无限大传热问题时（如有限厚度的板），常常假设焊件表面与周围介质没有热交换，即所谓的“绝热边界”。

（3）对于厚大焊件，热量主要是在焊件的内部传播，焊件表面与周围介质的换热占比很小，可以忽略不计。但随焊件厚度减小，它的表面积与体积之比也随之增大，与周围介质的换热不容忽视。因此，对薄板和细棒的焊接，一般情况下需要考虑边界换热问题。边界换热主要通过对流和辐射两种形式进行。为方便起见，只考虑总的换热，即：

$$q_\delta = (\alpha_c + \alpha_k)(T - T_0) \tag{7-4}$$

式中　α_c——对流表面散热系数；

α_k——辐射表面散热系数；

T——焊件表面温度；

T_0——焊件周围介质温度。

研究表明，焊件的辐射换热对温度场的影响较小。对12.7mm厚钢板表面堆焊时作了比较。一个钢板表面高度抛光，另一个钢板敷以氧化皮，这两种表面的辐射能力大约相差10倍，但测不出两者温度场的差别。但是在不同的外界条件下，焊件表面的对流换热可有相当大的差别，足以显著影响焊接温度场的分布。如果在焊件背面受到气流冷却时，对流的表面散热系数可增大30倍，此时应考虑对流换热的影响。

二、焊接温度场

焊接温度场即焊接过程中任一时刻焊件中的温度分布，可表达为：$T = T(x, y, z, t)$。因此，研究焊接温度场，实际上就是求解一定初始、边界条件下的热传导微分方程式（7-1）。由于焊件的尺寸、形状多样，焊接热源的作用情况也不尽相同，对热传导微分方程进行数学解析往往比较困难。本节先讨论几种理想条件下热传导微分方程的解析解，在此基础上，根据叠加原理求解几种实际焊接条件下的热传导问题。

（一）瞬时集中热源的温度场

为简化数学处理，需要作如下假设：

（1）在整个焊接过程中，被焊材料的热物理常数不随温度而改变；

（2）被焊件初始温度分布是均匀的；

（3）不考虑相变和结晶潜热；

（4）被焊件的几何尺寸无限大（三维）、无限薄（二维）、无限长（一维）；

（5）焊件与环境之间没有热交换。

在上述假定条件下，可以方便地获得热传导微分方程的解析解。

1. 瞬时集中点状热源

热量Q瞬时施加于无限大被焊件的某点上，假定被焊件初始温度均匀且为0℃，在此条件下热传导微分方程式（7-5）有解：

$$T=\frac{Q}{c_\rho(4\pi\alpha t)^{\frac{3}{2}}}e^{\frac{R^2}{4\alpha t}} \tag{7-5}$$

式中　Q——焊件在瞬时所获得的热能，J；

R——距热源的距离，$R^2=X^2+Y^2+Z^2$，cm；

t——传热时间，s；

c_ρ——被焊材料的容积比热容，J/(cm³·℃)；

α——被焊材料的导温系数，cm²/s。

式（7-5）给出了距热源为 R 的某点经 t 时刻后的温度。可见，在这种情况下形成的温度场是以 R 为半径的等温球面。

上述情况在实际焊接中是不存在的，对于实际焊接问题，真正有实际意义的是瞬时集中点状热源作用在半无限大被焊件表面时的温度场，此时热传导微分方程式（7-6）的解为：

$$T=\frac{2Q}{c_\rho(4\pi\alpha t)^{\frac{3}{2}}}e^{-\frac{R^2}{4\alpha T}} \tag{7-6}$$

式（7-6）就是瞬时点状集中热源作用在厚大焊件上的传热计算公式。由此式可知，假如热源供给焊件的热能是固定的，则焊件上任一点温度的变化是时间的函数。同时，距热源中心越远的点温度越低，相反则温度越高。

2. 瞬时集中线状热源

热能线密度（单位长度上的热能）为 Q 的线状热源瞬时施加于无限大被焊件上，假定被焊件初始温度均匀且为0℃，此时热传导微分方程式（7-7）的解为：

$$T=\frac{Q}{c_\rho(4\pi\alpha t)}e^{-\frac{R^2}{4\alpha t}} \tag{7-7}$$

对于实际焊接问题，上述模型有意义的情况是厚板上的高速堆焊（焊缝足够长）。若电弧功率为 q，焊速为 v，则：

$$T=\frac{2q}{c_\rho(4\pi\alpha t)v}e^{-\frac{R^2}{4\alpha t}} \tag{7-8}$$

另一种适用的情形是一个瞬时焊接热源作用在无限大薄板上（如薄板电阻点焊），此时应有：

$$T=\frac{Q}{c_\rho(4\pi\alpha t)\delta}e^{-\frac{R^2}{4\alpha T}} \tag{7-9}$$

式中　Q——作用于薄板的热能，J；

R——距热源的距离，cm，$R^2=X^2+Y^2$；

δ——板厚，cm。

对薄板来说，被焊件与周围介质的换热对温度场有很大影响，必须考虑被焊件与周围介质换热问题。为方便起见，仍假设被焊件初始温度为0℃。

如图7-1所示，在薄板上取任一微元体 $\delta dxdy$，当薄板的表面温度为 T 时，单位时间单位面积散失的热能为 dQ，则：

$$dQ=2a(T-T_0)dxdydt$$

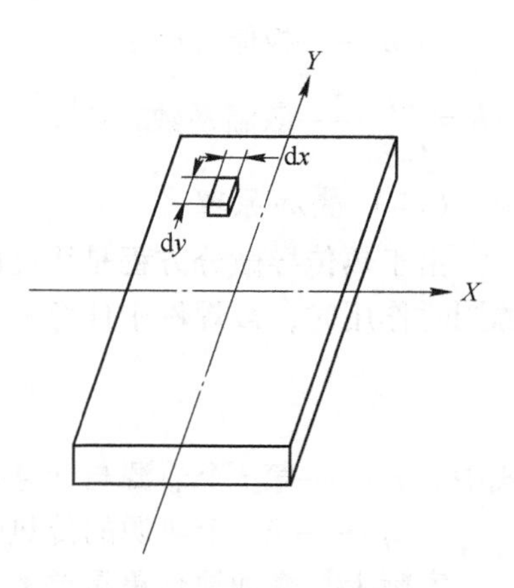

图 7-1　薄板的散热

式中　α——表面散热系数，J/(cm^2 · s · ℃)；

T——薄板表面温度，℃；

T_0——薄板周围介质的温度，℃。

若由于散热使微元体 $\delta\mathrm{d}x\mathrm{d}y$ 温度下降 $\mathrm{d}T$，则：

$$\mathrm{d}Q=-c_\rho\delta\mathrm{d}x\mathrm{d}y\mathrm{d}T$$

整理后得：

$$\frac{\mathrm{d}T}{\mathrm{d}t}=-\frac{2\alpha}{c_\rho\delta}T=-bT \qquad (7\text{-}10)$$

式中　$b=\dfrac{2\alpha}{c_\rho\delta}$——散温系数，s^{-1}。

由式（7-10）可知，散温系数 b 与散热系数 α 成正比，而与厚度 δ 成反比；厚度越小，表面散热越大。因此，考虑表面散热时，热传导微分方程式（7-2），增加附加一项：

$$\frac{\partial T}{\partial t}=\alpha\left(\frac{\partial^2T}{\partial X^2}+\frac{\partial^2T}{\partial Y^2}\right)-bT \qquad (7\text{-}11)$$

其解为：

$$T=\frac{Q}{c_\rho(4\pi at)\delta}\mathrm{e}^{-\left(\frac{R^2}{4at}+bt\right)} \qquad (7\text{-}12)$$

式（7-12）为考虑散热条件下薄板点焊的传热计算公式。由式（7-12）看出，此时的温度场是以 R 为半径的圆环。

3. 瞬时集中面状热源

在截面积为 F 的无限长细棒上有热源作用时，即相当于面状热源传热。如在瞬时之间把热能 Q 作用在细棒的某点（或某断面）上，则距热源中心为 x 的某点在 t 时刻的温度可由一维热传导微分方程式（7-5）解得为：

$$T=\frac{Q}{c_\rho F(4\pi aT)^{1/2}}\mathrm{e}^{-\frac{x^2}{4at}} \qquad (7\text{-}13)$$

与式（7-11）同理，当考虑表面散热时，有：

$$T=\frac{Q}{c_\rho F(4\pi at)^{1/2}}\mathrm{e}^{-\left(\frac{x^2}{4at}+b_1t\right)} \qquad (7\text{-}14)$$

式中　$b_1t=\dfrac{\alpha L}{c_\rho F}$——细棒的散温系数，s^{-1}；

L——细棒的周长，cm；

F——细棒的断面积，cm^2。

实际焊接中的薄板快速熔透焊可以近似地用该模型来求解。若考虑环境散热，则：

$$T=\frac{Q}{c_\rho F(4\pi at)\delta v}\mathrm{e}^{-\left(\frac{x^2}{4\alpha t}+bt\right)} \qquad (7\text{-}15)$$

式中　Q——电弧功率，W；

v——焊速，cm/s；

δ ——板厚，cm；

$b=\dfrac{2a}{c_{\rho}\delta}$ ——散温系数，s^{-1}。

（二）叠加原理

由于热传导微分方程是线性的，因此热传导问题满足叠加原理。当被焊件上有多个热源同时作用时，被焊件中任意一点的温度等于每一个热源单独作用时温度的叠加，即：

$$T=\sum_{i=1}^{n}T(r_i,\ t_i) \tag{7-16}$$

式中　r_i ——第 i 个热源与计算点之间的距离；

t_i ——第 i 个热源的传热时间。

实际上，叠加原理更重要的意义在于：使用累积原理可以从瞬时热源作用下的温度场来求解连续热源作用下的温度场，因为连续作用的热源可以看成无数个瞬时作用热源在不同瞬间的共同作用；而移动的热源可认看成无数个瞬时热源在不同瞬间与不同位置上的共同作用。当被焊件初始温度不为零或不均匀时，也可把初始温度及其分布叠加到按照初始温度为零时的结果中。因此，叠加原理是研究连续热源作用热传导问题的理论基础。

1. 厚板

如图 7-2 所示，假定热源（电弧）功率为 q（J/s），沿 Y 方向移动，移动速度为 v（cm/s），被焊件初始温度 $T_0=0$。此时相当于无穷多个瞬时集中点状热源作用在半无限大被焊件表面的情况，可用前述半无限大被焊件表面上瞬时集中点状热源的温度场模型式和叠加原理来求解。

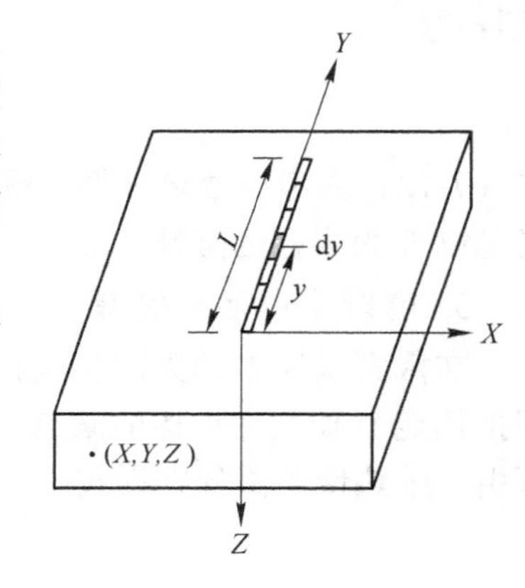

图 7-2　厚板堆焊温度场数学模型

研究被焊件内任意一点（X，Y，Z）的温度变化。将热源微元化，先考虑（0，y，0）处的微元热源对（X，Y，Z）点的温度贡献。根据式（2-28）有：

$$\mathrm{d}T(X,\ Y,\ Z,\ t)=\frac{2q\mathrm{d}y}{c_{\rho}(4\pi at')^{3/2}}\mathrm{e}^{-\frac{R^2}{4at}} \tag{7-17}$$

式中，$R^2=X^2+(Y-y)^2+Z^2$；$t'=t-y/v$。

点（X，Y，Z）的温度变化等于所有微元热源所引起的温度变化的叠加。

$$T(X,\ Y,\ Z,\ t)=\frac{2q}{c_{\rho}v}\int_{0}^{L}\frac{\mathrm{d}y}{[4\pi a(t-y/v)]^{3/2}}\mathrm{e}^{-\frac{X^2+(Y+y)^2+Z^2}{4a(t-y/v)}} \tag{7-18}$$

$$T(X,Y,Z,t)=\frac{2q}{c_{\rho}v}\int_{-L/v}^{L}\frac{\mathrm{d}t'}{(4\pi at')^{3/2}}\mathrm{e}^{-\frac{X^2+[Y-(\delta-t')^2]v+Z^2}{4at'}} \tag{7-19}$$

式中　L ——焊缝长度，cm。

当 $L\rightarrow\infty$，$v\rightarrow\infty$ 时，相当于厚板上的快速堆焊情况，上两式即变为式（7-8）。

2. 薄板

如图 7-3 所示，设板厚为 δ（cm），热源（电弧）功率为 q（J/s），沿 Y 方向移动，移动速度为 v（cm/s），被焊件初始温度 $T_0=0$。此时相当于无穷多个瞬时集中点状热源作用在无限大薄板表面的情况，可用前述无限大薄板上瞬时集中点状热源的温度场模型式（7-9）和叠加原理来求解。

与研究厚板堆焊温度场思路完全相同，先考虑（0，Y）的微元热源对（X，Y）点的温度贡献。根据式（7-9）有：

$$aT(X, Y, t) = \frac{q\mathrm{d}y}{c_\rho(4\pi at')\delta v}e^{-\frac{R^2}{4at'}} \tag{7-20}$$

式中，$R^2 = X^2 + (Y - y)^2$；$t' = t - y/v$。

点（x，y）的温度变化等于所有微元热源所引起的温度变化的叠加，故有；

$$T(X, Y, t) = \frac{q}{4\pi ac_\rho\delta v}\int_0^L \frac{\mathrm{d}y}{t - y/v}\mathrm{e}^{-\frac{X^2+(Y-y)^2}{4a(t-y/v)}} \tag{7-21}$$

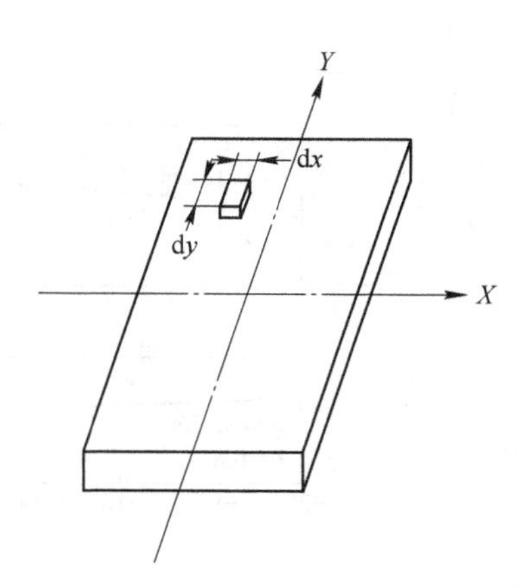

图 7-3 薄板焊接温度场数学模型

$$T(X, Y, t) = \frac{q}{4\pi ac_\rho\delta}\int_{t-L/v}^t \frac{\mathrm{d}t}{t'}\mathrm{e}^{-\frac{X^2+[Y-(t-t')v]^2}{4at'}} \tag{7-22}$$

对于薄板焊接往往需要考虑环境散热，此时可根据式（7-12）来求解，得

$$T(X, Y, t) = \frac{q}{4\pi ac_\rho\delta}\int_{t-L/v}^t \frac{\mathrm{d}t}{t'}\mathrm{e}^{-\frac{X^2+[Y-(t-t')v]^2}{4at'}+bt'} \tag{7-23}$$

当 $L \to \infty$，$v \to \infty$ 时，相当于薄板快速熔透焊。

三、影响温度场的因素

从上述温度场的解析式可见，焊接工艺参数和金属的热物理性质对温度场特性影响很大。

（一）焊接工艺参数的影响

焊接工艺参数对焊接温度场的影响如图 7-4 所示。当热源的有效功率 q 相同时，增大焊接速度 v，由 7-4a 可见，相同温度的等温线所包围的范围显著缩小，温度场被拉长。与焊接速度的影响相反，随着 q 的增大，一定温度的等温线所包围的范围显著增大，尤其在长度方向，如图 7-4b 所示。热输入 E 为常数时，同时增大 q 和 v 对温度场形状的影响与增大 q 而保持 v 不变的情况相似，主要是运动方向伸长，只是伸长程度稍小一些，并且宽度变化极小，如图 7-4c 所示。

（二）金属热物理性质的影响

金属的热物理性质，包括热导率 λ、体积比热容 c_ρ，热扩散率 a、热焓 H 等，对温度分布影响很大。对比图 7-5a 和 b，线能量相同时，λ 很小的奥氏体不锈钢，一定温度（特别是 600℃以上的高温区）所包围的范围，显然比低碳钢的大得多。对于 λ 相当大的铝和铜，如图 7-5c 和 d 所示，较高温度的等温线显著地向热源中心收缩；而较低温度的等温线则离开热源中心向周围散开。这说明当 λ 较大时，热源作用点附近部位的温度不易升高，而热的作用范围却明显增大。

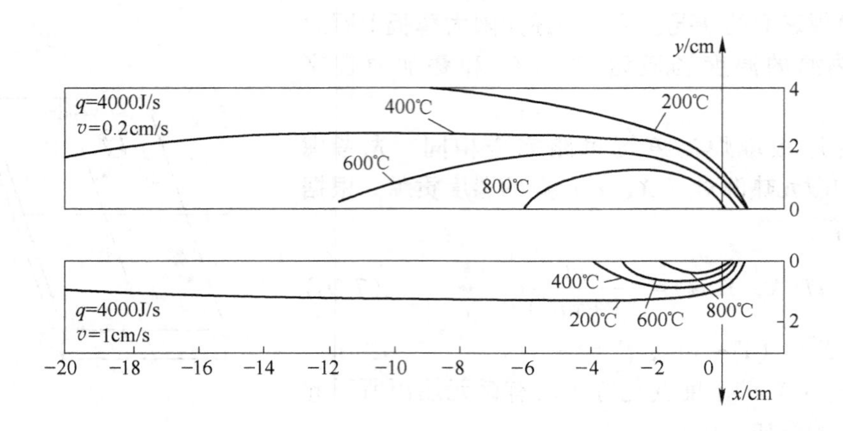

a

y/cm
2
200℃
400℃
800℃
q=4000J/s
v=0.5cm/s
600℃
0
0
800℃
q=8000J/s
v=0.5cm/s
600℃
2
400℃
200℃
4
−20 −18 −16 −14 −12 −10 −8 −6 −4 −2 0
x/cm

b

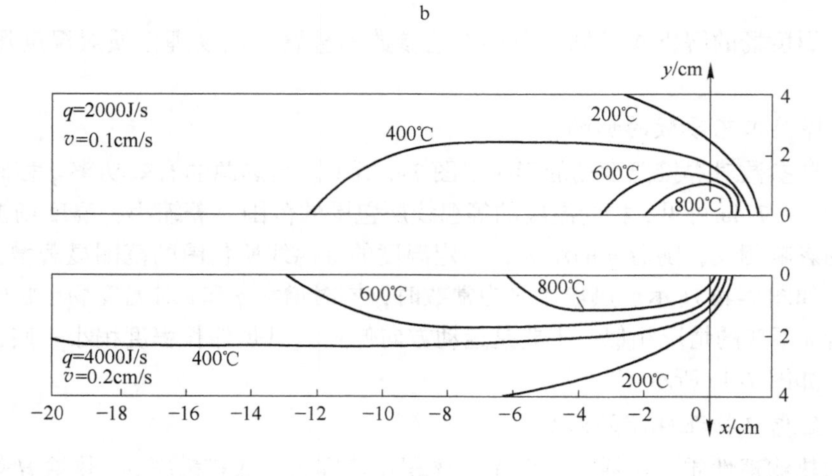

c

图 7-4 焊接参数对温度场的影响

此外焊件的厚度及形状和所处的状态（包括环境温度、预热及后热）对传热过程有很大的影响，因此也影响温度场的分布。

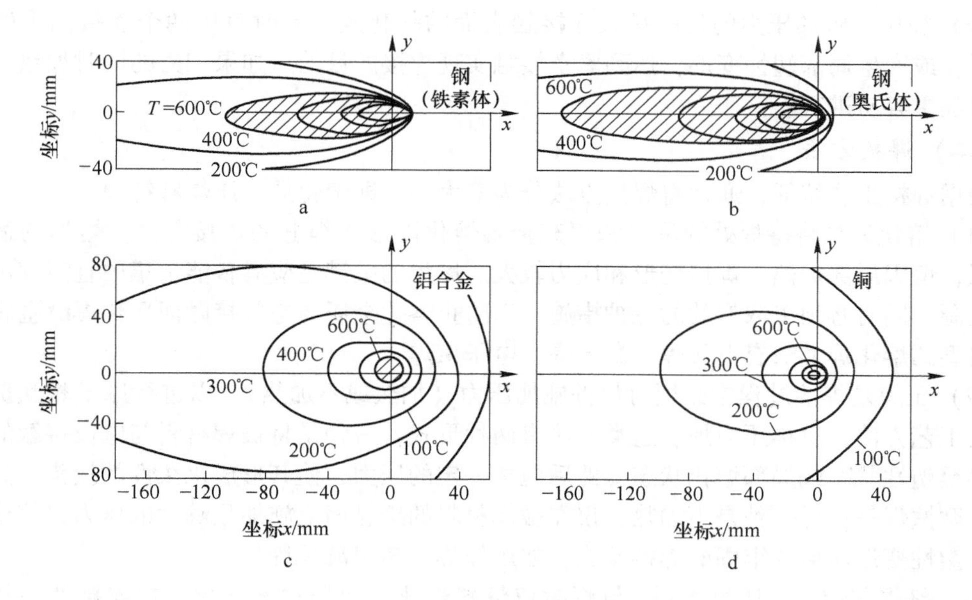

图 7-5　热导率对温度场的影响

a—钢（铁素体）（λ = 0.38J/(cm·s·℃)）；b—钢（奥氏体）（λ = 0.25J/(cm·s·℃)）；
c—铝合金（λ = 2.7J/(cm·s·℃)）；d—铜（λ = 4.2J/(cm·s·℃)）

第二节　焊接及其冶金特点

一、焊接及其物理本质

现代焊接是从 19 世纪末 20 世纪初开始，物理学、化学、电磁学、冶金学、传热学、力学、计算机等学科的兴起与发展，从不同角度推动着焊接技术向前发展。例如电子束、等离子束、激光的相继问世，提供了新型的热源，出现了高能束焊。在计算机模拟技术的基础上，建立起焊接热过程与熔池形态数值分析理论，从而为焊接冶金分析、应力变形、过程控制及工艺优化提供理论指导和基础数据。

（一）焊接的物理本质

焊接是通过加热或加压，或两者并用，用或不用填充材料，使被焊工件达到原子间结合的一种永久性连接方法。

那么，在焊接过程中为什么要加热或加压，或者两者并用呢？这是由焊接的物理本质所决定的。焊接的物理本质是使两个独立的工件实现了原子键结合。对金属而言，即实现了金属键结合。可见，焊接这种连接方式，不仅在宏观上形成了永久性的接头，而且在微观上建立了组织上的内在联系，从金属学的观点来看，表现在两个被焊金属件在母材与焊缝交界处形成了共同的晶粒。

为了实现焊接一般可以采取以下两种工艺措施，即加热和加压。

（1）加热。利用热源加热被焊工件连接处，使之发生熔化，利用液相之间的相溶及液、固两相原子的紧密接触来实现原子间的结合。

（2）加压。施加压力的目的是破坏接触表面的氧化膜，同时克服两个连接面上的凹凸不平，或产生局部塑性变形，达到紧密接触实现焊接的目的。如果加力的同时加热，则上述过程更容易进行。

（二）焊接方法

根据焊接工艺特征，通常将焊接方法分为三大类，即熔化焊、压焊和钎焊。

（1）熔化焊是将待焊处的母材和填充金属熔化以形成焊缝的焊接方法。熔焊的适应性较强，但因局部加热，焊接变形和应力较大。熔焊的关键是应具备能量集中且温度足够高的热源，同时必须采取有效的保护措施，以防止熔化金属与空气接触而恶化焊缝金属性能。典型的熔化焊方法有电弧焊、激光焊、电子束焊。

（2）压焊是焊接过程中必须对焊件施加压力（加热或不加热），以进行原子相互扩散的焊接工艺方法，也称压力焊。这类方法有两种形式：一种是将被焊材料与电极接触的部分加热至塑性状态或局部熔化状态，然后施加一定的压力，使其形成永久性的接头，如电阻焊、摩擦焊等；另一种是不加热，仅在被焊材料的接触面上施加足够大的压力，使接触面产生塑性变形而形成牢固的焊接接头，如爆炸焊、超声波焊等。

（3）钎焊与熔焊、压焊不同，钎焊时仅钎料熔化，而母材不熔化，在连接处一般不易形成共同的晶粒，只是依靠液态钎料润湿母材表面，两者相互扩散而形成钎焊接头。

不同的焊接方法各有优点和局限性，适用不同的材料和结构。不是任何材料都可以实现熔焊的，只有当两种材料的化学成分在高温液态时能形成互溶液体，并能在随后冷却凝固过程中形成需要的冶金结合才能实现熔焊。晶格类型、成分差异比较大的异种材料之间就很难采用熔焊实现连接。而钎焊适合于复杂结构部件的连接，是异种材料连接常用的方法，但连接强度较低，耐高温能力也相对较差。

随着科学技术的发展，焊接方法已有上百种，同时不同方法之间时常相互交叉、融合，形成了新的焊接方法与工艺，如复合焊中的激光+MAG 焊、扩散钎焊、搅拌摩擦钎焊、电弧点焊等。

二、焊接接头的形成及其冶金过程

在上述熔化焊焊接接头的形成过程中，包括以下具体过程。

（1）焊接热过程。熔焊时被焊金属及焊接材料在热源作用下局部受热并熔化，热源移走后焊接熔池冷却凝固，焊缝及热影响区金属固态相变。所以，整个焊接过程自始至终都是在焊接热作用过程中发生和发展的。焊接热作用过程与冶金反应、凝固结晶和固态相变、焊接温度场和应力变形等有密切关系，成为影响焊接质量和生产率的重要因素之一。

（2）焊接化学冶金过程。熔焊时，液态金属、熔渣及气相之间进行一系列的化学冶金反应，如金属的氧化、还原、脱硫、脱磷、掺合金等。这些冶金反应直接影响焊缝的成分、组织和性能。所以，控制焊接化学冶金过程是提高焊接质量的重要途径之一。近年来，在化学冶金方面的研究重点是通过优质焊接材料提高焊缝的强韧性。一是往焊缝中加入微量合金元素（如 Ti、Mo、Nb、V、Zr、B 和 RE 等）进行变质处理，二是适当降低焊缝的碳含量，并最大限度地排除焊缝中的 S、P、O、N、H 等杂质，使焊缝净化，也可以提高焊缝的韧性。有人采用计算机对焊缝的化学成分和力学性能进行优化设计，即把焊接化学冶金的有关规律建立起数学模型，用计算机选出焊缝的化学成分和力学性能的最优化方案。

（3）焊接物理冶金过程。在焊接热源作用下，焊接材料及母材金属局部熔化，热源离开后，经过化学冶金反应的熔池金属开始凝固结晶，金属原子由近程有序排列转变为远程有序排列，即由液态转变为固态，随着温度的降低，具有同素异构转变的金属，在不同冷却条件下，还将发生不同的固态相变。例如，焊接低碳钢时，将发生 $\delta \rightarrow \gamma \rightarrow \alpha$ 转变。另外，在焊接进行过程中，焊缝周围未熔化的母材在加热和冷却过程中，发生了金相组织和力学性能变化的区域称为热影响区（Hat-Afected Zone，HAZ），此区与焊缝不同，主要发生物理冶金过程。由于 HAZ 中各点距离焊缝的远近不同，所经受的热循环也不同，将发生不同的组织转变，必将影响其性能变化。综上所述，焊接接头主要由三部分组成，即焊缝、热影响区和母材。此外，焊缝与热影响区之间有一薄层过渡区，称为熔合区。熔焊焊接接头示意图如图 7-6 所示。

要保证焊接接头的性能，首先要选择合适的母材，其次应选择合适的焊接材料，同时应控制焊接热作用过程，使熔焊时由焊接材料及部分母材形成的焊缝金属达到成分和组织要求，保证焊缝的力学性能。同时，控制 HAZ 的组织转变，使整个焊接接头满足设计及使用要求。

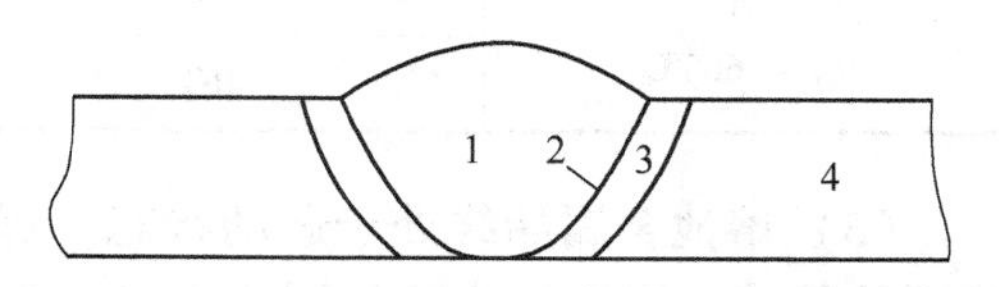

图 7-6　熔焊焊接接头示意图

1—焊缝；2—融合线；3—热影响区；4—母材

另外，在焊接化学冶金和物理冶金过程中，由于焊接快速连续加热与冷却的特点，并受局部拘束应力的作用，可能在焊接接头中产生成分偏析、夹杂、气孔、裂纹、脆化等焊接缺陷，使接头性能下降。因此，了解焊接成形的化学冶金和物理冶金过程特点，掌握焊接接头形成过程及其成分、组织与性能变化规律，防止各种焊接缺陷，对于材料成形与控制工程技术人员来说是非常必要的。

第三节　焊接熔池凝固组织及性能

熔焊时，在热源的作用下，母材将发生局部熔化，并与熔化了的焊条金属搅拌混合而形成了焊接熔池。当热源离开后，熔池便开始凝固，随着热源的移动焊接熔池不断形成又不断凝固，从而形成了焊缝。

熔池的凝固过程对焊缝金属的组织、性能具有重要的影响，因此必须了解熔池的特征及凝固的特点。

一、焊接熔池的特征

（1）熔池的体积小，冷却速度很大。在电弧焊条件下，焊接熔池体积很小。除了电渣焊外，最大也只有 30cm^3，重量不超过 100g。熔池周围又被冷金属包围，所以熔池的冷却速度很大，平均约为 4~100℃/s，比钢锭的平均冷却速度大 10^4 倍。

（2）熔池的温度高。焊接熔池中的液态金属处于过热的状态。在电弧焊的条件下，对于低碳钢和低合金钢来说，熔池的平均温度可达（1770±100）℃。由于焊接熔池中的温度分布是不均匀的，这里采用平均温度的概念，一般钢锭的熔点很少超过 1550℃。可见熔池的过热度是很大的。熔池的平均温度超过金属熔点的数值被定义为平均过热度，不同焊接方法的熔池过热度可参见表 7-1。

表 7-1　焊接熔池与熔滴的平均温度

焊件金属	焊接方法	熔池平均温度/℃	熔滴平均温度/℃
低碳钢 θ_M = 1525℃	SAW	1705~1860	—
	CO_2 焊	1900	2590
	SMAW	1600~2000	2100~2200
	MIG	1625~1800	2560~3190
Cr12V1 钢 θ_M = 1310℃	药芯焊丝	1500~1610	2000~2700
	Cr12WV		
铝 θ_M = 660℃	TIG	1075~1215	—
	MIG	1000~1245	—

（3）熔池金属始终处于运动状态。焊接熔池中的液态金属始终处于运动状态。随着热源的移动，熔池与热源作同步运动。在熔池的头部，金属不断被熔化，而在熔池的尾部，液态金属不断地进行凝固，即熔池中金属的熔化和凝固过程是同时进行的。可见熔池各部位处于液态的时间是非常短的，一般只有几秒到几十秒的时间。

熔池中存在着各种力的作用，如电弧的机械力、气流的吹力、电磁力、熔滴的作用力，以及由于不均匀的温度分布所造成的金属密度差和表面张力差等，所以熔池不是处于平静状态，而是存在着强烈的搅拌和对流运动。液态金属的流动状态如图 7-7 所示，一般趋向为液态金属从头部向尾部流动。

焊接熔池是在运动状态下凝固的，熔池的凝固速度相当大，固—液界面的推进成长速度，要比铸件高 10~100 倍。

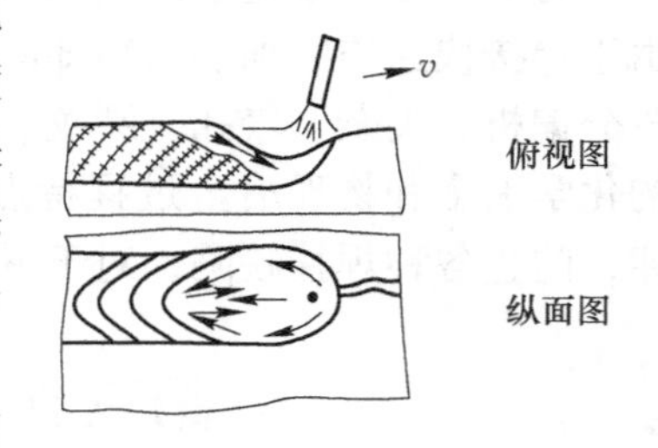

图 7-7　焊接熔池中液态金属运动示意图

二、熔池凝固的特点

焊接熔池凝固组织的形态如图 7-8 所示，它的结晶过程与钢锭一样都经历形核和晶核长大的过程。然而由于焊接熔池的凝固条件不同，使焊接熔池的凝固组织，具有其独特的形态。

（一）联生结晶（或称交互结晶、外延结晶）

由金属凝固理论可知，过冷是凝固的条件，并通过联生晶核和晶核的成长而进行的。但在焊接熔池这种非常过热的条件下，均匀成核的可能性是非常小的，而熔池边界部分熔化的母材晶枝表面，完全可能成为新相晶核的“基底”。因为母材晶粒表面作为新相晶核的“基底”，不仅所需能量小，而且在结晶点阵形式及点阵常数上，与新相接近一致，因而易于促使新相成核。试验也证明，焊接熔池的凝固过程是从边界开始的，是一种非均匀成核。焊缝金属呈柱状晶形式与母材相联系，好似母材晶粒的外延生长。这种依附于母材晶粒的现成表面，而形成共同晶粒的凝固方式，被称为联生结晶或外延结晶。它是焊缝金属凝固的重要特征之一。图 7-9 联生结晶的示意图，图中 WI 表示焊缝边界、WM 为焊缝金属、BM 为母材金属。

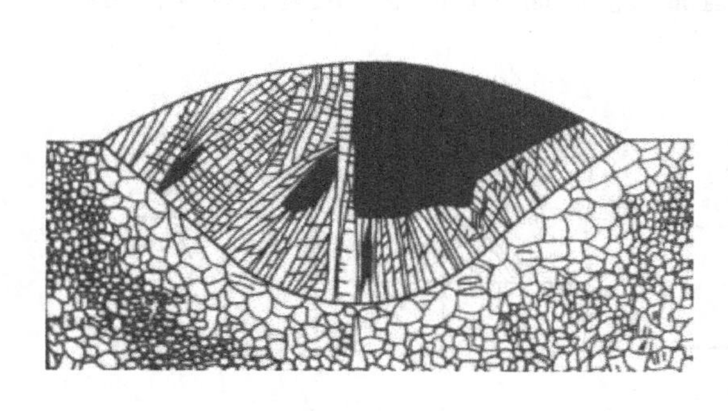

图 7-8　熔池金属的凝固（结晶）
右侧—结晶开始；左侧—结晶结束

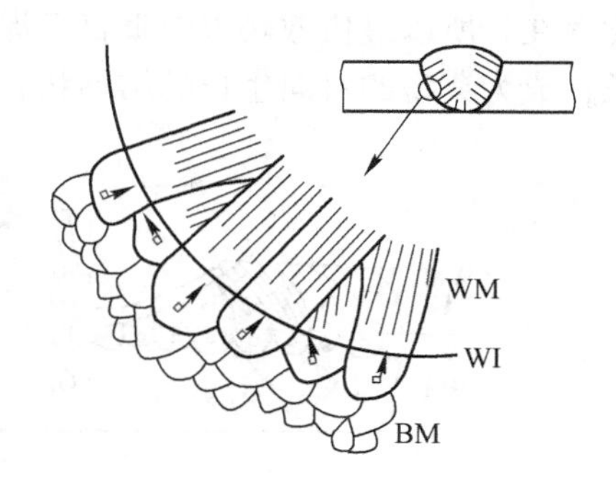

图 7-9　联生结晶示意图

（二）择优成长

在熔池的边界开始结晶后，晶体便呈柱状晶的形式继续向熔池的内部成长。但并非边界上的晶粒都“齐步前进”，有的长大得很显著，并一直可以向熔池内部发展；有的则只能长大到很短的距离，就被抑制而停止成长。如图 7-10 所示。

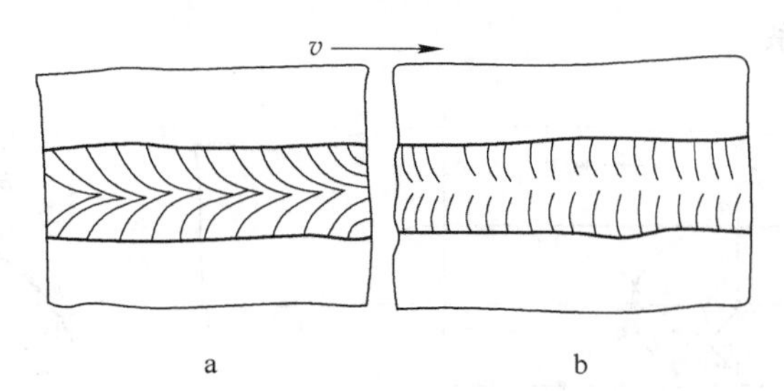

图 7-10　柱状晶成长与焊接速度的关系示意
a—偏向晶（v=6mm/h）；b—定向晶（v=6mm/h）

从金属凝固理论可知，柱状晶的成长，其主轴具有一定的严格的结晶位向。在各种立方点阵的金属中，如 Cu、Fe、Ni、Al 等，最有利于晶体成长的结晶位向为（001）。而在熔池的边界，作为现成晶核的母材晶粒是各向异性的，即结晶位向并不相同。其中有的晶粒的结晶位向（001）正好与熔池边界等温线（实际为等温面）相垂直，也就是正好是散热最快的方向，自然就有利于柱状晶的成长，有的晶粒的结晶位向（001），处于熔池边界等温线的偏斜方向上，显然不利于其成长，这就是焊缝中柱状晶择优长大的结果。

由于焊接熔池是在运动状态下进行凝固的，其柱状晶的成长方向，在沿焊缝长度方向上与熔池的形状和焊接速度有关。在一般焊接速度的情况下，焊缝的柱状晶是朝向焊接方向并弯曲地指向焊缝中心，被称为“偏向晶”。如图 7-10a 所示，焊接速度越慢，柱状晶主轴越弯向焊接方向。在高速焊接条件下，柱状晶成长方向可垂直于焊缝边界，一直长到焊缝中心，被称为“定向晶”，如图 7-10b 所示，焊缝中柱状晶的成长方向，之所以具有定向和偏向的特征，与熔池移动过程中最快散热方向有关；由边界成长起来的柱状晶，总是垂直于等温面而指向焊缝中心。如图 7-11 所示，图中 G_{max} 为最快的散热方向。当热源移动速度很快时，焊接熔池已变成细长条。从理论上说，在热源运动方向上可认为无温度梯度存在，所以最快散热方向垂直于焊缝轴线。因而柱状晶也只能垂直焊缝轴向焊缝中心成长，成为典型的对向生长的结晶状态。

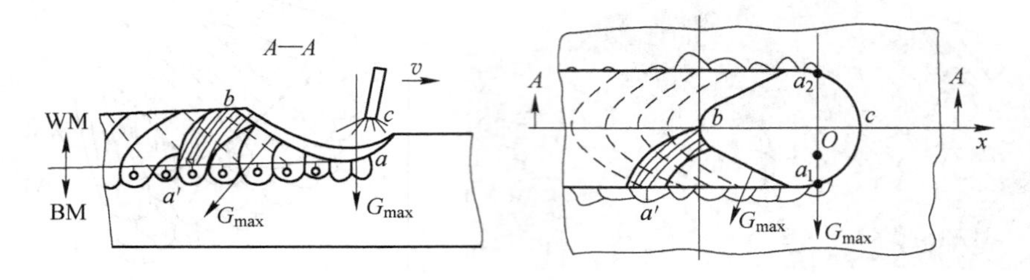

图 7-11 柱状晶指向焊缝中心

（三）凝固速度

熔池中液态金属的凝固速度可以通过柱状晶成长速度或凝固时间来反映。

柱状晶的成长速度即为柱状晶前沿推进的线速度。在偏向晶的情况下，由于晶体成长方向在不断变化，而各点的散热程度不同。所以成长速度成为平均成长线速度。平均成长线速度与焊接速度有关。如图 7-12 所示，设焊接速度为 v，柱状晶成长速度为 R，可由图 7-12 得 R 与 v 的关系。

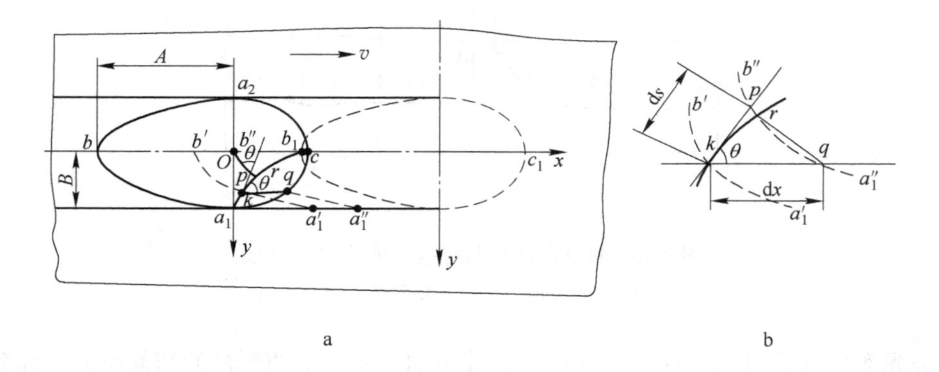

图 7-12 柱状晶成长平均速度 R 的求法（b 为 a 的局部放大图）

若熔池以速度 v 移动，当由 b 移到 b_1 时，将形成以 a_1-b_1 为晶轴的柱状晶。如图 7-12a 所示，在 a_1-b_1 晶轴上取任意一点 k，作切线与 x 轴的交角为 θ；此切线即为在点 K 时柱状晶成长的线速度方向。若在 dt 时间内，凝固前沿 $a_1'b'$ 移动一个微小的距离 dx，而到达 $a_1''b''$，则柱状晶主轴的前沿，将由 K 点移到 r 点。K 点与 P 点的距离为 ds，因 ds 很小，可认为 P 点与 r 点重合；则 ds 为柱状晶在 dt 时间内成长的距离。由于柱状晶主轴在点 r，应与 a''_1b'' 垂直，故可近似的认为 $\angle kpq$ 为直角，又因为 $\angle pkq \approx 0$，故得

$$\mathrm{d}s = \mathrm{d}x \cdot \cos\theta \tag{7-24}$$

两端分别除以 dt，则： $R = v\cos\theta$

由于 θ 为柱状晶主轴在某点的成长方向与焊接方向之夹角，所以 θ 的值是不断变化

的，R 值也是不断变化的。在焊缝边界处，因 $\theta=90°$，所以 $R\to0$。焊缝的中心处（即柱状晶生长的终点），因 $\theta\approx0$，所以，$R\approx v$。由此可知，在焊缝边界刚开始凝固时的柱状晶平均成长速度，总是小于焊缝中、上部时的成长速度，而柱状晶成长的最大速度，不可能超过焊接速度。

焊接熔池的实际凝固过程并不是完全连续的，而是时有停顿的断续过程。由于析出结晶潜热及其他附加热的作用，柱状晶成长速度的变化并不是十分有规律，常会伴有不规则的波动现象。

与铸件相比，焊缝金属的凝固速度非常迅速。通常对某一定点而言，仅为几秒钟这样的凝固组织不能简单地说成是铸造组织，焊缝金属的强韧性往往要高于铸件，这与焊缝金属独特的凝固过程有关。

三、凝固组织的形态

对焊缝断面的宏观观察表明，焊缝的晶体形态，主要是柱状晶和少量的等轴晶，在显微镜下进行微观分析，还可以发现每个柱状晶内有不同的结晶形态，如平面晶、胞状晶和树枝晶等，而等轴晶内一般都呈现为树枝晶。

焊缝金属中晶体的不同形态，与焊接熔池的凝固过程密切相关。由与焊接过程的凝固是一个动态过程，不仅在固相中，甚至在液相中溶质原子，也来不及进行扩散均匀化。因此在固—液界面附近必然富集溶质，而且存在着浓度梯度。在焊接熔池的不均匀的温度分布状态下，由于熔池中各点的温度梯度不相同，导致熔池中不同区域的成分过冷程度不同。在焊缝的边界处，界面附近的溶度的富集程度较小。由于温度梯度较大，结晶速度很小，故成分过冷接近于零，这有利平面晶的生长。随着凝固过程的进行，界面附近溶质的变化程度也逐渐加强。而温度梯度逐渐变小，结晶的速度逐渐变大，这自然会增大成分过冷现象。所以结晶形态将由平面晶向胞状晶和树枝状晶发展。在凝固后期，在焊缝中心或弧坑中部可看到对称等轴枝晶。焊缝凝固时结晶形态的变化可参见图 7-13。

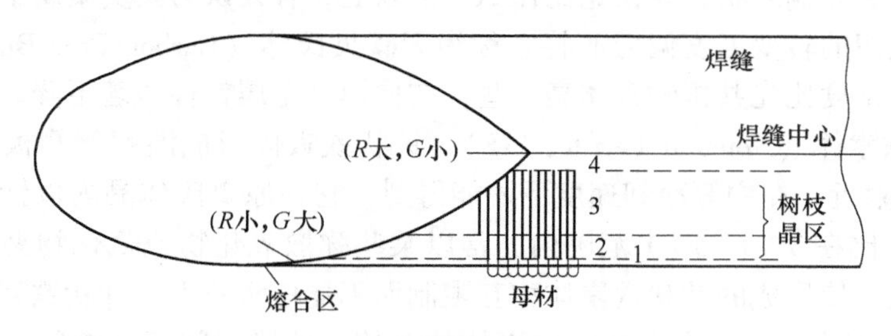

图 7-13　焊缝结晶形态的变化

1—平面晶；2—胞状晶；3—树枝柱状晶；4—等轴晶

在实际焊缝中，由于化学成分、焊件尺寸及接头形式、焊接工艺参数等因素的影响，不一定具有上述的全部结晶形态，而且不同条件下的结晶形态，也存在着较大的差别。

四、焊缝金属的组织

焊接熔池完全凝固后，焊缝金属在随后的连续冷却过程中将发生固态相变，相变类型取决于焊缝的化学成分及冷却条件。对钢焊缝而言，高温奥氏体将在不同温度区间转变为铁素体、珠光体、贝氏体及马氏体，在室温下得到相应的混合组织。

（一）低碳钢焊缝的室温组织

低碳钢焊缝碳含量较低，高温奥氏体固态相变后得到铁素体加珠光体组织。固态相变时首先沿奥氏体晶界析出共析铁素体，然后发生共析反应

$$A \longrightarrow P(F + Fe_3C) \tag{7-25}$$

式中，A 为奥氏体；P 为珠光体；F 为铁素体；Fe_3C 为渗碳体。

焊缝金属过热时，还会出现魏氏组织，即铁素体在奥氏体晶界呈网状析出，或在奥氏体晶内沿一定方向析出的呈长短不一的针状或片条状脆性组织。

（二）低合金钢焊缝的室温组织

低合金钢焊缝固态相变后的室温组织比低碳钢焊缝复杂得多，随着碳含量及合金种类与含量的变化，还会出现不同形态的贝氏体和马氏体。

1. 铁素体（Ferrite，F）

低合金钢焊缝中的铁素体大致分为以下四类。

（1）先共析铁素体（Proeutectoid Ferrite，PF）。焊缝中的先共析铁素体是焊缝冷却到较低高温区间（转变温度在680~770℃），沿奥氏体晶界首先共析出的铁素体，因此也称为晶界（或粒界）铁素体（Grain Boundary Ferrite，GBF）。在晶界析出的形态可以是长条形沿晶扩展，也可以是多边形块状，互相连接沿晶分布，故又称为块状铁素体。晶界铁素体析出的数量与焊缝成分及焊接热循环的冷却条件有关。合金含量较低，高温停留时间较长，冷却较慢时，合金含量就较多。先共析铁素体内部的位错密度较低，大约为 $5\times10^9cm^2$ 左右，为低屈服强度的脆弱相，使焊缝金属韧性下降。

（2）侧板条铁素体（Ferrite Side Plate，FSP）。侧板条铁素体形成温度比先共析铁素体稍低，转变温度范围较宽，为550~700℃。它一般从晶界铁素体的侧面以板条状向晶内生长，从形态上看如镐牙状，其长宽比在20：1以上。有人认为其实质属于魏氏组织，也有人由于这种组织的转变温度偏低而将它称为无碳贝氏体（Carbon Free Binete）。侧板条铁素体内的位错密度比先共析铁素体高一些，它使焊缝金属韧性显著下降。

（3）针状铁素体（Acicular Ferrite，AF）。针状铁素体形成温度比侧板条铁素体更低些，约在500℃附近，在中等冷却速度下才能得到，它在原奥氏体晶内以针状分布，宽度约为2μm，长宽比在3：1~5：1范围内，常以某些弥散氧化物或氮化物夹杂物质点为核心呈放射性成长，使形成的针状铁素体相互限制而不能任意长大。针状铁素体内位错密度较高，约为 $1.2\times10^{10}/cm^2$，为先共析铁素体的2倍。位错之间相互缠结，分布不均。一般认为在焊缝屈服强度不超过550MPa、硬度在175~225HV范围内时，针状铁素体是可以显著改善焊缝韧性的理想组织。针状铁素体的比例增加时，有利于提高焊缝金属的韧性，故希望尽可能获得较多的针状铁素体组织。

（4）细晶铁素体（Fine Grain Ferrite，FGF）。结晶铁素体一般是在有细化晶粒的元素（如Ti、B等元素）存在的条件下，在奥氏体晶粒内形成的铁素体，在细晶之间有珠光体和碳化物析出。它实质上是介于铁素体与贝氏体之间的转变产物，故又称贝氏铁素体（Binetic Ferrite）。细晶铁素体转变温度一般在500℃以下，如果在更低的温度转变时（约450℃），可转变为上贝氏体。

以上 4 种显微组织是低合金钢焊缝中铁素体类型的基本形态，但并不是低合金钢焊缝所独有的形态，即使在低碳钢焊缝中也会出现，只是所含比例不同而已。

2. 珠光体（Pearlite，P）

珠光体是在接近平衡状态下（如热处理时的连续冷却）低合金钢中常见的组织，珠光体转变发生在 A_{r_1}~550℃。根据细密程度的不同，珠光体又分层状珠光体、粒状珠光体及细珠光体。

在焊接非平衡条件下，原子来不及充分扩散，使珠光体转变相受到抑制，扩大了铁素体和贝氏体转变的区域。当焊缝中含有 B、Ti 等细化晶粒的元素时，珠光体转变可完全被抑制。所以低合金钢焊缝的固态转变时很少能得到珠光体转变，除非在很缓慢的冷却条件下（预热、缓冷和后热等），才有少量珠光体组织存在，珠光体会增加焊缝金属的强度，但使其韧性下降。

3. 贝氏体（Bainite，B）

贝氏体转变属于中温转变，它的转变温度在 550℃ ~ *Ms*。此时合金元素已不能扩散，只有碳还能扩散，故其转变机制为扩散-切变型。在焊接热循环条件下，很容易促使形成贝氏体，按贝氏体形成的温度区间及其特殊性来分，可分为上贝氏体（Upper Bainite，UB）和下贝氏体（Lower Bainite，LB）。

（1）上贝氏体。上贝氏体的特征为在光学显微镜下呈羽毛状，一般沿奥氏体晶界析出。在电镜下可以看出，相邻条状晶的位向接近于平行，且在平行的条状铁素体间分布有渗碳体。由于这些碳化物断续平行地分布于铁素体条间，因而裂纹易沿铁素体条间扩展，在各类贝氏体中以上贝氏体的韧性最差。

（2）下贝氏体。下贝氏体的特征为在光学显微镜下观察时，有些与回火片状马氏体相似。在电镜下可以看出许多针状铁素体和针状渗碳体的机械混合物，针与针之间呈一定的角度。由于下贝氏体的转变温度区在贝氏体转变区的低温部分（450℃ ~ *Ms*），碳的扩散更为困难，故在铁素体内分布有碳化物颗粒。由于下贝氏体中铁素体呈一定交角，且碳化物在铁素体内弥散析出，裂纹不易穿过，因此下贝氏体具有强度和韧性均良好的综合性能。

此外，在奥氏体以中等速度连续冷却时，稍高于上贝氏体形成温度时还可能出现粒状贝氏体。它是在块状铁素体形成后，待转变的富碳马氏体和残留奥氏体，有时也有碳化物，称为 M-A 组元（Constitution M-A）。当块状铁素体上 M-A 组元以粒状分布时，即称粒状贝氏体（Grain Bainite），如果以条状分布时，称为条状贝氏体（Lath Bainite）。粒状贝氏体不仅在奥氏体晶界形成，也可在奥氏体晶内形成。粒状贝氏体中 M-A 组元也称为岛状马氏体。因硬度高，在载荷下可能开裂，或在相邻铁素体薄层中引发裂纹而使焊缝韧性下降。

4. 马氏体（Martensite，M）

当焊缝金属的含碳量偏高或合金元素较多时，在快速冷却条件下，奥氏体过冷到 *Ms* 温度以下将发生马氏体转变。根据含碳量不同，可形成不同形态的马氏体。

（1）板条马氏体（Lath Martensite）。板条马氏体是低碳低合金钢焊缝金属中最常出现的马氏体形态，它的特征是在奥氏体晶粒内部平行生长成群的细条状马氏体板条。马氏体板条内存在许多位错，其密度为 $(3\sim9)\times10^{11}cm^2$，因此又称位错型马氏体。由于这种马氏体的含碳量低，故又称低碳马氏体。这种马氏体不仅具有较高的强度，同时也具有良好的韧性，抗裂纹能力强，其综合性能好。

（2）片状马氏体（Plate Martensite）。当焊缝中含碳量较高（$w(C)\geqslant0.4\%$）时，将会出现片状马氏体，它与低碳板条马氏体在形态上的主要区别是马氏体不相互平行，初始形成的马氏体较粗大，往往贯穿整个奥氏体晶粒，使以后形成的马氏体片受到阻碍。片状马氏体内部的亚结构存在许多细小平行的带纹，为孪晶带，故又称为孪晶马氏体，因其含碳量较高，所以也称为高碳马氏体。这种马氏体硬度高且脆，容易产生焊缝冷裂纹，是焊缝中应避免的组织。

（三）WM-CCT 图

低合金钢的焊缝组织较复杂，随着化学成分、强度级别及焊接条件的不同，会出现不同的混合组织，力学性能变化也较大，为了预测其组织与性能，焊接工作者专门研究制定了低合金钢焊缝金属连续冷却组织转变图，简称为 WM-CCT（Weld Metal-Continuous Cooling Transformation）图，其分析原理及应用与热处理中的 CCT 图相同。根据焊缝金属的 WM-CCT 图（与成分有关）和焊接条件（决定冷却曲线），可以推断焊缝金属的组织与性能；反之，由焊缝的性能要求可以确定其组织组成，选择母材与焊接材料，制定焊接工艺参数。

五、焊缝金属性能的控制

控制焊缝性能是保证焊接质量的主要内容之一。一般的焊接构件焊后不再进行热处理，因此，保证焊缝及焊接接头的焊态组织与性能非常重要。

（1）焊缝合金化与变质处理。焊缝合金化的目的是保证焊缝金属的焊态强度与韧性，可以采取固溶强化（加入锰、硅等合金元素）、细晶强化（加入钛、铌、钒等合金元素）、弥散强化（加入钛、钒、钼等合金元素）、相变强化等措施。在焊接熔池中加入少量钛、硼、锆、稀土等元素有变质处理作用，可以有效地细化焊缝组织，提高韧性。

（2）工艺措施。除上述工艺措施外，还可以通过调整焊接工艺的方法提高焊缝性能，例如采取振动结晶、焊后热处理等措施。

【例 7-1】 WDB620 钢是为适应和满足西电东送项目而研制开发的水电压力钢管、机组蜗壳用 60kg 级新型低焊接裂纹敏感性高强度钢板（简称 CF 钢），国内从 2001 年开发成功至今已满足国内外 50 多座大中型水电站压力钢管、蜗壳的使用技术要求，简化了钢管的生产工序，节省了制作费用。WB620 钢采用控扎和回火工艺，其化学成分如表 7-2 所示，其显微组织如图 7-14 所示。

表 7-2　WDB620 钢的化学成分

元素	C	Si	Mn	P	S	Mo	Nb	V	B	Ti
含量（质量分数）/%	≤0.04	0.15~0.35	≤1.45	≤0.015	≤0.010	≤0.30	≤0.040	≤0.05	≤0.001	0.010~0.020

（1）焊接方法及材料：可选用手工电弧焊、气体保护焊（80%Ar +20%CO_2）、埋弧

焊进行焊接，焊接材料为 CHE62CFLH 焊条/J607RH 焊条、GHS-60N 焊丝、WS03 焊丝+CHF101 焊剂。

（2）显微组织分：WDB620 属于低碳贝氏体钢，母材（图 7-14a）主要是铁素体和粒状回火贝氏体组成，焊缝区组织如图 7-14b、c，焊缝区组织为少量的先共析铁素体，细小、均匀的针状铁素体，珠光体和少量无碳贝氏体，故焊缝区强度较高。

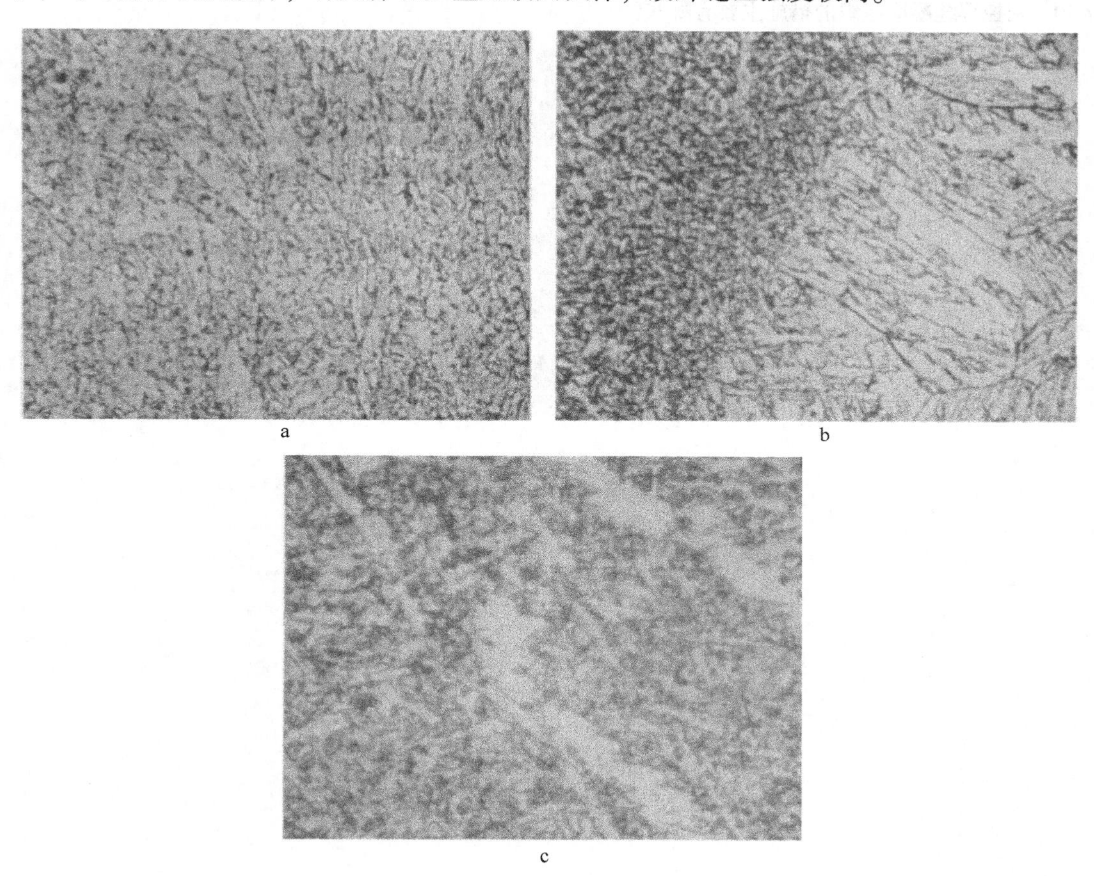

图 7-14　WDB620 钢显微组织

a—母材（×400）；b—焊缝（×400）；c—焊缝（×400）

习　题

7-1　说明焊接定义。焊接的物理本质是什么，采取哪些工艺措施可以实现焊接？

7-2　传统上焊接方法分为哪三大类，说明熔焊的定义。

7-3　常见的焊接热源模型有哪些？并说明其特点。

7-4　对于低碳钢薄板，采用钨极氩弧焊容易实现单面焊双面成形（背面均匀焊透），采用同样的焊接规范去焊相同厚度的不锈钢或铝板会出现什么后果，为什么？

7-5　对于板状对接单面焊焊缝，当焊接规范一定时，经常在起弧部位附近存在一定长度的未焊透，分析其产生原因并提出相应工艺解决方案。

7-6　什么是联生结晶，什么是竞生生长？

7-7　简述焊缝凝固结晶形态及其形成条件，并讨论固液界面前沿温度梯度、凝固速率和合金中溶质浓度等对结晶形态的影响。

7-8　分析焊接是速度对焊缝柱状晶主轴方向的影响。

7-9　根据熔池凝固与焊缝组织之间的关系，简述焊缝凝固组织的一般特征。

7-10　调控焊缝凝固组织的措施主要有哪些？

第八章　焊接成形过程中的冶金反应原理

扫码获得
数字资源

焊接化学冶金实质上是金属在焊接条件下的再熔炼过程。熔焊时，焊接区内的各物质之间在高温下、一定保护条件下相互作用，是一个极为复杂的物理化学变化过程。焊接化学冶金过程对焊缝金属的成分、性能、焊接缺欠（气孔、结晶裂纹等）以及焊接工艺性能都有很大影响。焊接化学冶金主要研究在各种焊接工艺条件下，冶金反应与焊缝金属化学成分、性能之间的关系及变化规律。研究的主要目的是运用这些规律合理地选择焊接材料，控制焊缝金属成分和性能，获得符合使用要求的焊接接头，以及设计、开发新型的焊接材料，以满足焊接工程实际的需要。

焊接冶金反应开始于焊接材料（焊条、焊丝）的起弧熔化，经熔滴过渡最后到达熔池之中，既具有阶段性特征又是互相依赖的连续过程，以焊条电弧焊为例，大体可分为三个冶金反应区：药皮反应区、熔滴反应区及熔池反应区，如图 8-1 所示。各区域进行的冶金反应及反应条件（如反应物的性质、浓度、温度、反应时间、相接触面、对流和搅拌的程度等）有较大的差别。因而反应的可能性、进行的方向、速度等也各不相同。

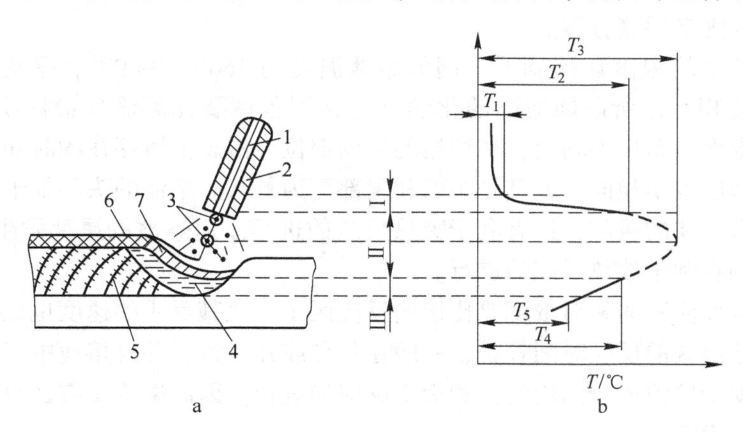

图 8-1　焊接冶金反应区（以药皮焊条为例）
a—焊接区纵剖面示意图；b—焊接反应区温度变化特性曲线
1—渣壳；2—熔渣；3—包有渣壳的熔滴；4—焊芯；
5—药皮；6—熔池；7—已凝固的焊缝；
T_1 —药皮反应开始温度；T_2 —焊条端部的熔滴表面温度；
T_3 —弧柱间的熔滴表面温度；T_4 —熔池表面温度；T_5 —熔池凝固温度

不同的焊接方法有不同的冶金反应区。药皮焊条和黏结焊剂等三个反应区都存在；对于熔炼焊剂或熔化极气体保护焊，只有熔滴反应区和熔池反应区；而不加填充料的气焊、钨极氩弧焊等只有熔池反应区。

下面简述各反应区的特点：

（1）药皮反应区。药皮反应区的特点是加热的温度较低，不超过药皮的熔化温度（对钢焊条来说约为1200℃），亦称造渣反应区。反应的部位在焊条前端的套筒附近。在药皮反应区进行的冶金反应，主要是水的蒸发及药皮中某些固态物质（如有机物、大理石、高价氧化物等）的分解。反应将显著改变焊接区的气氛性质，在氧化性气氛中将导致铁合金的氧化。因此药皮反应区是焊接冶金反应的准备阶段，为冶金反应提供了气体和熔渣。

（2）熔滴反应区。熔滴反应区的特点是：

1）温度高、过热度大。钢焊条熔滴金属的温度达2100～2200℃，最高温度可接近钢的沸点（约为2800℃）。气体保护焊和埋弧焊熔滴的平均温度均可接近钢的沸点。

2）熔滴的比表面积大。由于熔滴的尺寸小，其比表面积可达10^3～$10^4cm^3/kg$，比炼钢时大1×10^3倍左右。这种特大相界面的存在可促进冶金反应的进行，因此熔滴反应区是焊接冶金反应最激烈的部位，许多反应可达到很完全的程度，对焊缝的化学成分影响最大。

在熔滴反应区进行的冶金反应有：气体的分解和溶解，金属的蒸发，金属及其合金的氧化、还原，以及焊缝金属的合金化等。但由于反应的时间短促，一般小于1s，故不利于冶金反应达到平衡状态。

（3）熔池反应区。熔滴金属和部分熔渣以很大的速度落入熔池后，同熔化的母材金属混合，并向熔池尾部和四周运动。与此同时，各相之间进一步发生物理化学反应，直至金属凝固，形成固态焊缝金属。

由于熔池的平均温度比熔滴低，钢的熔池温度为1600～1900℃，平均可达（1770±100）℃，比表面积小，所以熔池中的化学反应强烈程度要比熔滴反应区小一些。此外，由于熔池中的温度分布极不均匀，在熔池的不同部位，液态金属存在的时间不同，因而冶金反应进行的程度也不相同。尤其是头部和尾部更为复杂。熔池的头部处于升温阶段，发生金属的熔化和气体的吸收，这有利于吸热反应的进行。而熔池的尾部发生金属的凝固、气体的逸出，则有利于放热反应的进行。

熔池反应区反应物的相对浓度要比熔滴反应区小，故其反应的速度也比熔滴反应区小一些。但由于熔池区的反应时间较长，一般在几秒或几十秒，并且熔池中存在着对流和搅拌现象，这有助于熔池成分的均匀化和冶金反应的进行。因此熔池反应区对焊缝的化学成分具有决定性的影响。

总之，焊接化学冶金过程是分区域连续进行的，熔滴阶段进行的反应，多数会在熔池阶段中继续进行，但也有少数会停止或向相反的方向进行。各阶段冶金反应的综合才能决定焊缝金属的最终成分。

第一节　液态金属与气相的相互作用

一、焊接区气体的来源

在焊接过程中，熔池周围充满各种气体，这些气体主要来自以下几个方面：

（1）焊条药皮或焊剂中造气剂产生的气体；

（2）周围的空气，焊芯，焊丝和母材在冶炼时的残留气体；

（3）焊条药皮或焊剂未烘干在高温下分解出的气体；

（4）母材表面未清理干净的铁锈、水分和油。

这些气体都不断地与熔池金属发生作用，有些还将进入焊缝金属中去，其主要成分为 CO、CO_2、H_2、O_2、N_2、H_2O 及少量的金属与熔渣的蒸汽，气体中 H_2、O_2、N_2 对焊缝质量的影响最大。

二、气体对焊缝金属的影响

（一）氧的影响

焊接时，氧主要来源于空气、药皮和焊剂中的氧化物、水分及焊接材料表面的氧化物。通常，氧以原子氧（O）和氧化亚铁（FeO）两种形式存在于液态金属中。焊接后，氧在电弧高温作用下分解为更为活泼的氧原子，能使铁和其他元素氧化，主要的氧化反应如下：

$$Fe + O = FeO$$

$$Mn + O = MnO$$

$$Si + 2O = SiO_2$$

$$C + O = CO$$

由于 FeO 的存在，还会使其他金属进一步氧化，主要的氧化反应如下：

$$FeO + C = CO + Fe$$

$$FeO + Mn = MnO + Fe$$

$$2FeO + Si = SiO_2 + 2Fe$$

熔池金属被氧化后，形成 FeO、SiO_2 和 MnO 等熔渣，使其中的 C、Mn、Si 等大量烧损。当熔池迅速冷却后，一部分氧化物熔渣残存在焊缝金属中，形成夹渣，使焊缝的强度、硬度、塑性和韧性明显下降。生产中减少焊缝中含氧量的有效措施是采取机械保护及对熔滴、熔池金属进行脱氧。

（二）氢的影响

焊接时，氢主要来自焊条药皮、焊剂中的水分、药皮中的有机物、母材金属和焊丝表面上的污物（铁锈、油污）和空气中的水分等。

氢在通常情况下不与金属化合，但它能溶于 Fe、Ni、Cu、Cr 等金属中。有实验证明，氢是以原子状态溶解在金属中的。在焊接条件下，焊缝中氢的溶解量超过正常条件下的 10 倍。在这种情况下，由于过饱和的氢造成的局部压力过大，在焊缝附近产生微裂缝，即氢脆。若碳钢或低合金钢含氢量高，则常常在其拉伸或弯曲断面上出现银白色圆形局部脆断点，称之为白点。焊缝产生白点后，则其塑性将大大下降。

焊缝在冷却过程中，氢的溶解度将急剧下降，同时发生 $2[H]=H_2$ 反应，而分子状态的氢是不溶于金属的，如果氢来不及逸出就会形成气孔。这种气孔的存在对焊缝的性能影响很大，它会使焊缝的工作截面减小，因而降低力学性能，并使金属的塑性、弯曲及冲击韧度降低很多。

减少焊缝金属中含氢量的主要措施是烘干焊条和焊剂，清除焊件和焊丝表面上的杂质，利用熔滴和熔池中的冶金反应去氢，焊后对焊件进行脱氢处理。

（三）氮的影响

焊接时，氮主要来自焊接区周围的空气，氮是促使焊缝产生气孔的主要原因之一。液态金属在高温时可以溶解大量的氮，而在其凝固时氮的溶解度突然下降，这时过饱和的氮以气泡的形式从熔池中向外逸出，当焊缝金属的结晶速度大于它的逸出速度时，就形成气孔。因保护不良而产生的气孔（如手弧焊引弧端和弧坑处的气孔）一般都与氮有关。氮在高温时融入熔池，并能继续溶解在凝固的焊缝中，析出的氮与铁形成化合物，以夹杂物的形式存在焊缝金属中，从而使焊缝严重脆化。

氮不同于氧，一旦进入液态金属后脱氮比较困难，所以控制焊缝含氮量的主要措施是加强对焊接区的保护，杜绝侵入空气。目前应用的各种焊接方法，由于加强了对焊接区的保护，所以氮进入焊缝的问题已经基本得到解决。

三、焊缝金属质量保护措施

焊接时，对焊接区进行保护的目的是防止外界空气侵入电弧空间，减少进入熔池的有害元素。生产中采取的保护措施有以下几种：

（1）机械保护。机械保护是通过焊接材料产生气体或人工从外界通入气体，以排除电弧空间的空气来进行保护的方法，如焊条电弧焊和 CO_2 气体保护焊等。

（2）焊前清理。对坡口以及焊缝两侧的油、锈及其他杂物进行清理；对焊条、焊剂进行烘干，可降低吸氢现象。

（3）控制电弧长度。电弧越长，侵入的氧、氢、氮越多。

（4）脱氧及掺入合金元素。为了补偿烧损的合金元素，提高焊缝的物理、化学和力学性能，在焊条药皮中加入合金元素进行脱氧、脱硫、脱磷、去氢、渗合金等，从而保证焊缝的性能。脱氧反应化学方程式如下：

$$Mn + FeO = MnO + Fe$$

$$Si + 2FeO = SiO_2 + 2Fe$$

$$MnO + FeS = MnS + FeO$$

$$CaO + FeS = CaS + FeO$$

$$2Fe_3P + 5FeO = P_2O_5 + 11Fe$$

反应生成的 MnS、CaS、硅酸盐 $MnO \cdot SiO_2$ 和稳定的复合物 $(CaO)_3 \cdot P_2O_5$ 不溶于金属，进入焊渣，最终被清理掉。

第二节　液态金属与熔渣的相互作用

焊接熔渣是焊接材料（焊条药皮和焊剂）在焊接热源高温作用下经过一系列物理化学反应得到的复杂化合物，其基本组成物包括各种金属氧化物、金属氟化物及金属氯化物等。熔渣是金属熔化焊常用的保护介质之一。

一、熔渣的作用

熔渣在焊接过程中具有以下作用：

（1）机械保护。由于熔的熔点比液态金属低，因此熔渣覆盖在液态金属的表面（包括熔滴的表面)。将液态金属与空气隔离，可防止液态金属的氧化和氮化。熔渣凝固后形成的渣壳，覆盖在金属的表面，可以防止处于高温的金属在空气中被氧化。

(2) 冶金处理。熔渣和液态金属能发生一系列的物化反应，如脱氧、脱硫、脱磷、去氢等，可去除金属中的有害杂质；还防止使金属合金化等。通过控制熔渣的成分和性能，可在很大的程度上调整金属的成分和改善金属的性能。

(3) 改善焊接工艺性能。在熔渣中加入适当的物质，可以使电弧容易引燃，稳定燃烧及减小飞溅，还能保证良好的操作性、脱渣性和焊缝成形等。

二、熔渣的成分和分类

熔渣的碱度是熔渣冶金性能的指标。根据碱度值，可以将熔渣分为酸性和碱性两大类。熔渣的主要成分为 SiO_2、CaO、Al_2O_3。三者之总和为80%~90%。加入不同的百分比的 CaO 时，可以得到不同碱度的渣。熔渣碱度的计算公式为：

$$B = \frac{w(\mathrm{CaO}) + w(\mathrm{MgO})}{w(\mathrm{SiO_2})} \tag{8-1}$$

式中，$w(\mathrm{CaO})$ 为 CaO 质量分数；$w(\mathrm{MgO})$ 为 MgO 的质量分数；$w(\mathrm{SiO_2})$ 为 SiO_2 的质量分数。

当 $B<1$ 时为酸性渣；当 $B=1$ 时为中性渣；当 $B>1$ 时为碱性渣。

在焊接中根据熔渣的成分和性能可以分为以下三类：

(1) 盐型熔渣主要由金属氟酸盐、氯酸盐和不含氧的化合物组成，其主要渣系有：CaF_2-NaF，CaF_2-$BaCl_2$-NaF、KCl-NaCl-Na_3AlF_6、BaF_2-MgF_2-CaF_2-LiF 等。盐型渣的特点是氧化性很小，主要用于焊接铝、钛和化学活泼性强的金属，也可以用于焊接高合金钢。

(2) 盐-氧化物型熔渣主要由氟化物和强金属氧化物组成。常用的渣系有 CaF_2-CaO-Al_2O_3、CaF_2-CaO-SiO_2、CaF_2-CaO-Al_2O_3-SiO_2 等。因其氧化性较小，主要用于焊接合金钢。

(3) 氧化物型熔渣主要由金属氧化物组成。广泛应用的渣系有 MnO-SiO_2、FeO-MnO-SiO_2、CaO-TiO_2-SiO_2 等。此类熔渣一般含有较多的弱氧化物，因此氧化性较强，主要用于低碳钢和低合金钢的焊接。

在上述三类熔渣中，最常用的是后两种，表 8-1 列出了不同焊条和焊剂的熔渣成分与碱度。

表 8-1　焊接熔渣的化学成分与碱度

焊条和焊剂类型	熔渣化学成分（质量分数）/%										熔渣碱度		焊渣类型
	$w(\mathrm{SiO_2})$	$w(\mathrm{TiO_2})$	$w(\mathrm{Al_2O_3})$	$w(\mathrm{FeO})$	$w(\mathrm{MnO})$	$w(\mathrm{CaO})$	$w(\mathrm{MgO})$	$w(\mathrm{Na_2O})$	$w(\mathrm{K_2O})$	$w(\mathrm{CaF_2})$	B_1	B_2	氧化物型
钛铁矿型	29.2	14.0	1.1	15.6	26.5	8.7	1.3	1.4	1.1	—	0.88	-0.1	氧化物型
钛型	23.4	37.7	10.0	6.9	11.7	3.7	0.5	2.2	2.9	—	0.43	-2.0	氧化物型
钛钙型	25.1	30.2	3.5	9.5	13.1	8.8	5.2	1.7	2.3	—	0.76	-0.9	氧化物型

续表 8-1

焊条和焊剂类型	熔渣化学成分（质量分数）/%										熔渣碱度		焊渣类型
	$w(SiO_2)$	$w(TiO_2)$	$w(Al_2O_3)$	$w(FeO)$	$w(MnO)$	$w(CaO)$	$w(MgO)$	$w(Na_2O)$	$w(K_2O)$	$w(CaF_2)$	B_1	B_2	氧化物型
纤维素型	34.7	17.5	5.5	11.9	14.4	2.1	5.8	3.8	4.3	—	0.60	-1.3	氧化物型
氧化铁型	40.4	1.3	4.5	22.7	19.3	1.3	4.6	1.8	1.5	—	0.60	-0.7	氧化物型
低氢型	24.1	7.0	1.5	4.0	3.5	35.8	—	0.8	0.8	20.3	1.86	+0.9	盐-氧化物型

三、熔渣的性质

熔渣的性质与其结构有关，有分子理论和离子理论两种学说。熔渣的分子理论以对凝固熔渣进行分析的结果为依据。熔渣的离子理论是在研究熔渣的电化学性质的基础上提出来的。焊接熔渣是相当复杂的，某些熔渣中既有离子，又含有少量分子。虽然熔渣的离子理论对许多现象的解释更合理，但是目前还缺乏系统的热力学资料，所以焊接化学冶金领域中仍在应用分子理论。

（一）熔渣的碱度

1. 分子理论关于碱度的定义与计算

分子理论认为焊接熔渣中的氧化物按其性质可分为三类：酸性氧化物、碱性氧化物和中性氧化物。根据分子理论，焊接熔渣的碱度定义为

$$B = \frac{\sum x[(R_2O) + (RO)]}{\sum x(RO_2)} \tag{8-2}$$

式中，$x(R_2O)$，$x(RO)$ 为熔渣中碱性氧化物的摩尔分数；$x(RO_2)$ 为熔渣中酸性氧化物的摩尔分数。

当 $B>1$ 时为碱性渣；$B<1$ 时为酸性渣；$B=1$ 时为中性渣。经对上述计算式进行修正，提出较为精确的计算公式为

$$B_1 = \frac{0.018w(CaO) + 0.015w(MgO) + 0.006w(CaF_2) + 0.014w(Na_2O + K_2O) + 0.007w(MnO + FeO)}{0.017w(SiO_2) + 0.005w(Al_2O_3 + TiO_2 + ZrO_2)} \tag{8-3}$$

式中，$w(CaO)$，$w(MgO)$，…为 CaO、MgO…的质量分数。

利用该式计算得到的低氢型焊条的熔渣是碱性渣，与实际情况相符。

2. 离子理论关于碱度的定义与计算

离子理论就是把液态熔渣中自由氧离子的含量（或氧离子的活度）采用离子理论计算熔渣碱度：

$$B_2 = \sum_{i=1}^{n} a_i M_i \tag{8-4}$$

式中，M_i 为熔渣中第 i 种氧化物的摩尔分数；a_i 为渣中第 i 种氧化物的碱度系数。

当 $B_2>0$ 时为碱性渣；$B_2<0$ 时为酸性渣；$B_2=1$ 时为中性渣。

根据熔渣的碱度可以把焊条和焊剂划分为酸性和碱性两类。这两类焊接材料的冶金性能、焊接工艺性能以及焊缝的成分均有显著不同。

（二）熔渣的黏度

熔渣的黏度是熔渣的重要物理性能之一，对焊接工艺性能、金属的保护以及焊接冶金反应都有显著影响。熔渣的黏度取决于熔渣的成分、结构及温度。

由于碱性熔渣中含有较多的金属氧化物，如 CaO、MgO 等，其离子的尺寸小，容易移动。当温度高于液相线时，随温度的提高，其黏度迅速下降；而当温度低于液相线时，随温度的下降其黏度迅速增加。因此随温度变化时，碱性渣的黏度变化 $\Delta\eta$ 较大，而酸性渣的 $\Delta\eta$ 较小，如图 8-2 所示：当两种渣的黏度变化量 $\Delta\eta$ 相同时，酸性渣的对应温度变化量 $\Delta\theta$ 较大，故称为长渣。这种渣不适宜于仰焊。碱性渣的 $\Delta\theta$ 较小，凝固时间短，故称之为短渣。

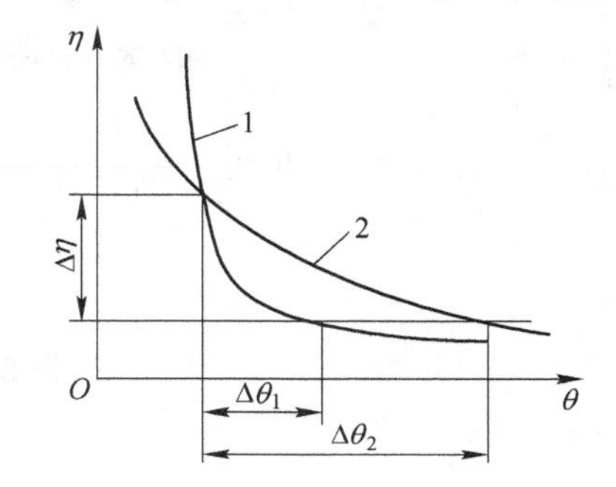

图 8-2　熔渣黏度 η 与温度 T 的关系
1—碱性渣；2—酸性渣

低氢型和氧化钛型焊条的熔渣属于短渣，可适用于全位置焊接。

熔化焊时，高温熔渣的黏度对焊缝的质量也有很大的影响，若 η 过大，焊接冶金反应缓慢，焊缝表面的成形不良，并易产生气孔、夹杂等缺陷；η 过小，将使熔渣对焊缝的覆盖不均匀，失去应有的保护作用。因此焊接时要求熔渣的黏度要合适。

焊接钢时，在 1500℃时适宜的熔渣黏度为 0.1～0.2Pa · s。

（三）熔渣的熔点

焊条或熔剂加热熔化后形成熔渣。固体熔渣开始熔化的温度称为熔渣的熔点，焊条药皮开始熔化的温度（即药皮熔点）称为造渣温度，两者之间有一定的关系：药皮熔点要高于熔渣的熔点，而且药皮的熔点越高，则熔渣的熔点也越高。一般要求熔渣的熔点与焊丝或母材的熔点相匹配。适合于焊接钢材的熔渣熔点在 1150～1350℃范围内，其成分范围参考图 8-3、图 8-4。熔渣的熔点过高或过低均不利于焊缝的表面成形。若熔渣的熔点过高，就会比熔池金属过早地开始凝固，使焊缝成形不良；若熔渣熔点过低，则熔池金属开始凝固时，熔渣仍处于稀流状态，熔渣的覆盖性不良，也不能起到“成形”作用，其机械保护作用也难以令人满意。

（四）熔渣的表面张力

熔渣的表面张力对熔滴过渡、焊缝成形及许多冶金反应有着重要的影响。熔渣的表面张力实际上是气相与熔渣之间的界面张力。物质的表面张力与其质点之间作用力的大小有关，或者说与化学键的键能有关。一般来说，金属键的键能最大，所以液态金属的表面张力最大。具有离子键的物质如 CaO、MgO、MnO、FeO 等的键能较大，表面张力也较大。而具有共价键的物质如 TiO_2、SiO_2、P_2O_5 等的键能小，表面张力也小。故碱性熔渣的表面张力较大，而酸性熔渣的表面张力较小。碱性焊条焊接时容易形成粗颗粒过渡，焊缝表

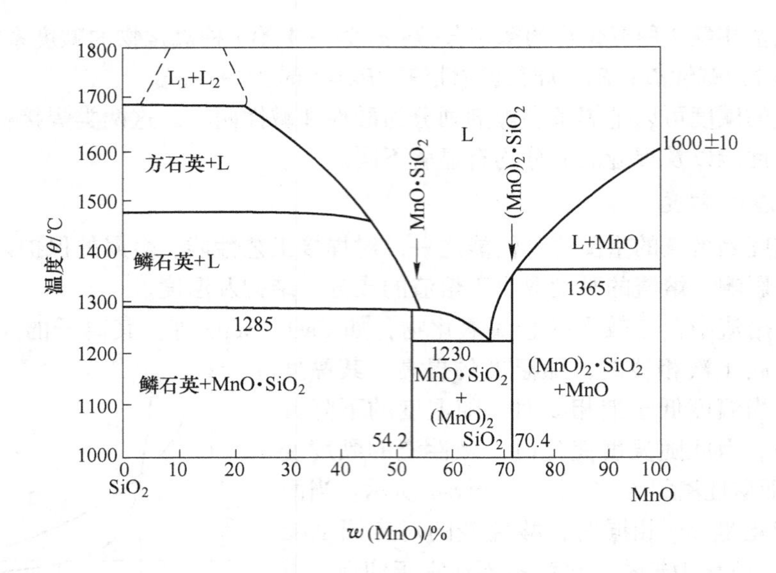

图 8-3　$MnO-SiO_2$ 渣系平衡图

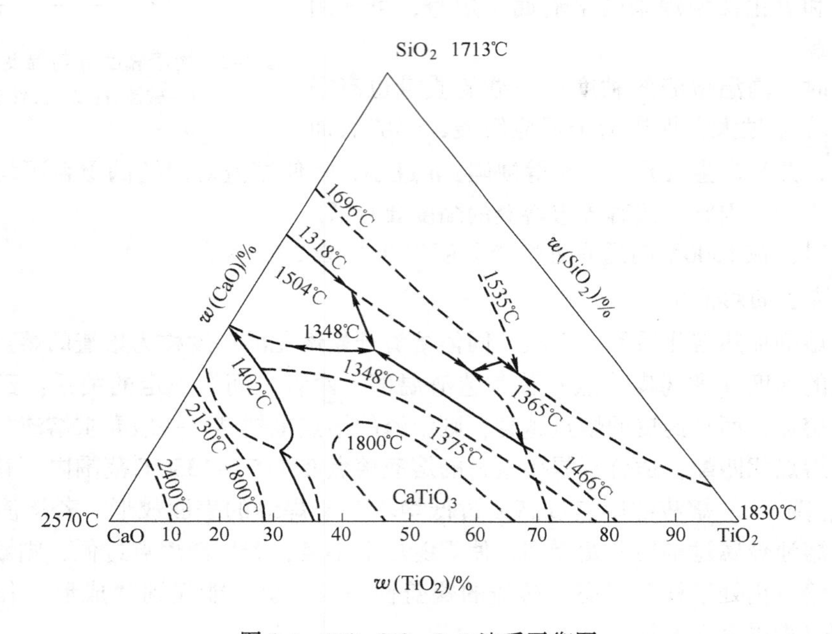

图 8-4　TiO_2-SiO_2-CaO 渣系平衡图

面的鱼鳞纹较粗，焊缝成形较差，其原因也在于此。

综上所述，熔渣的黏度、熔点、表面张力可通过调整熔渣的成分来进行控制。如在碱性渣中加入 CaF_2，能促使 CaO 熔化，降低碱性渣的黏度；在熔渣中加入酸性氧化物如 TiO_2、SiO_2 等可以减小熔渣的表面张力；在熔渣中加入碱性氧化物 CaO、MgO 等可增加熔渣的表面张力；在药皮中加入高熔点的物质越多，熔渣的熔点越高；调整渣系的成分，使其形成低熔点共晶或化合物，可降低熔渣的熔点。

四、活性熔渣对焊缝金属的氧化

除了氧化性气体对金属有氧化作用外，活性溶渣对金属也有氧化作用，活性溶渣对金属的氧化有以下两种形式。

（一）扩散氧化

FeO 既溶于渣，又溶于钢液。因此能在熔渣与钢液之间进行扩散分配，在一定温度下平衡时，它在两相中的浓度符合分配定律

$$L=\frac{[FeO]}{(FeO)} \tag{8-5}$$

式中，（FeO）为 FeO 在熔渣中的浓度；［FeO］为 FeO 在液态金属中的浓度；L 为分配常数。

在温度不变的情况下，当增加熔渣中的 FeO 浓度时，它将向液态金属中扩散，使金属中的含氧量增加。

此外，分配常数 L 与温度和熔渣的性质有关。若将分配系数写成如下形式

$$L_0=\frac{[O]}{(FeO)} \tag{8-6}$$

在 SiO_2 饱和的酸性渣中

$$\lg L_0=\frac{-4906}{T}+1.877 \tag{8-7}$$

在 CaO 饱和的碱性渣中

$$\lg L_0=\frac{-5014}{T}+1.980 \tag{8-8}$$

可以看出，温度越高，L_0 越大。即温度越高，越有利于 FeO 向液态金属中扩散。并由此可推断，扩散氧化主要发生在熔滴阶段和熔池的高温区，并且在碱性渣中比在酸性渣中更容易向液态金属扩散。即在 FeO 总量相同的情况下，碱性渣时液态金属中的氧含量比酸性渣时高。这种现象可以采用熔渣的分子理论来解释。因为碱性渣中含 TiO_2、SiO_2 等酸性氧化物少，FeO 的活度大，容易向液态金属中扩散，使其含氧量增加。因此碱性焊条对氧较敏感，对 FeO 的含量必须加以限制。一般在药皮中不加入含 FeO 的物质，并要求焊接时需清理焊件表面的氧化物和铁锈，以防止焊缝增氧。但不应当由此认为碱性焊条焊缝中的氧含量比酸性焊条的高；恰恰相反，碱性焊条的焊缝氧含量比酸性焊条低，这是因为碱性焊条药皮的氧化性较小的缘故。虽然在碱性焊条的药皮中，加入了大量的大理石，在药皮反应区能形成 SO_2 气体；但由于加入了较强的脱氧剂如 Ti、Al、Mn、Si 等进行脱氧，使气相的氧化性大大削弱。

（二）置换氧化

置换氧化是金属与氧化物之间的反应。如铁液中 Mn 和 Si 可能与 FeO 发生置换反应如下：

$$[Si]+2[FeO]═══(SiO_2)+2[Fe] \tag{8-9}$$

$$\lg K_{Si}=\frac{13460}{T}-6.04 \tag{8-10}$$

$$[Mn]+[FeO]=\!=\!=(MnO)+[Fe] \tag{8-11}$$

$$\lg K_{Mn}=\frac{6600}{T}-3.16 \tag{8-12}$$

反应的结果使铁液中的Mn和Si被烧损。由于Mn和Si的氧化反应是放热反应，随着温度的升高，平衡常数K减小，即反应减弱。

由于焊接时的温度非常高，特别是在熔滴区和熔池的高温区（可在2000℃以上）。如果熔渣中含有较多易分解的氧化物时，则有利于上述的氧化反应向相反方向进行。即反应向左进行，使液态金属渗Mn、渗Si（熔滴和熔池高温区液态金属中的含Mn、Si量增加）。同时使铁被氧化，生成的FeO大部分进入熔渣，少部分进入钢液中。

在熔池的尾部，由于温度较低，上述的氧化反应将向右进行，生成的SiO_2和MnO易在焊缝中形成非金属夹杂物。但是由于温度低，反应速度慢，总的来说，焊缝中的含锰、含硅量是增加的。

第三节　液态金属的净化与精炼

在材料成形加工过程中，液态金属表现出易与气相和渣相互相作用的特性，导致金属及其合金中含有过多的有害元素、气体和非金属夹杂物，它们会直接影响其冶金质量及产品的内在质量，时常引起成形件夹渣、气孔、针孔等一系列缺陷，显著降低材料的强度、冲击韧性、疲劳抗力、耐腐蚀性，甚至造成产品报废。所以，在材料成形过程中需要对液态金属进行净化处理，以保证产品质量。

随着科学技术的发展，涌现了许多新的旨在纯净液态金属的工艺方法。所谓金属的净化，即是利用一定的物理化学原理和相应的工艺措施，去除液态金属中的有害元素、夹杂物和气体的过程。由金属净化概念可以看出，它涉及的内容比较广泛。为了便于集中阐述问题，本节以焊接熔池为研究对象专门讲述去除有害元素的净化。其中主要内容包括脱氧、脱硫、脱磷等问题。

一、焊接金属的脱氧

脱氧的目的是尽量减少金属及合金中的含氧量。一方面是防止液态金属的氧化，减少在液态金属中溶解的氧；另一方面要排除脱氧后的产物。因为它们是焊缝中非金属夹杂物的主要来源，而这些夹杂物会使焊缝含氧量增加。脱氧的主要措施是在焊接材料中加入合适的元素或铁合金，使之在焊接过程中夺取氧。用于脱氧的元素或铁合金叫脱氧剂，选择脱氧剂应遵循以下原则：

（1）脱氧剂在焊接温度下对氧的亲和力比被焊金属对氧的亲和力大。焊接铁基合金时，Al、Ti、Si、Mn等可作为脱氧剂。实际生产中，常用的铁合金或金属粉，如锰铁、硅铁、钛铁、铝粉等。在其他条件相同的情况下，元素对氧的亲和力越大，则其脱氧能力越强。

（2）脱氧产物应不溶于液态金属，且密度小，质点大。这样可使熔渣上浮，减少夹杂物数量，提高脱氧效果。

（3）必须考虑脱氧剂对焊缝成分、性能以及焊接工艺的影响。在满足技术要求的前提下，还应考虑成本。

焊缝金属的脱氧方法很多，按其进行的方式和特点可分为先期脱氧、沉淀脱氧、扩散脱氧等。

(一) 先期脱氧

对于熔焊过程，在药皮加热阶段，固态药皮中进行的脱氧反应称为先期脱氧，其特点是脱氧过程和脱氧产物与高温的液态金属不发生直接关系，脱氧产物直接参与造渣。

在含有脱氧元素的药皮中，造渣剂和造气剂被加热时其中的高价氧化物或碳酸盐分解出的氧和二氧化碳便和脱氧元素发生反应，例如：

$$Fe_2O_3 + Mn = 2FeO + MnO$$
$$FeO + Mn = MnO + Fe$$
$$MnO_2 + Mn = 2MnO$$
$$2CaCO_3 + Ti = 2CaO + TiO_2 + 2CO$$
$$3CaCO_3 + 2Al = 3CaO + Al_2O_3 + 3CO$$
$$2CaCO_3 + Si = 2CaO + SiO_2 + 2CO$$
$$2CaCO_3 + Mn = CaO + MnO + CO$$

反应后气相的氧化性减弱，起到先期脱氧的作用。由于 Al 和 Ti 对氧的亲和力很强，它们在先期脱氧过程中大部分被烧损，故保护了 Si、Mn 等其他脱氧元素进入熔池进行脱氧。

在焊接冶金中，焊条药皮反应阶段的先期脱氧是重要的脱氧方式之一。其脱氧效果取决于脱氧剂对氧的亲和力、脱氧剂粒度、氧化剂与脱氧剂的比例、焊接电流密度等因素。由于药皮加热阶段温度相对较低，传质条件差，先期脱氧是不完全的，需进一步脱氧。而在一般的熔炼钢铁炉中，也存在上述反应，即硅和锰等元素与炉气中的氧化性气体发生反应，生成的氧化物进入熔渣。但此时并不是有目的的脱氧。

(二) 沉淀脱氧

沉淀脱氧是在熔滴熔池内进行的。其原理是溶解在液态金属中的脱氧剂和 FeO 直接反应，把铁还原，脱氧产物浮出液态金属。这种方法的优点是脱氧速度快，脱氧彻底。但脱氧产物不能清除时将增加金属液中杂质的含量。

要实现沉淀脱氧，应具备三个条件：(1) 必须向熔池中加入对氧亲和力大的元素；(2) 脱氧产物应不溶于金属而成为独立液相转入熔渣；(3) 熔渣的酸碱性质应与脱氧产物的性质相反，以利于熔渣吸收脱氧产物。下面介绍几种生产中常用的脱氧反应。

1. Mn 的脱氧反应

在药皮中加入适量锰铁或焊丝中较多的 Mn，可进行如下脱氧反应

$$[Mn] + [FeO] = [Fe] + (MnO)$$

$$K = \frac{\alpha_{MnO}}{\alpha_{Mn}\alpha_{FeO}} = \frac{w(MnO)\gamma_{MnO}}{\alpha_{Mn}\alpha_{FeO}} \tag{8-13}$$

式中 γ_{MnO}——熔渣中 MnO 的活度系数；

α_{MnO}——熔渣中的 MnO 活度；

α_{Mn}——液态金属中 Mn 的活度；

α_{FeO}——液态金属中 FeO 的活度。

K 为平衡常数，是温度的函数，温度降低，K 增大，有利于脱氧。

当金属中含 Mn 和 FeO 量少时，其活度系数近似为 1，于是可得

$$w[\mathrm{FeO}]=\frac{w(\mathrm{MnO})\gamma_{\mathrm{MnO}}}{Kw[\mathrm{Mn}]w(\mathrm{MnO})} \tag{8-14}$$

由式（8-14）可以看出，增加金属中含 Mn 量，减少渣中的 MnO，可以提高脱氧效果。熔渣的性质对锰的脱氧效果也有很大的影响。在酸性渣中含有较多的 SiO_2 和 TiO_2，它们与脱氧产物 MnO 生成复合物 $MnO\cdot SiO_2$ 和 $MnO\cdot TiO_2$，从而使 MnO 的活度系数减小，因此脱氧效果较好。相反，在碱性渣中 MnO 的活度系数较大，不利于锰脱氧，且碱度越大，锰的脱氧效果越差。正是由于这个原因，一般造酸性渣的钢液中可用锰铁作为脱氧剂，而碱性渣的钢液中不单独用锰铁作为脱氧剂。

2. Si 的脱氧反应

在钢液中加入脱氧剂硅铁或含硅较高的合金，可进行如下反应：

$$[\mathrm{Si}]+2[\mathrm{FeO}]=\!=\!=2[\mathrm{Fe}]+(\mathrm{SiO_2})$$

$$w[\mathrm{FeO}]=\sqrt{\frac{w(\mathrm{SiO_2})\gamma_{\mathrm{SiO_2}}}{w[\mathrm{Si}]K}} \tag{8-15}$$

显然，提高熔渣的碱度和金属中的含硅量，可以提高硅的脱氧效果。

硅的脱氧能力比锰大，但生成的 SiO_2 熔点高。通常认为 SiO_2 处于固态，不易聚合为大的质点；同时 SiO_2 与钢液的界面张力小，润湿性好，不易从钢液中分离，所以易造成夹杂。因此，一般不单独用硅脱氧。

3. Si-Mn 联合脱氧反应

把 Si 和 Mn 按适当的比例加入液态金属中进行复合脱氧时，脱氧效果十分显著。实践证明当 $w[\mathrm{Mn}]/w[\mathrm{Si}]=3\sim7$ 时，脱氧产物为不饱和液态硅酸盐 $MnO\cdot SiO_2$，它的密度小，熔点低，在钢中处于液态。因此容易聚合为半径大的质点（见表 8-2），易于浮出，并易被熔渣吸收，从而减少钢中的夹杂物和含氧量。

表 8-2 金属中 $w[\mathrm{Mn}]/w[\mathrm{Si}]$ 对脱氧产物质点半径的影响

$w[\mathrm{Mn}]/w[\mathrm{Si}]$	1.25	1.98	2.78	3.60	4.18	8.70	15.90
最大质点半径/cm	0.000075	0.00145	0.0126	0.01285	0.01835	0.00195	0.00006

碱性焊条药皮中和 CO_2 气体保护焊丝中常加入适当比例的 Mn 和 Si 进行联合脱氧，脱氧效果较好。

采用含两种以上脱氧元素的复合脱氧剂一直被铸造和焊接冶金工作者重视。因为这种脱氧剂熔点低，熔化快，且各种反应在同一区域进行，有利于低熔点脱氧产物形成、聚合和排除，减少夹杂物的数量。例如钙的脱氧能力很强，但它的蒸气压高，在钢液中溶解度低，脱氧效果差；如果用硅钙合金作脱氧剂，则可提高钙的溶解度，减少蒸发损失，易生成低熔点的硅酸钙，对 Al_2O_3 还起助熔作用。因此，硅钙合金不仅是有效的脱氧剂，而且还起到消除夹杂物、净化钢液的作用。

（三）扩散脱氧

扩散脱氧是在液态金属与熔渣界面上进行的，是以 FeO 在两相中的分配定律为理论基础的。即 FeO 同时存在于熔渣和钢液中，熔渣中的 FeO 与钢液中的 FeO 能够互相转移，而且趋于平衡。这种情况符合物理化学中的异相平衡的分配定律。熔渣中与钢液中 FeO 的浓度之间存在一定的比值

$$\frac{w(\mathrm{FeO})}{w[\mathrm{FeO}]}=L_{\mathrm{FeO}} \tag{8-16}$$

式中，L_{FeO}为氧的分配系数，它是温度的函数。当温度下降时，分配系数 L_{FeO}减小，便发生 FeO 由液态金属向熔渣中扩散的过程，即 $[\mathrm{FeO}]\rightarrow(\mathrm{FeO})$，在熔池的尾部低温区有利于扩散脱氧的进行。

扩散脱氧的效果与熔渣的性质有关。在酸性渣中，由于 SiO_2 和 TiO_2 与 FeO 生成复合物 $FeO \cdot SiO_2$ 和 $FeO \cdot TiO_2$，使 FeO 的活度减小，有利于扩散脱氧，而在碱性渣中 FeO 的活度大，其扩散脱氧的能力比酸性渣差。很显然，焊接熔渣中的脱氧剂也可降低 FeO 的活度，加强扩散脱氧。但是在焊接熔池凝固过程中，由于液态熔池存在时间短，FeO 的扩散速度慢，因此扩散脱氧进行得不充分。

扩散脱氧的优点是脱氧产物留在熔渣中，液态金属不会因脱氧而造成夹杂。缺点是扩散过程进行得缓慢，脱氧时间长。

以上讨论了脱氧的方式，然而究竟在具体焊接条件下脱氧的效果如何，则取决于脱氧剂的种类和数量，氧化剂的种类和数量，熔渣的成分、碱度和物理性质，焊丝和母材的成分，焊接参数等多种因素。一般地说，低氢型和钛型焊条熔敷金属的含氧量比较低。

二、焊缝金属的硫和磷的控制

（一）焊缝中硫的危害及控制

1. 硫的危害

硫是焊缝金属有害杂质之一。当硫以 FeS 的形式存在时危害最大。因为它与液态铁几乎无限互溶，而在室温下它在固态铁中的溶解度仅为（质量分数）0.015% ~0.02%。这样，在钢铁凝固时它容易发生偏析，以低熔点共晶 Fe + FeS（熔点为985℃）或 FeS + FeO（熔点为 940℃）的形式呈片状或链状分布于晶界，增加了金属产生热裂纹的倾向，同时还会降低冲击韧性和抗腐蚀性。在一些高镍的合金钢中，硫的危害作用更为严重。因为硫与镍形成 NiS，而 NiS 又与 Ni 形成熔点更低的共晶 NiS + Ni（熔点为 644℃），所以产生热裂纹的倾向更大。当钢中含碳量增加时，会促使硫发生偏析，从而增加它的危害性。由于上述原因，必须采用脱硫的措施减少金属中的含硫量。

2. 控制硫的措施

目前常用的措施有：

（1）限制焊接材料中的含硫量。焊缝中的含硫量主要来自三个方面：一是母材，其中的硫几乎可以全部过渡到焊缝中去，但母材的含硫量比较低；二是焊丝，其中的硫有70%~80%可以过渡到焊缝中去；三是药皮或焊剂，其中的硫约有 50%可以过渡到焊缝中。所以，严格控制焊接材料的含硫量是关键措施。

(2) 用冶金方法脱硫。为减少含硫量，如同脱氧一样，将脱硫合金元素直接加入液态金属中进行脱硫。常用的脱硫元素有 Mg、Ca、Ce 等。这些元素与硫的亲和力大于铁，与硫形成熔点高、不溶于液态钢铁的稳定硫化物。但是，它们对 O 的亲和力比硫大，首先被氧化，故在焊接条件下直接用这些元素脱 S 受到限制。在焊接化学冶金中常用 Mn 作为脱氧剂，其脱硫反应为：

$$[FeS] + [Mn] = (MnS) + [Fe] \tag{8-17}$$

$$\lg k = \frac{8220}{T} - 1.86$$

反应物 MnS 实际不溶于钢液，大部分进入熔渣，少量的残留在焊缝中形成硫化物或氧硫化物夹杂。但因 MnS 熔点较高（1610℃），夹杂物以点状弥散分布，故危害较小。由上式可以看出，温度降低，平衡常数增大，有利于脱硫。然而，从动力学的角度看，熔池后部温度低、冷却快、反应时间段，实际上不利于脱硫，所以必须增加熔池中的含 Mn 量（$w(Mn)>1\%$），才能得到较好的脱 S 效果。

熔渣中碱性氧化物，如 MnO、CaO、MgO 等，也能脱硫，生成的 CaS 和 MgO，不溶于钢液而进入熔渣。目前常用的焊条药皮和焊剂的碱度都不高（一般 $B<2$），脱硫能力有限，焊接普通钢还可以满足要求，但用来焊含 S 量很低（$w(S)<0.014\%$）的精炼钢，则远远满足不了要求。近年来精炼钢的产量不断增加，迫切需要研制焊接这类钢的焊接材料。$CaCO_3$-MgO-CaF_2 系高碱度黏结焊剂（用 Ti 作为脱氧剂），有较好的脱硫效果，焊缝中 $w(S)<0.010\%$。

另外，研究表明，稀土元素可以用来脱硫和改变硫化物夹杂的尺寸、形态和分布，而且可以提高焊缝的韧性。

（二）焊缝中磷的危害及控制

1. 磷的危害

磷在大多数铁基合金中都被认为是有害元素。它在钢中主要以 Fe_2P 和 Fe_3P 的形式存在，它们与铁、镍形成低熔点共晶，如 Fe_3P+Fe（熔点 1050℃），Ni_3P+Fe（熔点 880℃）。因此，在熔池快速凝固时，磷易发生偏析。磷化铁常分布于晶界，减弱了晶粒之间的结合力，同时它本身硬而脆。因此，当钢中含磷量过多时，将增加材料的冷脆性，即冲击韧性降低，脆性转变温度升高。焊接奥氏体钢或低合金钢焊缝含碳量高时，磷也会促使产生热裂纹。因此，除控制一些原材料含磷量以外，应采取冶金脱磷措施降低金属中的含磷量。

2. 控制磷的措施

(1) 限制磷的来源。为减少焊缝中的含磷量，必须限制母材、填充金属、药皮和焊剂中的含磷量。药皮和焊剂中的 Mn 矿是导致焊缝增磷的主要来源。一般情况下，需限制使用 Mn 矿作为药皮或焊剂的原材料。

(2) 用冶金方法脱磷。磷一旦进入液态金属，就应当采用脱磷的方法将其清除。铸造与焊接过程中，脱磷反应分为两步：第一步，熔渣中的氧化亚铁将钢液中的磷氧化生成 P_2O_5；第二步，使之与渣中的碱性氧化物生成稳定的磷酸盐。两步合并的反应式为：

$$2[Fe_2P] + 5(FeO) + 4(CaO) \longrightarrow ((CaO)_3 \cdot P_2O_5) + 11[Fe]$$

$$2[Fe_2P] + 5(FeO) + 4(CaO) \longrightarrow ((CaO)_4 \cdot P_2O_5) + 9[Fe] \tag{8-18}$$

脱磷是放热反应，降低温度对脱磷有利。而高碱度和强氧化性的、低黏度的熔渣也有利于反应的进行。

但是，由于焊接熔渣的碱度受焊接工艺性能的制约，不可过分增大；碱性熔渣不允许含有较多的FeO，否则会使焊缝增氧，不利于脱硫，甚至产生气孔，所以碱性熔渣的脱硫效果很不理想。酸性熔渣中虽然含有较多的FeO，有利于磷的氧化，但因碱度低，所以碱性熔渣的脱磷能力更弱。实际上焊接脱磷比脱硫更困难。要控制焊缝含磷量，主要是严格限制焊接材料中的含磷量。

第四节 焊缝金属的合金化

所谓焊缝金属的合金化就是把所需的合金元素通过焊接材料过渡到焊缝金属（或堆焊金属）中的过程。

一、合金化的目的

焊缝合金化的目的首先补偿在高温下合金元素的蒸发或烧损，其次是消除焊接缺欠，改善焊缝金属的组织与性能，或获得具有特殊性能的堆焊层。如某些复合板、压力容器内表面等采用堆焊的方法过渡Cr、Mo、W、Mo等合金元素，提高焊件表面耐磨性、耐蚀性、耐热性、热硬性等性能。因此研究合金化的方式及其规律具有重要的指导意义。

二、合金化的方式

焊接中常用的合金化方式有以下几种。

（1）合金焊丝或带极。把需要的合金元素通过熔炼的方式加入焊丝、带极或板极内，配合碱性药皮或低氧、无氧焊剂进行焊接或堆焊，把合金元素过渡到焊缝或堆焊层中去。这种合金化方式的优点是可靠，焊缝成分均匀、稳定，合金损失少；缺点是制造工艺复杂，成本高。对于脆性材料，如硬质合金不能轧制、拔丝，故不能采用这种方式。

（2）药芯焊丝或药皮（或焊剂）。药芯焊丝的截面形状是各式各样的，最简单的是具有圆形断面的，外皮可用低碳钢其他合金钢卷制而成，里面填满需要的铁合金及铁粉等物质。用这种药芯焊丝可进行埋弧焊、气体保护焊和自保护焊，也可以在药芯焊丝表面涂上碱性药皮，制成药芯焊条。这种合金过渡方式的优点是药芯中合金成分的配比可以任意调整，因此可用在任意成分的堆焊金属，合金的损失较少；缺点是不易制造，成本较高。

（3）合金粉末。将需要的合金元素按比例配制成具有一定粒度的合金粉末，把它输送到焊接区，或直接涂敷在焊件表面或坡口内。合金粉末在热源（如等离子、激光、火焰等）作用下与母材熔合后就形成合金化的堆焊金属。这种合金过渡的优点是合金成分的比例调配方便，不必经过轧制、拔丝等工序，合金损失小；缺点是合金成分的均匀性较差，制粉工艺较复杂。

此外，还可通过从金属氧化物中还原金属元素的方式来合金化，如硅、锰还原反应。但这种方式合金化的程度是有限的，还会造成焊缝增氧。在实际生产中可根据具体条件和要求选择合金化方式。

三、合金过渡系数及影响因素

焊接过程中，合金元素向焊缝金属过渡的过程是在高温冶金反应中进行的，合金元素也会经氧化或蒸发造成一部分损失。在焊接中，为了说明合金元素的利用率，常引入过渡系数的概念。合金过渡系数 η 等于它在熔敷金属中的实际含量与它原始含量之比，即

$$\eta = \frac{C_d}{C_e} = \frac{C_d}{C_{ew} + K_b C_{co}} \tag{8-19}$$

式中，C_d为合金元素在熔敷金属中的含量；C_e为合金元素的原始含量；C_{ew}为合金元素在焊丝中的含量；C_{co}为合金元素在药皮中的含量；K_b为焊条药皮的重量系数，即单位长度焊条中药皮重量与焊芯重量比。

若已知 η 值及有关数据，可用上式计算合金元素在熔敷金属中的含量 C_d，再根据具体的焊接工艺条件确定熔合比，即可求出它在焊缝中的含量。相反，根据对熔敷金属成分的要求，可求出在焊条药皮中应具有的合金元素的含量。可见，合金元素的过渡系数对设计和选择焊接材料是很有实用价值的。

不同合金元素的过渡系数不同。合金元素对氧的亲和力越大，氧化损失越大，过渡系数越大。合金元素中的沸点越低，蒸发损失越大，过渡系数越小。此外，合金元素的过渡系数与其在药皮中的含量、粒度，熔渣的成分，药皮的重量系数等均有较大关系。因此，影响合金元素过渡系数的因素主要有：

（1）合金元素的物理化学性质。由于通常情况下焊接气氛及熔渣都具有一定的氧化性，合金元素的化学活性越高，氧化损失越大，则过渡系数越小；合金元素的沸点越低、饱和蒸气压越大，则蒸发量越多，真空焊接时更为明显。

（2）焊接方法。焊接方法决定了焊接化学冶金区的反应物组成和反应条件，对合金元素的损失自然不同。在常见焊接方法中，钨极氩弧焊合金过渡系数较大。

（3）其他因素。随着药皮或焊剂中合金元素含量的增加，其过渡系数逐渐增加，最后趋于相对稳定的水平。合金剂颗粒尺寸越大，合金的过渡系数越大，这是因为大颗粒具有相对比较小的比表面积，从而减小了氧化损失。

另外，由于熔渣对液体金属的氧化有电化学氧化方式，因此焊接工艺参数对合金过渡系数也有一定影响。直流反极性（DCEP）对液体金属的氧化较为严重，故直流反接焊接时的合金过渡系数较小。

总之，焊接化学冶金系统是一个复杂的高温多相反应系统，影响因素很多，而焊接区的不等温条件，排除了整个系统平衡的可能性。但是在系统的个别部分，仍可能出现个别反应的短暂平衡状态。因此，通过热力学的计算，可以确定冶金反应的最大可能的方向、发展趋势和影响因素等，做定性分析还是有利的。

【例 8-1】 国产核电级埋弧焊焊剂研制：18MND5 钢 2010 年以来国内钢铁公司相继开发出核电蒸发器、稳压器、压力容器筒体及封头、支撑构件等 16MND5、18MND5 钢板，在某华龙一号堆型核电项目中，已首次将 18MND5 钢板用于制造中低温设备壳体，其服役环境温度为 150℃。但相应的埋弧焊材比较缺乏，主要依赖进口，价格贵而周期长。某焊接材料股份有限公司研制了埋弧焊丝/焊剂 CHW-SEF3HR1/CHF703HR1，实现了

16MND5、18MND5 钢埋弧焊的国产化。

（1）18MND5 母材化学成分（见表 8-3）。18MND5 钢属 Mn-Ni-Mo 低合金高强度钢。由于 Mn、Ni、Mo 等元素在钢中的作用，这类钢具有较好的淬透性、高温性能、低温回火脆性、较低的无延性转变温度及中子辐照敏感性低。CE = 0.598%，易淬硬，焊接性差，需要进行预热才能防止产生裂纹（见图 8-5）。

表 8-3　18MND5

元　素	C	Mn	P	S	Si	Ni	Cr	Mo	V
化学成分（质量分数）/%	0.17	1.46	0.004	0.005	0.20	0.75	0.15	0.50	0.0033

图 8-5　18MND5 焊缝组织（500×）

（2）焊剂研制思路：用焊接材料其杂质含量极低，尤其是 S、P。选用氟碱性 CaF_2-MgO-Al_2O_3-SiO_2 渣系，有利于清除焊缝金属中 S、P 等杂质元素，且能降低焊剂渣系本身的氧化性，减少合金成分的烧损。同时，选用含 S、P 比较低的焊丝 CHW-SEF3HR1，可将杂质元素控制在较低的水平，为熔敷金属力学性能提供了保障。

（3）焊剂各成分作用：CaF_2 能降低熔渣的黏度，保持适宜的流动性，有利于熔池的冶金反应和焊缝的成形；但 CaF_2 含量过高，容易造成电弧不稳定。Al_2O_3 属于高熔点物质，表面张力大，对焊缝合金成分影响小；加入量大时，焊道鱼鳞纹细，焊道较光亮平滑；当加入量过高时，会使熔渣黏度增大，流动性变差，易造成咬边和焊缝金属夹渣等缺陷。MgO 也属于高熔点物质，当 MgO 过高，焊缝表面出现板条状的黑色条纹，成形不美观；同时 MgO 容易吸潮，会使焊剂的抗潮性下降。适量的 SiO_2 有利于焊缝成形，但含量过高会造成焊缝波纹粗大，中间结晶线纹明显。

（4）合金成分作用：C 在一定的范围内会显著提高焊缝金属的强度，但对冲击韧性不利，且容易导致焊接裂纹的产生。因此，焊缝中的碳含量应控制在 0.10 %以下；Mn 不仅是良好的脱硫、脱氧剂，还能促使针状铁素体的形成，提高焊缝金属的强度同时改善韧性，但是 Mn 也要控制在一个合理的范围内，控制在 1.10%～1.80%范围内。Ni 不仅能促进针状铁素体的形成，还能降低焊缝金属的脆性转变温度，使焊缝金属在低温具有更好的冲击韧性。本系统中 Ni 含量控制在 0.80%～1.20%范围内。Mo 具有明显地沉淀强化作用，可提高焊缝金属的抗拉强度，也可以抑制块状铁素体的形成，有利于针状铁素体的形核长大，从而提高焊缝金属的冲击韧性。但是 Mo 含量存在最佳的范围，若含量过高，对低温冲击韧性不利。试验表明焊缝中 Mo 含量应控制在 0.45%～0.65%范围内。根据与焊丝的配合，最终确定焊剂的配方如表 8-4 所示。

表 8-4 焊剂 CHF703HR1 配方

元　素	CaF_2	MgO+CaO	$TiO_2+Al_2O_3$	SiO_2	合金元素
含量（质量分数）/%	20～40	30～40	10～30	10～15	≤8

（5）焊缝显微组织：焊缝组织为大量针状铁素体、少量先共析铁素体和 M-A 组元分解的碳化物。

习　题

8-1 焊接过程的化学冶金与炼钢比有哪些不同？
8-2 金属在焊接时，气相中的气体的主要来源是什么，气相成分表如何？
8-3 氢和氮向金属溶解在过程有何不同之处。
8-4 氢对金属的质量有何影响，如何控制焊缝中含氢量？
8-5 氮对金属的质量有何影响，如何控制焊缝中含氮量？
8-6 氧对金属的质量有何影响，如何控制焊缝中含氧量？
8-7 第 7 章例 7-1 中 WDB620 钢焊接时使用 J607RH 低氢碱性焊条，为什么此种低氢焊条焊缝氢含量低？为什么此种碱性焊条焊接时必须清理母材表面在铁锈、油污和水分等？
8-8 第 7 章例 7-1 中 WDB620 钢焊接时使用气体保护焊接时，应采用什么焊丝，为什么？
8-9 焊接原材料中含硫或含磷且较高时，应采取哪些工艺措施，这些措施是什么？
8-10 熔渣的物理性质对熔焊质量有什么影响？
8-11 分析 CaF_2 在焊接化学冶金中所起的作用？
8-12 影响焊接过程中合金过渡系数的因素有哪些？

扫码获得
数字资源

第九章 焊接热影响区的组织与性能

焊接接头主要由焊缝、热影响区和母材组成。焊接熔池形成焊缝的凝固过程对该区域金属的组织、性能具有重要影响；并且由于各种高强钢、不锈钢、耐热钢以及某些特殊材料的焊接问题日益增多，焊接质量不再仅仅决定于焊缝，同时也决定于焊接热影响区。在焊接集中热源在作用下，焊缝两侧不同位置经历着不同焊接热循环，离焊缝边界越近，其加热峰值温度越高，且加热速度和冷却速度也越大，接近焊缝区的固态母材将发生不同程度的组织与性能的变化。热影响区可能会发生软化、硬化、脆化和耐腐蚀性能下降等问题。因此，对焊缝及热影响区的组织与性能进行比较深入的研究，对焊接接头质量的控制是十分必要的。

第一节 焊接热循环

焊接过程中被焊件上某一点的温度随时间的变化过程叫作焊接热循环（Weld Thermal Cycle)。焊接过程中，处于热源作用中心区的焊件部位将熔化，冷却凝固后成为焊缝，而焊缝附近的区域虽处于固态，但要受到焊接热的作用。由温度场的数学解析可知，焊接热源移动过程中，焊缝附近任意一点的温度初始是增加的，达到峰值温度后，便又冷却降温，直至室温完成一个热循环，如图 9-1 焊缝两侧不同的位置经受不同的热循环，形成不同的组织和性能。同一位置经受的焊接热循环的特性不同，所形成的组织和性能也不相同。焊缝两侧由于受焊接热循环的作用致使组织和性能发生变化的区域通常称为焊接热影响区。焊接热影响区对焊接接头的性能有重要影响，正确控制焊接热循环，对于控制焊接热影响区的组织和性能，获得优质的焊接接头具有重要的意义。

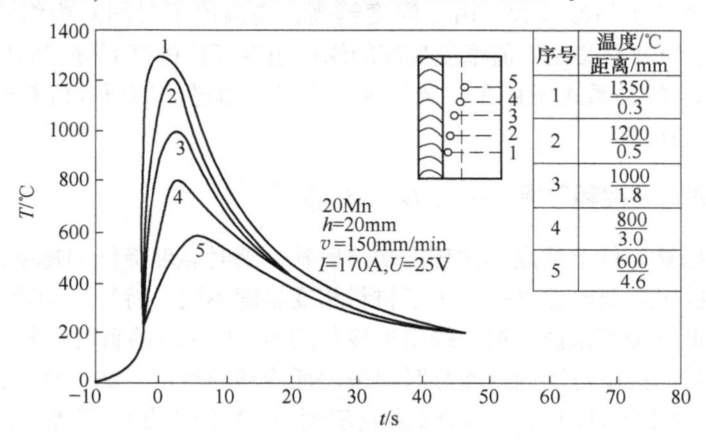

图 9-1 低合金钢堆焊热影响区不同位置的热循环

如图 9-2 所示，决定每一个焊接热循环特性的主要参数有：峰值温度孔 T_m，在某一定高温时的加热保温时间或高温停留时间 t_H，在某一温度时的瞬时冷却速度 v_c，或在某一温度区间的冷却时间 t_0 等。这些参数可以用实验方法测定，也可以从理论上进行估算。

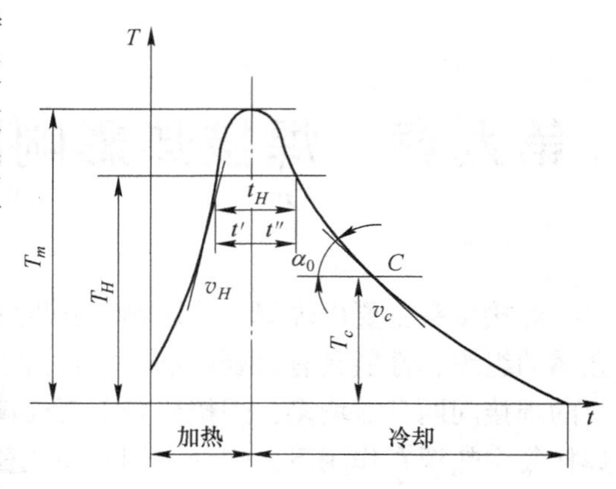

图 9-2　焊接热循环曲线示意图及参数

一、峰值温度 T_m

峰值温度也称为最高加热温度。焊接热影响区不同的位置具有不同的峰值温度。焊件上一点的峰值温度是判断该点组织转变的重要依据，因此，研究峰值温度对于了解焊接热影响区的组织和性能具有重要的意义。焊接时，焊缝两侧热影响区加热的最高温度不同，冷却速度不同，就会有不同的组织和性能。例如在熔合区附近的过热段，由于温度高，晶粒发生严重的长大，从而使韧性下降。低碳钢和低合金钢熔合区的温度可达 1300~1350℃。

二、加热速度 v_H

焊接时的加热速度比热处理条件下快得多，它直接影响奥氏体的均匀化和碳化物的溶解过程。因此，也会影响冷却时的组织转变和性能。加热速度的影响因素主要有焊接方法、焊接热输入（单位焊缝长度上吸收的热量），以及母材的板厚、几何尺寸、热物理性质等。例如，埋弧焊时的加热速度可达 60~700℃/s。

三、高温停留时间 t_H

高温停留时间直接影响相的溶解或析出、成分的扩散均匀化以及晶粒长大等过程。对于结构钢来说，在相变温度以上停留时间越长，越有利于奥氏体的均匀化，增加奥氏体的稳定性，但同时也易使晶粒长大。由于温度越高，高温停留时间对组织结构的影响越强烈，因此，实际中应特别关注峰值温度最高的焊缝边界部位的高温停留时间 t_H。但是，从理论上直接推导 t_H 的关系式还存在一定困难。当然，通过仔细研究焊接热循环的特征可以对 t_H 进行近似的估算。

四、冷却速度 v_c 和冷却时间（$t_{8/5}$、$t_{8/3}$、t_{100}）

冷却速度是指被焊件上某点热循环冷却阶段某一瞬时温度降低的速率，它是决定热影响区组织和性能的最重要参数之一。由于材料相变温度不同，特征冷却速度所对应的温度区间也不同。对低合金钢来说，熔合线附近冷却到 540℃ 左右的瞬时冷却速度是最重要的参数。也可采用某一温度范围内的冷却时间来表征冷却的快慢，如 800~500℃ 的冷却时间 $t_{8/5}$，800~300℃ 的冷却时间 $t_{8/3}$，从峰值温度到 100℃ 的冷却时间等。冷却速度是决定 HAZ 组织和性能的主要参数。

综上所述，在描述焊接热循环的参数 v_H、T_m、t_H、v_c 或 t 中，只有三个独立参数 v_H、

T_m、v_c，其中 T_m、v_c 较为重要。焊接热循环反映了母材在热源作用下的相变特点，研究它对于了解焊接接头的应力与变形、组织与性能的变化等内容是十分重要的。参考 HAZ 某点的热循环曲线制定热模拟曲线，可以用焊接热模拟装置重现该点的热循环，获得与该点组织类型与组织组成相同，但组织分布尺度很大的热模拟试样，从而便于研究实际焊接热影响区各微区的组织与性能，得到 HAZ 组织与性能变化的信息。

采用热电偶测温等方法可以测试并记录焊接热循环。近年来人们广泛应用传热学理论及有限元等数值方法模拟焊接温度场，并计算焊接热循环的特征值（T_m、t_H、v_c 或 t 等），获得焊接热过程的定量结果。

第二节　焊接热影响区的组织与性能

焊接过程中母材因受焊接热的影响（但未熔化），而发生金相和力学性能变化的区域称为热影响区（Heat Affect Zone，HAZ）。

一、热循环条件下的金属组织转变特点

在焊接热循环条件下，热影响区的组织性能将发生变化。其相变规律与冶金学基本原理一样，由形核和晶核长大两个过程完成。组织转变的动力来源于系统的热力学条件，即新相与母相的自由能之差。与热处理不同，焊接过程本身的特点使 HAZ 组织转变具有以下五个特点：

（1）加热温度高。在热处理条件下，可以控制工件的加热温度 Ac_3 在 100～200℃以上控制其晶粒度。焊接时，熔合线附近的最高加热温度接近母材的熔点，焊接低碳钢及低合金钢时，最高温度大于 1300℃的区域晶粒严重粗化，这种情况不可避免，只能采取冶金工艺措施控制。

（2）加热速度快。焊接时的加热速度比热处理时要高出几十倍甚至几百倍，对于加热过程中钢的奥氏体化有一定影响。

（3）高温停留时间短。焊接快速加热及自然连续冷却的热循环条件，使 HAZ 的停留时间很短，焊条电弧焊为 4～20s，埋弧焊较长为 30～100s。热处理则可以根据需要任意控制保温时间。

（4）自然条件下连续冷却。热处理时可以根据需要来控制冷却速度或在冷却过程中的不同阶段进行保温。而焊接时，一般在自然条件下连续冷却，冷却速度快，个别情况下才进行焊后保温或焊后热处理。

（5）局部受热。热处理时工件在炉中整体加热，焊接时焊件局部受热，且随着焊接热源的移动，被加热区域随之变化。

综上所述，由于焊接热过程的上述特点，不能完全按照金属学热处理的理论去研究热影响区的性能，必须根据焊接热循环条件下的加热及冷却特点去研究热影响区的组织性能变化规律。

二、焊接加热过程中奥氏体化的特点

在焊接条件下，由于加热速度快，使铜的 Ac_1、Ac_3 点相应提高，二者温差也增大。

由于 F+P→A 转变是扩散型重结晶过程，快速加热必然使奥氏体孕育期延长，不利于奥氏体化及奥氏体均质化，钢中含有合金元素时（如铬、钨、铅等），不但合金元素本身扩散较慢，而且降低了碳的扩散速度，这也不利于奥氏体化。

但是，焊接 HAZ 加热温度高，这不但促进奥氏体化，而且高温下奥氏体晶粒迅速长大，使 HAZ 高温区奥氏体粗大，冷却后为粗大的奥氏体转变产物。

焊接 HAZ 组织与性能研究的初期，是根据金属学理论中组织转变规律进行分析讨论的，即使用热处理条件下的 CCT 图对焊接冷却过程中的组织转变进行研究。后来发现，由于焊接 HAZ 奥氏体化温度高、加热与冷却速度快、理论分析与实际观察出入较大，因此，有人专门研制了焊接热模拟试验装置，利用快速相变仪测定了一些焊接用钢材的 HAZ 组织转变，得到了相应材料的焊接 CCT 图，称之为模拟焊接热影响区连续冷却组织转变图，简称为 SH-CCT 图。其加热的峰值温度为 1300~1350℃。

三、焊接热影响区的组织与性能变化

焊接 HAZ 上各点距离焊缝远近不同，所经历的焊接热循环不同，各点的组织与性能也不相同。因此，焊接 HAZ 的组织与性能分布不均匀，但也有一定的规律性。

（一）HAZ 组织分布

1. 不易淬火钢组织分布

不易淬火钢指在焊后空冷条件下不易形成马氏体的钢种，如 Q235、20、Q345（16Mn）、Q420（15MnVN）等。按最高温度范围及组织变化可以将 HAZ 分为四个区，见图 9-3。

（1）熔合区。焊缝与母材相邻的部位，最高温度处于固相线与液相线之间，所以又称为半熔化区。此区虽然较窄，但是，由于晶界与晶内局部熔化，成分与组织不均匀分布，过热严重，塑性差，所以是焊接接头的薄弱环节。

（2）过热区温度范围处于固相线到 1100℃左右。由于加热温度高，奥氏体过热，晶粒严重长大，故又称之为粗晶区。焊后冷却时，奥氏体相变产物也因晶粒粗化使塑性、韧性下降，慢冷时还会出现魏氏组织。过热区也是焊接接头的薄弱环节。

（3）相变重结晶区（正火区）母材已完全奥氏体化，该区处于 1100℃ ~ Ac_3（约 900℃），由于奥氏体晶粒细小，空冷后得到晶粒细小而均匀的珠光体和铁素体，相当于热处理时的正火组织。因此，其塑性和韧性很好。

（4）不完全重结晶区。范围内的 HAZ 属于不完全重结晶区，由于部分母材组织发生相变重结晶 F+P→A，且奥氏体晶粒细小，冷却转变后得到细小的 F+P，而未奥氏体化的 F 受热后长大，使该区晶粒大小、组织分布不均匀，虽然受热不严重但性能不如相变重结晶区。

2. 易淬火钢 HAZ 组织分布

易淬火钢指在焊接空冷条件下易淬火形成马氏体的钢种，如中碳钢（如 45 钢）低碳调质钢（18MnMoNb）、中碳调质钢（30CrMnSi）等，此类材料的 HAZ 组织变化及分布与母材焊前的热处理状态有关。

（1）焊前为正火或退火状态，焊前母材为 F+P（S、B）组织。HAZ 主要由完全淬火

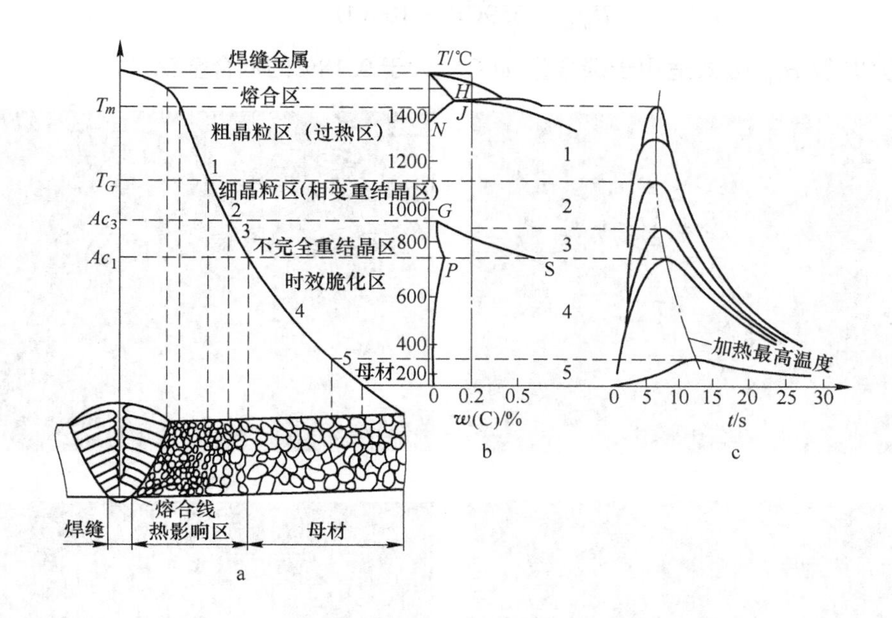

图 9-3 焊接热影响区的温度分布与状态图的关系

a—HAZ 组织分布；b—铁碳相图；c—热循环

区和不完全淬火区组成。完全淬火区 T_m（峰值温度）偏高于 Ac_3，由于完全奥氏体 A 化，焊后因快冷得到淬火组织 M（或 M+B）但靠近焊缝的高温区为粗大的 M 组织，韧性很差，T_m 在 $Ac_1 \sim Ac_3$ 范围内的区域为细小马氏体组织。在不完全淬火区，即 T_m 处于 $T_m \sim T_{回}$之间的 HAZ，铁素体很少分解为奥氏体，而珠光体 P（或索氏体 S、贝氏体 B）优先转变为奥氏体，随后快冷时，奥氏体转化为马氏体，而铁素体则有所长大但类型不变，最后得到 M+F 混合组织。

（2）焊前为调质态，调质后母材为回火组织，其 HAZ 可分为完全淬火区、不完全淬火区和回火区，其中前两个区域组织变化与正火态下基本相同，但 T_m 处于 $Ac_1 \sim T_{回}$（调质处理时的回火温度）范围内的区域发生了不同程度的回火热处理，故称为回火区。由于回火温度高于热处理时的回火温度 T_m，故该区强度下降，塑性、韧性上升，故称之为回火软化。

（二）热影响区的性能变化

对于一般焊接结构来讲，主要考虑 HAZ 的硬化、脆化、软化及综合力学性能的变化。

1. 热影响区的硬化

HAZ 组织硬化后，必然导致性能变化，由于硬度试验易操作，故常用 HAZ 的最高硬度 H_{max} 来间接判断组织变化对 HAZ 性能的影响。HAZ 硬度主要决定于母材化学成分和冷却条件，在实际工作中可以用碳当量 CE（Carbon Equivalent）估计母材成分对 HAZ 淬硬程度的影响，45 钢焊条电弧焊金相组织见图 9-4。例如，国际焊接学会（IIW）推荐的碳当量公式：

$$CE = C + \frac{Mn}{6} + \frac{Cu + Ni}{15} + \frac{Cr + Mo + V}{5}$$

$$H_{max} = 559CE + 100(HV)$$

上述 CE 及 H_{max} 公式适用于碳含量 $w(C)$ 大于 0.18%的低合金钢。

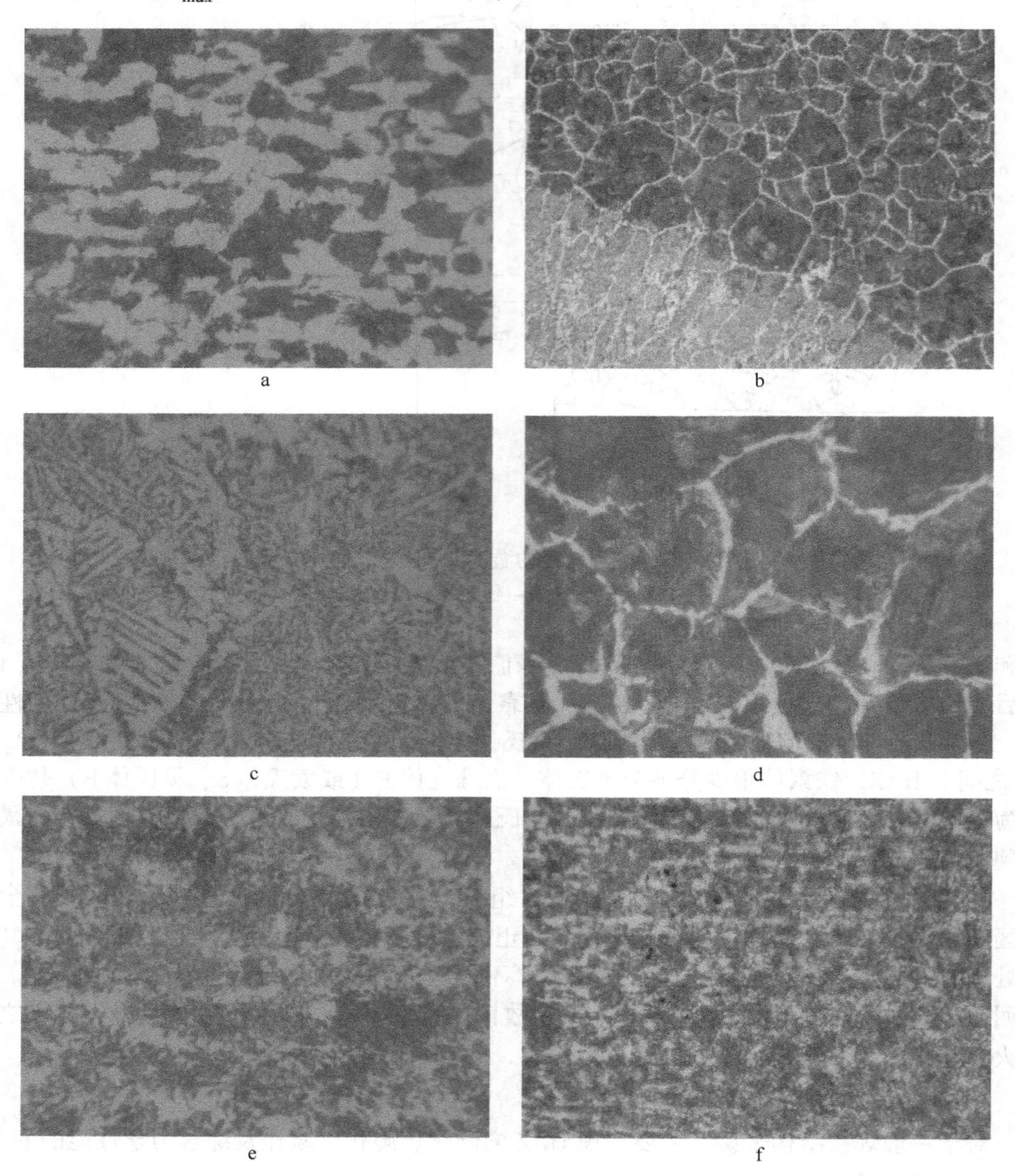

图 9-4　45 钢焊条电弧焊金相组织

a—母材；b—熔合线；c—焊缝组织；d—过热区；e—部分相变区；f—不完全重结晶区

2. 热影响区的脆化

HAZ 的脆化有多种类型，如粗晶脆化、析出脆化、组织脆化、氢脆化等。HAZ 中的熔合区与过热区因 T_m 高常常发生严重的粗晶脆化，例如，对于不易淬火钢该区出现粗大魏氏组织，易淬火钢出现粗大的孪晶马氏体，这种脆化实际是粗晶脆化与组织脆化的复合作用。组织脆化除上述提到的魏氏组织和孪晶马氏体以外，还有M—A组元脆化和上贝氏体脆化，M—A组元脆化是由于焊接低合金高强钢时，因慢冷在HAZ的某些区域（如过热区、不完全重结晶区）先析出含碳量低的铁素体类组织，使C富集到被F包围的岛状A中（其碳含量w(C)可达0.5%~0.8%），这些高碳A随后转变为高碳M+ A_R 的混合物，称为M—A组元。M—A组元很硬，与铁素体受力时变形不协调易导致脆化。

析出脆化是由于焊前母材为过饱和固溶体，在焊接热作用下产生时效或回火效果，碳化物或氮化物析出造成的塑性及韧性下降。

3. 热影响区的软化

焊接调质钢或淬火钢时，HAZ受热温度超过回火温度，在 Ac_1 附近强度下降的现象称为回火软化。

（三）HAZ韧化

韧性是指材料在塑性应变和断裂全过程中吸收能量的能力，它是强度和塑性的综合表现。长期焊接实践证明，焊接接头韧性是保证焊接结构安全运行的最重要性能指标。实际接头中，HAZ的熔合区与过热区是整个接头的薄弱地带。保证HAZ韧性的措施有：

（1）调整低合金高强钢的成分与HAZ组织状态，近年来大力发展了低碳微量多种合金元素合金化的钢种，焊后HAZ分布弥散强化质点，韧性好。焊后希望HAZ为针状铁素体、下贝氏体、低碳马氏体、奥氏体等塑性、韧性相对较好的组织。

（2）工艺因素，合理制定焊接工艺，正确选择焊接线能量、预热温度，必要时预热。例如，线能量的大小应合理，线能量过小时，快冷造成脆硬组织，生产率也低；但线能量过大时HAZ粗晶脆化，低碳钢可能出现粗大魏氏组织，低合金钢出现上贝氏体与M—A组元。所以，线能量的选取原则是，在避免脆化组织的前提下尽量大一些，以防止淬硬组织，避免冷裂纹，提高生产率。

为了控制HAZ组织转变与性能，防止冷裂纹，有时应对焊件进行预热，低合金高强钢常采取预热加适中线能量的焊接工艺，必要时进行后热处理。

【例9-1】 管线钢焊接热影响区问题研究：X80管线钢属于低碳微合金化高强钢，具有高强度和良好的抗韧性断裂能力。在焊接制管的生产过程中，焊缝和热影响区的组织性能往往是钢管最薄弱的环节，因焊接工艺条件的差异，焊缝出现裂纹的概率也比较大。高钢级管线钢焊缝及热影响区由于焊接冶金过程和焊接热作用，易出现组织脆化、应力腐蚀等问题，导致韧性降低。该X80钢板22mm厚，采用双面螺旋埋弧焊，热输入为25kJ/cm。

母材显微组织：X80管线钢母材为典型的针状铁素体+ M/A组织，其微观组织主要为大量的针状铁素体、粒状贝氏体和弥散分布的M/A岛状组织，还有部分多边形铁素体和准多边形铁素体。多边形铁素体和准多边形铁素体的晶界较为清晰；针状铁素体晶界较为模糊，呈现非多边形，晶粒尺寸差异明显；M/A岛状组织分布在铁素体基体晶界处。针状铁素体与细小的准多边形铁素体使得材料在断裂过程中吸收更多的能量，因而具有高的抗冲击断裂能力，如图9-5a所示。

焊缝显微组织：主要为粒状贝氏体 + 大块状铁素体的复合组织，还有部分针状铁素体，呈现柱状晶形状，具有一次凝固和二次相变等两类组织的综合特征，如图9-5b所示。

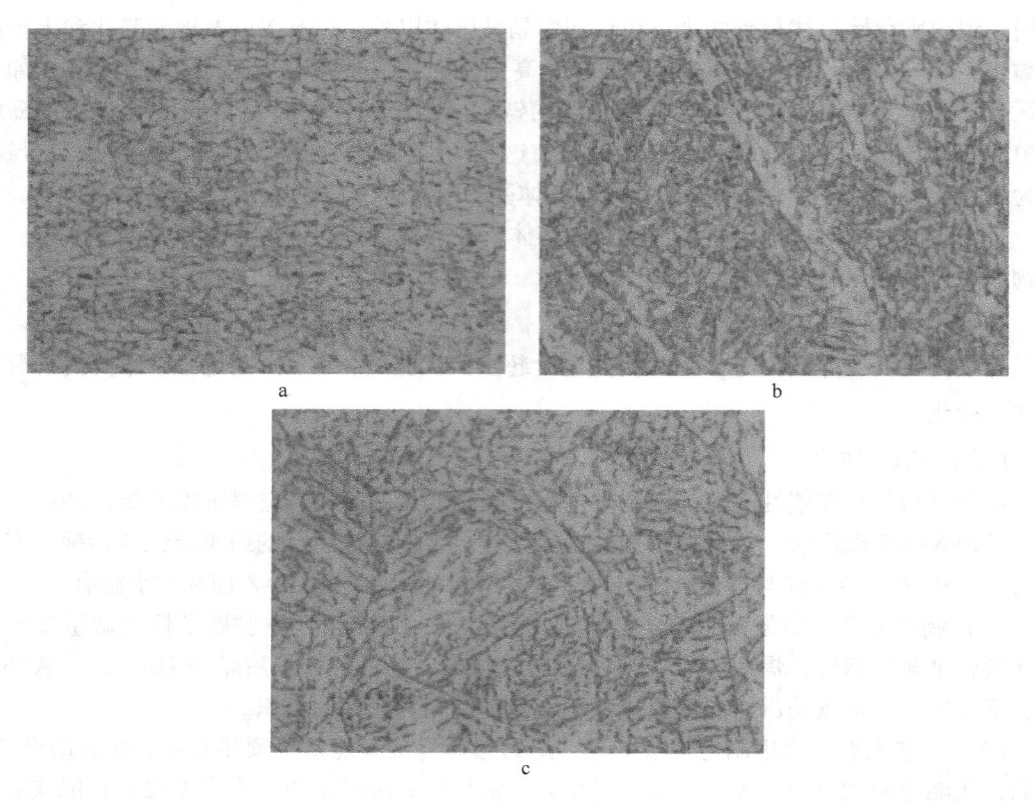

图 9-5 管线钢显微组织（80×）
a—母材（100×）；b—焊缝（100×）；c—热影响区（100×）

一次组织为焊缝金属的液-固相变组织，二次组织为焊缝金属的固态相变组织。由于焊缝金属的固态相变过程是在焊缝柱状晶的基础上进行的，因而其性能在很大程度上受到一次组织特征的制约，其中一次组织中粗大晶粒等因素对焊缝组织的韧性造成损害，此外，粒状贝氏体、块状铁素体也对韧性不利。因此，这种焊缝组织对裂纹扩展的阻碍作用小，冲击韧性最差。

焊接热影响区粗晶区的组织特征：以贝氏体铁素体组织为主，如图 9-5c 所示。贝氏体铁素体由原奥氏体晶界以相互平行的板条向晶内生长，部分板条束贯穿了原奥氏体晶粒。不同位向的贝氏体铁素体板条束将原奥氏体晶粒分割成不同的区域，清晰勾勒出原奥氏体晶界，而板条之间分布着 M/A 组织。焊接过程中该区域温度范围在固相线以下至 1100℃左右，处于过热状态，晶粒发生粗化现象，在较高的转变温度和较快的冷却速度条件下得到粗大的组织，表现出局部脆化，处于韧性较差水平。粗大的贝氏体铁素体组织韧性低于针状铁素体 + M/A 岛状组织，但高于粒状贝氏体+大块状铁素体组织，因此，热影响区的冲击性能低于母材而高于焊缝。

习 题

9-1 什么是焊接热循环，焊接热循环有哪几个参数，说明 T_m、$t_{8/5}$的含义。

9-2　同热处理相比，焊接热影响区的组织转变有何特点？

9-3　说明易淬火钢和不易淬火钢 HAZ 的组织分布。

9-4　在相同的条件下焊接 45 钢和 40Cr 钢，哪一种钢的近缝区淬硬倾向大，为什么？

9-5　焊接热影响区的脆化类型有几种，如何防止？

9-6　高速列车车体 6061 铝合金，供货状态为 T6（固溶处理后再人工时效的稳定状态），板厚 3mm，采用激光焊接。焊接参数为：焊接功率 2500W、焊接速度 50mm/s、离焦量 -1mm，保护气体流量 10L/min，母材硬度为 100HV，焊缝硬度低于母材，焊缝中心硬度 66HV，从焊缝中心到母材，硬度逐渐增加，但在热影响区存在硬度降低的区域。试解释此现象。

第十章　焊接缺陷的产生机理与防止措施

焊接接头中存在不连续、不均匀性或连接不良的现象称为焊接缺欠。焊接缺欠可根据其性质、特征分为六大类：裂纹、孔穴、固体夹杂、未熔合及未焊透、形状不良及其他缺欠，最危险的是裂纹。焊接缺欠的存在使焊接接头的质量下降、性能变差。在焊接结构中，要获得无缺欠的焊接接头，技术上是相当困难的，也是不经济的。不同焊接产品对焊接缺欠有不同的容限标准，如果超出允许范围，称为焊接缺陷，焊接缺陷往往是引发重大事故的隐患。存在焊接缺陷的产品应被判废或必须返修。同时，由于焊接时局部加热，存在应力、变形等问题。因此，如何从人、机、料、法、环等方面，在满足使用性能的前提下，把焊接缺欠限制在一定范围之内是需要思考的问题。本章主要介绍焊接应力、焊接变形、焊接裂纹、焊缝中的气孔、偏析与夹杂等重要焊接缺陷的形成机理、影响因素及防止措施。

第一节　焊 接 应 力

在热加工过程中，工件经历了加热和冷却过程，其尺寸和形状将发生变化，如果在变化过程中受到阻碍，就会在工件中产生应力。焊接应力在焊接构件中的存在，直接影响结构的承载能力，降低焊接接头及整个构件的疲劳强度，甚至会引发裂纹、产生疲劳断裂或脆性断裂而引起事故。

一、焊接应力集中问题

焊接接头的显著特点是可能产生不同程度的不连续性，因而出现不同程度的应力集中。不同形式的坡口所产生的应力集中系数如表 10-1 所示。应力集中程度可用应力集中系数 K_t 表示：

$$K_t=\frac{\sigma_{K\max}}{\sigma_n} \tag{10-1}$$

式中　σ_n ——公称应力，MPa；

$\sigma_{K\max}$ ——有应力集中时的最大应力，MPa。

表 10-1　坡口根部与焊缝边缘（焊趾）的应力集中系数

坡口形式	K_t	坡口形式	K_t
60° Y形（根部）	4	60° 双V形（根部）	3.5

续表 10-1

坡口形式	K_t	坡口形式	K_t
Y（根部）（60°）	4~5	单边V形（根部）（45°）	6~8
V（根部）	1.5	Y，双V，Y，V，U（焊趾）	1.5

K_t 值越大，应力集中程度越大，也可以理解为具有越大的"缺口效应"。这会对焊接结构正常工作带来不利，应尽可能避免产生大的应力集中。

如果把接头疲劳强度与母材疲劳强度之比定义为疲劳强度系数 γ，那么可以比较几种接头的疲劳强度系数。简单的对接接头，根部未熔透的疲劳强度系数 $\gamma=0.5$；封底焊接头的疲劳强度系数 $\gamma=0.7$；根部有衬垫焊接接头的疲劳强度系数 $\gamma=0.7$。与母材相比，焊接接头的疲劳强度均有所降低，这就是缺口效应。盖板接头的缺口效应最大，疲劳强度也相应最低。

焊接应力在焊接构件中的存在，直接影响结构的承载能力，降低焊接接头及整个构件的疲劳强度，甚至会引发裂纹、产生疲劳断裂或脆性断裂而引起事故。由于高强钢对应力集中敏感，应在设计时避免不连续、不均匀、有缺口的缺欠出现，也应尽量避免焊缝密集、交叉和不等厚板的连接等。焊缝凸起高度 h（余高）应尽量减小，要求严格时，甚至要加工成与板面齐平，以降低焊趾处的应力集中。

（一）影响焊接应力集中的因素

按照焊接应力产生的原因，应力可以分为以下三种。

（1）热应力：它是在焊接过程中，焊件内部温度有差异引起的应力，故又称温差应力。热应力是引起热裂纹的力学原因之一。

（2）相变应力：该应力是焊接过程中，局部金属发生相变，比容增大或减小而引起的应力。

（3）塑变应力：指金属局部发生拉伸或压缩塑性变形后引起的内应力。焊接过程中，在近缝高温区的金属热胀和冷缩受阻时便产生这种塑性变形，从而引起焊接的内应力。

（二）焊接应力种类

将焊缝方向的应力称为纵向应力，用 σ_x 表示；垂直于焊缝方向的应力称为横向应力，用 σ_y 表示；厚度方向的应力，用 σ_z 表示，一般在厚度不大（$\delta<15\sim20$mm）的焊接结构中，σ_z 很小，只有在大厚度的焊接结构中，σ_z 才有较高的数值。

1. 纵向应力 σ_x

纵向应力的大小与试板类型、焊接材料热物理性能、试板尺寸、焊缝位置等因素有关。例如，两块低碳钢板对接，当焊缝位于中心时纵向残余应力分布的基本规律是，焊缝及其附近处为拉应力，一般可达到材料的屈服强度 σ_s［铁为（0.5~0.8）σ_s，铝为（0.6~

0.8)σ_s]，两侧为压应力。整个横截面上保持着内力平衡。在长焊缝中两端部的纵向应力分布与中部有区别，如图 10-1 所示。短焊缝中间稳定区将减小，或不出现。宽板对接与窄板对接的纵向应力分布也有区别，宽板对接表现出两侧压应力离焊缝越远越小，甚至为零。

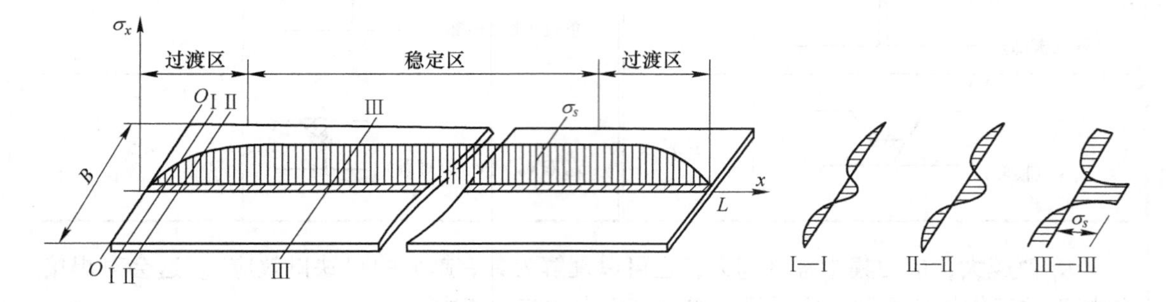

图 10-1　平板对接时焊缝各截面中的 σ_x 分布

2. 横向应力 σ_y

横向残余应力的直接原因是焊缝冷却的横向收缩，间接原因是焊缝的纵向收缩。表面和内部不同冷却过程和局部相变过程也是影响因素。

对于自由状态下平板对接焊缝（图 10-2a）的横向残余应力，主要起因于受拘束的纵向收缩。如果两块板间的焊缝在冷却过程中没有横向拘束，由于存在纵向收缩，导致两块板产生向外侧的弯曲变形（图 10-2b）。由于焊缝冷却有横向连接，必然使焊缝中部受到横向拉伸，而两端受到压缩。其横向残余应力 σ_y，如图 10-2c 所示，其压应力最大值比拉应力大得多。

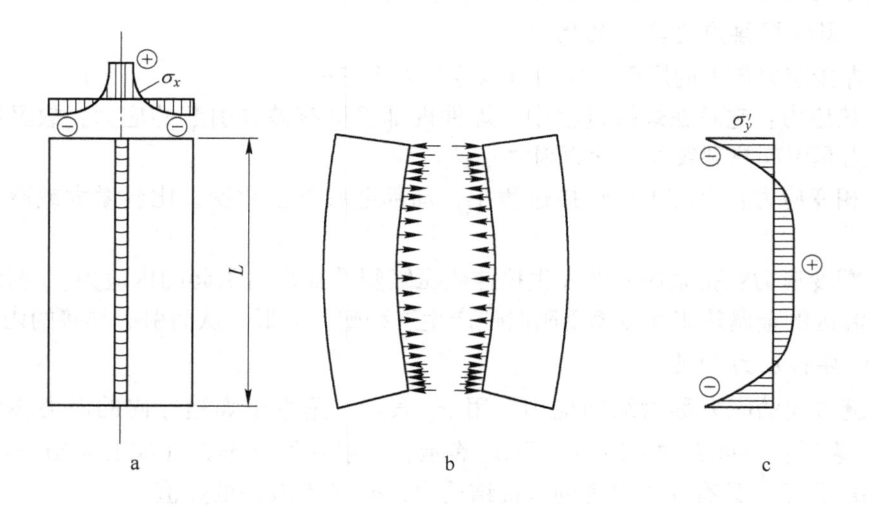

图 10-2　纵向应力 σ_x 引起的横向应力残余应力 σ_y'分布

3. 厚板中的残余应力

厚板焊接接头中除有纵向和横向残余应力外，在厚度方向还有较大残余应力 σ_z。它在厚度上的分布不均匀，主要受焊接工艺方法的影响。

4. 拘束状态下的残余应力

在生产中构件多是在受拘束条件下焊接的，因此其焊接残余应力也受到拘束条件的影响。

5. 相变应力

相变应力是因相变时比体积发生变化而引起的。这是由于不同的组织具有不同的晶格类型和不同的密度，因而具有不同的比体积。例如，钢在加热和冷却过程中，由于相变产物的比体积不同（表 10-2），发生相变时其体积会发生变化。如铁素体或珠光体转变为奥氏体时，因奥氏体的比体积较小，钢材的体积要缩小；而奥氏体转变为铁素体、珠光体或马氏体时，比体积增大，体积膨胀，它不但能抵消一部分压缩塑性变形，减少残余拉应力，还可能出现较大的压应力。

在焊接高强钢或异种钢时可能在热影响区或焊缝金属（其化学成分与母材不同或相近）中发生的低温相变对残余应力有较大的影响。相变引起的是体积膨胀，既有纵向也有厚度方向的膨胀。因此相变不但产生压应力，而且可以在某些部位引起相当大的横向拉伸应力，它是导致焊接冷裂纹的原因之一。

表 10-2 钢的不同组织的比体积和热膨胀系数

钢的组织	奥氏体	铁素体	珠光体	马氏体	渗碳体
比体积/$cm^3 \cdot g^{-1}$	0.123~0.125	0.127	0.129	0.127~0.131	0.130
线膨胀系数/$\times10^{-6}℃^{-1}$	23.0	14.5	—	11.5	12.5
体膨胀系数/$\times10^{-6}℃^{-1}$	70.0	43.5	—	35.0	37.5

二、防止焊接应力的对策

在焊接过程中采用一定的工艺措施可以调节应力，降低残余内应力的峰值，避免在大面积内产生较大的拉应力，并使内应力分布更为合理。

（1）设计合理的焊缝和接头形式。

1）尽量减少结构上焊缝的数量和减小焊缝尺寸。减少焊缝可以减少内力源；过大的焊缝尺寸，焊接时受热区加大，使引起残余应力与变形的压缩塑性变形区或变形量增大。

2）避免焊缝过分集中，焊缝间应保持足够的距离。焊缝过分集中不仅使应力分布更不均匀，而且可能出现双向或三向复杂的应力状态。

3）采用刚性较小的接头形式。

（2）选择合理的焊接顺序和方向。

1）尽量使焊缝能自由收缩，先焊收缩量比较大的焊缝，从而减少内应力。

2）先焊工作时受力较大的焊缝。

3）长焊缝宜从中间向两头焊，避免从两头向中间焊。

4）交错布置的焊缝应先焊交错的短焊缝，后焊直通的长焊缝。图 10-3 为大面积平板拼接，按图中焊缝 1、2、3 顺序施焊是合理的。若按 3、2、1 顺序焊接，则焊接 2、1 焊缝时，它们的横向收缩就受到先焊的缝 3 拘束，必然产生较大的残余应力，严重时在焊缝 1、2 上会产生裂纹，或整个拼板凸起，构成波浪变形。

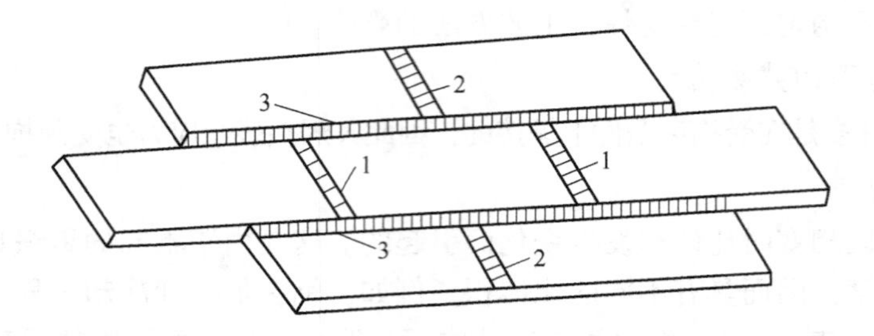

图 10-3　拼板时选择合理的焊接顺序
1，2—短焊缝；3—长焊缝

（3）降低焊缝的拘束度。平板上镶板的封闭焊缝焊接时拘束度大，焊后焊缝纵向和横向拉应力都较高，极易产生裂纹。为了降低残余应力，应设法减小该封闭焊缝的拘束度。

（4）预热或加热“减应区”。预热法是在施焊前，预先将焊件局部或整体加热到150~650℃。对于焊接或焊补那些淬硬倾向较大的材料的焊件，以及刚性较大或脆性材料焊件时，常常采用预热法。焊接时加热那些阻碍焊接区自由伸缩的部位（称“减应区”），使之与焊接区同时膨胀和同时收缩，起到减小焊接应力的作用，即加热减应区法。

（5）冷焊法。冷焊法是通过减少焊件受热来减小焊接部位与结构上其他部位间的温度差。具体做法有：尽量采用小的热输入施焊，选用小直径焊条，小电流、快速焊及多层多道焊。另外，应用冷焊法时，环境温度应尽可能高。

（6）随焊锤击或辗压焊缝。利用圆头小锤或小尺寸辗压轮锤击（辗压）焊缝，使焊缝金属延展，抵消一些焊缝区内的收缩，从而减小或消除内应力、减小或矫正变形。此法在焊接强度高、塑性差的材料时（尤其在修理工作中）应用十分有效。但要掌握锤击时机、锤击力大小和锤击次数。

第二节　焊 接 变 形

一、焊接变形的特点及分类

焊件由于受焊接过程中产生的不均匀温度场的影响而产生的变形即焊接变形。焊接变形与焊件形状尺寸、材料的热物理性能及加热条件等因素有关。焊接是不均匀加热过程，热源只集中在焊接部位，且以一定速度向前移动。局部受热金属的膨胀能引起整个焊件发生平面内或平面外的各种形态的变形。变形是从焊接开始时产生，并随焊接热源的移动和焊件上温度分布的变化而变化。一般情况下一条焊缝正在施焊处受热发生膨胀变形，后面开始凝固和冷却处发生收缩。膨胀和收缩在这条焊缝上不同部位分别产生。直至焊接结束并冷却至室温，变形才停止。如果由热膨胀/收缩产生的应力超过了母材的屈服强度，材料就将发生局部塑性变形。塑性变形会导致焊接件尺寸的永久减小和结构扭曲。

焊接过程中随时间而变的变形称焊接瞬时变形，它对焊接施工过程产生影响。焊完冷却到环境温度后，焊件上残留下来的变形称焊接残余变形，它对结构质量和使用性能产生直接影响。因此焊接残余变形更受重视。一般所说的焊接变形，多是指焊接残余变形。按焊接变形的特点，焊接残余变形主要有以下几种表现。它们与焊件的形态、尺寸、焊缝在焊件上的位置、焊缝坡口的几何形状等因素有关。

（1）纵向收缩变形：即构件焊后在焊缝方向发生收缩变形，属板平面内变形。

（2）横向收缩变形：即构件焊后在垂直焊缝方向发生收缩变形，属板平面内变形。

（3）挠曲变形：构件焊后发生挠曲，这种挠曲可由焊缝的纵向收缩引起，也可由焊缝横向收缩引起。这种变形也是板平面内变形。

（4）角变形：焊后构件的平面围绕焊缝产生的角位移，角变形是一种板平面外变形。

（5）波浪变形：由于焊接产生的压缩残余应力，使板件出现因压曲形成的波浪变形，这种变形易在薄板焊接时发生，属板平面外变形。

（6）螺旋形变形：它是细长构件的纵向焊缝横向收缩不均匀或装配质量不良，使构件绕自身轴线出现类似麻花、螺旋形的扭曲，也叫扭曲变形，是板平面外变形。

（7）错边变形：由焊接所导致的构件在长度方向或厚度方向上出现错位。长度方向的错边变形是板平面内变形，厚度方向上的错边变形是板平面外变形。

二、防止焊接变形的对策

焊接变形主要与接头设计和焊接工艺有关，为了防止焊接残余变形，需从设计和工艺两方面来进行预防。

（1）设计方面的预防措施。

1）合理选择焊缝的尺寸和形式：坡口尺寸对焊材消耗量、焊接工作量和焊接变形量有直接的影响。焊缝尺寸大，不仅焊材消耗量和焊接工作量大，而且焊接变形也大。所以在设计焊缝尺寸时应该在保证承载能力的前提下，按照构件的板厚来选取工艺上尽可能小的焊缝尺寸。

2）尽可能减少不必要的焊缝。

3）合理安排焊缝的位置。

（2）工艺方面的预防措施。

1）反变形法：反变形法就是事先估计好结构变形的方向和大小，在装配时给予一个相反方向的变形与焊接变形相抵消，使焊后构件保持设计要求。这是生产中最常用的方法。

2）合理的焊接方法和工艺参数：选择热输入较低的焊接方法，可以有效地防止焊接变形。焊接热输入是影响变形量的关键因素，焊接方法确定后，可通过调节工艺参数来控制热输入。在保证熔透和焊缝无缺陷的前提下，应尽量采用小的焊接热输入。

第三节　焊接热裂纹

在应力与致脆因素的作用下，使材料的原子结合遭到破坏，在形成新界面时形成的缝隙称为裂纹。裂纹种类包括热裂纹、冷裂纹、再热裂纹、应力腐蚀裂纹等，裂纹不仅会给工件正常使用带来诸多问题，甚至会引发灾难性的事故。焊接热裂纹是在高温下产生的，它的微观特征一般是沿晶开裂。热裂纹发生的部位一般是在焊缝中，有时也出现在热影响区中。在高温高压下长期使用的焊接结构，可能产生再热裂纹和蠕变疲劳裂纹等，再热裂纹是在再次加热过程中产生的。当焊接裂纹贯穿表面，与外界空气相通时，热裂纹和再热裂纹表面呈氧化色彩。热裂纹和再热裂纹对焊接结构的危害已引起人们的关注。

一、焊接热裂纹的分类

（一）热裂纹

热裂纹是在焊接时高温下产生的，它的特征是沿原奥氏体晶界开裂。根据所焊金属材质的不同（低合金高强钢、不锈钢、铸铁、铝合金和某些特种金属等），产生热裂纹的形态、温度区间和原因也各有不同。一般把热裂纹分为结晶裂纹、液化裂纹和多边化裂纹三类，见表 10-3。

表 10-3 热裂纹的分类

裂纹分类		裂纹位置	裂纹走向	敏感温度区间	母材
热裂纹	结晶裂纹	焊缝上，少量在热影响区	沿奥氏体晶界开裂	固相线以上稍高的温度（固液状态）	杂质较多的碳钢、低中合金钢、奥氏体钢、镍基合金
	多边化裂纹	焊缝、热影响区	沿奥氏体晶界开裂	固相线以下再结晶温度	纯金属及单相奥氏体合金
	液化裂纹	热影响区及多层焊的层间	沿晶界开裂	固相线以下稍低温度	含 S、P、C 较多的镍铬高强钢、奥氏体钢和镍基合金等
再热裂纹		热影响区粗晶区	沿晶界开裂	600 ~ 700℃ 回火处理	含沉淀强化元素的高强钢、珠光体钢、奥氏体钢、镍基合金

（1）结晶裂纹：结晶裂纹（又称凝固裂纹）是在焊缝凝固结晶过程的后期形成的裂纹，是生产中最为常见的热裂纹之一。结晶裂纹只产生在焊缝中，多呈纵向分布在焊缝中心，也有呈弧形分布在焊缝中心线两侧，而且这些弧形裂纹与焊缝表面波纹呈垂直分布。通常纵向裂纹较长、较深，而弧形裂纹较短、较浅。弧坑裂纹也属结晶裂纹，它产生于焊缝收尾处。

结晶裂纹尽管形态、分布和走向有区别，但都有一个共同特点，即所有结晶裂纹都是沿一次结晶的晶界分布，特别是沿柱状晶的晶界分布。焊缝中心线两侧的弧形裂纹是在平行生长的柱状晶晶界上形成的。在焊缝中心线上的纵向裂纹恰好是处在从焊缝两侧生成的柱状晶的汇合面上。多数结晶裂纹的断口上可以看到氧化色彩，表明它是在高温下产生的。在扫描电镜下观察结晶裂纹的断口具有典型的沿晶开裂特征，断口晶粒表面光滑。

（2）液化裂纹：在母材近缝区或多层焊的前一焊道因受热作用而液化的晶界上形成的焊接裂纹称液化裂纹。因为是在高温下沿晶开裂，故是热裂纹之一。与结晶裂纹不同，液化裂纹产生的位置是在母材近缝区或多层焊的前一焊道上，如图 10-4 所示。近缝区上的液化裂纹多发生在母材向焊缝凸进去的部位，该处熔合区向焊缝侧凹进去而过热严重。液化裂纹多为微裂纹，尺寸很小，一般在 0.5mm 以下，个别达 1mm。主要出现在合金元素较多的高合金钢、不锈钢和耐热合金的焊件中。

快速焊接可以缩小近缝区的热裂敏感性 CSZ（crack susceptible zone）的大小，因为快速焊接可增大熔合区冷却速度，提高温度梯度。热裂敏感区 CSZ 与脆性温度区 BTR（brittle temperature range）相对应，所以 CSZ 大，热影响区对热裂纹敏感，如图 10-5 所示。这一区域正是易于产生液化裂纹或失延裂纹的部位。

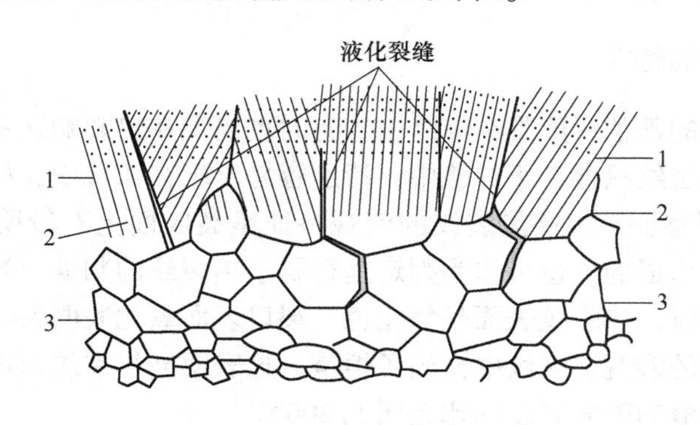

图 10-4　近缝区的液化裂纹

1—未混合区；2—部分融化区；3—粗晶区

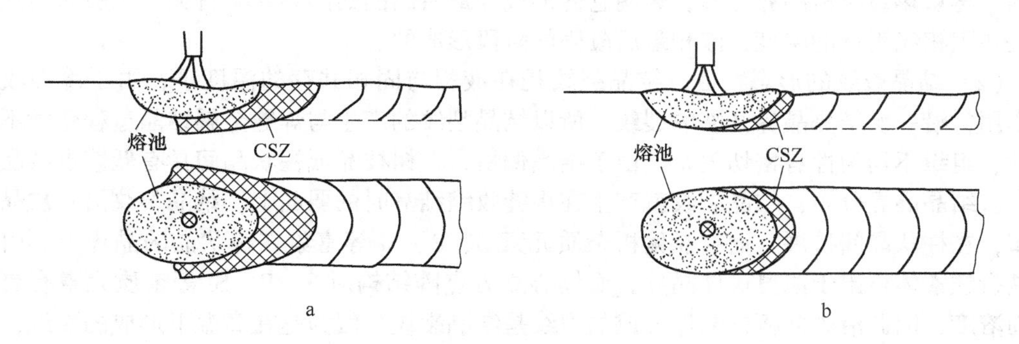

图 10-5　焊缝边界的热裂纹敏感区

a—小的冷却速度；b—大的冷却速度

（3）多边化裂纹：焊接时在金属多边化晶界上形成的一种热裂纹称为多边化裂纹。它是由于在高温时塑性很低而造成的，故又称为高温低塑性裂纹。这种裂纹多发生在纯金属或单相奥氏体焊缝中，个别情况下也出现在热影响区中。其特点如下。

1）裂纹在焊缝金属中的走向与一次结晶不一致，以任意方向贯穿树枝状结晶中。

2）裂纹多发生在重复受热的多层焊层间金属及热影响区中，其位置并不靠近熔合区。

3）裂纹附近常伴随再结晶晶粒出现。

4）断口无明显的塑性变形痕迹，呈现高温低塑性开裂特征。

（二）再热裂纹

厚板焊接结构，并含有沉淀强化合金元素的钢材，在进行焊后消除应力热处理或在一定温度下服役的过程中，在焊接热影响区粗晶部位发生的裂纹称为再热裂纹。由于这种裂纹是在再次加热过程中产生的，故称为“再热裂纹”，又称为“消除应力处理裂纹”，简称 SR 裂纹。

再热裂纹多发生在低合金高强钢、珠光体耐热钢与奥氏体不锈钢的焊接热影响区粗晶部位。再热裂纹的敏感温度，视钢种的不同在550~650℃。这种裂纹具有沿晶开裂的特点，但在本质上与结晶裂纹不同。

二、焊接热裂纹的特征

焊接热裂纹发生的部位一般是在焊缝中，有时也出现在热影响区中，包括多层焊道之间的热影响区。凝固裂纹只存在于焊缝中，特别容易出现在弧坑中，称为弧坑裂纹。

（1）宏观及微观特征。焊接热裂纹的宏观特征是裂纹面上有较明显的氧化色彩，这可推断热裂纹是高温形成的，也可作为判定是否属于热裂纹的判据。当焊接热裂纹贯穿表面，与外界空气相通时，热裂纹表面呈氧化色。裂口表面氧化表明裂纹在高温下就已经存在了。有的焊缝表面的宏观热裂纹中充满了熔渣，这表明当热裂纹形成时，熔渣还具有很好的流动性，一般熔渣的凝固温度约比金属低200℃。

近缝区产生的热裂纹，一般都是微观裂纹。热裂纹的微观特征一般是沿晶界开裂，故又称为晶间裂纹。微观热裂纹有胞状晶界的，也有沿胞状组织的柱状晶界以及沿树枝晶开裂的。再从热裂纹沿晶界分布，表明它的形成与最后结晶的晶界状态有关。一般认为热裂纹是在固相线附近的温度，液相最后凝固的阶段形成的。

（2）结晶裂纹的形态特征。结晶裂纹是在液相与固相共存的温度下，由于冷却收缩的作用，沿一次结晶晶界开裂的裂纹。所以结晶裂纹的产生与焊缝金属结晶过程化学不均匀性、组织不均匀性有密切关系。由于结晶偏析，在树枝晶或柱状晶间具有低熔点共晶并沿一次结晶晶界分布，结晶裂纹就产生在焊缝收缩结晶时的弱面上。结晶裂纹沿一次晶界分布，在柱状晶间扩展，而结晶偏析杂质元素S、P、Si等富集在柱状晶的晶界上。由于先共析铁素体析出于原奥氏体晶界，而体心立方点阵结构对S、P、Si等杂质元素有更高的固溶度，因此沿先共析铁素体形成的裂纹是结晶裂纹。因为是在高温下形成的裂纹，因此裂纹边界弯曲、端部圆钝，没有平直扩展的形态特征。

对于低合金钢，先共析铁素体优先在晶界析出，并且铁素体内具有低熔点非金属夹杂物，因此微细的结晶裂纹首先在先共析铁素体中产生，并沿一次结晶晶界扩展。结晶裂纹经常分布在树枝晶间或柱状晶间。

（3）液化裂纹的形态特征。液化裂纹是受焊接热循环作用使晶间金属局部熔化造成的，经常在焊接过热区及熔合区出现，或者在多层焊层间，受后一焊道影响的前一焊道层晶间熔化开裂。根据最大应力方向，液化裂纹平行于熔合区或垂直于熔合区。

当母材金属中有低熔点夹杂物存在时，在焊接热循环的作用下，熔合区或过热区易于在晶界液化，形成球滴状孔洞。液化的奥氏体晶界在轻微应力的作用下就会开裂，开裂的裂纹两侧有很多地方呈相互对应的形态。沿奥氏体晶界开裂的液化裂纹可以向焊缝中扩展，也可能向热影响区扩展。在熔合区或过热区沿奥氏体粗大晶界产生的液化裂纹，经常伴随有聚集的球滴状裂纹，这是液化裂纹的特点之一。液化裂纹开裂部位经常是奥氏体晶界，一般为一次组织的树枝状结晶晶界或柱状晶界。

在焊接接头近缝区中产生的液化裂纹，大体沿与熔合区平行的方向扩展，在未混合熔化区，非金属夹杂物重熔后产生球滴状显微空穴。晶间夹杂物熔化并对晶界有润湿作用，在应变作用下，夹杂物与基体分离、液化，形成空腔状显微缩孔，因此液化裂纹起源于晶间液化。由于高温快速冷却，按照不同断裂机理沿晶产生低塑性开裂或穿晶解理断裂。实际生产中，在刚性拘束条件下，由收缩产生的高应变集中使焊缝强行撕裂，在近缝区的过热区中粗大奥氏体晶界处产生液化裂纹。

三、焊接热裂纹的影响因素

从现象来看，影响焊接热裂纹的因素很多，但从本质来说，主要可归纳为两方面，即冶金因素和力学因素。

（一）冶金因素对焊接热裂纹的影响

（1）合金状态图的类型和结晶温度区间：焊接结晶裂纹倾向的大小是随合金状态图结晶温度区间的增大而增大。随着合金元素的增加，结晶温度区间也随之增大（图 10-6a），同时脆性温度区的范围也增大（有阴影部分），因此结晶裂纹的倾向也是增加的（图 10-6b）。一直到 S 点，此时结晶温度区间最大，脆性温度区也最大，焊接热裂纹的倾向也是最大。当合金元素进一步增加时，结晶区间和脆性温度区反而减小，所以产生焊接热裂纹的倾向也降低了。

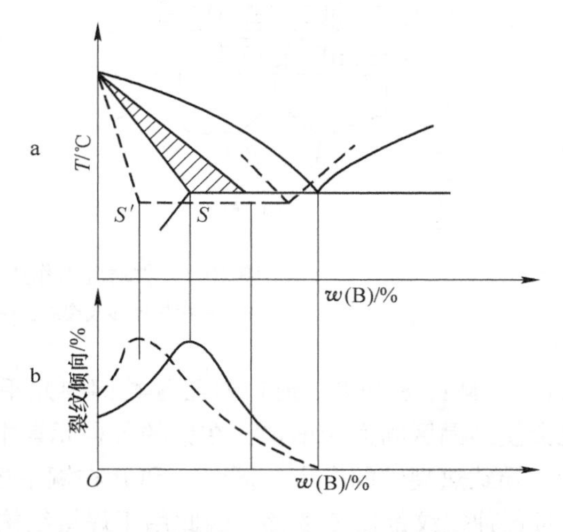

图 10-6　结晶温度区间与热裂纹倾向的关系
（B 为某合金元素）

实际上焊接条件属不平衡结晶，故实际固相线要比平衡条件下的固相线向左下方移动（图 10-6a 中的虚线）。它的最大固溶由 S 点移至 S' 点。与此同时，热裂纹倾向的变化曲线也随之左移（见图 10-6b 中的虚线）。

（2）合金元素对产生热裂纹的影响：焊接过程中，焊缝金属凝固结晶时先结晶部分较纯，后结晶的部分含杂质和合金元素较多，这种结晶偏析造成焊缝金属化学成分的不均匀性。

随着柱状晶长大，杂质不断被排斥到平行生长的柱状晶交界面处或焊缝中心线处，与金属形成低熔相或共晶（例如钢中含硫量偏高时，生成 FeS，进而与 Fe 形成熔点只有 985℃的共晶 Fe-FeS）。在结晶后期已凝固的晶粒相对较多时，这些残存在晶界处的低熔相尚未凝固，并呈液膜状态散布在晶粒表面，割断了一些晶粒之间的联系。在冷却收缩引起的拉应力的作用下，这些远比晶粒脆弱的液态薄膜承受不了这种拉应力，就在晶粒边界处分离形成了结晶裂纹。图 10-7 是在收缩应力的作用下，在柱状晶界上和焊缝中心两侧柱状晶汇合面上形成结晶裂纹的示意图。

合金元素对结晶裂纹的影响是很重要的，C、S、P 对结晶裂纹影响最大，其次是 Cu、Ni、Si、Cr 等，而 N、O、As 等尚无一致的看法。

1）C：碳是钢中影响热裂纹的主要元素，并能加剧其他元素的有害作用。因为碳极易发生偏析，和钢中其他元素形成低熔共晶，其次，碳会降低硫在铁中的溶解度，促成硫与铁化合生成 FeS，因而形成的 Fe-FeS 的低熔点共晶量随之增多，两者均促使在钢中形成热裂纹。

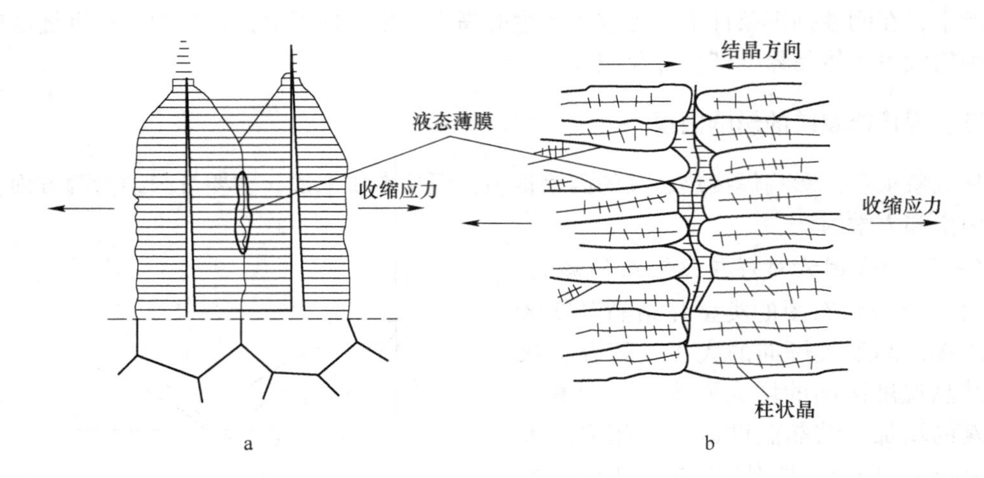

图 10-7 收缩应力作用下结晶裂纹形成示意图

a—柱状晶界形成裂纹；b—焊缝中心线上形成裂纹

2）Mn、S 和 P：硫和磷在各类钢中几乎都会增加热裂纹的倾向，即使是微量存在，也会使结晶区间大为增加，在钢的各种元素中偏析系数最大，所以在钢中极易引起结晶偏析，导致热裂纹的产生。同时 S 和 P 在铜中还能形成许多种低熔化合物或低熔共晶。S 和 P 对各种裂纹都比较敏感，因此用于焊接结构的钢材要对 S、P 严格控制。Mn 具有脱硫作用，能置换 FeS 为球状的高熔点的 MnS（1610℃），同时能改善硫化物的分布形态，因而能降低结晶裂纹倾向。

Mn、S、P 在焊缝和母材中常同时存在，在低碳钢中对结晶裂纹的影响有如下规律：在一定含碳量的条件下，随着含硫量的增加，裂纹倾向增大，硫的有害作用加剧；随着含锰量的增加，裂纹倾向降低。

3）Si 和 Ni：硅是 δ 铁素体形成元素，少量硅有利于提高抗裂性能，但当 $w(\mathrm{Si})>0.4\%$时，会因形成硅酸盐夹杂而降低焊缝金属的抗裂性能。镍是热裂纹敏感性很高的元素，镍在低合金钢中易于与硫形成低熔点共晶，Ni 与 Ni_3S_2 共晶的熔点仅 645℃，因此会引起热裂纹。

4）Ti、Zr 和 RE：铁、锆和镧、铈等稀土元素能形成高熔点的硫化物。例如，钛的硫化物 TiS 熔点为 2000~2100℃，铈的硫化物 CeS 熔点为 2400℃，它们形成硫化物的效果比 Mn 还好（MnS 熔点 1610℃），有消除结晶裂纹的有利作用。

（3）一次结晶组织对热裂纹的影响：焊缝一次结晶组织的晶粒度越粗大，结晶方向性越强，就越容易促使杂质偏析，在结晶后期越容易形成连续的液态共晶薄膜，增加热裂纹的倾向。在焊缝或母材中加入一些细化晶粒元素，如 Mo、V、Ti、Nb、Zr、Al、RE 等，一方面使晶粒细化，增加晶界面积，减少杂质的集中；另一方面又打乱了柱状晶的结晶方向，破坏了液态薄膜的连续性，从而提高抗裂性能。

如果一次结晶组织仅仅是与结晶主轴方向大体一致的单相奥氏体，结晶裂纹倾向就很大。如果一次结晶组织为 δ 铁素体，或者 γ+δ 同时存在的双相组织，结晶裂纹的倾向就能减小。

(二) 力学因素对热裂纹的影响

焊接结晶裂纹具有高温沿晶断裂的性质。发生高温沿晶断裂的条件是金属在高温阶段晶间塑性变形能力不足以承受当时所发生的塑性应变量，即

$$\varepsilon \geqslant \delta_{\min} \tag{10-2}$$

式中　ε——高温阶段晶间发生的塑性应变量；

$\delta_{\min}$——高温阶段晶间允许的最小变形量。

$\delta_{\min}$ 反映了焊缝金属在高温时晶间的塑性变形能力。金属在结晶后期，即处在液相线与固相线温度附近的“脆性温度区”，在该区域范围内其塑性变形能力最低。塑性温度区的大小及温度区内最小的变形能力由前述的冶金因素决定。

ε 是焊缝金属在高温时受各种力综合作用引起的应变，反映了焊缝金属当时的应力状态。这些应力主要是由于焊接的不均匀加热和冷却过程而引起，如热应力、组织应力和拘束应力等。与 ε 有关的因素如下。

(1) 温度分布：若焊接接头上温度分布很不均匀，即温度梯度很大，同时冷却速度很快，则引起的 ε 就很大，极易产生结晶裂纹。

(2) 金属的热物理性能：金属的热膨胀系数越大，则引起的 ε 也越大，越易开裂。

(3) 焊接接头的刚性或拘束度：当焊件越厚或接头受到拘束越强时，引起的 ε 也越大，结晶裂纹也越易产生。

四、焊接热裂纹防止对策

(一) 冶金方面

(1) 控制焊缝中硫、磷、碳等有害杂质的含量：焊接低碳钢、低合金钢时，有害元素 S、P、C 不仅能形成低熔相或共晶，还能促使偏析，从而增大结晶裂纹的敏感性。为了消除它们的有害作用，应尽量限制母材和焊接材料中 S、P、C 的含量。同时通过焊接材料过渡 Mn、Ti、Zr 等合金元素，克服硫的不良作用，提高焊缝的抗热裂纹能力。重要的焊接结构应采用碱性焊条或焊剂。

(2) 改善焊缝结晶形态：在焊缝金属或母材中加入一些细化晶粒元素，以提高其抗裂性能。

(3) 利用“愈合”作用：晶间存在易熔共晶是产生结晶裂纹的重要原因，但当易熔共晶增多到一定程度时，反而使结晶裂纹倾向下降，甚至消失。这是因为较多的易熔共晶可在凝固晶粒之间自由流动，填充了晶粒间由于拉应力造成的缝隙，即所谓“愈合”作用。焊接铝合金时就是利用这个“愈合”作用来选用焊接材料的。但应注意，晶间存在过多低熔相会增大脆性，影响接头性能，要控制适当。

(二) 工艺方面

(1) 控制焊缝形状：焊接接头形式不同，将影响到接头的受力状态、结晶条件和热量分布等，因而热裂纹的倾向也不同。表面堆焊和熔深较浅的对接焊缝抗裂性较好。熔深较大的对接焊缝和角焊缝抗裂性能较差。因为这些焊缝的收缩应力基本垂直于杂质聚集的

结晶面，故其热裂纹的倾向较大。

结晶裂纹和焊缝的成形系数 $\phi=H/W$（即宽深比）有关。提高焊缝成形系数 ϕ 可以提高焊缝的抗裂性能。当焊缝含碳量提高时，为了防止裂纹的产生，应相应提高宽深比。要避免采用 $\phi<1$ 的焊缝截面形状。焊接速度提高时，不仅焊缝成形系数减小，而且由于熔池形状改变，焊缝的柱状晶呈直线状，从熔池边缘垂直地向焊缝中心生长，最后在焊缝中心线上形成明显偏析层，增大了结晶裂纹的倾向。

（2）预热：一般冷却速度快，焊缝金属的应变速率也增大，容易产生热裂纹。为此，应采取缓冷措施。预热对于降低热裂纹倾向比较有效，因为预热能减慢冷却速度；提高焊接热输入促使晶粒长大，增加偏析倾向，其防裂效果不明显，甚至适得其反。

（3）采用碱性焊条和焊剂：碱性焊条和焊剂的熔渣具有较强的脱硫能力，因此具有较高的抗热裂能力。

（4）降低接头的刚度和拘束度：为了减小结晶过程的收缩应力，在接头设计和焊接顺序方面尽量降低接头的刚度和拘束度。例如，设计上减小结构的板厚，合理地布置焊缝；在施工上合理安排焊件的装配顺序和每道焊缝的先后顺序，避免每条焊缝处在刚性拘束状态焊接，设法让每条焊缝有较大的收缩自由。对于厚板焊接结构，常采用多层焊，裂纹倾向比单层焊有所缓和。

第四节　焊接冷裂纹

焊接冷裂纹是指金属在焊接应力及其他致脆因素共同作用下，焊接接头局部区域金属原子结合力遭到破坏而形成新界面所产生的缝隙。焊接冷裂纹具有尖锐的缺口和长宽比大的特征，是焊接结构中最危险的缺陷。焊接冷裂纹的产生与焊接过程的冶金和力学因素有关，所以裂纹的形态与产生条件之间有直接的联系。从焊接冷裂纹的微观形态、起源与扩展及影响因素（如组织、扩散氢和应力）等进行深入分析，对防止焊接冷裂纹和保证工程结构的安全是十分重要的。

一、焊接冷裂纹

冷裂纹是焊接中最为普遍的一种裂纹，它是焊后冷至较低温度下产生的。对于低合金高强钢来讲，大约在钢的马氏体转变温度 *Ms* 附近，是由于拘束应力、淬硬组织和扩散氢的共同作用下产生的。冷裂纹主要发生在低合金钢、中合金钢、中碳钢和高碳钢的焊接热影响区（见图 10-8）。个别情况下，如焊接超高强钢或某些钛合金时，冷裂纹也出现在焊缝金属上（见图 10-8c）。

冷裂纹可以在焊后立即出现，有时却要经过一段时间，如几小时、几天甚至更长时间才出现。开始时少量出现，随时间延长逐渐增多和扩展。这类不是在焊后立即出现的冷裂纹称为延迟裂纹，它是冷裂纹中较为常见的一种形态。

冷裂纹的起源多发生在具有缺口效应的焊接热影响区或物理化学性能不均匀的氢聚集局部区。冷裂纹的断裂行径，有时沿晶界扩展，有时是穿晶扩展，较多的是沿晶为主兼有穿晶的混合型断裂。这取决于焊接接头的金相组织、应力状态和氢含量等。裂纹的分布与最大应力方向有关。纵向应力大，出现横向裂纹；横向应力大，出现纵向裂纹。冷裂纹的

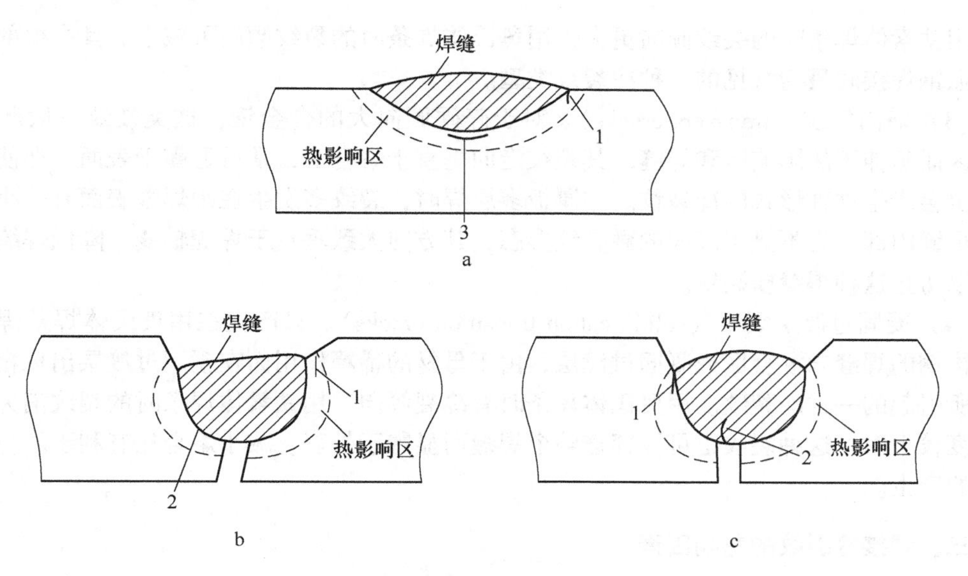

图 10-8　焊接接头区的冷裂纹分布形态
1—焊趾裂纹；2—根部裂纹；3—焊道下裂纹

裂口是具有金属光泽的脆性断口。

根据被焊钢种和结构的不同，冷裂纹大致可以分为三类：淬硬脆化裂纹（或称淬火裂纹）、低塑性脆化裂纹和延迟裂纹。

（1）淬硬脆化裂纹（或称淬火裂纹）。一些淬硬倾向很大的钢种，焊接时即使没有氢的诱发，仅在应力的作用下就能导致开裂。焊接含碳量较高的 Ni-Cr-Mo 钢、马氏体不锈钢、工具钢，以及异种钢等都有可能出现这种裂纹。它完全是由于冷却时发生马氏体相变而脆化所造成的，与氢的关系不大，基本上没有延迟现象。焊后常立即出现裂纹，在热影响区和焊缝上都可能发生。

（2）低塑性脆化裂纹。某些塑性较低的材料冷至低温时，由于收缩而引起的应变超过了材料本身具有的塑性储备或材质变脆而产生的裂纹。例如，铸铁补焊、堆焊硬质合金和焊接高铬合金时，就容易出现这类裂纹。通常也是焊后立即产生，无延迟现象。

（3）延迟裂纹。焊后不立即出现，有一定孕育期（又叫潜伏期），具有延迟现象。延迟裂纹取决于钢种的淬硬倾向、焊接接头的应力状态和熔敷金属中的扩散氢含量。

二、焊接冷裂纹的形态特征

根据焊接冷裂纹在焊接接头中发生和分布位置的形态特征，可以将焊接冷裂纹分为四种典型情况。

（1）焊道下裂纹（under bead cracks）。这是一种微小的裂纹，其特征是形成于距熔合边界线为 0.1~0.2mm 的近缝区中，这个部位常常具有粗大的马氏体组织，裂纹走向大体与熔合区平行，而且一般并不显露于焊缝表面。

（2）缺口裂纹（notch cracks）。特征是起源于应力集中的缺口部位：一是焊缝根部，二是焊缝的缝边或焊趾，均为粗大的马氏体组织区。前者称为焊根裂纹或根部裂纹（root crack），后者称为缝边裂纹或焊趾裂纹（toe crack）。即使低氢焊条也易于产生这类冷裂纹，用铁素体焊条时的裂纹倾向更大，用奥氏体焊条时的裂纹倾向可减小。其中根部裂纹是高强钢焊接时最为常见的一种冷裂纹类型。

（3）横向裂纹（transvers cracks）。对于碎硬倾向大的合金钢，这类裂纹一般起源于熔合区而延伸于热影响区和焊缝，其裂纹走向垂直于熔合区，常可显露于表面。即使低氢焊条也会产生这种形式的冷裂纹。在厚板多层焊时，裂纹多发生在距焊缝表面有一小段距离的焊缝内部，为不显于表面的微裂纹形态，其方向大致垂直于焊缝轴线。降低焊缝含氢量可以防止这种焊缝横裂纹。

（4）凝固过渡层裂纹（solidification transition cracks）。只产生在用奥氏体焊条焊接合金结构钢的焊缝未混合区或凝固过渡层，由于母材的稀释作用而在凝固过渡层出现粗大马氏体所引起的一种冷裂纹。用奥氏体焊条时有冷裂倾向，用铁素体焊条时的裂纹消失。在拘束度较大时，这种裂纹也可以穿透整个焊缝而显露于外表。减小熔合比有利于防止这种裂纹的产生。

三、焊接冷裂纹的影响因素

对于易碎硬的高强钢来说，冷裂纹是一种在焊后冷却过程中，在马氏体转变点 *Ms* 附近或更低的温度区间产生的，也有的要推迟很久才产生。生产实践和理论研究证明，钢种的淬硬倾向、焊缝中的氢含量及其分布、焊接接头的拘束应力状态是促使形成冷裂纹的三大要素。这三大要素共同作用达到一定程度时，在焊接接头区域形成冷裂纹。

这三个因素在一定条件下是相互联系和相互促进的。当焊缝和热影响区中有对氢敏感的高碳马氏体组织形成，又有一定数量的扩散氢时，在焊接拘束应力的作用下，就可能产生氢致裂纹。

钢材的淬硬倾向主要决定于化学成分和冷却条件。焊接时钢种的淬硬倾向越大，越易产生冷裂纹。因为钢种的淬硬倾向越大，意味着得到更多的马氏体组织。马氏体是一种脆硬组织，在一定的应变条件下，马氏体由于变形能力低而容易发生脆性断裂形成裂纹。焊接接头的淬硬倾向主要取决于钢中的化学成分、焊接工艺、结构板厚度及冷却条件等。

钢材的淬硬倾向可归纳为以下三方面。

（1）形成脆硬的马氏体组织。马氏体是碳在 α 铁中的过饱和固溶体，碳原子以间隙原子存在于晶格中，使铁原子偏离平衡位置，晶格发生较大畸变，致使组织处于硬化状态。特别是在焊接条件下，近缝区的加热温度高达 1350～1400℃，使奥氏体晶粒发生严重长大，当快速冷却时，粗大的奥氏体将转变为粗大的马氏体。马氏体是一种脆硬组织，发生断裂时将消耗较低的能量，因此，焊接接头有马氏体存在时，裂纹易于形成和扩展。

应指出，同属马氏体组织，由于化学成分和形态不同，对裂纹的敏感性也不同。马氏体的形态与含碳量和合金元素有关。低碳马氏体呈板条状，而且它的 *Ms* 点较高，转变后有自回火作用，因此这种马氏体除具有较高的强度之外，还有良好的韧性。当钢中的含碳量较高或冷却较快时，会出现呈片状的马氏体，在片内有平行状的孪晶，又称孪晶马氏体。它的硬度很高，性能很脆，对裂纹敏感性很强。钢材的化学成分直接决定接头的淬硬倾向，可根据钢的化学成分粗略估计冷裂纹的倾向，即所谓的碳当量法。

（2）氢的作用。氢是引起高强钢焊接时形成冷裂纹的重要因素之一，并且使之具有延迟的特征，通常把氢引起的延迟裂纹称为“氢致裂纹”或“氢诱发裂纹”。高强钢焊接接头的含氢量越高，裂纹的敏感性越大，当局部区域的含氢量达到某一临界值时，便开始出现裂纹，此值称为产生裂纹的临界含氢量。

冷裂纹延迟出现的原因是氢在钢中的扩散、聚集、产生应力，直至开裂需要一定的时间。图 10-9 所示是氢致裂纹的扩展过程，由微观缺陷构成的裂源常呈缺口存在。在受力的过程中，会在缺口部位形成有应力集中的三向应力区，氢就极力向这个区域扩散，应力也随之提高，当局部氢的浓度达到临界值时，就会发生启裂和相应扩展。其后，氢又不断向新三向应力区扩散，达到临界浓度时，又发生新的裂纹扩展，这种过程可周而复始断续进行，直至成为宏观裂纹。这种过程的进展情况由氢的含量、逸出和内部能量状态等因素而定。氢诱发的裂纹，从潜伏、萌生、扩展，以至开裂是具有延迟特征的。因此焊接延迟裂纹就是由许多单个的微裂纹断续合并而形成的宏观裂纹。

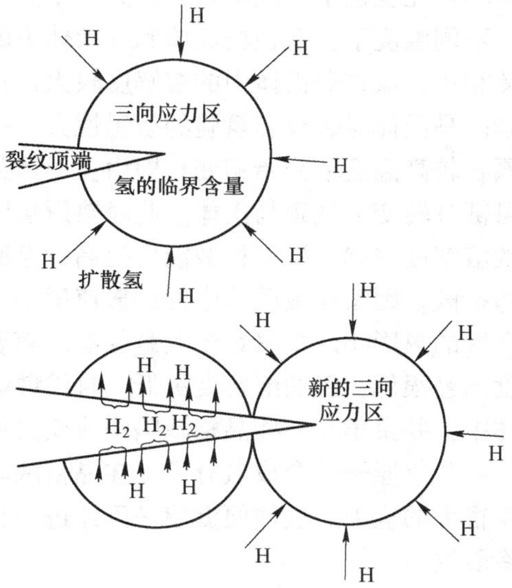

图 10-9　氢致裂纹的扩展过程

焊接热影响区中氢的浓度足够高时，能使具有马氏体组织的热影响区进一步脆化，形成焊道下裂纹；氢的浓度稍低时，仅在有应力集中的部位出现裂纹，容易形成焊趾裂纹和焊根裂纹。

（3）焊接接头的拘束应力。高强钢焊接时产生冷裂纹不仅取决于钢的淬硬倾向和氢的有害作用，而且还取决于焊接接头处的应力状态，甚至在某些情况下，应力状态还起决定作用。焊接接头的拘束应力主要包括热应力、相变应力及结构自身拘束条件（包括结构形式和焊接顺序等）所造成的应力。前两种称内拘束应力，后一种为外拘束应力。内、外拘束应力共同作用，使焊接接头处产生很大的内应力，是产生冷裂纹的重要因素之一。

焊接时产生的拘束应力不断增大，当增大到开始产生裂纹时，称为临界拘束应力。它实际反映了产生延迟裂纹各个因素共同作用的结果，如钢种的化学成分、接头的含氢量、冷却速度和当时的应力状态等。

综上所述，焊接时产生和影响拘束应力的主要因素如下。

1）焊缝和热影响区在不均匀加热和冷却过程中的热应力。

2）金属相变时由于体积的变化而引起的组织应力。

3）结构在拘束条件下产生的应力：结构形式、焊接位置、施焊顺序及方向、部件自身刚性、冷却过程中其他受热部位的收缩以及夹持部位的松紧程度都会使焊接接头承受不同的应力。

上述三大因素对焊接冷裂纹产生的影响既有各自的内在规律，又存在着相互联系和相互依赖的关系。

例如，高强钢热影响区延迟裂纹的形成分析如下。

在焊接高温下，一些含氢化合物分解析出原子状态的氢，大量的氢溶解于熔池金属中，在熔池的冷却凝固过程中，随着温度的下降和组织的变化，氢在金属中的溶解度急剧降低，原子氢不断复合成分子氢，并以气体状态从金属中逸出。但由于焊接冷却速度快，氢来不及完全逸出而残留在焊缝金属中。

不同温度下，氢在奥氏体和铁素体中的溶解度和扩散能力有显著差别。高温时，与铁素体相比，氢在奥氏体中的溶解度较大，扩散系数较小。焊接高强钢时，由于含碳量较高的孪晶马氏体对裂纹和氢脆的敏感性大，一般总使焊缝金属的碳当量低于母材，因而焊缝金属在较高温度下开始相变，即由奥氏体分解为铁素体和珠光体、贝氏体等，个别情况下还可部分转变为低碳马氏体。此时热影响区金属尚未开始奥氏体转变。但由于焊缝金属中氢的溶解度突然下降而扩散能力提高，氢原子便很快由焊缝穿过熔合区向热影响区中的奥氏体扩散。因氢在奥氏体中的扩散速度小，来不及扩散到离熔合区较远的母材中，使靠近熔合区的热影响区中聚集了大量的氢。随着温度的降低，冷却到奥氏体向马氏体转变时，温度已经很低，氢的溶解度更低，且扩散能力已经很微弱，于是便以过饱和状态残存于马氏体中，并聚集在一些晶格缺陷中或应力集中处，当氢的浓度不断增加，而温度不断降低时，有些氢原子结合成氢分子，在晶格缺陷和应力集中处造成很大的压力，而使局部金属产生很大的应力。这样便促使马氏体进一步脆化，在焊接应力和相变应力的共同作用下形成冷裂纹。

当氢的浓度较高时，促使马氏体更加脆化，会形成所谓的焊道下裂纹。若氢的浓度较低，则只有在应力集中处才会出现裂纹，即焊趾裂纹或根部裂纹。应指出，热影响区和焊缝金属的淬硬倾向是导致延迟裂纹的内在因素。只有当由钢的化学成分和焊接热循环所决定的淬硬组织形成时，氢才能发挥其诱发裂纹的有害作用。

四、焊接冷裂纹的防止对策

主要是对影响冷裂纹的三大要素进行控制，如改善接头组织、消除一切氢的来源和尽可能降低焊接应力。常用措施主要是控制母材的化学成分、合理选用焊接材料和严格控制焊接工艺，必要时采用焊后热处理等。

(1) 控制母材的化学成分。从设计上首先应选用抗冷裂纹性能好的钢材，把好进料关。尽量选择碳当量 C_{eq}或冷裂纹敏感系数 P_{cm}小的钢材，因为钢种的 C_{eq}或 P_{cm}越高，淬硬倾向越大，产生冷裂纹的可能性就越大。

(2) 合理选择和使用焊接材料。主要目的是减少氢的来源和改善焊缝金属的塑性和韧性。

1) 选用低氢和超低氢焊接材料。选用优质的低氢焊接材料是防止焊接冷裂纹的有效措施之一。碱性焊条每百克熔敷金属中的扩散氢含量仅几毫升，而酸性焊条可高达几十毫升，所以碱性焊条的抗冷裂性能优于酸性焊条。

2) 严格烘干焊条或焊剂。焊条和焊剂要妥善保管，不能受潮。焊前必须严格烘干，随着烘干温度的升高，焊条扩散氢含量明显下降。

3) 选用低匹配焊条。选择强度级别比母材略低的焊条有利于防止冷裂纹，因强度较低的焊缝不仅本身冷裂倾向小，而且由于容易发生塑性变形，降低了接头的拘束应力，使焊趾、焊根等部位的应力集中效应相对减小，改善了热影响区的冷裂倾向。

4) 选用奥氏体焊条。采用奥氏体焊条焊接碎硬倾向较大的低、中合金高强度钢能很好地避免冷裂纹。因为奥氏体焊缝可以溶解较多的氢，同时奥氏体的塑性好，可以减小接头的拘束应力。

5）提高焊缝金属韧性。通过焊接材料在焊缝中增加某些微量合金元素，如 Ti、Nb、Mo、V、B、RE 等来韧化焊缝，也能减小冷裂倾向。

（3）正确制定焊接工艺。包括合理选定焊接热输入、预热及层间温度、焊后热处理和正确的施焊顺序等。目的在于改善热影响区和焊缝组织，促使氢的逸出以及减小焊接拘束应力。

1）严格控制焊接热输入。高强度钢对焊接热输入较为敏感。热输入过大会使热影响区奥氏体晶粒粗化，接头韧性下降，降低其抗裂性能；热输入过小，则冷却速度大，易淬硬并增大其冷裂倾向。合理的做法是在保证焊接接头韧性的前提下，适当加大焊接热输入。

2）合理选择预热温度。预热是防止冷裂纹的有效措施。预热的目的是增大热循环的低温参数 t_{100}，使之有利于氢的充分扩散逸出。预热温度的选择须视施焊环境温度、钢材强度等级、焊件厚度或坡口形式、焊缝金属中扩散氢含量等因素而定。

3）紧急后热。因焊接冷裂纹存在潜伏期，一般在焊后一段时间后产生。所以，如果在裂纹产生之前能及时进行加热处理，即所谓紧急后热，也能达到防止冷裂纹的目的。紧急后热工艺的关键在于及时，一定要在热影响区冷却到产生冷裂纹的上限温度 T_{ue}（一般在 100℃）之前迅速加热，加热温度也应高于 T_{ue}，使扩散氢在温度 T_{ue} 以上能充分扩散逸出。

（4）加强工艺管理。许多焊接裂纹事故并不是由于母材或焊材选择不当或结构设计不合理，也有的是由于施工质量差造成的。因此要防止冷裂纹，在施工中应注意规范。

第五节　焊缝中的气孔、偏析与夹杂

一、焊缝中的气孔

焊接熔池在结晶过程中由于某些气体来不及逸出残存在焊缝中形成气孔。气孔是焊接接头中常见的缺陷，碳钢、高合金钢、有色金属焊接接头中都可能产生气孔。气孔不仅削弱焊缝的有效工作断面，同时也会带来应力集中，显著降低焊缝金属的强度和韧性，对动载强度和疲劳强度更为不利。严重情况下，气孔还会引起裂纹，导致焊件报废。所以分析焊接气孔出现的原因及防止对策，对保证焊接质量有重要的意义。

（一）气孔的类型

从气孔的形态上看，有表面气孔，也有焊缝内部气孔；有时以单个分布，有时成堆密集；也有时贯穿整个焊缝断面，弥散分布在焊缝内部。按气孔颜色分，有乌黑的，有白亮的。气孔产生的根本原因是由于高温时金属溶解了较多的气体（如氢、氮），冶金反应时又产生了相当多的气体（CO、H_2O），这些气体在焊缝凝固过程中来不及逸出就会产生气孔。

根据产生气孔的气体来源，可分为析出型气孔和反应型气孔。析出型气孔是因溶解度差而造成过饱和状态气体析出所形成的气孔。这类气孔主要是由外部侵入熔池的氢和氮引起的。氢和氮在液态铁中的溶解度随着温度的升高而增大。高温熔池和熔滴中溶解了大量的氢、氮，当熔池冷却时，液态金属结晶时氢、氮的溶解度下降至1/4左右，于是过饱和状态的气体需要大量析出，但因为焊接熔池冷却非常快，析出的气体来不及逸出，在焊缝中形成气孔。反应型气孔主要是由于冶金反应而生成的CO、水蒸气等造成的气孔。

根据产生气孔的气体种类，焊缝中的气孔主要有氢气孔、氮气孔和CO气孔。由于产生气孔的气体不同，因而气孔的形态和特征也不同。

（1）氢气孔。对于低碳钢和低合金钢焊接接头，大多数情况下氢气孔出现在焊缝表面，气孔的断面形状如同螺钉状，在焊缝表面上形成喇叭口形，而气孔的四周有光滑的内壁。这类气孔在特殊情况下也会出现在焊缝内部。如焊条药皮中含有较多的结晶水，使焊缝中的含氢量过高，在凝固时来不及上浮而残存在焊缝内部。

（2）氮气孔。氮气孔也较多集中在焊缝表面，但多数情况下是成堆出现，与蜂窝状类似。在焊接生产中由氮引起的气孔较少。氮的来源，主要是由于焊接过程保护不良，有较多的空气侵入熔池所致。

（3）CO气孔。这类气孔主要是焊接碳钢时，由于冶金反应产生了大量的CO。CO不溶于金属，在高温阶段产生的CO会以气泡的形式从熔池中高速逸出，并不会形成气孔。当熔池开始结晶时，发生合金元素的偏析，对于结构钢来说，熔池中的氧化物和碳的浓度在熔池尾部偏高，有利于进行下述反应：

$$[FeO] + [C] = CO\uparrow + [Fe] \tag{10-3}$$

冷却过程中产生的CO气体增多，随着结晶过程的进行，熔池温度降低，熔池金属的黏度不断增大，此时产生的CO不易逸出。特别是在枝状晶凹陷处产生的CO，更不容易逸出而形成CO气孔。由于CO气孔是在结晶过程中产生的，气孔沿结晶方向分布，并呈现条虫状。

根据气孔的分布形态，可分为均布气孔、密集气孔、链状气孔。均布气孔在焊缝中分布均匀，密集气孔则是许多气孔聚集在一起形成气孔群，链状气孔与焊缝轴线平行成串。根据气孔的形状，又分为球形气孔、长条形气孔、虫形气孔等。不同形状的气孔在焊缝中的分布形态见图10-10。

（二）焊缝中气孔的危害

气孔属于体积性缺陷，对焊缝的性能影响很大，主要危害有三个方面：导致焊接接头力学性能降低；破坏焊缝的气密性；诱发焊接裂纹的产生。

气孔的危害性之一是会降低焊缝的承载能力。这是因为气孔占据了焊缝金属一定的体积，使焊缝的有效工作截面积减小，降低了焊缝的力学性能，使焊缝的塑性特别是冲击韧性降低得更多。如果气孔穿透焊缝表面，特别是穿透接触介质的焊缝表面，介质存在于孔穴内，当介质有腐蚀性时，将形成集中腐蚀，孔穴逐渐变深、变大，以致腐蚀穿孔而泄漏，从而破坏了焊缝的致密性，严重时会引起整个金属结构的破坏。如果是焊缝根部气孔和垂直气孔，可能造成应力集中，成为焊缝开裂源。

二、防止焊缝中气孔的对策

（一）消除气体来源

（1）焊前清理。焊前须对焊丝表面、坡口及其附近20~30mm范围进行清理，去除表

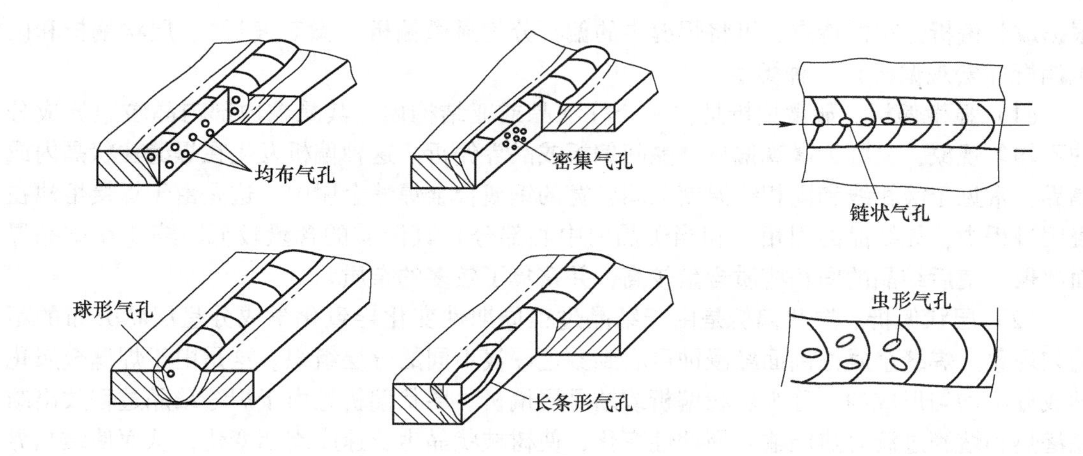

图 10-10　不同形状的气孔在焊缝中的分布形态

面锈蚀、氧化膜、油污和水分等杂质，露出金属光泽。

(2) 焊接材料防潮与烘干。焊条、焊剂必须防潮，烘干后放在专用烘干箱或保温筒中保管，随用随取。尤其是低氢型焊条对吸潮很敏感，吸潮量超过 1.4% 会明显产生气孔。

(3) 加强防护。空气侵入熔池是气孔产生原因之一，主要是氮的作用。气体流量也是影响保护效果的重要参数。当氩气流量太大时，不仅造成浪费，而且会产生紊流，将空气卷入保护区，降低保护效果。反之，氩气流量过小时，保护气体挺度不够，排除周围空气的能力弱，同样使保护效果变差。

(二) 正确选用焊接材料

(1) 适当调整熔渣的氧化性。如为减小 CO 气孔倾向，可适当降低熔渣的氧化性；为减小氢气孔的倾向，可适当增加熔渣的氧化性。

(2) 铝及其合金氩弧焊时，在 Ar 中添加氧化性气体 CO_2 或 O_2，但含量须严格控制，因为过量会使焊缝明显氧化。

(3) 有色金属焊接时，更应注意脱氧。

(三) 控制焊接工艺

(1) 选取正确的焊接工艺参数，如焊接速度等。

(2) 焊接工艺措施规范。

三、焊缝中的偏析与夹杂

偏析是焊缝金属在不平衡结晶过程中由于快速冷却造成的合金元素不均匀分布的现象。偏析常出现在焊缝及熔合区中，严重的偏析易导致接头产生焊接热裂纹缺陷。焊缝中的夹杂物是由于焊接冶金过程中熔池中一些非金属夹杂物在结晶过程中来不及浮出而残存在焊缝内部。成分偏析和非金属夹杂物对焊接裂纹起源、焊溶质的浓度最高，导致焊缝边缘到焊缝中心存在化学成分不均匀现象。

(一) 焊缝中成分偏析的分类

焊接过程的快速冷却条件导致焊缝金属的化学成分不均匀，严重的即出现偏析现象。

根据成分偏析分布的特点，可将焊缝中的偏析分为显微偏析（微观偏析）、层状偏析和区域偏析（宏观偏析）三种类型。

（1）显微偏析。显微偏析是在一个柱状晶或亚结构内，其晶粒内部与晶粒边界成分的不均匀现象，又称为微观偏析、晶间偏析或晶界偏析。这种偏析发生在焊缝柱状晶内或晶界，常见于液相线和固相线温度区间较宽的钢或合金焊缝金属中。这是由于焊接熔池在凝固过程中，先结晶的固相（相当于晶内中心部分）其溶质的含量较低，溶质在结晶界面浓聚，使后结晶的固相溶质含量较高，并富集了较多的杂质。

（2）层状偏析。层状偏析是由于结晶过程周期性变化导致化学成分呈层状分布的不均匀现象。焊缝金属横剖面经浸蚀可看到颜色深浅不同的分层组织。这是由于焊缝金属化学成分不均匀形成的，称为层状偏析或结晶层偏析。层状偏析是由于焊缝结晶过程放出结晶潜热和熔滴过渡时热能输入周期性变化，使树枝状晶生长速度周期变化，从而使结晶界面上溶质原子浓聚程度周期性变化的结果。

（3）区域偏析。焊缝柱状晶从熔合区联生向焊缝中心外延生长过程中，结晶界面杂质含量增高，形成偏析，称为区域偏析，也称为宏观偏析。区域偏析实质上是从焊缝金属的熔化边界附近一直到中心部位成分逐渐发生变化的偏析。焊缝结晶时受温度梯度影响，柱状晶的生长方向是从熔合区指向焊缝中心的，由于柱状晶不断长大和推移，会把一些低熔点溶质"赶向"熔池的中部，致使最后结晶的部位低熔点溶质的浓度最高，导致焊缝边缘到焊缝中心存在化学成分不均匀现象。

（二）偏析产生的原因及防止措施

1. 偏析产生的原因

（1）焊接材料选用不当、焊接热输入太大都会导致焊缝金属晶粒粗化，容易引起偏析。

（2）当焊接速度较大时，成长的柱状晶最后都会在焊缝中心附近相遇，使低熔点溶质都聚集在那里，结晶后的焊缝中心附近出现严重偏析，在应力作用下，容易产生焊缝纵向裂纹。

2. 防止偏析的措施

（1）正确选用焊接材料，适当改善焊接工艺，以细化焊缝金属组织，因为随着焊缝金属晶粒的细化，晶界增多，可减弱偏析的程度。

（2）适当降低焊接速度，因为高速焊接时，柱状晶近乎垂直地向焊缝轴线方向生长，在接合面处形成显著的区域偏析；而低速焊接时，熔池为椭圆形，柱状晶呈人字纹路向焊缝中部生长，区域偏析程度相应降低。

（3）控制偏析产物不形成膜状，而是最好呈球状或块状。

改善焊缝成分偏析的方法较多，其中控制焊缝凝固结晶过程、细化凝固组织，能有效地减少或消除焊缝偏析。例如，通过控制焊接工艺，如接头形式、工艺参数（焊接电流、焊接电压、焊接速度等）、填充金属等可以改变熔池温度梯度、冷却速度与焊缝形状尺寸，从而达到控制焊缝结晶生长方向、结晶形态与成分不均匀性的目的。

（三）焊缝中夹杂物的种类

焊缝中的非金属夹杂物通常是指氧化物、硅酸盐、硫化物及氮化物等，其他的则属于钢中的第二相。焊缝中的氧和硫分别以氧化物和硫化物夹杂形式存在，这些夹杂物的分布形态、尺寸和数量对焊缝金属的质量有很大影响。焊缝中常见的夹杂物有以下几种。

（1）氧化物。焊缝中的氧化物夹杂主要是在熔池进行冶金反应时产生的，主要是 SiO_2，其次是 MnO、TiO_2 和 Al_2O_3 等。这种夹杂物如果密集地以块状或片状分布时，在焊缝中会引起热裂纹，在母材中也易引起层状撕裂。

（2）硫化物。硫化物夹杂主要以硫化铁（FeS）、硫化锰（MnS）以及它们的固溶体（Mn，Fe）S 形式存在于焊缝中。硫化物夹杂主要来源于焊条药皮或焊剂，经冶金反应转入熔池。但有时是由于母材或焊丝中含硫量偏高而形成硫化物夹杂。其中，MnS 的影响较小，而 FeS 的影响较大。因为 FeS 是沿晶界析出的，并与 Fe 或 FeO 形成低熔点共晶（988℃），它是引起热裂纹的主要原因之一。

（3）氮化物。焊接低碳钢和低合金钢时，焊缝中的氮化物夹杂主要是 Fe_4N，在含 Ti、Zr、V 钢的焊缝中，即含有和氧亲和力强的形成稳定氮化物元素钢的焊缝中，有可能存在 TiN、ZrN、VN、TiC · TiN 等氮化物夹杂。氮化物夹杂的形状有规则，在显微镜下呈现正方形、矩形，氮化物夹杂使焊缝的硬度增高，塑性、韧性急剧下降。

（4）硅酸盐。硅酸盐是金属氧化物和硅酸根的化合物，是焊缝中常见的一类夹杂物。在焊条药皮采用硅锰、硅铁合金脱氧时，熔池中的 Mn 与渣中 SiO_2 之间的反应，或渣中的 MnO 被 MgO、FeO、CaO 等氧化物置换，形成可变形的硅酸盐，最常见的硅酸盐有硅酸亚铁和硅酸亚锰（$2MnO \cdot SiO_2$）。

（5）铝酸盐在钢中的非金属夹杂物中，CaO 和 Al_2O_3 可以互相置换到不同的程度，形成不同含 Ca 量的铝酸钙相，如 $CaO \cdot 2Al_2O_3$、$CaO \cdot 6Al_2O_3$ 等。

（四）焊缝中夹杂物的防止对策

焊缝或母材中有夹杂物存在时，不仅会降低焊缝金属的韧性，增加低温脆性，同时也增加了热裂纹和层状撕裂的倾向。夹杂在焊缝中的非金属夹杂物称为夹渣，对焊缝性能有不利的影响。

影响焊缝中产生夹杂物的因素主要有冶金因素、工艺因素和焊接结构等几个方面。冶金因素主要是熔渣的流动性、药皮或焊剂的脱氧程度等；工艺因素主要有焊接电流和操作技巧等方面的影响；结构因素主要是焊缝形状和坡口角度等方面的影响。

因此，控制焊缝氧含量和减少焊缝中的非金属夹杂物是保证焊接质量、提高焊缝金属韧性的重要措施。防止焊缝中产生夹杂物的最重要措施就是控制原材料（包括母材和焊丝）中的夹杂物，正确选择焊条、焊剂等，使之更好地脱氧、脱硫。其次是注意工艺操作，举例如下。

（1）坡口角度、焊接电流均应符合规范，仔细清理母材和焊丝，焊接过程中保持熔池清晰，使熔渣与液态金属分离。

（2）选用合适的焊接工艺参数，以利于熔渣的浮出。

（3）多层焊时，应注意清除前层焊缝的熔渣。

（4）焊条要适当地摆动，以便使熔渣浮出。

（5）操作时注意保护熔池，防止空气侵入。

【例 10-1】 国家体育场（鸟巢）钢结构焊接工程全面质量管理：国家体育场位于北京市成府路南侧、奥林匹克公园中心区，是北京 2008 年奥运会、2022 年冬奥会开幕式场地，图 10-11 为鸟巢焊缝宏观图。工程采用全焊钢结构，所用钢材全部国产化，有

Q345GJD、Q460E-Z35、GS-20Mn5V 等，厚度有高达 110mm。国家体育场（鸟巢）钢结构工程具有结构复杂、焊接节点多、板件厚度大、焊缝集中、焊接应力大等特点，通过对国家体育场钢结构厚板现场焊接全面质量管理，解决了厚板现场焊接常见缺陷（图 10-12），即根部未焊透、填充层未熔合、夹渣、气孔、咬边、裂纹、余高过大、成形不好、焊瘤、电弧擦伤等。

图 10-11　鸟巢焊缝宏观图

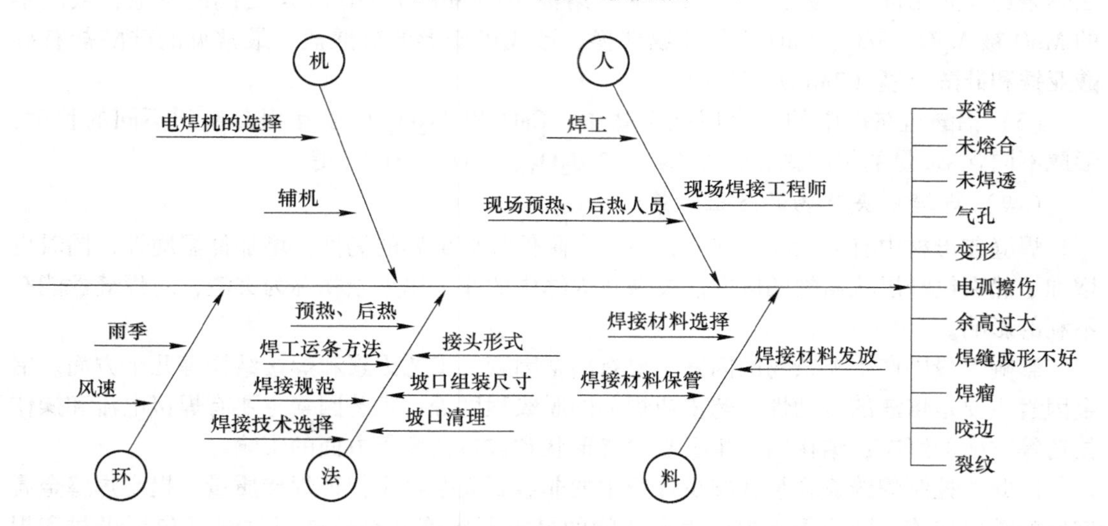

图 10-12　常见焊接缺陷成因分析

习　题

10-1　焊接应力的种类和产生原因是什么？

10-2　防止焊接变形的工艺措施。

10-3　焊接热裂纹产生的机理及主要防止措施。

10-4　焊接冷裂纹的种类、特征、影响因素及控制措施。

10-5　焊缝中的气孔有哪几种类型，有何特征？

10-6　分析氢在冷裂纹形成中的作用，简述氢致裂纹的特征和机理。

10-7　焊缝的偏析有哪些类型，为什么说融合区是焊接接头的薄弱部位？

扫码获得
数字资源

第十一章 特种连接成形技术

近年来随着科学技术的飞速发展，特种焊接技术（指常规焊接方法（焊条电弧焊、埋弧焊、气体保护焊等）之外的先进焊接技术）的应用受到人们的重视，如扩散焊、摩擦焊、激光焊、电子束焊等。特种焊接技术与常规焊接技术相比具有明显的优势，可以实现常规焊接方法难以完成的许多新型和特殊材料的连接。在电子、能源、航空航天等领域得到了较好的应用。本章将简单介绍扩散焊、摩擦焊两种特种焊接技术的原理、特点及应用。

第一节 扩散连接技术

扩散焊是在固态下靠元素扩散实现材料界面结合的焊接方法，在一些需要把特殊合金或性能差异很大的异种材料，如高温合金、金属与陶瓷等连接，而传统的熔焊方法难以实现。基于这种应用需求，扩散焊技术引起了人们的重视并应用于电子、能源、石油化工、航空航天等众多领域。

一、扩散焊的特点

扩散焊（diffusion bonding）是指在一定的温度和压力下，被连接表面相互接触，通过使界面局部发生微观塑性变形，或通过被连接表面产生的微观液相而扩大被连接表面的物理接触，然后界面原子间经过一定时间的相互扩散，形成整体可靠连接的过程。一些新材料（如陶瓷、金属间化合物、非晶态材料及单晶高温合金等）采用传统的熔焊方法很难实现可靠的连接。为了满足上述要求，作为固相连接方法之一的扩散焊引起人们的重视。扩散焊与熔焊、钎焊方法的加热温度、压力及过程持续时间等工艺条件的对比见表 11-1。

表 11-1 扩散焊与熔焊、钎焊方法的比较

工艺条件	扩散焊	熔焊	钎焊
加热	局部、整体	局部	局部、整体
温度	0.5~0.8 倍母材熔点	母材熔点	高于钎料熔点
表面准备	严格	不严格	严格
装配	精确	不严格	不严格
焊接材料	金属、合金、非金属	金属合金	金属、合金、非金属
异种材料连接	无限制	有限制	无限制
裂纹倾向	无	强	弱
气孔	有	有	有
变形	轻微	强	轻

续表 11-1

工艺条件	扩散焊	熔焊	钎焊
接头施工可达性	有限制	无限制	有限制
接头强度	接近母材	接近母材	取决于钎料的强度
接头抗腐蚀性	好	敏感	差

扩散焊与熔焊、钎焊方法相比，在以下几个方面具有明显的优点。

（1）扩散焊接头的显微组织和性能与母材接近或相同，不存在各种熔化焊缺陷，也不存在具有过热组织的热影响区。工艺参数易于精确控制，在批量生产时接头的质量稳定。

（2）可以进行内部及多点、大面积构件的连接，以及电弧可达性不好或用熔焊方法不能实现的连接；可焊接其他方法难以焊接的具有特殊性能的材料。

（3）一种高精密的连接方法，工件不变形，可以实现机械加工后的精密装配连接，可获得较大的经济效益。

（4）对于塑性差或熔点高的材料，或对于不互溶或在熔焊时产生脆性化合物的异种材料，扩散焊是一种可靠的方法，适合于耐热材料（耐热合金、钨、钼、铌、钛等）、陶瓷、磁性材料及活性金属的连接，在扩散焊研究与应用中，有 70%涉及异种材料的连接。

二、扩散焊的原理

（一）扩散焊的三个阶段

扩散焊是在一定的温度和压力下，经过一定的时间，工件接触界面原子间相互扩散而实现的可靠连接，原子间的相互扩散是实现连接的基础。扩散焊过程分为三个阶段。

第一阶段为物理接触阶段，高温下微观不平的接触表面，在外加压力的作用下，通过屈服和蠕变使一些点首先达到塑性状态，在持续压力的作用下，接触面积逐渐扩大，最终达到整个面的可靠接触。在这一阶段末，界面之间还有空隙，但其接触部分则基本上已是晶粒间的连接。

第二阶段是接触界面固态条件下原子间的相互扩散，形成牢固的结合层。这一阶段，由于晶界处原子持续扩散而使许多空隙消失。同时，界面处的晶界迁移离开了接头的原始界面，但界面附近仍有许多显微孔洞。

第三阶段是在接触部分形成的结合层，逐渐向体积方向发展，形成可靠的连接接头。在此阶段，遗留下的显微孔洞完全消失了。

这三个阶段是相互交叉进行的。最终在接头处由于扩散、再结晶等过程而形成固态冶金结合，它可以生成固溶体及共晶体，有时生成金属间化合物，形成可靠连接。

（二）扩散焊机制

扩散焊通过界面原子间的相互作用形成接头。对于具体材料和合金，要具体分析原子扩散的路径及材料界面元素间的相互物理化学作用。界面生成物的形态及其生成规律，对材料扩散焊接头性能有很大的影响。固态中的扩散有以下几种机制：空位机制、间隙机制、轮转机制、双原子机制等。

在外界压力的作用下，被连接界面靠近到距离为 2～4mm，形成物理吸附。加工表面微观有一定的不平度，在外力作用下，表面微观凸起部位形成微区塑性变形，被连接表面的局部区域达到物理吸附，这一阶段被称为物理接触形成阶段。塑性变形，被连接表面的局部随着扩散焊时间延长，被连接表面微观凸起变形量增加，物理接触面积进一步增大，在接触界面的某些点形成活化中心，这个区域可进行局部化学反应。当原子间相互作用间距达到0.1~0.3nm时，则形成原子间相互作用的反应区域，达到局部化学结合。在界面上完成由物理吸附到化学结合的过渡。在金属材料扩散焊时，形成金属键，而当金属与非金属连接时，此过程形成离子键与共价键。

随着时间的延长，局部的活化区域沿整个界面扩展，最终导致整个结合面出现原子间的结合。连接材料界面结合区中再结晶形成共同的晶粒，接头区由于应变产生的内应力得到松弛，使结合金属的性能得到改善。异种金属扩散焊界面附近可以生成无限固溶体、有限固溶体、金属间化合物或共析组织的过渡区。

三、扩散焊的分类及应用

（一）同种材料扩散焊

同种材料扩散焊指不加中间层的两种同种金属直接接触的扩散连接。这种类型的扩散焊，一般要求待焊表面制备质量较高，要求施加较大的压力，焊后接头的成分、组织性能与母材基本一致。对氧溶解度大的金属（如Ti、Cu、Fe、Zr、Ta等）容易焊接，易氧化的铝及其合金、含Al、Cr、Ti的铁基及钴基合金等则因氧化物不易去除而难以焊接。

扩散焊可以焊接各类高温合金，如机械化型高温合金，含高Al、Ti的铸造高温合金等，高温合金中含有Cr、Al等元素，表面氧化膜很稳定，难以去除，焊前必须严格加工和清理，甚至要求表面镀层后才能进行扩散焊接。还可以焊接各类钛及钛合金，钛合金不需要特殊的表面准备和特殊的控制就可进行扩散焊接。

镍合金主要用于耐高温、耐腐蚀及高韧性的条件下，熔化焊时接头强度远低于母材，因此较多地应用扩散焊。由于镍合金的高温强度高，须在接近其熔化温度和相当高的压力下进行焊接，须仔细进行表面准备，且严格控制气氛，防止表面污染，通常还需要纯镍或镍合金作中间层。

铝及其合金的扩散焊有一定的困难，因为铝与氧的亲和力很大，还原性很强，在常温下铝也容易与空气中的氧化合，生成密度比铝本身高的氧化铝，这使铝的焊接很困难。铝及其合金直接扩散焊需要较高的加热温度（不得超过铝的软化温度）、较大的压力和高真空度。还可采用加中间扩散层的方法，中间层的材料可用Cu、Ni和Mg等，这时压力和加热温度可降低。

高温合金的热强性高，变形困难，同时又对过热敏感，因此必须严格控制焊接参数，才能获得与母材性能匹配的焊接接头。高温合金扩散焊时，需要较高的焊接温度和压力，焊接温度为（0.75~0.85）T_m（T_m为合金的熔化温度）。

（二）异种材料扩散焊

当两种材料的冶金性能相差很大时，包括两种不同的金属、合金或金属与陶瓷、非金属材料，熔焊方法很难进行，为获得满意的焊接接头而采用的扩散连接技术。由于异种材料的化学成分、物理性能等有显著差异，两种材料的熔点、线胀系数、电磁性、氧化性等差异越大，扩散焊接难度越大。两种材料扩散系数和线胀系数等不同，在扩散结合面上出现热应力，由于冶金反应产生低熔点共晶或者形成脆性金属间化合物，易在界面处产生显微孔洞、裂纹，甚至断裂。因电化学性能不同，接头可能产生电化学腐蚀。

在异种材料的扩散焊接过程中，要注意以下几方面：（1）界面形成中间相或脆性金属间化合物，可通过选择合适的中间层来防止。（2）由于扩散而产生的金属迁移速度不同，而在紧邻扩散界面处产生多孔性。选择合活的焊接条件或适宜的中间层，可以解决问题。(3）两种金属的热胀系数差异大，在加热和冷却过程中产生较大的应力，工件变形大或内应力过大，甚至开裂。解决措施要针对零件的技术要求、材料、焊接条件等进行设计。

第一类异种材料的焊接是钢与其他金属的扩散焊，包括钢与铝及铝合金、钢与钼、钢与钛、钢与铜、钢与铸铁的扩散焊。其中，钢与铝及铝合金进行真空扩散焊时，在扩散焊界面附近容易形成 FeAl 金属间化合物，会使接头性能下降。为了获得良好的扩散焊接头性能，可采用增加中间过渡层的方法获得牢固的接头。中间过渡层可采用电镀等方法镀上很薄的一层金属，一般选用铜和镍。这是因为铜和镍能形成无限固溶体，镍与铁、镍与铝均能形成连续固溶体。这样就能有效地防止界面处出现 Fe-Al 金属间化合物，提高接头的性能。中间层的成分可根据合金状态图和在界面接触区可能形成的新相进行选择。

第二类异种材料的焊接是异种有色金属的扩散焊，包括铜与铝、铜与钛、铜与镍、铜与钼、钛与铝的扩散焊。其中，铜与钛的扩散焊有直接扩散焊和加中间过渡层的扩散焊，前者接头强度低，后者强度高，并有一定的塑性。铜与钼之间不能互溶，铜与钼难以进行熔焊，铜与钼的线膨胀系数相差悬殊，在焊接加热和冷却过程中会产生较大的热应力，焊接时容易产生裂纹，如果加入中间层金属镍，由于铜与镍互溶，可获得质量较好的扩散焊接头。

第三类异种材料的焊接是 C/C 复合材料的扩散连接。一般采用加中间层的方法对 C/C 复合材料进行扩散连接，中间层材料可以采用石墨（C）、B、T 或 $TiSi_2$ 等。不管是哪种方式，都是通过中间层与 C 的界面反应，形成碳化物或晶体从而达到相互连接的目的。

第四类异种材料的焊接是陶瓷与金属的扩散焊。陶瓷与金属可以采用扩散焊的方法实现连接，其中以陶瓷与铜的扩散焊接研究得比较多，应用也比较广泛。陶瓷材料扩散焊的方法包括：（1）同种陶瓷材料直接连接；（2）用另一种薄层材料连接同种陶瓷材料；(3）陶瓷与金属材料直接连接；(4）用第三种薄层材料连接异种陶瓷材料。陶瓷材料扩散焊的特点主要是，连接强度高，适合于连接异种材料。主要不足是扩散温度高、时间长且在真空下连接，设备昂贵、成本高，试件尺寸和形状受到限制。

（三）过渡液相扩散焊（TLP）

过渡液相扩散焊用一种特殊成分、熔化温度较低的薄层合金作为中间层，放置在焊接面间，施加小的压力或不施加压力，并在真空条件下瞬间加热到中间层合金熔化，在焊接界面处瞬时出现微量液相，形成一层极薄的液态薄膜，润湿母材并填充整个接头间隙成为过渡液相；经过一定的保温时间，中间层合金与母材之间进一步扩散，形成牢固的界面连接。这种方法也被称为瞬间液相扩散焊。

（四）加中间层的扩散焊

也被称为共晶反应扩散焊，是利用在某一温度下待焊异种金属之间会形成低熔点共晶的特点加速扩散焊过程的方法。在被焊界面之间加入一层金属或合金（称为中间层），这样就可以焊接很多难焊的或冶金上不相容的异种材料，可以焊接熔点很高的同种材料。中间层合金成分应保证接头性能与母材匹配，达到使用要求。中间层合金多以 Ni-Cr-Mo 或 Ni-Cr-Co-W(Mo) 为基，加入适量 B（或 Si）构成。有时中间层合金中也适当加入或调整固溶强化元素 Co、Mo、W 的比例。中间层的作用是降低扩散焊的温度和压力，提高扩散系数，缩短保温时间，防止脆性化合物的形成等。

扩散焊几乎适合各种材料的焊接（连接），特别是特种材料、特殊结构的焊接。扩散焊在航空航天、电子和核工业等领域得到成功的应用。许多零部件的使用环境恶劣，产品结构要求特殊，设计者不得不采用特种材料（如为减轻重量而采用空心结构），而且要求焊接接头与母材成分、性能上匹配，这种情况下，扩散焊成为优先考虑的焊接方法。但是，扩散焊具有对被连接零件表面的制备和装配质量的要求较高；焊接过程的加热和冷却时间长，在某些情况下会产生晶粒长大等副作用；设备一次性投资较大，被连接工件的尺寸受到设备的限制等缺点。扩散焊作为不断发展的一种焊接技术，有关其机制、设备和工艺都在不断完善和向前发展。

第二节　摩擦焊技术

摩擦焊是在外力作用下，利用焊件接触面之间的相对摩擦所产生的热量，使接触面金属间相互扩散、塑性流动和动态再结晶而完成的固态连接方法。摩擦焊方法以优质、高效、节能、无污染的技术特点受到制造业的重视，特别是近年来开发的搅拌摩擦焊、超塑性摩擦焊等新技术，使其在航空航天、能源、海洋开发等技术领域及石油化工、机械和车辆制造等产业部门得到了广泛的应用。

一、摩擦焊的原理及特点

（一）摩擦焊的原理

将两个圆形截面工件进行对接焊，首先使一个工件以中心线为轴高速旋转，然后将另一个工件向旋转工件施加轴向压力 F_1，接触端面开始摩擦加热，达到给定的摩擦时间或规定的摩擦变形量时，停止工件转动；同时施加更大的顶锻压力 F_2，接头处在顶锻压力的作用下产生一定的塑性变形，即顶锻变形量。在保持一段时间后，松开两个夹头，取出焊件，结束焊接过程。图 11-1 为摩擦焊接过程示意图。

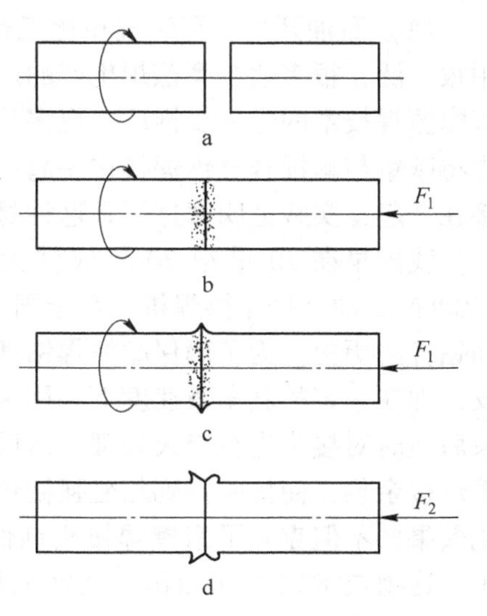

图 11-1　摩擦焊接过程示意图
a—旋转；b—摩擦；c—焊接；d—顶锻

两焊件接合面间在压力下高速相对摩擦产生两个重要的效果：一是破坏了接合面上的氧化膜或其他污染层，使纯金属暴露出来；二是发热，使接合面很快形成热塑性层。在随后的摩擦转矩和轴向压力作用下，这些破碎的氧化物和部分塑性层被挤出接合面外而形成飞边，剩余的塑性变形金属构成焊缝金属，最后的顶锻使焊缝金属获得进一步锻压，形成质量良好的焊接接头。

（二）摩擦焊的特点

摩擦焊有许多特征与闪光对焊和电阻对焊相似，如焊接接头多为圆形截面对接。不同之处是焊接热源，闪光对焊和电阻对焊利用电阻热，而摩擦焊利用摩擦热的固态焊接。与闪光焊、电阻对焊相比较，摩擦焊有如下优点。

（1）接头质量好。摩擦焊正常情况下接合面不发生熔化，熔合区金属为锻造组织，不产生与熔化和凝固相关的焊接缺陷；压力与转矩的力学冶金效应使晶粒细化、组织致密。

（2）适合异种材料的连接。不同组合的金属材料（如铝/钢、铝/铜、钛/铜等）都可以进行摩擦焊接。大多数可锻造的金属材料都可以进行摩擦焊接。

（3）生产效率高。

（4）尺寸精度高。

（5）设备易于机械化、自动化，操作简单。

（6）环境清洁。工作时不产生烟雾、弧光及有害气体等。

摩擦焊的缺点与局限性如下。

（1）对非圆形截面焊接所需设备复杂；对盘状薄零件和管壁件不易夹固，施焊也很困难。

（2）受摩擦焊机主轴电动机功率和压力的限制，目前最大焊接截面约为200cm^2。

（3）摩擦焊机的一次性投资大，大批量生产时才能降低生产成本。

二、摩擦焊的应用

摩擦焊接过程由于具有焊接温度等于或低于金属熔点、加热区窄、时间短、接头的加携温度和温度分布调节范围宽等特点，在航空航天、汽车、石油化工、电力等产业部门得到广泛应用。

（1）石油开采、天然气和化工行业。摩擦焊在石油开采、天然气和化工行业中的应用很广泛，很多适合摩擦焊生产的产品相继采用了这项技术，取得了可观的经济效益。随着摩擦焊技术的进一步推广，更多关键产品将采用摩擦焊生产。在抽油泵生产中，用摩擦焊将碳钢与耐蚀合金钢焊接在一起；在化学工业中，特殊的电极需要将钛或钢质的柱头焊接在一起，实践证明摩擦焊是这种材料焊接的理想工艺。

我国早在20世纪70年代就大力推广应用摩擦焊技术，研制成功了我国第一台1200kN石油钻杆摩擦焊机，在全国各大油田推广应用，开创了我国摩擦焊生产或修复石油钻杆的历史。为了确保摩擦焊钻杆的焊接质量，随后开展了摩擦焊钻杆的形变热处理研发，即在一定的刹车减速度下利用接头焊接热源作为接头淬火的加热热源，在焊接过程结束后适时对接头进行淬火处理，然后再进行局部回火处理。这项技术利用了刹车能耗和摩擦焊接余热，使接头得到相变强韧化的同时，又保存了接头在焊接过程中得到的形变强韧化效果，不但克服了摩擦焊接头韧性差的缺点，而且提高了焊件的生产效率，节约了能源。这项技术在华北油田、辽河油田、中原油田多年的钻杆修复生产中取得了满意的效果。

（2）航空航天工业。随着现代高性能军用航空发动机的不断更新，其主要性能指标

（推重比）也不断提高，同时对发动机的结构设计、材料及制造工艺提出更高的要求。国外一些先进的航空发动机制造公司已将摩擦焊作为焊接高推重比航空发动机转子部件的主要工艺方法。

从 20 世纪 70 年代以来以美国 GE 公司为代表，在军用航空发动机转子部件制造中，成功采用了惯性摩擦焊技术。例如，TF39 航空发动机的压气机盘、CMF56 航空发动机的压气机轴、F101 航空发动机的前轴颈盘与鼓及后轴颈等均采用了摩擦焊工艺。德国、法国等航空发动机制造公司也开展了高压压气机转子、减速器锥形齿轮等大型部件的摩擦焊技术研究。在飞机制造中，摩擦焊技术展现了新的应用前景。美国 4340 超高强钢因具有较高的缺口敏感性和焊接脆化倾向，制造飞机起落架时，已成功进行了 4340 钢管与锻件起落架、拉杆的摩擦焊。直升机旋翼主传动轴的渗氮合金钢齿轮与 18%高镍合金钢管轴、双金属飞机铆钉、飞机钩头螺栓等的焊接也采用了摩擦焊技术。

（3）汽车工业。国内外在汽车零配件规模化生产中，摩擦焊技术占有较重要的地位。美国、德国、日本等工业发达国家的一些汽车制造公司，已有百余种汽车零部件采用了摩擦焊技术。在发动机双金属排气阀生产中广泛采用摩擦焊技术，将 NiCr20TiAl、5Cr21Mn9Ni4、4Cr14Ni14W2Mo 等高温合金或奥氏体耐热钢盘部与 4Cr9Si2、4Cr10Si2Mo 等马氏体型不锈耐热钢杆部连接起来形成整体排气阀。在汽车的自动变速器输出轴、无变形飞轮齿圈、发动机支座、起动机小齿轮组件、速度选择器、汽车液压千斤顶、万向节组件、凸轮轴、离合器鼓和毂组件、后桥壳管、连轴齿轮、传动轴、涡轮增压器、涡轮传动轴等的制造过程均可利用摩擦焊工艺简化制造过程和降低生产成本。

（4）核电设备和输变电行业。由于摩擦焊特别适用于异种金属的连接，从而解决了核电设备及输变电行业相关产品制造的许多难题。核电设备的绝缘罩壳支撑用的异种金属紧固件就是通过摩擦焊完成的。由于输变电行业已越来越多地以铝芯电缆代替铜芯电缆，而铝制电缆连接件的力学性能难以保证，改用铜/铝过渡接头是解决这一问题的好方法。但用传统的焊接方法会因非导电氧化物、腐蚀以及内应力造成的蠕变而降低接头的导电性，摩擦焊则有效地解决了上述问题，有很好的应用前景。

习　题

11-1　扩散焊的原理、特点及应用。

11-2　摩擦焊的原理和应用。

第三篇　金属塑性成形力学基础

金属塑性成形力学基础是研究金属材料在外力作用下由弹性状态进入塑性状态并使成形继续进行时材料内部应力与应变规律、材料变形流动趋势、材料变形力与变形功等力学基本理论。金属塑性成形力学是建立在塑性力学基础上，以塑性力学的基本理论和方法为基础，随着金属塑性加工技术的发展而逐渐形成的，它是分析与研究金属及合金在塑性加工变形中的力学行为与规律而形成的专业基础理论。

在塑性力学的发展过程中，1864 年，法国工程师 H. Tresca 公布关于冲压与挤压的一些初步实验报告；1870 年，Saint-Venant 提出平面问题理想刚塑性的应力应变关系；1870 年，Levy 采用了 Saint-Venant 关于理想塑性材料的概念，提出了三维问题的应力与塑性应变增量间的比例关系；1913 年，Von Mises 从数学简化要求出发针对 H. Tresca 准则提出了新的准则；1923 年，A. Nadai 用解析法研究了柱体扭转问题并进行了实验验证；1923 年，H. Henkey 和 L. Plandtl 提出了平面塑性应变问题中滑移线场理论；1926 年，Lode 用钢、铜和镍的薄壁管试件进行了在不同轴向拉伸和内压力的联合作用下的实验；1931 年，Taylor 和 Quinney 用薄壁管在不同轴向拉伸和扭转的联合作用下的实验；1932 年，提出了包括弹性应变部分的三维弹塑性应力应变关系；至此，经典塑性成形理论已初步形成。

在研究材料塑性成形力学时，为了简化研究过程，建立理论公式或模型，通常采用如下假设：

（1）连续性、匀质性、各向同性假设。变形体均由连续介质组成，各质点的化学成分、组织结构都是均匀的，在各方向的物理、力学性能也是相同的。

（2）在变形的任意瞬时，合力为零。即力的作用是平衡的。

（3）体积力为零。体积力如重力、磁力、惯性力等，与表面力相比可以忽略。

（4）体积不变假设。物体塑性变更前后体积不变。忽略物体变形时密度的变化，这是满足质量守恒定律的。

扫码获得
数字资源

第十二章　金属塑性变形与流动

金属塑性成形问题实质上是金属的塑性流动问题。塑性成形时影响金属流动的因素十分复杂，本章主要讨论金属塑性变形与流动的一些基本问题，如最小阻力定律、影响金属塑性的因素、加工硬化、不均匀变形、附加应力和残余应力、金属塑性成形中的摩擦和润滑等问题。

第一节　最小阻力定律

分析金属塑性成形时质点的流动规律时，可以应用最小阻力定律。苏联学者古布金1947年将其描述为：“变形体的质点有可能沿不同方向移动时，则物体各质点将向着阻力最小的方向移动。”

最小阻力定律实际上是力学的普遍原理，它可以定性地用来分析金属质点的流动方向，或者通过调整某个方向的流动阻力来改变金属在某些方向的流动量，使得成形更为合理。例如，在开式模锻中（图12-1），金属将有两个流动方向（A处和飞边槽处），如果增加金属流向飞边槽的阻力，A处的金属流动量就会增加，便可以保证金属填充模腔；或者修磨圆角r，减少金属流向A腔的阻力，使金属填充得更好。在大型覆盖件拉深成形时，常常要设置拉深筋，用以调整板料进入模具的流动阻力，以保证覆盖件的成形质量。

当接触表面存在摩擦时，矩形断面的棱柱体镦粗时的流动模型如图12-2所示。因为接触面上质点向周边流动的阻力与质点离周边的距离成正比，因此离周边的距离越近，阻力越小，金属质点必然沿这个方向流动，这个方向恰好是周边的最短法线方向。因此，可用点划线将矩形分成两个三角形和两个梯形，从而形成四个流动区域。点划线是流动的分界线，线上各点距边界的距离相等，各个区域的质点到各边界的法线距离最短。这样流动的结果是，梯形区域流出的金属多于三角形区域流出的金属。镦粗后，矩形截面将变成双点划线所示的多边形。可以想象，继续镦粗，截面的周边将趋于椭圆，而椭圆将进一步变成圆。此后，各质点将沿半径方向移动。在相同面积的任何形状中，圆形的周边最小，因而最小阻力定律在镦粗中也称为最小周边法则。

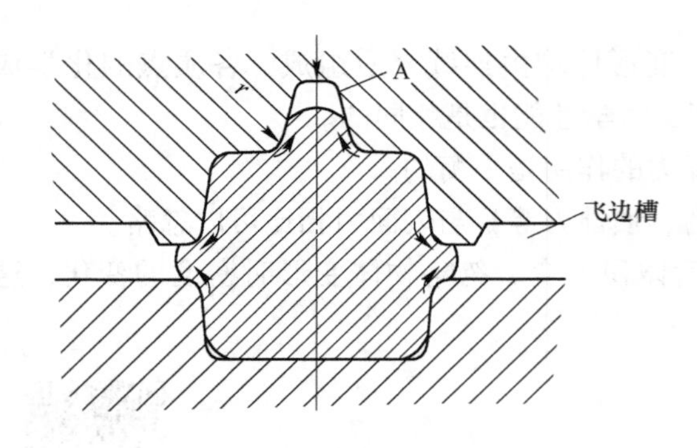

图12-1　开式模锻的金属流动

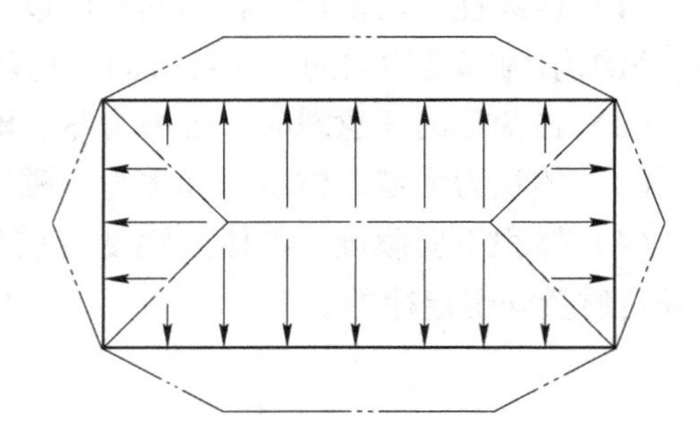
图12-2　矩形断面棱柱体镦粗时的流动模型

金属塑性变形应满足体积不变的条件，即坯料在某些方向被压缩的同时，在另一些方向将有伸长，而变形区域内金属质点是沿着阻力最小的方向流动。根据体积不变条件和最小阻力定律，便可以大体确定塑性成形时的金属流动模型。因此，最小阻力定律在塑性成形工艺中得到了广泛的应用。

第二节　影响金属塑性变形和流动的因素

一、塑性、塑性指标和塑性图

（一）金属塑性的概念

金属在外力作用下能稳定地改变自己的形状和尺寸，而各质点间的联系不被破坏的性能称为塑性。

塑性不仅与金属或合金的晶格类型、化学成分和显微组织有关，而且与变形温度、变形速率和受力状况等变形外部条件有关，不是一种固定不变的性质。实验证明，压力加工的外部条件比金属本身的性质对塑性影响更大。

（二）塑性指标

在生产中，塑性需用一种数量指标来表示，这就是塑性指标。由于塑性是一种依各种复杂因素而变化的加工性能，因此很难找出一个单一的指标来反映其塑性特征。在大多数情况下，只能用某种变形方式下试验试样在破坏前的变形程度来表示。常用的主要指标有下列几种。

（1）在材料试验机上进行拉伸试验，以破断前总伸长率为塑性指标，即

$$\delta = \frac{L_1 - L_0}{L_0} \times 100\% \tag{12-1}$$

$$\Psi = \frac{A_1 - A_0}{A_0} \times 100\% \tag{12-2}$$

式中　L_0——拉伸试样原始标距长度；

L_1——拉伸试样断裂后标距长度；

A_0——拉伸试样原始横截面面积；

A_1——拉伸试样断裂处横截面面积。

（2）在锻压生产中，常用镦粗试验测定材料的塑性指标。将材料加工成圆柱形试样，其高度一般为直径的1.5倍。将一组试样在落锤上分别镦粗到预定的变形程度，以第一个出现表面裂纹试样的变形程度 ε_c 作为塑性指标，即

$$\varepsilon_c = \frac{H_0 - H_1}{H_1} \tag{12-3}$$

式中　H_0——试样的原始高度；

H_1——第一个出现表面裂纹试样的镦粗后高度。

（3）扭转试验的塑性指标是以试样扭断时的扭转角（在试样标距的起点和终点两个截面间的扭转角）或扭转圈数来表示。

（4）冲击试验时的塑性指标是获得的冲击韧度，用来表示在冲击力作用下使试样破坏所消耗的功。

（三）塑性图

以不同的试验方法测定的塑性指标（如 δ、Ψ、ε 及冲击韧度 α_k 和扭转时的转数 n

等）为纵坐标，以温度为横坐标绘制而成的塑性指标随温度变化的曲线图称为塑性图。例如，图 12-3 为 W18Cr4V 高速钢的塑性图，从图中可以看出，W18Cr4V 在 900～1200℃温度范围内具有较好的塑性。因此，适合在 1180℃始锻，在 920℃左右终锻。

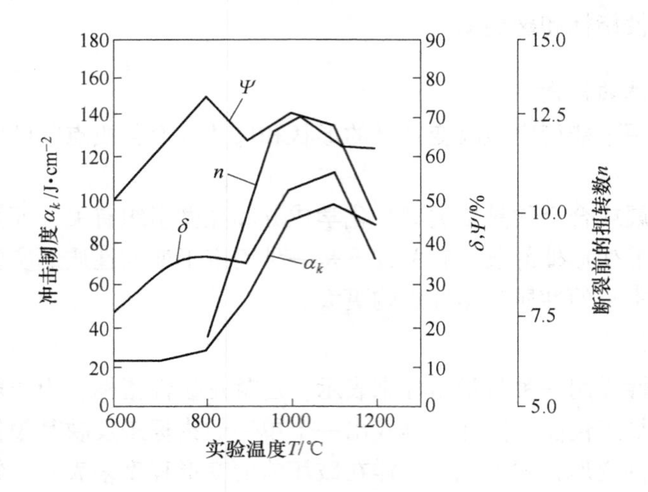

图 12-3　W18Cr4V 高速钢的塑性图

二、化学成分与组织结构对塑性的影响

（一）化学成分的影响

在碳钢中，铁和碳是基本元素。在合金钢中,除了铁和碳外，还有合金元素，如 Si、Mn、Cr、Ni、W、Mo、V、Ti 等。此外，由于矿石、冶炼等方面的原因，在各类钢中还有一些杂质如 P、S、N、H、O 等。下面以碳钢为例，讨论化学成分的影响。碳对钢的性能影响最大，碳能固溶到铁里，形成铁素体和奥氏体，它们都具有良好的塑性和低的强度。当含碳量增大，超过铁的溶解能力时，多余的碳和铁形成化合物渗碳体，它有很高的硬度，塑性几乎为零，对基体的塑性变形起到阻碍作用。随着含碳量的增加，渗碳体的数量也增加，因而使碳钢的塑性降低、强度提高，如图 12-4 所示。

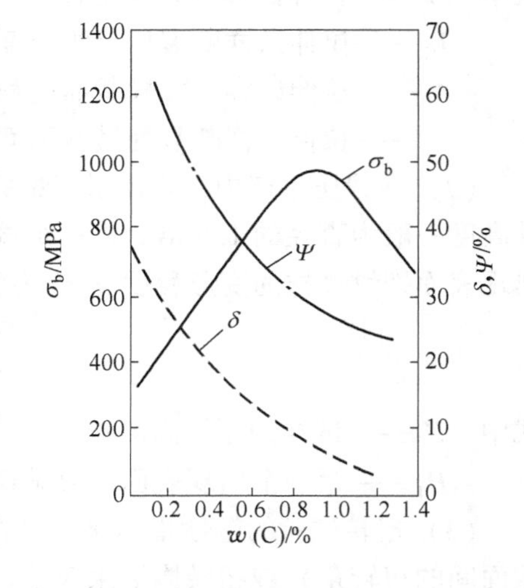

图 12-4　钢中含碳量对钢力学性能的影响

磷、硫均是钢中的有害杂质。磷能溶于铁素体中，使钢的强度、硬度显著提高，塑性、韧性显著降低。当磷的质量分数达到 0.3%时，钢完全变脆，冲击韧度接近于零，称为冷脆性。

硫不溶于铁素体中，但生成 FeS。FeS 与 FeO 形成共晶体，分布于晶界，熔点为 985℃。当钢在 1000℃以上热加工时，由于晶界处的 FeS-FeO 共晶体熔化，导致锻件开裂，这种现象称为热脆性。

氮在奥氏体中的溶解度较大，在铁素体中的溶解度很小，且随温度下降而减小。在室温或稍高温度下，氮将以 FeN 形式析出，使钢的强度、硬度提高，塑性、韧性大为降低，这种现象称为时效脆性。

氧在铁素体中的溶解度很小，主要是以 Fe_2O_3、FeO、MnO、Mn_3O_4、SiO_2、Al_2O_3 等形式存在，这些夹杂物对钢的性能有不良影响，会降低钢的疲劳强度和塑性。FeO 还会和 FeS 形成低熔点的共晶组织，分布于晶界，造成钢的热脆性。钢中溶氢较多时会引起氢脆现象，使钢的塑性大大降低。

钢中加入合金元素不仅改变钢的使用性能，也改变钢的塑性和实际应力。各种合金元素对钢的塑性和实际应力的影响十分复杂，需要结合具体钢种根据变形条件作具体的分析，部分合金元素对铁素体伸长率和韧性的影响如图 12-5 所示，合金元素的添加可在一定程度上降低钢的塑性，提高变形抗力。

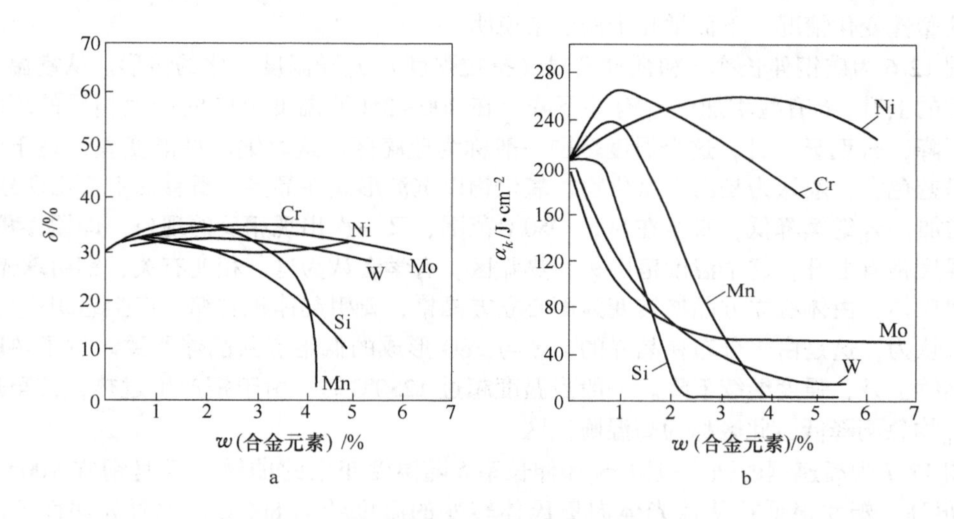

图 12-5　合金元素对铁素体伸长率和韧性的影响
a—合金元素对铁素体伸长率的影响；b—合金元素对铁素体韧性的影响

（二）组织结构的影响

一定化学成分的金属材料，若其相组成、晶粒度、铸造组织等不同，则其塑性亦有很大的差别。

（1）相组成的影响。单相组织（纯金属或固溶体）比多相组织塑性好。多相组织由于各相性能不同，变形难易程度不同，导致变形和内应力的不均匀分布，因而塑性降低。例如，碳钢在高温时为奥氏体单相组织，故塑性好，而在 800℃左右时转变为奥氏体和铁素体两相组织，塑性就明显降低。因此，对有固态相变的金属来说，在单相区内进行成形加工是有利的。工程上使用的金属材料多为两相组织，第二相的性质、形状、大小、数量和分布状态不同，对塑性的影响程度也不同。若两个相的变形性能相近，则金属的塑性近似介于两相之间。若两个相的性能差别很大，一相为塑性相，而另一相为脆性相，则变形主要在塑性相内进行，脆性相对变形起阻碍作用，其次，塑性还和脆性相的分布形态相关。

（2）晶粒度的影响。金属和合金晶粒越细小，塑性越好。这是由于晶粒越细，则同一体积内晶粒数目越多，在一定变形数量下，变形可分散在许多晶粒内进行，变形比较均匀。

(3) 铸造组织的影响。铸造组织由于具有粗大的柱状晶粒和偏析、夹杂、气泡、疏松等缺陷，故使金属塑性降低。锻造时应创造良好的变形力学条件，打碎粗大的柱状晶粒，并使变形尽可能均匀，以获得细晶组织，使金属的塑性提高。

三、变形条件对金属塑性的影响

(一) 变形温度对金属塑性的影响

对大多数金属而言，一般趋势是：随着变形温度的升高（直至过烧温度以下），金属的塑性增加。但是，某些金属材料在升温过程中，往往有过剩相析出或有相变发生而使塑性降低。由于金属材料的种类繁多，很难用一种统一的模式来概括各种金属材料在不同温度下的塑性变化情况。下面举几个例子来说明。

图 12-6 为碳钢伸长率δ和强度极限（抗拉强度）σ_b随温度变化的情形。从室温开始，随温度的上升，δ有些增加，σ_b有些下降。在 200~350℃温度范围内产生相反的现象，δ明显下降，σ_b明显上升，这个温度范围一般称为蓝脆区。这时钢的性能变差，易于脆断，断口呈蓝色，一般认为是由于氮化物、氧化物以沉淀形式在晶界、滑移面上析出所致。随后δ增加，σ_b继续降低，直至在 800~950℃范围，又一次出现相反的现象，即塑性稍有下降，强度稍有上升，这个温度范围称为热脆区。有学者认为这与相变有关，钢由珠光体转变为奥氏体，由体心立方晶格转变为面心立方晶格，要引起体积收缩，产生组织应力。也有学者认为，这是由于分布在晶界的 FeS 与 FeO 形成的低熔点共晶体所致。过了热脆区，塑性继续上升，强度继续下降。一般当温度超过 1250℃时，由于钢产生过热，甚至过烧，δ和σ_b均急剧降低，此区称为高温脆性区。

图 12-7 为高速钢的强度极限σ_b和伸长率δ随温度变化的曲线。高速钢在 900℃以下时σ_b很高，塑性很低；从珠光体向奥氏体转变的温度约为 800℃，此时为塑性下降区。900℃以上δ上升，σ_b迅速下降。约 1300℃是高速钢莱氏体共晶组织的熔点，高速钢的δ急剧下降。

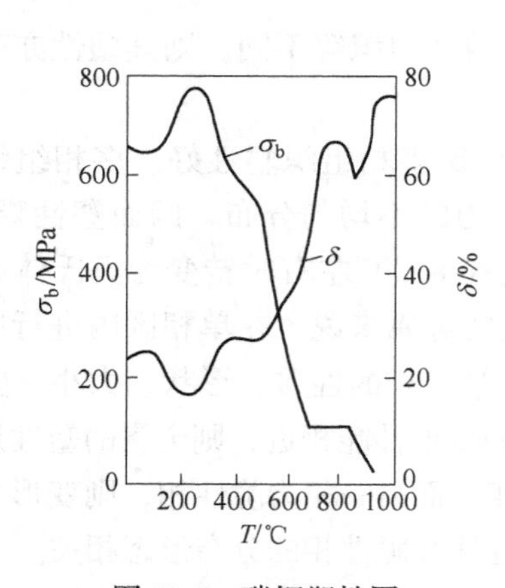

图 12-6　碳钢塑性图

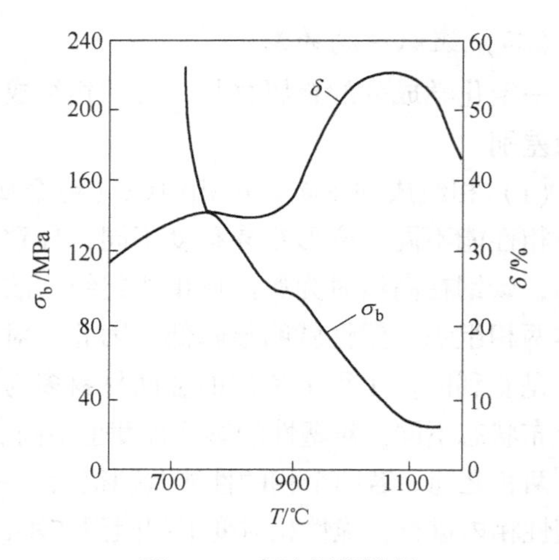

图 12-7　高速钢塑性图

下面从一般情况出发，分析温度升高时，金属和合金塑性增加和实际应力降低的原因。

（1）随着温度的升高，发生了回复和再结晶。回复能使变形金属稍许得到软化，再结晶则能完全消除变形金属的加工硬化，使金属和合金的塑性显著提高，实际应力显著降低。

（2）温度升高，临界切应力降低，滑移系增加。因为温度升高，原子的动能增大原子间的结合力变弱，使临界切应力降低。同时，在高温时还可能出现新的滑移系。例如，面心立方的铝在室温时的滑移面为（111），在400℃时除了（111）面，（100）面也开始发生滑移，因此在450~550℃的温度范围内，铝的塑性最好。由于滑移系的增强，金属塑性增强，并降低了由于多晶体内晶粒位向不一致而提高实际应力的影响。

（3）金属组织发生变化。可能由多相组织变为单相组织，或由滑移系个数少的晶格变为滑移系个数多的晶格。例如，碳钢在950~1250℃范围内塑性好，这与处于单相组织和转变为面心立方晶格有关。又如，钛在室温时呈密排六方晶格，只有三个滑移系，当温度高于882℃时，转变为体心立方晶格，有12个滑移系，塑性有明显提高。

（4）新的塑性变形方式（热塑性）的发生。当温度升高时，原子热振动加剧，晶格中的原子处于不稳定的状态。当晶体受外力时，原子就沿应力场梯度方向非同步地、连续地由一个平衡位置转移到另一个平衡位置（不是沿着一定的晶面和晶向），使金属产生塑性变形，这种变形方式称为热塑性（亦称为扩散塑性）。热塑性是非晶体发生变形的唯一方式，对晶体来说，是一种附属方式。热塑性较多地发生在晶界和亚晶界处，晶粒越细，温度越高，热塑性的作用越大。

（5）晶界性质发生变化，有利于晶间变形，并有利于晶间破坏的消除。当温度较高时，晶界的强度比晶粒本身下降得快，不仅减小了晶界对晶内变形的阻碍作用，而且晶界本身也易于发生滑动变形。另外，由于高温时原子的扩散作用加强，在塑性变形过程中出现的晶界破坏在很大程度上得到消除，这使金属和合金在高温下具有良好的塑性和低的实际应力。

（二）变形速率对塑性的影响

变形速率（即应变速率 $\dot{\varepsilon}$ ）对金属塑性的影响十分复杂，可造成温度效应，改变金属的实际应力等。

（1）热效应及温度效应。塑性加工时，物体所吸收的能量一部分转化为弹性变形能，一部分转化为热能。塑性变形能转化为热能的现象称为热效应。如变形体所吸收的能量为 E，其中转化为热能的部分为 E_m，则两者之比值为 $\zeta = \dfrac{E_m}{E}$，称为排热率。根据实验数据，在室温下塑性压缩时，镁、铝、铜和铁的排热率 $\zeta = 0.85 \sim 0.90$，上述金属合金的 $\zeta = 0.75 \sim 0.85$。因此，塑性加工过程中的热效应是相当可观的。

由塑性变形能转化为热能的部分 E_m 部分散失到周围介质，其余部分使变形体温度升高。这种由于在塑性变形过程中产生的热量使变形体温度升高的现象称为温度效应。温度效应首先取决于变形速率，变形速率高，则单位时间的变形量大，产生的热量多，温度效应就大。其次，变形体与工具和周围介质的温差越小，热量的散失越小，温度效应就越大。此外，温度效应还与变形温度有关，温度升高，材料的流动应力降低，单位体积的变形能变小，因而温度效应较小。

（2）随着变形速率的增大，可能使塑性降低和实际应力提高，也可能相反。对于不同的金属和合金，在不同的变形温度下，变形速率的影响也不相同。

随着变形速率的增大，塑性变化的一般趋势如图 12-8 所示。当变形速率不大时（图中 *ab* 段），增加变形速率使塑性降低，这是由于变形速率增加所引起的塑性降低大于温度效应引起的塑性增加；当变形速率较大时（图中 *bc* 段）由于温度效应显著，塑性基本上不再随变形速率的增加而降低；当变形速率很大时（图中 *cd* 段），则由于温度效应的显著作用，造成塑性回升。冷变形和热变形时，该曲线各阶段的进程和变化程度各不相同。冷变形时，随着变形速率的增加。塑性略有下降，以后由于温度效应的作用加强，塑性可能会上升；热变形时，随着变形速率的增加，通常塑性有较显著的降低，以后由于温度效应增强而使塑性稍有提高。但当温度效应很大以致使变形温度由塑性区进入高温脆性区时，则金属和合金的塑性又急剧下降（图 12-8 中虚线段 *de*）。

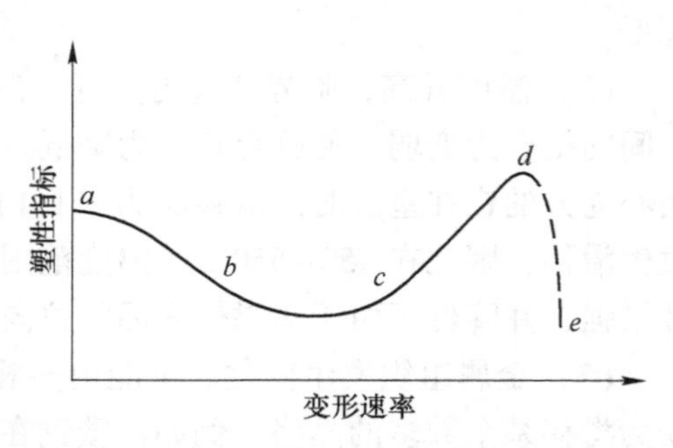

图 12-8　变形速率对塑性的影响示意图

下面从一般情况出发，加以概括和分析：

（1）变形速率大，由于没有足够的时间完成塑性变形，使金属的实际应力提高，塑性降低。

（2）如果是在热变形条件下，变形速率大时，还可能由于没有足够的时间进行回复和再结晶，使金属的实际应力提高，塑性降低。

（3）变形速率大，有时由于温度效应显著而提高塑性，降低实际应力（这种现象在冷变形条件下比热变形时显著，因冷变形时温度效应强）。某些材料（例如莱氏体高合金钢）也会因变形速率大而引起升温，进入高温脆性区，反而使塑性降低。

（4）变形速率还可能改变摩擦系数，从而对金属的塑性和变形抗力产生一定的影响。

（三）变形程度对塑性的影响

冷变形时，变形程度越大，加工硬化越显著，所以金属塑性降低；热变形时，随着变形程度的增加，晶粒细化而且分散均匀，会使金属塑性提高。

四、其他因素对塑性的影响

（一）应力状态的影响

在主应力图（后续章节介绍）中，压应力的个数越多、数值越大，即静水压力越大，则金属的塑性越高；反之，拉应力的个数越多、数值越大，即静水压力越小，则金属的塑性越低。

德国的卡尔曼在 20 世纪初曾经对大理石和砂石做过一次著名的试验，他将圆柱形大理石和砂石试样置于试验装置中进行压缩，同时压入甘油对试样施加侧向压力。试验证明：在没有侧向压力作用时，大理石和砂石显示完全的脆性；在有侧向压力作用时，表现出一定的塑性，侧向压力越大，所需轴向压力也越大，塑性也越高。卡尔曼的试验装置与大理石三向受压的试验结果分别如图12-9与图12-10所示，限于当时的试验条件，卡尔曼得到大理石的压缩程度 ε 为8%~9%，红砂石的为6%~7%。后来，技斯切向耶夫在更大的侧向压力下进行大理石的压缩试验，获得78%的变形程度，并在很大的侧向压力下拉伸大理石试样，得到了25%的伸长率，出现了像金属试样上的缩颈。

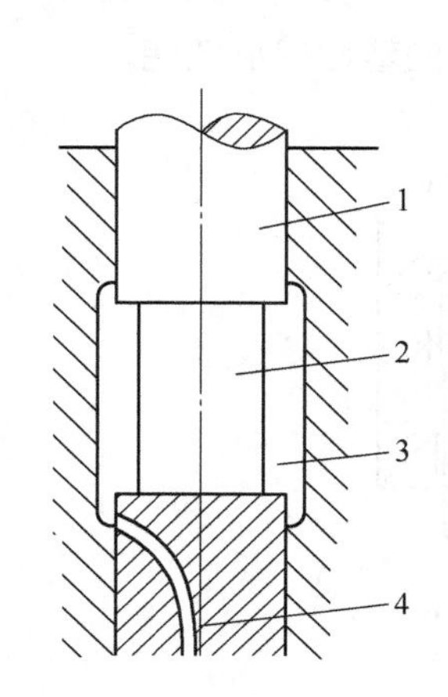

图12-9　卡尔曼实验装置图
1—加压柱塞；2—试样；3—实验腔室；4—高压油通道

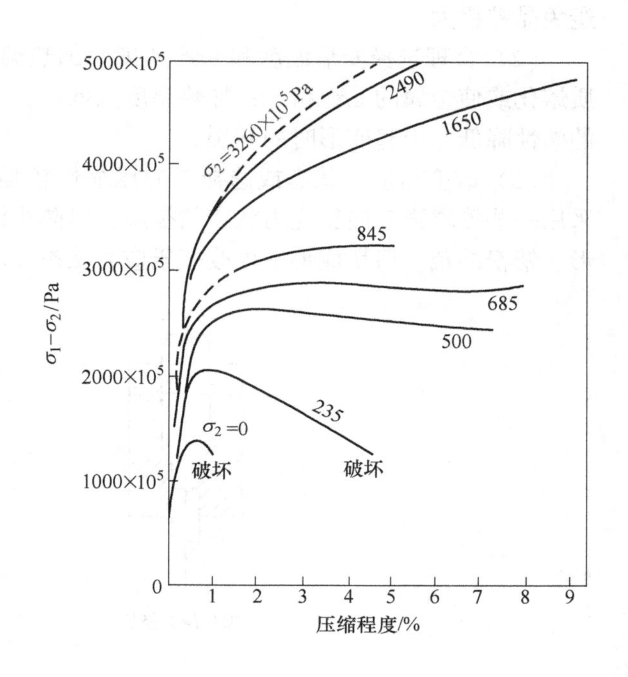

图12-10　大理石三向受压的试验结果

静水压力越大，金属的塑性就越高，这可以解释为：

（1）拉应力促进晶间变形，加速晶界破坏。压应力阻止或减少晶间变形，随着三向压缩作用的增强，晶间变形越加困难，从而提高了金属的塑性。

（2）压应力有利于抑制或消除晶体中由于塑性变形引起的各种微观破坏，而拉应力则相反，它促使各种破坏发展、扩大。当变形体原来存在着脆性杂质、微观裂纹等缺陷时，三向压应力能抑制这些缺陷，全部或部分地消除其危害性。而在拉应力作用下，将使这些缺陷发展，形成应力集中，促使金属破坏。

（3）三向压应力能抵消由于变形不均匀所引起的附加拉应力。

（二）尺寸（体积）因素的影响

实践表明，变形体的尺寸（体积）会影响金属的塑性。尺寸越大，塑性越低；但当变形体的尺寸（体积）达到某一临界值时，塑性将不再随体积的增大而降低。

尺寸因素影响塑性的原因是：变形体尺寸越大，其化学成分和组织越不均匀，内部缺陷也越多，因而导致金属塑性的降低。其次，大变形体比几何相似的小变形体具有较小的相对接触表面积，因而由外摩擦引起的三向压应力状态就较弱，这会导致塑性的降低。

五、提高金属塑性的途径

提高金属塑性的途径有很多，下面仅从塑性加工的角度讨论提高塑性的途径。

（1）提高材料成分和组织的均匀性。合金铸锭的化学成分和组织通常是很不均匀的，若在变形前进行高温均匀化退火，则能起到均匀化的作用，从而提高塑性。同时还应注意避免晶粒粗大。

（2）合理选择变形温度和变形速度。加热温度选择过高，容易使晶界处的低熔点物质熔化或使金属的晶粒粗大；加热温度太低时，金属则会出现加工硬化。这些都会使金属的塑性降低，引起变形时的开裂。

（3）改变压应力状态或选择三向压缩性较强的变形方式。在锻造低塑性材料时，可采用一些能增强三向压应力状态的措施，以防止锻件的开裂。如图 12-11 所示，在挤压成形、精密冲裁、剪切成形中可改变压应力状态以获得较好的塑性成形性能。

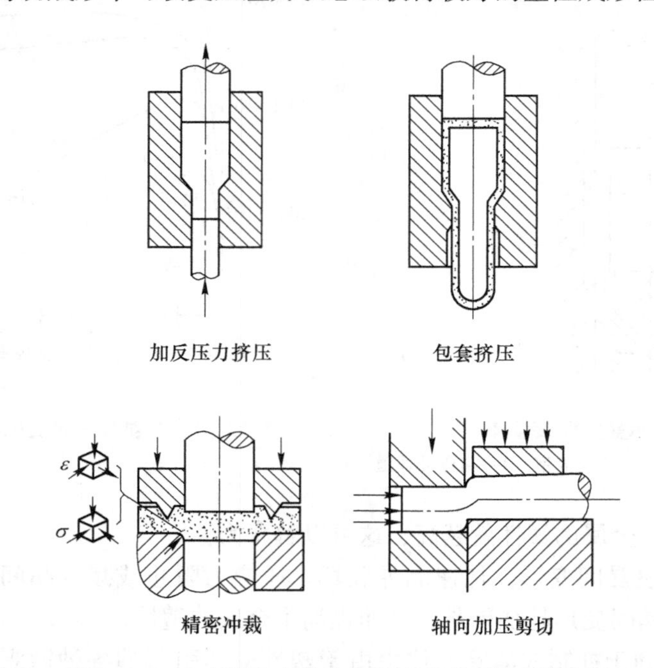

图 12-11　改变压应力状态在塑性成形工艺中的应用

（4）减小变形的不均匀性，不均匀变形引起的附加应力会导致金属的塑性降低。合理的操作规范、良好的润滑、合适的工模具形状等都能减小变形的不均匀性，从而提高塑性。

六、其他影响金属塑性变形和流动的因素

工具形状是影响金属塑性流动方向的重要因素。工具形状不同，造成金属沿各个方向流动的阻力有所差异，因而金属向各个方向的流动在数量上也有相应的差别。利用工具的不同形状，除了可以控制金属的流动方向外，还可以在坯料内产生不同的应力状态，使部分金属先满足屈服准则进入塑性状态，以达到控制塑性变形区的作用。或者造成不同的静

水压力，来改变材料在该状态下的塑性。

在工具和变形金属之间的接触面上必然存在摩擦，由于摩擦力的作用，在一定程度上改变了金属的流动特性和金属质点的流动方向。

第三节　加 工 硬 化

一、加工硬化现象和机理

塑性变形后金属组织要产生一系列变化：（1）晶粒内产生滑移带和孪晶带；（2）滑移面转向，晶粒发生转动；（3）变形程度很大时形成纤维组织；（4）晶粒破碎，形成亚结构；（5）当变形程度极大时各晶粒位向趋于一致，形成变形织构。由于塑性变形使金属内部组织发生变化，因而金属的性能也发生改变。其中变化最显著的是金属的力学性能，即随着变形程度的增加，金属的强度和硬度增加，塑性和韧性降低，这种现象称为加工硬化。

金属加工硬化的特征可以从其应力-应变曲线反映出来，图 12-12 为面心立方体结构单晶体的典型切应力-切应变曲线（亦称为加工硬化曲线），其硬化过程大体可分为三个阶段。在硬化曲线的第Ⅰ阶段，由于晶体中只有一组滑移系产生滑移，在平面上移动的位错很少受到其他位错的干扰，因此，位错运动受到的阻力较小，故加工硬化系数 $\theta_1 = \dfrac{d\tau}{d\gamma}$ 较小。当变形以两组或多组滑移系进行时，曲线进入第Ⅱ阶段，由于滑移面相交，很多位错线穿过滑移面，像在滑移面上竖起的森林一样，称为林位错。在滑移面上位错的移动必须不断地切割林位错，产生各种位错割阶和固定位错障碍，晶体中位错密度也迅速增加，并且还会产生位错塞积，这些都使位错继续运动的阻力增大，这时晶体的加工硬化系数很大。第Ⅲ阶段和位错的交滑移有关，当应力增加到一定程度时，滑移面上的位错可借交滑移而绕过障碍，从而使加工硬化系数相对减小。

上述三个阶段的加工硬化曲线是典型情况（见图 12-13），实际单晶体的加工硬化曲线因其晶体的结构类型、晶体位向、杂质含量及实验温度等因素的不同而有所变化。

多晶体的加工硬化要比单晶体的加工硬化复杂得多。多晶体变形时，由于晶界的阻碍作用和晶粒之间的协调配合要求，各晶粒不可能以单一滑移系动作，必然有多组滑移系同

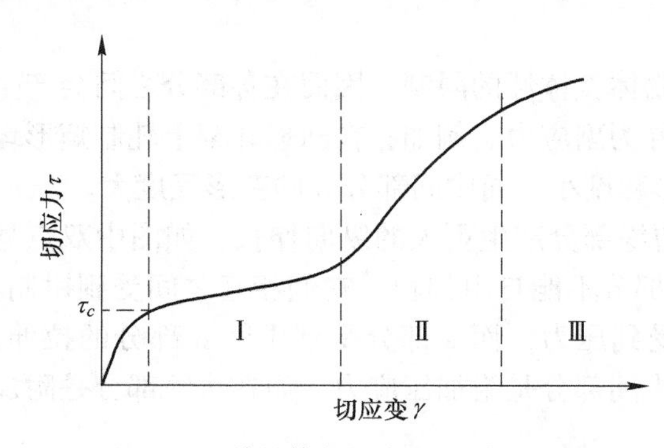

图 12-12　单晶体的切应力-切应变曲线

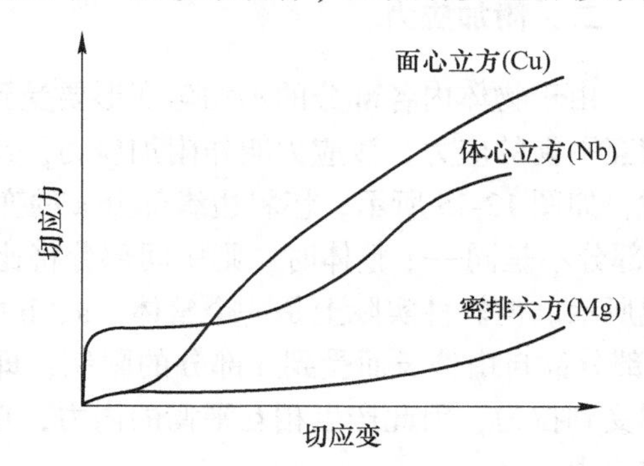

图 12-13　三种常见单晶体的加工硬化曲线

时开动。因此，多晶体在塑性变形一开始就进入第Ⅱ阶段硬化，随后进入第Ⅲ阶段硬化，而且多晶体的硬化曲线比单晶体的更陡，加工硬化系数更大。此外，加工硬化还与晶粒大小有关，晶粒越细，加工硬化越显著，这在变形开始阶段尤为明显。

二、加工硬化的后果及应用

加工硬化使金属的强度提高、塑性降低，这对金属冷变形工艺将产生很大的影响。加工硬化有利的一方面是可作为强化金属的一种手段，尤其对一些不能通过热处理方法强化的金属材料，加工硬化就成为这些材料强化的重要手段。例如，发动机上的青铜轴瓦采用加工硬化工艺可以提高其强度和硬度，从而提高轴瓦的承载能力和耐磨性。

加工硬化还可以改善一些冷加工的工艺性。例如，板料在拉深过程中，其加工硬化使塑性变形能较均匀地分布于整个工件，不至于使变形集中在某些局部区域而导致工件很快破裂；若没有加工硬化，拉拔就不能实现。

加工硬化不利的一面是由于金属的屈服强度提高，相应地要提高塑性加工设备的能力；同时，由于金属塑性的下降，使金属继续塑性变形困难，需要增加中间退火工艺，从而降低了生产率，提高了生产成本。

第四节　不均匀变形、附加应力和残余应力

一、均匀变形与不均匀变形

在塑性变形中，要实现均匀变形是困难的。由于金属本身的性质（成分、组织等）不均匀，各处受力情况也不尽相同，变形体中各处的变形有先有后，有的部位变形大，有的部位变形小，因此，塑性变形实际上都是不均匀的。

不均匀变形最典型的例子是在平砧下镦粗圆柱体时出现鼓形，由于接触面上摩擦力阻碍金属流动，因而靠近工具表面处的金属变形困难，而坯料中部的金属阻力小变形容易，因而成了鼓形，其剖面上网格的变化如图 12-14 所示。

不均匀变形实质上是由金属质点的不均匀流动引起的，因此，凡是影响金属塑性流动的因素，都会对不均匀变形产生影响。

二、附加应力

由于物体内各部分的不均匀变形要受到物体整体性的限制，因而在各部分之间会产生相互平衡的应力，该应力叫作附加应力，或称为副应力。例如，在凸形轧辊上轧制矩形坯时，如图 12-15 所示，坯料边缘部分 a 的变形程度小，而中间部分 b 的变形程度大。若 a、b 部分不是同一个整体时，则中间部分将比边缘部分产生更大的纵向伸长，如图中双点划线所示。但轧件实际上是一个整体，a、b 两部分不能自由伸长，它们相互之间受到钳制，b 部分欲自由伸长而受到 a 部分的限制，即受到压力，而 a 部分受到中间 b 部分的拉伸，即受到拉力，因此产生相互平衡的内力，在中间部分是附加压应力，而在边缘部分是附加拉应力。

由以上分析可知，附加应力是变形体为了保持自身的完整和连续、约束不均匀变形而

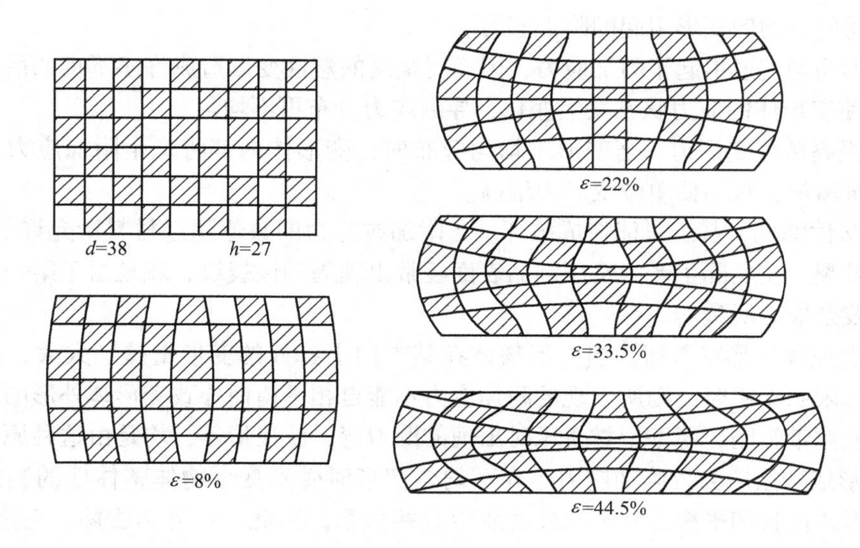

图 12-14　圆柱体不均匀镦粗时的网格变化

产生的内力。也就是说，附加应力是由不均匀变形引起的，但同时它又限制不均匀变形的自由发展。此外，附加应力是相互平衡成对出现的，当一处受附加压应力时，另一处必受附加拉应力。物体的塑性变形总是不均匀的，故可以认为，在任何塑性变形的物体内，变形过程中均有自相平衡的附加应力，这就是金属塑性变形的附加应力定律。

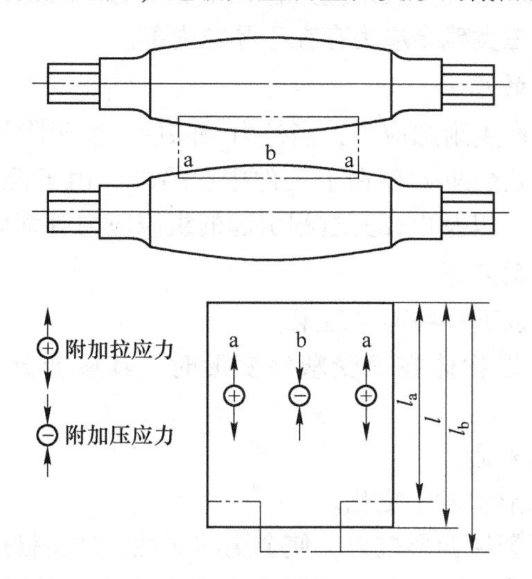

图 12-15　在凸形轧辊上轧制矩形坯产生的附加应力

l_a—若边缘部分自成一体时轧制后的可能长度；l_b—若中间部分自成一体时轧制后的可能长度；l—整个轧件轧制后的实际长度

附加应力通常分为三类：第一类附加应力是变形体内各区域体积之间由不均匀变形引起的相互平衡的应力；第二类附加应力是各晶粒之间由于其性质、大小和方位不同，使晶粒之间产生不均匀变形引起的附加应力；第三类附加应力存在于晶粒内部，是由于晶粒内各部分之间的不均匀变形引起的附加应力。

由于不均匀变形引起了附加应力，因而对金属的塑性变形造成许多不良的后果。

(1) 使变形体的应力状态发生变化，导致应力分布更不均匀。

(2) 提高单位变形力。当变形不均匀分布时，变形体内部将产生附加应力，故变形消耗的能量增加，从而使单位变形力增高。

(3) 塑性降低，甚至可能造成破坏。当附加拉应力的数值超过材料所允许的强度时，可能造成破裂。在实际生产中挤压制品表面经常出现周期性裂纹，就是由于第一类附加应力形成的残余应力所致。

(4) 造成物体形状歪扭。当变形物体在某方向上各处的变形量差别太大，而物体的整体不能起限制作用时，则所出现的附加应力不能自相平衡而导致变形体外形的歪扭。例如，薄板或薄带轧制，薄壁型材挤压时出现的镰刀弯、波浪形等，均是由这种原因所致。

(5) 形成残余应力。附加应力是在不均匀变形时受到变形物体整体性的制约而发生的，在变形体内自相平衡，并不与外力发生直接关系。因此，当外力去除，变形结束后，仍会继续保留在变形体内部，形成自相平衡的残余应力。

三、残余应力

引起内应力的外因去除后在物体内仍残存的应力称为残余应力。残余应力是弹性应力，它不超过材料的屈服应力。

残余应力也分为三类：第一类残余应力存在于变形物体的各大区之间；第二类残余应力存在于各晶粒之间；第三类残余应力存在于晶粒内部。

(一) 残余应力产生的原因

塑性变形不均匀都会产生附加应力，当外力去除后，由于附加应力是自相平衡的内应力，不会消失，它将成为残余应力存在于工件中；另外，由于温度不均匀（加热或冷却不均匀）所引起的热应力，以及由相变过程引起的组织应力等都会形成残余应力。

(二) 残余应力引起的后果

残余应力可能会引起以下一些不良后果：

(1) 有残余应力的变形物体在承受塑性变形时，其应变分布及内部应力分布更不均匀。

(2) 缩短制品的使用寿命。

(3) 使制品的尺寸和形状发生变化。

(4) 残余应力增加了塑性变形抗力，使金属的塑性、冲击韧度及抗疲劳强度降低。

残余应力一般是有害的，特别是表面层中有残余拉应力的情况，但可以增加使用性能。例如，轧辊表面淬火、零件喷丸加工、表面滚压、表面渗碳、表面渗氮等，经过这些处理后，在表面层附近有很大的残余压应力，可以明显提高材料的硬度与抗疲劳强度，提高零件的使用寿命。

(三) 消除残余应力的方法

消除制品内残余应力一般有两种方法，即热处理和机械处理法。

(1) 热处理法是较彻底的消除残余应力的方法，即采用去应力退火。第一类残余应力一般在回复温度下便可以大部分消除，而制品的硬化状态不受影响；第二类残余应力一般在退火温度接近再结晶时可以完全消除；第三类残余应力因为存在于晶粒内部，只有充分再结晶后才可能消除。例如，普通黄铜在40~140℃时只能消除很少一部分残余应力，在200℃附近能消除大部分残余应力，其余的残余应力需经过再结晶才能消除。

用热处理法消除残余应力时，尤其是在较高温度下的退火，制品的晶粒明显长大，有损金属的力学性能。此外，热处理法也只有在制品允许退火时才能采用，对于不允许退火的制品，为了消除应变产生的形状歪扭现象，应采用机械处理法。

（2）机械处理法是使制品表面再产生一些变形，使残余应力得到一定程度的释放和松弛，或者使之产生新的附加应力，以抵消制品内的残余应力或尽量减少其数值。例如，用木槌敲打表面或喷丸加工等。

第五节　金属塑性成形中的摩擦

金属塑性成形中的摩擦有内、外摩擦之分。内摩擦是指变形金属内晶界面上或晶内滑移面上产生的摩擦；外摩擦是指变形金属与工具之间接触面上产生的摩擦。这里研究的是外摩擦。外摩擦力简称为摩擦力，本书讨论的是这种摩擦力。单位接触面上的摩擦力称为摩擦切应力，其方向与变形体质点运动方向相反，它阻碍金属质点的流动。

一、塑性成形时摩擦的分类和机理

金属在塑性成形时，根据坯料与工具接触表面之间润滑状态的不同，可以把摩擦分为三种类型，即干摩擦、边界摩擦和流体摩擦，由此还可以派生出混合型摩擦，即半干摩擦和半流体摩擦。

（1）干摩擦。当变形金属与工具之间的接触表面上不存在任何外来的介质，即直接接触时所产生的摩擦称为干摩擦（图12-16a）。但在实际生产中，这种绝对理想的干摩擦是不存在的。金属在塑性成形过程中，其表面总会产生氧化膜或吸附一些气体、灰尘等其他介质。

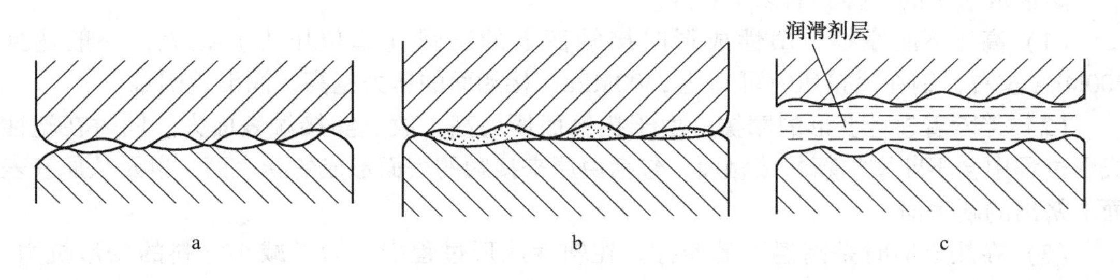

图12-16　摩擦分类示意图
a—干摩擦；b—边界摩擦；c—流体摩擦

（2）边界摩擦。当变形金属与工具之间的接触面上存有很薄的润滑剂膜时产生的摩擦称为边界摩擦（图12-16b），膜的厚度约为0.1μm。这种润滑膜一般是一种流体的单分子膜，接触表面就处在被这种单分子膜隔开的状态。这种单分子膜润滑的状态称为边界润滑，若这层薄膜完全被挤掉，则工具与变形金属直接接触，会出现黏膜现象。大多数塑性成形中的摩擦属于边界摩擦。

（3）流体摩擦。当变形金属与工具表面之间的润滑剂层较厚，两表面完全被润滑剂隔开时的润滑状态称为流体润滑，这种状态下的摩擦称为流体摩擦（图 12-16c）。流体摩擦与干摩擦和边界摩擦有本质上的区别，其摩擦特征与所加润滑剂的性质和相对速度梯度有关，而与接触表面的状态无关。

在实际生产中，上述三种摩擦不是截然分开的，虽然在塑性加工中多半属于边界摩擦，但有时会出现所谓的混合摩擦，即半干摩擦与半流体摩擦。塑性成形过程中摩擦的性质是复杂的，目前关于摩擦产生的原因（摩擦机理）有以下几种学说。

（1）表面凹凸学说。所有经过机械加工的表面并非绝对平坦光滑，都有不同程度的微观凸峰和凹坑。当凸凹不平的两个表面相互接触，并在压力的作用下时，一个表面的“凸峰”可能会插入另一个表面的“凹坑”，产生机械咬合。在外力作用下产生相对运动时，相互咬合的凸峰部分或被切断，或使其产生剪切变形，此时摩擦力表现为这些凸牙被切断或产生剪切变形时的阻力。相互接触的表面越粗糙，相对运动时的摩擦力就越大。降低接触表面的粗糙度，或者涂抹润滑剂以填补表面凹坑，都可起到减小摩擦的作用。

（2）分子吸附学说。当两个接触表面非常光滑时，摩擦力不但不降低，反而会提高，这一现象无法用凹凸学说来解释。就产生了分子吸附学说，认为摩擦产生的原因是接触表面上分子之间相互吸引。物体表面越光滑，实际接触面积就越大，接触面间的距离也就越小，分子吸引力就越强，则摩擦力也就越大。

（3）黏着理论。这一理论认为，当两个表面接触时，接触面上某些接触点处的压力很大，以致发生黏结或焊合，当两表面产生相对运动时，黏结点被切断而产生相对滑动。

现代摩擦理论认为，摩擦力不仅包含有剪切接触面机械咬合产生的阻力，而且包含有真实接触表面分子吸附作用所产生的黏合力及切断黏结点所产生的阻力。对于流体摩擦来说，摩擦力主要表现为润滑剂层之间的流动阻力。

二、塑性成形时摩擦的特点及其影响

塑性成形中的摩擦具有以下特点。

（1）高压下的摩擦。塑性成形时接触面上的压强（单位压力）很大，一般达到 500MPa 左右，钢在冷挤压时可高达 2500MPa。接触面的压力越高，润滑越困难。

（2）伴随着塑性变形的摩擦。由于接触面压力高，故真实接触表面大。同时在塑性成形过程中会不断增加新的接触面，包括由原来接触的表面形成的新表面，以及从原有表面下挤出的新表面。

（3）在热成形时是高温下的摩擦。在塑性成形过程中，为了减小材料的变形抗力，提高其塑性，常进行热压力加工。这时金属的组织、性能都有变化，而且表面要发生氧化，从而对摩擦产生影响。

因此，塑性成形时的摩擦很复杂，塑性成形时，接触摩擦在多数情况下是有害的：（1）它使变形抗力增加，因而使所需的塑性变形力和变形功增大；（2）引起或加剧变形的不均匀性，从而产生附加应力，附加应力严重时会造成工件开裂；（3）增加工具的磨损，缩短模具的使用寿命。但是，摩擦在某些情况下也会起一些积极的作用，可以利用摩擦阻力来控制金属流动方向。例如，开式模锻时可利用飞边阻力来保证金属充填模膛；辊锻和轧制是凭借足够的摩擦力使坯料咬入轧辊等。

三、塑性成形时接触表面摩擦力的计算

金属塑性成形时摩擦力的计算，分别按以下三种情况来考虑。

（1）库仑摩擦条件。在库仑摩擦条件下不考虑接触面上的黏合现象，认为单位面积上的摩擦力与接触面上的正应力成正比，即

$$\tau = \mu\sigma_N \tag{12-4}$$

式中，τ 为接触表面上的摩擦切应力；σ_N 为接触表面上的正应力；μ 为摩擦系数。

摩擦系数应根据实验来确定。上式在使用中应注意，摩擦切应力不能随 σ_N 的增大而无限增大。当 $\tau = \tau_{max} = k$ 时，接触面将要产生塑性流动。该式适用于三向压应力不太显著、变形量小的冷成形工序。

（2）最大摩擦条件。当接触表面没有相对滑动、完全处于黏合状态时，摩擦切应力等于变形金属的最大切应力 k，即

$$\tau = \tau_{max} = k = \mu_{max}\sigma_s \tag{12-5}$$

式中，σ_s 为塑性变形的流动应力，即屈服应力。

根据屈服准则，在轴对称情况下，$\mu_{max} = 0.55$；在平面变形条件下，$\mu_{max} = 0.577$。在热变形时，常采用最大摩擦力条件。

（3）摩擦力不变条件。在摩擦力不变条件下认为接触面上的摩擦力不变，单位摩擦力是个常量，即

$$\tau = \mu\sigma_s \tag{12-6}$$

四、影响摩擦系数的因素

塑性成形中的摩擦系数通常是指接触面上的平均摩擦系数。影响摩擦系数的因素有很多，其主要因素有以下几点：

（1）金属的种类和化学成分。金属的种类和化学成分对摩擦系数的影响很大。由于金属表面的硬度、强度、吸附性、原子扩散能力、导热性、氧化速度、氧化膜的性质以及与工具金属分子之间相互结合力等都与化学成分有关，因此，不同种类的金属及不同化学成分的同一类金属，其摩擦系数都是不同的。黏附性较强的金属通常具有较大的摩擦系数，如铅、铝、锌等。一般情况下，材料的硬度、强度越高，摩擦系数就越小。因而，凡是能提高材料的硬度、强度的化学成分都可使摩擦系数减小。

（2）工具的表面状态。工具表面越光滑，即表面凸凹不平的程度越轻，这时机械咬合效应就越弱，因而摩擦系数越小。若接触表面非常光滑，分子吸附作用增强，反而会引起摩擦系数增加。工具表面粗糙度在各个方向不同时，各方向的摩擦系数亦不相同。实验证明，沿着加工方向的摩擦系数比垂直加工方向的摩擦系数约小 20%。

（3）接触面上的单位压力。单位压力较小时，表面分子吸附作用不明显，摩擦系数保持不变，与正压力无关。当单位压力增大到一定数值后，接触表面的氧化膜被破坏，润滑剂被挤掉，这不但增加了真实接触面积，而且使坯料和工具接触面间的分子吸附作用增强，从而使摩擦系数随单位压力的增大而上升，当上升到一定程度后又趋于稳定。

（4）变形温度。变形温度对摩擦系数的影响很复杂。一般认为，变形温度较低时，摩擦系数随变形温度升高而增大，到某一温度时，摩擦系数达到最大值，此后，随变形温度继续升高而降低。

（5）变形速率。许多实验结果表明，摩擦系数随变形速率增加而有所下降。摩擦系数降低的原因与摩擦状态有关。在干摩擦时，由于变形速率的增大，接触表面凸凹不平的部分来不及相互咬合，同时由于摩擦面上产生的热效应，使真实接触面上形成“热点”，该处金属变软，这两个原因均使摩擦系数降低。在边界润滑条件下，由于变形速率增加，可使润滑油膜的厚度增加，并较好地保持在接触面上，从而减少了金属坯料与工具的实际接触面积，使摩擦系数下降。

五、摩擦对塑性成形的影响

摩擦在塑性变形中的作用存在两面性，既有不利的方面，也有有利的方面。在塑性成形中，摩擦力会改变变形体内的应力状态，增大变形抗力和能源消耗。例如单向压缩时，若工具与变形金属接触面上无摩擦存在，则变形体的内应力状态为单向压应力状态；若接触面上有摩擦存在时，则变形金属体内应力状态为三向应力状态；因而摩擦力使变形抗力增大，增大塑性变形过程中的能量消耗。其次，摩擦会引起变形体的不均匀变形、附加应力和残余应力。摩擦还会影响工件表面质量，加速工具、模具磨损，降低模具使用寿命。而摩擦对塑性成形有利的方面主要为：利用摩擦、拉深可抑制起皱；开式模锻可利用飞边的摩擦力促使金属充满模腔；轧制板材时，轧辊与坯料之间要有足够的摩擦力才能使坯料咬入。

习　题

12-1　解释下列名词：

最小阻力定律；金属的塑性；加工硬化；附加应力；残余应力；干摩擦；边界摩擦；流体摩擦。

12-2　最小阻力定律在塑性成形金属流动控制中的应用。

12-3　影响金属塑性变形和流动的因素有哪些？

12-4　举例说明加工硬化对生产带来的有利和不利影响。

12-5　塑性成形时金属产生的不均匀变形会产生什么后果？

12-6　残余应力会产生什么后果，如何消除工件中的残余应力？

12-7　塑性成形中摩擦的机理和特点是什么？

12-8　塑性成形时接触面上的摩擦条件有哪几种，各适用于什么情况？

12-9　影响摩擦系数的因素有哪些？

第十三章 应力与应变理论

金属塑性成形的应力理论是探讨变形体塑性成形时受力及应力的基础理论。分析材料加工所受的外力、内力及应力，并建立质点应力状态的描述方法，针对任一截面上质点应力的求解；研究质点应力状态的性质，建立主应力、主切应力、应力张量不变量、八面体应力与等效应力等概念；通过图解法建立质点对应不同坐标系下应力分量求解的应力莫尔圆；为分析研究材料内部质点应力情况并建立应力场，根据静力平衡条件建立应力微分平衡方程。

金属塑性成形的应变理论是探讨变形体塑性成形时应变及应变速率的基础理论。分析材料加工时变形体质点的位移、速度及应变，并建立质点应变状态的描述方法，针对任一线元方向上质点应变的求解；研究质点应变状态的性质，建立主应变、主切应变、应变张量不变量、八面体应变与等效应变等概念；同样可以通过图解法建立质点对应不同坐标系下应变分量求解的应变莫尔圆；根据变形连续性与均质性假设，用几何方法导出质点小应变与位移关系方程；为分析研究材料内部质点应变情况并建立应变场，根据体积不变条件建立变形协调方程；引入增量应变与全量应变的概念，并建立应变速率张量。

第一节 应力分析

金属塑性成形的应力分析是从材料受力开始分析，物体所受的外力引起物体的塑性变形。在塑性变形时，材料内部质点应力情况分析与应力场的建立是研究分析材料塑性成形过程产生质量缺陷的重要力学理论依据，对解决工程实际问题有重要的指导意义。

一、外力、内力及应力

金属塑性成形时的外力是外界对物体的作用力。金属塑性成形时的内力是物体内部的受力，往往用一假想截面切开，观察截面上的受力。金属塑性成形时的应力是物体内部单位截面上的受力。

（一）外力

物体所承受外力分成两类：一类是作用在物体表面上的力，叫作表面力。可以是集中力，例如锻锤的作用力，挤压机推杆的推力，拉拔机的拉力，按工具与工件的接触状态可动工具对工件的作用力称主动力；一般用 p 表示。也可以是分布力，例如轧制时轧辊表面对轧件的作用力，模具型腔表面的接触力，按工具与工件的接触状态，接触表面法线方向的约束力称正压力，用 N 表示；接触表面上约束力称摩擦力，用 T 表示。

另一类是作用在物体每个质点上的力，例如重力、磁力以及惯性力等，叫作体积力。塑性成形时，除高速锻造。爆炸成形、磁力成形等少数情况外，体积力相对于表面力而言很小，可忽略不计。

【例 13-1】 基本塑性加工方法所受的外力分析。

解： 如图 13-1 所示，p 为主动力；N 为正压力，在接触面的法线方向并指向变形体；T 为摩擦力，在接触面的切线方向，摩擦力的方向是阻碍金属的流动。

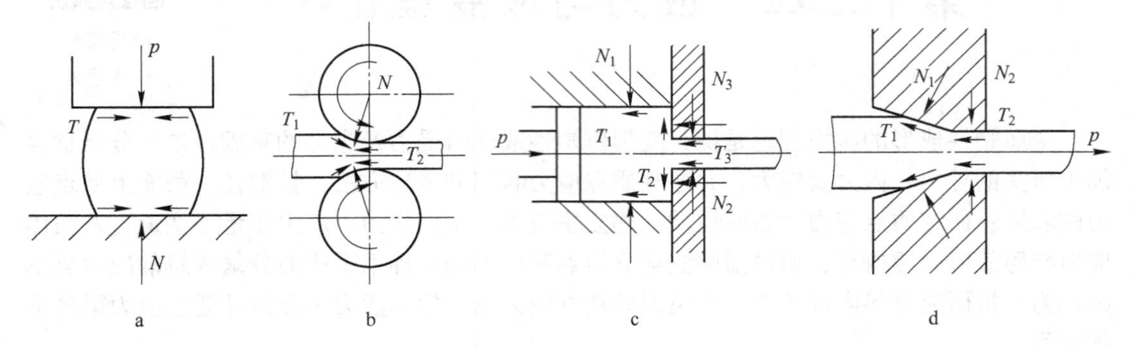

图 13-1　基本塑性加工方法所受的外力
a—镦粗；b—轧制；c—挤压；d—拉拔

（二）内力

金属塑性成形时的内力分两种情况：一种时平衡外力而受到的内力；另一种是物体内部自相平衡的内力。物体内部自相平衡的内力是由于物体由于不均匀变形、材质不均或其他物理现象引起的在物体内部形成的相互作用力，拉力与压力成对出现的附加内力，内力大小相等，方向相反。自相平衡的内力分宏观级、显微级与原子级。附加内力不能因为卸载或终止变形而消失。

平衡外力而受到的内力，图 13-2 表示一个物体受外力系 p_1、p_2、…、p_n 的作用而处于平衡状态。设物体内有任意一点 Q，过 Q 作一个法线为 N 的平面 A，将物体切开后移去上半部。这时 A 面即可看成下半部的外表面，A 面上作用的内力应与下半部其余的外力保持平衡。这样，内力的问题就可以当成外力来处理。

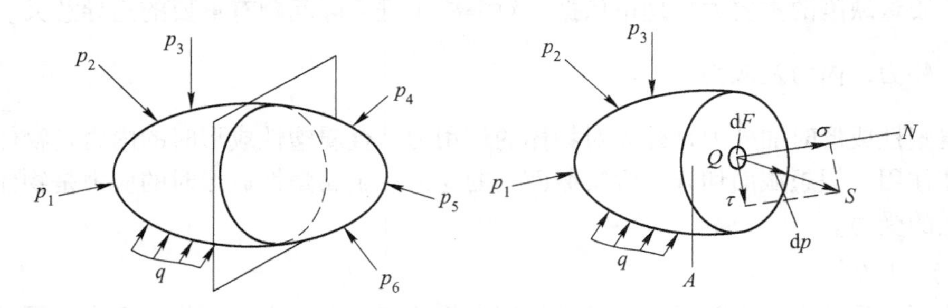

图 13-2　外力、内力和应力

（三）应力

单位面积上的内力称应力。如图 13-2 所示，在 A 面上围绕 Q 点取一很小的面积 ΔF，设该面积上内力的合力为 Δp，则定义

$$S = \lim_{\Delta F \to 0} \frac{\Delta p}{\Delta F} = \frac{\mathrm{d}p}{\mathrm{d}F} \tag{13-1}$$

S 称为 A 面上 Q 点的全应力。全应力 S 可以分解成两个分量，一个垂直于 A 面，称为

正应力，一般用 σ 表示，另一个平行于 A 面，叫作剪应力或切应力，用 τ 表示。这时，面积 dF 可称为 Q 点在 N 方向的微分面。S、σ、τ 分别称为 Q 点在 N 方向微分面上的全应力，正应力及剪应力。全应力 S、正应力 σ 及剪应力 τ 之间关系为：

$$S^2 = \sigma^2 + \tau^2 \tag{13-2}$$

通过 Q 点可以作无限多的切面。在不同方向的切面上，Q 点的应力显然是不同的。

通过附加内力获得的应力称附加应力，当卸载或终止变形时附加应力不会消失，此时的附加应力称残余应力。残余应力按宏观级、显微级与原子级分类称第一类、第二类与第三类残余应力。

【例 13-2】 单向均匀拉伸下截面应力分析。

解：如图 13-3 单向均匀拉伸。垂直于试样拉伸轴线的横截面上的应力为：

$$\sigma_0 = \frac{p}{F_0}$$

式中　σ_0——应力，MPa；

F_0——试样横截面面积，mm^2；

p——轴向拉力，N。

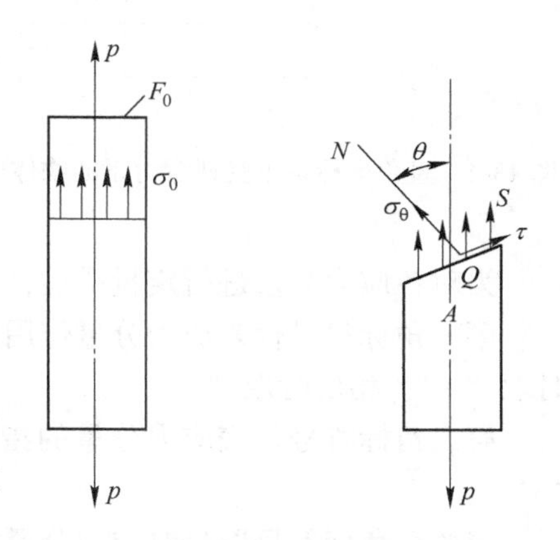

图 13-3　单向均匀拉伸时任意斜面上的应力

透过棒内一点 Q 作一切面 A，其法线 N 与拉伸轴成 θ 角，将棒料切开而移去上半部。由于是均匀拉伸，故 A 面上的应力是均布的。设 Q 点在 A 面上的全应力为 S，则 S 的方向一定平行于拉伸轴，而大小则为

$$S = \frac{p}{\frac{F_0}{\cos\theta}} = \frac{p}{F_0}\cos\theta = \sigma_0\cos\theta$$

式中，σ_0 为垂直于拉伸轴的切面上的正应力。全应力 S 的正应力分量及剪应力分量用下式求得：

$$\sigma = S\cos\theta = \sigma_0\cos^2\theta$$

$$\tau = S\sin\theta = \frac{1}{2}\sigma_0\sin2\theta$$

二、质点应力状态的描述与求解

对于单向均匀拉伸，只要知道质点横截面上的应力，就可以求解任意一个截面上的应力。但在多向受力的情况下，显然不能由一点的某一截面上应力求得该点其他方向截面上的应力。也就是说，仅仅用某一方向截面上的应力并不足以全面地表示出一点所受应力的情况，为了全面地表示一点的受力情况，就需引入“点应力状态”的概念。

（一）质点应力状态的描述

为了描述质点的应力状态，建立空间直角坐标系，如图 13-4 所示，过质点 Q 沿坐标面方向构造一单位六面体，三个相互正交的微元面汇聚 Q 点。设 Q 点任一截面上的全应力矢量为 $\boldsymbol{S}$，它可以分解到三个相互正交的微元面上的分全应力 $\boldsymbol{S}_1$，$\boldsymbol{S}_2$，$\boldsymbol{S}_3$，且满足

$S^2 = S_1^2 + S_2^2 + S_3^2$。每个分全应力可以进一步分解成与坐标系平行的一个正应力和两个剪应力，共 9 个应力分量组成的集合体构成该质点的应力状态 σ_{ij}，如图 13-5 所示，并用矩阵形式表达出来。

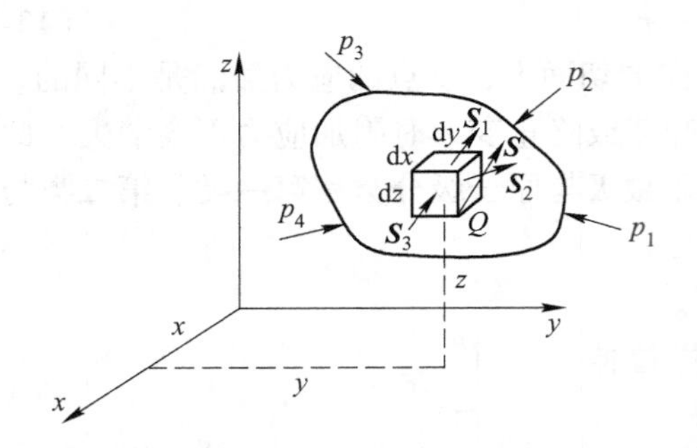

图 13-4　直角坐标系承受任意力系的物体中的单元体

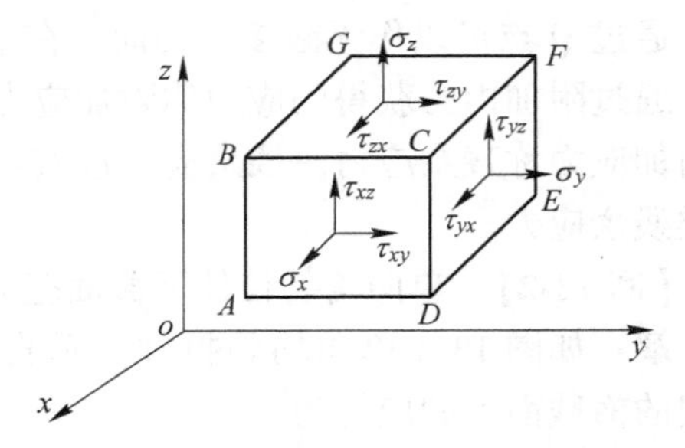

图 13-5　直角坐标系单元体的应力分量

为对各应力分量进行定量描述，对两个下角标符号做出规定：

第一角标符号代表应力分量作用面的外法线方向，当外法线方向与坐标轴的正向相同时取“+”，相反时取“-”；

第二角标符号代表应力分量的指向，当指向与坐标轴正向相同时取“+”，相反时取“-”；

当两个角标符号同号时应力分量的值为“+”，异号时为“-”。

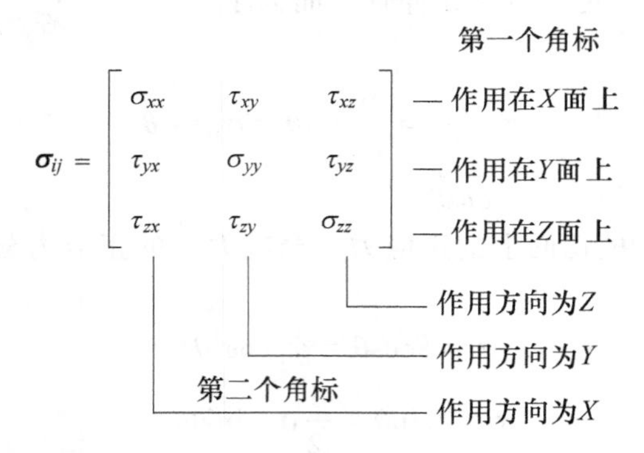

正应力两个角标分量同轴，为了简化写法，例如 σ_{xx}，即表示 x 面上平行于 x 轴的正应力分量，一般简写为 σ_x。因此质点的应力状态也可写成下式：

$$\boldsymbol{\sigma}_{ij} = \begin{pmatrix} \sigma_x & \tau_{xy} & \tau_{xz} \\ \tau_{yx} & \sigma_y & \tau_{yz} \\ \tau_{zx} & \tau_{zy} & \sigma_z \end{pmatrix} \tag{13-3}$$

由于单元体处于静力平衡状态，故绕单元体各轴的合力矩必须等于零，由此可以导出以下关系：

$$\tau_{xy} = \tau_{yx};\ \tau_{xz} = \tau_{zx};\ \tau_{yz} = \tau_{zy} \tag{13-4}$$

式（13-4）称为剪应力互等定律。它表明为保持单元体的平衡，剪应力总是成对出现。由此表示一点的应力状态，实际上只需要六个应力分量。

（二）任一截面上的应力求解

若在某一坐标系质点的应力状态已知，如式（13-3），当过该空间质点任一截面法线的方向余弦为（l，m，n），则借助静力平衡条件可求解该截面上的应力分量。

取质点 Q（单元体）与 $oxyz$ 坐标系中的原点重合。设此单元体的应力分量为 σ_{ij}。现有一任意方向的斜切微分面 ABC 把单元体切成一个四面体 $QABC$，如图 13-6 所示，则该微分面上的应力就是质点在任意切面上的应力，它可通过四面体 $QABC$ 的静力平衡求得。设 ABC 微分面的法线为 N，N 的方向余弦为（l，m，n），则：

$$l = \cos(x, N);\ m = \cos(y, N);\ n = \cos(z, N)$$

用角标符号可简记为：

$$l_i = \cos(i, N) \quad (i = x, y, z)$$

设微分面 ABC 的面积为 $\mathrm{d}F$，微分面 QBC（即 x 面），QCA（即 y 面），QAB（即 z 面）的面积分别为 $\mathrm{d}F_x$、$\mathrm{d}F_y$及 $\mathrm{d}F_z$，则：

$$\mathrm{d}F_x = l \times \mathrm{d}F;\ \mathrm{d}F_y = m \times \mathrm{d}F;\ \mathrm{d}F_z = n \times \mathrm{d}F$$

设 ABC 面上的全应力为 S，它在三个坐标轴方向的分量为 S_x，S_y，S_z。由静力平衡条件 $\Sigma P_x=0$，有：

$$\Sigma P_x = S_x \times \mathrm{d}F - \sigma_x \times \mathrm{d}F_x - \tau_{yx} \times \mathrm{d}F_y - \tau_{zx} \times \mathrm{d}F_z = 0$$

可得

$$S_x = \sigma_x l + \tau_{yx} m + \tau_{zx} n$$

同理可得

$$\left.\begin{aligned} S_y &= \tau_{xy} l + \sigma_y m + \tau_{zy} n \\ S_z &= \tau_{xz} l + \tau_{yz} m + \sigma_z n \end{aligned}\right\} \tag{13-5}$$

或记为

$$S_j = \sigma_{ij} l_i \quad (i, j = x, y, z)$$

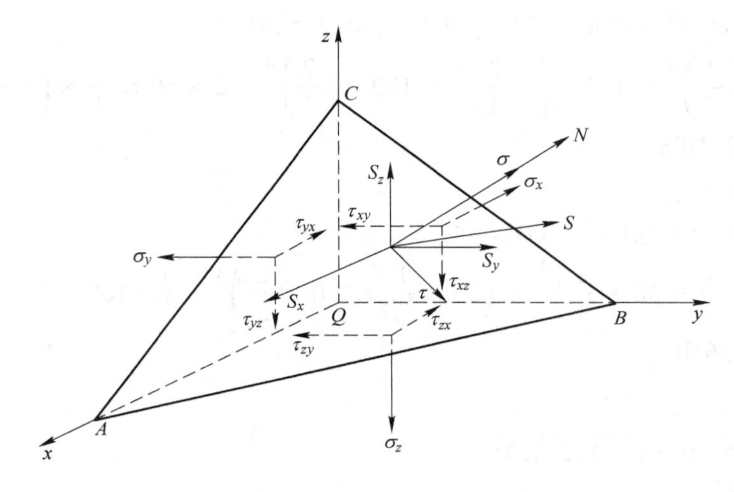

图 13-6　任一截面上的应力求解

斜切微分面 ABC 上的全应力为

$$S^2 = S_x^2 + S_y^2 + S_z^2 = S_j S_j \tag{13-6}$$

通过全应力 S 及其分量 S_i，即可方便地求得斜切微分面上的正应力 σ 和剪应力 τ，正应力 σ 是 S 在法线 N 上的投影，也就等于 S_i在法线 N 上的投影之和，即：

$$\sigma = S_x l + S_y m + S_z n \tag{13-7}$$

将式（13-5）代入式（13-7），因 $\sigma_{ij}=\sigma_{ji}$，整理后可得：

$$\sigma = \sigma_x l^2 + \sigma_y m^2 + \sigma_z n^2 + 2(\tau_{xy} lm + \tau_{yz} mn + \tau_{zx} nl) \tag{13-8}$$

又因，
$$S^2 = \sigma^2 + \tau^2$$

所以，斜切微分面上的剪应力为

$$\tau^2 = S^2 - \sigma^2 \tag{13-9}$$

如果质点处在物体的边界上，斜切微分面 ABC 就是物体的外表面，则该面上作用的就是外力 T_j（$j=x, y, z$）。这时，式（13-5）的关系仍成立。故用 T_j 代替 S_j，即得：

$$T_j = \sigma_{ij} l_i \tag{13-10}$$

这就是应力边界条件的表达式。

【例 13-3】 已知一点的应力状态 $\boldsymbol{\sigma}_{ij} = \begin{pmatrix} 10 & 5 & 0 \\ 5 & -15 & 0 \\ 0 & 0 & -10 \end{pmatrix} \times 10\text{MPa}$，试求该应力空间中 $x-2y+2z=1$ 的斜截面上的正应力 σ 和切应力 τ 为多少？

解：斜截面 $x-2y+2z=1$ 法线方向余弦（l, m, n）

$$l = \frac{1}{\sqrt{1^2+(-2)^2+2^2}} = \frac{1}{3}$$

$$m = \frac{-2}{\sqrt{1^2+(-2)^2+2^2}} = -\frac{2}{3}$$

$$n = \frac{2}{\sqrt{1^2+(-2)^2+2^2}} = \frac{2}{3}$$

$$\begin{aligned}
\sigma &= \sigma_x l^2 + \sigma_y m^2 + \sigma_z n^2 + 2(\tau_{xy} lm + \tau_{yz} mn + \tau_{zx} nl) \\
&= 100 \times \left(\frac{1}{3}\right)^2 - 150 \times \left(-\frac{2}{3}\right)^2 - 100 \times \left(\frac{2}{3}\right)^2 + 2 \times 50 \times \frac{1}{3} \times \left(-\frac{2}{3}\right) \\
&= -122.22\text{MPa}
\end{aligned}$$

$$\begin{aligned}
S^2 &= S_x^2 + S_y^2 + S_z^2 \\
&= (\sigma_{ix} l_i)^2 + (\sigma_{iy} l_i)^2 + (\sigma_{iz} l_i)^2 \\
&= \left(100 \times \frac{1}{3} - 50 \times \frac{2}{3}\right)^2 + \left(50 \times \frac{1}{3} + 150 \times \frac{2}{3}\right)^2 + \left(-100 \times \frac{2}{3}\right)^2 \\
&= 18055.56\text{MPa}
\end{aligned}$$

$$\begin{aligned}
\tau &= \sqrt{S^2 - \sigma^2} \\
&= \sqrt{18055.56 - (-122.22)^2} \\
&= 55.84\text{MPa}
\end{aligned}$$

三、质点应力状态的性质

在研究材料塑性成形力学时，对于质点应力与应变状态的分析，常常引入张量的概念。为此，需要引入张量的一些基本知识。

（一）角标符号与求各约定

在塑性成形分析中会中会遇到许多物理量，如变形力、应力、应变、位移、速度等，为了便于描述，需要引入坐标系。不同坐标系下物理量的表征值不同，但特定条件下物理量的性质并不随坐标系的改变而改变。

引入坐标系后，所描述的物理量在坐标系的分量，用角标表示与坐标系的关系。带有角标的物理量需要一定的标记和运算规则。如空间直角坐标系坐标轴用 x，y，z 表示，角标简记为 x_i（$i=1$，2，3）。空间直线的方向余弦（l，m，n），可简记为 l_i（$i=1$，2，3）。如果一个物理量符号有 m 个角标，每个角标取 n 个值，则该角标符号代表 n^m 个元素。如质点应力 $\sigma_{ij}(i, j=x, y, z)$ 包含 9 个元素，即 9 个应力分量。

在运算中，常遇到 n 个数组求和的形式。例如

$$a_1x_1 + a_2x_2 + a_3x_3 = \sum_{i=1}^{3} a_ix_i = Y \tag{13-11}$$

为了省略求和记号，引入求和约定：在算式的某一项中，如果某个角标重复出现，就表示要对该角标自 1 到 n 的所有元素求和。重复出现的角标称为哑标，没有重复出现的角标称为自由标。

式（13-11）可简记为

$$a_ix_i = Y$$

在一个等式中，例如

$$\begin{aligned}
\frac{\partial\sigma_{11}}{\partial x_1} + \frac{\partial\sigma_{21}}{\partial x_2} + \frac{\sigma_{31}}{\partial x_3} = 0 \\
\frac{\partial\sigma_{12}}{\partial x_1} + \frac{\partial\sigma_{22}}{\partial x_2} + \frac{\partial\sigma_{32}}{\partial x_3} = 0 \\
\frac{\partial\sigma_{13}}{\partial x_1} + \frac{\partial\sigma_{23}}{\partial x_2} + \frac{\partial\sigma_{33}}{\partial x_3} = 0
\end{aligned} \tag{13-12}$$

可简记为

$$\frac{\partial\sigma_{ij}}{\partial x_i} = 0 \tag{13-13}$$

式中 i，j——分别为哑标与自由标。

（二）张量及其性质

某些简单物理量如距离、时间、温度等只需一个标量就可以表示。有些物理量如位移、速度和力等，可以用空间向量（矢量）来表示，在空间坐标系中可以分解成三个分量。更有一些复杂的物理量，如质点的应力状态与应变状态，需要用空间坐标系中三个矢量并分解成 9 个分量组成的集合体来表示。这就需要引入张量的概念。

张量是矢量的推广，可定义为由若干个当坐标系改变时满足某种转换关系的所有分量组成的集合体来表示。广义上说，绝对标量就是零阶张量，其分量数目为 $3^0=1$；矢量就是一阶张量，有 $3^1=3$ 个分量；应力与应变状态是二阶张量，有 $3^2=9$ 个分量。

设某个物理量 P_{ij}（i，$j=x_1$，x_2，x_3），在空间坐标系（x_1，x_2，x_3）下它有 9 个分量。当经历某种坐标变换，如图 13-7 所示。

在新坐标系（x_1'，x_2'，x_3'）下各分量的值为 $P_{kr}(k, r=x_1', x_2', x_3')$。

若新旧坐标系下各分量之间满足下列线性变换关系

$$P_{kr} = P_{ij} l_{ki} l_{rj} \tag{13-14}$$

式中　l_{ki}，l_{rj}——方何余弦。

则物理量 $\boldsymbol{P}_{ij}$ 称为二阶张量，可用矩阵形式表示

$$\boldsymbol{P}_{ij} = \begin{pmatrix} P_{11} & P_{12} & P_{13} \\ P_{21} & P_{22} & P_{23} \\ P_{31} & P_{32} & P_{33} \end{pmatrix} \tag{13-15}$$

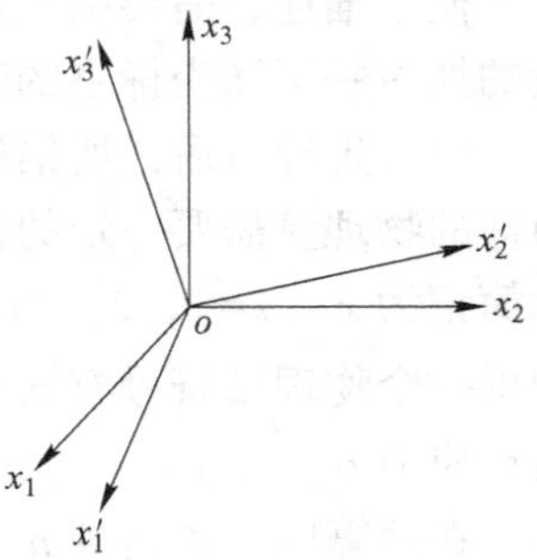

图 13-7　新旧空间坐标系

张量具有以下一些基本性质：

（1）张量不变量。张量的分量可以组成某些函数 $f(P_{ij})$，这些函数值与坐标轴无关，它不随坐标而改变，这样的函数称为张量不变量。二阶张量有三个张量不变量。

（2）张量可以叠加与分解。同阶张量按矩阵进行和差代数运算后仍为张量。

（3）张量可分为对称张量、非对称张量、反对称张量。若张量具有性质 $\boldsymbol{P}_{ij} = \boldsymbol{P}_{ji}$，称对称张量。材料成形力学理论中只涉及对称张量。

（4）二阶对称张量存在三个主轴和三个主值。如果以主轴为坐标轴，则两个不同角标分量的值为零，只存在两相同角标的三个分量，称为主值。

在描述同一质点应力状态时，不同坐标系下各应力分量的值不同，但反映质点应力状态的性质并不因为选择坐标系的不同而改变。质点应力状态是一个二阶应力张量，它具有张量的基本性质。

1. 主应力与应力张量不变量

给定质点的应力状态，必然存在某一固定的微元面，在该微元面上所有剪应力分量为零，确定的正应力分量称为主应力，主应力作用方向称主方向或应力主轴。给定质点的应力状态由三个固定的主方向和三个确定的主应力构成，它并不随坐标系的选择不同而改变。

质点的主应力状态为：

$$\boldsymbol{\sigma}_{ij} = \begin{pmatrix} \sigma_1 & 0 & 0 \\ 0 & \sigma_2 & 0 \\ 0 & 0 & \sigma_3 \end{pmatrix} \tag{13-16}$$

根据质点应力状态的求解，已知某一坐标系下的应力状态 $\boldsymbol{\sigma}_{ij}$，式（13-3），称一般应力状态。假设任一斜截面上的全应力 S 为主应力 σ，即 $S=\sigma$。

则
$$S_x = l\sigma\;;\; S_y = m\sigma\;;\; S_z = n\sigma \tag{13-17}$$

将上式 S_i 值代入式（13-5）中，整理后可得：

$$\left.\begin{aligned} (\sigma_x - \sigma)l + \tau_{yx}m + \tau_{zx}n = 0 \\ \tau_{xy}l + (\sigma_y - \sigma)m + \tau_{zy}n = 0 \\ \tau_{xz}l + \tau_{yz}m + (\sigma_x - \sigma)n = 0 \end{aligned}\right\} \tag{13-18}$$

上式是以 l、m、n 为未知数的齐次线性方程组。

由解析几何可知，方向余弦之间必须保持

$$l^2 + m^2 + n^2 = 1 \tag{13-19}$$

它们不能同时为零，所以必须寻求非零解。齐次线性方程组式（13-18）存在非零解

的条件是方程组的系数所组成的行列式等于零，即

$$\begin{vmatrix} \sigma_x-\sigma & \tau_{yx} & \tau_{zx} \\ \tau_{xy} & \sigma_y-\sigma & \tau_{zy} \\ \tau_{xz} & \tau_{yz} & \sigma_z-\sigma \end{vmatrix}=0 \tag{13-20}$$

将行列式展开，整理后可得：

$$\sigma^3-J_1\sigma^2-J_2\sigma-J_3=0 \tag{13-21}$$

式（13-21）称应力特征方程。

式中

$$J_1=\sigma_x+\sigma_y+\sigma_z \tag{13-22a}$$

$$J_2=-(\sigma_y\sigma_z+\sigma_x\sigma_z+\sigma_x\sigma_y)+\tau_{yz}^2+\tau_{xz}^2+\tau_{xy}^2 \tag{13-22b}$$

$$J_3=\begin{vmatrix} \sigma_x & \tau_{xy} & \tau_{xz} \\ \tau_{yx} & \sigma_y & \tau_{yz} \\ \tau_{zx} & \tau_{zy} & \sigma_z \end{vmatrix}$$

$$=\sigma_x\sigma_y\sigma_z+2\tau_{xy}\tau_{yz}\tau_{xz}-\sigma_x\tau_{yz}^2-\sigma_y\tau_{xz}^2-\sigma_z\tau_{xy}^2 \tag{13-22c}$$

J_1、J_2、J_3称应力张量，第一、第二、第三不变量。

给定一点应力状态，求解应力特征方程所获得的三个根σ_1、σ_2、σ_3具有唯一性。应力主轴方向可将σ_1、σ_2、σ_3的值代入式（13-18）中求解l、m、n。

因此，应力张量不变量并不随坐标系的改变而改变，它们是常数。

$$J_1=(\sigma_1+\sigma_2+\sigma_3)=\sigma_x+\sigma_y+\sigma_z \tag{13-23a}$$

$$J_2=-(\sigma_1\sigma_2+\sigma_2\sigma_3+\sigma_3\sigma_1)=-(\sigma_y\sigma_z+\sigma_x\sigma_z+\sigma_x\sigma_y)+\tau_{yz}^2+\tau_{xz}^2+\tau_{xy}^2 \tag{13-23b}$$

$$J_3=\sigma_1\sigma_2\sigma_3=\sigma_x\sigma_y\sigma_z+2\tau_{xy}\tau_{yz}\tau_{xz}-\sigma_x\tau_{yz}^2-\sigma_y\tau_{xz}^2-\sigma_z\tau_{xy}^2 \tag{13-23c}$$

以应力主轴为坐标系，给出质点的主应力状态，任一斜截面上应力分量的公式简化如下：

$$S_1=\sigma_1 l;\ S_2=\sigma_2 m;\ S_3=\sigma_3 n \tag{13-24}$$

$$S^2=\sigma_1^2l^2+\sigma_2^2m^2+\sigma_3^2n^2 \tag{13-25}$$

$$\sigma=\sigma_1l^2+\sigma_2m^2+\sigma_3n^2 \tag{13-26}$$

$$\tau^2=(\sigma_1^2l^2+\sigma_2^2m^2+\sigma_3^2n^2)-(\sigma_1l^2+\sigma_2m^2+\sigma_3n^2) \tag{13-27}$$

2. 应力图示

在金属塑性成形应力分析时，为了定性地描述材料内部质点应力情况，常用该质点的主应力状态所绘制的图示来表达，即用箭头来表示三个相互正交的单元面上主应力是否存在或存在的方向，称为主应力图示或称应力图示。

材料成形可能出现的应力如图 13-8（假设$\sigma_1\geqslant\sigma_2\geqslant\sigma_3$）所示。

图 13-8a 为单向应力图示，材料简单拉伸（压缩）时均匀变形物体内部的应力分析；图 13-8b 为平面应力图示，材料受平面力系作用下的应力分析；图 13-8c 为体应力图示，材料受空间力系作用下的三向应力。金属塑性加工方法大多为三向应力图示或体应力图示，三向应力大多为三向压应力，如锻造、轧制、挤压等，压应力有助于减轻或消除材料内部缺陷的产生与发展，提高材料的加工性能。因此，金属塑性加工又称金属压力加工。

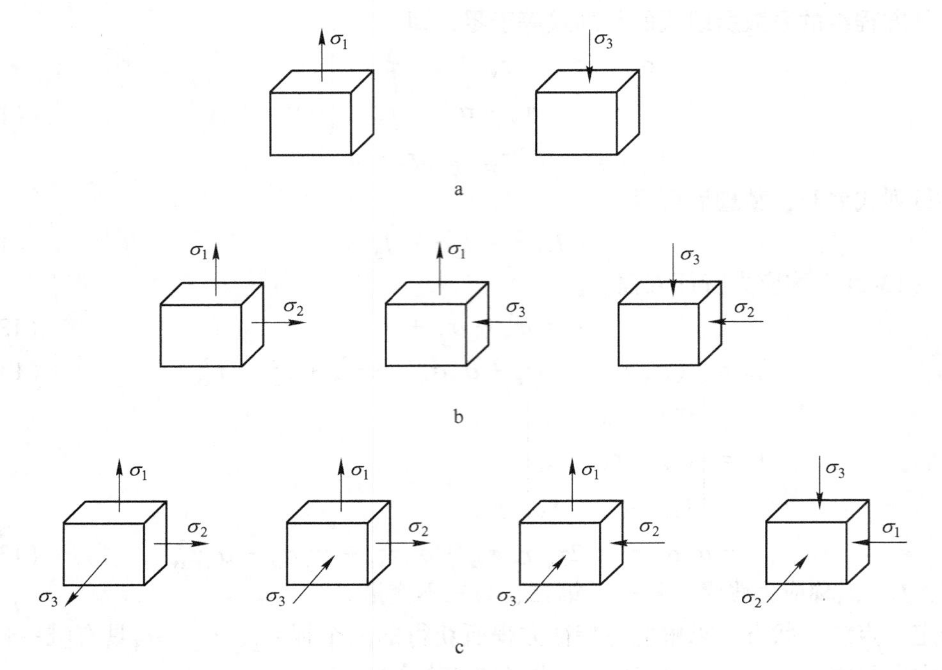

图 13-8　应力图示

a—单向应力状态；b—平面应力状态；c—体应力状态

物体变形时质点的应力状态并不是固定不变的，随着塑性加工变形条件的改变而改变。如材料简单拉伸，均匀变形时的应力状态为单向拉应力状态，而当变形出现颈缩的非均匀变形时，材料内部为三向拉应力状态。

3. 质点应力状态的分解

质点应力状态是二阶应力张量，按张量的性质可进行分解为应力球张量与应力偏张量。

引入平均应力：

$$\boldsymbol{\sigma}_{\mathrm{m}} = \frac{\boldsymbol{\sigma}_x + \boldsymbol{\sigma}_y + \boldsymbol{\sigma}_z}{3} = \frac{1}{3}J_1 \tag{13-28}$$

平均应力与应力张量的第一不变量有关。

由平均应力构成的应力状态称为球应力状态，也称静液应力状态或静水压力状态，应力张量称应力球张量。

$$\begin{pmatrix} \boldsymbol{\sigma}_{\mathrm{m}} & 0 & 0 \\ 0 & \boldsymbol{\sigma}_{\mathrm{m}} & 0 \\ 0 & 0 & \boldsymbol{\sigma}_{\mathrm{m}} \end{pmatrix} = \boldsymbol{\delta}_{ij}\boldsymbol{\sigma}_{\mathrm{m}} \tag{13-29}$$

式中

$$\boldsymbol{\delta}_{ij} = \begin{pmatrix} 1 & 0 & 0 \\ 0 & 1 & 0 \\ 0 & 0 & 1 \end{pmatrix}$$

质点的一般应力状态的分解时扣除球应力状态后为偏差应力状态，此时的偏差应力状态仍然是应力张量，称应力偏张量。用 $\boldsymbol{\sigma}'_{ij}$ 表示。

$$\boldsymbol{\sigma}'_{ij}=\boldsymbol{\sigma}_{ij}-\boldsymbol{\delta}_{ij}\sigma_{\mathrm{m}}=\begin{pmatrix}\sigma_x & \tau_{xy} & \tau_{xz}\\ \tau_{yx} & \sigma_y & \tau_{yz}\\ \tau_{zx} & \tau_{zy} & \sigma_z\end{pmatrix}-\begin{pmatrix}\sigma_{\mathrm{m}} & 0 & 0\\ 0 & \sigma_{\mathrm{m}} & 0\\ 0 & 0 & \sigma_{\mathrm{m}}\end{pmatrix}$$

$$=\begin{pmatrix}\sigma_x-\sigma_{\mathrm{m}} & \tau_{xy} & \tau_{xz}\\ \tau_{yx} & \sigma_y-\sigma_{\mathrm{m}} & \tau_{yz}\\ \tau_{zx} & \tau_{zy} & \sigma_z-\sigma_{\mathrm{m}}\end{pmatrix}$$

$$=\begin{pmatrix}\sigma'_x & \tau_{xy} & \tau_{xz}\\ \tau_{yx} & \sigma'_y & \tau_{yz}\\ \tau_{zx} & \tau_{zy} & \sigma'_z\end{pmatrix} \tag{13-30}$$

式中，σ'_x、σ'_y、σ'_z 称偏差应力分量。

应力偏张量同样可得到三个张量不变量：

$$\begin{aligned}J'_1&=\sigma'_x+\sigma'_y+\sigma'_z=(\sigma_1-\sigma_{\mathrm{m}})+(\sigma_2-\sigma_{\mathrm{m}})+(\sigma_3-\sigma_{\mathrm{m}})\\&=\sigma_1+\sigma_2+\sigma_3-3\sigma_{\mathrm{m}}\\&=0\end{aligned} \tag{13-31}$$

$$\begin{aligned}J'_2&=-(\sigma'_x\sigma'_y+\sigma'_y\sigma'_z+\sigma'_z\sigma'_x)+\tau_{xy}^2+\tau_{yz}^2+\tau_{zx}^2\\&=\frac{1}{6}[(\sigma_x-\sigma_y)^2+(\sigma_y-\sigma_z)^2+(\sigma_x-\sigma_z)^2]+\tau_{xy}^2+\tau_{yz}^2+\tau_{zx}^2\\&=\frac{1}{6}[(\sigma_1-\sigma_2)^2+(\sigma_2-\sigma_3)^2+(\sigma_3-\sigma_1)^2]\end{aligned} \tag{13-32}$$

$$J'_3=\begin{vmatrix}\sigma'_x & \tau_{xy} & \tau_{xz}\\ \tau_{yx} & \sigma'_y & \tau_{yz}\\ \tau_{zx} & \tau_{zy} & \sigma'_z\end{vmatrix}=\sigma'_1\sigma'_2\sigma'_3 \tag{13-33}$$

在研究质点应力状态的分解时，应力对物体变形的性质的影响方面，应力球张量引起物体的体积变化，应力偏张量引起物体的形状改变。偏差应力状态决定塑性变形流动的趋势，主偏差应力图示决定主变形图示，第二偏张量不变量 J'_2 与材料的屈服有关（后面的内容介绍）。

4. 八面体应力与等效应力

以受力物体内某一质点的应力主轴为坐标轴，由该坐标轴建立的坐标系下的应力空间称主应力空间。以在无限靠近该质点处切取等倾斜的微分面，其法线与三个主轴的夹角都相等，在主应力空间八个象限中的等倾微分面构成一个正八面体（简称八画体）如图 13-9所示，正八面体每个平面称为八面体平面，八面体平面上的应力称为八面体应力。

已知主应力状态为式（13-16）。

由于八面体平面的方向余弦具有： $l=m=n$

而 $l^2+m^2+n^2=1$ 或 $3l^2=3m^2=3n^2=1$

所以， $l=m=n=\pm\dfrac{1}{\sqrt{3}}$

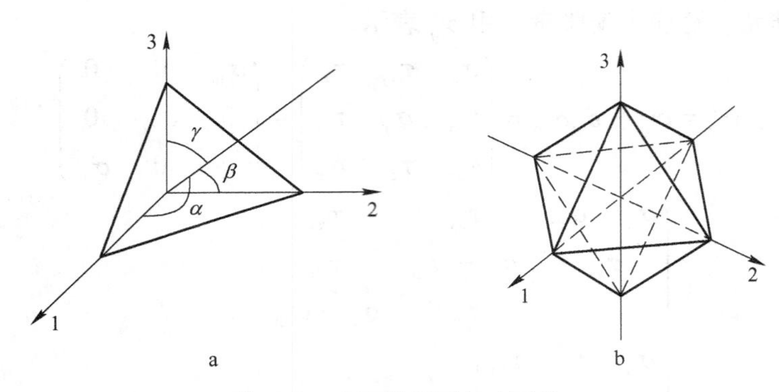

图 13-9　八面体平面与八面体

a—主应力空间；b—正八面体

将八面体平面的方向余弦代入式（13-8）和式（13-9）中，得八面体正应力 σ_8 和八面体剪应力 τ_8。

$$\sigma_8 = \frac{1}{3}(\sigma_1 + \sigma_2 + \sigma_3) = \sigma_m = \frac{1}{3}J_1 = \frac{1}{3}(\sigma_x + \sigma_y + \sigma_z) \tag{13-34}$$

$$\begin{aligned}\tau_8^2 &= \sigma_1^2 l^2 + \sigma_2^2 m^2 + \sigma_3^2 n^2 - (\sigma_1 l^2 + \sigma_2 m^2 + \sigma_3 n^2)^2 \\ &= \frac{1}{3}(\sigma_1^2 + \sigma_2^2 + \sigma_3^2) - \frac{1}{9}(\sigma_1 + \sigma_2 + \sigma_3)^2\end{aligned}$$

$$\begin{aligned}\tau_8 &= \pm\frac{1}{3}\sqrt{(\sigma_1 - \sigma_2)^2 + (\sigma_2 - \sigma_3)^2 + (\sigma_3 - \sigma_1)^2} \\ &= \pm\sqrt{\frac{2}{3}J_2'} \\ &= \pm\frac{1}{3}\sqrt{(\sigma_x - \sigma_y)^2 + (\sigma_y - \sigma_z)^2 + (\sigma_z - \sigma_x)^2 + 6(\tau_{xy}^2 + \tau_{yz}^2 + \tau_{zx}^2)}\end{aligned} \tag{13-35}$$

八面体正应力 σ_8 与平均应力或应力张量第一不变量有关，即与应力球张量有关；八面体剪应力 τ_8 与应力偏张量第二不变量有关。因此，八面体正应力反映物体的体积变化，八面体剪应力反映物体的形状改变，与材料的屈服有关。

将 τ_8 取绝对值，乘以 $\frac{3}{\sqrt{2}}$，得到的参数是一个不变量，称为“等效应力”，用 σ_e 表示，也称为“广义应力”或“应力强度”。

$$\begin{aligned}\sigma_e &= \frac{3}{\sqrt{2}}|\tau_8| = \sqrt{3J_2'} = \sqrt{\frac{1}{2}(\sigma_1 - \sigma_2)^2 + (\sigma_2 - \sigma_3)^2 + (\sigma_3 - \sigma_1)^2} \\ &= \sqrt{\frac{1}{2}[(\sigma_x - \sigma_y)^2 + (\sigma_y - \sigma_z)^2 + (\sigma_z - \sigma_x)^2 + 6(\tau_{xy}^2 + \tau_{yz}^2 + \tau_{zx}^2)]}\end{aligned} \tag{13-36}$$

等效应力有如下特点：

（1）等效应力是一个变量，与应力偏张量第二不变量有关。

（2）等效应力在数值上等于单向应力状态下的应力。

（3）等效应力并不代表某一实际微元面上的应力，是人为构成的一个应力符号，它与材料的塑性变形有关。

（4）等效应力代表质点应力状态中应力偏张量的综合作用。

【例 13-4】 已知 *OXYZ* 坐标系中，物体内某点的坐标为（4，3，-12），其应力张量为：$\boldsymbol{\sigma}_{ij}=\begin{pmatrix}80 & 0 & -20\\ 0 & 50 & 30\\ -20 & 30 & -10\end{pmatrix}$，求出主应力，应力球张量及偏张量，八面体应力与等效应力。

解：应力张量不变量：

$$J_1=\sigma_x+\sigma_y+\sigma_z=80+50-10=120$$

$$\begin{aligned}J_2&=-(\sigma_y\sigma_z+\sigma_x\sigma_z+\sigma_x\sigma_y)+\tau_{yz}^2+\tau_{xz}^2+\tau_{xy}^2\\&=-[50\times(-10)+80\times(-10)+80\times 50]+30^2+(-20)^2\\&=-1400\end{aligned}$$

$$\begin{aligned}J_3&=\begin{vmatrix}\sigma_x & \tau_{xy} & \tau_{xz}\\ \tau_{yx} & \sigma_y & \tau_{yz}\\ \tau_{zx} & \tau_{zy} & \sigma_z\end{vmatrix}\\&=\begin{vmatrix}80 & 0 & -20\\ 0 & 50 & 30\\ -20 & 30 & -10\end{vmatrix}\\&=-132000\end{aligned}$$

应力特征方程：

$$\sigma^3-J_1\sigma^2-J_2\sigma-J_3=0$$

$$\sigma^3-120\sigma^2+1400\sigma+132000=0$$

$$\sigma_1=85.67,\ \sigma_2=-25.67,\ \sigma_3=60$$

应力球张量及偏张量：

$$\sigma_{\mathrm{m}}=\frac{\sigma_x+\sigma_y+\sigma_z}{3}=\frac{80+50-10}{3}=40$$

应力球张量：
$$\sigma_{\mathrm{m}}\boldsymbol{\delta}_{ij}=\begin{pmatrix}40 & 0 & 0\\ 0 & 40 & 0\\ 0 & 0 & 40\end{pmatrix}$$

应力偏张量：
$$\boldsymbol{\sigma}'_{ij}=\begin{pmatrix}40 & 0 & -20\\ 0 & 10 & 30\\ -20 & 30 & -50\end{pmatrix}$$

八面体应力与等效应力：

$$\sigma_8=\sigma_{\mathrm{m}}=120$$

$$\begin{aligned}\tau_8&=\pm\frac{1}{3}\sqrt{(\sigma_x-\sigma_y)^2+(\sigma_y-\sigma_z)^2+(\sigma_z-\sigma_x)^2+6(\tau_{xy}^2+\tau_{yz}^2+\tau_{zx}^2)}\\&=\pm\frac{1}{3}\sqrt{(80-50)^2+(50+10)^2+(-10-80)^2+6\times[30^2+(-20)^2]}\\&=\pm 142.83\end{aligned}$$

$$\sigma_e = \frac{3}{\sqrt{2}}|\tau_8| = \frac{3}{\sqrt{2}} \times 142.83 = 303.03$$

四、应力莫尔圆

在给定坐标系下已知某质点应力状态，则过该点任一截面上的正应力分量与切应力分量可通过图解的形式来描述，并建立与质点应力状态各应力分量的定量关系与方位。

莫尔圆（Mohr's Circle）表示复杂应力状态（或应变状态）下物体中一点各截面上应力（或应变）分量之间关系的平面图形。1866 年德国的卡尔曼（Von. Karman）首先证明物体中一点的二向应力状态可用平面上的一个圆表示，这就是应力圆。1914 年德国工程师莫尔（Mohr）对应力圆作了进一步的研究，提出借助应力圆确定一点的应力状态的几何方法，后人就称应力圆为应力莫尔圆，简称莫尔圆。

（一）平面应力状态下的莫尔圆

设质点的应力状态在 xoy 坐标系下为：

$$\boldsymbol{\sigma}_{ij} = \begin{pmatrix} \sigma_x & \tau_{xy} \\ \tau_{yx} & \sigma_y \end{pmatrix} \tag{13-37}$$

该应力状态为平面应力状态，在 xoy 坐标系下的应力单位体如图 13-10a 所示。

设任一截面，其截面法线 N 与坐标轴夹角为 φ，其截面上的应力分量（σ_φ，τ_φ）。

根据单元体静力平衡条件，x、y 轴合力为零求解得出：

$$\sigma_\varphi = \frac{1}{2}(\sigma_x + \sigma_y) + \frac{1}{2}(\sigma_x - \sigma_y)\cos 2\varphi + \tau_{xy}\sin 2\varphi$$

$$\tau_\varphi = \frac{1}{2}(\sigma_x - \sigma_y)\sin 2\varphi - \tau_{xy}\cos 2\varphi \tag{13-38}$$

将式（13-38）整理可得到圆的方程：

$$\left(\sigma_\varphi - \frac{\sigma_x + \sigma_y}{2}\right)^2 + \tau_\varphi^2 = \left(\frac{\sigma_x - \sigma_y}{2}\right)^2 + \tau_{xy}^2 \tag{13-39}$$

其圆心为 $C\left(\frac{\sigma_x + \sigma_y}{2}, 0\right)$，半径为 $\sqrt{\left(\frac{\sigma_x - \sigma_y}{2}\right)^2 + \tau_{xy}^2}$。

在 σ-τ 坐标系内对式（13-39）作圆的轨迹，需内应力分量做出如下规定：

（1）应力单元体单元面上的正应力分量的值拉伸取“+”，压缩取“-”。

（2）剪应力分量的值顺时针取“+”，逆时针取“-”；在应力莫尔圆的图解过程中，例如 $\tau_{xy} =- \tau_{yx}$，这与应力状态规定不同。

（3）x 轴正向逆时针转到截面外法线方向的夹角的值取“+”，反之取“-”。

在 σ-τ 坐标系中，以平面应力状态构成两坐标点 A（σ_x，τ_{xy}）和点 B（σ_y，τ_{xy}），分别对应坐标面法线 x 与 y 轴。连接 A、B 两点，以 AB 线与 σ 轴的交点 C 为圆心，AC 为半径作圆，即得到式（13-39）应力莫尔圆的轨迹，如图 13-10b 所示。

在应力莫尔圆的图解分析时，单元体上任一截面的应力分量（σ_φ，τ_φ），截面法线与 x 坐标轴夹角为 φ，而在莫尔圆上截面夹角为 2φ。

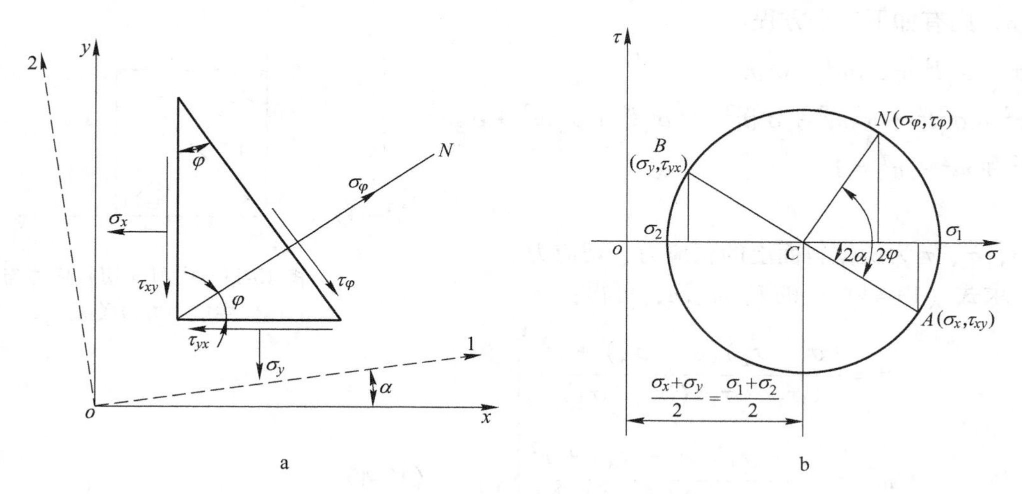

图 13-10　平面应力状态莫尔圆

a—应力平面；b—应力莫尔圆

应力莫尔圆与 σ 轴的两个交点对应主应力状态。由图中的几何关系很方便地得出求主应力。

$$\sigma_{1,2} = \frac{\sigma_x + \sigma_y}{2} \pm \sqrt{\left(\frac{\sigma_x - \sigma_y}{2}\right)^2 + \tau_{xy}^2} \tag{13-40}$$

主应力 σ_1 的方向与 x 轴的夹角为

$$\alpha = \frac{1}{2}\arctan\frac{-\tau_{xy}}{\sigma_x - \sigma_y} \tag{13-41}$$

若已知主应力 σ_1 和 σ_2，也可以求出 σ_x、σ_y 和 τ_{xy} 的公式。

$$\left.\begin{aligned} \sigma_x &= \frac{\sigma_1 + \sigma_2}{2} + \frac{\sigma_1 - \sigma_2}{2}\cos 2\alpha \\ \sigma_y &= \frac{\sigma_1 + \sigma_2}{2} - \frac{\sigma_1 - \sigma_2}{2}\cos 2\alpha \\ \tau_{xy} &= \frac{\sigma_1 - \sigma_2}{2}\sin 2\alpha \end{aligned}\right\} \tag{13-42}$$

在应力莫尔圆的图解分析时，应力莫尔圆轨迹的高点与低点构成主剪（切）应力状态。即剪（切）应力分量取得极值，此时的剪（切）应力称主剪（切）应力。其值大小为

$$\tau_{12} \text{ 或 } \tau_{21} = \pm\sqrt{\left(\frac{\sigma_x - \sigma_y}{2}\right)^2 + \tau_{xy}^2} = \frac{\sigma_1 - \sigma_2}{2} \tag{13-43}$$

主剪（切）应力的方位与主应力方位在莫尔圆上正交，则主剪（切）应力作用面与主应力成 45°，如图 13-11 所示。

（二）体应力状态下的莫尔圆

设变形体中某质点为体应力状态，其三个主应力为 σ_1、σ_2 和 σ_3，规定 $\sigma_1 \geqslant \sigma_2 \geqslant$

σ_3。以应力主轴为坐标轴，作某一斜截面，其方向余弦为 l、m、n，则有如下三个方程：

$$\left.\begin{aligned}&\sigma=\sigma_1 l^2+\sigma_2 m^2+\sigma_3 n^2\\&\tau^2=\sigma_1^2 l^2+\sigma_2^2 m^2+\sigma_3^2 n^2-(\sigma_1 l^2+\sigma_2 m^2+\sigma_3 n^2)^2\\&l^2+m^2+n^2=1\end{aligned}\right\}\tag{13-44}$$

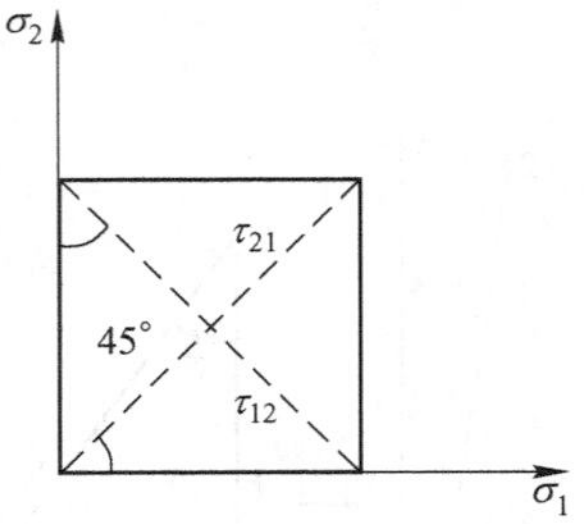

图 13-11　主剪（切）应力与主应力方位关系

式中，σ、τ 为所作斜面上的正应力、切应力。

求式（13-44）中的 l、m、n，可得：

$$\left.\begin{aligned}l^2&=\frac{(\sigma-\sigma_2)(\sigma-\sigma_3)+\tau^2}{(\sigma_1-\sigma_2)(\sigma_1-\sigma_3)}\\m^2&=\frac{(\sigma-\sigma_1)(\sigma-\sigma_3)+\tau^2}{(\sigma_2-\sigma_1)(\sigma_2-\sigma_3)}\\n^2&=\frac{(\sigma-\sigma_1)(\sigma-\sigma_2)+\tau^2}{(\sigma_3-\sigma_1)(\sigma_3-\sigma_2)}\end{aligned}\right\}\tag{13-45}$$

通过对式（13-45）变换得：

$$\left.\begin{aligned}&\left(\sigma-\frac{\sigma_2+\sigma_3}{2}\right)^2+\tau^2=\left(\frac{\sigma_2-\sigma_3}{2}\right)^2+l^2(\sigma_1-\sigma_2)(\sigma_1-\sigma_3)\\&\left(\sigma-\frac{\sigma_1+\sigma_3}{2}\right)^2+\tau^2=\left(\frac{\sigma_1-\sigma_3}{2}\right)^2+m^2(\sigma_2-\sigma_1)(\sigma_2-\sigma_3)\\&\left(\sigma-\frac{\sigma_1+\sigma_2}{2}\right)^2+\tau^2=\left(\frac{\sigma_1-\sigma_2}{2}\right)^2+n^2(\sigma_3-\sigma_1)(\sigma_3-\sigma_2)\end{aligned}\right\}\tag{13-46}$$

当（l，m，n）分别为零时，即截面法线分别 σ_1、σ_2、σ_3 正交，或截面分别 σ_1、σ_2、σ_3 平行。上式变为：

$$\left.\begin{aligned}&\left(\sigma-\frac{\sigma_2+\sigma_3}{2}\right)^2+\tau^2=\left(\frac{\sigma_2-\sigma_3}{2}\right)^2\\&\left(\sigma-\frac{\sigma_1+\sigma_3}{2}\right)^2+\tau^2=\left(\frac{\sigma_1-\sigma_3}{2}\right)^2\\&\left(\sigma-\frac{\sigma_1+\sigma_2}{2}\right)^2+\tau^2=\left(\frac{\sigma_1-\sigma_2}{2}\right)^2\end{aligned}\right\}\tag{13-47}$$

在 σ 为横坐标，τ 为纵坐标的坐标系中，式（13-47）是三个圆的方程，圆的轨迹如图 13-12a 所示，其特定截面上应力分量落在圆的轨迹上。

当（l，m，n）分别不为零时，即非特定截面上的应力分量的表达，其圆的半径分别为：

$$\left.\begin{aligned}R_1' &= \sqrt{l^2(\sigma_1-\sigma_2)(\sigma_1-\sigma_3)+\frac{(\sigma_2-\sigma_3)^2}{2}} \geqslant R_1=\frac{\sigma_2-\sigma_3}{2}\\R_2' &= \sqrt{m^2(\sigma_2-\sigma_3)(\sigma_2-\sigma_1)+\frac{(\sigma_3-\sigma_1)^2}{2}} \leqslant R_2=\frac{\sigma_1-\sigma_3}{2}\\R_3' &= \sqrt{n^2(\sigma_3-\sigma_1)(\sigma_3-\sigma_2)+\frac{(\sigma_1-\sigma_2)^2}{2}} \geqslant R_3=\frac{\sigma_1-\sigma_2}{2}\end{aligned}\right\} \tag{13-48}$$

则非特定截面上的应力表达落在三个特定莫尔圆围成的区域，如图 13-12b 所示。

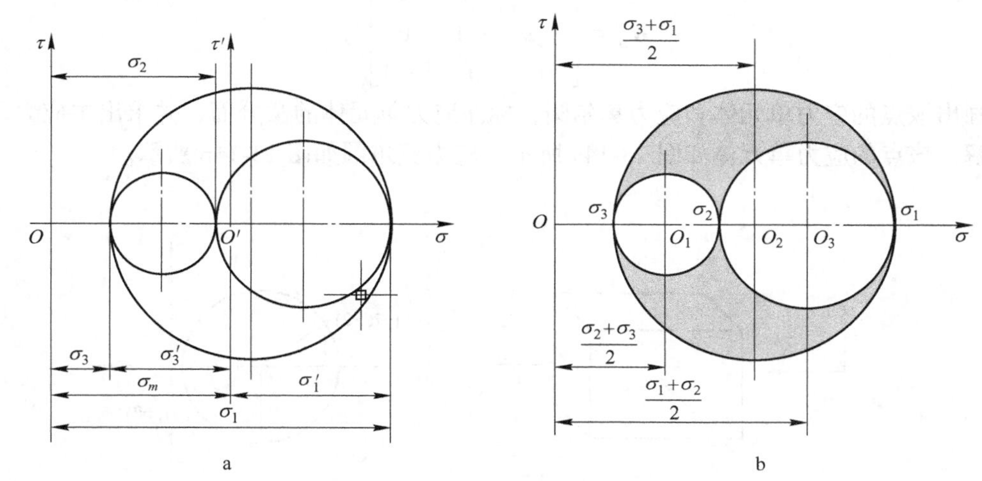

图 13-12　体应力状态下的莫尔圆

a—三个特定截面莫尔圆；b—非特定截面莫尔圆

在体应力状态莫尔圆的分析过程中，三个特定莫尔圆上剪（切）应力取得极值即主剪（切）应力，其值与圆的半径有关：

$$\begin{aligned}\tau_{12}\text{ 或 }\tau_{21} &= \pm\frac{\sigma_1-\sigma_2}{2}\\\tau_{23}\text{ 或 }\tau_{32} &= \pm\frac{\sigma_2-\sigma_3}{2}\\\tau_{13}\text{ 或 }\tau_{31} &= \pm\frac{\sigma_1-\sigma_3}{2}\end{aligned} \tag{13-49}$$

主剪（切）应力的方位与主应力成45°，如图 13-13 所示。

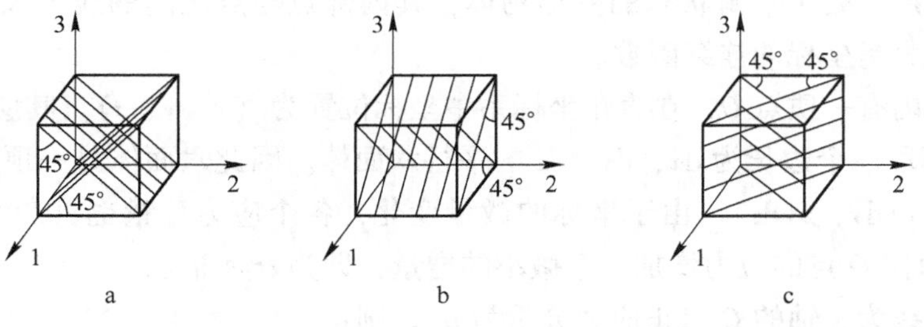

图 13-13　主剪（切）应力与主应力间方位关系

a—τ_{23}（τ_{32}）；b—τ_{13}（τ_{31}）；c—τ_{12}（τ_{21}）

因规定 $\sigma_1 \geqslant \sigma_2 \geqslant \sigma_3$，式（13-49）中存在最大主（剪）切应力。

$$\tau_{\max} = \frac{\sigma_1 - \sigma_3}{2} \tag{13-50}$$

中间主应力 σ_2 可表示为：

$$\sigma_2 = \frac{\sigma_1 + \sigma_3}{2} + \mu_\sigma \frac{\sigma_1 - \sigma_3}{2} \tag{13-51}$$

式中，$\mu_\sigma \in [-1, 1]$，称罗德（W. Lode）应力参数。

【例 13-5】 已知受力物体内一点的应力张量为：

$$\boldsymbol{\sigma}_{ij} = \begin{bmatrix} -7 & -2 & 0 \\ -2 & -1 & 0 \\ 0 & 0 & -4 \end{bmatrix}$$

画出该点的应力单元体和应力莫尔圆，标注应力单元体的微分面，并求出主应力。

解：该点的应力单元体如图 13-14a 所示，应力莫尔圆如图 13-14b 所示。

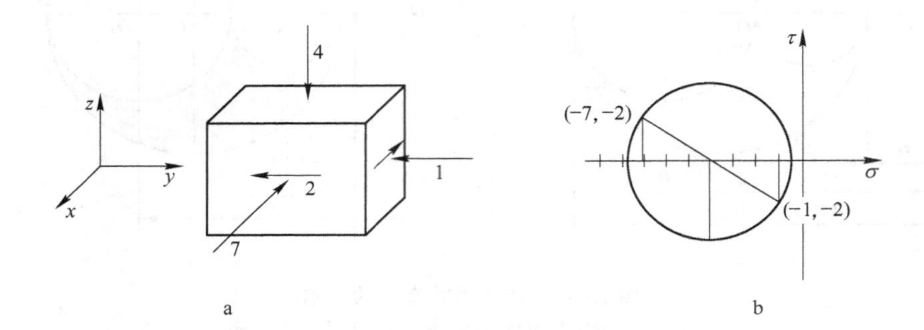

图 13-14　点的应力单元体
a—应力单元体；b—应力莫尔圆

由公式：$\sigma_{1,2} = \dfrac{\sigma_x + \sigma_y}{2} \pm \sqrt{\left(\dfrac{\sigma_x - \sigma_y}{2}\right)^2 + \tau_{xy}^2}$ 得主应力 σ_1 和 σ_2：

$$\sigma_1 = -0.39, \quad \sigma_2 = -7.61$$

由应力单元体得主应力 $\sigma_3 = -4$。

五、应力微分平衡方程

在外力作用下处于平衡状态的变形物体，其内部点与点之间的应力大小是连续变化的，就是说应力是坐标的连续函数。

设连续体内有一质点 Q，在直角坐标系中坐标位置为（x、y、z）。其应力状态为 σ_{ij}，以 Q 为顶点切取一个边长为 dx，dy，dz 的平行六面体。因此六面体另一顶点 Q'的位置坐标为（x+dx、y+dy，z+dz）。由于坐标的微量变化，各个应力分量也将产生微量的变化。故 Q'点的应力比 Q 点的应力增加一个微小的增量，即为 $\sigma_{ij}+\mathrm{d}\sigma_{ij}$。

作用面法线为 x 轴的 Q 点正应力分量为 σ_x，则：

$$\sigma_x = f\,(x,\ y,\ z)$$

作用面法线为 x 轴的 Q' 点，由于坐标位置变化了 $\mathrm{d}x$，故其正应力分量按泰勒（Laylor）级数展开并忽略高阶项将为

$$\sigma_x + \mathrm{d}\sigma_x = f(x+\mathrm{d}x,\ y,\ z) = f(x,\ y,\ z) + \frac{\partial f}{\partial x}\mathrm{d}x + \frac{1}{2}\frac{\partial^2 f}{\partial x^2}\mathrm{d}x^2 + \cdots \approx \sigma_x + \frac{\partial \sigma_x}{\partial x}\mathrm{d}x$$

其余的八个应力分量也可同样推导，故 Q' 点的应力状态为（图 13-15）：

$$\boldsymbol{\sigma}_{ij} + \mathrm{d}\boldsymbol{\sigma}_{ij} = \begin{bmatrix} \sigma_x + \dfrac{\partial \sigma_x}{\partial x}\mathrm{d}x & \tau_{xy} + \dfrac{\partial \tau_{xy}}{\partial x}\mathrm{d}x & \tau_{xz} + \dfrac{\partial \tau_{xz}}{\partial x}\mathrm{d}x \\ \tau_{yx} + \dfrac{\partial \tau_{yx}}{\partial y}\mathrm{d}y & \sigma_y + \dfrac{\partial \sigma_y}{\partial y}\mathrm{d}y & \tau_{yz} + \dfrac{\partial \tau_{yz}}{\partial y}\mathrm{d}y \\ \tau_{zx} + \dfrac{\partial \tau_{zx}}{\partial z}\mathrm{d}z & \tau_{zy} + \dfrac{\partial \tau_{zy}}{\partial z}\mathrm{d}z & \sigma_z + \dfrac{\partial \sigma_y}{\partial z}\mathrm{d}y \end{bmatrix}$$

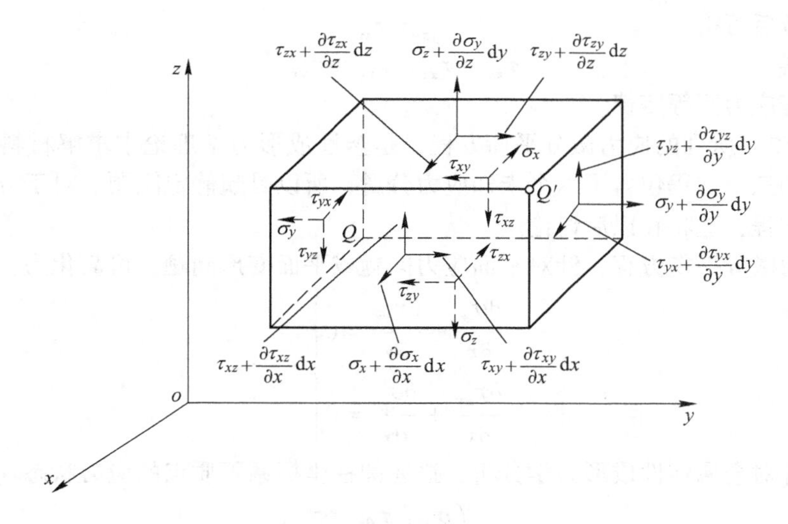

图 13-15　直角坐标中质点应力平衡

相邻质点 Q、Q'构成的单元六面体处于静力平衡状态，不考虑体积力，则由静力平衡条件：$\sum P_x = 0$ 有

$$\left(\sigma_x + \frac{\partial \sigma_x}{\partial x}\mathrm{d}x\right)\mathrm{d}y\mathrm{d}z + \left(\tau_{yx} + \frac{\partial \tau_{yx}}{\partial y}\mathrm{d}y\right)\mathrm{d}x\mathrm{d}z + \left(\tau_{zx} + \frac{\partial \tau_{zx}}{\partial z}\mathrm{d}z\right)\mathrm{d}y\mathrm{d}x -$$

$$\sigma_x\mathrm{d}y\mathrm{d}z - \tau_{yx}\mathrm{d}x\mathrm{d}z - \tau_{zx}\mathrm{d}y\mathrm{d}x = 0$$

简化整理后得

$$\frac{\partial \sigma_x}{\partial x} + \frac{\partial \tau_{yx}}{\partial y} + \frac{\partial \tau_{zx}}{\partial z} = 0$$

按 $\sum P_y = 0$ 及 $\sum P_z = 0$ 还可以推出两个式子，于是质点的应力微分平衡方程为

$$\left.\begin{aligned}\frac{\partial\sigma_x}{\partial x}+\frac{\partial\tau_{yx}}{\partial y}+\frac{\partial\tau_{zx}}{\partial z}=0\\\frac{\partial\tau_{yx}}{\partial x}+\frac{\partial\sigma_y}{\partial y}+\frac{\partial\tau_{yz}}{\partial z}=0\\\frac{\partial\tau_{zx}}{\partial x}+\frac{\partial\tau_{zy}}{\partial y}+\frac{\partial\sigma_z}{\partial z}=0\end{aligned}\right\}\tag{13-52}$$

简记为

$$\frac{\partial\sigma_{ij}}{\partial x_i}=0\tag{13-53}$$

下面考虑转矩的平衡。以过单元阵中心且平行于 x 轴的直线为轴线取力矩，由 $\sum M_x=0$，有：

$$\left(\tau_{yz}+\frac{\partial\tau_{yz}}{\partial y}\mathrm{d}y\right)\mathrm{d}x\mathrm{d}z\frac{\mathrm{d}y}{2}+\tau_{yz}\mathrm{d}x\mathrm{d}z\frac{\mathrm{d}y}{2}-\left(\tau_{zy}+\frac{\partial\tau_{zy}}{\partial z}\mathrm{d}z\right)\mathrm{d}y\mathrm{d}x\frac{\mathrm{d}z}{2}-\tau_{zy}\mathrm{d}x\mathrm{d}y\frac{\mathrm{d}z}{2}=0$$

或

$$\tau_{yz}+\frac{1}{2}\frac{\partial\tau_{zy}}{\partial y}\mathrm{d}y-\tau_{zy}-\frac{1}{2}\frac{\partial\tau_{zy}}{\partial z}\mathrm{d}z=0$$

略去微量后可得

$$\tau_{yz}=\tau_{zy}$$

同理可得

$$\tau_{zx}=\tau_{xz},\quad\tau_{xy}=\tau_{yx}$$

这就是剪应力互等定律。

式（13-52）所列的应力微分平衡方程，是塑性成形力学理论中求解材料内部应力场的基本方程，三个方程包含了六个未知应力分量，所以是超静定问题。对于方程求解，还应寻找补充方程，这将在以后讨论。

对于应力微分平衡方程，针对平面应力问题或平面变形问题，可简化为：

$$\left.\begin{aligned}\frac{\partial\sigma_x}{\partial x}+\frac{\partial\tau_{yx}}{\partial y}=0\\\frac{\partial\tau_{xy}}{\partial x}+\frac{\partial\sigma_y}{\partial y}=0\end{aligned}\right\}\tag{13-54}$$

同样，针对金属塑性成形力学分析，描述圆柱坐标系下质点的应力状态（图 13-16）：

$$\boldsymbol{\sigma}_{ij}=\begin{pmatrix}\sigma_r&\tau_{\theta r}&\tau_{zr}\\\tau_{r\theta}&\sigma_\theta&\tau_{z\theta}\\\tau_{rz}&\tau_{\theta z}&\sigma_z\end{pmatrix}\tag{13-55}$$

可以建立圆柱坐标系下的应力微分平衡方程（图 13-17）：

$$\left.\begin{aligned}\frac{\partial\sigma_r}{\partial r}+\frac{1}{r}\frac{\partial\tau_{\theta r}}{\partial\theta}+\frac{\partial\tau_{zr}}{\partial z}+\frac{\sigma_r-\sigma_\theta}{r}=0\\\frac{\tau_{r\theta}}{\partial r}+\frac{1}{r}\frac{\partial\sigma_\theta}{\partial\theta}+\frac{\partial\tau_{z\theta}}{\partial z}+\frac{2\tau_{r\theta}}{r}=0\\\frac{\partial\tau_{rz}}{\partial r}+\frac{1}{r}\frac{\partial\tau_{\theta z}}{\partial\theta}+\frac{\partial\sigma_z}{\partial z}+\frac{\tau_{rz}}{r}=0\end{aligned}\right\}\tag{13-56}$$

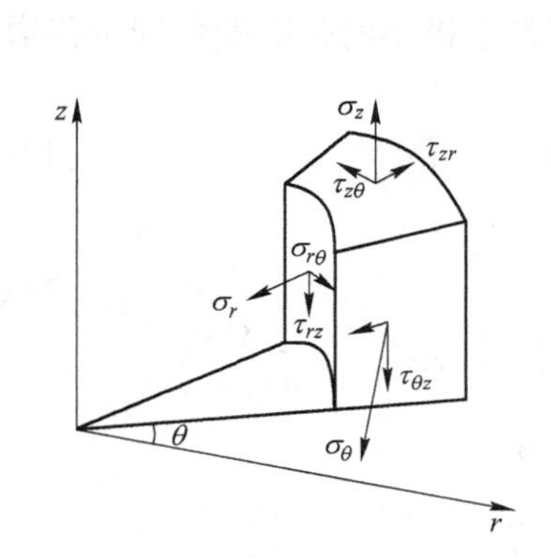

图 13-16　圆柱坐标系下质点应力状态

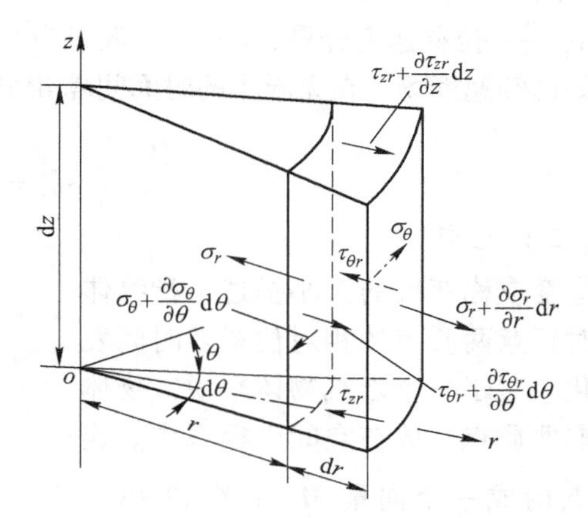

图 13-17　圆柱坐标系下质点应力平衡

第二节　应 变 分 析

金属塑性成形的应变分析是从材料受力变形开始分析，物体所受的外力引起物体的塑性变形，物体的变形从质点的运动开始产生位移，在塑性变形过程中相邻两质点相对位置发生改变进而产生变形，变形的大小即应变。材料内部质点应变情况分析与包括位移场、速度场与应变场的建立是研究分析材料塑性成形过程产生金属流动趋势及产品尺寸控制的重要力学理论依据，对于解决工程实际问题有重要的指导意义。

一、位移、速度与应变

物体变形是由变形体内各质点的位移引起的，物体内质点以某一速度运动经历一定时间引起物体的位移。物体变形是由于物体内相邻两质点变形前后相对位置发生改变的结果，物体内质点的刚性平移与转动产生的位移并不引起物体的变形。

（一）位移

物体变形时，内部各质点都在运动，质点在不同时刻所走的距离称作位移。空间各质点的位移是坐标的函数：

$$u_i = u_i(x,\ y,\ z) \tag{13-57}$$

式中　x，y，z——坐标轴。

u_i——位移分量，m，一般记为（u_x，u_y，u_z）。

变形体内不同质点的位移分量是不同的。不同质点的位移是坐标的连续函数并构成位移场。

（二）速度

变形体内任一质点的位移在不同时刻是不相同的。位移同时也是时间的连续函数，由此引入位移速度概念。物体变形时，体内各质点都在运动，即存在一个速度场。设物体内任一点的速度矢量为

$$v_i = v_i(x,\ y,\ z,\ t) \tag{13-58}$$

式中　t——时间，s；

v_i——位移速度分量，m/s，一般记为（v_x，v_y，v_z）。

如已知速度场，在无限小的时间间隔 dt 内，其质点产生极小的位移变化即位移增量，记为

$$du_i = v_i dt \tag{13-59}$$

（三）应变

应变或称变形的大小描述，指物体变形时任意两质点的相对位置随时间发生变化。对于一个宏观物体来说，物体上任取两质点，放在空间坐标系中。连接两点构成一个向量 $\overline{MN}$（图 13-18），当物体发生变形时，向量的长短及方位发生变化，此时描述变形的大小可用线尺寸的变化与方位上的改变来表示，即线应变（正应变）与切应变（剪应变）。

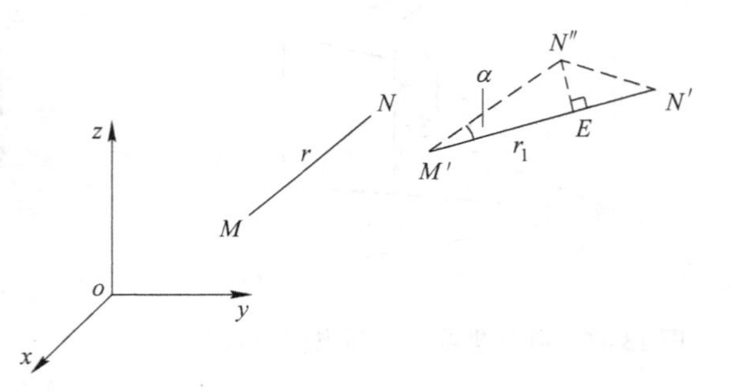

图 13-18　任意方向上变形

线应变：
$$\varepsilon_r = \frac{r_1 - r}{r} = \frac{dr}{r} \tag{13-60}$$

切应变：
$$\gamma_r = \alpha \tag{13-61}$$

线应变是描述线元尺寸长度方向上的变化（伸长与或缩短）。分一般相对应变（名义应变或工程应变）与自然应变（对数应变或真应变）。

以杆件拉伸变形为例，变形前两质点的标定长度为 l_0，变形后为 l_n。其相对应变为

$$\varepsilon = \frac{l_n - l_0}{l_0} \tag{13-62}$$

这种相对应变一般用于小变形情况（变形量在 $10^{-3} \sim 10^{-2}$ 数量级的弹、塑性变形）。在大的塑性变形过程中，相对应变不足以反映实际变形情况，因为相对应变公式中的基长 l_0 是固定不变的。而实际变形过程中，长度 l_0 是由无穷多个中间的数值逐渐变形 l_n 的，即 l_0，l_1，l_2，…，l_{n-1}，l_n。由 $l_0 \sim l_n$ 的总的变形程度可以近似看作是各个阶段相对应变之和，即

$$\frac{l_1 - l_0}{l_0} + \frac{l_2 - l_1}{l_1} + \cdots + \frac{l_n - l_{n-1}}{l_{n-1}}$$

或用微分概念，设变形某一时刻杆件的长度为 l，经历时间 dt 杆件伸长为 dl，则物体的总的变形程度为

$$\epsilon = \int_{l_0}^{l_n} \frac{dl}{l} = \ln \frac{l_n}{l_0} \tag{13-63}$$

ϵ 反映物体的真实变形情况，故称真应变。

真应变与一般相对应变的关系可将自然对数按泰勒级数展开：

$$\epsilon = \ln \frac{l_n}{l_0} = \ln(1 + \varepsilon) = \varepsilon - \frac{\varepsilon^2}{2} + \frac{\varepsilon^3}{3} - \frac{\varepsilon^4}{4} + \cdots$$

当变形程度很小时，$\varepsilon \approx \epsilon$。当变形程度大于10%以后，误差逐渐增大。

对于简单拉伸试验，拉伸方向的真实应力（拉力与瞬时横断面积之比）与拉伸方向的真应变（变形后的长度与标定长度的自然对数）构成简单拉伸下真实应力-真应变曲线，在材料弹塑性理论分析时常做如下简化，并得到理想材料力学模型。

（1）幂函数强化材料模型（见图13-19），该模型特点为弹塑性区域均用统一方程表示，即：

$$\sigma_e = A\varepsilon_e^n \tag{13-64}$$

常应用于室温下的冷加工。

（2）线性强化材料模型（图13-20），该模型的弹塑区域分开表示，即：

$$\begin{cases}\sigma_e = E\varepsilon_e & \varepsilon_e \leqslant \sigma_s/E \\ \sigma_e = \sigma_s + D(\varepsilon_e - \sigma_s/E) & \varepsilon_e > \sigma_s/E\end{cases} \tag{13-65}$$

$\sigma_e \sim \varepsilon_e$ 呈线性关系，只是弹性塑性斜率有所差异，适合于考虑弹性问题的冷加工，如弯曲。

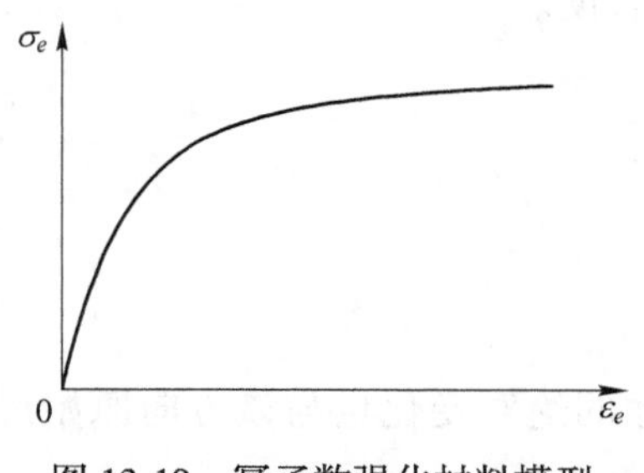

图13-19　幂函数强化材料模型

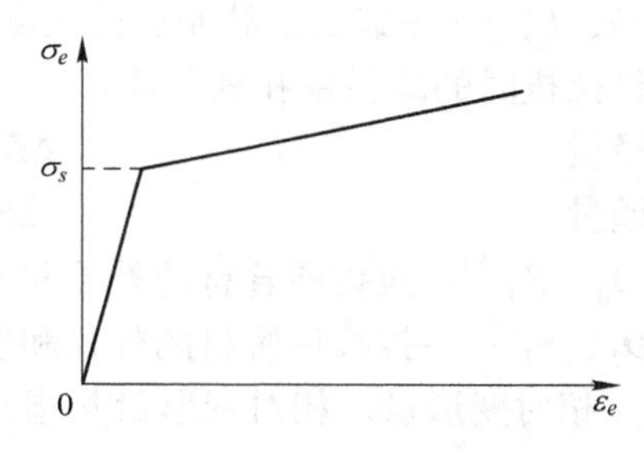

图13-20　线性强化材料模型

（3）线性刚塑性强化材料模型（图13-21），与模型（2）相似，只是没有考虑弹性变形，即：

$$\sigma_e = \sigma_s + D\varepsilon_e \tag{13-66}$$

适合于忽略弹性的冷加工。

（4）理想弹塑性材料模型（图13-22），该模型的特点在于屈服后 σ_e 与 ε_e 无关，即：

$$\begin{cases}\sigma_e = E\varepsilon_e & \varepsilon_e \leqslant \sigma_s/E \\ \sigma_e = \sigma_s & \varepsilon_e > \sigma_s/E\end{cases} \tag{13-67}$$

软化与硬化相等。适合于热加工分析。

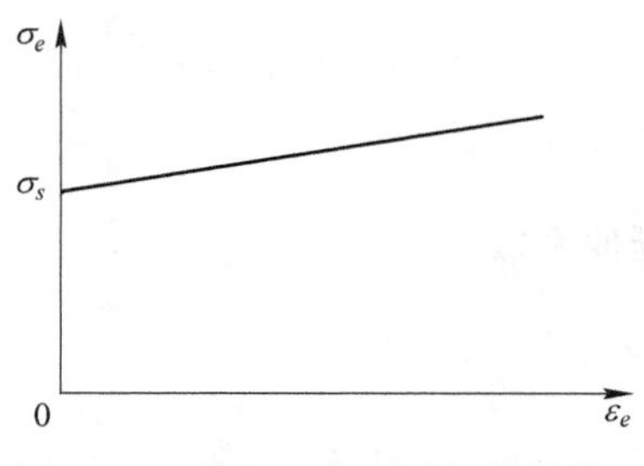

图13-21　线性强化刚塑性材料模型

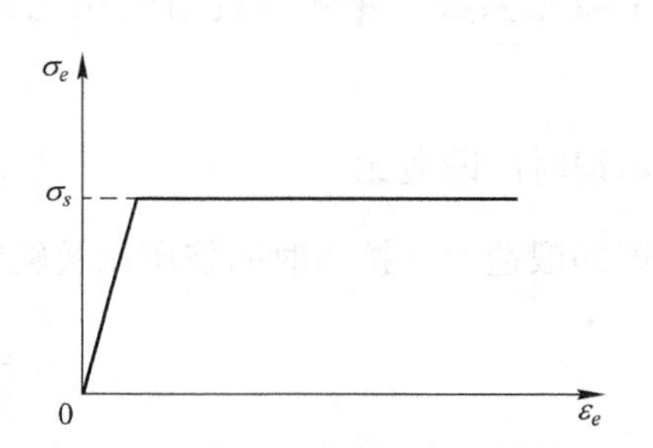

图13-22　理想弹塑性材料模型

（5）理想刚塑性材料模型（图 13-23），特点与（4）相似，只是忽略了弹性，即：

$$\sigma_e = \sigma_s \tag{13-68}$$

适合于不考虑弹性的热加工问题。

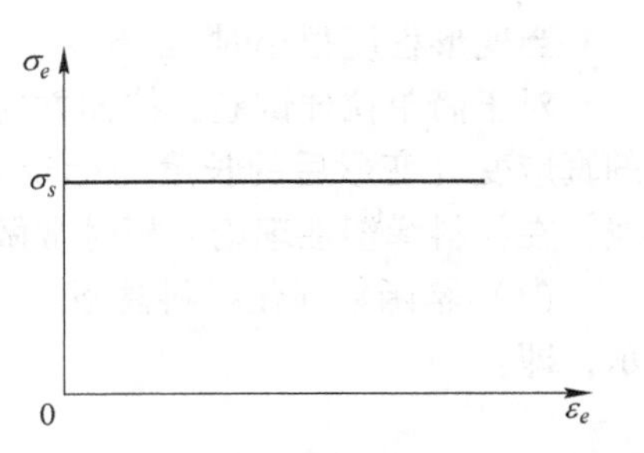

图 13-23 理想刚塑性材料模型

在实际的塑性加工中，实际工程应用的变形量一般采用以下几种计算方法。

（1）绝对变形量。绝对变形量是指变形前后某主轴方向上尺寸改变的总量。在生产中常见的绝对变形量有锻造时拔长及轧制时的压下量和宽展量。

压下量 $$\Delta h = H - h \tag{13-69}$$

宽展量 $$\Delta b = b - B \tag{13-70}$$

伸长量 $$\Delta l = l - L \tag{13-71}$$

式中 H，B，L——拔长及轧制前的高度、宽度、长度；

h，b，l——拔长及轧制后的高度、宽度、长度。

管材拉拔时的减径量和减壁量：

减径量 $$\Delta D = D_0 - D_1 \tag{13-72}$$

减壁量 $$\Delta S = S_0 - S_1 \tag{13-73}$$

式中 D_0，S_0——拉拔前管材的外径和壁厚；

D_1，S_1——拉拔后管材的外径和壁厚。

（2）相对变形量。相对变形量是指某方向尺寸的绝对变化量与该方向原始尺寸的比值。属于这类变形量常用的有：

相对压缩率 $$\varepsilon_h = \frac{H - h}{H} = \frac{\Delta h}{H} \tag{13-74}$$

相对伸长率 $$\varepsilon_l = \frac{l - L}{L} = \frac{\Delta l}{L} \tag{13-75}$$

相对宽展率 $$\varepsilon_b = \frac{b - B}{B} = \frac{\Delta b}{B} \tag{13-76}$$

轧制或挤压的断面收缩率 $$\varepsilon_f = \frac{A_0 - A}{A_0} \tag{13-77}$$

式中 A_0，A——分别为工件变形前、后的断面面积。

（3）变形系数。变形系数用面积比或线尺寸之比表示的变形量。这类变形量表示的有：

自由锻时的锻造比 $$K = \frac{A_0}{A} \tag{13-78}$$

辊锻的锻造比、挤压时的挤压比及轧制时的延伸系数

$$\lambda = \frac{A_0}{A} = \frac{l}{L} \tag{13-79}$$

轧制时压下系数 $$\eta = \frac{H}{h} \tag{13-80}$$

轧制时的宽展系数
$$\beta = \frac{b}{B} \tag{13-81}$$

以上所述的压缩率、伸长率、宽展率、锻造比、挤压比等都可以明确地表示和比较物体变形程度的大小。但是应根据实际的工艺形式选择。上述变形系数表示方法如取自然对数就成为对数应变。还应指出，以上的变形程度的方法都只表示应变的平均值，并不代表各处的真实值。不过，一般它们能满足计算毛坯尺寸及选择设备能力和制定工艺规程的需要，在生产中得到了广泛的应用。若需研究变形体内部组织及质量，则尚需研究内部变形分布。

二、质点应变状态的描述与求解

变形体内质点的变形大小的描述反映该点的应变状态，在空间直角坐标系下可以用类似质点的应力状态形式来表达。给定质点的应变状态，可以求解过该质点任一方向线元的应变情况。

（一）质点应变状态的描述

在空间直角坐标系下，质点的应变状态的描述可以通过该质点引入与坐标轴平行的三条相互正交的线元并组成微元六面体，见图 13-24。

假设微元六面体变形时，线元变形前是直线变形后仍为直线；线元所在的平面变形前是平面变形后仍为平面。即满足均匀变形假设。

以某一二维微元面来分析，见图 13-25。

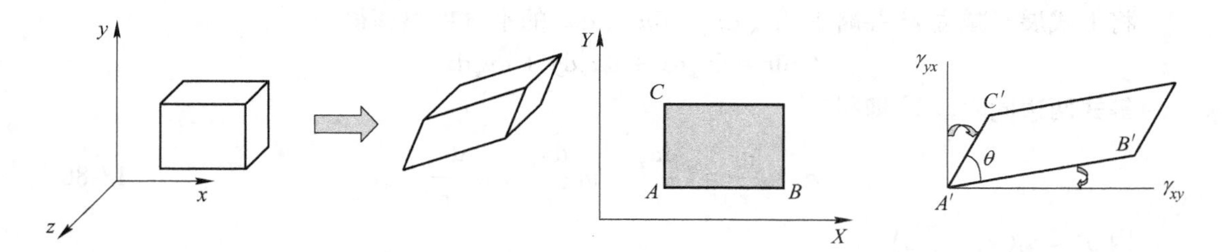

图 13-24 质点应变状态的描述　　　图 13-25 二维微元面上的应变分量

AB 线元上的线（正）应变分量：
$$\varepsilon_x = \frac{A'B'|_x - AB}{AB} \tag{13-82}$$

AC 线元上的线（正）应变分量：
$$\varepsilon_y = \frac{A'C'|_y - AC}{AC} \tag{13-83}$$

AB 与 AC 线元夹角的改变量为切（剪）应变分量，并规定：
$$\gamma_{xy} = \gamma_{yx} = \frac{1}{2}\left(\frac{\pi}{2} - \theta\right) = \frac{1}{2}\phi_{xy} \tag{13-84}$$

式中 γ_{xy}，γ_{yx} ——弹塑性理论中的切（剪）应变；

ϕ_{xy} ——工程力学中的切（剪）应变。

因此，变形体内质点的应变状态可描述为

$$\varepsilon_{ij} = \begin{pmatrix} \varepsilon_x & \gamma_{xy} & \gamma_{xz} \\ \gamma_{yx} & \varepsilon_y & \gamma_{yz} \\ \gamma_{zx} & \gamma_{zy} & \varepsilon_z \end{pmatrix} \tag{13-85}$$

（二）质点应变状态的求解

已知变形体某质点 M 的应变状态为式（13-85），过该质点某一线元方向 MN 的方向（l，m，n），见图 13-18。

小变形前，M 点的坐标位置（x，y，z），N 点可视为 M 点无限接近的一点，其坐标为（x+dx，y+dy，z+dz），MN 在三个坐标轴上的投影为 dx、dy、dz，则

$$l = \frac{\mathrm{d}x}{r},\ m = \frac{\mathrm{d}y}{r},\ n = \frac{\mathrm{d}z}{r}$$

$$r^2 = \mathrm{d}x^2 + \mathrm{d}y^2 + \mathrm{d}z^2$$

小变形后，MN 线元移至 $M'N'$，其长度为 $r_1 = r + \mathrm{d}r$，线元相对尺寸发生改变即产生线应变 ε_r；同时线元产生偏转，偏转角度为 γ_r。

现求 MN 方向上的线应变。为求得 r_1，可将 MN 平移至 $M'N''$，M 点与 M' 点重合并构成三角形 $M'N'N''$。M 点 发生位移为 u_i 到达 M' 点，其位置坐标为 $x_i + u_i$；N 点的位置相对于 M 点产生了位置变化 dx_i，则 N 点的位移是坐标的连续函数并产生位移增量 du_i，N 点到达 N' 点，其位置坐标为 $x_i + \mathrm{d}x_i + u_i + \mathrm{d}u_i$。

于是 $M'N'$ 的长度为：

$$r_1^2 = (r + \mathrm{d}r)^2 = (\mathrm{d}x + \mathrm{d}u_x)^2 + (\mathrm{d}y + \mathrm{d}u_y)^2 + (\mathrm{d}z + \mathrm{d}u_z)^2$$

将上式展开减去 r^2 并略去 dr、du_x、du_y、du_z 的平方项整理得

$$r\mathrm{d}r = \mathrm{d}u_x\mathrm{d}x + \mathrm{d}u_y\mathrm{d}y + \mathrm{d}u_z\mathrm{d}z$$

等式两边同除以 r^2 即得

$$\varepsilon_r = \frac{\mathrm{d}r}{r} = l\frac{\mathrm{d}u_x}{r} + m\frac{\mathrm{d}u_y}{r} + n\frac{\mathrm{d}u_z}{r} \tag{13-86}$$

因 $u_i = u_i(x,\ y,\ z)$

则

$$\begin{aligned} \mathrm{d}u_x &= \frac{\partial u_x}{\partial x}\mathrm{d}x + \frac{\partial u_x}{\partial y}\mathrm{d}y + \frac{\partial u_x}{\partial z}\mathrm{d}z \\ \mathrm{d}u_y &= \frac{\partial u_y}{\partial x}\mathrm{d}x + \frac{\partial u_y}{\partial y}\mathrm{d}y + \frac{\partial u_y}{\partial z}\mathrm{d}z \\ \mathrm{d}u_z &= \frac{\partial u_z}{\partial x}\mathrm{d}x + \frac{\partial u_z}{\partial y}\mathrm{d}y + \frac{\partial u_z}{\partial z}\mathrm{d}z \end{aligned} \tag{13-87}$$

将式（13-87）代入式（13-86）整理得

$$\begin{aligned} \varepsilon_r &= \frac{\partial u_x}{\partial x}l^2 + \frac{\partial u_y}{\partial y}m^2 + \frac{\partial u_z}{\partial z}n^2 + \left(\frac{\partial u_x}{\partial y} + \frac{\partial u_y}{\partial x}\right)lm + \left(\frac{\partial u_y}{\partial z} + \frac{\partial u_z}{\partial y}\right)mn + \left(\frac{\partial u_z}{\partial x} + \frac{\partial u_x}{\partial z}\right)nl \\ &= \varepsilon_x l^2 + \varepsilon_y m^2 + \varepsilon_z n^2 + 2(r_{xy}lm + r_{yz}mn + r_{zx}nl) \end{aligned} \tag{13-88}$$

上式中引入了应变与位移关系的几何方程，这在后面的内容中介绍。式（13-88）与任一截面应力求解式（13-8）形式完全相同。

下面求线元变形后的偏转角，即图 13-18 中的 α，根据式（13-61）$\gamma_r = \alpha$。为了推导

方便，可设 $r=1$。由 N'' 点引到 $M'N'$ 的垂线，其交点为 E，在直角三角形 $M'EN''$ 中有

$$M'E \approx M'N'' = 1$$

$$\tan\gamma_r \approx \gamma_r = \frac{N''E}{M'E} \approx N''E$$

在直角三角形 $N''EN'$ 中有

$$N''E^2 = N'N''^2 - EN'^2$$

$$N'N'' = \mathrm{d}u_i$$

$$EN' = \varepsilon_r$$

则

$$\gamma_r^2 = (\mathrm{d}u_i)^2 - \varepsilon_r^2 \tag{13-89}$$

式中

$$(\mathrm{d}u_i)^2 = (\mathrm{d}u_x)^2 + (\mathrm{d}u_y)^2 + (\mathrm{d}u_z)^2$$

$$\begin{aligned}\mathrm{d}u_x &= \frac{\partial u_x}{\partial x}\mathrm{d}x + \frac{\partial u_x}{\partial y}\mathrm{d}y + \frac{\partial u_x}{\partial z}\mathrm{d}z \\ &= \frac{\partial u_x}{\partial x}l + \frac{\partial u_x}{\partial y}m + \frac{\partial u_x}{\partial z}n \\ &= \varepsilon_x l + \gamma_{yx} m + \gamma_{zx} n\end{aligned}$$

上式中同样引入了应变与位移关系的几何方程，并进行了数学处理。

同理

$$\mathrm{d}u_y = \gamma_{xy} l + \varepsilon_y m + \gamma_{zy} n$$

$$\mathrm{d}u_z = \gamma_{zx} l + \gamma_{zy} m + \varepsilon_z n$$

由此，式（13-89）同样可以得出与式（13-9）相同的形式。

需要说明的是，在求解线元应变的过程中，对于质点位移函数，剔除质点的发生刚性平移与转动产生的位移部分，仅考虑引起物体变形部分的位移。

三、质点应变状态的性质

质点应变状态的性质可以比照质点应力状态的性质进行分析。同样，质点的应变状态是一个二阶应变张量，也具有张量的基本性质。

（一）主应变、应变张量不变量与体积应变

给定一点应变状态，总存在三个相互垂直的主方向，该方向上的线元没有切应变，只有线应变，称为主应变，用 ε_1、ε_2、ε_3 表示。若取应变主轴为坐标轴，则主应变张量为

$$\boldsymbol{\varepsilon}_{ij} = \begin{pmatrix} \varepsilon_1 & 0 & 0 \\ 0 & \varepsilon_2 & 0 \\ 0 & 0 & \varepsilon_3 \end{pmatrix} \tag{13-90}$$

主应变可由应变状态特征方程求得：

$$\varepsilon^3 - I_1\varepsilon^2 - I_2\varepsilon - I_3 = 0 \tag{13-91}$$

式中

$$I_1 = \varepsilon_x + \varepsilon_y + \varepsilon_z = \varepsilon_1 + \varepsilon_2 + \varepsilon_3 \tag{13-92}$$

$$\begin{aligned}I_2 &= -(\varepsilon_x\varepsilon_y + \varepsilon_y\varepsilon_z + \varepsilon_z\varepsilon_x) + \gamma_{xy}^2 + \gamma_{yz}^2 + \gamma_{zx}^2 \\ &= -(\varepsilon_1\varepsilon_2 + \varepsilon_2\varepsilon_3 + \varepsilon_3\varepsilon_1)\end{aligned} \tag{13-93}$$

$$I_3=\begin{vmatrix}\varepsilon_x & \gamma_{xy} & \gamma_{xz}\\ \gamma_{yx} & \varepsilon_y & \gamma_{yz}\\ \gamma_{zx} & \gamma_{zy} & \varepsilon_z\end{vmatrix}=\begin{vmatrix}\varepsilon_1 & 0 & 0\\ 0 & \varepsilon_2 & 0\\ 0 & 0 & \varepsilon_3\end{vmatrix}=\varepsilon_1\varepsilon_2\varepsilon_3 \tag{13-94}$$

I_1、I_2、I_3 分别称为应变张量第一、第二、第三不变量。

在探讨一点的应变状态时，设过该点的单元六面体初始边长为 dx、dy、dz，则变形前的体积为

$$V_0=\mathrm{d}x\mathrm{d}y\mathrm{d}z$$

考虑到小变形，切应变引起的边长变化及体积的变化都是高阶微量，可以忽略，则体积的变化只由线应变引起，如图 13-26所示。在 x 方向上的应变为

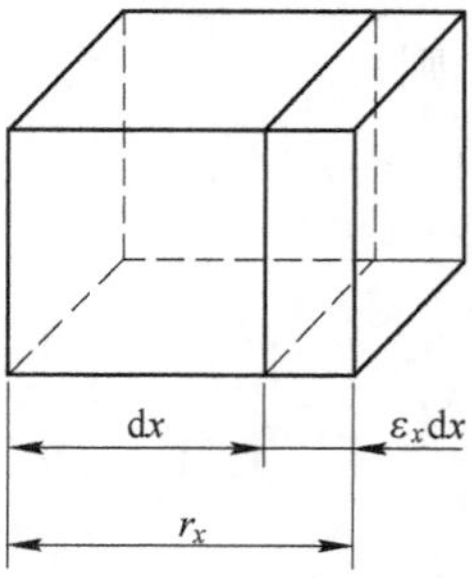

$$\varepsilon_x=\frac{r_x-\mathrm{d}x}{\mathrm{d}x}$$

则 $$r_x=\mathrm{d}x(1+\varepsilon_x)$$

同理 $$r_y=\mathrm{d}y(1+\varepsilon_y)$$

$$r_z=\mathrm{d}z(1+\varepsilon_z)$$

图 13-26　单元体边长的线变形

变形后的体积为

$$V_1=r_xr_yr_z=\mathrm{d}x\mathrm{d}y\mathrm{d}z(1+\varepsilon_x)(1+\varepsilon_y)(1+\varepsilon_z)$$

将上式展开，并忽略二阶以上的高阶微量，于是得到单元体单位体积的变化即体积应变

$$\theta=\frac{V_1-V_0}{V_0}=\varepsilon_x+\varepsilon_y+\varepsilon_z=I_1 \tag{13-95}$$

由上式可知，体积应变为应变张量第一不变量。当塑性变形时，变形物体变形前后的体积保持不变，体积应变为零，即

$$\theta=\varepsilon_x+\varepsilon_y+\varepsilon_z=0$$

（二）应变图示

应变图示是定性判断塑性变形类型的图示方法，用箭头表示变形体内质点三个主应变是否存在或存在的方向的一种主应变图示。根据塑性变形体积不变条件，体积应变为零，主变形图只可能有三种形式，如图 13-27 所示（设 $\varepsilon_1\geqslant\varepsilon_2\geqslant\varepsilon_3$）。

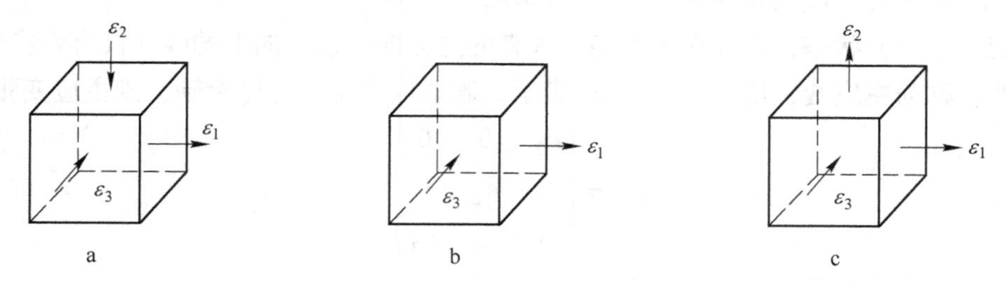

图 13-27　应变图示

a—广义拉伸；b—广义剪切；c—广义压缩

图 13-27a 为广义拉伸类应变图示，挤压、拉拔等塑性加工方法属于这类应变图示；图 13-27b 为广义剪切应变图示，也称平面应变图示，对于平面应变问题，与塑性流动平

面法线方向的所有应变分量为零，如板带类轧制变形，可处理为这类应变图示；图 13-27c 为广义压缩类应变图示，锻压、轧制等塑性加工方法属于这类应变图示。

应变图示中主应变作用方向取决于主偏差应力作用方向，与塑性变形有关，这与应力图示不同。

需要说明的是，应力图示与应变图示合称变形力学图示，是分析金属塑性成形的力学基础。

（三）质点应变状态的分解

与质点应力状态一样，质点应变状态可以分解为应变球张量与应变偏张量，即

$$\boldsymbol{\varepsilon}_{ij}=\begin{pmatrix}\varepsilon_x & \gamma_{xy} & \gamma_{xz}\\ \gamma_{yx} & \varepsilon_y & \gamma_{yz}\\ \gamma_{zx} & \gamma_{zy} & \varepsilon_z\end{pmatrix}=\begin{pmatrix}\varepsilon_m & 0 & 0\\ 0 & \varepsilon_m & 0\\ 0 & 0 & \varepsilon_m\end{pmatrix}+\begin{pmatrix}\varepsilon_x-\varepsilon_m & \gamma_{xy} & \gamma_{xz}\\ \gamma_{yx} & \varepsilon_y-\varepsilon_m & \gamma_{yz}\\ \gamma_{zx} & \gamma_{zy} & \varepsilon_z-\varepsilon_m\end{pmatrix}$$

$$=\boldsymbol{\delta}_{ij}\varepsilon_m+\boldsymbol{\varepsilon}'_{ij}$$

式中 $\varepsilon_m=\dfrac{\varepsilon_x+\varepsilon_y+\varepsilon_z}{3}$——平均应变；

$\boldsymbol{\delta}_{ij}\varepsilon_m$——球应变张量；

$\boldsymbol{\varepsilon}'_{ij}=\begin{pmatrix}\varepsilon'_x & \gamma_{xy} & \gamma_{xz}\\ \gamma_{yx} & \varepsilon'_y & \gamma_{yz}\\ \gamma_{zx} & \gamma_{zy} & \varepsilon'_z\end{pmatrix}$——偏差应变张量。

应变偏张量同样有三个偏张量不变量，即：

$$I'_1=\varepsilon'_x+\varepsilon'_y+\varepsilon'_z=\varepsilon'_1+\varepsilon'_2+\varepsilon'_3=0 \tag{13-96}$$

$$\begin{aligned}I_2{}'&=-(\varepsilon'_x\varepsilon'_y+\varepsilon'_y\varepsilon'_z+\varepsilon'_z\varepsilon'_x)+\gamma_{xy}^2+\gamma_{yz}^2+\gamma_{zx}^2\\&=\frac{1}{6}[(\varepsilon_x-\varepsilon_y)^2+(\varepsilon_y-\varepsilon_z)^2+(\varepsilon_z-\varepsilon_x)^2+6(\gamma_{xy}^2+\gamma_{yz}^2+\gamma_{zx}^2)]\\&=\frac{1}{6}[(\varepsilon_1-\varepsilon_2)^2+(\varepsilon_2-\varepsilon_3)^2+(\varepsilon_3-\varepsilon_1)^2]\\&=-(\varepsilon'_1\varepsilon'_2+\varepsilon'_2\varepsilon'_3+\varepsilon'_3\varepsilon'_1)\end{aligned} \tag{13-97}$$

$$I'_3=|\varepsilon'_{ij}|=\varepsilon'_1\varepsilon'_2\varepsilon'_3 \tag{13-98}$$

（四）八面体应变与等效应变

如以三个主应变为坐标轴建立主应变空间，在主应变空间中同样可做出正八面体，在正八面体的平面的法线方向线元的应变称为八面体应变。

八面体线应变为

$$\varepsilon_8=\frac{1}{3}(\varepsilon_x+\varepsilon_y+\varepsilon_z)=\frac{1}{3}(\varepsilon_1+\varepsilon_2+\varepsilon_3)=\varepsilon_m \tag{13-99}$$

八面体切应变为

$$\begin{aligned}\gamma_8&=\pm\frac{1}{3}\sqrt{(\varepsilon_x-\varepsilon_y)^2+(\varepsilon_y-\varepsilon_z)^2+(\varepsilon_z-\varepsilon_x)^2+6(\gamma_{xy}^2+\gamma_{yz}^2+\gamma_{zx}^2)}\\&=\pm\frac{1}{3}\sqrt{(\varepsilon_1-\varepsilon_2)^2+(\varepsilon_2-\varepsilon_3)^2+(\varepsilon_3-\varepsilon_1)^2}\end{aligned} \tag{13-100}$$

将八面体切应变 γ_8 取绝对值乘以系数 $\sqrt{2}$，所得的参量称为等效应变，用 ε_e 表示，也称应变强度。即：

$$\varepsilon_e = \sqrt{2}\,|\gamma_8| = \frac{\sqrt{2}}{3}\sqrt{(\varepsilon_x - \varepsilon_y)^2 + (\varepsilon_y - \varepsilon_z)^2 + (\varepsilon_z - \varepsilon_x)^2 + 6(\gamma_{xy}^2 + \gamma_{yz}^2 + \gamma_{zx}^2)}$$

$$= \frac{\sqrt{2}}{3}\sqrt{(\varepsilon_1 - \varepsilon_2)^2 + (\varepsilon_2 - \varepsilon_3)^2 + (\varepsilon_3 - \varepsilon_1)^2}$$

$$= \frac{2}{\sqrt{3}}\sqrt{I_2'} \tag{13-101}$$

等效应变具有如下特点：

（1）等效应变是一个变量，与应变偏张量第二不变量有关。

（2）等效应变在数值上等到简单拉伸时拉伸方向的应变。

（3）等效应变并不代表某一实际线元方向上的应变，是人为构成的一个应变符号，它与材料的形状改变有关。

（4）等效应变代表质点应变状态中应变偏张量的综合作用。

【例 13-6】 简单拉伸、挤压、拉拔的应力图示如图 13-28 所示，试画出应变图示。

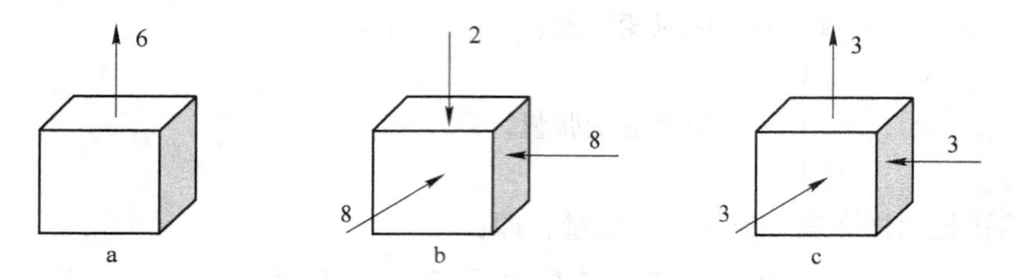

图 13-28　塑性成形应力图示

a—简单拉伸；b—挤压；c—拉拔

解：应力状态的分解

简单拉伸 $\begin{pmatrix} 6 & 0 & 0 \\ 0 & 0 & 0 \\ 0 & 0 & 0 \end{pmatrix} = \begin{pmatrix} 2 & 0 & 0 \\ 0 & 2 & 0 \\ 0 & 0 & 2 \end{pmatrix} + \begin{pmatrix} 4 & 0 & 0 \\ 0 & -2 & 0 \\ 0 & 0 & -2 \end{pmatrix}$

挤压 $\begin{pmatrix} -2 & 0 & 0 \\ 0 & -8 & 0 \\ 0 & 0 & -8 \end{pmatrix} = \begin{pmatrix} -6 & 0 & 0 \\ 0 & -6 & 0 \\ 0 & 0 & -6 \end{pmatrix} + \begin{pmatrix} 4 & 0 & 0 \\ 0 & -2 & 0 \\ 0 & 0 & -2 \end{pmatrix}$

拉拔 $\begin{pmatrix} 3 & 0 & 0 \\ 0 & -3 & 0 \\ 0 & 0 & -3 \end{pmatrix} = \begin{pmatrix} -1 & 0 & 0 \\ 0 & -1 & 0 \\ 0 & 0 & -1 \end{pmatrix} + \begin{pmatrix} 4 & 0 & 0 \\ 0 & -2 & 0 \\ 0 & 0 & -2 \end{pmatrix}$

由上可知，三种塑性成形方法，主偏差应力状态相同，决定其应变图示为广义拉伸类应变图示（图 13-27a）。

四、小应变与位移关系方程

研究变形通常从小变形着手，即变形大小在 $10^{-3} \sim 10^{-2}$ 数量级。大变形或有限变形可以划分成若干小变形，再由小变形叠加而成。物体变形后，体内各质点都产生了位移，由此引起了质点的变形即应变。在分析研究质点的应变时应剔除物体刚性平移与转动。因此，位移场与应变场之间存在某种对应关系，已知变形体内质点的位移 $u_i = (u_x, u_y, u_z)$，就可以得到该点的应变 ε_{ij}。下面就来建立小应变与位移关系方程。

在研究变形时，为了便于建立几何关系，作均匀变形假设。即单元体切取很小时，变形前原来的直线与平面在变形后仍为直线与平面。变形前原来相互平行的直线与平面变形后仍相互平行。

在平面直角坐标系 xoy 下（图 13-29 中），变形前单元面 $abcd$，变形后单元面为 $a'b'c'd'$。

a 点的位移分量 (u_x, u_y)。b 点的位置相对于 a 点在 x 轴上产生了 dx 的变化量，由于位移是坐标的连续函数，b 点的位移分量按泰勒级数展开并忽略高阶项，则 b 点的位移分量为 $\left(u_x + \dfrac{\partial u_x}{\partial x}dx,\ u_y + \dfrac{\partial u_y}{\partial x}dx\right)$。

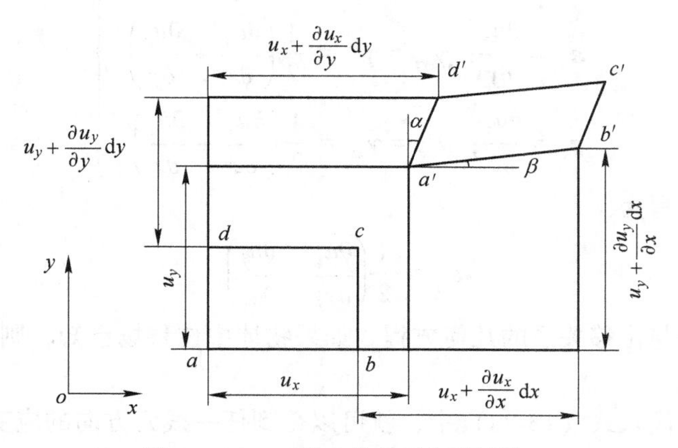

图 13-29　xoy 面上单元面变形情况

同样，d 点的位置相对于 a 点在 y 轴上产生了 dy 的变化量，d 点的位移分量为 $\left(u_x + \dfrac{\partial u_x}{\partial y}dy,\ u_y + \dfrac{\partial u_y}{\partial y}dy\right)$。

棱边 ab 在 x 轴方向上的线应变为

$$\varepsilon_x = \frac{a'b'|_x - ab}{ab} = \frac{\left(u_x + \dfrac{\partial u_x}{\partial x}dx\right) - u_x}{dx} = \frac{\partial u_x}{\partial x} \tag{13-102}$$

棱边 ad 在 y 轴方向上的线应变为

$$\varepsilon_y = \frac{a'd'|_y - ad}{ad} = \frac{\left(u_y + \dfrac{\partial u_y}{\partial y}dy\right) - u_y}{dy} = \frac{\partial u_y}{\partial y} \tag{13-103}$$

工程切应变 $\phi_{xy} = \alpha + \beta$

$$\alpha \approx \tan\alpha = \frac{\left(u_x + \dfrac{\partial u_x}{\partial y}dy\right) - u_x}{dy} = \frac{\partial u_x}{\partial y}$$

$$\beta \approx \tan\beta = \frac{\left(u_y + \frac{\partial u_y}{\partial x}\mathrm{d}x\right) - u_y}{\mathrm{d}x} = \frac{\partial u_y}{\partial x}$$

在一般弹、塑性理论中的切应变取

$$\gamma_{xy} = \gamma_{yx} = \frac{1}{2}\phi_{xy} = \frac{1}{2}\left(\frac{\partial u_x}{\partial y} + \frac{\partial u_y}{\partial x}\right) \tag{13-104}$$

由平面问题上升到三维问题，可把单元体分解为三个相互垂直的单元面 xoy，yoz，zox；用同样的方法可分析得出 yoz、zox 面上的应变情况。综上所述，可得出空间直角坐标系下小变形时位移分量与应变分量的关系。

$$\left.\begin{aligned}
\varepsilon_x &= \frac{\partial u_x}{\partial x};\ \gamma_{xy} = \gamma_{yx} = \frac{1}{2}\left(\frac{\partial u_x}{\partial y} + \frac{\partial u_y}{\partial x}\right)\\
\varepsilon_y &= \frac{\partial u_y}{\partial y};\ \gamma_{yz} = \gamma_{zy} = \frac{1}{2}\left(\frac{\partial u_y}{\partial z} + \frac{\partial u_z}{\partial y}\right)\\
\varepsilon_z &= \frac{\partial u_z}{\partial z};\ \gamma_{xz} = \gamma_{zx} = \frac{1}{2}\left(\frac{\partial u_x}{\partial z} + \frac{\partial u_z}{\partial x}\right)
\end{aligned}\right\} \tag{13-105}$$

用角标符号简写为

$$\varepsilon_{ij} = \frac{1}{2}\left(\frac{\partial u_i}{\partial x_j} + \frac{\partial u_j}{\partial x_i}\right) \tag{13-106}$$

这也叫小应变与位移关系的几何方程。如果物体中位移场已知，则可由几何方程求得应变场。

式（13-106）代入式（13-88）中，就可以得到任一线元方向的应变求解结果。

在圆柱坐标系或球坐标系下同样可以得出应变与位移关系的几何方程。

【例 13-7】 设物体中任意一点的位移分量 $u_x = 10\times10^{-3}+0.1\times10^{-3}xy+0.05\times10^{-3}z$；$u_y = 5\times10^{-3}-0.05\times10^{-3}x+0.1\times10^{-3}yz$，$u_z = 10\times10^{-3}-0.1\times10^{-3}xyz$，求点 A（1，1，1）的应变分量、应变球张量、主应变、八面体应变、等效应变。

解： $\varepsilon_x = \dfrac{\partial u_x}{\partial x} = 0.1\times10^{-3}y$

$$\varepsilon_y = \frac{\partial u_y}{\partial y} = 0.1\times10^{-3}z$$

$$\varepsilon_z = \frac{\partial u_z}{\partial z} = 0.1\times10^{-3}xy$$

$$\gamma_{xy} = \gamma_{yx} = \frac{1}{2}\left(\frac{\partial u_x}{\partial y} + \frac{\partial u_y}{\partial x}\right) = 0.05\times10^{-3}x - 0.025\times10^{-3}$$

$$\gamma_{yz} = \gamma_{zy} = \frac{1}{2}\left(\frac{\partial u_y}{\partial z} + \frac{\partial u_z}{\partial y}\right) = 0.05\times10^{-3}y - 0.05\times10^{-3}xz$$

$$\gamma_{zx} = \gamma_{xz} = \frac{1}{2}\left(\frac{\partial u_z}{\partial x} + \frac{\partial u_x}{\partial z}\right) = 0.025\times10^{-3}y - 0.05\times10^{-3}yz$$

将 A(1，1，1) 代入上式：

$$\boldsymbol{\varepsilon}_A = \begin{pmatrix} 0.1 \times 10^{-3} & 0.025 \times 10^{-3} & -0.025 \times 10^{-3} \\ 0.025 \times 10^{-3} & 0.1 \times 10^{-3} & 0 \\ -0.025 \times 10^{-3} & 0 & -0.1 \times 10^{-3} \end{pmatrix}$$

对于点 A：

$$\varepsilon_{mA} = \frac{1}{3}(\varepsilon_x + \varepsilon_y + \varepsilon_z) = \frac{1}{3} \times 10^{-4}$$

$$\boldsymbol{\delta}_{ij}\boldsymbol{\varepsilon}_{mA} = \begin{pmatrix} \frac{1}{3} \times 10^{-4} & 0 & 0 \\ 0 & \frac{1}{3} \times 10^{-4} & 0 \\ 0 & 0 & \frac{1}{3} \times 10^{-4} \end{pmatrix}$$

$$I_1 = \varepsilon_x + \varepsilon_y + \varepsilon_z = 0.1 \times 10^{-3}$$

$$I_2 = -(\varepsilon_x\varepsilon_y + \varepsilon_y\varepsilon_z + \varepsilon_z\varepsilon_x) + (\gamma_{xy}^2 + \gamma_{yz}^2 + \gamma_{zx}^2) = -1.125 \times 10^{-8}$$

$$I_3 = -1 \times 10^{-12}$$

$$\varepsilon^3 - I_1\varepsilon^2 - I_2\varepsilon - I_3 = 0$$

上述应变特征方程可得到三个主应变分量，借助在线求解器可以求解。

$$\varepsilon_8 = \frac{1}{3}(\varepsilon_x + \varepsilon_y + \varepsilon_z) = \frac{1}{3} \times 10^{-4}$$

$$\gamma_8 = \pm\frac{1}{3}\sqrt{(\varepsilon_x - \varepsilon_y)^2 + (\varepsilon_y - \varepsilon_z)^2 + (\varepsilon_z - \varepsilon_x)^2 + 6(\gamma_{xy}^2 + \gamma_{yz}^2 + \gamma_{zx}^2)} = \pm 9.86 \times 10^{-5}$$

$$\varepsilon_e = \sqrt{2}\,|\gamma_8| = 1.39 \times 10^{-4}$$

五、变形协调方程

为保证变形物体的连续性，材料内部各质点变形时不会出现“重叠”或“空洞与撕裂”现象，质点应变状态各应变分量之间必然遵循某种关系，这种关系称为变形连续条件或变形协调方程，又称圣维南（Saint-Venant）方程（恒等式）。

由小应变与位移关系的几何方程可知，六个应变分量取决于三个位移分量，很显然，这六个应变分量不应是任意的，其间必存在一定的关系，才能保证变形物体的连续性。变形协调方程有两组共六式，下面简略推导如下：

一组为每个坐标平面内应变分量之间满足的关系。如在 xoy 坐标平面内，将几何方程式（13-95）中的 ε_x 对 y 求两次偏导数，ε_y 对 x 求两次偏导数，因应变分量或位移分量是坐标的连续函数，对坐标求偏导先后顺序无关，具有交换律。因此

$$\frac{\partial^2\varepsilon_x}{\partial y^2} = \frac{\partial^2}{\partial x\partial y}\left(\frac{\partial u_x}{\partial y}\right);\quad \frac{\partial^2\varepsilon_y}{\partial x^2} = \frac{\partial^2}{\partial x\partial y}\left(\frac{\partial u_y}{\partial x}\right)$$

两式相加得
$$\frac{\partial^2\varepsilon_x}{\partial y^2} + \frac{\partial^2\varepsilon_y}{\partial x^2} = \frac{\partial^2}{\partial x\partial y}\left(\frac{\partial u_x}{\partial y} + \frac{\partial u_y}{\partial x}\right) = 2\frac{\partial^2\gamma_{xy}}{\partial x\partial y}$$

用同样的方法可求出其他两式，连同上式共得到下面三式：

$$
\left.\begin{aligned}
\frac{1}{2}\left(\frac{\partial^2 \varepsilon_x}{\partial y^2}+\frac{\partial^2 \varepsilon_y}{\partial x^2}\right)=\frac{\partial^2 \gamma_{xy}}{\partial x \partial y}\\
\frac{1}{2}\left(\frac{\partial^2 \varepsilon_y}{\partial z^2}+\frac{\partial^2 \varepsilon_z}{\partial y^2}\right)=\frac{\partial^2 \gamma_{yz}}{\partial y \partial z}\\
\frac{1}{2}\left(\frac{\partial^2 \varepsilon_z}{\partial x^2}+\frac{\partial^2 \varepsilon_x}{\partial z^2}\right)=\frac{\partial^2 \gamma_{zx}}{\partial z \partial x}
\end{aligned}\right\} \tag{13-107}
$$

另一组为不同坐标平面内应变分量之间应满足的关系。将式（13-95）中的 ε_x 对 y、z 求偏导，ε_y 对 z、x 求偏导，ε_z 对 x、y 求偏导，并将切应变分量 γ_{xy}、γ_{yz}、γ_{zx} 分别对 z、x、y 求偏导得

$$\frac{\partial^2 \varepsilon_x}{\partial y \partial z}=\frac{\partial^3 u_x}{\partial x \partial y \partial z} \tag{a}$$

$$\frac{\partial^2 \varepsilon_y}{\partial z \partial x}=\frac{\partial^3 u_y}{\partial x \partial y \partial z} \tag{b}$$

$$\frac{\partial^2 \varepsilon_z}{\partial x \partial y}=\frac{\partial^3 u_z}{\partial x \partial y \partial z} \tag{c}$$

$$\frac{\partial \gamma_{xy}}{\partial z}=\frac{1}{2}\left(\frac{\partial^2 u_x}{\partial y \partial z}+\frac{\partial^2 u_y}{\partial x \partial z}\right) \tag{d}$$

$$\frac{\partial \gamma_{yz}}{\partial x}=\frac{1}{2}\left(\frac{\partial^2 u_y}{\partial z \partial x}+\frac{\partial^2 u_z}{\partial y \partial x}\right) \tag{e}$$

$$\frac{\partial \gamma_{zx}}{\partial y}=\frac{1}{2}\left(\frac{\partial^2 u_z}{\partial x \partial y}+\frac{\partial^2 u_x}{\partial z \partial y}\right) \tag{f}$$

将式（e）+（f）-（d）得：

$$\frac{\partial \gamma_{yz}}{\partial x}+\frac{\partial \gamma_{zx}}{\partial y}-\frac{\partial \gamma_{xy}}{\partial z}=\frac{\partial^2 w}{\partial x \partial y}$$

再将上式对 z 求偏导数得

同理

$$
\left.\begin{aligned}
\frac{\partial}{\partial z}\left(\frac{\partial \gamma_{yz}}{\partial x}+\frac{\partial \gamma_{zx}}{\partial y}-\frac{\partial \gamma_{xy}}{\partial z}\right)=\frac{\partial^2 \varepsilon_z}{\partial x \partial y}\\
\frac{\partial}{\partial y}\left(\frac{\partial \gamma_{xy}}{\partial z}+\frac{\partial \gamma_{yz}}{\partial x}-\frac{\partial \gamma_{zx}}{\partial y}\right)=\frac{\partial^2 \varepsilon_y}{\partial z \partial x}\\
\frac{\partial}{\partial x}\left(\frac{\partial \gamma_{zx}}{\partial y}+\frac{\partial \gamma_{xy}}{\partial z}-\frac{\partial \gamma_{yz}}{\partial x}\right)=\frac{\partial^2 \varepsilon_x}{\partial y \partial z}
\end{aligned}\right\} \tag{13-108}
$$

式（13-107）与式（13-108）称变形协调方程。由小应变与位移关系的几何方程导出的应变自然满足变形连续条件，应变场是真实存在的；但由其他条件如应力与应变关系得出的应变，必须满足变形协调方程，才能保证变形的连续性。

【例 13-8】 设 $\varepsilon_x=a(x^2-y^2)$，$\varepsilon_y=axy$，$\gamma_{xy}=2bxy$，其中 a、b 为常数，试问上述应变场在什么情况下成立？

解：

$$\frac{\partial^2 \varepsilon_x}{\partial y^2}=-2a；\frac{\partial^2 \varepsilon_y}{\partial x^2}=0；\frac{\partial^2 \gamma_{xy}}{\partial x \partial y}=2b$$

$$\frac{1}{2}\left(\frac{\partial^2 \varepsilon_x}{\partial y^2}+\frac{\partial^2 \varepsilon_y}{\partial x^2}\right)=\frac{\partial^2 \gamma_{xy}}{\partial x \partial y}$$

$$\frac{1}{2}(-2a+0)=2b$$

$$a=-2b$$

当 $a=-2b$ 时，上式成立，应变场成立。

六、增量应变与应变速率

物体变形大小的描述引全量应变与增量应变，这反映了变形过程或变形过程中瞬时变形情况；物体变形随时间变化的快慢反映变形速度即应变速率的大小。

（一）全量应变与增量应变

前面讨论的小应变，反映的是变形体质点在某一变形过程或变形过程中的某个阶段结束时的应变，称全量应变或称应变全量，用 $\boldsymbol{\varepsilon}_{ij}$ 表示。

塑性成形问题往往是大变形问题，大塑性变形的整个过程十分复杂。因此小应变的描述不能直接反映大变形情况，而需要针对各个阶段的或瞬时的小变形累积而成。为此，引入增量应变概念。

在变形过程中，变形体内质点的变形是由质点的运动引起的，运动引起质点的位移，位移产生应变，如图13-30 所示。

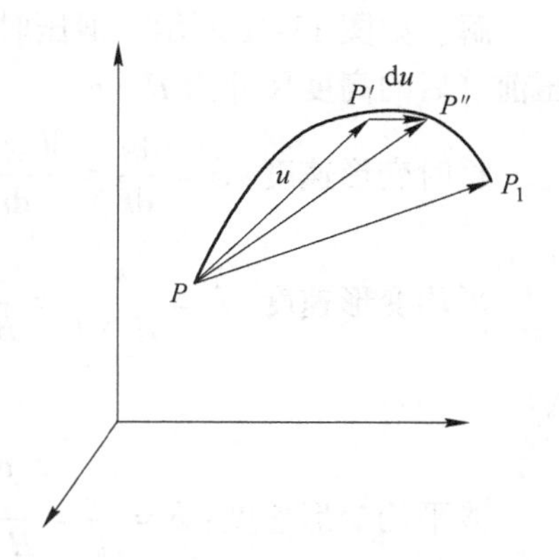

图 13-30　质点的位移

质点 P 的运动轨迹，从 P 到 P_1 点，或从 P 到 P'（P''）得到全量应变；以变形某一瞬时（质点运动到 P'）为基准，经历一微小变形时间 $\mathrm{d}t$，产生一增量位移 $\mathrm{d}u_i$，由此得到增量应变。

增量应变是反映单元体以变形某一瞬时形状尺寸为原始状态，在此基础上发生的无限小变形。增量应变也称应变增量，用 $\mathrm{d}\boldsymbol{\varepsilon}_{ij}$ 表示。增量应变反映了变形过程路径变化应变大小的描述方法。

一般情况下，全量应变不能看成增量应变的积分，因为加载过程应变主轴不是固定不变的。即：

$$\boldsymbol{\varepsilon}_{ij} \neq \int \mathrm{d}\boldsymbol{\varepsilon}_{ij} \qquad (13\text{-}109)$$

增量应变 $\mathrm{d}\boldsymbol{\varepsilon}_{ij}$ 对由于变形某一瞬时过程产生了增量位移 $\mathrm{d}u_i$引起的。

增量位移
$$\mathrm{d}u_i=v_i\mathrm{d}t \qquad (13\text{-}110)$$

式中　v_i——位移速度。

借助小应变与位移关系方程可得出增量应变与增量位移的关系方程。

$$\mathrm{d}\boldsymbol{\varepsilon}_{ij}=\frac{1}{2}\left[\frac{\partial(\mathrm{d}u_i)}{\partial x_j}+\frac{\partial(\mathrm{d}u_j)}{\partial x_i}\right] \qquad (13\text{-}111)$$

（二）应变速率

单位时间内应变大小称应变速率，或称变形速度，用 $\dot{\boldsymbol{\varepsilon}}_{ij}$ 表示，其单位为 s^{-1}。它反映

变形大小随时间变形的快慢。单位时间 dt 内发生增量应变 d$\boldsymbol{\varepsilon}_{ij}$ 得到应变速率。

$$\dot{\boldsymbol{\varepsilon}}_{ij} = \frac{\mathrm{d}\boldsymbol{\varepsilon}_{ij}}{\mathrm{d}t} \tag{13-112}$$

由式（13-110）及式（13-111）代入式（13-112）可得

$$\dot{\boldsymbol{\varepsilon}}_{ij} = \frac{1}{2}\left(\frac{\partial v_i}{\partial x_j} + \frac{\partial v_j}{\partial x_i}\right) \tag{13-113}$$

质点的应变速率仍然是一个二阶张量。

$$\dot{\boldsymbol{\varepsilon}}_{ij} = \begin{pmatrix} \dot{\varepsilon}_x & \dot{\gamma}_{xy} & \dot{\gamma}_{xz} \\ \dot{\gamma}_{yx} & \dot{\varepsilon}_y & \dot{\gamma}_{zy} \\ \dot{\gamma}_{zx} & \dot{\gamma}_{zy} & \dot{\varepsilon}_z \end{pmatrix} \tag{13-114}$$

应变速率在工程应用中是一重要工艺参数。常用平均变形速度 $\bar{\dot{\varepsilon}}$ 来表示物体内部质点的应变速率。平均变形速度指物体内部质点应变分量绝对值最大的变形方向上对应的应变速量取平均值。

【例 13-9】 计算锻压时的平均变形速度。

解：如图 13-31 所示，锻压时的压下速度为 v_y，锻压前、后的高度尺寸为 H、h。

瞬时变形速度：$\dot{\varepsilon} = \dfrac{\mathrm{d}\varepsilon}{\mathrm{d}t} = \dfrac{\mathrm{d}h_x/h_x}{\mathrm{d}t} = \dfrac{v_y}{h_x}$

平均变形速度：$\bar{\dot{\varepsilon}} = \dfrac{\bar{v}_y}{\dfrac{H+h}{2}} = \dfrac{2\bar{v}_y}{H+h}$

或平均变形速度：$\bar{\dot{\varepsilon}} = \dfrac{\varepsilon_h}{t} = \dfrac{\ln\dfrac{H}{h}}{\dfrac{H-h}{\bar{v}_y}} = \dfrac{\bar{v}_y \ln\dfrac{H}{h}}{H-h}$

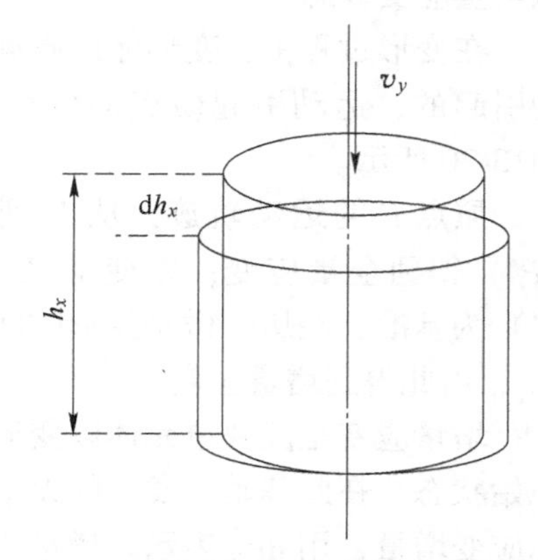

图 13-31 锻压时平均变形速度求解

【例 13-10】 计算轧制时平均变形速度。

解：如图 13-32 所示，轧制时轧辊半径为 R，轧辊线速度为 v，轧制前、后轧件厚度为 H、h。

平均变形速度：$\bar{\dot{\varepsilon}} = \dfrac{\bar{v}_y}{\dfrac{H+h}{2}}$

$0.5\,\bar{v}_y = v\sin\dfrac{\alpha}{2} \approx \dfrac{1}{2}v\alpha$

$\alpha = \sqrt{\dfrac{H-h}{R}} = \sqrt{\dfrac{\Delta h}{R}}$

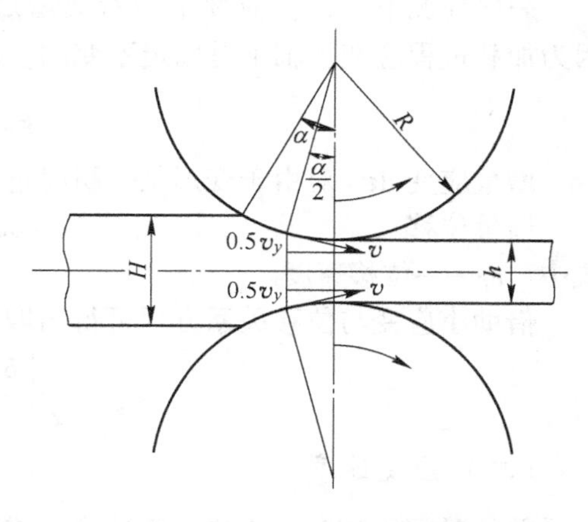

图 13-32 轧制时平均变形速度求解

$$\bar{\dot{\varepsilon}} = \frac{2v}{H+h}\sqrt{\frac{\Delta h}{R}}$$

或平均变形速度：

$$\bar{\dot{\varepsilon}} = \frac{\varepsilon_h}{t} = \frac{\ln\frac{H}{h}}{l/v_h} = \frac{v_h}{\sqrt{R\Delta h}}\ln\frac{H}{h}$$

式中　l，v_h——接触弧长，轧制速度。

七、平面问题与轴对称问题

金属成形力学理论分析过程中，常常把复杂的三维问题简化为平面问题与轴对称问题。本节就平面问题与轴对称问题应力与应变情况进行讨论。

（一）平面问题

平面问题包括平面应力问题与平面应变问题。分别是从应力与应变只存在二维平面上去探讨。因此，假设在 xoy 坐标面上探讨平面问题。

对于平面应力问题，其应力状态：

$$\boldsymbol{\sigma}_{ij} = \begin{pmatrix} \sigma_x & \tau_{xy} \\ \tau_{yx} & \sigma_y \end{pmatrix} \tag{13-115}$$

对于平面应变问题，其应变状态：

$$\boldsymbol{\varepsilon}_{ij} = \begin{pmatrix} \varepsilon_x & \gamma_{xy} \\ \gamma_{yx} & \varepsilon_y \end{pmatrix} \tag{13-116}$$

对于平面变形问题，在后面应力应变关系的分析中可以得出垂直于塑性流动平面的法线方向的应力为主应力，也是平均应力，是一个不变量，其应力状态为：

$$\boldsymbol{\sigma}_{ij} = \begin{pmatrix} \sigma_x & \tau_{xy} & 0 \\ \tau_{yx} & \sigma_y & 0 \\ 0 & 0 & \dfrac{\sigma_x+\sigma_y}{2} \end{pmatrix} \tag{13-117}$$

对于平面问题，无论是平面应力问题还是平面应变问题，其应力微分平衡方程可简化为：

$$\left.\begin{aligned} \frac{\partial\sigma_x}{\partial x} + \frac{\partial\tau_{yx}}{\partial y} = 0 \\ \frac{\partial\tau_{yx}}{\partial x} + \frac{\partial\sigma_y}{\partial y} = 0 \end{aligned}\right\} \tag{13-118}$$

对于平面问题，借助于应力（应变）莫尔圆很方便地求出主应力（主应变）及主切应力（主切应变）。

对于平面变形问题，小应变与位移几何关系也可以简化为：

$$\left.\begin{aligned} \varepsilon_x &= \frac{\partial u_x}{\partial x} \\ \varepsilon_y &= \frac{\partial u_y}{\partial y} \\ \gamma_{xy} = \gamma_{yx} &= \frac{1}{2}\left(\frac{\partial u_x}{\partial y} + \frac{\partial u_y}{\partial x}\right) \end{aligned}\right\} \tag{13-119}$$

（二）轴对称问题

当旋转物体承受外力对称于旋转轴分布时，则物体内质点所处的应力状态称为轴对称应力状态。塑性成形中的轴对称应力状态中的子午面（通过旋转轴线的平面）始终保持平面，即子午面上的切应力分量为零，即 $\tau_{\rho\theta}=\tau_{\theta z}=0$，如图 13-33 所示。

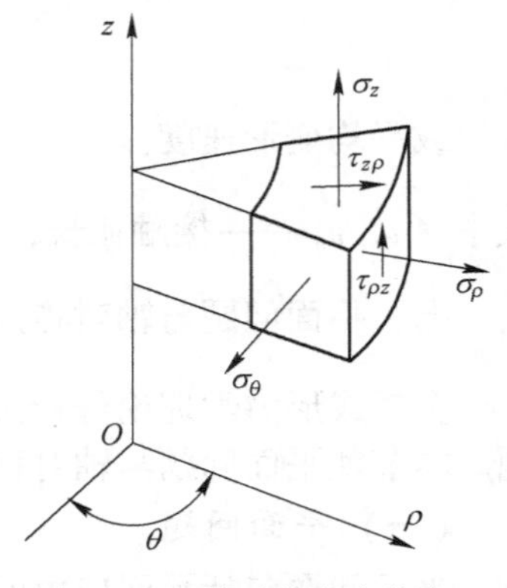

图 13-33　轴对称应力状态

对于轴对称应力问题，其应力微分平衡方程：

$$\left.\begin{aligned}\frac{\partial\sigma_\rho}{\partial\rho}+\frac{\partial\tau_{z\rho}}{\partial z}+\frac{\sigma_\rho-\sigma_\theta}{\rho}=0\\ \frac{\partial\tau_{\rho z}}{\partial\rho}+\frac{\partial\sigma_z}{\partial z}+\frac{\tau_{\rho z}}{\rho}=0\end{aligned}\right\}\qquad(13\text{-}120)$$

某些情况下，如圆柱体在平砧间均匀镦粗、圆柱体均匀挤压与拉拔等，其径向应力与周向应力相等，即 $\sigma_\rho=\sigma_\theta$。

对于轴对称变形问题，其应变状态类似图 13-33 的轴对称应力状态。θ 方向没有位移速度，各位移分量均与 θ 无关。由此 $\gamma_{\rho\theta}=\gamma_{\theta z}=0$。

小应变与位移关系的几何方程：

$$\left.\begin{aligned}\varepsilon_\rho&=\frac{\partial u_\rho}{\partial\rho}\\ \varepsilon_z&=\frac{\partial u_z}{\partial z}\\ \varepsilon_\theta&=\frac{u_\rho}{\rho}\\ \gamma_{z\rho}&=\gamma_{\rho z}=\frac{1}{2}\left(\frac{\partial u_z}{\partial\rho}+\frac{\partial u_\rho}{\partial z}\right)\end{aligned}\right\}\qquad(13\text{-}121)$$

对于均匀变形的单向拉伸、锥形模挤压与拉拔，以及圆柱体平砧镦粗等，同样，其径向应变与周向应变相等，即 $\varepsilon_\rho=\varepsilon_\theta$。

习　题

13-1　叙述下列术语的定义或含义：

外力、内力、应力（变）、正应力（变）与切应力（变）、平均应力（变）、体积应变、应力（变）状态、应力（变）张量、应力球（偏）张量、应力（变）图示、应力（变）莫尔圆、位移、位移速度、工程应力（变）、切应变与工程切应变、对数应变、应力（变）特征方程、主应力（变）、主切应力（变）、最大切应变、应力（变）张量不变量、主应变简图、八面体应力（变）、等效应力（变）、全量应变与增量应变、应变速率。

13-2　塑性加工的外力有哪些类型，内力的物理本质是什么，诱发内力的因素有哪些？

13-3　塑性力学上应力的正、负号是如何规定的？

13-4　应力（变）张量不变量有何意义？

13-5　等效应力（变）在塑性加工上有何意义？

13-6　应力（变）张量分解有何意义？

13-7　用主应力（变）图示来表示塑性变形的类型有何区别与联系？

13-8　单向应力状态、平面应力状态、平面应变状态和轴对称状态及纯剪切应力状态的应力与应变状态特点有哪些？

13-9　试画出锻造、轧制、挤压和拉拔的变形力学较图示。

13-10　什么是小变形？如何看待质点的位移与应变的关系？

13-11　应力微分平衡方程的物理意义是什么？

13-12　变形协调方程的物理意义是什么？

13-13　已知一点的应力状态 $\boldsymbol{\sigma}_{ij}=\begin{pmatrix}20 & 5 & 0\\ 5 & -15 & 0\\ 0 & 0 & -10\end{pmatrix}\times 10\text{MPa}$，试求该应力空间中 $x-2y+2z=1$ 的斜截面上的正应力 σ_n 和切应力 τ_n 为多少？

13-14　现用电阻应变仪测得平面应力状态下与 x 轴成 0°、45°、90°角方向上的应力值分别为 σ_a、σ_b、σ_c，试问该平面上的主应力 σ_1、σ_2 各为多少？

13-15　试证明：

（1）$I_2'=I_2+\frac{1}{3}I_1^2$；

（2）$\frac{\partial I_2'}{\partial \boldsymbol{\sigma}_{ij}}=\boldsymbol{\sigma}_{ij}'(i,\ j=x,\ y,\ z)$。

13-16　一圆形薄壁管，平均半径为 R，壁厚为 t，二端受拉力 p 及扭矩 M 的作用，试求三个主应力 σ_1、σ_2、σ_3 的大小与方向。

13-17　两端封闭的薄壁圆管。受轴向拉力 p 及内压力 p 作用，其中管平均半径为 R，壁厚为 t，管长为 l。试求圆管柱面上一点的主应力 σ_1、σ_2、σ_3 的大小与方向。

13-18　已知 $oxyz$ 坐标系中，物体内某点的坐标为（4，3，−12），其应力张量为：

$$\boldsymbol{\sigma}_{ij}=\begin{pmatrix}100 & 40 & -20\\ 40 & 50 & 30\\ -20 & 30 & -10\end{pmatrix}$$

，求出主应力、应力偏量及球张量、八面体应力。

13-19　设物体内的应力场为 $\sigma_x=-6xy^2+c_1x^3$，$\sigma_y=-\frac{3}{2}c_2xy^2$，$\tau_{xy}=-c_2y^3-c_3x^2y$，$\sigma_z=\tau_{yz}=\tau_{zx}=0$，试求系数 c_1、c_2、c_3。

13-20　已知受力物体内一点应力张量为：$\boldsymbol{\sigma}_{ij}=\begin{pmatrix}50 & 50 & 80\\ 50 & 0 & -75\\ 80 & -75 & -30\end{pmatrix}\text{MPa}$，求外法线方向余弦为 $l=m=\frac{1}{2}$，$n=\frac{1}{\sqrt{2}}$ 的斜截面上的全应力、主应力和剪应力。

13-21　在直角坐标系中，已知物体内某点的应力张量为

$$\boldsymbol{\sigma}_{ij}=\begin{pmatrix}10 & 0 & -10\\ 0 & -10 & 0\\ -10 & 0 & 10\end{pmatrix};\quad \boldsymbol{\sigma}_{ij}=\begin{pmatrix}0 & 50 & 0\\ 50 & 0 & 0\\ 0 & 0 & 10\end{pmatrix};\quad \boldsymbol{\sigma}_{ij}=\begin{pmatrix}-10 & -5 & -10\\ -5 & -2 & 0\\ -10 & 0 & -6\end{pmatrix}$$

（1）画出该点的应力单元体；

（2）求出该点的应力不变量，主应力和主方向、主剪应力、最大剪应力、八面体应力、等效应力、应力偏张量及球张量。

13-22　对于 $Oxyz$ 直角坐标系，已知受力物体内一点的应力张量分别为

$$\boldsymbol{\sigma}_{ij}=\begin{pmatrix}10 & 0 & -10\\ 0 & -10 & 0\\ -10 & 0 & 10\end{pmatrix};\ \boldsymbol{\sigma}_{ij}=\begin{pmatrix}0 & 172 & 0\\ 172 & 0 & 0\\ 0 & 0 & 100\end{pmatrix};\ \boldsymbol{\sigma}_{ij}=\begin{pmatrix}-7 & -4 & 0\\ -4 & -1 & 0\\ 0 & 0 & -4\end{pmatrix}$$

(应力单位为 MPa)

(1) 画出该点的应力单元体；

(2) 求出该点的应力张量不变量、主应力及主方向、主切应力、最大切应力、八面体应力、等效应力、应力偏张量及应力球张量；

(3) 画出该点的应力莫尔圆，并将应力单元体的微分面（即 x、y、z 面）分别标注在应力莫尔圆上。

13-23　在平面塑性变形条件下，塑性区一点在与 x 轴交成 θ 角的一个平面上，其正应力为 σ，切应力为最大切应力 k，如图 13-34 所示。试画出该点的应力莫尔圆，并求出在 y 方向上的正应力 σ_y 及切应力 τ_{xy}，且将 σ_y、τ_{yz} 及 σ_x、τ_{xy} 所在平面标注在应力莫尔圆上。

13-24　表示某点处应力状态的应力莫尔圆如图 13-35 所示，利用图解法图中 P 点对应的平面与三主轴间的夹角及其应力分量。

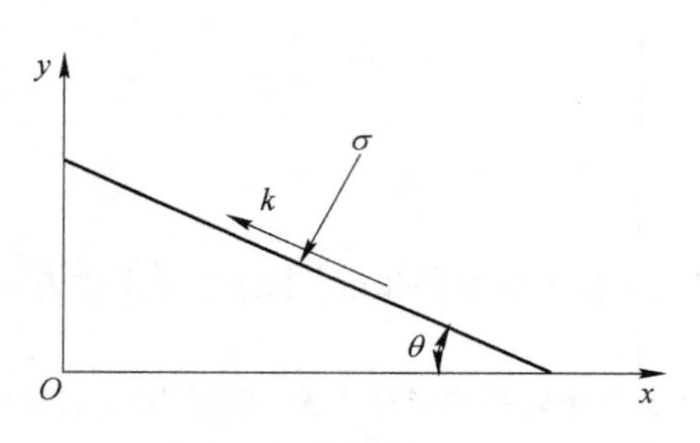

图 13-34　题 13-23 图

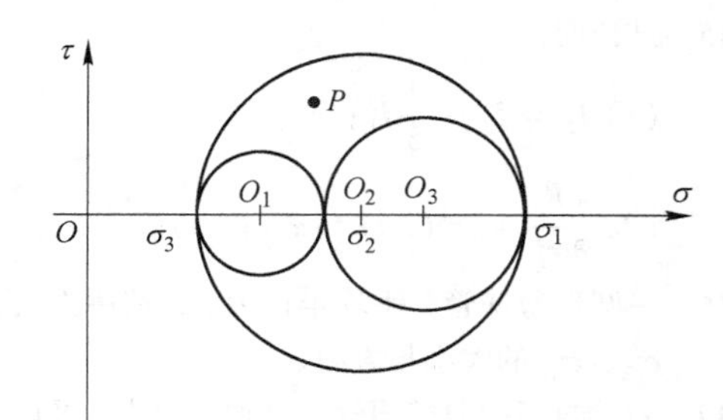

图 13-35　题 13-24 图

13-25　设 $\varepsilon_x=a(x^2-2y^2)$；$\varepsilon_y=bxy$；$\gamma_{xy}=axy$，其中 a、b 为常数，试问上述应变场在什么情况下成立？

13-26　试判断下列应变场是否存在？

(1) $\varepsilon_x=xy^2,\ \varepsilon_y=x^2y,\ \varepsilon_z=xy,\ \gamma_{xy}=0,\ \gamma_{yz}=\frac{1}{2}(z^2+y),\ \gamma_{xz}=\frac{1}{2}(x^2+y^2)$；

(2) $\varepsilon_x=x^2+y^2,\ \varepsilon_y=y^2,\ \varepsilon_z=0,\ \gamma_{xy}=2xy,\ \gamma_{yz}=\gamma_{xz}=0$。

13-27　设物体中任一点的位移分量为

$$u=10\times10^{-3}+0.1\times10^{-3}xy+0.05\times10^{-3}z$$
$$v=5\times10^{-3}-0.05\times10^{-3}x+0.1\times10^{-3}yz$$
$$w=10\times10^{-3}-0.1\times10^{-3}xyz$$

求点 A（0.5，-1，0）的应变分量、应变球张量，主应变，八面体应变、等效应变。

13-28　物体中一点应变状态为：

$\varepsilon_x=0.001,\ \varepsilon_y=0.005,\ \varepsilon_z=-0.0001,\ \gamma_{xy}=0.0008,\ \gamma_{yz}=0.0006,\ \gamma_{xz}=-0.0004$，试求主应变。

13-29　已知平面应变状态下，变形体某点的位移函数为 $u_x=\frac{1}{4}+\frac{3}{200}x+\frac{1}{40}y$，$u_y=\frac{1}{5}+\frac{1}{25}x-\frac{1}{200}y$，试求该点的应变分量 ε_x、ε_y、γ_{xy}，并求出主应变 ε_1、ε_2 的大小与方向。

第十四章　屈服准则

材料的屈服是指物体变形由弹性状态进入了塑性状态。塑性状态是一种不可逆转的变形，变形后改变了原来的形状与尺寸，发生了永久变形。通过材料塑性加工获得我们所需要的形状、尺寸与性能。材料的屈服准则又称材料的塑性条件，是建立材料进入塑性状态时，物体内部质点应力状态所遵循的力学判据或所满足的应力条件。它是求解材料塑性成形时质点应力状态及应力场的补充方程。

材料的屈服准则主要包括屈雷斯加（H. Tresca）与米塞斯（Von. Mises）两个典型的屈服准则。工程材料第三、第四强度理论是基于这两个典型屈服准则建立的。屈雷斯加屈服准则认为材料的屈服与最大剪应力有关。米塞斯屈服准则认为材料的屈服与弹性形状改变比能有关。

第一节　塑　　性

材料的塑性好坏是指材料的塑性变形能力，用塑性指标来表示，在前面第 12 章中已经涉及到。塑性变形是材料在外力作用下，由弹性状态进入塑性状态，物体的形状与尺寸发生改变。当外力撤出（卸载）时，物体变形前原来的形状与尺寸不能得到恢复，即发生了永久变形。

塑性指标的测定在工程材料中常通过室温拉伸实验方法获得。根据 GB/T 228. 1—2010《金属材料　拉伸试验　第 1 部分：室温试验方法》，在室温（10~35℃）条件下拉伸，试验速率分应变速率控制及应力速率控制，两种试验速率接近静力拉伸。

试验结果可通过绘制工程应力-工程应变曲线获得强度指标与塑性指标，如图 14-1 所示。

工程应力指单向拉伸时的载荷与试件原始横断面面积之比。

$$R = \frac{p}{S_0} \tag{14-1}$$

式中　R——工程应力，MPa；

p——载荷，N；

S_0——原始横断面面积，mm^2。

工程应变指单向拉伸时伸长量与原始标定长度之比。

$$e = \frac{\Delta L}{L_0} \times 100\% \tag{14-2}$$

式中　e——工程应变；

ΔL——伸长量，mm；

L_0——原始标定长度，mm。

一、强度指标

强度指标包括下屈服强度与抗拉强度。下屈服强度是指材料由弹性状态进入塑性状态，材料发生屈服时，不计初始瞬时效应的最小应力。工程应用中用 R_{eL} 表示。有的工程材料没有明显屈服平台，一般材料由弹性状态进入塑性状态后卸载，取残余应变为0.2%对应的工程应力表示。塑性理论中单向拉伸时的屈服强度或称屈服极限，一般用 σ_s 或 $\sigma_{0.2}$ 表示。

因此，单向拉伸时的屈服准则可表示为

$$\sigma = \sigma_s \tag{14-3}$$

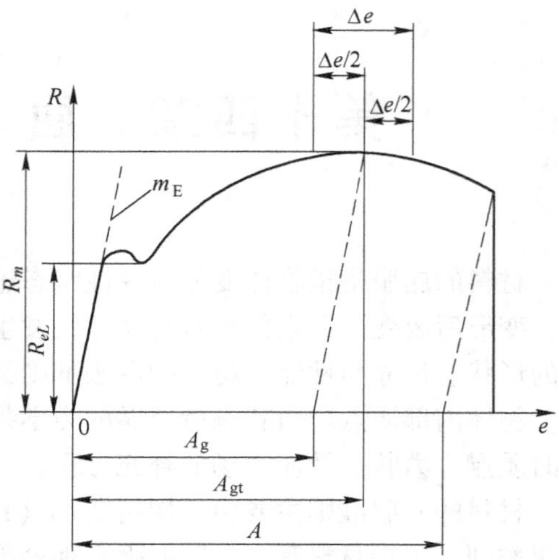

式中　σ——拉伸方向上的应力，MPa。

图 14-1　拉伸试验下工程应力-工程应变曲线

抗拉强度指试件拉伸时最大载荷对应的工程应力，用 R_m 表示。工程材料安全性校核中许用应力取决于抗拉强度。

$$[\sigma] = \frac{R_m}{n} \tag{14-4}$$

式中　$[\sigma]$——许用应力，MPa；

n——安全系数。

二、塑性指标

塑性指标包括断后伸长率与断面收缩率。

断后伸长率是指断后标距的残余伸长与试件原始标距百分比，用 A 表示。

$$A = \frac{L_u - L_0}{L_0} \times 100\% \tag{14-5}$$

式中　L_u，L_0——试件拉断后残余标定长度、原始标定长度，m。

断面收缩率是指原始横截面面积与断后最小横截面面积之差除以原始横截面面积百分比，用 Z 表示。

$$Z = \frac{S_0 - S_u}{S_0} \times 100\% \tag{14-6}$$

式中　S_u，S_0——试件拉断后最小横截面面积、原始横截面面积，mm^2。

拉伸试验广泛用于工程材料的性能检测中。强度指标的高低反映了材料抵抗塑性加工的难易程度，塑性指标的高低反映了材料塑性变形的能力。不同材料强度指标与塑性指标不同；给定材料在金属成形过程中，随着加工方式的不同，塑性变形条件包括力学条件（应力与应变条件）及热力学条件（变形温度、变形程度、变形速度）的不同，强度指标与塑性指标要发生变化。

第二节　屈服准则

屈服准则又称塑性条件，是反映材料由弹性状态进入塑性状态时物体内部质点应力状态所遵循的力学判据。屈服即发生了塑性变形，发生了塑性变形的应力质点应满足一定的条件即屈服准则。本节将建立理想塑性材料下的两个典型屈服准则，并探讨强化材料的后续屈服问题。

一、屈服准则一般性讨论

对于建立材料的屈服准则问题，从单向拉伸试验来看，给定材料，在一定的条件下，拉伸方向的应力达到材料的屈服极限（常数）时，材料发生屈服，式（14-3）反映了单向应力状态下的屈服。

针对复杂应力状态，如何建立屈服准则，可以借助式（14-3）引入质点进入塑性状态所遵循的力学判据或力学条件：

$$f(\boldsymbol{\sigma}_{ij}) = C \tag{14-7}$$

等式左边是以质点应力状态 $\boldsymbol{\sigma}_{ij}$ 为自变量的某种函数关系，等式右边是与材料性质及变形条件有关的常数。当等式成立时材料即发生屈服。

进一步分析，质点的应力状态与坐标的选择无关，自变量可以用主应力来表达，也可以用应力张量不变量做自变量。因此，屈服表达式变为：

$$f_1(\sigma_1,\ \sigma_2,\ \sigma_3) = C \tag{14-8}$$

$$f_2(J_1,\ J_2,\ J_3) = C \tag{14-9}$$

布里奇曼（Bridgman）曾对金属及非金属材料施以25000大气压的静水压力（静液应力）下进行拉伸试验，静水压力对材料的屈服极限影响完全可以忽略，即静水压力不影响材料的屈服。因此，质点应力状态下的屈服可以剔除球应力状态。屈服表达式可以改写成：

$$f_3(\sigma'_1,\ \sigma'_2,\ \sigma'_3) = C \tag{14-10}$$

$$f_4(J'_2,\ J'_3) = C \tag{14-11}$$

对于拉压性能相同的材料，即无包辛格（Bauschinger）效应，材料的屈服准则不应因 J'_3 的变化而变化。包辛格效应，指金属的塑性变形将使其拉伸屈服强度增大，而压缩屈服强度减少的现象。因此，屈服表达式最终反映：

$$f_5(J'_2) = C \tag{14-12}$$

上式说明，应力偏张量第二不变量与材料的屈服有关。后面米塞斯（Von. Mises）屈服准则的建立正是基于此。

由此，提出建立屈服准则的基本假设：

（1）建立材料的初始屈服准则，即材料刚进入塑性状态时的屈服；

（2）材料为均质各向同性材料；

（3）静水压力（静液应力）对材料的屈服无影响；

（4）材料不考虑包辛格效应；

（5）材料为理想塑性材料。理想塑性材料包括理想弹塑性材料与理想刚塑性材料，即材料进入塑性状态后不产生加工硬化现象。

二、屈雷斯加（H. Tresca）屈服准则

1864年，法国工程师屈雷斯加根据库仑在土力学中的研究结果，并从他自己做的金属挤压试验中提出材料的屈服与最大切应力有关。由此，提出屈雷斯加屈服准则，即无论处于何种应力状态，只要当物体受力变形材料中质点的最大切应力达到某一极限（定值）时，材料发生屈服。屈雷斯加屈服准则又称最大切应力定值理论。其表达式为

$$\tau_{max} = k \tag{14-13}$$

式中 τ_{max}——最大切应力，MPa；

k——纯剪切状态下的剪切屈服极限，MPa。

当有 $\sigma_1 \geqslant \sigma_2 \geqslant \sigma_3$ 约定时，

$$\tau_{max} = \frac{\sigma_1 - \sigma_3}{2}$$

式（14-13）改写成：

$$\sigma_1 - \sigma_3 = 2k \tag{14-14}$$

以单向拉伸试验来看，材料发生屈服时的最大切应力：

$$\tau_{max} = \frac{\sigma_1 - \sigma_3}{2} = \frac{\sigma_s}{2} = k$$

因此，式（14-14）可以改写成：

$$\sigma_1 - \sigma_3 = 2k = \sigma_s \tag{14-15}$$

式（14-15）为主应力大小顺序下的屈雷斯加屈服准则。

当不知道主应力大小顺序时，用主应力表示屈雷斯加屈服准则有：

$$\max[\,|\sigma_1 - \sigma_2|,\ |\sigma_2 - \sigma_3|,\ |\sigma_3 - \sigma_1|\,] = 2k = \sigma_s \tag{14-16}$$

或表示为：

$$\begin{aligned} |\sigma_1 - \sigma_2| &\leqslant 2k = \sigma_s \\ |\sigma_2 - \sigma_3| &\leqslant 2k = \sigma_s \\ |\sigma_3 - \sigma_1| &\leqslant 2k = \sigma_s \end{aligned} \tag{14-17}$$

需要说明的是，在应用屈雷斯加屈服准则时，材料的剪切屈服极限 k 与拉伸屈服极限 σ_s 的确定是与材料加工时所处的热力学条件有关的常数。

在工程力学中，屈雷斯加屈服准则对应第三强度理论。

三、米塞斯（Von. Mises）屈服准则

1913年，德国力学家米塞斯在研究屈雷斯加屈服准则时，发现屈雷斯加屈服准则在应力空间中的屈服表面为六棱柱面（后面介绍），应力质点落在屈雷斯加屈服表面上不是坐标的连续函数，这在数学处理上很不方便。为此，它提出一个修正的外接圆柱面，形成一个新的屈服表面，应力质点落在圆柱面上必然是坐标的连续函数。由此，得到一个新的屈服准则，称米塞斯屈服准则，它提出材料的屈服与应力偏张量第二不变量有关。无关处于何种应力状态，只要质点应力偏张量第二不变量达到某一定值时材料发生屈服。即

$$J_2' = C \tag{14-18}$$

$$J_2' = \frac{1}{6}[(\sigma_x - \sigma_y)^2 + (\sigma_y - \sigma_z)^2 + (\sigma_x - \sigma_z)^2] + \tau_{xy}^2 + \tau_{yz}^2 + \tau_{zx}^2$$

$$= \frac{1}{6}[(\sigma_1 - \sigma_2)^2 + (\sigma_2 - \sigma_3)^2 + (\sigma_3 - \sigma_1)^2] \tag{a}$$

在纯剪切应力状态材料发生屈服：

$$\sigma_x = \sigma_y = \sigma_z = 0,\ \tau_{xy} = k,\ \tau_{yz} = \tau_{zx} = 0$$

$$J_2' = \frac{1}{6}k^2 \tag{b}$$

在单向拉伸时材料发生屈服：

$$\sigma_1 = \sigma_s,\ \sigma_2 = \sigma_3 = 0$$

$$J_2' = \frac{1}{3}\sigma_s^2 \tag{c}$$

将式（a）（b）（c）代入式（14-18）中得到米塞斯屈服准则表达式：

$$\begin{aligned} &(\sigma_x - \sigma_y)^2 + (\sigma_y - \sigma_z)^2 + (\sigma_x - \sigma_z)^2 + 6(\tau_{xy}^2 + \tau_{yz}^2 + \tau_{zx}^2) = 6k^2 = 2\sigma_s^2 \\ &(\sigma_1 - \sigma_2)^2 + (\sigma_2 - \sigma_3)^2 + (\sigma_3 - \sigma_1)^2 = 6k^2 = 2\sigma_s^2 \end{aligned} \tag{14-19}$$

需要说明的是，在应用米塞斯屈服准则时，不需要知道主应力大小顺序，材料的剪切屈服极限 k 与拉伸屈服极限 σ_s 的确定同样是与材料加工时所处的热力学条件有关的常数。

在工程力学中，米塞斯屈服准则对应第四强度理论。

在后来学者的研究过程中，对米塞斯屈服准则提出了实际的物理意义。

汉基（H. Hencky）于 1924 年从能量角度提出，材料单位体积弹性形状改变位能达到定值时，材料发生屈服。

设物体弹性变形单位体积位能为 A_n

$$A_n = A_V + A_\varphi \tag{a}$$

式中 A_V——弹性体积变化比能，N · m/m³；

A_φ——弹性形状改变比能，N · m/m³。

为了计算方便，取应力主轴为坐标系，则

$$A_n = \frac{1}{2}(\sigma_1\varepsilon_1 + \sigma_2\varepsilon_2 + \sigma_3\varepsilon_3) \tag{b}$$

根据广义胡克（Hooke）定律

$$\left.\begin{aligned} \varepsilon_1 &= \frac{1}{E}[\sigma_1 - \nu(\sigma_2 + \sigma_3)] \\ \varepsilon_2 &= \frac{1}{E}[\sigma_2 - \nu(\sigma_1 + \sigma_3)] \\ \varepsilon_3 &= \frac{1}{E}[\sigma_3 - \nu(\sigma_1 + \sigma_2)] \end{aligned}\right\} \tag{c}$$

式中 E——杨氏弹性模量，MPa；

ν——泊松比。

将式（c）代入式（b），整理后得

$$A_n = \frac{1}{2E}[(\sigma_1^2 + \sigma_2^2 + \sigma_3^2) - 2\nu(\sigma_1\sigma_2 + \sigma_2\sigma_3 + \sigma_3\sigma_1)] \tag{d}$$

弹性体积变化比能为

$$\begin{aligned} A_V &= \frac{3}{2}\sigma_m\varepsilon_m \\ &= \frac{1}{6}(\sigma_1 + \sigma_2 + \sigma_3)(\varepsilon_1 + \varepsilon_2 + \varepsilon_3) \\ &= \frac{1}{6E}[(\sigma_1 + \sigma_2 + \sigma_3)^2(1 - 2\nu)] \end{aligned} \tag{e}$$

由式（e）代入式（a）中，得到弹性形状改变比能：

$$\begin{aligned} A_\varphi &= \frac{1+\nu}{6E}[(\sigma_1 - \sigma_2)^2 + (\sigma_2 - \sigma_3)^2 + (\sigma_3 - \sigma_1)^2] \\ &= \frac{1+\nu}{E}J_2' \end{aligned} \tag{f}$$

由式（f）可以看出，材料弹性形状改变比能与应力偏张量第二不变量有关，当弹性形状改变比能 A_φ 达到定值时，材料发生屈服。

$$A_\varphi = \frac{1+\nu}{E}J_2' = \frac{1+\nu}{6E}k^2 = \frac{1+\nu}{3E}\sigma_s^2 \tag{14-20}$$

因此，米塞斯屈服准则又称弹性形状改变比能定值理论。

1937 年，纳达依（Nadai）对米塞斯屈服准则做出了解释，认为八面体上的切应力达到定值时材料屈服。

八面体上的切应力同样与应力偏张量第二不变量有关。

$$\begin{aligned} \tau_8 &= \pm\frac{1}{3}\sqrt{(\sigma_1 - \sigma_2)^2 + (\sigma_2 - \sigma_3)^2 + (\sigma_3 - \sigma_1)^2} \\ &= \pm\sqrt{\frac{2}{3}J_2'} \\ &= \pm\frac{1}{3}\sqrt{(\sigma_x - \sigma_y)^2 + (\sigma_y - \sigma_z)^2 + (\sigma_z - \sigma_x)^2 + 6(\tau_{xy}^2 + \tau_{yz}^2 + \tau_{zx}^2)} \end{aligned}$$

$$|\tau_8| = \sqrt{\frac{2}{3}J_2'} = \frac{1}{3}k = \frac{\sqrt{2}}{3}\sigma_s \tag{14-21}$$

1943 年，苏联学者依留申（Идъюшин）提出等效应力的概念，并对米塞斯屈服准则做出了新的解释，认为当等效应力达到定值时材料屈服。

$$\begin{aligned} \sigma_e &= \frac{3}{\sqrt{2}}|\tau_8| = \sqrt{3J_2'} = \sqrt{\frac{1}{2}(\sigma_1 - \sigma_2)^2 + (\sigma_2 - \sigma_3)^2 + (\sigma_3 - \sigma_1)^2} \\ &= \sqrt{\frac{1}{2}[(\sigma_x - \sigma_y)^2 + (\sigma_y - \sigma_z)^2 + (\sigma_z - \sigma_x)^2 + 6(\tau_{xy}^2 + \tau_{yz}^2 + \tau_{zx}^2)]} \end{aligned}$$

$$\sigma_e = \sqrt{3J_2'} = \frac{1}{\sqrt{2}}k = \sigma_s \tag{14-22}$$

由式（14-22）可以看出，复杂应力状态下的屈服准则是质点的等效应力等于相应条件下单向拉伸时的屈服极限。这也是等效应力的物理意义所在。

【例 14-1】 两端封闭的薄壁圆筒，半径为 r，壁厚为 t，受内压力 p 的作用（见图 14-2），试求此圆筒产生屈服时的内压力（设材料相应条件下单向拉伸时的屈服应力为 σ_s）。

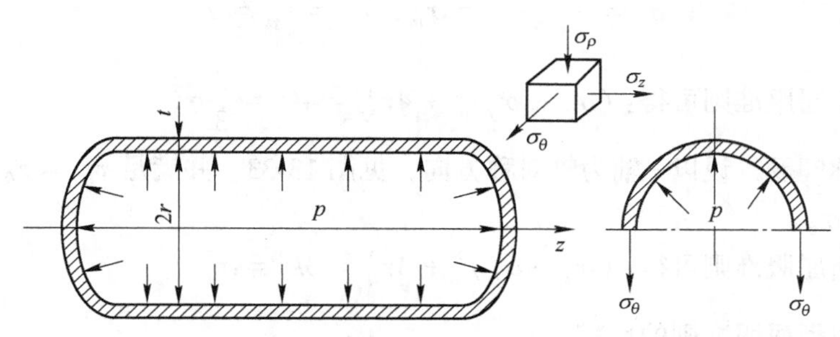

图 14-2 两端封闭的薄壁圆筒受力及应力分析

解：如图 14-2 所示，沿 z 轴的法线方向用假想截面把两端封闭的薄壁圆筒切开，得到轴向应力 σ_z；沿 z 轴方向用假想截面把两端封闭的薄壁圆筒切开，得到环向应力 σ_θ。

根据静力平衡条件

$$\sigma_z = \frac{p\pi r^2}{2\pi rt} = \frac{pr}{2t}$$

$$\sigma_\theta = \frac{p \cdot 2r}{2t} = \frac{pr}{t}$$

质点应力状态
$$\boldsymbol{\sigma}_{ij} = \begin{pmatrix} \sigma_\theta & 0 & 0 \\ 0 & \sigma_z & 0 \\ 0 & 0 & \sigma_\rho \end{pmatrix}$$

当径向应力 σ_ρ 处于薄壁圆筒的外表面时，$\sigma_\rho = 0$；当处于内表面时，$\sigma_\rho = -p$。内表面径向应力为压应力，首先发生屈服。由屈雷斯加屈服准则可知：

$$\sigma_1 - \sigma_3 = \sigma_s$$

$$\sigma_\theta - \sigma_\rho = \sigma_s$$

$$\frac{pr}{t} + p = \sigma_s$$

$$p = \frac{t}{r + t}\sigma_s$$

由米塞斯屈服准则可知：

$$(\sigma_1 - \sigma_2)^2 + (\sigma_2 - \sigma_3)^2 + (\sigma_3 - \sigma_1)^2 = 2\sigma_s^2$$

$$(\sigma_\theta - \sigma_z)^2 + (\sigma_z - \sigma_\rho)^2 + (\sigma_\rho - \sigma_\theta)^2 = 2\sigma_s^2$$

$$\left(\frac{pr}{t} - \frac{pr}{2t}\right)^2 + \left(\frac{pr}{2t} + p\right)^2 + \left(-p - \frac{pr}{t}\right)^2 = 2\sigma_s^2$$

$$p = \frac{2t}{\sqrt{3r^2 + 6rt + 4t^2}}\sigma_s$$

【例 14-2】 针对平面应变问题与轴对称问题，试列出屈服准则的表达式。

解：针对平面应变问题，以 xoy 建立平面坐标系，则垂直 xoy 坐标面的 z 方向的所有应变分量为零，后面的讨论将会证明，z 轴方向只存在主应力，且为平均应力，即

$$\sigma_z = \frac{\sigma_x + \sigma_y}{2} = \sigma_m,\ \tau_{xz} = \tau_{yz} = 0$$

根据米塞斯屈服准则可得：$(\sigma_x - \sigma_y)^2 + 4\tau_{xy}^2 = 4k^2 = \frac{2}{3}\sigma_s^2$

针对轴对称问题，设以 z 轴为轴对称方向，见图 13-33，并满足 $\tau_{\rho\theta} = \tau_{\theta z} = 0$，很多情况下，取 $\sigma_\rho = \sigma_\theta$。

根据米塞斯屈服准则可得：$(\sigma_z - \sigma_\rho)^2 + 3\tau_{z\rho}^2 = 3k^2 = \sigma_s^2$

四、两个典型屈服准则的比较

屈雷斯加屈服准则与米塞斯屈服准则从不同角度对材料的屈服做出了力学判断。下面就两者的异同进行比较。

（一）两个屈服准则的统一表达式

为了便于两个屈服准则的比较，以主应力状态建立屈服准则，并设 $\sigma_1 \geqslant \sigma_2 \geqslant \sigma_3$。中间主应力 σ_2 引入罗德（W. Lode）应力参数 μ_σ，见式（13-51）。

则中间主应力

$$\sigma_2 = \frac{\sigma_1 + \sigma_3}{2} + \mu_\sigma \frac{\sigma_1 - \sigma_3}{2}$$

$$\mu_\sigma = \frac{\frac{\sigma_1 + \sigma_3}{2} - \sigma_2}{\frac{\sigma_1 - \sigma_3}{2}}$$

式中，$\mu_\sigma \in [-1, 1]$。

将米塞斯屈服准则的数学表达式（14-19）进行简化，整理得

$$\sigma_1 - \sigma_3 = \frac{2}{\sqrt{3 + \mu_\sigma^2}}\sigma_s$$

令

$$\beta = \frac{2}{\sqrt{3 + \mu_\sigma^2}}$$

式中　β——中间主应力影响系数。

则米塞斯屈服准则的数学表达式可改写成

$$\sigma_1 - \sigma_3 = \beta\sigma_s \tag{14-23}$$

式中，$\beta = 1 \sim 1.155$。

米塞斯屈服准则的数学表达式（14-19）与屈雷斯加屈服准则的数学表达式（14-15）相比，等式右边相差系数 β。$\beta = 1$ 时两个屈服准则的数学表达式相同，$\beta = 1.155$ 时两个屈服准则差别最大。米塞斯屈服准则考虑了中间主应力的影响。

可以分析，当受单向应力状态时，两个屈服准则的数学表达式相同；当受纯剪切应力状态或处于平面应变状态时，两个屈服准则的数学表达式差别最大。

引入了中间主应力影响系数后，两个屈服准则可以写成统一数学表达式：

$$\sigma_{max} - \sigma_{min} = \beta\sigma_s$$

或
$$\sigma_{max} - \sigma_{min} = 2k \tag{14-24}$$

式中 σ_{max}，σ_{min}——最大主应力、最小主应力，MPa；

k——剪切屈服极限，$k = 0.5 \sim 0.577\sigma_s$。

（二）屈服表面与屈服轨迹

材料的屈服准则通过建立主应力空间来进行几何分析。主应力空间是以主应力为坐标轴建立坐标系。坐标系内任一质点 P 的坐标 $(\sigma_1, \sigma_2, \sigma_3)$ 代表主应力状态，见图 14-3。

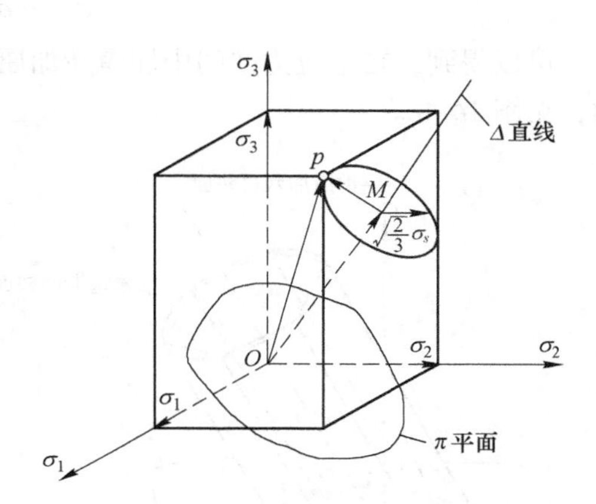

图 14-3 主应力空间

为方便材料屈服准则的几何分析，设定特定直线和特定平面。

特定直线称 Δ 直线：在主应力空间中从坐标原点出发与主应力成等倾角的直线。

Δ 直线方程：
$$\sigma_1 = \sigma_2 = \sigma_3 \tag{14-25}$$

由此可以看出，落在 Δ 直线的应力质点处于球应力状态。

特定平面称 π 平面：在主应力空间中过坐标原点与 Δ 直线为法线的平面。

π 平面方程：
$$\sigma_1 + \sigma_2 + \sigma_3 = 0 \tag{14-26}$$

由此可以看出，落在 π 平面上的应力质点处于偏应力状态。

任一质点 P 可以沿 Δ 直线与 π 平面进行分解。即

$$OP = OM + MP$$

$$|OP|^2 = \sigma_1^2 + \sigma_2^2 + \sigma_3^2$$

$$|OM|^2 = \frac{1}{3}(\sigma_1 + \sigma_2 + \sigma_3)^2$$

则
$$|MP| = \sqrt{|OP|^2 - |OM|^2}$$

$$= \sqrt{\sigma_1^2 + \sigma_2^2 + \sigma_3^2 - \frac{1}{3}(\sigma_1 + \sigma_2 + \sigma_3)^2}$$

$$= \sqrt{\frac{1}{3}[(\sigma_1 - \sigma_2)^2 + (\sigma_2 - \sigma_3)^2 + (\sigma_3 - \sigma_1)^2]}$$

$$= \sqrt{\frac{2}{3}}\sigma_e \tag{14-27}$$

根据式（14-23）米塞斯屈服准则，$\sigma_e = \sigma_s$

则
$$|MP| = \sqrt{\frac{2}{3}}\sigma_s$$

由此，米塞斯屈服准则是以 Δ 直线为轴线，以 $\sqrt{\frac{2}{3}}\sigma_s$ 为半径的圆柱面构成的屈服表

面。见图 14-4a，凡应力质点落在圆柱面上，材料发生屈服。应力质点在圆柱面内，物体处于弹性变形状态。

同理，屈雷斯加屈服准则的数学表达式（14-15）转化的方程为

$$\begin{aligned} \sigma_1 - \sigma_2 &= \pm\sigma_s \\ \sigma_2 - \sigma_3 &= \pm\sigma_s \\ \sigma_3 - \sigma_1 &= \pm\sigma_s \end{aligned} \tag{14-28}$$

可以得到，在主应力空间中屈雷斯加屈服表面是一个内接于米塞斯圆柱面的正六棱柱面，见图 14-4a。

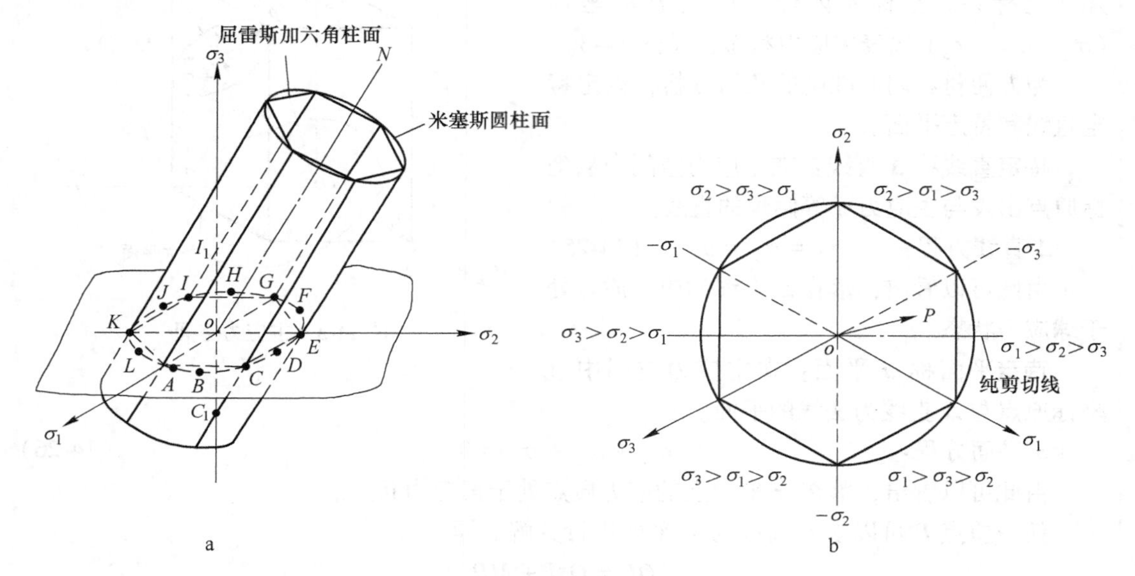

图 14-4　屈服准则的图示
a—主应力空间的屈服表面；b—π 平面上的屈服轨迹

屈服表面的几何意义在于，当主应力空间中的一点应力状态所表达的向量端点位于屈服表面上，则该点处于塑性状态；若端点位于屈服表面内部，则该点处于弹性状态。

两个屈服表面与 π 平面的交线称为 π 平面上的屈服轨迹。米塞斯屈服轨迹是以坐标原点为中心，半径为 $\sqrt{\frac{2}{3}}\sigma_s$ 的圆；屈雷斯加屈服轨迹是米塞斯屈服轨迹的内接正六边形。三根应力主轴在 π 平面上的投影互为 120°，见图 14-4b。如果标现出负向投影时，就把 π 平面上的屈服轨迹等分成 60°角六个区间，每个区间内应力大小次序互不相同。三根主轴线上的点表示单向应力状态，交点处两屈服准则相同，与应力主轴成 30°角的分割线上纯剪切应力状态，两屈服准则差别最大。

（三）屈服准则的实验验证

上述两个屈服准则是否正确，还要通过实验验证。

1926 年，罗德（W. Lode）用铜、铁、镍等薄壁管承受轴向拉力 p 加内压力 p 进行实验。他分析了中间主应力对材料屈服的影响并引入罗德参数。

当规定 $\sigma_1 \geqslant \sigma_2 \geqslant \sigma_3$ 时，

屈雷斯加屈服准则的数学表达式：
$$\frac{\sigma_1 - \sigma_3}{\sigma_s} = 1 \tag{14-29}$$

米塞斯屈服准则的数学表达式：
$$\frac{\sigma_1 - \sigma_3}{\sigma_s} = \beta = 1 \sim 1.155 \tag{14-30}$$

实验结果见图 14-5。

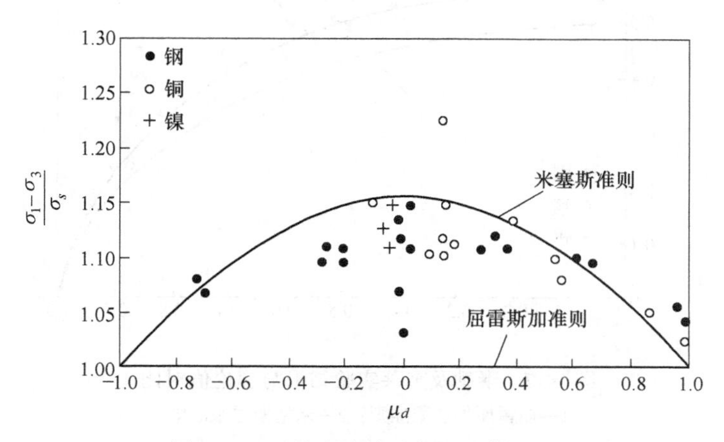

图 14-5 罗德实验结果与理论值对比

实验结果表明，米塞斯屈服准则比较符合。

1931 年，泰勒（Taylor）及奎莱（Quinney）用铜、铝、钢等薄壁管承受轴向拉力 p 加扭转力矩 M 做实验，见图 14-6。

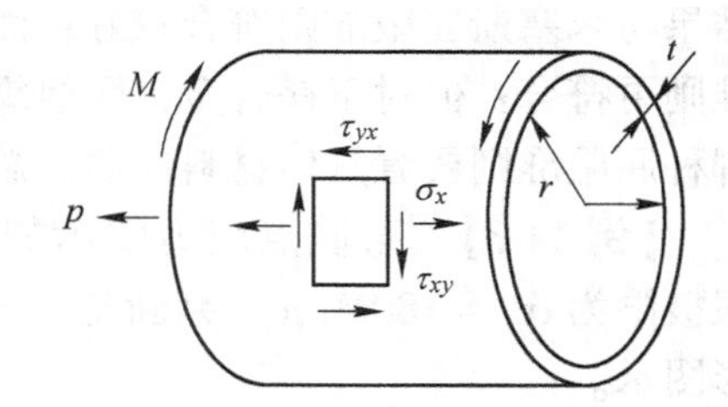

图 14-6 薄壁管承受轴向拉力加扭转实验

其受力物体质点的应力状态：

$$\boldsymbol{\sigma}_{ij} = \begin{pmatrix} \sigma_x & \tau_{xy} \\ \tau_{yx} & 0 \end{pmatrix}$$

设薄壁管直径为 d，壁厚为 t，则

$$\sigma_x = \frac{P}{2\pi rt}$$

$$\tau_{xy} = \frac{M}{0.2[d^3 - (d - 2t)^3]}$$

借助应力莫尔圆可求得主应力状态：

$$\sigma_1 = \frac{\sigma_x}{2} + \sqrt{\frac{\sigma_x^2}{4} + \tau_{xy}^2}$$

$$\sigma_2 = 0$$

$$\sigma_3 = \frac{\sigma_x}{2} - \sqrt{\frac{\sigma_x^2}{4} + \tau_{xy}^2} \tag{14-31}$$

将式（14-31）代入式（14-15）及式（14-19）中，得到

屈雷斯加屈服准则：
$$\left(\frac{\sigma_x}{\sigma_s}\right)^2 + 4\left(\frac{\tau_{xy}}{\sigma_s}\right)^2 = 1 \tag{14-32}$$

米塞斯屈服准则：
$$\left(\frac{\sigma_x}{\sigma_s}\right)^2 + 3\left(\frac{\tau_{xy}}{\sigma_s}\right)^2 = 1 \tag{14-33}$$

实验结果见图 14-7。

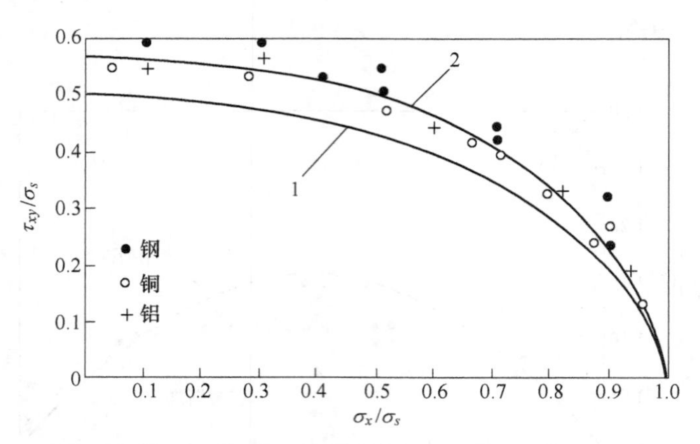

图 14-7 泰勒及奎莱实验结果与理论值对比
1—屈雷斯加屈服准则；2—米塞斯屈服准则

实验结果同样表明，米塞斯屈服准则比较符合。

需要说明的是，一般韧性材料（如铜、镍、铝、中碳钢、铝合金、铜合金等）实验结果与米塞斯屈服准则符合较好；然而，有些材料（如退火软钢），似乎与屈雷斯加屈服准则更符合；但对于镁合金，因组织不稳定等因素，适合哪种准则尚无定论。因此，符合哪种屈服准则要看具体材料性质。总的来说，多数金属符合米塞斯屈服准则。

【例 14-3】 某质点应力图示如图 14-8 所示，材料屈服极限为 σ_s = 180MPa，判断是否进入塑性状态，画出变形图示。

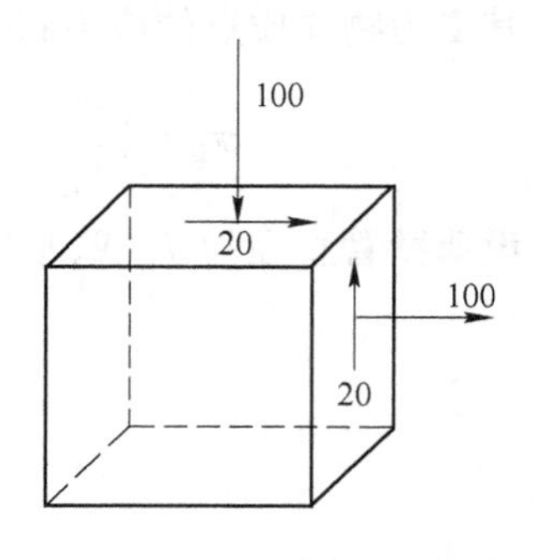

图 14-8 某质点的应力图示（单位：MPa）

解：图 14-8 为平面应力状态

$$\boldsymbol{\sigma}_{ij} = \begin{pmatrix} 100 & 20 \\ 20 & -100 \end{pmatrix}$$

根据平面应力莫尔圆求解主应力，并给出主应力大小顺序：

$$\sigma_{1,3} = \frac{100 - 100}{2} \pm \sqrt{\left(\frac{100 + 100}{2}\right)^2 + 20^2}$$
$$= \pm 101.98\text{MPa}$$

$$\sigma_2 = 0$$

根据屈雷斯加屈服准则：

$$\sigma_1 - \sigma_3 = 203.96\text{MPa} > \sigma_s$$

材料发生屈服或不存在，根据米塞斯屈服准则：

$$
\begin{aligned}
&(\sigma_x-\sigma_y)^2+(\sigma_y-\sigma_z)^2+(\sigma_x-\sigma_z)^2+6(\tau_{xy}^2+\tau_{yz}^2+\tau_{zx}^2)\\
&=(100+100)^2+(-100)^2+100^2+6\times 20^2\\
&=62400<2\sigma_s^2=64800
\end{aligned}
$$

材料未发生屈服，质点的主应力状态：

$$
\boldsymbol{\sigma}_{ij}=\begin{pmatrix}101.98 & 0 & 0\\ 0 & 0 & 0\\ 0 & 0 & -101.98\end{pmatrix}
$$

因平均应力 $\sigma_m=0$，因此，上述应力状态也是主偏应力状态，其应变图示为平面应变图示，见图 13-27b。

五、强化材料的屈服准则简介

以上讨论的屈服准则只适用于各向同性的理想塑性材料。对于应变硬化材料或称强化材料，可以认为初始屈服仍服从前述准则，塑性变形继续进行时，后续屈服准则将发生变化。

后续的瞬时屈服轨迹的变化复杂，为简化起见，假设材料各向同性硬化，即：

（1）材料硬化后仍然保持各向同性。

（2）材料硬化后屈服轨迹的中心位置和形状都不变，它们在 π 平面上仍然是以原点为中心的对称封闭曲线，其大小是随着变形的进行而不断地扩大，组成一系列不断向外扩展的同心相似图形，如图 14-9 所示。

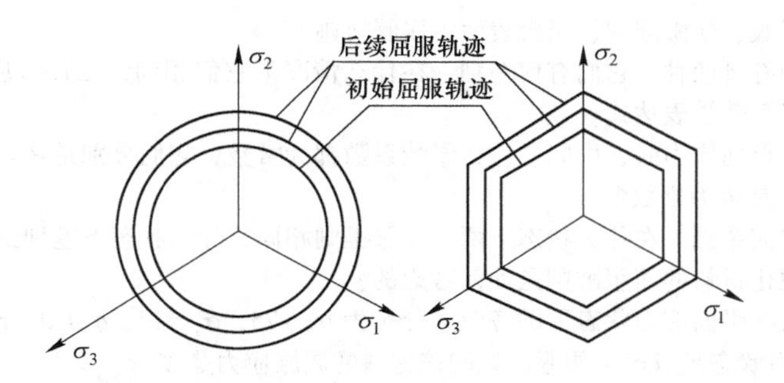

图 14-9 各向同性应变硬化材料的后续屈服轨迹

如果把前述屈服准则统一写成 $f(\boldsymbol{\sigma}_{ij})=C$ 的形式，则屈服轨迹的中心位置和形状是由应力状态函数 $f(\boldsymbol{\sigma}_{ij})$ 所确定的，而常数 $C(C=\boldsymbol{\sigma}_s$ 或 $k)$ 决定了轨迹的大小。根据上述假设，各向同性硬化材料的屈服准则可以用同样的函数 $f(\boldsymbol{\sigma}_{ij})$ 来表示，但此时等式右边的常数 C 改变成随变形程度而改变的变量。设这一变量用 Y（材料为理想刚塑性材料时，$Y=C$）表示。则各向同性硬化材料和理想刚塑性材料的屈服准则都可表示为：

$$
f(\boldsymbol{\sigma}_{ij})=Y \tag{14-34}
$$

关于 Y 的变化规律，目前有两种假设，第一种假设为单一曲线假设，根据这种假设，Y 只是等效应变 ε_e 的函数。这一函数只取决于材料性质，与应力状态无关。因此，可以用单向拉伸等比较简单的实验确定。这时的 Y 实际上就是流动应力或称变形抗力，这种假设在简单加载条件和某些非简单加载条件下已被证明是正确的；由于这种假设使用方便，所以尽管不能被更多的实验所证实，但仍得到广泛应用。第二种假设是"能量条件"，即认为材料的硬化过程只取决于变形过程中塑性变形功，与应力状态和加载路线无关。因此，Y 是塑性变形功的函数。这一假设得到较多实验证明，更具有普遍意义，但比较复杂，使用不够方便。

对于应变硬化材料，应力状态有三种情况：

（1）当 $df = \frac{\partial f}{\partial \boldsymbol{\sigma}_{ij}} d\boldsymbol{\sigma}_{ij} > 0$ 时，为加载，表示应力状态由初始屈服表面向外移动，发生了塑性流动。

（2）当 $df = \frac{\partial f}{\partial \boldsymbol{\sigma}_{ij}} d\boldsymbol{\sigma}_{ij} = 0$ 时，表示应力状态保持在屈服表面上移动，对于应变硬化材料来说，既不会产生塑性流动，也不会发生弹性卸载，为中性变载，即应变硬化材料变载。

（3）当 $df = \frac{\partial f}{\partial \boldsymbol{\sigma}_{ij}} d\boldsymbol{\sigma}_{ij} < 0$ 时，为卸载，表示应力由初始屈服表面向内移动，产生了弹性卸载。

对于理想塑性材料，$df=0$ 时，塑性流动继续，仍为加载，不会出现 $df>0$ 的情况。当 $df<0$ 时，表示弹性应力状态。

习　题

14-1　什么是塑性、屈服、屈服准则、屈服表面、屈服轨迹？

14-2　常用的屈服准则有哪两种，它们有何差别，在什么情况下它们相同，在什么应力状态下它们差别最大？分别写出其数学表达式。

14-3　已知平面应变、单向应力时，中间主应力影响系数都为常数，它们分别是 $\beta = 1.155$、$\beta = 1$，试分析平面应力时 β 是否为常数？

14-4　两个屈服准则有何差别，在什么状态下两个屈服准则相同，什么状态下差别最大？

14-5　对各向同性的硬化材料的屈服准则是如何考虑的？

14-6　某理想塑性材料在平面应力状态下的各应力分量为 $\sigma_x=75$，$\sigma_y=15$，$\sigma_z=0$，$\tau_{xy}=15$（应力单位为MPa)，若该应力状态足以产生屈服，试问该材料的屈服应力是多少？

14-7　试证明 Mises 屈服准则可用主应力偏量表达为

$$\sqrt{\frac{3}{2}(\sigma_1'^2 + \sigma_2'^2 + \sigma_3'^2)} = \sigma_s$$

14-8　一个直径为50mm 的圆柱形试样，在无摩擦的光滑平板间镦粗，当总压力到达 628kN 时，试样屈服，现设在圆柱体周围方向上加 10MPa 的压力，试求试样屈服时所需的总压力。

14-9　试分别用 Tresca 和 Mises 屈服准则判断下列应力状态是否存在？如果存在，应力使材料处于弹性变形状态还是塑性变形状态（材料为理想塑性材料)。

(1) $\boldsymbol{\sigma}_{ij} = \begin{pmatrix} \sigma_s & 0 & 0 \\ 0 & 0 & 0 \\ 0 & 0 & \sigma_s \end{pmatrix}$　　(2) $\boldsymbol{\sigma}_{ij} = \begin{pmatrix} 1.2\sigma_s & 0 & 0 \\ 0 & 0.1\sigma_s & 0 \\ 0 & 0 & 0 \end{pmatrix}$

(3) $\boldsymbol{\sigma}_{ij} = \begin{pmatrix} -\sigma_s & 0 & 0 \\ 0 & -0.5\sigma_s & 0 \\ 0 & 0 & -1.5\sigma_s \end{pmatrix}$　　(4) $\boldsymbol{\sigma}_{ij} = \begin{pmatrix} 0 & 0.45\sigma_s & 0 \\ 0.45\sigma_s & 0 & 0 \\ 0 & 0 & 0 \end{pmatrix}$

14-10 已知开始塑性变形时点的应力状态为 $\boldsymbol{\sigma}_{ij}=\begin{pmatrix}75 & 15\\15 & 15\end{pmatrix}$，试求：

(1) 主应力大小；

(2) 作为平面应力问题处理时的最大切应力和单轴向屈服应力；

(3) 作为空间应力状态处理时按 Tresca 和 Mises 屈服准则计算的单轴向屈服应力。

14-11 对于同一种材料，试用其屈服表面说明为什么具有相同的变形类型却存在不同的应力状态？

14-12 试述中间主应力对 Mises 屈服准则的简化表达式的影响。

14-13 设材料的屈服应力为 σ_s，按 Mises 屈服准则画出平面应力状态下的图形，这时双向拉应力区所能承受的最大拉应力为多大？

14-14 写出平面应力状态、平面应变状态及轴对称应力状态的米塞斯屈服准则（塑性能量条件）的表达式，若 $\sigma_z=0, \sigma_\theta>0, \sigma_\rho<0$，这时简化的塑性条件应如何书写？

14-15 若变形体屈服时的应力状态为：

$$\boldsymbol{\sigma}_{ij}=\begin{pmatrix}-30 & 0 & 0\\0 & 23 & -3\\0 & -3 & 15\end{pmatrix}\times 10\text{MPa}$$

试分别按 Mises 和 Tresca 塑性条件计算该材料的屈服应力 σ_s 及 β 值，并分析差异大小。

14-16 两端封闭的矩形薄壁管内充入压力为 p 的高压液体。若材料的屈服应力 $\sigma_s=100\text{MPa}$，试按 Mises 塑性条件确定该管壁整个屈服时最小的 p 值为多少？（不考虑角上的影响，管材尺寸 $L\times B\times H$，壁厚 t）。

14-17 已知一外径为 ϕ30mm，壁厚为 1.5mm，长为 250mm 两端封闭的金属薄壁管，受到轴向拉伸载荷 Q 和内压力 p 的复合作用，加载过程保持 $\sigma_\varphi/\sigma_z=1$。若该材料的 $\sigma_e=1000(\varepsilon_e)^{1/3}\text{MPa}$。试求当 $\sigma_z=600\text{MPa}$ 时：

(1) 等效应变 ε_e；

(2) 所需加的 Q 与 p 值大小。

14-18 一薄壁圆管，平均半径为 r，壁厚为 t，承受内压力作用，讨论下列两种情形下 p 多大时管子开始屈服（设薄壁管相应条件下单向拉伸屈服极限 σ_s）：

(1) 管的两端是自由的；

(2) 管的两端是封闭的。

第十五章　本 构 关 系

扫码获得
数字资源

应力应变关系又称本构关系。弹性变形应力应变关系服从广义胡克（Hooke）定律，塑性变形应力应变关系不存在线性关系。但究竟是什么关系，从历史发展来看，自 1870 年圣维南（Saint-Venant）将屈雷斯加屈服准则用于平面应变问题，并提出增量应变主轴与应力主轴重合的假设，到 1943 年依留申提出小弹塑性应变理论。塑性变形应力应变关系理论分量理论与全量理论。增量理论以增量应变为基础建立增量应变与应力之间的关系，增量理论又称流动理论，与应变速率有关。全量理论以全量应变为基础建立全量应变与应力之间的关系，全量理论又称形变理论。

第一节　弹性应力应变关系

弹性变形时应力应变关系服从广义胡克定律。其应力应变关系呈线性关系。

单向应力状态时的弹性应力应变关系就是熟知的胡克定律，即：

$$\sigma_x = E\varepsilon_x \tag{15-1}$$

式中　E——弹性模量，MPa。

将它推广到一般应力状态的各向同性材料，就叫广义胡克定律。

在一般应力（应变）状态下

$$\left.\begin{aligned}
\varepsilon_x &= \frac{1}{E}[\sigma_x - \nu(\sigma_y + \sigma_z)];\ \gamma_{xy} = \frac{1}{2G}\tau_{xy} \\
\varepsilon_y &= \frac{1}{E}[\sigma_y - \nu(\sigma_x + \sigma_z)];\ \gamma_{yz} = \frac{1}{2G}\tau_{yz} \\
\varepsilon_z &= \frac{1}{E}[\sigma_z - \nu(\sigma_y + \sigma_x)];\ \gamma_{zx} = \frac{1}{2G}\tau_{zx}
\end{aligned}\right\} \tag{15-2}$$

式中　ν——泊松比；

G——弹性剪切模数，MPa，$G = \dfrac{E}{2(1+\nu)}$。

在主应力（应变）状态下

$$\left.\begin{aligned}
\varepsilon_1 &= \frac{1}{E}[\sigma_1 - \nu(\sigma_2 + \sigma_3)] \\
\varepsilon_2 &= \frac{1}{E}[\sigma_2 - \nu(\sigma_1 + \sigma_3)] \\
\varepsilon_3 &= \frac{1}{E}[\sigma_3 - \nu(\sigma_1 + \sigma_2)]
\end{aligned}\right\} \tag{15-3}$$

现对式（15-2）进行数学变换。将一般应力状态分解为球应力状态与偏应力状态。

$$\begin{aligned}\varepsilon_x &= \frac{1}{E}[\sigma_x - \nu(\sigma_y + \sigma_z)] \\ &= \frac{1}{E}[(1+\nu)\sigma_x - 3\nu\sigma_m] \\ &= \frac{1}{E}[(1+\nu)(\sigma_m + \sigma'_x) - 3\nu\sigma_m] \\ &= \frac{1-2\nu}{E}\sigma_m + \frac{1}{2G}\sigma'_x\end{aligned}$$

同理可得：

$$\varepsilon_y = \frac{1-2\nu}{E}\sigma_m + \frac{1}{2G}\sigma'_y$$

$$\varepsilon_z = \frac{1-2\nu}{E}\sigma_m + \frac{1}{2G}\sigma'_z$$

因此，广义胡克定律可以改写为

$$\boldsymbol{\varepsilon}_{ij} = \frac{1-2\nu}{E}\sigma_m\boldsymbol{\delta}_{ij} + \frac{1}{2G}\boldsymbol{\sigma}'_{ij} \tag{15-4}$$

由式（15-4）可知，质点的变形由球应力状态引起的体积变化与偏应力状态引起的形状改变组成，即：

$$\begin{aligned}\boldsymbol{\varepsilon}_{ij} &= \varepsilon_m\boldsymbol{\delta}_{ij} + \boldsymbol{\varepsilon}'_{ij} \\ \varepsilon_m &= \frac{1-2\nu}{E}\sigma_m \\ \boldsymbol{\varepsilon}'_{ij} &= \frac{1}{2G}\boldsymbol{\sigma}'_{ij}\end{aligned} \tag{15-5}$$

式中　ε_m——平均应变，与物体体积变化即体积应变（$\theta = 3\varepsilon_m$）有关，当 $\nu = 0.5$ 时，体积变化为零；

$\boldsymbol{\varepsilon}'_{ij}$——偏应变状态，与物体形状改变有关。

进一步研究广义胡克定律，可以得出等效应力与弹性等效应变的关系。

引入弹性等效应变：

$$\varepsilon_e = \frac{1}{\sqrt{2}}\frac{1}{1+\nu}\sqrt{[(\varepsilon_x-\varepsilon_y)^2 + (\varepsilon_y-\varepsilon_z)^2 + (\varepsilon_z-\varepsilon_x)^2 + 6(\gamma_{xy}^2+\gamma_{yz}^2+\gamma_{xz}^2)]} \tag{15-6}$$

当 $\nu = 0.5$ 时，

$$\varepsilon_e = \frac{\sqrt{2}}{3}\sqrt{[(\varepsilon_x-\varepsilon_y)^2 + (\varepsilon_y-\varepsilon_z)^2 + (\varepsilon_z-\varepsilon_x)^2 + 6(\gamma_{xy}^2+\gamma_{yz}^2+\gamma_{xz}^2)]}$$

上式就是前面谈到式（13-101），即塑性等效应变，即满足体积不变条件。

将式（15-4）代入式（15-6）中，得到

$$\begin{aligned}\varepsilon_e &= \frac{1}{\sqrt{2}}\frac{1}{1+\nu}\frac{1}{2G}\sqrt{[(\sigma_x-\sigma_y)^2 + (\sigma_y-\sigma_z)^2 + (\sigma_z-\sigma_x)^2 + 6(\tau_{xy}^2+\tau_{yz}^2+\tau_{xz}^2)]} \\ &= \frac{1}{E}\sigma_e\end{aligned}$$

式中　σ_e——等效应力。

$$\sigma_e = \frac{1}{\sqrt{2}}\sqrt{[(\sigma_x - \sigma_y)^2 + (\sigma_y - \sigma_z)^2 + (\sigma_z - \sigma_x)^2 + 6(\tau_{xy}^2 + \tau_{yz}^2 + \tau_{xz}^2)]}$$

则广义胡克定律可以表达为：

$$\sigma_e = E\varepsilon_e \tag{15-7}$$

式（15-7）与式（15-1）形式相同。反映了复杂应力（应变）状态下的弹性应力应变关系，用等效应力与弹性等效应变取代单向应力状态下的应力应变关系。

通过上述分析，弹性应力应变关系有如下特点：

（1）平均应力与体积应变成正比；

（2）应力偏张量与应变偏张量成正比；

（3）应力主轴与应变主轴重合；

（4）等效应力与弹性等效应变成正比。

第二节　塑性应力应变关系

研究发现，材料产生塑性变形时，应变与应力关系有以下特点：

（1）塑性变形不可恢复，是不可逆的关系，与应变历史有关，即应力与应变关系不再保持单值关系。

（2）塑性变形时，认为体积不变，即体积应变为零，泊松比 $\nu = 0.5$。

（3）应力应变之间关系是非线性关系，因此，全量应变主轴与应力主轴不一定重合。

（4）对于硬化材料，卸载后再重新加载，其屈服应力就是卸载后的屈服应力，比初始屈服应力要高。

图 15-1 为单向拉伸应力应变关系曲线，在弹性范围内，应变只取决于当时的应力，反之亦然。如 σ_c 总是对应 ε_c，不管 σ_c 是加载而得还是由 σ_d 卸载而得。在塑性范围内，若是理想塑性材料（图 15-1 中的虚线），则同一 σ_s 可以对应任何应变；如是硬化材料，则由 σ_s 加载到 σ_f，对应的应变为 ε_f，如由 σ_f 卸载到 σ_e，则应变为 ε_f'，即塑性变形时，应力与应变关系不再保持单值关系。

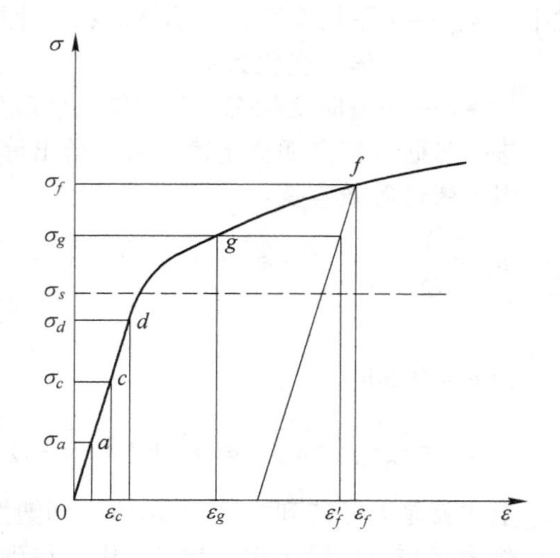

图 15-1　单向拉伸应力应变关系曲线

从单向拉伸实验可以看到，屈服后加载才有新的塑性变形发生。是一直加载还是加载、卸载、再加载？这里存在一个路径问题，也即应力点在应力空间或 π 平面变动的轨迹问题。不同的路径或者变形历史会产生不同的塑性变形。以金属薄壁管拉扭复合作用为例。设其屈服曲面如图 15-2 所示。路径 1 为 $OACE$，先拉伸至 C 点，然后扭矩逐步增大，拉力逐步减小，使应力点沿CE变载至E点。这时总的塑性变形为ε_C^P。路径2为OFE，从原点加载路径F点到达E点，塑性变形为（ε_E^P，γ_E^P）。尽管路径1与路径2都有相同的最终应力状态，但产生的塑性变形不相同。因此，欲求σ-ε关系，就必须弄清是哪条路径下的σ-ε关系。

加载路径可分成简单加载和复杂加载两大类。简单加载是指单元体的应力张量各分量之间的比值保持不变，按同一参量单调增长。不满足上述条件的为复杂加载。很明显，简单加载路径在应力空间中为一条直线，质点不同时刻下应力主轴保持不变，见图15-2中的OFE。

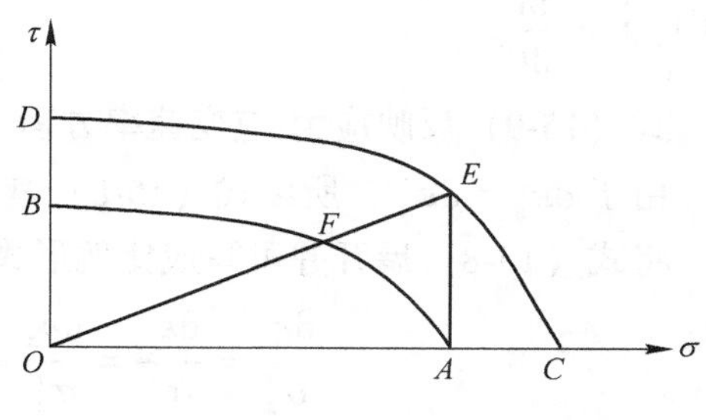

图15-2　不同路径下的变形

第三节　塑性变形的增量理论

塑性变形时的增量理论是建立加载任一瞬时增量应变与对应的应力关系的理论，或应变速率与应力关系的理论，应变速率与塑性流动有关，因此，增量理论又称流动理论。圣维南（Saint-Venant）早在1870年就提出在一般加载条件下应力主轴和增量应变主轴相重合，而不是与全量应变主轴相重合的见解，并发表了应力-应变速率（塑性流动）方程。列维（M. Levy）于1871年提出三维情况下增量应变分量与对应的应力偏量分量呈比例的假设，1913年米塞斯（Von. Mises）独立地提出了与列维相同的方程，它服从米塞斯屈服准则。后来称之为列维-米塞斯（Levy-Mises）增量理论，它适用于理想刚塑性材料。普朗特（L. Prandtl）于1924年提出了平面应变问题的理想弹塑性体的增量理论，1931年路埃斯（A. Reuss）推广至一般应力状态，后称作普朗特-路埃斯（Prandtl-Reuss）增量理论。现在两个增量理论已推广至强化材料。

一、列维-米塞斯增量理论

列维-米塞斯增量理论建立在以下假设基础上：

（1）材料为理想刚塑性材料。

（2）材料的屈服符合米塞斯塑性准则，即：$\sigma_e=\sigma_s$。

（3）塑性变形时体积不变，即：

$$\mathrm{d}\varepsilon_x+\mathrm{d}\varepsilon_y+\mathrm{d}\varepsilon_z=\mathrm{d}\varepsilon_1+\mathrm{d}\varepsilon_2+\mathrm{d}\varepsilon_3=0$$

即增量应变张量就是增量应变偏张量，即：

$$\mathrm{d}\boldsymbol{\varepsilon}_{ij}=\mathrm{d}\boldsymbol{\varepsilon}'_{ij}$$

因此：

（4）每一加载瞬间，增量应变主轴与偏应力主轴或应力主轴相重合。

（5）应变增量与应力偏张量成正比，即：

$$\mathrm{d}\boldsymbol{\varepsilon}_{ij}=\boldsymbol{\sigma}'_{ij}\mathrm{d}\lambda \tag{15-8}$$

式中　$\mathrm{d}\lambda$——正的瞬时常数，它在加载过程中是变化的。卸载时，$\mathrm{d}\lambda=0$。

式（15-8）称为列维-米塞斯方程。

若对式（15-8）两边同除以时间 $\mathrm{d}t$，可得

$$\dot{\varepsilon}_{ij}=\sigma'_{ij}\dot{\lambda} \tag{15-9}$$

式中，$\dot{\lambda}=\dfrac{\mathrm{d}\lambda}{\mathrm{d}t}$。

式（15-9）反映应力-应变速率方程，又称圣维南流动方程。

由于 $\mathrm{d}\varepsilon_{ij}=\mathrm{d}\varepsilon'_{ij}$，所以式（15-8）其形式与广义胡克定律式（15-5）相似。

将式（15-8）展开并可写成比例形式和差比形式：

$$\frac{\mathrm{d}\varepsilon_x}{\sigma'_x}=\frac{\mathrm{d}\varepsilon_y}{\sigma'_y}=\frac{\mathrm{d}\varepsilon_z}{\sigma'_z}=\frac{\mathrm{d}\gamma_{xy}}{\tau_{xy}}=\frac{\mathrm{d}\gamma_{yz}}{\tau_{yz}}=\frac{\mathrm{d}\gamma_{xz}}{\tau_{xz}}=\mathrm{d}\lambda \tag{15-10a}$$

$$\frac{\mathrm{d}\varepsilon_x-\mathrm{d}\varepsilon_y}{\sigma_x-\sigma_y}=\frac{\mathrm{d}\varepsilon_y-\mathrm{d}\varepsilon_z}{\sigma_y-\sigma_z}=\frac{\mathrm{d}\varepsilon_z-\mathrm{d}\varepsilon_x}{\sigma_z-\sigma_x}=\mathrm{d}\lambda \tag{15-10b}$$

用主应力或主增量应变表达：

$$\frac{\mathrm{d}\varepsilon_1-\mathrm{d}\varepsilon_2}{\sigma_1-\sigma_2}=\frac{\mathrm{d}\varepsilon_2-\mathrm{d}\varepsilon_3}{\sigma_2-\sigma_3}=\frac{\mathrm{d}\varepsilon_1-\mathrm{d}\varepsilon_3}{\sigma_1-\sigma_3}=\mathrm{d}\lambda \tag{15-10c}$$

为确定比例系数 $\mathrm{d}\lambda$，将式（15-10b）写成三个等式，并两边平方，得：

$$\left.\begin{aligned}(\mathrm{d}\varepsilon_x-\mathrm{d}\varepsilon_y)^2&=(\sigma_x-\sigma_y)^2\mathrm{d}\lambda^2\\(\mathrm{d}\varepsilon_y-\mathrm{d}\varepsilon_z)^2&=(\sigma_y-\sigma_z)^2\mathrm{d}\lambda^2\\(\mathrm{d}\varepsilon_z-\mathrm{d}\varepsilon_z)^2&=(\sigma_z-\sigma_x)^2\mathrm{d}\lambda^2\end{aligned}\right\} \tag{a}$$

再将式（15-10a）脚标 $i\neq j$ 中的三个等式两边平方后再乘以 6，可得：

$$\left.\begin{aligned}6\mathrm{d}\gamma_{xy}^2&=6\tau_{xy}^2\mathrm{d}\lambda^2\\6\mathrm{d}\gamma_{yz}^2&=6\tau_{zy}^2\mathrm{d}\lambda^2\\6\mathrm{d}\gamma_{xz}^2&=6\tau_{xz}^2\mathrm{d}\lambda^2\end{aligned}\right\} \tag{b}$$

将式（a）与式（b）相加得：

$$\begin{aligned}&(\mathrm{d}\varepsilon_x-\mathrm{d}\varepsilon_y)^2+(\mathrm{d}\varepsilon_y-\mathrm{d}\varepsilon_z)^2+(\mathrm{d}\varepsilon_z-\mathrm{d}\varepsilon_x)^2+6(\mathrm{d}\gamma_{xy}^2+\mathrm{d}\gamma_{yz}^2+\mathrm{d}\gamma_{xz}^2)\\&=\mathrm{d}\lambda^2[(\sigma_x-\sigma_y)^2+(\sigma_y-\sigma_z)^2+(\sigma_z-\sigma_x)^2+6(\tau_{xy}^2+\tau_{yz}^2+\tau_{xz}^2)]\\&=\mathrm{d}\lambda^2\times2\sigma_e^2\end{aligned} \tag{c}$$

根据式（13-101）塑性等效应变引入塑性等效增量应变表达式：

$$\mathrm{d}\varepsilon_e=\frac{\sqrt{2}}{3}\sqrt{(\mathrm{d}\varepsilon_x-\mathrm{d}\varepsilon_y)^2+(\mathrm{d}\varepsilon_y-\mathrm{d}\varepsilon_z)^2+(\mathrm{d}\varepsilon_z-\mathrm{d}\varepsilon_x)^2+6(\mathrm{d}\gamma_{xy}^2+\mathrm{d}\gamma_{yz}^2+\mathrm{d}\gamma_{xz}^2)}$$

式中　$\mathrm{d}\varepsilon_e$——塑性等效增量应变。

则式（c）改写为：

$$\frac{9}{2}\mathrm{d}\varepsilon_e^2=2\sigma_e^2\mathrm{d}\lambda^2$$

根据米塞斯塑性准则，$\sigma_e=\sigma_s$

经整理可得：

$$\mathrm{d}\lambda=\frac{3}{2}\frac{\mathrm{d}\varepsilon_e}{\sigma_s} \tag{15-11}$$

$$\dot{\lambda} = \frac{3}{2}\frac{\dot{\varepsilon}_e}{\sigma_s} \tag{15-12}$$

式中　$\dot{\varepsilon}_e$——等效应变速率。

$$\dot{\varepsilon} = \frac{\sqrt{2}}{3}\sqrt{(\dot{\varepsilon}_x - \dot{\varepsilon}_y)^2 + (\dot{\varepsilon}_y - \dot{\varepsilon}_z)^2 + (\dot{\varepsilon}_z - \dot{\varepsilon}_x)^2 + 6(\dot{\gamma}_{xy}^2 + \dot{\gamma}_{yz}^2 + \dot{\gamma}_{xz}^2)}$$

将式（15-11）和 $\sigma_m = \frac{1}{3}(\sigma_x + \sigma_y + \sigma_z)$ 代入式（15-8），可得类似广义胡克定律的形式：

$$\left.\begin{aligned}
\mathrm{d}\varepsilon_x &= \frac{\mathrm{d}\varepsilon_e}{\sigma_s}\left(\sigma_x - \frac{1}{2}(\sigma_y + \sigma_z)\right)\\
\mathrm{d}\varepsilon_y &= \frac{\mathrm{d}\varepsilon_e}{\sigma_s}\left(\sigma_y - \frac{1}{2}(\sigma_z + \sigma_x)\right)\\
\mathrm{d}\varepsilon_z &= \frac{\mathrm{d}\varepsilon_e}{\sigma_s}\left(\sigma_z - \frac{1}{2}(\sigma_x + \sigma_y)\right)\\
\mathrm{d}\varepsilon_{xy} &= \frac{3}{2}\frac{\mathrm{d}\varepsilon_e}{\sigma_s}\tau_{xy}\\
\mathrm{d}\varepsilon_{yz} &= \frac{3}{2}\frac{\mathrm{d}\varepsilon_e}{\sigma_s}\tau_{yz}\\
\mathrm{d}\varepsilon_{zx} &= \frac{3}{2}\frac{\mathrm{d}\varepsilon_e}{\sigma_s}\tau_{zx}
\end{aligned}\right\} \tag{15-13}$$

设 $E' = \frac{\sigma_s}{\mathrm{d}\varepsilon_e}$，$G' = \frac{1}{3}\frac{\sigma_s}{\mathrm{d}\varepsilon_e}$，称塑性模量与塑性剪切模量。

$$\left.\begin{aligned}
\mathrm{d}\varepsilon_x &= \frac{1}{E'}\left[\sigma_x - \frac{1}{2}(\sigma_y + \sigma_z)\right];\ \mathrm{d}\gamma_{xy} = \frac{1}{2G'}\tau_{xy}\\
\mathrm{d}\varepsilon_y &= \frac{1}{E'}\left[\sigma_y - \frac{1}{2}(\sigma_x + \sigma_z)\right];\ \mathrm{d}\gamma_{yz} = \frac{1}{2G'}\tau_{yz}\\
\mathrm{d}\varepsilon_z &= \frac{1}{E'}\left[\sigma_z - \frac{1}{2}(\sigma_y + \sigma_x)\right];\ \mathrm{d}\gamma_{zx} = \frac{1}{2G'}\tau_{zx}
\end{aligned}\right\} \tag{15-14}$$

由此可见，式（15-14）增量应变与应力关系类似式（15-2）广义胡克定律。

由式（15-8）或式（15-14）可以证明前面已引用的结论：

（1）平面塑性变形时，设 Z 方向无应变，则有 $\mathrm{d}\varepsilon_z = \mathrm{d}\gamma_{xz} = \mathrm{d}\gamma_{yz} = 0$，由式（15-8），得

$$\mathrm{d}\varepsilon_z = \sigma_z'\mathrm{d}\lambda = 0$$

$$\sigma_z' = 0$$

$$\sigma_z' = \sigma_z - \sigma_m = 0$$

$$\sigma_z = \sigma_m$$

$$\sigma_z = \sigma_m = \frac{1}{3}(\sigma_x + \sigma_y + \sigma_z)$$

$$\sigma_z = \frac{\sigma_x + \sigma_y}{2}$$

由式（15-14），得

$$\mathrm{d}\varepsilon_z = \frac{1}{E'}\left[\sigma_z - \frac{1}{2}(\sigma_y + \sigma_x)\right] = 0$$

$$\sigma_z = \frac{1}{2}(\sigma_x + \sigma_y)$$

而

$$\sigma_m = \frac{1}{3}(\sigma_x + \sigma_y + \sigma_z) = \frac{1}{3}\left[\sigma_x + \sigma_y + \frac{1}{2}(\sigma_x + \sigma_y)\right] = \frac{1}{2}(\sigma_x + \sigma_y) = \sigma_z$$

$$\mathrm{d}\gamma_{yz} = \frac{1}{2G'}\tau_{yz} = 0$$

$$\tau_{yz} = 0$$

同理，$\tau_{xz} = 0$。

由此可知，对于平面应变问题，垂直平面塑性流动方向的应力为主应力，且为平均应力。

（2）对于某些轴对称的问题，若有某两个应变分量的增量相等，则对应的应力偏量的增量也相等。于是，对应的应力分量也相等。如 $\mathrm{d}\varepsilon_\theta = \mathrm{d}\varepsilon_\rho$，根据式（15-8）有 $\sigma'_\theta = \sigma'_\rho$，因此有 $\sigma_\theta = \sigma_\rho$。

应当指出的是，Levy-Mises 增量理论对于理想刚塑性材料而言，若已知应力分量只能求出应变增量或应变速率各分量之间的比值，一般不能直接求出它们的值（因塑性等效增量应变未知）。若已知应变增量分量或应变速率分量，只能求出应力偏张量或应力比值，而无法求出各应力分量（因平均应力未知）。

二、普朗特-路埃斯（Prandtl-Reuss）增量理论

普朗特-路埃斯在列维-米塞斯增量理论基础发展起来，考虑弹性变形的影响。即总增量应变由弹性部分和塑性两部分组成，

$$\mathrm{d}\boldsymbol{\varepsilon}_{ij} = \mathrm{d}\boldsymbol{\varepsilon}_{ij}^p + \mathrm{d}\boldsymbol{\varepsilon}_{ij}^e \tag{a}$$

式中，上角标 e 表示弹性部分，上角标 p 表示塑性部分。

塑性增量应变可用列维-米塞斯增量理论计算：

$$\mathrm{d}\boldsymbol{\varepsilon}_{ij}^p = \boldsymbol{\sigma}'_{ij}\mathrm{d}\lambda \tag{b}$$

弹性部分服从广义胡克定律。将式（15-4）微分，可得弹性增量应变表达式：

$$\mathrm{d}\boldsymbol{\varepsilon}_{ij}^e = \frac{1}{2G}\mathrm{d}\boldsymbol{\sigma}'_{ij} + \frac{1-2\nu}{E}\mathrm{d}\sigma_m\boldsymbol{\delta}_{ij} \tag{c}$$

将式（b）、式（c）代入式（a）中得到普朗特-路埃斯方程

$$\mathrm{d}\boldsymbol{\varepsilon}_{ij} = \mathrm{d}\lambda\boldsymbol{\sigma}'_{ij} + \frac{1}{2G}\mathrm{d}\boldsymbol{\sigma}'_{ij} + \frac{1-2\nu}{E}\mathrm{d}\sigma_m\boldsymbol{\delta}_{ij} \tag{15-15}$$

或

$$\mathrm{d}\boldsymbol{\varepsilon}'_{ij} = \boldsymbol{\sigma}'_{ij}\mathrm{d}\lambda + \frac{1}{2G}\mathrm{d}\boldsymbol{\sigma}'_{ij} \tag{15-16a}$$

$$\mathrm{d}\varepsilon_m = \frac{1-2\nu}{E}\mathrm{d}\sigma_m\boldsymbol{\delta}_{ij} \tag{15-16b}$$

式中 $\mathrm{d}\boldsymbol{\varepsilon}'_{ij}$——增量应变偏量；

$\mathrm{d}\varepsilon_m$——平均增量应变。

普朗特-路埃斯增量理论与列维-米塞斯增量理论的差别就在于前者考虑了弹性变形，后者没有考虑弹性变形，实质上，可以把后者看成前者的特殊情况。列维-米塞斯增量理论仅适用于大应变，无法求弹性回跳与残余应力场问题。普朗特-路埃斯方程适用于各种情况，但由于该方程较为复杂，所以，用得还不太多，目前，它主要用于小变形及求弹性回跳与残余应力场问题。

增量理论着重指出了塑性应变增量与应力偏量之间的关系，可以理解为它是建立各瞬时应力与应变增量的变化关系，而整个变形过程可以由各瞬时应变增量累积而得。因此增量理论能表达出加载过程对变形的影响，能反映出复杂的加载状况：增量理论并没有给出卸载规律，所以这个理论仅适应于加载情况，卸载情况下仍按广义胡克定律进行。

【例 15-1】 在前述例 14-1 两端封闭的薄壁圆筒受内压力 p 的作用产生塑性变形，试确定圆筒周向、径向和轴向应变比例（设径向应力可以忽略）。

解：在上例中，已知各应力分量：

$$\sigma_z = \frac{pr}{2t},\ \sigma_\theta = \frac{pr}{t},\ \sigma_\rho = 0$$

其平均应力

$$\sigma_m = \frac{\sigma_z + \sigma_\theta + \sigma_\rho}{3} = \frac{pr}{2t}$$

由列维-米塞斯增量理论可得

$$\mathrm{d}\varepsilon_z = \sigma'_z\mathrm{d}\lambda = (\sigma_z - \sigma_m)\mathrm{d}\lambda = 0$$

$$\mathrm{d}\varepsilon_\theta = \sigma'_\theta\mathrm{d}\lambda = (\sigma_\theta - \sigma_m)\mathrm{d}\lambda = \frac{pr}{2t}\mathrm{d}\lambda$$

$$\mathrm{d}\varepsilon_\rho = \sigma'_\rho\mathrm{d}\lambda = (\sigma_\rho - \sigma_m)\mathrm{d}\lambda = -\frac{pr}{2t}\mathrm{d}\lambda$$

则圆筒周向、径向和轴向应变比例：$\mathrm{d}\varepsilon_\theta : \mathrm{d}\varepsilon_\rho : \mathrm{d}\varepsilon_z = 1 : (-1) : 0$

即为平面应变状态。

第四节 塑性变形的全量理论

前述的应力应变关系的增量理论虽然比较严密，但实际解析应用很不方便。人们更关注全量应变与应力之间的关系。1924 年，汉基（H. Hencky）针对理想塑性材料提出采用了类似列维-米塞斯增量理论的假设，提出应变偏量分量与对应的应力偏量分量呈比例。1937 年纳达依（Nadai）针对硬化材料大变形情况下的应变偏量与对应的应力偏量之间的关系进行了探讨。1943 年，依留申提出了小弹塑性变形理论。至此，塑性变形全量理论形成。

塑性变形的全量理论又称形变理论，虽然理论与严密的增量理论出现晚些，但这并不意味理论的倒退。全量理论是建立在简单加载情况下的应力与全量应变关系，在偏离加载条件不多的情况下，只要满足精度要求，全量理论实际应用仍然有效进行。

一、简单加载情况

简单加载是指单元体的应力张量各分量之间的比值保持不变，按同一参量单调增长。简单加载又称比例加载。简单加载条件下，应力主轴的方向将固定不变。由于应变主轴与应力主轴重合，所以应变主轴也将固定不变。

简单加载条件下的应力状态：

$$\boldsymbol{\sigma}_{ij} = C\boldsymbol{\sigma}_{ij}^0,\ \boldsymbol{\sigma}'_{ij} = C\boldsymbol{\sigma}'^0_{ij} \tag{15-17}$$

式中 σ_{ij}^0，σ'^0_{ij}——初始应力和初始应力偏张量；

C——变形过程单调函数。对于理想塑性材料，塑性变形阶段的 C 为常数。

二、汉基全量理论

针对理想塑性材料，汉基提出应力主轴与应变主轴同轴，塑性应变分量与对应的应力偏量分量呈比例。

$$\frac{\boldsymbol{\varepsilon}_x^p}{\boldsymbol{\sigma}'_x} = \frac{\boldsymbol{\varepsilon}_y^p}{\boldsymbol{\sigma}'_y} = \frac{\boldsymbol{\varepsilon}_z^p}{\boldsymbol{\sigma}'_z} = \frac{\gamma_{xy}^p}{\tau_{xy}} = \frac{\gamma_{yz}^p}{\tau_{yz}} = \frac{\gamma_{xz}^p}{\tau_{xz}} = \lambda \tag{15-18a}$$

式中 λ——正常数。

或

$$\boldsymbol{\varepsilon}_{ij}^p = \boldsymbol{\sigma}'_{ij}\lambda \tag{15-18b}$$

对于弹性应变部分，服从广义胡克定律，见式（15-4）。

$$\boldsymbol{\varepsilon}_{ij}^e = \frac{1-2\nu}{E}\sigma_m\boldsymbol{\delta}_{ij} + \frac{1}{2G}\boldsymbol{\sigma}'_{ij} \tag{15-18c}$$

则汉基全量应变公式：

$$\boldsymbol{\varepsilon}_{ij} = \boldsymbol{\varepsilon}_{ij}^p + \boldsymbol{\varepsilon}_{ij}^e = \frac{1-2\nu}{E}\sigma_m\boldsymbol{\delta}_{ij} + \left(\lambda + \frac{1}{2G}\right)\boldsymbol{\sigma}'_{ij} \tag{15-19}$$

或

$$\begin{cases} \boldsymbol{\varepsilon}'_{ij} = \dfrac{1}{2G'}\boldsymbol{\sigma}'_{ij} \\ \boldsymbol{\varepsilon}_m = \dfrac{1-2\nu}{E}\sigma_m \end{cases} \tag{15-20}$$

式中，$\frac{1}{2G'} = \lambda + \frac{1}{2G}$，$G'$为塑性切变模量。

三、纳达依全量理论

1937 年，纳达依（Nadai）提出了另一种全量理论。其特点：

（1）考虑强化材料，强化规律用八面体上的切应力与切应变关系来描述；

（2）考虑大变形情况，不考虑弹性变形，应变以对数应变表示；

（3）当主应变方向及比例保持不变且初始应变为零时，全量应变分量与对应的应力分量有如下关系：

$$\varepsilon_{ij} = \frac{1}{2}\frac{\gamma_8}{\tau_8}\sigma'_{ij} \tag{15-21}$$

四、依留申全量理论

1943 年，依留申（Ильюшин）将形变理论整理得更完整，并明确提出形变理论适用的范围和简单加载应满足的条件：

（1）塑性变形微小和弹性变形同一数量级；

（2）外载荷各分量按比例增加，不中途卸载；

（3）变形体不可压缩，即 $\nu=0.5$，$\varepsilon_m \equiv 0$；

（4）加载过程中，应力主轴方向与应变主轴方向固定不变，且重合；

（5）应力-应变曲线符合单一曲线假设，且呈幂指数关系 $\sigma_e = B\varepsilon_e^n$。

依留申应力应变关系：

$$\sigma'_{ij} = 2G'\varepsilon_{ij} \tag{15-22}$$

$$G' = \frac{E'}{2(1+\nu)} = \frac{E'}{3}$$

式中 E'，G'——塑性模量、塑性剪切模量。

写成比例形式和差比形式：

$$\frac{\varepsilon_x}{\sigma'_x} = \frac{\varepsilon_y}{\sigma'_y} = \frac{\varepsilon_z}{\sigma'_z} = \frac{\gamma_{xy}}{\tau_{xy}} = \frac{\gamma_{yz}}{\tau_{yz}} = \frac{\gamma_{xz}}{\tau_{xz}} = \frac{1}{2G'} \tag{15-23a}$$

$$\frac{\varepsilon_1}{\sigma_1 - \sigma_m} = \frac{\varepsilon_2}{\sigma_2 - \sigma_m} = \frac{\varepsilon_3}{\sigma_3 - \sigma_m} = \frac{1}{2G'} \tag{15-23b}$$

$$\frac{\varepsilon_x - \varepsilon_y}{\sigma_x - \sigma_y} = \frac{\varepsilon_y - \varepsilon_z}{\sigma_y - \sigma_z} = \frac{\varepsilon_x - \varepsilon_z}{\sigma_x - \sigma_z} = \frac{1}{2G'} \tag{15-23c}$$

$$\frac{\varepsilon_1 - \varepsilon_2}{\sigma_1 - \sigma_2} = \frac{\varepsilon_2 - \varepsilon_3}{\sigma_2 - \sigma_3} = \frac{\varepsilon_3 - \varepsilon_1}{\sigma_3 - \sigma_1} = \frac{1}{2G'} \tag{15-23d}$$

需要说明的是，塑性变形的全量理论仍只涉及加载情况，卸载情况仍服从广义胡克定律。小变形全量理论和增量理论是一致的。此外，一些研究表明，某些塑性加工过程，虽然与比例加载情况有一定偏离，运用全量理论仍能得到较好的计算结果。

五、塑性变形应力应变关系顺序对应规律

塑性变形时，有时很难直接求解应力应变之间的定量关系。但通过塑性成形分析，建立塑性变形应力应变间某种定性关系也是难能可贵的。为此哈尔滨工业大学王仲仁教授提出塑性变形应力应变的顺序对应规律：

塑性变形时，当主应力顺序 $\sigma_1 \geqslant \sigma_2 \geqslant \sigma_3$ 不变，且应变主轴保持不变时，则主应力顺序与主应变顺序相对应，即 $\varepsilon_1 \geqslant \varepsilon_2 \geqslant \varepsilon_3$，且 $\varepsilon_1 > 0$，$\varepsilon_3 < 0$，这称应力应变“顺序对应关系”。当中间主应力 $\sigma_2 \overset{>}{\underset{<}{=}} \frac{\sigma_1 - \sigma_3}{2}$ 关系保持不变时，相应地有 $\varepsilon_2 \overset{>}{\underset{<}{=}} 0$，称为应力应变“中间关系”。

现证明如下：

在应力顺序 $\sigma_1 \geqslant \sigma_2 \geqslant \sigma_3$ 保持不变的情况下，应变主轴也保持不变，应力主轴与应变主轴重合。

总的全量应变可以由各个阶段的增量应变的代数和累加而成。

$$\varepsilon_i = \sum_{t=1}^{n} \mathrm{d}\varepsilon_i \Big|_t$$

式中　t——各时间段。

由列维-米塞斯增量理论得到各时间段的增量应变：

$$\mathrm{d}\varepsilon_i = \sigma_i' \mathrm{d}\lambda$$

则

$$\mathrm{d}\varepsilon_1 = \sigma_1' \mathrm{d}\lambda = (\sigma_1 - \sigma_m)\mathrm{d}\lambda$$
$$\mathrm{d}\varepsilon_2 = \sigma_2' \mathrm{d}\lambda = (\sigma_2 - \sigma_m)\mathrm{d}\lambda$$
$$\mathrm{d}\varepsilon_3 = \sigma_3' \mathrm{d}\lambda = (\sigma_3 - \sigma_m)\mathrm{d}\lambda$$

$$\varepsilon_1 - \varepsilon_2 = \sum_{t=1}^{n} (\sigma_1 - \sigma_2)\, \mathrm{d}\lambda \,|_t \geqslant 0$$

$$\varepsilon_2 - \varepsilon_3 = \sum_{t=1}^{n} (\sigma_2 - \sigma_3)\, \mathrm{d}\lambda \,|_t \geqslant 0$$

式中　λ——正的瞬时常数。

由此可得，$\varepsilon_1 \geqslant \varepsilon_2 \geqslant \varepsilon_3$

因塑性变形满足体积不变条件，有 $\varepsilon_1 + \varepsilon_2 + \varepsilon_3 = 0$

已证 $\varepsilon_1 \geqslant \varepsilon_2 \geqslant \varepsilon_3$，则必然 $\varepsilon_1 > 0$，$\varepsilon_3 < 0$

因中间主应变 $\varepsilon_2 = \sum_{t=1}^{n} (\sigma_2 - \sigma_m)\mathrm{d}\lambda \,\Big|_t$

$$\sigma_2 - \sigma_m = \sigma_2 - \frac{\sigma_1 + \sigma_2 + \sigma_3}{3} = \frac{2}{3}\left(\sigma_2 - \frac{\sigma_1 + \sigma_3}{2}\right)$$

当 $\sigma_2 \begin{smallmatrix} > \\ = \\ < \end{smallmatrix} \dfrac{\sigma_1 - \sigma_3}{2}$ 时，必然有 $\varepsilon_2 \begin{smallmatrix} > \\ = \\ < \end{smallmatrix} 0$

证毕。

通过上述顺序对应规律，知道应力顺序预测材料成形过程金属流动趋势，这对材料成形尺寸控制提供了理论指导。这种顺序对应规律反过来也是成立的，即知道主应变顺序可以推导主应力大小顺序。这在塑性成形理论分析中如建立屈雷斯加屈服准则时，需要知道主应力大小顺序，应用方便。

习　题

15-1　解释增量理论、全量理论、比例加载概念。

15-2　塑性变形时应力-应变关系有何特点，为什么说塑性变形时应力和应变之间关系与加载历史有关？

15-3　全量理论使用在什么场合，为什么？

15-4　在一般情况下对应变增量积分是否等于全量应变，为什么？在什么情况下这种积分才能成立。

15-5　有一金属块，在 x 方向作用有 150MPa 的压应力。在 y 方向作用有 150MPa 的压应力，z 方向作用有 200MPa 的压应力。试求金属块的单位体积变化率（设 $E=207\times10^3$ MPa，$\nu=0.3$）。

15-6　已知一点的应力状态如图 15-3 所示，试写出其应力偏量并画出主应变简图。

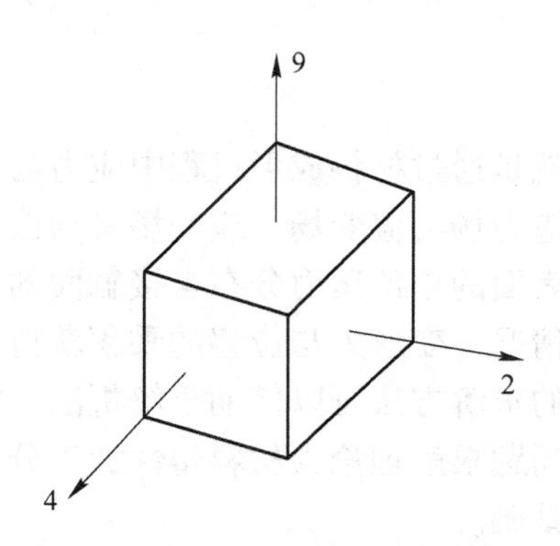

图 15-3　题 15-6 图

15-7　两端封闭的细长薄壁管平均直径为 r，平均壁厚为 l，承受内压力 p 而产生塑性变形，设管材各向同性，试计算切向、轴向及径向应变增量比及应变比。

15-8　求出下列两种情况下塑性应变增量的比：

（1）单向应力状态：$\sigma_1 = \sigma_s$；

（2）纯剪力应力状态：$\tau_s = \sigma_s / \sqrt{3}$。

15-9　若薄壁管的 $\sigma_e = A + B\varepsilon_e$，按 OBE、OCE 和 OAE 三种路径进行拉、扭加载（见图 15-4），试求三种路径到达 E 点的塑性应变量 ε_x^p，γ_{xy}^p 为多少？

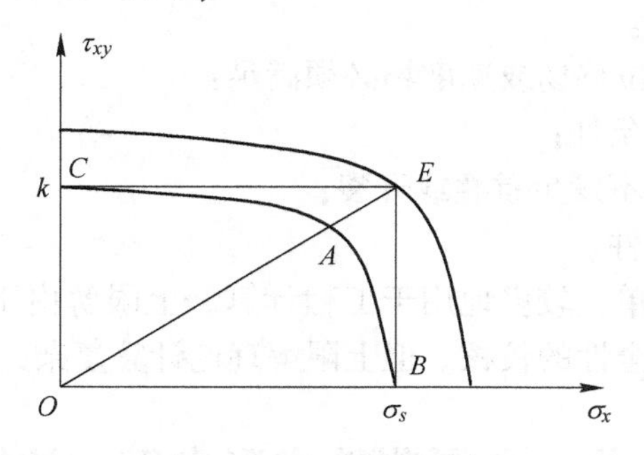

图 15-4　题 15-9 图

15-10　试证明单位体积的塑性应变能增量：

$$\mathrm{d}A^p = \boldsymbol{\sigma}_{ij}\mathrm{d}\boldsymbol{\varepsilon}_{ij}^p = \boldsymbol{\sigma}_e\mathrm{d}\boldsymbol{\varepsilon}_e^p$$

第十六章 金属塑性成形解析方法

扫码获得
数字资源

金属塑性成形力学问题就是通过材料成形过程中应力与应变分析，材料的屈服与应力应变关系等求解变形体内的应力场与应变场，应变场又与位移场、速度场相关。应力场延伸到接触表面可以求解接触表面的单位压力分布与接触面的变形力，应变场延伸到边界可以确定物体形状尺寸的变化情况，变形力与位移的乘积获得变形功的求解。

对于金属塑性成形问题的求解方法可以借助于解析法、滑移线法、近似能量法、人工智能等求解。金属塑性成形问题求解理论为材料塑性加工分析材料内部质量缺陷、制订材料加工工艺参数等打下理论基础。

金属塑性成形力学问题的求解理论是在一些假设或理论简化的前提下分析问题并解决问题，求解结果不能获得真实解，但总希望求解结果尽可能接近真实解。为此，求解结果可能存在两种情况：下限解与上限解。根据塑性加工假设的静可容应力场求解的极限载荷总是小于（最多等于）真实载荷，此种求解方法称下限解；根据塑性加工假设的动可容位移场（或速度场）求解的极限载荷总是大于（最小等于）真实载荷，此种求解方法称上限解。

下限解假设的静可容应力场必须满足：

(1) 应力平衡微分方程；

(2) 满足力的边界条件；

(3) 不违背屈服准则。

上限解假设的动可容位移场或速度场必须满足：

(1) 位移或速度边界条件；

(2) 变形的连续性，不发生重叠或开裂；

(3) 满足体积不变条件。

下限解理论计算较简单，较多地用于工程计算。上限解由于最小载荷等于真实载荷，更有利于塑性加工设备安全性的校核。但上限解理论计算复杂，多用于有限元分析等。

第一节 金属塑性成形求解方法概述

金属塑性成形力学问题的相关理论分基础理论与求解理论。基础理论在前面的章节内容中得到阐述，分析了材料成形时的应力与应变、材料的屈服、应力应变关系及变形接触面的摩擦等，通过分析可以建立应力微分平衡方程、应变与位移关系方程（应变速率与速度关系方程）、屈服准则、塑性变形时应力应变关系。这些理论基础在应力（位移、速度）边界条件下，为金属塑性成形力学问题的求解理论打下基础。

一、解析法

在金属塑性成形力学问题求解时，实际上往往归结于求解塑性加工力学的基本方程组。这个方程组包括应力微分平衡方程、屈服准则、变形时应变与位移关系方程、塑性变形应力应变关系方程。

应力微分平衡方程：未知数 σ_{ij}：6个，方程数：3个

$$\frac{\partial \sigma_{ij}}{\partial x_i} = 0 \tag{a}$$

米塞斯屈服准则：方程数：1个

$$(\sigma_x - \sigma_y)^2 + (\sigma_y - \sigma_z)^2 + (\sigma_x - \sigma_z)^2 + 6(\tau_{xy}^2 + \tau_{yz}^2 + \tau_{zx}^2) = 2\sigma_s^2 \tag{b}$$

小应变与位移关系方程：未知数 ε_{ij}、u_i：9个，方程数：6个

$$\varepsilon_{ij} = \frac{1}{2}\left(\frac{\partial u_i}{\partial x_j} + \frac{\partial u_j}{\partial x_i}\right) \tag{c}$$

汉基塑性变形应力应变关系方程：未知数 λ：1个，方程数：6个

$$\varepsilon_{ij} = \frac{1-2\nu}{E}\sigma_m \delta_{ij} + \left(\lambda + \frac{1}{2G}\right)\sigma'_{ij} \tag{d}$$

由上可知，未知数共计16个，方程数共计16个。借助于应力（位移、速度）边界条件，金属塑性成形力学理论是可以通过理论解析法求解上述方程组，是静定问题。但16个方程组，求解难度极大。为此，提出一些简化（近似）解析法。

（1）初等解析法。初等解析法包括主应力法（切块法）、工程计算法（工程解法）。切块法最早在1925年由德国学者卡尔曼（Von. Karman）提出，工程解法（Engineering Solution）是翁克索夫（YHKCOB）在20世纪50年代提出。在实际应用解析法时，常把塑性加工问题简化。例如，把变形问题视为轴对称问题或平面问题，或使边界条件简化，建立简化的应力微分平衡方程并与屈服准则联立求解接触面上的单位压力及变形力。

（2）半实验解析法。半实验解析法包括视塑性法、塑性材料力学法等。

在20世纪50年代，美国学者汤姆逊（E. G. Thomsen）提出了视塑性法（Visio Plasticity），这是一种由实验结果与理论计算相结合的计算方法，利用该方法。可以根据实验求得的速度场计算变形体内的应变场与应力场。

塑性材料力学法是苏联力学家斯米尔洛夫-阿廖耶夫及其同事在20世纪50年代提出的一种实验解析法。这种方法与主应力法不同，仅着眼于变形区某一特定试验并获得该点的应变，由应变计算应力。这种方法避免了烦琐的数学运算。

二、滑移线

材料在屈服时，试样表面出现的线纹称为滑移线。滑移线理论是20世纪20~40年代间，人们对在金属塑性变形过程中，光滑试样表面出现“滑移带”现象经过力学分析，而逐步形成的一种图形绘制与数值计算相结合的求解平面塑性流动变形力学问题的理论方法。这里所谓“滑移线”是一个纯力学概念，它是塑性变形区内最大剪切应力等于材料屈服切应力（k）的轨迹线。

1923年，汉基（H. Hencky）和普朗特（L. Prandtl）论述了平面塑性变形中滑移线的几何性质。后来盖林格尔（Geiringer）建立沿滑移线流动速度协调方程。至此，形成滑移线场理论。

三、近似能量法

近似能量法借助于虚拟的动可容速度场建立能量平衡守则，从位移（速度）场出发，建立应变场，由应力应变关系进而建立应力场。

（1）变形功平衡法。建立在能量守恒定律基础上，在塑性变形的某一瞬时，外载荷所做的功增量总是要等于物体内部的塑性变形功增量与外摩擦阻力所做的功增量之和。

（2）上界法与上限元法。上界法又称极限分析法或上限法。20 世纪 50 年代，英国学者约翰逊（W. Johoson）和日本学者工藤（H. Kudo）等人，根据极值原理提出比滑移线法简单的求解极限载荷的上限法。

上界法是利用基本能量方程式（虚功原理）和最大塑性功原理，在变形体内虚拟一个运动许可位移增量场（位移速度场或应变增量场），由于真实外力的功率不会大于按运动许可位移增量场（位移速度场或应变增量场）所确定的功率，所以给出了所需功率的上界值，由此求出的变形力为上界变形力（不小于真实的变形力）。

当把变形体视为由若干个刚性块组成时，即为上限元法。

（3）变分法。在求解塑性加工力学问题时，变分法又分刚塑性材料的变分原理与弹塑性材料的变分法等，又称初等能量法。

该方法也是以虚功原理能量表达式为基础，它对变形体首先设定一个可容速度场，对所求问题建立系统能量表达式（能量泛函），并通过对能量表达式进行泛函极小值化处理，从而求得外载荷（即变形力）。该法与上限元法相比，不但可以用于平面变形问题，也可以用于较为复杂的三维变形问题。

（4）有限元法 FEM（Finite Element Method）。有限元法又分弹塑性有限元法、刚塑性有限元法及黏塑性有限元。

有限元法把变形体假想分成有限个用结点连接的单元，以结点上的位移或位移速度作为未知量，利用最小能量原理和相应方程组求解这些未知量，按结点位移或速度与单元内应力应变关系确定各单元的应力应变分布。

有限元法是考林特（R. Courant）于是 1943 年首次提出的，并在 20 世纪 50 年代为航空结构工程师们所发展，以后逐渐在土木工程中得到应用的一种矩阵分析法。60 年代以后，随着计算机技术的普及与应用，其应用领域迅速拓展到各个工程应用领域，它也用于分析塑性加工力学问题。60 年代末，山田嘉昭等给出了适用于较大弹塑性变形的弹塑性应力应变矩阵，并对在平面应力条件下带有 V 形缺口和狭槽形缺口的拉伸试样进行了分析。1973 年，小林史郎等提出了刚塑性有限元法。在解决工程实际问题时，如罚函数法和泛函数法的引入、初速度场的选取、刚塑性区交界面的确定和边界奇异点的处理等，使问题得到很好的解决。

有限元法分析软件如 ANSYS、Abaqus 等大型综合分析软件常用于金属成形的数值模拟技术中。

四、人工智能在金属塑性成形理论中的应用

自 20 世纪 90 年代，首先在日本，然后在德国，接着在全世界掀起了人工智能（AI，

Artificial Interlligence）在智能制造领域的热潮。人工智能领域融合了大数据、云计算、专家系统、模糊控制、人工神经网络等最新技术与成果，在金属成形理论中如现代化高精度轧制过程控制发挥着巨大的作用。由于轧制过程多变量、非线性、强耦合等特点，轧制产品尺寸、板形与性能要求越来越高，轧制过程动态响应要求越来越频繁，轧制过程模型控制与参数自适应计算要求越来越精确，需要新的计算方法与控制手段。人工智能技术发挥了重要的作用。

第二节　主应力法及其应用

主应力法最初称切块法（Slab Method），又称平均应力法。第一次将塑性理论用于金属塑性加工的学者是德国的卡尔曼，他在 1925 年用初等方法分析了轧制时的应力分布。其后不久，萨克斯（G. Sachs）和齐别尔（E. Siebel）在研究拉丝过程中提出了相似的求解方法——切块法。20 世纪 50 年代，苏联学者翁克索夫提出了一个与切块法相似的工程解法。利用近似应力微分平衡方程与近似屈服准则联立求解，并对镦粗接触表面的摩擦力分布提出新见解。

一、主应力法的基本原理

主应力法的实质是将应力微分平衡方程与屈服准则在应力边界条件下联立求解接触面上的单位压力及变形力的过程。主应力法是假设的静可容应力场，获得的解是一个下限解。

为便于求解，使问题简化，采用以下基本假设：

（1）把问题简化成平面问题或轴对称问题。平面问题包括平面变形和平面应力问题，如板带材的轧制，当其宽度大大超过厚度时，其宽度上的变形是很小的，一般可以忽略，看作仅有厚度和长度的变形，近似地满足平面变形条件。板金属的深冲，一般也可以近似地看作平面应力问题。而轴对称问题更为广泛，例如管、棒、丝的生产过程，大多数可以认为是轴对称问题。对于形状复杂的变形体，根据金属流动的情况，将其划分成若干部分，每一部分分别按平面问题或轴对称问题求解，然后“拼合”在一起，即得到整个问题的解。把三维问题简化为平面问题和轴对称问题后，变形力学的基本方程将大为简化。

（2）根据金属的流动趋向和所选取的坐标系，对变形体切取包括接触面在内的基元块，切面上的正应力假定为主应力，且均匀分布（即与坐标轴无关）。由于已将实际问题归结为平面问题或轴对称问题，所以各正应力分量就仅随单一坐标变化，对该基元所建立的平衡微分方程，简化为常微分方程。

（3）由于以任意应力分量表示的屈服方程是非线性的，即使对于平面问题或轴对称问题，也难将其与平衡微分方程联解。因此，在对该基元块列屈服方程时，假定基元块为应力单元体，其各坐标平面上作用的正应力即为主应力，而不考虑接触面上摩擦力对材料屈服方程的影响。这样，就可将屈服方程简化为线性方程。将上述简化的平衡微分方程和屈服方程联立求解，并利用应力边界条件确定积分常数，以求得接触面上的应力分布，进而求得变形力。由于经过简化的平衡方程和屈服方程实质上都是以主应力表示的，故此得名主应力法。又因这种解法是从切取基元块即“切块”着手的，故也形象地称为“切块法”。

（4）接触表面摩擦规律的简化。接触表面的摩擦是一个复杂的物理过程，接触表面的压缩正应力与摩擦应力间的关系也很复杂。还没有确切描述这种关系的表达式。目前采用简化的近似关系，最普遍采用的关系式有以下三种：

$$\tau_f = f\sigma_y \text{（库仑摩擦定律）}$$
$$\tau_f = k = f_{\max}\sigma_s \text{（最大摩擦力定律）}$$
$$\tau_f = mk = f\sigma_s \text{（常摩擦力定律）} \tag{16-1}$$

式中　τ_f——摩擦应力；

f，m——摩擦系数，摩擦因子，对于屈雷斯加屈服准则，$m=2f$，对于米塞斯屈服准则，$m=\sqrt{3}f$；

σ_y，σ_s——接触面上的压应力，相应条件下单向拉伸时的屈服极限；

k——材料的剪切屈服应力；

$f_{\max}$——最大摩擦系数，$f_{\max}=0.5\sim0.577$。

（5）其他近似假设。如变形区内的工件性质看作均质而且各向同性的、变形均匀的材料，以及某些数学近似处理。

主应力法采用上述简化和假设后，能分析工/模具与工件接触面上的应力分布并计算变形力。所得的计算公式比较直观地反映了加工参数对变形力的影响。

二、常见的几种金属流动类型变形力计算

金属塑性成形中常见的且有普遍意义的金属流动以平面应变及轴对称塑性流动为基础，在镦粗、轧制、挤压及拉拔等基本的塑性加工方法中发生塑性变形，其变形力的计算借助于主应力法求解。

（一）平面应变与轴对称镦粗问题

1. 平面应变问题镦粗矩形件

假设工件为矩形截面的平板，长度远大于宽度，因此工件在平行压板间压缩时，仅有厚度和宽度上的变形（在 x-y 平面内），在长度方向（z 轴）由于变形足够小，可以忽略不计。因此，可作为平面应变问题处理。矩形工件的平面应变镦粗，见图 16-1。平砧压缩过程是一个不稳定态的变形过程，工件的厚度不断减小，接触面积相应增大，压力的大小也随之发生变化。假定在任一瞬间工件的厚度为 h，接触面宽度为 b。由于对称性，仅研究其右半部。

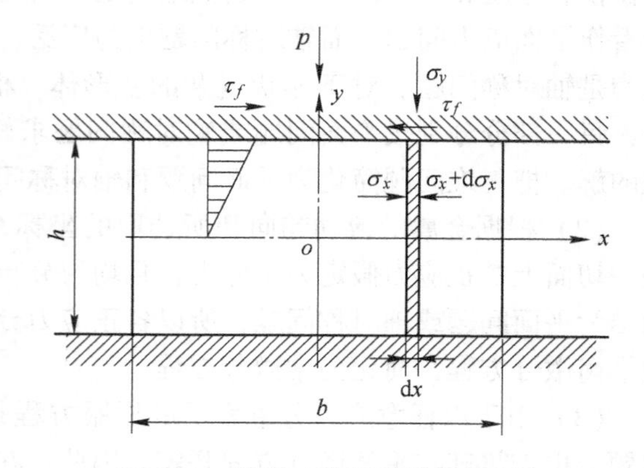

图 16-1　矩形工件的平面应变镦粗

在工件右半部切取包括接触面在内的基元块，设切面 x 处承受均匀分布的主应力 σ_x，在对应切面上由于坐标位置产生 dx 变化，因此，对应切面上的应力为 $\sigma_x+d\sigma_x$。在基元块的上、下接触面上承受压应力 σ_y 与单位摩擦力 τ_f。

根据静力平衡条件，x 轴方向合力为零并建立应力常微分平衡方程：

$$\sum X = \sigma_x h - (\sigma_x + d\sigma_x)h - 2\tau_f dx = 0$$

$$d\sigma_x + \frac{2\tau_f}{h}dx = 0 \tag{16-2}$$

根据基元块接触面上的正应力近似看成主应力并建立近似屈服准则。因基元块变形为平面应变状态，根据应力应变顺序对应规律确定主应力大小顺序，则近似屈服准则：

$$\sigma_{max} - \sigma_{min} = 2k$$

$$(-\sigma_x) - (-\sigma_y) = 2k$$

$$\sigma_y - \sigma_x = 2k \tag{16-3}$$

由上式可得：

$$d\sigma_y = d\sigma_x \tag{16-4}$$

将式（16-4）代入式（16-2）中

$$d\sigma_y + \frac{2\tau_f}{h}dx = 0 \tag{16-5}$$

应力边界条件，当 $x = \frac{b}{2}$ 时，$\sigma_x = 0$，代入式（16-3）中得

$$\sigma_y = 2k \tag{16-6}$$

对于接触面上的单位摩擦力 τ_f，根据不同摩擦条件，联立求解式（16-3）与式（16-5）。

（1）库仑摩擦条件下镦粗变形力计算。库仑摩擦条件：

$$\tau_f = f\sigma_y \tag{16-7}$$

将式（16-6）代入式（16-5）中求解。

$$d\sigma_y + \frac{2f\sigma_y}{h}dx = 0$$

$$\frac{d\sigma_y}{\sigma_y} = -\frac{2f}{h}dx$$

$$\sigma_y = Ce^{-\frac{2f}{h}x} \tag{16-8}$$

式中　C——不定积分常数。

根据应力边界条件式（16-6）得

$$C = 2ke^{\frac{2f}{h}\frac{b}{2}}$$

则库仑摩擦条件下镦粗时接触面上压应力

$$\sigma_y = 2ke^{\frac{2f}{h}\left(\frac{b}{2}-x\right)} \tag{16-9}$$

接触面上的变形力 p 与单位面积上的平均变形力（平均单位压力）$\bar{p}$

$$p = 2l\int_0^{\frac{b}{2}} \sigma_y dx \tag{16-10}$$

$$p = 2l\int_0^{\frac{b}{2}} 2ke^{\frac{2f}{h}\left(\frac{b}{2}-x\right)} dx$$

$$P = 2k\frac{lh}{f}\left(e^{\frac{fb}{h}} - 1\right)$$

$$\bar{p} = \frac{p}{bl} = \frac{2}{b}\int_0^{\frac{b}{2}} \sigma_y \mathrm{d}x \tag{16-11}$$

式中　l，b——工件长度、宽度。

$$\bar{p} = \frac{p}{bl} = 2k\frac{h}{fb}(\mathrm{e}^{\frac{fb}{h}} - 1)$$

（2）最大摩擦力条件下镦粗变形力计算。最大摩擦力条件：

$$\tau_f = k \tag{16-12}$$

将式（16-12）代入式（16-5）中

$$\mathrm{d}\sigma_y + \frac{2k}{h}\mathrm{d}x = 0$$

$$\sigma_y = -\frac{2k}{h}x + C \tag{16-13}$$

式中　C——不定积分常数。

根据应力边界条件式（16-6）得

$$C = 2k + \frac{2k}{h}\cdot\frac{b}{2}$$

则最大摩擦力条件下镦粗时，接触面上的压应力：

$$\sigma_y = 2k\left(1 + \frac{\frac{b}{2} - x}{h}\right) \tag{16-14}$$

2. 轴对称问题镦粗圆柱体

圆柱体镦粗下的轴对称问题，设在镦粗变形某瞬时圆柱体的直径 $D = 2R$，高度为 h，见图 16-2。

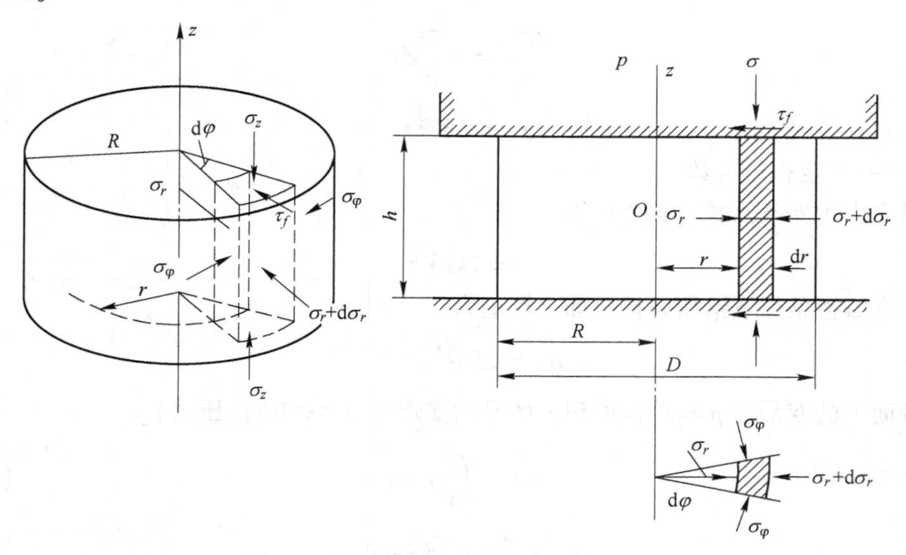

图 16-2　圆柱体镦粗作用在单元体上应力

切取包括接触面在内的基元块，假设切面 r 处的均匀分布的主应力 σ_r，在对应切面上由于坐标位置产生 dr 变化，因此，对应切面上的应力为 $\sigma_r + d\sigma_r$。在基元块的上、下接触面上承受压应力 σ_z 与单位摩擦力 τ_f。

根据静力平衡条件，r 轴方向合力为零并建立应力常微分平衡方程：

$$\sigma_r hr d\varphi - (\sigma_r + d\sigma_r)h(r + dr)d\varphi - 2\tau_f r d\varphi dr + 2\sigma_\varphi \sin\frac{d\varphi}{2}h dr = 0$$

$\sin\frac{d\varphi}{2} \approx \frac{d\varphi}{2}$，并忽略二次微分项，则得：

$$\frac{d\sigma_r}{dr} + \frac{\sigma_r - \sigma_\varphi}{r} + \frac{2\tau_f}{h} = 0 \tag{16-15}$$

由于轴对称条件，$\sigma_r = \sigma_\varphi$。此时平衡方程简化为：

$$d\sigma_r = -\frac{2\tau_f}{h}dr \tag{16-16}$$

根据基元块内质点的应力状态（图 16-3）：

$$\boldsymbol{\sigma}_{ij} = \begin{pmatrix} \sigma_z & \tau_{zr} & 0 \\ \tau_{rz} & \sigma_r & 0 \\ 0 & 0 & \sigma_\varphi \end{pmatrix}$$

$$\tau_{zr} = \frac{2z}{h}\tau_f$$

根据米塞斯屈服准则：

$$(\sigma_z - \sigma_r)^2 + 3\tau_{zr}^2 = 3k^2 = \sigma_s^2 \tag{16-17}$$

也可根据基元块上接触面上的正应力近似看成主应力并建立近似屈服准则。因基元块变形为轴对称问题，根据应力应变顺序对应规律确定主应力大小顺序，则近似屈服准则：

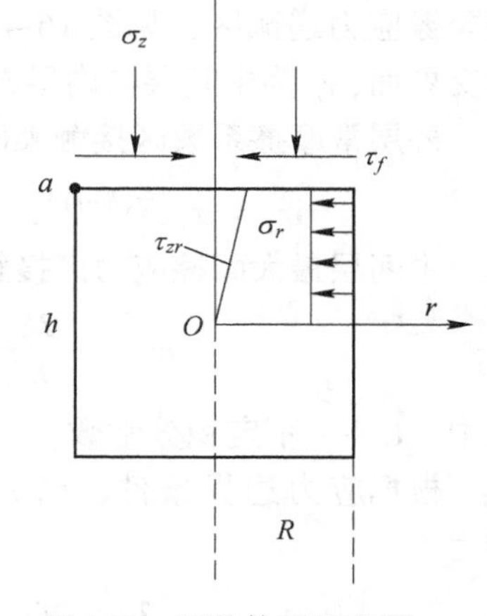

图 16-3　圆柱体镦粗变形体内质点的应力状态

$$\sigma_{\max} - \sigma_{\min} = 2k$$
$$(-\sigma_r) - (-\sigma_z) = 2k$$
$$\sigma_z - \sigma_r = 2k \tag{16-18}$$

由上式可得：

$$d\sigma_z = d\sigma_r \tag{16-19}$$

将式（16-19）代入式（16-16）得

$$d\sigma_z = -\frac{2\tau_f}{h}dr \tag{16-20}$$

应力边界条件，当 $r = R$ 时，$\sigma_r = 0$，$\tau_{zr} = 0$ 代入式（16-17）中得

$$\sigma_z = \sqrt{3}k = \sigma_s \tag{16-21}$$

对于接触面上的单位摩擦力 τ_f，根据不同摩擦条件，联立求解式（16-17）与式(16-20)。

（1）库仑摩擦条件下圆柱体镦粗变形力计算。库仑摩擦条件：$\tau_f = f\sigma_z$。

接触面上单位压力：

$$\sigma_z = \sigma_s e^{\frac{2f}{h}(R-r)} \tag{16-22}$$

变形力与平均单位压力：

$$p = \int_0^R \sigma_z \cdot 2\pi r \mathrm{d}r \tag{16-23}$$

$$\bar{p} = \frac{p}{\pi R^2} = \frac{1}{\pi R^2}\int_0^R \sigma_z \cdot 2\pi r \mathrm{d}r \tag{16-24}$$

（2）最大摩擦力条件下圆柱体镦粗变形力计算。最大摩擦力条件：$\tau_f = k = \frac{1}{\sqrt{3}}\sigma_s$

接触面上单位压力：

$$\sigma_z = \sigma_s + \frac{2\sigma_s}{\sqrt{3}} \cdot \frac{R - r}{h}$$

（3）混合摩擦条件下圆柱体镦粗变形力计算。根据圆柱体镦粗时接触表面摩擦情况，分为外层常摩擦系数（满足库仑摩擦定律）区、中间层最大摩擦应力区与内层摩擦应力递减区，见图 16-4。r_b 为外层与中间层摩擦的交界面，r_c 为中间层与内层摩擦的交界面。

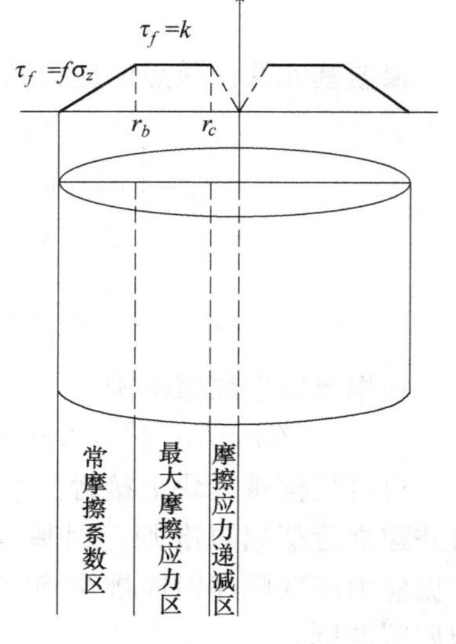

图 16-4　混合摩擦条件下圆柱体镦粗问题

外层常摩擦系数区接触表面的单位压力：

$$\sigma_z = \sigma_s e^{\frac{2f}{h}(R-r)}, \ r \in [r_b, \ R] \tag{16-25}$$

中间层最大摩擦应力区接触表面的单位压力：

$$\sigma_z = -\frac{2k}{h}r + C \tag{16-26}$$

式中　C——不定积分常数。

根据应力边界条件，当 $r = r_b$ 时，接触表面的摩擦力：

$$\tau_f = f\sigma_z = k$$

$$\sigma_z = \frac{k}{f} = \frac{\sigma_s}{\sqrt{3}f} \tag{16-27}$$

将式（16-27）代入式（16-26）中求 C：

$$C = \frac{\sigma_s}{\sqrt{3}f} + \frac{2\sigma_s}{\sqrt{3}h}r_b$$

则：

$$\sigma_z = \frac{\sigma_s}{\sqrt{3}f} + \frac{2\sigma_s}{\sqrt{3}h}(r_b - r), \ r \in [r_c, \ r_b] \tag{16-28}$$

内层摩擦应力递减区接触表面的摩擦力：

$$\tau_f = \frac{r}{r_c}k, \ r \in [0, \ r_c] \tag{16-29}$$

将式（16-29）代入式（16-20）中求解得到内层摩擦应力递减区接触表面的单位压力。

$$\sigma_z = -\frac{k}{hr_c}r^2 + C \tag{16-30}$$

式中　C——不定积分常数。

根据应力边界条件，当 $r = r_c$ 时，接触表面的单位压力：

$$\sigma_z = \frac{\sigma_s}{\sqrt{3}f} + \frac{2\sigma_s}{\sqrt{3}h}(r_b - r_c) \tag{16-31}$$

将式（16-31）代入式（16-30）得

$$C = \frac{\sigma_s}{\sqrt{3}f} + \frac{\sigma_s}{\sqrt{3}h}(2r_b - r_c) \tag{16-32}$$

将式（16-32）代入式（16-30）中最终求得内层摩擦应力递减区接触表面的单位压力：

$$\sigma_z = \frac{\sigma_s}{\sqrt{3}f} + \frac{\sigma_s}{\sqrt{3}h}(2r_b - r_c) - \frac{\sigma_s}{\sqrt{3}hr_c}r^2\ ,\ r \in [0,\ r_c] \tag{16-33}$$

对于 r_b 的探讨，当 $r = r_b$ 时，接触面上的单位压力满足式（16-22）

$$\sigma_z = \sigma_s e^{\frac{2f}{h}(R-r_b)} \tag{16-34}$$

由式（16-27）与式（16-34）得：

$$r_b = R + \frac{h}{2f}\ln\sqrt{3}f = \frac{D}{2} - h\eta(f) \tag{16-35}$$

或

$$r_b = \frac{h}{2}\left[\frac{D}{h} - 2\eta(f)\right]$$

式中，$\eta(f) = -\frac{1}{2f}\ln\sqrt{3}f$，由表 16-1 给出。

表 16-1　$\eta(f)$ 随摩擦系数变化情况

f	0.05	0.10	0.15	0.20	0.25	0.30	0.35	0.40	0.45	0.50	0.58
$\eta(f)$	24.40	8.78	4.48	2.66	1.67	1.09	0.71	0.46	0.28	0.14	0.00

1）当 $f < 0.58$，$D/h > 2[\eta(f) + 1]$，三区共存；

2）当 $f < 0.58$，$2[\eta(f) + 1] \geqslant D/h \geqslant 2$，两区共存，最大摩擦应力区消失；

3）当 $D/h < 2$，f 为任何值，接触表面只有摩擦应力递减区；

4）当 $f \geqslant 0.58$，两区共存，常摩擦系数区消失。

（二）平面应变轧制问题

板带材轧制变形，轧件宽度远大于轧件厚度，轧制时宽展忽略不计，处理为平面应变问题。设轧制变形区内任一切面位置高度（轧件厚度）为 h，切面圆心角为 θ，见图 16-5。切取包括接触面在内的基元块，接触面承受单位压力 p_r 与摩擦力 τ_f，摩擦力的方向根据前、后滑区方向不同。切面上承受均匀分布的主应力 σ_x。

根据静力平衡条件，水平方向合力为零。

$$(\sigma_x + d\sigma_x)(h + dh) - \sigma_x h - 2p_r\sin\theta\frac{dx}{\cos\theta} \pm 2\tau_f\cos\theta\frac{dx}{\cos\theta} = 0$$

式中　±——分别对应后滑区、前滑区。

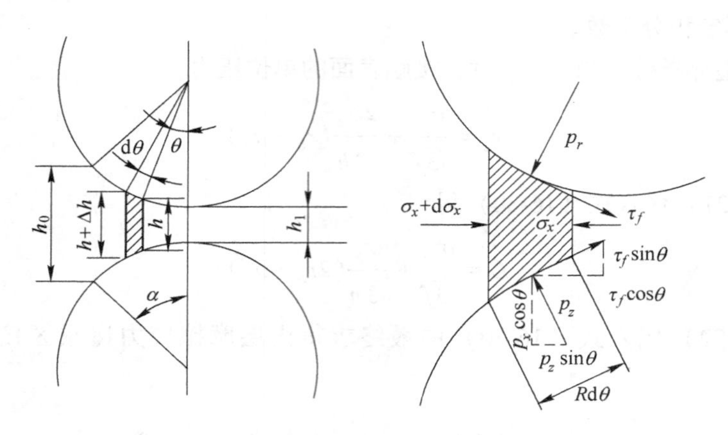

图 16-5 平面应变问题下的轧制

对上式进行整理，取 $\tan\theta = \dfrac{dh}{2dx}$，并忽略高阶项得

$$h d\sigma_x + (\sigma_x - p_r)dh \pm 2\tau_f dx = 0 \tag{16-36}$$

根据基元块上接触面上的正应力近似看成主应力并建立近似屈服准则。因基元块变形为平面应变状态，根据应力应变顺序对应规律确定主应力大小顺序，则近似屈服准则：

$$\begin{aligned} &\sigma_{max} - \sigma_{min} = 2k \\ &(-\sigma_x) - (-p_r) = 2k \\ &p_r - \sigma_x = 2k = K \end{aligned} \tag{16-37}$$

式中 K——平面变形抗力。

由上式可得：
$$dp_r = d\sigma_x \tag{16-38}$$

将式（16-38）代入式（16-36）中

$$\frac{dp_r}{dx} - \frac{K}{h}\frac{dh}{dx} \pm \frac{2\tau_f}{h} = 0 \tag{16-39}$$

或
$$\frac{dp_r}{dx} - \frac{K}{y}\frac{dy}{dx} \pm \frac{\tau_f}{y} = 0(\text{令 } h = 2y)$$

式（16-39）称卡尔曼（Von. Karman）轧制单位压力微分方程。“+”适用于后滑区，“-”适用于前滑区。

对于上述方程的求解以 A. И. 采利柯夫（A. И. Целиков）求解方法为例，外摩擦符合库仑摩擦条件。

$$\tau_f = fp_r \tag{16-40}$$

对于后滑区求解：

$$\frac{dp_r}{dx} - \frac{K}{y}\frac{dy}{dx} + \frac{fp_r}{y} = 0$$

$$dp_r + p_r\frac{f}{y}dx = \frac{K}{y}dy$$

$$e^{\int\frac{f}{y}dx}dp_r + p_r de^{\int\frac{f}{y}dx} = \frac{K}{y}e^{\int\frac{f}{y}dx}dy$$

$$d\left(e^{\int\frac{f}{y}dx}p_r\right)=\frac{K}{y}e^{\int\frac{f}{y}dx}dy$$

$$e^{\int\frac{f}{y}dx}p_r=\int\frac{K}{y}e^{\int\frac{f}{y}dx}dy+C$$

$$p_r=e^{-\int\frac{f}{y}dx}\left(\int\frac{K}{y}e^{\int\frac{f}{y}dx}dy+C\right) \tag{a}$$

式中　C——不定积分常数。

同理，对于前滑区求解

$$p_r=e^{-\int\frac{f}{y}dx}\left(\int\frac{K}{y}e^{-\int\frac{f}{y}dx}dy+C\right) \tag{b}$$

接触弧方程以弦代弧：

$$h=\frac{\Delta h}{l}x+h_1 \tag{c}$$

或

$$y=\frac{\Delta h}{2l}x+h_1$$

$$dx=\frac{2l}{\Delta h}dy \tag{d}$$

$$\Delta h=h_0-h_1$$

$$l=\sqrt{R\Delta h}$$

式中　h_0，h_1——轧件入口、出口厚度；

R, Δh——轧辊半径，压下量；

l——轧制接触弧长。

将式（d）代入式（a）、式（b）中，并再次积分得到：

后滑区
$$p_{h_0}=C_0y^{-\delta}+\frac{K}{\delta}$$

前滑区
$$p_{h_1}=C_1y^{\delta}-\frac{K}{\delta} \tag{16-41}$$

式中　C_0，C_1——不定积分常数。

应力边界条件考虑前后张应力并确定 C_0，C_1：

在轧制入口处　$\sigma_x=q_0$

在出口处　$\sigma_x=q_1$

式中　q_0, q_1——前、后张应力。

根据上述情况，式（16-41）最终得到轧制单位压力微分方程式：

后滑区
$$p_{h_0}=\frac{K}{\delta}\left[(\xi_0\delta-1)\left(\frac{h_0}{h}\right)^{\delta}+1\right]$$

前滑区
$$p_{h_1}=\frac{K}{\delta}\left[(\xi_1\delta+1)\left(\frac{h}{h_1}\right)^{\delta}-1\right] \tag{16-42}$$

式中，$\delta=\dfrac{2lf}{\Delta h}$。

$$\xi_0 = 1 - \frac{q_0}{K}, \xi_1 = 1 - \frac{q_1}{K}\text{(张力影响系数)}$$

对于轧制压力的计算：

$$P = \overline{B}\int_0^\alpha p\cos\theta \frac{dx}{\cos\theta} + \overline{B}\int_\gamma^\alpha t_f\sin\theta \frac{dx}{\cos\theta} - \overline{B}\int_0^\gamma t_f\sin\theta \frac{dx}{\cos\theta}$$
$$\approx \overline{B}\int_0^\alpha p dx \tag{16-43}$$

式中 $\overline{B}$——轧件平均宽度；

α，γ——轧制咬入角、中性角。

（三）平面应变与轴对称挤压问题

1. 平面应变挤压问题

宽板从平面锥形凹模挤出或锻件充填模腔形成长筋均属于这种类型。见图 16-6，y 轴方向为挤压金属流动方向。y_e 为挤压深度，挤压入口宽度 w_b。在 y 轴法线方向切取包括接触面在内的基元块，设挤压方向均匀分布主应力 σ_y（与 x 轴无关），接触面上的正压力左边为 σ_γ，右边为 σ_δ，摩擦力为 τ_f。

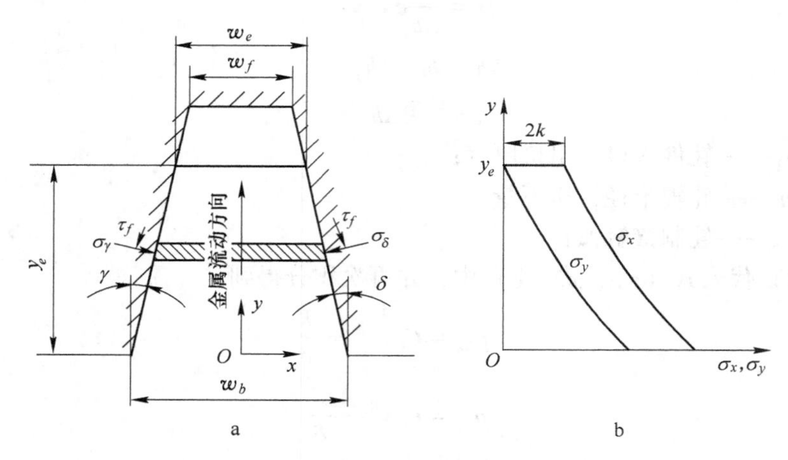

图 16-6 平面应变挤压与应力分布

a—平面应变挤压；b—应力分布

根据静力平衡条件，y 轴方向的合力为零。

$$\sigma_y[w_b - (\tan\gamma + \tan\delta)y] - (\sigma_y + d\sigma_y)[w_b - (\tan\gamma + \tan\delta)(y + dy)] -$$
$$2\tau_f\cos\gamma \frac{dy}{\cos\gamma} - \sigma_\gamma\sin\gamma \frac{dy}{\cos\gamma} - \sigma_\delta\sin\delta \frac{dy}{\cos\delta} = 0 \tag{a}$$

假设接触面上存在水平方向的正应力 σ_x，同样根据静力平衡条件：

$$\sigma_x dy = \sigma_\gamma\cos\gamma \frac{dy}{\cos\gamma} - \tau_f\sin\gamma \frac{dy}{\cos\gamma} = \sigma_\delta\cos\delta \frac{dy}{\cos\delta} - \tau_f\sin\delta \frac{dy}{\cos\delta}$$
$$\sigma_x = \sigma_\gamma - \tau_f\tan\gamma = \sigma_\delta - \tau_f\tan\delta \tag{b}$$

将式（a）与式（b）合并整理并忽略高阶项得：

$$\sigma_y K_1 \mathrm{d}y - \sigma_x K_1 \mathrm{d}y - [w_b - K_1 y]\mathrm{d}\sigma_y - \tau_f(2 + \tan^2\gamma + \tan^2\delta)\mathrm{d}y = 0 \qquad (16\text{-}44)$$

$$K_1 = \tan\gamma + \tan\delta$$

根据近似屈服准则：

$$(-\sigma_y) - (-\sigma_x) = 2k$$

$$\sigma_x - \sigma_y = 2k \qquad (16\text{-}45)$$

根据挤压变形，接触面上的摩擦力可以处理成最大摩擦力。

$$\tau_f = k \qquad (16\text{-}46)$$

将式（16-45）及式（16-46）代入式（16-44）中得：

$$-2kK_1\mathrm{d}y - (w_b - K_1 y)\mathrm{d}\sigma_y - k(2 + \tan^2\gamma + \tan^2\delta)\mathrm{d}y = 0$$

令

$$K_2 = 2kK_1 + k(2 + \tan^2\gamma + \tan\delta^2)$$

则：

$$\mathrm{d}\sigma_y = -\frac{K_2}{w_b - K_1 y}\mathrm{d}y \qquad (16\text{-}47)$$

对上式进行积分求解

$$\sigma_y = -\frac{K_2}{K_1}\ln(w_b - K_1 y) + C \qquad (16\text{-}48)$$

式中　C——不定积分常数。

根据应力边界条件，当 $y = y_e$ 时，$\sigma_y = 0$，则：

$$C = \frac{K_2}{K_1}\ln(w_b - K_1 y_e)$$

因此，挤压单位变形力分布为

$$\sigma_y = -\frac{K_2}{K_1}\ln(w_b - K_1 y) + \frac{K_2}{K_1}\ln(w_b - K_1 y_e) \qquad (16\text{-}49)$$

2. 轴对称挤压问题

圆柱体从锥形凹模挤出工或锻件充填圆锥形模孔（腔）形成凸台均属于这种类型。轴对称挤压深度 z_e，挤压入口半径 r_b，见图16-7。

在挤压金属流动 z 方向切取包括接触面在内的基元块，设挤压方向均匀分布主应力 σ_z（与 x 轴无关），接触面上的正压力为 σ_u，摩擦力为 τ_f。

根据静力平衡条件，z 轴方向的合力为零。

$$\sigma_z \pi r^2 - (\sigma_z + \mathrm{d}\sigma_z)\pi(r - \mathrm{d}z\tan\alpha)^2 - \sigma_u \sin\alpha \frac{\mathrm{d}z}{\cos\alpha}\cdot 2\pi r - \tau_f \cos\alpha \frac{\mathrm{d}z}{\cos\alpha}\cdot 2\pi r = 0$$

整理并忽略高阶项得

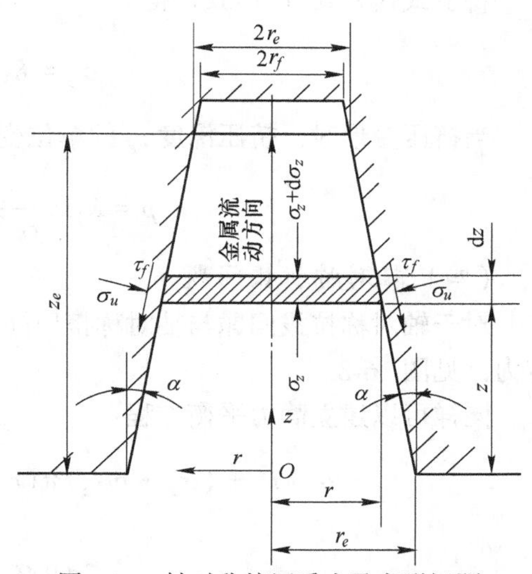

图 16-7　轴对称挤压受力及变形问题

$$-\frac{r}{2\tan\alpha}\frac{d\sigma_z}{dz}+\sigma_z-\sigma_u-\tau_f\frac{1}{\tan\alpha}=0 \tag{a}$$

对于轴对称问题，径向应力 σ_r 与接触面上的正压力为 σ_u 、摩擦力为 τ_f 间关系同样通过静力平衡条件求解。

$$\sigma_r dz=\sigma_u\cos\alpha\frac{dz}{\cos\alpha}-\tau_f\sin\alpha\frac{dz}{\cos\alpha}$$

$$\sigma_r=\sigma_u-\tau_f\tan\alpha \tag{b}$$

根据近似屈服准则：

$$(-\sigma_z)-(-\sigma_r)=2k \tag{c}$$

根据几何关系：

$$r=r_b-z\tan\alpha \tag{d}$$

根据挤压变形，接触面上的摩擦力可以处理成最大摩擦力。

$$\tau_f=k \tag{e}$$

将式（b）、式（c）、式（d）、式（e）代入式（a）中整理得：

$$d\sigma_z=-\frac{2k\tan\alpha}{r_b-z\tan\alpha}\left(2+\tan\alpha+\frac{1}{\tan\alpha}\right)dz \tag{16-50}$$

令

$$K_1=2k\left(2+\tan\alpha+\frac{1}{\tan\alpha}\right)$$

则

$$d\sigma_z=-\frac{K_1\tan\alpha}{r_b-z\tan\alpha}dz \tag{16-51}$$

对上式进行求解得

$$\sigma_z=K_1\ln(r_b-z\tan\alpha)+C \tag{16-52}$$

式中　C——不定积分常数。

根据应力边界条件，当 $z=z_e$ 时，$\sigma_z=0$，则

$$C=-K_1\ln(r_b-z_e\tan\alpha)$$

将上式代入式（16-52）得

$$\sigma_z=K_1\ln\frac{r_b-z\tan\alpha}{r_b-z_e\tan\alpha} \tag{16-53}$$

当挤压变形时，挤压深度 z_e 的单位变形力 p（即 $z=0$ 时的 σ_z）：

$$p=K_1\ln\frac{r_b}{r_b-z_e\tan\alpha}=K_1\ln\frac{r_b}{r_e} \tag{16-54}$$

（四）轴对称拉拔问题

对于轴对称拉拔问题与轴对称挤压问题类似，只是选取基元切块切面上的主应力为拉应力，见图16-8。

同样可以建立静力平衡方程：

$$-\sigma_z\pi r^2+(\sigma_z+d\sigma_z)\pi(r-dz\tan\alpha)^2-\sigma_u\sin\alpha\frac{dz}{\cos\alpha}\cdot2\pi r-$$

$$\tau_f\cos\alpha\frac{dz}{\cos\alpha}\cdot2\pi r=0$$

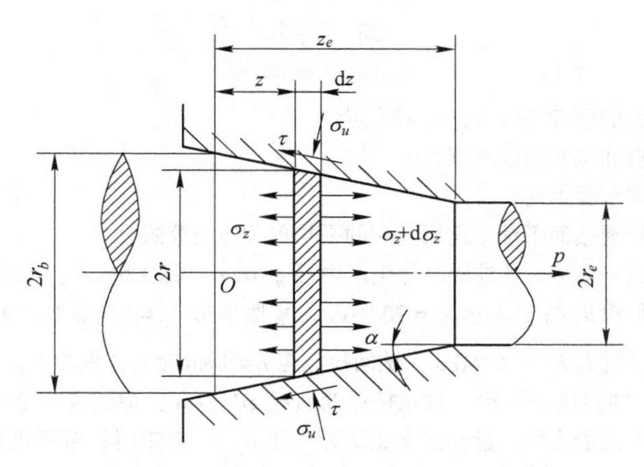

图 16-8　轴对称拉拔时的受力与变形问题

$$\frac{r}{2\tan\alpha}\frac{d\sigma_z}{dz}-\sigma_z-\sigma_u-\tau_f\frac{1}{\tan\alpha}=0 \tag{a}$$

拉拔时近似屈服准则：

$$\sigma_z-(-\sigma_r)=2k \tag{b}$$

其他与轴对称挤压相同，由式（a）与式（b）整理得

$$d\sigma_z=\frac{K_1\tan\alpha}{r_b-z\tan\alpha}dz \tag{16-55}$$

对上式求解得

$$\sigma_z=-K_1\ln(r_b-z\tan\alpha)+C$$

式中　C——不定积分常数；

K_1——意义同前，$K_1=2k\left(2+\tan\alpha+\dfrac{1}{\tan\alpha}\right)$。

根据应力边界条件，当 $z=0$ 时，$\sigma_z=0$，则

$$C=K_1\ln r_b$$

则

$$\sigma_z=K_1\ln\frac{r_b}{r_b-z\tan\alpha} \tag{16-56}$$

当 $z=z_e$ 时，拉拔时的单位变形力：

$$p=K_1\ln\frac{r_b}{r_b-z_e\tan\alpha}=K_1\ln\frac{r_b}{r_e} \tag{16-57}$$

虽然式（16-57）与式（16-54）单位变形力相同，但轴对称拉拔时的变形力与轴对称挤压时的变形力要小。拉拔时按出口面积计算，而挤压时按入口面积计算。

$$p_{拉拔}=\pi r_e^2p=\pi r_e^2K_1\ln\frac{r_b}{r_e} \tag{16-58}$$

$$p_{挤压}=\pi r_b^2p=\pi r_b^2K_1\ln\frac{r_b}{r_e} \tag{16-59}$$

习　题

16-1　切块法求解变形力的原理是什么，有何特点？

16-2　切块法的基本要点和基本假设有哪些？

16-3　切块法求解的基本步骤如何？

16-4　试用切块法导出润滑砧面平锤压缩圆盘时的平均单位压力公式。

16-5　不变薄拉深将厚 $t_0=0.8$mm 的纯铝圆片生产内径 $\phi10$mm、深 12mm 的筒形件，问圆片的直径应为多少？若不变薄拉深时的压力边 $Q=200$MPa，摩擦系数 $f_1=f_2=0.1$，内径 $d=5$mm，壁厚 $\delta=1.2$mm，平均变形抗力 $\overline{K_f}=80$MPa，试问拉深至 $h=8$mm 时的拉深力为多少？

16-6　某厂有 1600t 铝材热挤压机一台，常用挤压筒直径 $\phi170$mm，铝锭规格 $\phi162$mm×450mm。为了保证挤压制品的组织性能合格，最小挤压比不得低于 8，正常使用的挤压机吨位为 80%。计算时取 $\overline{\sigma_T}=45$MPa，$\alpha=60°$，试问当不计挤压模孔定径带部分的摩擦阻力时，该挤压机用单孔模挤压的最小和最大圆棒直径为多少？

16-7　20 号钢圆柱毛坯，原始尺寸为 $\phi50$mm×50mm，室温下压缩至高度 $h=25$mm，设接触表面摩擦切应力 $\tau=0.2Y$，已知 $Y=746\varepsilon^{0.20}$MPa，试求所需变形力 p 和单位流动压力 Y。

16-8　模内压缩铝块，某瞬间锤头压力为 500kN，坯料尺寸为 50mm×50mm×100mm，如果工具润滑良好，并将槽壁视为刚体，试计算每侧槽壁所受的压力（见图 16-9）。

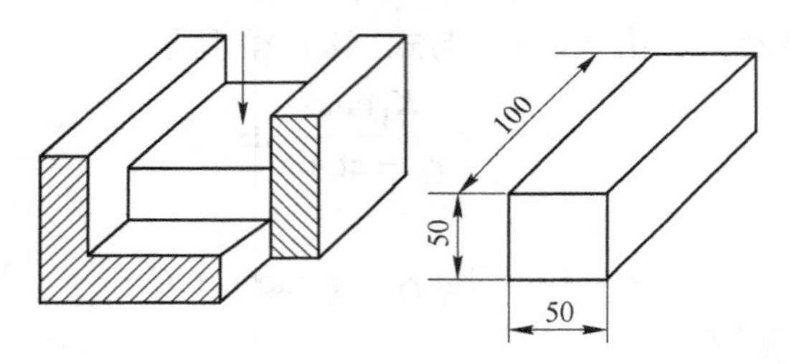

图 16-9　题16-8 图

16-9　圆柱体周围作用有均布压应力，见图 16-10。设 $\tau=mk$，用主应力法求镦粗力 p 和单位流动压力。

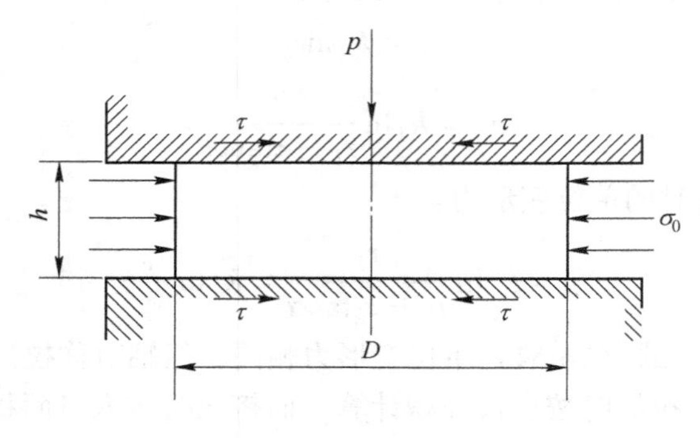

图 16-10　题16-9 图

16-10　设圆棒材料为理想刚塑性材料，见图 16-11。满足拉拔时单位拉拔时满足近似屈服方程：$\sigma_r+p=\sigma_s\ (p>0)$，图中 F 为轴向投影面积。试求圆棒拉拔时的单位拉拔力。

16-11　试用主应力法求解板料拉深某瞬间凸缘变形区的应力分布（见图 16-12）（不考虑材料加工硬化）。

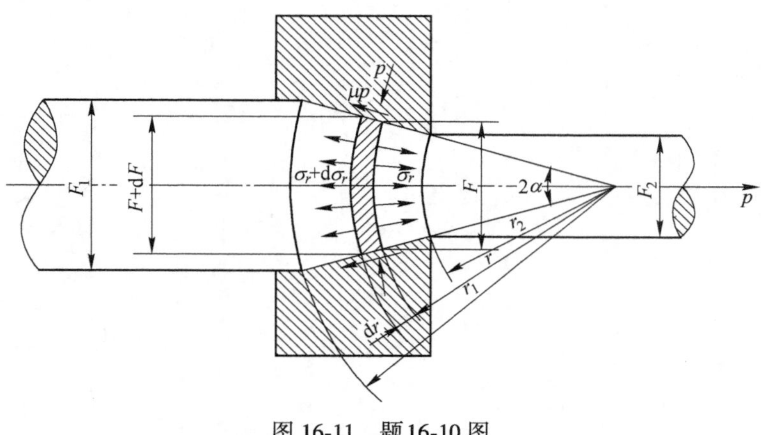

图 16-11　题16-10 图

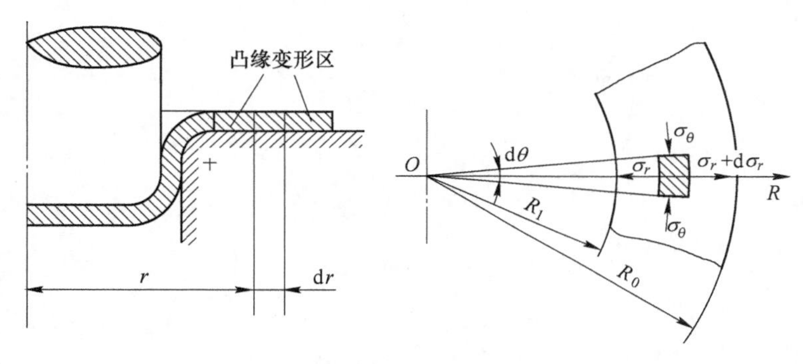

图 16-12　题16-11 图

16-12　用主应力法推导圆柱体镦粗时接触面上正应力的计算公式（假设接触面上全部为库仑摩擦）材料的屈服剪应力为 k。并说明用主应力法来求开式冲孔的变形力时与以上圆柱体镦粗问题的不同点是什么？

第四篇　塑料成形理论基础

塑料不仅来源丰富、成本低廉，而且具有密度小、比强度高、绝缘性能好、化学稳定、耐磨性好等优点，所以在现代工业和日常生活中应用广泛，在材料成形工程中也日益显要。塑料的组成、结构和性能与金属不同，所以其成形理论、成形方法及其成形用模具都与金属材料有很大的差别。

塑料成形主要是将固体聚合物，如片状、粒状、粉末状等，转变成可流动的熔融状态，使其表现出可塑性，再在外力作用下使材料发生塑性变化，从而获得所需形状和性能的一种加工方法。塑料典型的成形方法有注塑、压塑、吹塑、挤塑以及真空成形等。塑料成形过程与固体聚合材料性质、流动性质以及热物理性质密切相关，这些性质在某些程度上也决定着塑料成形设备设计和成形工艺。

本篇主要讨论塑料成形所涉及的理论基础知识，包括塑料的组成与分类、高分子的流变理论以及塑料成形过程中所发生的物理化学变化。研究和掌握这些理论本质问题，对于保证成形加工质量和推动工艺的进步均具有重要的理论指导意义。

第十七章　塑料的组成与分类

扫码获得
数字资源

塑料是以树脂为主要成分按需要加入适当助剂，组成配料的一种高分子材料。塑料成形通常是将塑料原料加热到在一定温度并施加一定的压力，借助成形工具制成的具有一定形状、尺寸和精度的制件，当外力解除后，在常温下其形状保持不变。

由于作为塑料主要成分的高分子合成树脂具有良好的可塑性，加工成形方便、成本低，所以生产的塑料制品具有质量轻、比强度高、耐腐蚀、化学稳定性好电绝缘性能好等特点，因此在机械、电子、家用电器、交通等国民经济各个领域应用广泛。发展至今，塑料品种甚多，性能也有差异，为了便于区别和合理应用塑料，对塑料的分类方法也很多。本章重点介绍塑料的组成，包括基体树脂和助剂，以及常用的几种重要分类方法。

第一节　塑料的组成

塑料是指以高分子合成树脂为主要成分、在一定温度和压力下具有塑性和流动性，可被塑制成一定形状，且在一定条件下保持形状不变的材料。组成塑料的最基本成分是树脂，称为基质材料，按实际需要，塑料材料中一般还含有其他成分，称为助剂，这些助剂用以改善材料的使用性能或工艺性能。

一、树脂

塑料的主要成分是树脂，树脂在塑料中的含量一般在40%~100%。最早，树脂是指从树木中分泌出的脂物，如松香就是从松树分出的乳液状松脂中分离出来的。后来发现，从热带昆虫的分泌物中也可提取树脂，如虫胶；有的树脂还可以从石油中得到，如沥青。这些都属于天然树脂，其特点是无明显的熔点，受热后逐渐软化，可溶解于有机溶剂，而不溶解于水等。

随着生产的发展，人们根据天然树脂的分子结构和特性，应用人工方法制造出了合成树脂。例如酚醛树脂、氨基树脂、环氧树脂、聚乙烯、聚氯乙烯等都属于合成树脂。目前，我们所使用的塑料一般都是用合成树脂制成的，而很少采用天然树脂。因为合成树脂具有优良的成形工艺性，有些合成树脂也可以直接作塑料用（如聚乙烯、聚苯乙烯、尼龙等），但有些合成树脂必须在其中加入一些添加剂，才能作为塑料使用（如酚醛树脂、氨基树脂、聚氯乙烯等）。

无论是天然树脂还是合成树脂，它们都属于高分子聚合物，简称高聚物。高分子是含有原子数很多、相对分子质量很高、分子很长的巨型分子。塑料的许多优异性能都与聚合物的分子结构密切相关。

每个高分子里含有一种或数种原子或原子团，这些原子或原子团按照一定的方式排列，首先是排列成许多重复结构的小单元，称之为结构单元，再通过化学链连成一个高分子。例如，聚乙烯分子里的小单元为 C_2H_4，每个聚乙烯分子里含有 n 个像下面这样连接起来的小单元：

$$—C_2H_4—C_2H_4—C_2H_4—$$

这些小单元称为“链节”，好像链条里的每个链节；n 称为“链节数”（聚合度），表示有多少链节聚合在一起。由许多链节构成一个很长的聚合物分子，称为“分子链”。例如，聚乙烯的相对分子质量若是56000，那么一个聚乙烯分子里就含有两千多个乙烯单体分子（单体分子是指用以合成聚合物的小分子）。

通常聚合物的分子链呈现多种不同的形状。如果聚合物的分子链呈不规则的线状（或者团状），聚合物是由一根根的分子链组成的，则称为线型聚合物，如图17-1a所示。如果在大分子的链之间还有一些短链把它们相互交联起来，成为立体结构，则称为体型聚合物，如图17-1c所示。此外，还有一些聚合物的大分子主链上带有一些或长或短的小支链，整个分子链呈枝状，如图17-1b所示，则称为带有支链的线型聚合物。如乙烯的聚合可以产生不同的聚乙烯变体。线型低密度聚乙烯（LLDPE）由线型链条组成，低密度聚乙烯（LDPE）由带有支链的线型链条组成，交联聚乙烯（PEX）则具有交联链，在链之间存在分子键，呈体型结构。

聚合物的分子结构不同，其性质也不同。线型聚合物具有良好的弹性和塑性，在适当的溶剂中可溶胀或溶解，温度升高时则软化至熔化状态而流动，且这种特性在聚合物成形前后都存在，因而可以反复成形，习惯上称这种材料具有热塑性。体型聚合物的脆性大、弹性较高和塑性很低，成形前是可溶与可熔的，而一经成形硬化后，就成为既不溶解也不熔融的固体，所以不能再次成形。因此，又称这种材料具有热固性。

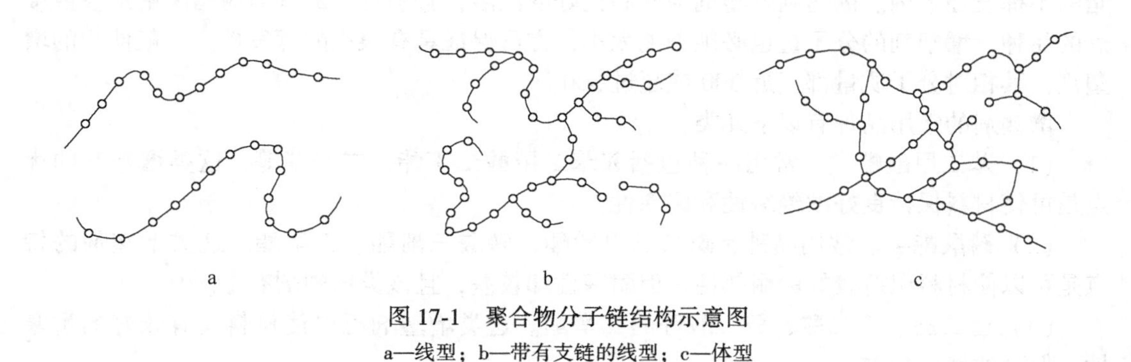

图 17-1　聚合物分子链结构示意图
a—线型；b—带有支链的线型；c—体型

二、助剂

塑料助剂又叫塑料添加剂，是聚合物（合成树脂）进行成形加工时为改善其加工性能或为改善树脂本身性能不足而必须添加的一些化合物。例如，为了降低聚氯乙烯树脂的成形温度，使制品柔软而添加的增塑剂；又如为了制备质量轻、抗振、隔热、隔音的泡沫塑料而要添加发泡剂；有些塑料的热分解温度与成形加工温度非常接近，不加入热稳定剂就无法成形。因而，塑料助剂在塑料成形加工中占有特别重要的地位。

塑料材料用助剂的品种很多，包括填料、增强剂、增塑剂、润滑剂、抗氧剂、稳定剂、阻燃剂、着色剂、抗静电剂、发泡剂和其他某些助剂。

（一）填料、增强剂

填料又叫填充剂，填料是用以改善塑料某些物理性能，例如导热性、膨胀性、耐热性、硬度、收缩性、尺寸稳定性等，有时也是为了改善材料的某些力学性能或为了降低材料造价。例如酚醛树脂中加入木粉后可大大降低成本，使酚醛塑料成为最廉价的塑料之一，同时还能显著提高机械强度。填料一般是粉末状的物质，而且对树脂聚合物都呈现惰性。填料有很多种，可分为无机填充剂（如碳酸钙、陶土、滑石、硅藻土、二氧化硅、云母粉、石棉、金属、金属氧化物等）和有机填充剂（如热固性树脂中空球、木粉、粉末纤维素等）。

增强剂用以提高塑料的力学性能，即提高材料强度和刚度、硬度等的助剂，以增大材料的承载能力，伴随着改善材料的其他物理性能，如提高耐热性，减小收缩，改善尺寸稳定性，改变导热性和热膨胀性等。事实上，增强剂和填充剂之间很难区分清楚，因为几乎所有的填充剂都有增强作用。人们往往将这两种含义有区别的助剂视为同一种。实际上，填料的含义较广，增强剂的含义较窄，可将增强剂包括在填料内，视为专用于改善材料力学性能的填料。

（二）增塑剂

增塑剂，或称塑化剂可增加塑料的可塑性和柔软性，降低脆性，使塑料易于加工成形。增塑剂（塑化剂）一般是能与树脂混溶，无毒、无臭，对光、热稳定的高沸点有机化合物。

对增塑剂的基本要求是挥发性很小，与树脂的混溶性良好。因此，增塑剂实际上是树脂的不挥发性溶剂。欲达到增塑剂与树脂良好的混溶，必须选用那些与树脂溶解度参数接近的品种。增塑剂的分子量也必须不能太小，方可保证具有很小的挥发性。一般使用的增塑剂，其相对分子质量都接近300或超过300。

增塑剂的常用品种有以下几类：

（1）苯二甲酸酯类。常用品种包括邻苯二甲酸二丁酯、二辛酯等，这类增塑剂的优点是可使材料保持良好的绝缘性和耐寒性。

（2）磷酸酯类。常用品种有磷酸三甲酚酯，磷酸三酚酯、三辛酯。这类增塑剂的特点是可以使材料保持较好的耐热性，但耐寒性却较差，且该类增塑剂有毒。

（3）己二酸、壬二酸、癸二酸等的二辛酯。这类增塑剂可以使材料具有较好的耐寒性，但耐油性却较差。

在现有塑料品种中，其配料中最常采用的增塑剂的塑料品种是聚氯乙烯、聚乙酸乙烯、丙烯酸酯类塑料、纤维素塑料，且用量较大。还有一些塑料品种需要加入少量增塑剂。许多塑料品种常常不需要加入增塑剂。

（三）稳定剂

稳定剂主要是指保持高聚物塑料、橡胶、合成纤维等稳定，防止其分解、老化的试剂。为了防止合成树脂在加工和使用过程中受光和热的作用分解和破坏，延长使用寿命，要在塑料中加入稳定剂。稳定剂的用量一般为塑料的0.3%~0.5%。选择稳定剂首先要求和树脂相容性好，对树脂的稳定效果佳，其次还要求在成形过程中最好不分解，挥发性小，无色、耐油、耐化学药品及耐水等。常用的稳定剂有光稳定剂和热稳定剂等。

加到塑料配料中，能改善树脂的热稳定性，抑制其热降解、热分解的助剂称为热稳定剂。聚氯乙烯及氯乙烯共聚物属热敏性树脂，它们在受热加工时极易释放氯化氢，进而引发热老化降解反应。一般所述的热稳定剂，多是指对聚氯乙烯塑料的专用热稳定剂。热稳定剂一般通过吸收氯化氢，取代活泼氯和双键加成等方式达到热稳定的目的。工业上广泛应用的热稳定剂品种大致包括盐基性铅盐类、金属皂类、有机锡类、有机锑类等主稳定剂和环氧化合物类、亚磷酸酯类、多元醇类、个二酮类等有机辅助稳定剂。由主稳定剂、辅助稳定剂与其他助剂配合而成的复合稳定剂品种，在热稳定剂市场具有举足轻重的地位。

加入塑料配方中，改善塑料的耐日光性，防止或降低日光中紫外线对塑料的破坏的助剂，统称光稳定剂，又称抗紫外线剂。根据稳定机理的不同，光稳定剂可以分为光屏蔽剂、紫外线吸收剂、激发态猝灭剂和自由基捕获剂。

（1）光屏蔽剂多为炭黑、氧化锌和一些无机颜料或填料，其作用是通过屏蔽紫外线来实现的。

（2）紫外线吸收剂对紫外线具有较强的吸收作用，并通过分子内能量转移将有害的光能转变为无害的热能形式释放，从而避免聚合物树脂吸收紫外线能量而诱发光氧化反应。紫外线吸收剂所涉及的化合物类型较多，主要包括二苯甲酮类化合物、苯并三唑类化合物、水杨酸酯类化合物、取代丙烯腈类化合物和三嗪类化合物等。

（3）激发态猝灭剂意在猝灭受激聚合物分子上的能量，使之回复到基态，防止其进一步导致聚合物链的断裂。激发态猝灭剂多为一些镍的络合物。

（4）自由基捕获剂以受阻胺为官能团，其相应的氮氧自由基是捕获聚合物自由基的根本，而且由于这种氮氧自由基在稳定化过程中具有再生性，因此光稳定效果非常突出，迄今已经发展成为品种最多、产耗量最大的光稳定剂类别。当然，受阻胺光稳定剂的作用并不仅仅局限在捕获自由基方面，研究表明，受阻胺光稳定剂往往同时兼备分解氢过氧化物、猝灭单线态氧等作用。

（四）着色剂

着色剂是能使塑料制件具有各种颜色的物质。现代塑料成形加工中，塑料着色已变得越来越重要，所有的塑件中约有80%是经过着色的。塑件的着色不仅能够使塑件外观绚丽多彩、美艳夺目，提高塑件的商品价值，还可根据不同的用途给塑件配以合适的颜色，起到特殊的作用。例如军用塑料制品的着色大多与自然界中的颜色相近，以便于增加其隐蔽性，用起来方便又安全。此外，着色剂还可改善塑件的性能，如可以提高耐候性、力学强度、电性能及光学性能等。

着色剂一般有无机颜料、有机颜料及染料三大类。后两类又统称为有机着色剂。表17-1是三类着色剂的性能比较。

表17-1　三类着色剂性能比较

指标	无机颜料	有机颜料	染料	指标	无机颜料	有机颜料	染料
色相	不鲜明	鲜明	鲜明	耐热性	好	差	差
着色力	小	大	大	耐迁移性	好	差	差
遮盖力	大	小	小	耐溶剂性	好	差	差
分散性	好	好	好	耐药品性	好	差	差
耐光性	差	差	差				

（五）润滑剂和脱模剂

润滑剂是配合在聚合物树脂中，旨在降低树脂粒子、树脂熔体与加工设备之间以及树脂熔体内分子间摩擦，改善其成形时的流动性和脱模性的加工改性助剂，多用于热塑性塑料的加工成形过程，包括烃类（如聚乙烯蜡、石蜡等）、脂肪酸类、脂肪醇类、脂肪酸皂类、脂肪酸酯类和脂肪酰胺类等。同时润滑剂还可以起到熔融促进剂、防粘连和防静电、有利于脱模等作用。润滑剂分为外润滑剂和内润滑剂两种，脱模剂可涂敷于模具或加工机械的表面，亦可添加在基础树脂中，使模型制品易于脱模，并改善其表面光洁性。前者称为涂敷型脱模剂，是脱模剂的主体，后者为内脱模剂，具有操作简便等特点。硅油类物质是工业上应用最为广泛的脱模剂类型。

（六）抗静电剂

塑料是一种卓越的绝缘体，因此材料表面容易聚积电荷产生静电。任何两个物体互相摩擦都会使表面产生电荷，电阻小的物体，表面电荷容易消除，电阻大的物体，表面电荷不易消除，会随着表面的反复摩擦使电荷聚积。塑料制品在成形加工和使用过程中，表面很容易因摩擦而聚积电荷形成静电。而抗静电剂可以赋予塑料以轻度，至中等的电导性，从而可防止制品上静电荷的积聚。

抗静电剂按其化学结构可分为离子型和非离子型两类。离子型抗静电剂又包括阳离子型、阴离子型、两性离子型。阳离子型抗静电剂主要是季胺盐，此外还有各种胺盐、烷基咪哩嚇等。阴离子型抗静电剂包括有高级脂肪酸盐，各种磷酸衍生物、硫酸衍生物。两性离子型抗静电剂包括季胺内盐、两性烷基咪唑啉、烷基氨基酸类。非离子型抗静电剂主要有多元醇、多元醇的脂肪酸酯、胺类衍生物等。

抗静电剂按其使用方法又可分为内添加型和外涂型。内添加型加入塑料的配料中，均匀地分散在材料内部，起到长久的抗静电作用。外涂型抗静电剂则是配制成溶液，刷涂、喷涂或浸涂到塑料制品表面，它们见效快，但容易因摩擦脱落而失效。内添加型与外涂型两种抗静电剂并无明确界限，往往同一种化合物可兼做两用。

（七）发泡剂

用于聚合物配合体系，旨在通过释放气体获得具有微孔结构聚合物的制品，达到降低制品表观密度目的的助剂称为发泡剂。根据发泡过程产生气体的方式不同，发泡剂可以分为物理发泡剂和化学发泡剂两种主要类型。物理发泡剂一般依靠自身物理状态的变化释放气体，多为挥发性的液体物质，氟氯烃（如氟利昂）、低烷烃（如戊烷）和压缩气体是物理发泡剂的代表。化学发泡剂则是基于化学分解释放出来的气体进行发泡的，按照结构的不同分为无机类化学发泡剂和有机类化学发泡剂。无机发泡剂主要是一些对热敏感的碳酸盐类（如碳酸钠、碳酸氢铵等）、亚硝酸盐类和硼氢化合物等，其特征是发泡过程吸热，也称吸热型发泡剂。有机发泡剂在塑料发泡剂市场具有非常突出的地位，代表性的品种有偶氮类化合物、N-亚硝基类化合物和磺酰肼类化合物等。有机发泡剂的发泡过程多伴随放热反应，又有放热型发泡剂之称。此外，一些具有调节发泡剂分解温度的助剂，即发泡助剂亦属发泡剂之列。

（八）抗氧剂

以抑制聚合物树脂热氧化降解为主要功能的助剂，属于抗氧剂的范畴。抗氧剂是塑料稳定化助剂最主要的类型，几乎所有的聚合物树脂都涉及抗氧剂的应用。按照作用机理，传统的抗氧剂体系一般包括主抗氧剂、辅助抗氧剂和重金属离子钝化剂等。主抗氧剂以捕获聚合物过氧自由基为主要功能，又有“过氧自由基捕获剂”和“链终止型抗氧剂”之称，涉及芳胺类化合物和受阻酚类化合物两大系列产品。辅助抗氧剂具有分解聚合物过氧化合物的作用，也称“过氧化物分解剂”，包括硫代二羧酸酯类和亚磷酸酯化合物，通常和主抗氧剂配合使用。重金属离子钝化剂俗称“抗铜剂”，能够络合过渡金属离子，防止其催化聚合物树脂的氧化降解反应，典型的结构如酰肼类化合物等。最近几年，随着聚合物抗氧理论研究的深入，抗氧剂的分类也发生了一定的变化，最突出的特征是引入了“碳自由基捕获剂”的概念。这种自由基捕获剂有别于传统意义上的主抗氧剂，它们能够捕获聚合物烷基自由基，相当于在传统抗氧体系中增设了一道防线。此类稳定化助剂主要包括芳基苯并呋喃酮类化合物、双酚单丙烯酸酯类化合物、受阻胺类化合物和羟胺类化合物等，它们和主抗氧剂、辅助抗氧剂配合构成的三元抗氧体系能够显著提高塑料制品的抗氧稳定效果。应当指出，胺类抗氧剂具有着色污染性，多用于橡胶制品，而酚类抗氧剂及其与辅助抗氧剂、碳自由基捕获剂构成的复合抗氧体系则主要用于塑料及艳色橡胶制品。

第二节　塑料的分类

塑料工业发展很快，到目前为止，塑料的品种已近 300 种，常用的有约 30 种。塑料产品不仅品种甚多，而且性能亦各有差别，为便于区分和合理应用不同塑料，人们按不同方法对材料进行分类。其中最重要的有以下几种分类方法。

一、按受热时的行为分类

塑料按受热时的行为可分为热塑性塑料和热固性塑料两大类。

(1) 热塑性塑料：热塑性塑料加热时变软以至熔融流动，冷却时凝固变硬，这种过程是可逆的，可以反复进行。这是由于热塑性塑料配料中，树脂的分子链是线型或仅带有支链，不含有可以产生链间化学反应的基团，在加热过程中不会产生交联反应形成链间化学键。因此，在加热变软乃至流动和冷却变硬的过程中，发生了物理变化。正是利用这种特性，对热塑性塑料进行成形加工。聚烯类、聚乙烯基类、聚苯乙烯类、聚酰胺类、聚丙烯酸酯类、聚甲醛、聚碳酸酯、聚砜、聚苯醚等，都属于热塑性塑料。

(2) 热固性塑料：热固性塑料配料在第一次加热时可以软化流动，加热到一定温度时产生分子链间化学反应，形成化学键，使不同分子链之间交联，成为网状或三维体型结构，从而也变硬，这一过程称为固化。固化过程是不可逆的化学变化，再加热时，由于分子链间交联的化学键的束缚，原有的单个分子链间不能再互相滑移，宏观上就使材料不能再软化流动了。利用热固性塑料配料的第一次加热时的软化流动，使其充满模腔并加压，固化后形成要求形状和尺寸的制品。热固性塑料配料中树脂的分子链上在固化前都含有某种具有反应的基团，首次加热时，不同分子链间的基团彼此反应形成化学键，使分子链间发生交联反应。酚醛塑料、氨基塑料、环氧塑料、不饱和聚酯、有机硅、烯丙基酯、呋喃塑料等都属于热固性塑料。

二、按塑料中树脂合成的反应类型分类

塑料中树脂是由单体通过共价键结合而形成的，而共价键的形成可以通过单体间的不同类型反应达到。

(1) 聚合类塑料：塑料中树脂是由含有不饱和键的单体在引发剂（或催化剂）存在下按自由基、离子型等机理进行聚合反应形成的。例如聚乙烯和聚苯乙烯，都是由聚合反应生成的。在聚合反应中，无低分子副产物放出。聚烯烃、聚乙烯基类、聚苯乙烯类等都是典型的聚合型塑料。氟塑料、聚甲醛、氯化聚醚、丙烯酸酯类，也是聚合型塑料。聚合型塑料绝大多数都是热塑性塑料。

(2) 缩聚类塑料：塑料中树脂是由含有官能基的单体通过缩聚反应形成。在生成树脂的缩聚反应中有低分子副产物生成。例如聚酰胺 66 就是由缩聚反应生成的。在这一生成聚酰胺 66 的反应中，也产生了低分子副产物——水。聚酰胺类、聚碳酸酯、聚砜类、聚苯醚、聚苯硫醚、聚酰亚胺类等热塑性塑料和所有的热固性塑料，如酚醛、氨基、环氧、不饱和聚酯、有机硅、呋喃等塑料都是缩聚型塑料。

三、按塑料中树脂大分子的有序状态分类

按树脂大分子的有序状态，可将塑料分为无定形塑料和结晶型塑料。

(1) 无定形塑料：塑料中树脂大分子的分子链的排列是无序的，不仅各个分子链之间排列无序，同一分子链也像长线团那样无序地混乱堆砌。无定形塑料无明显熔点，其软化以至熔融流动的温度范围很宽。聚苯乙烯类、聚砜类、丙烯酸酯类、聚苯醚等都是典型

的无定形塑料。

（2）结晶型塑料：塑料中树脂大分子链的排列是远程有序的，分子链相互有规律地折叠，整齐地紧密堆砌。结晶型塑料有比较明确的熔点，或具有温度范围较窄的熔程。同一种塑料如果处于结晶态，其密度总是大于处于无定形态时的密度。

结晶型塑料与低分子晶体不同，很少有完善的百分之百的结晶状态，一般总是结晶相与无定形相共存。因此，通常所谓的结晶型塑料，实际上都是半结晶型塑料。结晶型塑料的结晶度与结晶条件有关，可以在较大范围内变化。只有热塑性塑料才能有结晶状态，所有的热固性塑料，由于树脂分子链间相互交联，各分子链间不可能互相折叠、整齐紧密地堆砌成很有序的状态，因此不可能处于结晶状态。聚乙烯、聚丙烯、聚甲醛、聚四氟乙烯等都是典型的结晶型塑料。

四、按性能特点和应用范围分类

按性能特点和应用范围，可大致将现有塑料分为通用塑料和工程塑料两大类。

（一）通用塑料

凡生产批量大、应用范围广、加工性能良好、价格又相对低廉的塑料可称为通用塑料。通用塑料容易采用多种工艺方法成形加工为多种类型和用途的制品，例如注塑、挤出、吹塑、压延等成形工艺或采用压制、传递模塑工艺（后两种工艺用于热固性塑料）。但对一般通用塑料而言，某些重要的工程性能，特别是力学性能、耐热性能较低，不适宜用于制作成承受较大载荷的塑料结构件和在较高温度下工作的工程用制品。聚烯烃类、聚乙烯基类聚苯乙烯类（ABS除外）、丙烯酸酯类、氨基、酚醛等塑料，都属于通用塑料范畴。聚乙烯、聚丙烯、聚氯乙烯、聚苯乙烯、酚醛塑料是当今应用范围最广、产量最大的通用塑料品种，合称五大通用塑料。

聚乙烯（PE）塑料比较软，摸起来有蜡质感，与同等塑料相比质量比较轻，有一定的透明性，燃烧时火焰呈蓝色。主要应用范围有保鲜膜、背心式塑料袋、塑料食品袋、奶瓶、提桶、水壶等。

聚丙烯（PP），是由丙烯聚合而制得的一种热塑性树脂。主要应用于家用电器注射件，改性原料，日用注射产品、管材等。

聚氯乙烯（PVC），曾是世界上产量最大的通用塑料，应用非常广泛。在建筑材料、工业制品、日用品、地板革、地板砖、人造革、管材、电线电缆、包装膜、瓶、发泡材料、密封材料、纤维等方面均有广泛应用。

聚苯乙烯（PS）塑料广泛应用于光学仪器、化工部门及日用品方面，用来制作茶盘、糖缸、皂盒、烟盒、学生尺、梳子等。由于具有一定的透气性，当制成薄膜制品时，又可做良好的食品包装材料。

酚醛塑料，俗称电木粉，是一种硬而脆的热固性塑料。以酚醛树脂为基材的塑料总称为酚醛塑料，是最重要的一类热固性塑料，广泛用作电绝缘材料、家具零件、日用品、工艺品等。

（二）工程塑料

除具有通用塑料的一般性能外，还具有某种或某些特殊性能，特别是具有优异的力学性能或优异的耐热性，或者具有优异的耐化学性能，在苛刻的化学环境中可以长时间工作，并保持固有的优异性能。优异的力学性能可以是抗拉伸、抗压缩、抗弯曲，抗冲击，抗摩擦磨损、抗疲劳抗蠕变等。某些工程塑料兼有多种优异性能。

工程塑料生产批量较小，供货较紧缺，或制备时的原材料较昂贵、工艺过程较复杂，因而造价较昂贵，用途范围就受到限制。某些工程塑料成形工艺性能不如通用塑料，也是限制其应用范围较小的原因之一。现今，较常应用的工程塑料大品种有聚胺类塑料，聚碳酸酯、聚甲醛、热塑性聚酯、聚苯醚、聚砜、聚酰亚胺、聚苯硫醚、氟塑料等。ABS 是丙烯腈（A)、丁二烯（B)、苯乙烯（S）三种单体的三元共聚物，是应用量最大的工程塑料，其电绝缘性较好，并且几乎不受温度、湿度和频率的影响，可在大多数环境下使用。ABS 树脂的最大应用领域是汽车、电子电器和建材。

应该指出，以上对通用塑料和工程塑料的分类并不是绝对的。上述列举的某些通用塑料品种，经过增强或改性，可以提高许多性能，亦可当作工程塑料应用。例如玻纤增强聚丙烯、含玻纤的酚醛塑料等。聚乙烯是典型的通用塑料，但超高分子量聚乙烯又因具有优异的耐磨性被视为工程塑料。可以预言，随着塑料工业的发展，合成技术的进步，塑料材料应用领域的拓宽，产量的增大，价格的降低以及塑料成形加工技术的进步，将来还会有某些工程塑料当作通用塑料应用，而某些通用塑料由于改性使性能改善，亦可作为工程塑料应用。

习　题

17-1　用简明的语言，对“塑料”下一个定义。

17-2　按照聚集态结构（分子排列的几何特点）的不同，聚合物可分为哪几种，各自的特点是什么？

17-3　塑料材料中大致采用哪些助剂？简述光稳定剂的分类。

17-4　热塑性塑料与热固性塑料怎么区别，这种区别的本质原因是什么？

17-5　通用塑料和工程塑料二者之间怎么区分？

第十八章 聚合物的流变行为

流变学是研究物质变形与流动的一门学科。聚合物流变学研究的是聚合物材料在外力作用下产生的力学现象（如应力、应变及应变速率等）与聚合物流动时自身黏度之间的关系，以及影响聚合物流动的各种因素，诸如聚合物的分子结构、相对分子质量的大小及其分布、成形温度、成形压力等。塑料成形中，聚合物的成形依靠的是聚合物自身的变形和流动实现的，故有必要了解聚合物流变学，以便应用流变学理论正确地选择和确定合理的成形工艺条件，设计合理的注射成形浇注系统和模具结构。本章着重介绍聚合物的流变行为，包括牛顿流动规律、非牛顿流体的指数流动规律和表观黏度以及聚合物在成形过程中的流动状态等。

第一节 牛顿流动规律

液体的流动和变形都是在受应力作用的情况下得以实现的。重要的应力有切应力 τ、拉伸应力 σ 和流体静压力 p，三种应力中，切应力对塑料的成形最为重要，因为成形时聚合物熔体或分散体在设备或模具中流动的压力降、所需功率以及塑件的质量等都受它的制约，拉伸应力经常与切应力共同出现，如挤出成形和注射成形中物料进入口模、浇口和型腔时流道截面发生改变条件下的流动以及在吹塑中型坯的延伸、吹塑薄膜时泡管的膨胀等。成形过程中流体静压力对流体流动性质的影响相对来说不及前两者显著，但它对黏度有影响。

众所周知，液体在平直圆管内受切应力而发生流动的形式有层流和湍流两种。层流时，液体的流动是按许多彼此平行的流层进行的；同一流层之间的各点速度彼此相同，但各层之间的速度却不一定相等，而且各层之间也无明显的相互影响。如果增大流动速度而使其超过一定的临界值，则流动形式转为湍流，湍流时液体各点速度的大小和方向都随时间而变化。

层流与湍流的区分以雷诺数（Re）为准，见式（1-4）。在成形过程中，聚合物熔体流动时的雷诺数常小于 10，而聚合物分散体的雷诺数常不止此数，但也不会大于 2300，所以它们的流动基本上是层流。

为了研究流体流动的性质，可以把层流流动看成一层层彼此相邻的薄层液体沿外力作用方向进行的相对滑移液层是平直的平面，彼此之间完全平行。图 18-1 是液体在流道中流动时的速度梯度图。F 为外部作用于整个液体的恒定剪切力，A 为向两端无限延伸的液层面积。液层上的切应力 τ 为

$$\tau = F/A \tag{18-1}$$

在恒定应力作用下液体的应变表现为液层以均匀的速度 v 沿剪切力作用方向移动。但液层间的黏性阻力和管壁的摩擦力使相邻液层间在移动方向上存在速度差。管中心阻力最

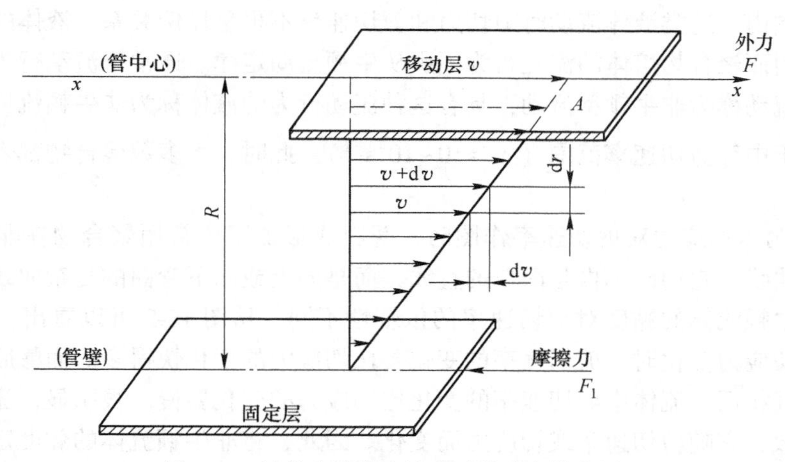

图 18-1　液体在流道中流动时的速度梯度图

小，液层移动速度最大。管壁附近液层同时受到液体黏性阻力和管壁摩擦力的作用，速度最小，在管壁上液层的移动速度为零（假定不产生滑动时）。当液层间的径向距离为 dr 的两液层的移动速度分别为 v 和 v+dv 时，则液层间单位距离内的速度差即速度梯度 dv/dr。但是液层移动速度 v 等于单位时间的距离 dx，即 v=dx/dt，于是

$$\mathrm{d}v/\mathrm{d}r = \mathrm{d}(\mathrm{d}x/\mathrm{d}t)\mathrm{d}r = \mathrm{d}(\mathrm{d}x/\mathrm{d}r)\mathrm{d}t \tag{18-2}$$

式中　dx/dr——一个液层相对于另一个液层移动的距离，它是剪切力作用下该层液体产生的切应变 γ，即 γ=dx/dr。

这样，式（18-2）可改写为

$$\mathrm{d}v/\mathrm{d}r = \mathrm{d}\gamma/\mathrm{d}t = \dot{\gamma} \tag{18-3}$$

式中　$\dot{\gamma}$——单位时间内的切应变，称为剪切速率，s^{-1}。

这样，就可以用剪切速率来代替速度梯度，两者在数值上相等。

牛顿（Newton）在研究低分子液体的流动行为时，发现切应力和剪切速率之间存在着一定关系，可表示为

$$\tau = \eta(\mathrm{d}v/\mathrm{d}r) = \eta(\mathrm{d}\gamma/\mathrm{d}t) = \eta\dot{\gamma} \tag{18-4}$$

上式说明液层单位表面上所加的切应力 τ 与液层间的速度梯度（dv/dr）呈正比，η 为比例常数，称为牛顿黏度。它是液体自身固有的属性，反映了液体的黏稠性，η 的大小表征液体抵抗外力引起形变的能力，不同液体的 η 值不同，与其分子结构和所处温度有关。式（18-4）描述了层流液体最简单的规律，通常称为牛顿流动定律，即牛顿流体的流变方程。凡液体层流时符合牛顿流动定律的统称为牛顿流体。其特征为应变随应力作用的时间线性增加，且黏度保持不变，应变具有不可逆性质，应力解除后应变以永久变形保持下来。对于低分子量的流体例如水、酒精等属于牛顿流体，其剪切应力与剪切速率呈正比。

第二节　指数流动规律和表观黏度

由于大分子的长链结构和缠结，聚合物熔体的流动行为远比低分子液体复杂在宽广的

剪切速率范围内，这类液体流动时剪切力和剪切速率不再呈比例关系，液体的黏度也不是一个常数，因而聚合物熔体的流变行为不服从牛顿流动定律。通常把流动行为不服从牛顿流动定律的流动称为非牛顿型流动，具有这种流动行为的液体称为非牛顿流体。聚合物加工时大多处于中等剪切速率范围（$\dot{\gamma}=10\sim10^4\mathrm{s}^{-1}$），此时，大多数聚合物都表现为非牛顿流体。

图 18-2 为以切应力对剪切速率作图时，塑料成形加工中常用聚合物在非牛顿流体状态下的流动曲线。它们已不再是简单的直线，而是向上或向下弯曲的复杂曲线。这说明不同类型的非牛顿流体的黏度对剪切速率的依赖性不同。从图 18-2 可以看出，当作用于假塑性流体的切应力变化时，剪切速率的变化要比切应力的变化快得多。而膨胀性流体的流变行为则正好相反，流体中剪切速率的变化比切应力的变化要慢。很明显，流体的黏度已不是一个常数，它随剪切速率或切应力而变化。因此，将非牛顿流体的黏度定义为表观黏度 η_a（即非牛顿黏度）。图 18-3 为不同类型流体的表观黏度 η_a 与剪切速率 $\dot{\gamma}$ 的关系。

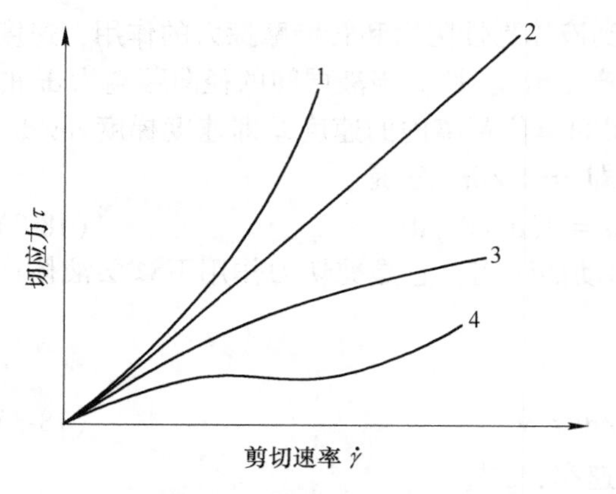

图 18-2 不同类型流体的流动曲线
1—膨胀性流体；2—牛顿流体；
3—假塑性流体；4—复合型流体

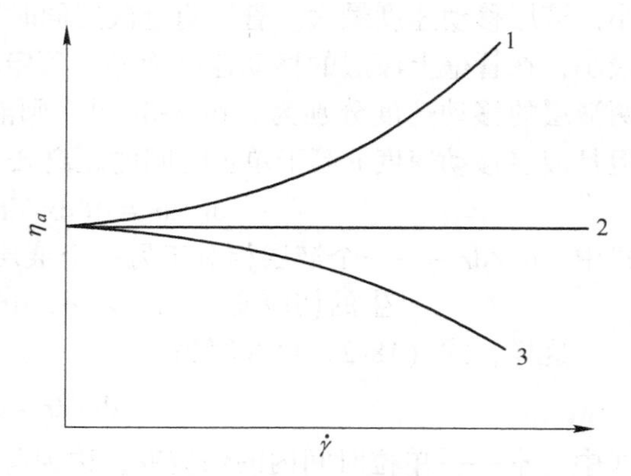

图 18-3 不同类型流体的表观黏度与剪切速率关系
1—膨胀性流体（$n>1$）；2—牛顿液体（$n=1$）；
3—假塑性液体（$n<1$）

由 Ostwald De Waele 提出的所谓指数定律方程是一种较能反映黏性流体流变性质的经验表达式，在有限的范围内（剪切速率通常在同一个数量级范围内）有相当好的准确性，且形式简单对一定的成形加工过程来说，剪切速率总不可能很宽，因此，指数定律在分析液体的流变行为、加工能量的计算以及加工设备或模具的设计等方面都较成功，该定律认为：聚合物黏性流体在定温下，且在给定的剪切速率范围内流动时，切应力和剪切速率具有指数函数关系，其表达式为

$$\tau=K\left(\frac{\mathrm{d}v}{\mathrm{d}r}\right)^n=K\left(\frac{\mathrm{d}\gamma}{\mathrm{d}t}\right)^n=K\dot{\gamma}^n \tag{18-5}$$

式中 K——与聚合物和温度有关的常数，可反映聚合物熔体的黏稠性，称为稠度系数；
n——与聚合物和温度有关的常数，可反映聚合物熔体偏离牛顿流体性质的程度，称为非牛顿指数。

将式（18-5）化为 $\tau=(K\dot{\gamma}^{n-1})\dot{\gamma}$

取

$$\eta_a = K\dot{\gamma}^{n-1} \tag{18-6}$$

式（18-5）改写为

$$\tau = \eta_a \dot{\gamma} \tag{18-7}$$

式中　η_a——非牛顿流体的表观黏度，Pa·s。

表观黏度表征的是非牛顿流体（服从指数流动规律）在外力作用下抵抗剪切变形的能力，表观黏度除与流体本身性质及温度有关外，还受剪切速率影响，这就意味着外力大小及其作用的时间也能改变流体的黏稠性。

在指数流动规律中，非牛顿指数 η_a 和稠度系数 K 均可由实验测定。

当 $n=l$ 时，$\eta_a = K = \eta$，这意味着非牛顿流体转变为牛顿流体，所以 n 值可用来反映非牛顿流体偏离牛顿流体性质的程度。

$n<1$ 时，称为假塑性流体。在注射成形中，除了热固性聚合物和少数热塑性聚合物外，大多数聚合物熔体均有近似假塑性流体的流变学性质。比如 PE 塑料其表观黏度随剪切速率升高而降低，并不是匀速的，其间的关系满足式（18-6）。其他塑料如尼龙、ABS 等也有类似情况。

$n>1$ 时，称为膨胀性流体属于膨胀性流体的主要是一些固体含量较高的聚合物悬浮液，以及带有凝胶结构的聚合物溶液和悬浮液，处于较高剪切速率下的聚氯乙烯糊的流动行为就近似这类流体。

在一定的成形工艺条件下，塑料的剪切速率的范围通常是固定的，如压缩成形时的剪切速率范围为 $1\sim10s^{-1}$；注射成形时为 $10^3\sim10^5s^{-1}$；压注成形时为 $10^2\sim10^3s^{-1}$ 等。对于给定的塑料来说，如果通过实验求得了在这种剪切速率范围下的黏度数据（即流动曲线图），则对该种塑料在指定成形方法中的操作难易程度就能做初步判断。譬如在注射成形时，如果某一塑料（或聚合物）熔体在温度不大于其降解温度且剪切速率为 $10s^{-1}$ 的情况下测得其表观黏度为 50~500Pa·s，则在注射过程中将不会发生困难。表观黏度过大时，则塑料模的大小与设计就受到较大的限制，同时压缩塑件很易出现缺陷；过小时，溢料的现象比较严重，塑件质量也会产生问题。

常用熔融塑料的黏度范围为 $10\sim10^7$Pa·s，分散体的黏度约为 1Pa·s。

第三节　聚合物在成形过程中的流动状态

在塑料成形过程中，经常会遇到聚合物熔体在各种几何形状导管内流动的情况。如在注射过程中，熔体被柱塞（螺杆）推动前进，从喷嘴经浇注系统注入型腔内；在挤出成形中，熔体被螺杆挤进各种口模，研究熔体在流动过程中的流量与压力降的关系、切应力与剪切速率的关系、物料流速分布、端末效应等都是十分重要的，因为这对控制成形工艺、塑件产量和质量、设计成形设备和模具都有直接关系。由于非牛顿流体流变行为的复杂性，和塑料熔体在实际成形过程中的流动情况，目前只能对几种简单截面导管内的流动做定量的计算。例如在注塑成形中流道的截面形状常见的有圆形（圆形流道和圆锥形流道）矩形、梯形、U 形等，多数的薄壁制品及其型腔的断面形状可看成是窄缝形流道。所以本节主要讨论流体在圆形导管和扁形导槽这两种截面导管的情况。

一、在圆形导管内流动

为了研究聚合物熔体在圆形导管内的流动状况，假设其流体是在半径为 R 的圆形导管内做等温稳定的层流运动，且服从指数定律。取距离管中心为 r 处的流体圆柱体单元，其长度为 L，当它由左向右移动时，在流体层间产生摩擦力，如图 18-4 所示。于是，其中压力降 Δp 与圆柱体截面的乘积必等于切应力 τ 与流体层间接触面积的乘积，即

$$\Delta p(\pi r^2)=\tau(2\pi rL)$$

所以

$$\tau=\frac{r\Delta p}{2L} \tag{18-8a}$$

在管壁处，$r=R$，$\tau=\tau_w$，则

$$\tau_w=\frac{r\Delta p}{2L} \tag{18-8b}$$

将上述两式相除得

$$\tau=\tau_w\frac{r}{R} \tag{18-9}$$

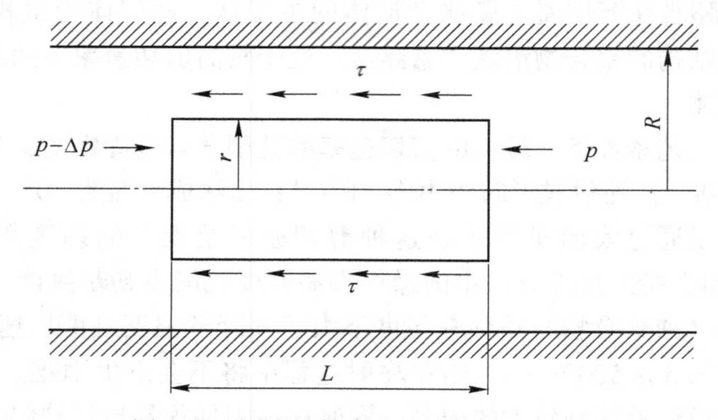

图 18-4 圆形导管中流动液体受力分析

由此看出，切应力在管中心为零，逐渐增大而在管壁处为最大，据此进一步推导的结果，又可说明流体在圆形导管内的速度分布为什么呈抛物线形，如图 18-5 所示。

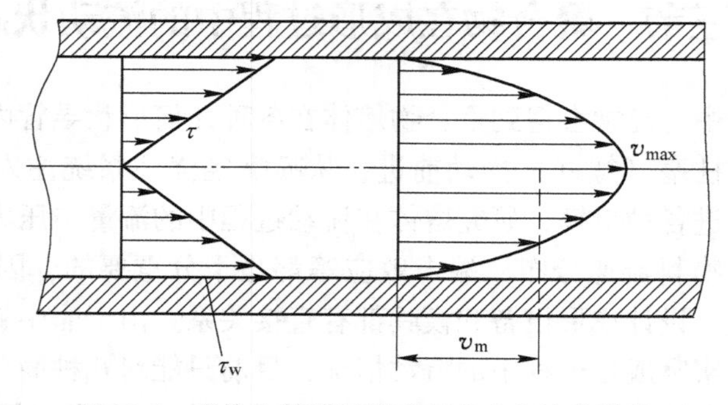

图 18-5 流体在圆形导管中切应力和流速分布

对牛顿流体或非牛顿黏性流体，由于其剪切速率只依赖于所施加的切应力，所以，可

用下面的函数关系表示，即

$$\dot{\gamma}=\frac{\mathrm{d}v}{\mathrm{d}r}=f(\tau) \tag{18-10}$$

由上式积分，r 由 r 到 R，相应流速 v 由 v 到 0

$$v=\int_r^R f(\tau)\,\mathrm{d}r \tag{18-11}$$

相应的体积流量 q_V 为

$$q_V=\int_0^R 2\pi rv\mathrm{d}r$$

写成

$$q_V=\pi\int_0^R v\mathrm{d}(r^2)$$

对上式进行定积分（分部积分）

$$q_V=\pi\left[vr^2\Big|_0^R-\int_0^R r^2\mathrm{d}v\right]$$

由于 $v_R=0$，且考虑料流方向将 $\mathrm{d}v=-f(\tau)\ \mathrm{d}r$ 代入上式得

$$q_V=\pi\int_0^R r^2 f(\tau)\,\mathrm{d}r$$

由式（18-9）得 $r=R\tau/\tau_w$代入上式得

$$q_V=\frac{\pi R^3}{\tau_w^3}\int_0^{\tau_w}\tau^2 f(\tau)\,\mathrm{d}\tau \tag{18-12}$$

对于非牛顿黏性流体，指数函数方程式为 $\tau=K\dot{\gamma}^n$［见式（18-5）］，或 $\dot{\gamma}=\left(\frac{\tau}{K}\right)^{\frac{1}{n}}$，因而有

$$f(\tau)=\left(\frac{\tau}{K}\right)^{\frac{1}{n}} \tag{18-13}$$

将上式代入式（18-12）有

$$q_V=\frac{\pi R^3}{\tau_w} \tag{18-14}$$

将 $\tau_w=\frac{R\Delta p}{2L}$ 代入上式，得到压力降 Δp 与体积流量 q_V 的关系式

$$q_V=\frac{n\pi R^3}{3n+1}\left(\frac{R\Delta p}{2LK}\right)^{\frac{1}{n}} \tag{18-15}$$

将 $f(\tau)=\left(\frac{\tau}{K}\right)^{\frac{1}{n}}$，$\tau_w=\frac{R\Delta p}{2L}$ 代入式（18-11）并进行积分，得流体在管中心的最大流速

$$v_{\max}=\frac{nR}{n+1}\left(\frac{R\Delta p}{2LK}\right)^{\frac{1}{n}} \tag{18-16}$$

平均流速 v_m 可将 q_V 除以 πR^2 求得

$$v_m=\frac{nR}{3n+1}\left(\frac{R\Delta p}{2LK}\right)^{\frac{1}{n}} \tag{18-17}$$

$$v_m = \left(\frac{n+1}{3n+1}\right) v_{\max} \tag{18-18}$$

或将式（18-15）改写后，得出管壁处的切应力

$$\tau_w = \frac{R\Delta p}{2L} = K\left(\frac{3n+1}{n}\frac{q_V}{\pi R^3}\right)^n \tag{18-19}$$

将上式与指数函数方程式 $\tau = K\dot{\gamma}^n$ 比较，得

$$\dot{\gamma}_w = \frac{3n+1}{n}\frac{q_V}{\pi R^3} \tag{18-20}$$

对于牛顿流体，由于牛顿黏性定律可以看为指数方程式 $\tau = K\dot{\gamma}^n$ 中 $n = 1$ 时的特例，此时牛顿黏度 $\eta = K$，故也可得出相应的流速、体积流量及管壁处剪切速率的计算公式。

由非牛顿黏性流体的指数方程式（18-5）可知，管壁处的切应力可写成如下表达式

$$\tau_w = K\dot{\gamma}_w^n$$

将 $\tau_w = \dfrac{R\Delta p}{2L}$ 和 $\gamma_w = \dfrac{3n+1}{n}\dfrac{q_V}{\pi R^3}$ 代入上式得

$$\frac{R\Delta p}{2L} = K\left(\frac{3n+1}{4n}\frac{4q_V}{\pi R^3}\right)^n \tag{18-21}$$

从上式看出，根据实验求得 $\dfrac{R\Delta p}{2L}$ 和 $\dfrac{4q_V}{\pi R^3}$ 的相应值后，需用尝试误差法方能求出 K 和 n 值，才能建立式（18-21），显然很麻烦。因此，在工程上为了使问题简化，往往建立下列关系式

$$\frac{R\Delta \text{p}}{2L} = k'\left(\frac{4q_V}{\pi R^3}\right)^{n'} \tag{18-22}$$

而流动曲线也用 $\dfrac{R\Delta p}{2L}$ 和 $\dfrac{4q_V}{\pi R^3}$ 的相应值来标绘。式（18-22）中的 K' 和 n'，代表含义不同的另一种流体稠度和流动行为指数，对比式（18-21）和式（18-22）即可得出

$$K' = K\left(\frac{3n+1}{4n}\right)^n\left(\frac{4q_V}{\pi R^3}\right)^{n-n'} \tag{18-23}$$

一种特殊情形：当 $n = n'$，且 $\dfrac{4q_V}{\pi R^3}$ 在一段范围内保持不变时，则

$$K' = K\left(\frac{3n+1}{4n}\right)^n \tag{18-24}$$

符合此种情形时，由于 $n = n'$ 及 $K' = K\left(\dfrac{3n+1}{4n}\right)$，因而切应力-剪切速率曲线与 $\dfrac{R\Delta p}{2L}$ 和 $\dfrac{4q_V}{\pi R^3}$ 曲线几何图形相似，只有沿 $\dfrac{4q_V}{\pi R^3}$ 轴做上下平行移动而已，因而 K' 和 n' 可相应视作另一个稠度和流动行为指数，也称表观稠度与表观流动行为指数。

二、在扁形导槽内流动

当塑料熔体在等温条件下经扁形导槽（扁槽）做稳定层流运动时，其情况如图 18-6 所示。在扁形导槽内取一矩形单元体，其厚度为 $2y$，宽度取 1 个单位长度，长度为 L。假定扁槽上下两面为无限宽平行面（扁槽宽度 W 应大于扁槽上下平行面距离 $2B$ 的 20 倍，此时扁槽两侧壁对流速电的减缓作用可忽略不计），根据力的平衡，得

$$\Delta p(2y\times 1)=\tau(1\times L\times 2)$$

即
$$\tau=\frac{\Delta p}{L}y \tag{18-25}$$

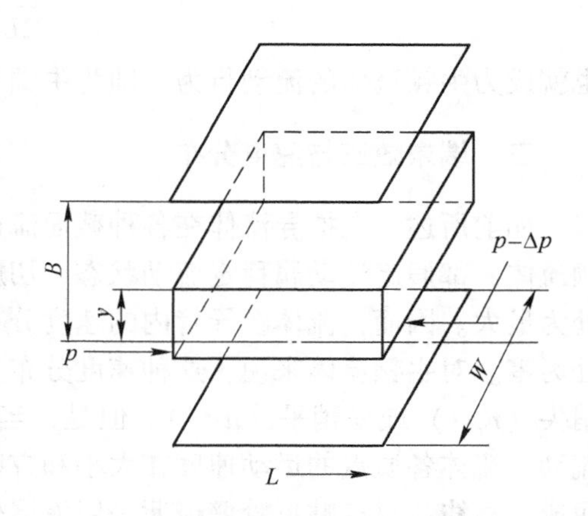

图 18-6　流体在扁槽内的流动

对于符合指数方程式的非牛顿流体，有

$$\tau=K\left(\frac{\mathrm{d}v}{\mathrm{d}y}\right)^n$$

将式（18-25）代入上式并进行积分

$$\int_0^v \mathrm{d}v=\left(\frac{1}{K}\frac{\Delta p}{L}\right)^{\frac{1}{n}}\int_y^B y^{\frac{1}{n}}\mathrm{d}y$$

所以
$$v=\left(\frac{\Delta p}{KL}\right)^{1/n}\left(\frac{n}{n+1}\right)\left[B^{(n+1)/n}-y^{(n+1)/n}\right] \tag{18-26}$$

相应地，扁槽单位宽度体积流量可为流速沿截面的积分，即

$$q_V'=\int_0^B v\mathrm{d}(2y)$$

将上式进行分部积分，并令 $\mathrm{d}v=f(\tau)\mathrm{d}y$，$f(\tau)=\left(\frac{\tau}{K}\right)^{\frac{1}{n}}$，$\tau=(y\Delta p)/L$ 代入其中，则得

$$q_V'=\left(\frac{1}{K}\right)^{1/n}\left(\frac{B\Delta p}{L}\right)^{1/n}\left(\frac{2n}{2n+1}\right)(B^2) \tag{18-27a}$$

将上式改写为

$$\frac{B\Delta p}{L}=K\left(\frac{2n+1}{2n}\frac{q_V'}{B^2}\right)^n \tag{18-27b}$$

式中，$\frac{B\Delta p}{L}$ 为扁槽壁处的切应力；$\left(\frac{2n+1}{2n}\frac{q_V'}{B^2}\right)^n$ 为扁槽壁处的剪切速率；K 为流体稠度系数。

这里应注意的是：q_V' 为扁槽单位宽度的体积流量，当求取扁槽整个宽度的体积流量 q_V 时，必须将扁槽单位宽度的体积流量乘以扁槽宽度 W，则

令 $h=2B$，$q_V=Wq_V'$，代入式（18-27b），得

$$\frac{h\Delta P}{2L}=K\left(\frac{2n+1}{2n}\frac{4q_V}{Wh^2}\right)^n \tag{18-28a}$$

当 $n=1$ 时，式（18-28a）简化为

$$\frac{h\Delta P}{2L}=K\frac{6q_V}{Wh^2} \tag{18-28b}$$

也就成为牛顿流体的流动行为，即为牛顿黏性定律方程式，此处 K 就成为黏度 η。

三、端末效应与速度分布

如前所述，在推导流体在各种截面流道内流动的流动方程式时，不论牛顿流体或非牛顿流体，都假定流动属稳定流动状态，切应力在管中心为零，向管壁逐渐增大，而在管壁处为最大。因而，流体在导管内的速度分布在管中心为最大，向管壁逐渐减少，而在管壁处为零。对牛顿流体来说，这种速度分布呈抛物线形；对非牛顿流体来说，这种抛物线呈稍尖（$n>1$）或呈稍平（$n<1$）。但是，当流体由储槽、大管进入导管内时就不属于稳定流动，流体各质点的运动速度在大小和方向上都随时发生变化，因而其速度分布几乎平坦而成一直线。只有贴近管壁极薄一层液层处，其速度骤降，至管壁处为零，流体在进入导管后须经一定距离，稳定状态方能形成，即图 18-7 中所示入口 L_e 一段管长。实验测定，聚合物熔体的 $L_e=(0.03\sim0.05)DRe$，式中 D 为导管内径，Re 为流体的雷诺数。流体在此段内的压力降总是比用式（18-22）算出的大。这是因为聚合物熔体在此区域内产生弹性变形和速度调整消耗一部分能量的结果。

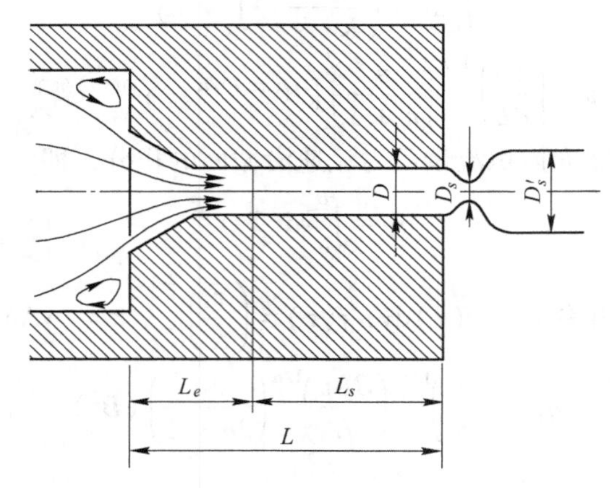

图 18-7　聚合物熔体在管子入口区和出口区的流动

这种入口能量损耗曾有人设想为相当于一段导管引起的损耗，事实上这一段导管长度并不存在，因而称为“虚构长度”或“当量长度”。当量长度的长短随具体条件而改变，实验证明，聚合物熔体的当量长度一般约为导管半径的 6 倍，即用 $\tau_w=\frac{R\Delta p}{2L}$ 计算时，若考虑入口损失在内，则其中的 L 应改为（$L+6R$）。

图 18-7 中出口区已在圆形导管外部，在此区域内，料流已经不受导管约束，料流各点速度在此重新调整为相等的速度。于是料流断面即行收缩，其收缩比用 D_s/D 表示，牛顿流体的 $D_s/D=0.87$，假塑性流体的 $D_s/D>0.87$。

另外，在出口区，假塑性流体继收缩之后由于弹性恢复又出现膨胀，而且胀至比导管

直径还要大。当流出速度恒定时，导管越短，膨胀越严重，可达一倍之多。

除上述入口与出口端末效应外，还有一种现象，即当剪切速率高达一定值时，流出物表面呈粗糙状，剪切速率越大，流出物越粗糙，甚至不能成流，很快断裂，这种现象称为“熔体破碎”，在挤出成形中往往采用改进成形口模和将流量控制在一定范围内来解决。

为了分析流体在稳定流动时的速度分布，对于符合指数函数方程式的非牛顿流体和牛顿流体，其各点速度与平均速度之比可用下式表示

$$\frac{v}{v_m}=\frac{3n+1}{n+1}\left[1-\left(\frac{r}{R}\right)^{(n+1)/n}\right] \tag{18-29}$$

式中　v——流体在同一截面某一点的局部速度；

v_m——流体平均速度；

r——流体局部速度距管中心的距离；

R——导管内半径。

习　题

18-1　什么是牛顿流体？写出牛顿流动定律（即牛顿流变方程），并指出其特征。

18-2　什么是非牛顿流体？写出非牛顿流体的指数定律，指出表观黏度的含义。

18-3　分别写出压力损失 Δp 在圆形截面及扁槽形截面的通道内流动（服从指数定律）的表达式，并分析影响 Δp 的因素。

18-4　什么是“入口与出口端末效应”，如何理解“熔体破碎”现象？

第十九章　聚合物的热力学行为及在成形过程中的变化

在塑料的成形加工过程中，聚合物会发生物理和化学变化，聚合物可能产生结晶和取向等物理变化，还可能在聚合物内部产生化学交联和降解等化学变化，这些物理化学变化对成形制件的性能和质量产生很大影响，因此很有必要对聚合物的物理化学变化进行深入研究，以便更好地控制、调整工艺参数，获得高质量、高性能的满意产品。本章重点介绍了聚合物的热力学性能以及在成形加工过程中的物理和化学变化。

第一节　聚合物的热力学性能与加工工艺性

聚合物的物理、力学性能与温度密切相关，温度变化时，聚合物的受力行为发生变化，呈现出不同的力学状态，表现出分阶段的力学性能特点。聚合物的热力学性能导致其在不同温度下表现出不同的加工工艺性能。

一、聚合物的热力学性能

图 19-1 中曲线 1 为线型无定形聚合物受到恒应力作用时的变形程度与温度的关系曲线，也叫热力学曲线。此曲线分为三个阶段，表示线型无定形聚合物存在的三种物理状态：玻璃态、高弹态和黏流态。

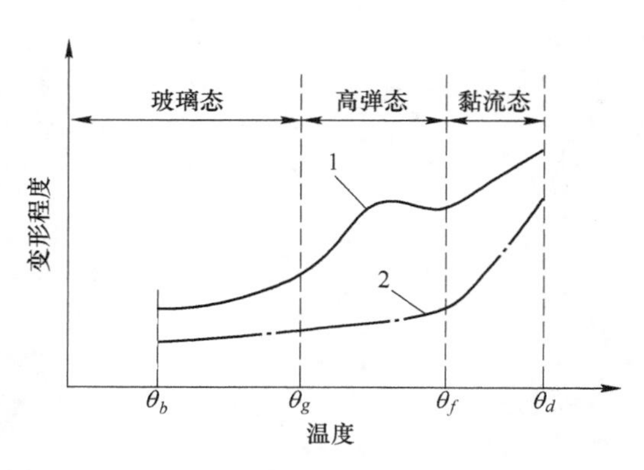

图 19-1　聚合物的热力学曲线

在温度较低时（低于 θ_g 温度），曲线基本是水平的，变形程度小，而且是可逆的，但弹性模量较高，聚合物处于刚性状态，表现为玻璃态。此时，物体受力的变形符合胡克定律，应变与应力成正比，并可在瞬时达到平衡；当温度上升时（在 θ_g 至 θ_f 间），曲线开始急剧变化，但很快稳定趋于水平。聚合物的体积膨胀，表现为柔软而富有弹性的高弹态。此时，变形量很大，而弹性模量显著降低，外力去除时变形量可以恢复，弹性是可逆的。如果温度继续上升（高于 θ_f 温度），变形急速发展，弹性模量再次很快下降，聚合物产生黏性流动，成为黏流态。此时变形是不可逆的，物质变为类似液体的形态。这里 θ_g 称为玻璃化温度，是聚合物从玻璃态转变为高弹态的临界温度；θ_f 称为黏流温度，是聚合物从高弹态转变为黏流态的临界温度；常温下，呈现为玻璃态的典型材料是有机玻璃，呈现为高弹态的典型材料是橡胶，呈现为黏流态的典型物质是熔融树脂（如胶黏剂）。

聚合物处于玻璃态时硬而不脆，可作结构件使用，但使用温度不能太低。当温度低于

θ_b 时，物理性能将发生变化，在很小的外力作用下就会发生断裂，使塑料失去使用价值。θ_b 称为脆化温度，它是塑料使用的下限温度。当温度高于 θ_g 时，塑料不能保持其尺寸的稳定性和使用性能，因此，θ_g 是塑料使用的上限温度。显然，从使用的角度看，θ_b 和 θ_g 间的范围越宽越好。当聚合物的温度升高到图 19-1 中的 θ_d 温度时，便开始分解，所以称 θ_d 为热分解温度。聚合物在 $\theta_f \sim \theta_d$ 温度范围内是黏流态，塑料大部分的成形加工就是在这个范围内进行的。这个范围越宽，塑料成形加工就越容易进行。

聚合物的成形加工是在黏流状态中实现的。欲使聚合物达到黏流态，有两种方法，一是加热，这也是最常用的方法；二是加入溶剂。通过加入增塑剂可以降低聚合物的黏流温度。黏流温度 θ_f 是塑料成形加工的最低温度，黏流温度不仅与聚合物的化学结构有关，而且与其相对分子质量的大小有关。黏流温度随相对分子质量的增高而升高。在塑料的成形加工过程中，首先要测定聚合物的黏度与熔融指数（熔融指数是指聚合物在挤压力作用下获得变形和流动的能力），然后确定成形加工的温度。黏度值小，熔融指数大的树脂（即相对分子质量低的树脂）成形加工温度可选择低一些，但相对分子质量低的树脂制成的塑件强度较差。

综上所述是线型无定形聚合物的热力学性能，而高度交联的体型聚合物（热固性树脂）由于分子运动阻力很大，一般随温度变化产生的力学状态变化较小，所以通常不存在黏流态甚至高弹态，即遇热不熔，高温时则直接分解。对于完全线型结晶型聚合物，其热力学曲线如图 19-1 中曲线 2 所示。通常不存在高弹态，只有在相对分子质量较高时才有可能出现高弹态。和 θ_f 对应的温度叫作熔点 θ_m，是线型结晶型聚合物熔融或凝固的临界温度，并且熔点很高，甚至高于分解温度。所以采用一般的成形加工方法难以使其成形，如聚四氟乙烯塑件通常是采用高温烧结法制成的。与线型无定形聚合物相比较，线型结晶型聚合物在低于熔点时的变形量很小，因此其耐热性较好。由于不存在明显的高弹态，可在脆化温度至熔点之间应用，其使用温度范围也较宽。

二、聚合物的加工工艺性

聚合物在温度高于 θ_f 的黏流态呈液体状态，称为熔体。从 θ_f 开始分子热运动大大激化，材料的弹性模量降低到最低值，这时聚合物熔体形变的特点是在不大的外力作用下就能引起宏观流动，此时形变中主要是不可逆的黏性形变，冷却聚合物就能将形变永久保持下来。因此，这一温度范围常用来进行熔融纺丝、注射、挤出、吹塑和贴合等加工。过高的温度将使聚合物的黏度大大降低，不适当地增大流动性容易引起诸如注射成形中的溢料、挤出塑件的形状扭曲、收缩和纺丝过程中纤维的毛细断裂等现象。温度高到分解温度 θ_d 附近还会引起聚合物分解，以致降低产品物理力学性能或引起外观不良等。因此，θ_f 与 θ_d 一样都是聚合物材料进行成形加工的重要参考温度。不同状态下塑料的物理性能与加工工艺性能见表 19-1。

表 19-1 热塑性塑料在不同状态下的物理性能和加工工艺性能

状态	玻璃态	高弹态	黏流态
温度	θ_g 以下	$\theta_g \sim \theta_f$	$\theta_f \sim \theta_d$
分子状态	分子纠缠为无规则线团或卷曲状	分子链展开，链段运动	高分子链运动，彼此滑移

续表 19-1

状态	玻璃态	高弹态	黏流态
工艺状态	坚硬的固态	高弹性固态，橡胶状	塑性状态或高黏滞状态
加工可能性	可作为结构材料进行锉、锯、钻、车、洗等机械加工	弯曲、吹塑、引伸、真空成形、冲压等，成形后会产生较大的内应力	可注射、挤出、压延、模压等，成形后应力小

第二节　聚合物在成形过程中的物理变化

聚合物在成形过程中发生的物理变化主要是结晶和取向，处理不好结晶和取向这两个问题，制件的质量将会受到很大影响，因此生产中对结晶和取向的问题很重视。

一、聚合物的结晶

由前面知识可知，固体聚合物可划分为结晶态聚合物和无定形聚合物。结晶态聚合物是指在高聚物微观结构中存在一些具有稳定规整排列的分子的区域，这些分子规则紧密排列的区域称为结晶区。存在结晶区的高聚物称为结晶态高聚物。图 19-2a 是结晶态高聚物的缨状微束模型示意图。而非晶态高聚物的本体中，分子链的构象呈现无规则线团状，线团分子之间是无规则缠结的。图 19-2b 是非晶态高聚物的缨状胶束粒子模型示意图。

一般来说，高聚物的结晶是从非晶态熔体中转变形成的，结晶态高聚物中实际上仍包含着非晶区，其结晶的程度可用结晶度来衡量。结晶度是指聚合物中的结晶区在聚合物中所占的质量。通常，分子结构简单、对称性高的聚合物以及分子间作用力较大的聚合物从高温向低温转变时都能结晶。例如聚乙烯（PE）的分子结构简单，对称性好，故当温度由高到低转变时易发生结晶。又如聚酰胺的分子链虽然比较长，但由于其分子结构中“酰胺”的存在，使得分子之间容易形成氢键，增大了分子间的作用力，因此当温度由高到低转变时也容易出现结晶现象。由图 19-2a 可以看出，高聚物的结晶与低分子结晶区别很大，晶态高聚物的晶体结晶不完全，而且晶体也不及小分子晶体整齐，结晶速度慢，且没有明显的熔点，而是一个熔融的温度范围，通常称为熔限。聚合物的结晶有很多不同的形态，但以球晶形态居多。

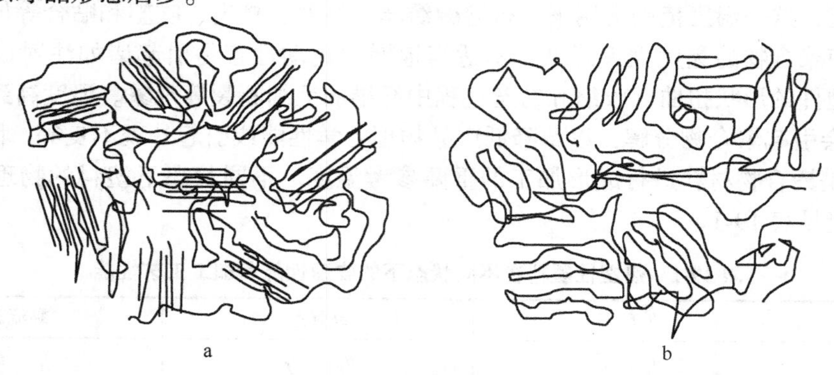

图 19-2　晶态高聚物本体

a—与非晶态高聚物本体；b—微观结构示意图

聚合物一旦发生结晶，其性能也将随之产生变化。结晶可导致聚合物的密度增加，这是因为结晶使得聚合物本体的微观结构变得规整而紧密的缘故。这种由结晶而导致的规整而紧密的微观结构还可使聚合物的拉伸强度增大，冲击强度降低，弹性模量变小，同时，结晶还有助于提高聚合物的软化温度和热变形温度，使成形的塑件脆性加大，表面粗糙度值增大，而且还会导致塑件的透明度降低甚至丧失。

注射成形后的塑件是否会产生结晶以及结晶度的大小都与成形过程中塑件的冷却速率有很大关系。由于结晶度对塑件的性能有很大的影响，工业上常采用热处理方式来提高塑件的性能。

二、聚合物的取向现象

当线型高分子受到外力而充分伸展时，其长度远远超过其宽度，这种结构上的不对称性，使它们在某些情况下很容易沿某特定方向做占优势的平行排列，这种现象称为取向。宏观上取向一般分为拉伸取向和流动取向两种类型。拉伸取向是由拉应力引起的，取向方位与应力作用方向一致；而流动取向是在切应力作用下沿着熔体流动方向形成的。

高聚物的取向现象从微观上来看，主要是高聚物分子的分子链、链段及结晶高聚物的晶片、晶带沿特定方向的择优排列。取向的高聚物分子的链段在某些方向上是择优取向的，因此材料性质呈现出各向异性。这是因为，高分子有链段与高分子链两种运动单元，因此微观上非晶态高聚物可以有链段和高分子链两种取向。链段的取向只要在高弹态下便可完成，它主要通过单键的内旋转来致使链段运动完成取向。而整个高分子链的取向需要链段的协同运动来完成，因此只有当高聚物处于黏流态时才可完成。在外力作用下，高聚物一般先发生链段取向，然后才是整个分子的取向。总之，取向过程是一种分子的有序化过程。结晶态高聚物的取向，除了非晶区中可能发生链段取向与分子取向外，还可能发生晶粒的取向，在外力作用下，晶粒将沿外力方向作择优取向。但是值得注意的是，取向态与结晶态虽然都与高分子的有序程度有关，但它们的有序程度不同。取向态是一维或二维有序，而结晶态是三维有序。

聚合物取向的结果是导致高分子材料的力学性质、光学性质以及热性能等方面发生了显著的变化。力学性能中，抗张强度和挠曲疲劳强度在取向方向上显著增加，而与取向方向相垂直的方向上则显著降低，同时，冲击强度、断裂伸长率等也发生相应的变化，聚合物的光学性质也将呈现各向异性。

聚合物的取向特性已被广泛应用于工业生产中，例如合成纤维中使用的牵伸工艺就是利用了取向机理来达到大幅度地提高纤维的强度的目的。对于塑料制件，往往外形复杂，一般无法再进行拉伸取向，但取向对塑料制件仍具有现实意义。例如塑料制件在成形过程中易产生流动取向，对制件的质量有很大影响。如果成形的塑料制件内部有应力存在，则可能导致制件出现裂缝，裂缝又会导致应力集中，从而加剧裂缝的扩大，最终导致制件破裂。还有一种可能是裂缝导致的应力集中有可能使高分子链段沿应力方向取向，使高聚物在应力方向的强度加大，挡住了裂缝的扩大。由此可见，制件是否会破裂取决于裂缝发展速度与取向速度发展快慢的对比，如果取向速度快，则可阻止裂缝的扩大。对于一般的塑料制件，不要求有高的取向度，但要求有良好的取向能力。一般添加增塑剂的塑料取向速度会加快，因此增塑后的塑料制件往往比未增塑的塑料制件强度大。由于取向可以提高聚合物的某些力学性能，故一般的塑料制件在工业生产中常利用取向来提高制件的强度，例如塑料制件的吹塑成形工艺中就常利用取向来提高塑件的强度。

（1）注射、压注成形塑件中纤维状填料的取向。注射、压注成形塑件中填料的取向方向与程度主要依赖于浇口的形状与位置，如图 19-3 所示。在成形扇形试件时，填料在充填过程中的位置变化是按图 19-3a ~ h 顺序依次进行的。可以看出，填料排列的方向主要顺着流动的方向，碰上阻断力（如模壁等）后，它的流动就变成与阻断力垂直的方向，并按此定形。测试表明，扇形试件在切线方向上的力学强度总是大于径向的，而在切线方向上的收缩率（试件在存放期间的收缩）又往往小于径向的。这显然与填料在扇形试件中的取向有关，因此在设计模具时，浇口位置的开设与塑料制件在模具上位置的布置，应使其在使用时的受力方向与塑料在模内的流动方向相同，以保证填料的取向与受力方向一致。填料在热固性塑料制件中的取向是无法在制品成形后消除的。

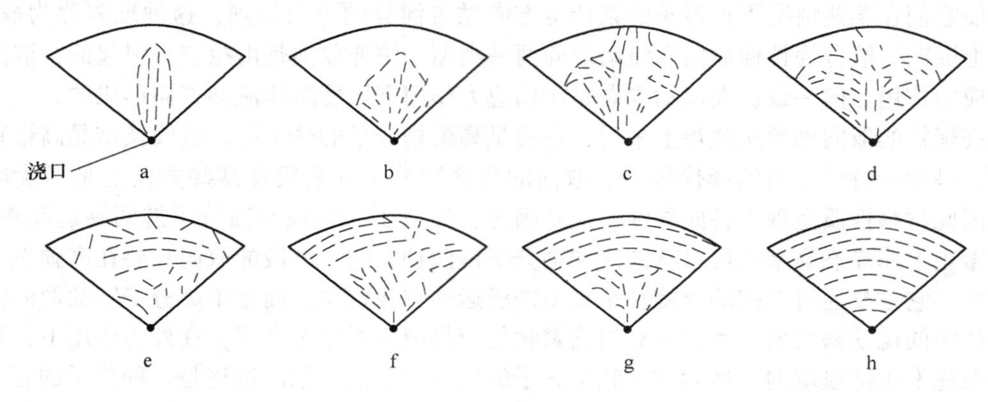

图 19-3　扇形试件中填料的取向

（2）注射、压注成形塑件中聚合物分子的取向。一般情况下，聚合物在成形过程中只要存在熔体的流动，就会有分子的取向。图 19-4 是用双折射法测量长条形注射试件的取向情况。从图中可以看出，沿试件轴向的分子取向程度从浇口处顺着料流方向逐渐增加，达到最大值（靠近浇口一边）后又逐渐减弱。沿试件截面越靠近中心区域取向程度越小，取向程度较高的区域是在中心两侧而不到表层的一带。上述现象是熔体流动过程中切应力和分子热运动作用的综合结果。

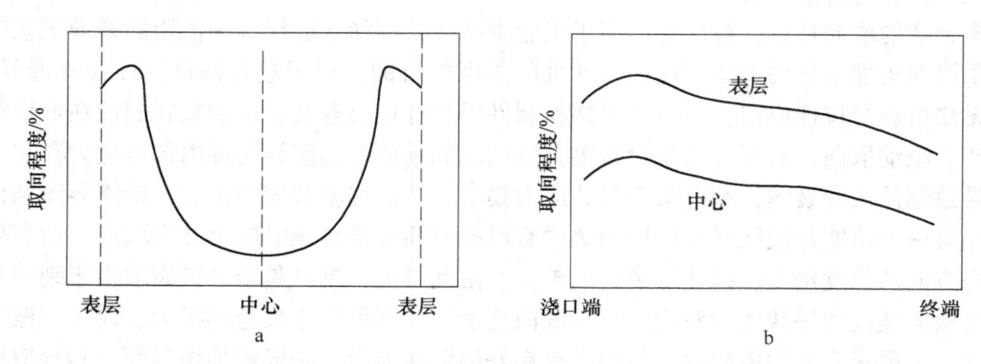

图 19-4　注射成形长条形试件中聚合物取向程度分析

a—横向截面；b—轴向截面

第三节　聚合物在成形过程中的化学变化

降解和交联是聚合物成形过程中发生的主要化学反应，它们对制件的质量有很大的影响。

一、聚合物的降解

降解是指聚合物在某些特定条件下发生的大分子链断裂、侧基的改变、分子链结构的改变及相对分子质量降低等高聚物微观分子结构的化学变化。导致这些变化的条件有：高聚物受热、受力、氧化，或水、光及核辐射等的作用，按照聚合物产生降解的不同条件可把降解分为很多种，主要有热降解、水降解、氧化降解、应力降解等。热降解主要是由于高聚物长时间处于高温环境受热时引起的降解；水降解是指当聚合物分子中含有容易被水解的化学基团时，高聚物就可能在成形加工过程中遇到水分而被分解，这种成形生产中出现的现象称为水降解；而当高聚物与空气中的氧接触后导致的降解现象称为氧化降解；应力降解是指聚合物受到外力时导致微观分子结构发生化学变化，同时还会导致聚合物相对分子质量降低的现象。

在加工成形过程中，聚合物发生降解是难以避免的，这是因为聚合物中如果存在某些杂质（如引发剂、催化剂以及酸、碱等），或是在储运过程中吸水或混入某些机械杂质等都会导致降解的发生。在注射成形中，特别要注意避免热降解的发生。通常，为了确保成形塑件的质量，成形时必须将成形温度及加热时间控制好，一般加热温度不得高于热降解温度（即热稳定性温度），否则易导致聚合物的热降解。并且，成形温度和时间控制不好，也可能导致氧化降解，这会使高聚物分子结构中某些化学结合力较弱的部位产生过氧化结构，最终导致热降解。还有，通常在注射成形中，成形物料一般都要采取烘干等措施，这对一些吸湿性较强的聚合物来说尤为必要，可以避免水降解的发生。当然，在注射成形中也要尽量避免压力降解的发生。有时工业上也采用在聚合物配方中增加一些助剂的方法来提高聚合物的抗降解能力。总之，几乎大多数降解都对成形件的质量有负面影响。

聚合物在成形过程中出现降解后，塑件外观变坏，内在质量降低，使用寿命缩短。因此，加工过程大多数情况下都应设法减少和避免聚合物降解。为此，通常采取如下措施。

（1）严格控制原材料的技术指标和使用合格的原材料。聚合物的质量很大程度上受合成过程中工艺的影响，原材料的不纯或因后期净化不良会混有引发剂、催化剂、酸、碱或金属粉末等多种化学或机械杂质，这些都会影响聚合物的稳定性。

（2）成形前进行严格的干燥处理。有些聚合物，如聚酯和聚酰胺等，在存放过程中容易从空气中吸附水分，使用前通常应进行干燥处理，使水分含量降低到 0.01%~0.05% 或更低。

（3）确定合理的加工工艺和加工条件，使聚合物在不易产生降解的条件下加工成形，这对于那些热稳定性差、加工温度和分解温度非常接近的聚合物尤为重要。绘制聚合物成形加工温度范围图（见图 19-5）有助于确定合适的成形条件。一般加工温度应小于聚合物的分解温度。

（4）使用添加剂。根据聚合物的性能，特别是成形温度较高时，应考虑使用抗氧化剂、稳定剂等，以加强聚合物对降解的抵抗能力。

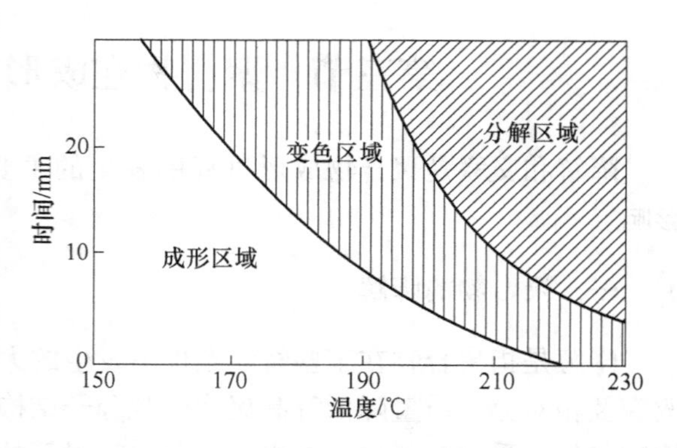

图 19-5　硬聚氯乙烯成形温度范围

二、聚合物的交联

聚合物的交联通常是针对热固性塑料而言的。在热固性塑料的树脂成分中，聚合物的大分子主要是线型结构，但这种线型聚合物与热塑性塑料中的树脂聚合物不同。热固性塑料在进行成形加工后，其内部的聚合物分子结构会发生化学变化，聚合物的大分子与交联剂作用后，其线型分子结构能够向三维体型结构发展，并逐渐形成巨型网状的三维体型结构，这种化学变化称为交联反应。

在工业生产中，“交联”通常也被“硬化”代替。但值得注意的是，“硬化”不等于“交联”，工业上说的“硬化得好”或“硬化得完全”并不是指交联的程度就越高，而是指交联程度达到一种最适宜的程度，这时塑件各种力学性能达到了最佳状态。交联的程度称为交联度。因此，并不是交联度越高越好。通常情况下，聚合物的交联反应是很难完全的，因此交联度不会达到 100%。但硬化程度可以大于 100%，生产中一般将硬化程度大于 100%称为“过熟”，反之称为“欠熟”。

热固性塑料经过合适的交联后，聚合物的强度、耐热性、化学稳定性、尺寸稳定性均有所提高。一般来讲，不同热固性聚合物，它们的交联反应过程也不同，但交联的速度随温度升高而加快，最终的交联度与交联反应的时间有关。当交联度未达到最适宜的程度时，也即产品“欠熟”时，产品质量会大大降低。这将会使产品的强度、耐热性、化学稳定性和绝缘性等指标下降，热膨胀、后收缩、残余应力增大，塑件的表面光泽程度降低，甚至可能导致翘曲变形。但如果交联度太大，超过了最佳的交联程度，产品“过熟”时塑件的质量也会受到很大的影响，可能出现强度降低、脆性加大、变色、表面质量降低等现象。因此，工业生产中很重视“交联度”的控制。通常，为了使产品能够达到一个最适宜的交联度，常从原材料的各种配比及成形工艺条件的控制等方面入手，经过反复检测产品的质量或者说是“硬化程度”，然后确定最佳原料配比及最佳生产条件，以求生产出的产品能够满足用户需求。

习　题

19-1　说明线型无定形聚合物热力学曲线上的 θ_b、θ_g、θ_f、θ_d 的定义，解释在恒力作用下无定形聚合物随着温度的升高变形程度的变化情况，并指出塑料制件使用温度范围和塑料制件的成形温度范围。

19-2　线型结晶型聚合物的结晶对其性能有什么影响？

19-3　聚合物在注射和压注成形过程中的取向有哪两类，取向的原因是什么？

19-4　什么是聚合物的降解，如何防止降解？

第二十章　塑料成形工艺性能

塑料是一大类庞杂的合成材料，由于制造工艺过程和用途不同，导致塑料制件的形状复杂多变。常用的塑料制件有注射塑件，模压塑件，单丝、棒、管、薄膜和板片等挤出和压延型材，人造革、涂层及泡沫体、层压品等。同一种塑料可用多种方法加工成形。塑料的工艺性能表现在许多方面，有些性能直接影响成形方法和工艺参数的选择，有的则只与操作有关，下面就热塑性塑料与热固性塑料的工艺性能要求分别进行讨论。

第一节　热塑性塑料的工艺性

热塑性塑料的成形工艺性能除了前面讨论过的热力学性能、结晶性及取向性外，还应包括收缩性、流动性、相容性、吸湿性及热稳定性（热敏性）等。

一、收缩性

塑料制件从模具中取出冷却后一般都会出现尺寸缩减的现象，这种塑料成形冷却后发生体积收缩的特性称为塑料的成形收缩性。收缩性的大小以单位长度塑件收缩量的百分数来表示，叫做收缩率。由于成形模具材料与塑料的线胀系数不同，收缩率分为实际收缩率和计算收缩率。实际收缩率表示模具或塑件在成形温度时的尺寸与塑件在室温时的尺寸之间的差别，而计算收缩率则表示室温时模具尺寸与塑件尺寸的差别。这两种收缩率的计算可按下列公式求得：

$$S_s = \frac{a-b}{b} \times 100\% \tag{20-1}$$

$$S_j = \frac{c-b}{b} \times 100\% \tag{20-2}$$

式中　S_s——实际收缩率；

S_j——计算收缩率；

a——模具或塑件在成形温度时的尺寸；

b——塑件在室温时的尺寸；

c——模具在室温时的尺寸。

实际收缩率表示塑料实际所发生的收缩，在大型、精密模具成形零件尺寸计算时常采用。在普通中、小型模具成形零件尺寸计算时，计算收缩率与实际收缩率相差很小，所以常采用计算收缩率。

塑件收缩的形式除由于热胀冷缩、塑件脱模时的弹性恢复、塑性变形等原因产生的尺寸线性收缩外，还会按塑件形状、料流方向及成形工艺参数的不同产生收缩方向性；此外，塑件脱模后残余应力的缓慢释放和必要的后处理工艺也会使塑件产生后收缩。影响塑件成形收缩的因素主要有：

（1）塑料品种。各种塑料都具有各自的收缩率。同种塑料由于树脂的相对分子质量、填料及配方比等不同，收缩率及各向异性也不同。例如，树脂的相对分子质量高，填料为有机填料的，树脂含量较多，则塑料的收缩率比较大。

（2）塑件结构。塑件的形状、尺寸、壁厚、有无嵌件、嵌件数量及其分布对收缩率的大小也有很大影响。如塑件的形状复杂、壁薄、有嵌件、嵌件数量多且对称分布，收缩率就小。

（3）模具结构。模具的分型面，浇口形式、尺寸及其分布等因素会直接影响料流方向、密度分布、保压补缩作用及成形时间。采用直接浇口和大截面的浇口，可减小收缩，但方向性强；浇口宽且短，则方向性小，距浇日近的或与料流方向垂直的部位收缩大。

（4）成形工艺条件。模具温度高，熔料冷却慢，则密度低，收缩大。尤其对于结晶型熔料，因结晶度高，体积变化大，故收缩更大。模温分布与塑件内外冷却及密度均匀性也有关，会直接影响到各部位收缩量的大小及方向性；此外，成形压力及保压时间对收缩也有较大影响，压力高，时间长的收缩小，但方向性大；注射压力高，熔料黏度小，层间切应力小，脱模后弹性回跳大，故收缩也可相应减小；料温高，则收缩大，但方向性小。因此，在成形时调整模温、压力、注射速度及冷却时间等因素也可适当改变塑件收缩情况。

影响塑料收缩率变化的因素很多，且相当复杂。不同品种的塑料，其收缩率各不相同，即使同一品种而批号不同的塑料，或同一塑件的不同部位，其收缩率也经常不同。因此，收缩率不是一个固定值，而是在一定范围内变化的，这个波动范围越小，塑件的尺寸精度就越容易保证，否则就难以控制。在模具设计时应根据以上因素综合考虑选取塑料的收缩率。

二、流动性

在成形过程中，塑料熔体在一定的温度与压力作用下充填型腔的能力，称为塑料的流动性，塑料流动性的好坏，在很大程度上影响成形工艺的许多参数，如成形温度、压力、周期、模具浇注系统的尺寸及其他结构参数。在决定零件大小与壁厚时，也要考虑流动性的影响。从分子结构来讲，流动的产生实质上是分子间相对滑移的结果。聚合物熔体的滑移是通过分子链段运动来实现的。流动性主要取决于分子组成、相对分子质量大小及其结构。只有线型分子结构而没有或很少有交联结构的聚合物流动性好，而体型结构的高分子一般不产生流动。聚合物中加入填料会降低树脂的流动性；加入增塑剂、润滑剂可以提高流动性。流动性差的塑料，在注射成形时不易充填型腔，易产生缺料。有时当采用多个浇口时，塑料熔体的汇合处不能很好地熔接而产生熔接痕。这些缺陷甚至会导致零件报废。相反，若材料流动性太好，注射时容易产生流涎，造成塑件在分型面、活动成形零件、推杆等处的溢料飞边，因此，成形过程中应适当选择与控制材料的流动性，以获得满意的塑料制件。

热塑性塑料用熔融指数的大小来表示流动性的好坏。熔融指数采用熔融指数测定仪（见图 20-1）进行测定：将被测定的定量热塑性塑料原材料加入测定仪中，上面放入压柱，在一定压力和一定温度下，1min 内以测定仪下面的小孔中挤出塑料的克数表示熔融指数的大小。挤出塑料的克数越多，流动性越好。在测定几种塑料相对流动性的大小时，也可以采用螺旋线长度法进行测定，即在一定温度下，将定量的塑料以一定的压力注入阿基米德螺旋线模腔（见图20-2）中，测其流动的长度，即可判断它们流动性的好坏。流动长度越长，流动性就越好。

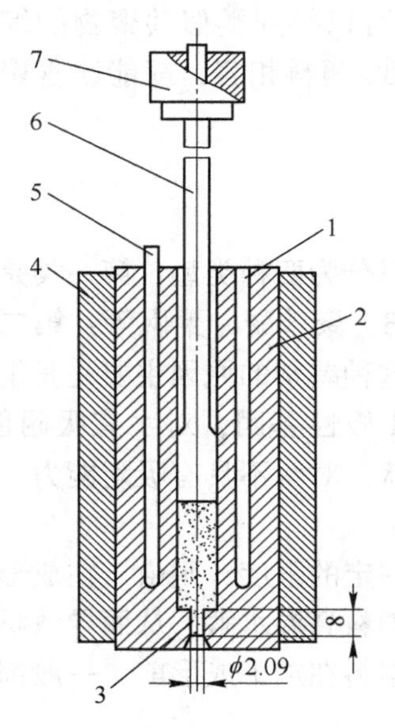

图20-1　指数测定仪结构示意图

1—热电偶测温管；2—料筒；
3—出料孔；4—保温层；
5—加热棒；6—柱塞；
7—重捶（重锤加柱塞共重2160g）

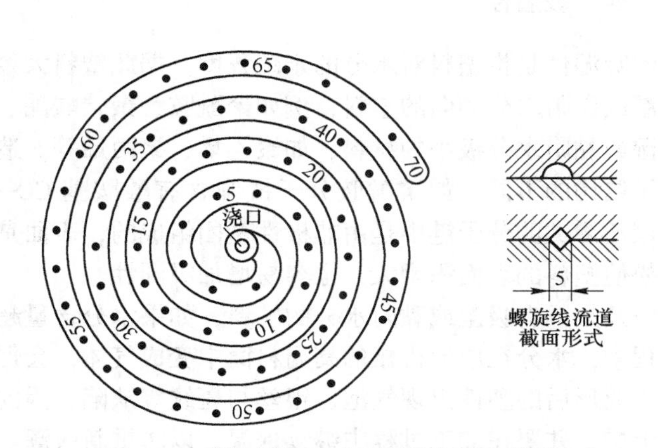

图20-2　螺旋线长度试验模具流道示意图

热塑性塑料的流动性分为三类：流动性好的，如聚乙烯、聚丙烯、聚苯乙烯、醋酸纤维素等；流动性中等的，如改性聚苯乙烯、ABS、AS、有机玻璃、聚甲醛、氯化聚醚等；流动性差的，如聚碳酸酯、硬聚氯乙烯、聚苯醚、聚砜、氟塑料等。

影响流动性的因素主要有：

(1) 温度。料温高，则流动性大，但不同塑料也各有差异：聚苯乙烯、聚丙烯、聚酰胺、有机玻璃、ABS、AS、聚碳酸酯、醋酸纤维等塑料的流动性随温度变化的影响较大；而聚乙烯、聚甲醛的流动性受温度变化的影响较小。

(2) 压力。注射压力大，则熔料受剪切作用大，流动性也增大，尤其是对聚乙烯、聚甲醛这些材料较为敏感。

(3) 模具结构。浇注系统的形式、尺寸、布置（如型腔表面粗糙度、流道截面厚度、型腔形式、排气系统）、冷却系统的设计、熔料的流动阻力等因素都直接影响熔料的流动性。凡促使熔料温度降低，流动阻力增加的，流动性就会降低。

三、相容性

相容性是指两种或两种以上不同品种的塑料，在熔融状态不产生相分离现象的能力。

如果两种塑料不相容，则混熔时制件会出现分层、脱皮等表面缺陷。不同塑料的相容性与其分子结构有一定关系，分子结构相似则较易相容，例如高压聚乙烯、低压聚乙烯、聚丙烯彼此之间的混熔等；分子结构不同时较难相容，例如聚乙烯和聚苯乙烯之间的混熔则较差。

塑料的相容性又称为共混性。通过塑料的这一性质，可以得到类似共聚物的综合性能，是改进塑料性能的重要途径之一，例如聚碳酸酯和 ABS 塑料相容，就能改善聚碳酸酯的成形工艺性。

四、吸湿性

吸湿性是指塑料对水分的亲疏程度。据此塑料大致可以分为两种类型：第一类是具有吸湿或黏附水分倾向的塑料，例如聚酰胺、聚碳酸酯、ABS、聚苯醚、聚砜等；第二类是吸湿或黏附水分极小的材料，如聚乙烯、聚丙烯等。造成这种差别的原因主要是其组成及分子结构的不同。如聚酰胺分子链中含有酸胺基 CO—NH 极性基团，对水有吸附能力；而聚乙烯类的分子链中是由非极性基团组成的，表面是蜡状，对水不具有吸附能力；材料疏松使塑料的表面积增大，也容易增加吸湿性。

凡是具有吸湿或黏附水分的塑料，如果水分含量超过一定的限度，则由于在成形加工过程中，水分在成形机械的高温料筒中变成气体，会促使塑料高温水解，从而导致材料降解，成形后的塑件出现气泡、银丝与斑纹等缺陷，因此，塑料在加工成形前，一般都要经过干燥，并要在加工过程中继续保温，以防重新吸潮。

五、热敏性

热敏性是指某些热稳定性差的塑料，在高温下受热时间较长或浇口截面过小及剪切作用大时，料温增高就易发生变色、降解、分解的倾向，具有这种特性的塑料称为热敏性塑料，如硬聚氯乙烯、聚偏氯乙烯、聚甲醛、聚三氟氯乙烯等。

热敏性塑料在分解时会产生单体、气体、固体等副产物，尤其是有的分解气体对人体、设备、模具都有刺激、腐蚀作用或有毒性，同时，有的分解物往往又是促使塑料分解的催化剂（如聚氯乙烯的分解物为氯化氢）。为防止热敏性塑料在成形过程中出现过热分解现象，可采取在塑料中加入稳定剂，合理选择设备，正确控制成形温度和成形周期，及时清理设备中的分解物等办法，此外，也可采取合理设计模具的浇注系统，模具表面镀铬等措施。

第二节　热固性塑料的工艺性

热固性塑料同热塑性塑料相比，具有制件尺寸稳定性好、耐热好和刚性大等特点，所以在工程上应用十分广泛。热固性塑料在热力学性能上明显不同于热塑性塑料，其主要的工艺性能指标有收缩率、流动性、水分及挥发物含量、硬化速度等。

一、收缩率

同热塑性塑料一样，热固性塑料也具有因成形加工而引起的尺寸减小现象。其收缩率的计算方法与热塑性塑料收缩率计算方法相同。对热固性塑料而言，产生收缩的主要原因有：

（1）热收缩。这是因热胀冷缩引起尺寸变化。由于塑料是由高分子化合物为基础组成的物质，线胀系数比钢材大几倍至十几倍，制件从成形加工温度冷却到室温时，就会产生远大于模具尺寸收缩的收缩，这种热收缩所引起的尺寸减小是可逆的。收缩量大小可用塑料线胀系数的大小来判断。

（2）结构变化引起的收缩。热固性塑料的成形加工过程是热固性树脂在型腔中进行化学反应的过程，即产生交联结构，分子链间距离缩小，结构紧密，引起体积收缩。这种由结构变化而产生的收缩，在进行到一定程度时，就不会继续产生。

（3）弹性恢复。塑料制件固化后并非刚性体，脱模时，成形压力降低，产生一弹性恢复值，这种现象降低了收缩率。在成形以玻璃纤维和布质为填料的热固性塑料时，这种情况尤为明显。

（4）塑性变形。这主要表现在制件脱模时，成形压力迅速降低，但模壁紧压着制件的周围，产生塑性变形。发生变形部分的收缩率比没有发生变形部分的收缩率大，因此，制件往往在平行加压方向收缩较小，而垂直加压方向收缩较大。为防止两个方向的收缩率相差过大，可采用迅速脱模的办法补救。

影响收缩率的因素与热塑性塑料相同，有原材料、模具结构或成形方法及成形工艺条件等。塑料中树脂和填料的种类及含量，直接影响收缩率的大小。当所用树脂在固化反应中放出的低分子挥发物较多时，收缩率较大；放出低分子挥发物较少时，收缩率也小。在同类塑料中，填料含量增多，收缩率小；填料中无机填料比有机填料多，所得的塑料件收缩小，例如以木粉为填料的酚醛塑料的收缩率，比相同数量有机填料（如石英粉）的酚醛塑料收缩率大（前者为0.6%~1.0%，后者为0.15%~0.65%）。

凡有利于提高成形压力，增大塑料充模流动性，使塑件密实的模具结构，均能减少制件的收缩率，例如用压缩或压注成形的塑件比注射成形的塑件收缩率小。凡能使塑件密实，成形前使低分子挥发物溢出的工艺因素，都能使制件收缩率减少，例如成形前对酚醛塑料的预热、加压等，可使所得塑件收缩率减少。

二、流动性

流动性的意义与热塑性塑料流动性类同，但热固性塑料采用如图20-3所示的拉西格测定模测定其流动性，将定量的热固性塑料原材料放入拉西格测定模中，在一定压力和一定温度下，测定其从拉西格测定模下面小孔中挤出塑料的长度（单位为mm）值来表示热固性塑料流动性的好坏。挤出塑料愈长，流动性愈好。此外，表观黏度和流动距离比的大小也能衡量某种塑料流动性的好坏。

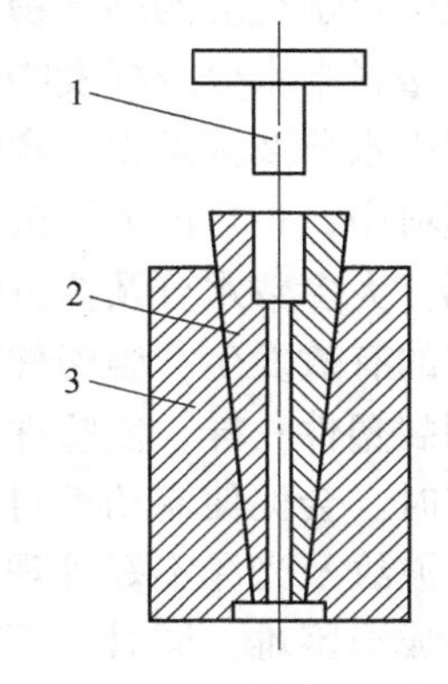

图20-3　拉西格流动性测定模
1—压柱；2—模腔；3—模套

每一品种的塑料分为三个不同等级的流动性：拉西格流动值为100~130mm，适用于压制无嵌件、形状简单、厚度一般的塑件；拉西格流动值为131~150mm，用于压制中等复杂程度的塑件；拉西格流动值为151~180mm，用于压制结构复杂、型腔很深、嵌件较多的薄壁塑件，或用于压注成形。

流动性过大容易造成溢料过多，填充不密实，塑件组织疏松，树脂与填料分头聚积，易黏模而使脱模和清理困难以及过早硬化等缺陷；流动性过小则填充不足，不易成形，使成形压力增大。因此选用塑料的流动性必须与塑件要求、成塑工艺及成形条件相适应。模具设计时应根据流动性来考虑浇注系统、分型面及进料方向等。

三、比体积和压缩率

比体积是单位质量的松散塑料所占的体积，以 cm^3/g 计；压缩率是指塑料的体积与塑件的体积之比，其值恒大于1。比体积和压缩率都表示粉状和纤维状塑料的松散性，在热固性塑料压缩或压注成形时，用它们来确定模具加料室的大小。比体积和压缩率较大时，塑料内气体多，成形时排气困难，成形周期变长，生产效率降低；比体积和压缩率较小时，压缩和压注容易。但是比体积太小，则影响塑料的松散性，以容积法装料时造成塑件重量不准确。

四、硬化速度

热固性塑料在成形过程中要完成交联反应，即树脂分子由线型结构变成体型结构，这一变化过程称为硬化。硬化速度通常以塑料试样硬化1mm厚度所需的秒数来表示，此值越小，硬化速度就越快。硬化速度与塑料品种、塑件形状、壁厚、成塑温度及是否预热、预压等有密切关系。例如，采用压锭、预热，提高成形温度，增加加压时间，都能显著加快硬化速度。此外，硬化速度还应适应成形方法的要求。例如，压注或注射成形时，应要求在塑化、填充时化学反应慢，硬化慢，以保持长时间的流动状态，但当充满型腔后，在高温、高压下应快速硬化。硬化速度慢的塑料，会使成形周期变长，生产率降低；硬化速度快的塑料，则不能成形大型复杂的塑件。

五、水分及挥发物含量

塑料中的水分及挥发物来自两个方面：一方面是塑料在制造中未能全部除净水分，或在储存、运输过程中，由于包装或运输条件不当而吸收水分；另一方面是来自压缩或压注过程中化学反应的副产物。

塑料中水分及挥发物的含量，在很大程度上直接影响塑件的物理、力学和介电性能。塑料中水分及挥发物的含量大，在成形时产生内压，促使气泡产生或以内应力的形式暂存于塑料中，一旦压力除去后便会使塑件变形，力学强度降低。压制时，由于温度和压力的作用，大多数水分及挥发物逸出。但尚未逸出时，它占据着一定的体积，严重地阻碍化学反应的有效发生，当塑件冷却后，则会造成组织疏松。当逸出时，挥发物气体又像一把利剑割裂塑件一样，使塑件产生龟裂，降低机械强度和介电性能。此外，水分及挥发物含量过多时，会促使流动性过大，容易溢料，成形周期增长，收缩率增大，塑件容易产生翘曲、波纹及光泽不好等现象。但是，塑料中水分及挥发物的含量不足，会导致流动性不良，成形困难，同时也不利于压锭水分及挥发物在成形时变成气体，必须排出模外，有的气体对模具有腐蚀作用，对人体也有刺激作用。为此，在模具设计时应对这种特征有所了解，并采取相应措施。

水分及挥发物的测定，是采用 15g±0.2g 的试验用料，在烘箱中于 103～105℃ 干燥 30min后，测其试验前后质量差求得。计算公式为

$$X = \frac{m_a}{m_b} \times 100\% \tag{20-3}$$

式中　X——挥发物含量的百分比；

m_a——塑料干燥的质量损失，g；

m_b——塑料干燥前的质量，g。

习　题

20-1　什么是塑料的计算收缩率，塑件产生收缩的原因是什么，影响收缩率的因素有哪些？

20-2　什么是塑料的流动性，影响流动性的因素有哪些？

20-3　测定热塑性塑料和热固性塑料的流动性分别使用什么仪器，如何进行测定？

20-4　什么是热固性塑料的比体积和压缩率，比体积和压缩率的大小表征是什么？

参考文献

[1] 徐春，阳辉，张驰．金属塑性成形理论［M］.2版.北京：冶金工业出版社，2021.
[2] 乌克夫·布鲁德．塑料使用指南［M］.罗婷婷，译．北京：化学工业出版社，2019.
[3] 吴树森，柳玉起．材料成形原理［M］.3版.北京：机械工业出版社，2017.
[4] 祖方遒，陈文琳，李萌盛．材料成形基本原理［M］.北京：机械工业出版社，2016.
[5] 轧制技术及连轧自动化国家重点实验室（东北大学）．搅拌摩擦焊接技术的研究［M］.北京：冶金工业出版社，2016.
[6] 杨飞，李亚军，蒋勇，等．核电设备用埋弧焊焊剂CHF703HR1的研制［J］.热加工工艺，2016，45（23）：231~234.
[7] 端强，阎军，朱国辉，等．X80管线钢焊缝组织及裂纹形成机制［J］.金属热处理，2015（11）：68~71.
[8] 刘鹏，李阳，郭伟．焊接质量检验及缺陷分析实例［M］.北京：化学工业出版社，2014.
[9] 屈华昌，张俊．塑料成型工艺与模具设计［M］.3版.北京：机械工业出版社，2014.
[10] 李尧．金属塑性成形原理［M］.北京：机械工业出版社，2013.
[11] 李亚江，王娟．焊接缺陷分析与对策［M］.北京：化学工业出版社，2013.
[12] 祖方遒．铸件成形原理［M］.北京：机械工业出版社，2013.
[13] 王娟，刘强．钎焊及扩散焊技术［M］.北京：化学工业出版社，2013.
[14] 施江澜，赵占西．材料成形技术基础［M］.3版.北京：机械工业出版社，2013.
[15] 周志明，张弛，赵震．材料成形原理［M］.北京：北京大学出版社，2011.
[16] 刘全坤，祖方遒，李萌盛．材料成形基本原理［M］.北京：机械工业出版社，2010.
[17] 方亮，王雅生．材料成形技术基础［M］.北京：高等教育出版社，2010.
[18] 胡汉起．金属凝固原理［M］.北京：机械工业出版社，2010.
[19] 戴为志，黄明鑫，芦广平，等．国家体育场（鸟巢）钢结构焊接工程全面质量管理［J］.电焊机，2008，38（4）：23.
[20] 徐磊．WDB620钢及其焊接接头力学性能和微观组织的研究［D］.成都：西南交通大学，2008.
[21] 王文广，田雁晨，吕通建．塑料材料的选用［M］.2版.北京：化学工业出版社，2007.
[22] 申开智．塑料成型模具［M］.北京：中国轻工业出版社，2006.
[23] 闫洪，周天瑞．塑性成形原理［M］.北京：清华大学出版社，2006.
[24] 胡礼木，崔令江，李慕勤．材料成形原理［M］.北京：机械工业出版社，2005.
[25] 康永林，毛卫民，胡壮麒．金属材料半固态加工理论与技术［M］.北京：科学出版社，2004.
[26] 李亚江，刘鹏，王娟．特种焊接技术及应用［M］.北京：化学工业出版社，2004.
[27] Shusen Wu，Xueping Wu，Zehui Xiao. A model of growth morphology for semi-solid metals［J］. Acta Materialia，2004，52：3519~3524.
[28] 徐洲，姚寿山．材料加工原理［M］.北京：科学出版社，2003.
[29] 陈玉喜．材料成形原理［M］.北京：中国铁道出版社，2002.
[30] 林治平，谢水生，程军．金属塑性变形的实验方法［M］.北京：冶金工业出版社，2002.
[31] 陈平昌，朱六妹，李赞．材料成形原理［M］.北京：机械工业出版社，2001.
[32] 张景新，张奎，刘国钧，等．电磁搅拌制备半固态材料非枝晶组织的形成机制［J］.中国有色金属学报，2000，10（4）：511~514.
[33] 李涛，黄卫东，林鑫．半固态处理中球晶形成与演化的直接观察［J］.中国有色金属学报，2000，10（5）：635~639.
[34] 张克惠．塑料材料学［M］.西安：西北工业大学出版社，2000.

[35] ROSATO Dominick V, ROSATO Donald V, ROSATO Marlene G. Injection Molding Handbook [M]. New York: Springer US, 2000.
[36] 俞汉清，陈金德．金属塑性成形原理［M］. 北京：机械工业出版社，1999.
[37] 李尚健．金属塑性成形过程模拟［M］. 北京：冶金工业出版社，1999.
[38] 赵志业．金属塑性变形与轧制理论［M］. 北京：冶金工业出版社，1999.
[39] 王有铭，鹿守理．金属塑性加工［M］. 北京：冶金工业出版社，1999.
[40] 吴树森，中江秀雄．铝基复合材料中颗粒在凝固界面的行为［J］. 金属学报，1998（9）：939~944.
[41] Mortensen A. Steady state solidification of reinforced binary alloys [J]. Materials Science and Engineering A, 1993, 173: 205~212.
[42] Flemings M C. Behavior of metal alloys in semi-solid state [J]. Metallurgical Transition B, 1991, 22 (7): 269~293.
[43] Birley A W , Heath R J , Scott M J . Plastics Materials [M]. Springer US, 1988.
[44] 金日光．高聚物流变学及其在加工中的应用［M］. 北京：化学工业出版社，1986.
[45] 张承甫，肖理明，黄志光．凝固理论与凝固技术［M］. 武汉：华中工学院出版社，1985.
[46] 伦克 R S. 聚合物流变学［M］. 宋家琪，徐支祥，译．北京：国防工业出版社，1983.

冶金工业出版社部分图书推荐

书名	作者	定价(元)
材料成形工艺学	宋仁伯	69.00
材料分析原理与应用	多树旺 谢东柏	69.00
材料加工冶金传输原理	宋仁伯	52.00
粉末冶金工艺及材料（第2版）	陈文革 王发展	55.00
复合材料（第2版）	尹洪峰 魏 剑	49.00
废旧锂离子电池再生利用新技术	董 鹏 孟 奇 张英杰	89.00
高温熔融金属遇水爆炸	王昌建 李满厚 沈致和 等	96.00
工程材料（第2版）	朱 敏	49.00
光学金相显微技术	葛利玲	35.00
金属功能材料	王新林	189.00
金属固态相变教程（第3版）	刘宗昌 计云萍 任慧平	39.00
金属热处理原理及工艺	刘宗昌 冯佃臣 李 涛	42.00
金属塑性成形理论（第2版）	徐 春 阳 辉 张 弛	49.00
金属学原理（第2版）	余永宁	160.00
金属压力加工原理（第2版）	魏立群	48.00
金属液态成形工艺设计	辛啟斌	36.00
耐火材料学（第2版）	李 楠 顾华志 赵惠忠	65.00
耐火材料与燃料燃烧（第2版）	陈 敏 王 楠 徐 磊	49.00
钛粉末近净成形技术	路 新	96.00
无机非金属材料科学基础（第2版）	马爱琼	64.00
先进碳基材料	邹建新 丁义超	69.00
现代冶金试验研究方法	杨少华	36.00
冶金电化学	翟玉春	47.00
冶金动力学	翟玉春	36.00
冶金工艺工程设计（第3版）	袁熙志 张国权	55.00
冶金热力学	翟玉春	55.00
冶金物理化学实验研究方法	厉 英	48.00
冶金与材料热力学（第2版）	李文超 李 钒	70.00
增材制造与航空应用	张嘉振	89.00
安全学原理（第2版）	金龙哲	35.00
锂离子电池高电压三元正极材料的合成与改性	王 丁	72.00